高等学校应用型特色规划教材

电路基础

蔡启仲 主 编

梁奇峰 崔雪英 徐剑琴 副主编

清华大学出版社

北 京

内容简介

“电路”课程是自动化、电子信息工程等电气类专业的一门重要的专业基础课。它的任务是通过本课程的学习，掌握电路的基本理论、电路分析的基本方法和进行实验的初步技能，为后续的课程准备必要的电路知识。

本书共分 14 章，主要内容有：电路模型及电路定律、电阻电路的等效变换、电阻电路的一般分析方法、电路定理、相量法基础、正弦交流电路的分析、耦合电感与理想变压器、频率响应及信号的频谱、二端口网络、线性动态电路的时域分析、线性动态电路的复频域分析、网络函数、大规模电路分析方法基础、非线性电阻电路。

本书可供高等学校电子与电气信息类专业师生作为电路课程的教材使用，也可供有关科技人员参考。

图书在版编目(CIP)数据

电路基础/蔡启仲主编；梁奇峰，崔雪英，徐剑琴副主编. --北京：清华大学出版社，2013(2024.3重印)
(高等学校应用型特色规划教材)
ISBN 978-7-302-29430-6

Ⅰ. ①电…　Ⅱ. ①蔡…　②梁…　③崔…　④徐…　Ⅲ. ①电路理论—高等学校—教材　Ⅳ. ①TM13

中国版本图书馆 CIP 数据核字(2012)第 161356 号

责任编辑：李春明　郑期彤
封面设计：杨玉兰
责任校对：周剑云
责任印制：宋　林

出版发行：清华大学出版社
网　　址：https://www.tup.com.cn，https://www.wqxuetang.com
地　　址：北京清华大学学研大厦 A 座　　**邮　　编：**100084
社 总 机：010-83470000　　**邮　　购：**010-62786544
投稿与读者服务：010-62776969, c-service@tup.tsinghua.edu.cn
质量反馈：010-62772015, zhiliang@tup.tsinghua.edu.cn
课件下载：https://www.tup.com.cn, 010-62791865
印 装 者：三河市铭诚印务有限公司
经　　销：全国新华书店
开　　本：185mm×260mm　　**印　张：**23.25　　**字　　数：**564 千字
版　　次：2013 年 1 月第 1 版　　**印　　次：**2024 年 3 月第12次印刷
定　　价：49.80 元

产品编号：038504-02

前　言

电子、自动化、测量、计算机等学科领域的学习研究均建立在电路理论基础上。电路理论主要研究电路分析、综合和设计的基本规律，它与数学、物理和拓扑学相结合形成了工程方法，即电路分析方法。“电路”课程的主要任务是学习基本的电路理论和电路分析方法。本书围绕本科人才培养目标，注重学生学习能力和知识应用能力培养，尽可能将理论学习与应用相结合，力求成为一本在应用型人才培养中具有一定特色的本科教材。为保证电路分析的基础性，又要适应科学技术发展的需要，本书对于传统内容的继承与创新进行了谨慎的处理；并在保持电路理论的基本体系下，试图处理好其与相邻学科的关系，力求点到为止；在理论阐述上，本书注重理论与实际融会贯通，力求注入工程意识。编者根据多年的教学经验，并在吸取国内外同类教材精华的基础上，编写了本书。

编写本书的基本指导思想体现在以下几方面。

(1) 设计新的内容框架、结构。本书知识内容安排遵循由浅到深、循序渐进的原则，基本思路是：先直流，后交流；先稳态，后动态；先线性，后非线性等。逐步深入阐述电路理论的基本概念、基本规律和基本方法，力求符合人的认识规律，便于教学实施。

(2) 强调掌握、理解基本概念、基本规律和基本方法。本书注重电路基本概念、理论和分析方法的阐述，注意物理、数学知识为电路分析基础及应用。直流电路分析部分强调线性代数为数学基础；正弦稳态电路分析部分强调复数运算为数学基础；动态电路分析部分强调微分方程和拉普拉斯变换求解为数学基础等。

(3) 注重发挥电路分析方法理论严密、逻辑性强的特点，培养学生的辩证思维能力。本书安排较多的例题，通过例题的分析与求解，力求培养学生的观察能力、分析能力、逻辑能力、综合能力及知识应用能力，注意一题多解，训练学生的发散思维能力。

(4) 注意各部分知识内容的内在联系和融会贯通，前后章节内容相呼应。本书强调以电路元件的电压电流关系(VCR)和基尔霍夫定律(KCL、KVL)两类约束关系为主线，贯穿全书各章节，内容通俗易懂。

(5) 保证基础，兼顾深度。本书作为本科教学使用，可根据专业特点和培养目标取舍内容，全书建议安排 90～100 教学学时较为适宜。如果作为学习电路分析基础的教材使用，则可选择第 1 章至第 10 章(一阶电路部分)为教学内容，建议安排 60～70 教学学时。

本书由蔡启仲教授任主编并负责全书的统稿，梁奇峰、崔雪英、徐剑琴任副主编。具体编写分工如下：李晓军(广西科技大学)编写第 1 章和附录 B，徐剑琴(广西科技大学)编写第 2、5、6、10 章，梁奇峰(广西科技大学)编写第 3、7、11、14 章和附录 A，崔雪英(安徽铜陵学院)编写第 4、9 章，游青松(安徽铜陵学院)编写第 8 章，鲍尚东(安徽铜陵学院)编写第 12、13 章。

由于时间仓促以及作者水平有限，书中难免有不当或错误之处，敬请广大读者批评指正。

编　者

目　录

第 1 章　电路模型及电路定律

教学目标

(1) 理解电路模型，理解电压、电流、参考方向、电功率和额定值的意义。

(2) 掌握理想电路元件(如电阻、电容、电感、电压源和电流源)的电压电流关系。

(3) 掌握基尔霍夫定律、电位的概念及计算。

1.1　电路及电路模型

1.1.1　电路的作用

电路指电流所通过的路径，也称回路或网络，是由电气设备和元器件按一定方式连接起来，以实现特定功能的电气装置。

在电力、通信、计算机、信号处理、控制等各个电气工程技术领域中，都使用大量的电路来完成各种各样的任务。电路的作用大致可分为以下两方面。

(1) 电能的传输和转换。例如电力供电系统、照明设备、电动机等。此类电路主要利用电的能量，其电压、电流、功率相对较大，频率较低，也称为强电系统。

(2) 信号的传递和处理。例如电话、扩音机电路用来传送和处理音频信号，万用表用来测量电压、电流和电阻，计算机的存储器用来存放数据和程序。此类电路主要用于处理电信号，其电压、电流、功率相对较小，频率较高，也称为弱电系统。

实际电路虽然多种多样，功能也各不相同，但它们都受共同的基本规律支配。正是在这种共同规律的基础上，形成了“电路理论”这一学科。通过对“电路”课程的学习，可掌握电路的基本理论和基本分析方法，为进一步学习电路理论及电气类相关课程打下基础。

1.1.2　电气图及电路模型

实际电路要工作，首先要由电源或信号源提供电能或电信号，向电路输入电压、电流后，推动用电设备(也称负载)工作以实现特定的功能。电源或信号源又称为激励，由激励在电路中各部分引起的电压和电流输出称为响应。

人们日常生活中所用的手电筒电路就是一个最简单的电路，它由干电池、灯泡、手电筒壳(连接导体)组成，如图 1-1(a)所示。

干电池是将非电能(此处为化学能)转换为电能的设备，称为电源；灯泡是将电能转换成非电能(此处为光能)的设备，称为负载；开关是接通或断开电路，起控制电路作用的元件；连接导体负责把电源与负载连接起来。一个完整的电路是由电源(或信号源)、负载和中间环节(如开关、导线等)三个基本部分组成的。各种实际电路的种类和作用不同，规模也相差很大，小到硅片上的集成电路，大到高低压输电网，但都可以分解成以上三大部分。

各种电路中随着电流的流动，都在进行着不同形式能量之间的转换。

在实际应用中，为了便于分析，通常用电路图来表示电路。在电路图中，各种电气元件都不需要画出原有的形状，而是采用统一规定的图形符号来表示。图 1-1(b)所示就是图 1-1(a)所示手电筒的电路原理图。

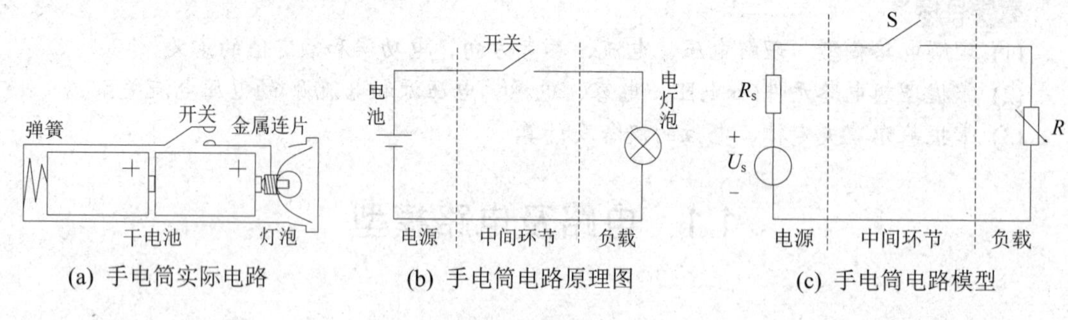

图 1-1　电路模型

为便于理论研究，常用与实际电气设备和元器件相对应的理想化元器件构成电路，并用统一规定的符号表示作为实际电路的“电路模型”，如图 1-1(c)所示。本书在进行理论分析时所指的电路，均指这种电路模型。

人们设计制作某种元器件是要利用它的某种物理性质，譬如说，制作一个电阻器是要利用它的电阻，即对电流呈现阻力的性质；制作一个电源是要利用它的两极间能保持有一定电压的性质；制作连接导体是要利用它的优良导电性能，使电流顺利流过。但是，事实上不可能制造出只表现出某一性质的器件，也就是说，不可能制造出完全理想的器件，例如：

(1) 一个实际的电阻器在有电流流过的同时还会产生磁场，因而还兼有电感的性质。

(2) 一个实际电源总有内阻，因而在使用时不可能总保持一定的端电压。

(3) 连接导体总有一点电阻，甚至还有电感。

这样往往给分析电路带来了困难，因此，必须在一定条件下对实际器件加以理想化，忽略它的次要性质，用一个足以表征其主要性能的模型来表示。例如：

(1) 灯泡的电感是极其微小的，把它看作一个理想的电阻元件是完全可以的。

(2) 一个新的干电池，其内阻与灯泡的电阻相比可以忽略不计，把它看作一个电压恒定的理想电压源也是完全可以的。

(3) 在连接导体很短的情况下，导体的电阻完全可以忽略不计，可看作理想导体。

于是这个理想电阻元件就构成了灯泡的模型，理想电压源就构成了电池的模型，而理想导体则构成了连接导体的模型。

各种实际元器件都可以用理想模型来近似地表征它的性质，只有对这样用理想模型表征的元器件所构成的电路模型，人们才有可能进行定性和定量的研究分析。电路理论分析的对象是电路模型，而非实际电路。

1.1.3　集总元件与集总假设

1. 电路研究的理想化假设

实际的电路元器件在工作时，其电和磁现象同时存在，且发生在整个元器件中，复杂地交织在一起。为了方便分析，在一定的条件下，假定电路中的电磁现象可以分别研究，用“集总参数元件”(简称集总元件)来构成模型，每一种集总元件均只表现一种基本现象，且可以用数学方法精确定义。如电阻表示只消耗电能的元件，电容表示只存储电场能量的元件，电感表示只存储磁场能量的元件，电压源和电流源均表示只提供电能的元件，等等。

上述元件的一个共同特点是都只有两个端钮，故称为二端元件(或称单口元件)。除二端元件外，往往还需要四端元件(或称双口元件)，如受控源、理想变压器、耦合电感等。

2. 集总假设的适用条件

上述“集总”的含义是：元器件中的电场和磁场可以分隔，并分别加以表征和研究，即元器件中交织存在的电场和磁场之间不存在相互作用。但实际上，若电场与磁场间存在相互作用时将产生电磁波，这样电路中的一部分能量将通过辐射而损失掉。

由此可见，上述集总假设的使用是有条件的，只有在辐射能量可以忽略不计的情况下才能采用集总假设，即当实际电路元件或部件的外形尺寸远比通过它的电磁波信号的波长小得多，可以忽略不计时，方可采用集总假设。

这种元件和部件称为集总元件，是抽象的理想元件模型，由集总元件构成的电路模型，称为集总电路。

例如，我国电力用电的频率为 50Hz，对应的波长为 6000km。对一般的用电设备和其中的元器件而言，其尺寸与这一波长相比完全可以忽略不计，因此集总假设的概念是完全适用的。但对远距离输电线来说，就必须考虑到电场、磁场沿电路分布的现象，不能用集总参数而要用分布参数来表征。

1.2　电 路 变 量

电路的电性能可以用一组表示为时间函数的变量来描述，最常用到的是电流、电压和电功率。本书中各电量单位都采用国际单位制。

1.2.1　电流

自然界中存在正、负两种电荷，在电源的作用下，电路中形成了电场，在电场力的作用下，处于电场内的电荷发生定向移动，形成电流，习惯上把正电荷运动的方向规定为电流的方向。

电流的大小称为电流强度(简称电流)，是指单位时间内通过导体横截面的电荷量，即

$$i(t)=\frac{\mathrm{d}q}{\mathrm{d}t} \tag{1-1}$$

式中，电荷 q 的单位为库[仑](C)；时间 t 的单位为秒(s)；电流 i 的单位为安[培](A)。除了 A 外，常用的单位有毫安(mA)、微安(μA)，它们之间的换算关系如下：

$1\text{A}=10^3\text{mA}$

$1\text{mA}=10^3\mu\text{A}$

如果电流的大小和方向不随时间变化，这种电流称为恒定电流，简称直流，一般用大写字母 I 表示。

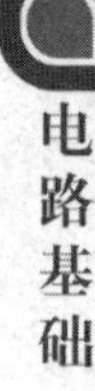

如果电流的大小和方向都随时间变化，则称为交变电流，简称交流，一般用小写字母 i 表示。本书中的小写字母也可能表示恒定量，读者要根据上下文确定。

1.2.2 电压

电压是指电场中两点间的电位差(电势差)，电压的实际方向规定为从高电位指向低电位，a、b 两点之间的电压在数值上等于电场力驱使单位正电荷从 a 点移至 b 点所做的功，即

$$u(t)=\frac{\mathrm{d}W}{\mathrm{d}q} \tag{1-2}$$

式中，$\mathrm{d}q$ 为由 a 点转移到 b 点的正电荷量，单位为库[仑](C)；$\mathrm{d}W$ 为转移过程中电场力对电荷 $\mathrm{d}q$ 所做的功，单位为焦[耳](J)；电压 $u(t)$ 的单位为伏[特](V)。

如果正电荷由 a 点转移到 b 点，电场力做了正功，则 a 点为高电位，即正极，b 点为低电位，即负极；如果正电荷由 a 点转移到 b 点，电场力做了负功，则 a 点为低电位，即负极，b 点为高电位，即正极。

如果正电荷量及电路极性都随时间变化，则称为交变电压或交流电压，一般用小写字母 u 表示；若电压大小和方向都不变，称为直流(恒定)电压，一般用大写字母 U 表示。

1.2.3 参考方向

在实际问题中，电流和电压的实际方向事先可能是未知的，或难以在电路图中标出，例如交流电流，就不可能用一个固定的箭头来表示其实际方向，所以引入参考方向的概念。参考方向可以任意选定，在电路图中，电流的参考方向用箭头表示；电压的参考方向(也称参考极性)则在元件或电路的两端用“+”、“−”符号来表示，“+”号表示高电位端，“−”号表示低电位端；有时也用双下标表示，如 u_{AB} 表示电压参考方向由 A 指向 B。

如果电流或电压的实际方向(虚线箭头)与参考方向(实线箭头或“+”、“−”)一致，则用正值表示；如果两者相反，则为负值，如图 1-2 所示。这样，可利用电流或电压的正负值结合参考方向来表明实际方向。

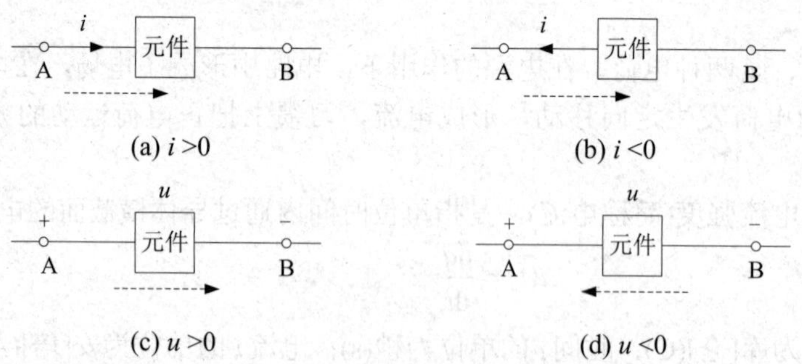

图 1-2 参考方向

在分析电路时，应先设定好合适的参考方向，在分析与计算的过程中不再任意改变，最后由计算结果的正、负值来确定电流和电压的实际方向。

如果指定流过某元件(或电路)的电流参考方向是从标以电压的正极性的一端指向负极

性的一端，即两者的参考方向一致，则把电流和电压的这种参考方向称为关联参考方向；当两者不一致时，称为非关联参考方向，如图 1-3 所示。

(a) 关联参考方向　　(b) 非关联参考方向

图 1-3　关联参考方向

在分析计算电路时，对无源元件常取关联参考方向，对有源元件则常取非关联参考方向。

1.2.4　电功率

电功率表示电路或元件中消耗电能快慢的物理量，定义为电流在单位时间内所做的功，即

$$p(t)=\frac{\mathrm{d}W}{\mathrm{d}t} \tag{1-3}$$

当时间 t 的单位为秒(s)，功 W 的单位为焦[耳](J)时，功率 p 的单位为瓦[特](W)。

设定电流和电压为关联参考方向时，由式(1-2)，有 $\mathrm{d}W=u(t)\mathrm{d}q$，再结合式(1-1)，有

$$p(t)=\frac{\mathrm{d}W}{\mathrm{d}t}=u(t)\frac{\mathrm{d}q}{\mathrm{d}t}=u(t)i(t) \tag{1-4}$$

此时把能量传输(流动)的方向称为功率的方向，若 $p(t)>0$，表示此电路(或元件)吸收能量，此时的 $p(t)$称为吸收功率；若 $p(t)<0$，表示此电路(或元件)发出能量，此时的 $p(t)$称为发出功率。

对于 $p(t)=u(t)i(t)$，当设定电流和电压为非关联参考方向时，若 $p(t)>0$，表示此电路(或元件)发出能量，此时的 $p(t)$称为发出功率；若 $p(t)<0$，此电路(或元件)吸收能量，此时的 $p(t)$称为吸收功率。

根据能量守恒定律，对于一个完整的电路来说，在任一时刻各元件吸收的电功率的总和应等于发出电功率的总和，或电功率的总代数和为零。

【例 1-1】图 1-4 所示电路中已标出各元件上电流、电压参考方向，已知 $i=2\text{A}$，$u_1=3\text{V}$，$u_2=-8\text{V}$，$u_3=5\text{V}$，试求各元件吸收或发出的功率，并验证整个电路的电功率是否平衡。

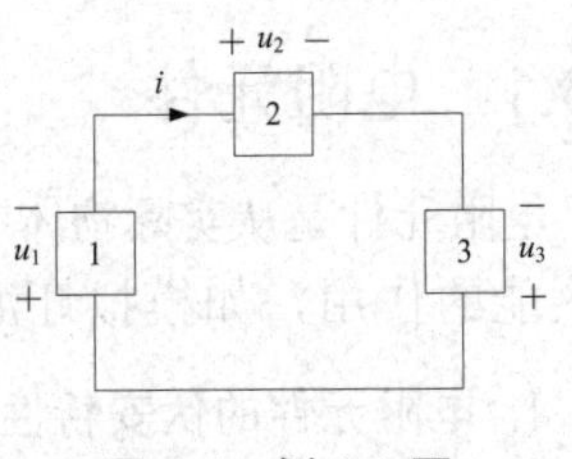

图 1-4　例 1-1 图

解：对元件 1 和元件 2，其上的电压和电流为关联参考方向，有

$$p_1=u_1 i=2\times 3\text{W}=6\text{W}>0\,(\text{吸收功率})$$

$$p_2=u_2 i=2\times(-8)\text{W}=-16\text{W}<0\,(\text{发出功率})$$

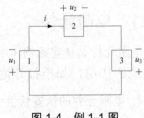

对元件 3，其上的电压和电流为非关联参考方向，有

$$p_3=u_3 i=2\times 5\text{W}=10\text{W}>0\,(\text{吸收功率})$$

电路吸收的总功率为

$$p_{\text{吸}}=p_1+p_3=6\text{W}+10\text{W}=16\text{W}$$

电路发出的总功率为

$$p_{发} = p_2 = 16\text{W}$$

可见 $p_{发} = p_{吸}$，总功率平衡。

功率平衡的规律可用于电路设计或求解电路的结果验证。

在电压、电流选定关联参考方向时，电路从 t_0 到 t 时间内所吸收的电能 W 为

$$W(t_0,\ t) = \int_{t_0}^{t} P(\xi)\mathrm{d}\xi = \int_{t_0}^{t} u(\xi)i(\xi)\mathrm{d}\xi \tag{1-5}$$

电能的单位是焦[耳](J)，在电力系统中，电能的单位通常用千瓦时(kW·h)来表示，也称为度(电)，它们之间的换算关系为

$$1\ 度(电) = 1\ \text{kW}\cdot\text{h} = 3.6\times10^6\ \text{J}$$

注意，实际的电气设备都有额定的电压、电流和功率限制，使用时不要超过规定的额定值，否则易使设备损坏。超过额定功率称为超载，低于额定功率称为欠载。

1.3 电 路 元 件

在电路理论中，实际的元件是用理想化的电路元件的组合来表示的。理想的电路元件有二端元件和多端元件之分，又有有源、无源的区别。本书所涉及的无源理想二端元件有电阻、电感和电容，无源理想多端元件有晶体管、运算放大器、变压器等；有源元件有理想电压源和理想电流源。

每一个理想电路元件的电压 u 或电流 i，或者电压与电流之间的关系都有着确定的规定，例如电阻元件上的电压与电流关系为 $u=f(i)$。这种规定充分地表征了此电路元件的特性，称为元件的约束。有时，在元件约束里也用到电荷 q 和磁通 Φ(或磁通链 ψ)等，如电容元件上电荷与电压的关系为 $q=f(u)$，电感元件上磁通链与电流的关系为 $\psi=f(i)$。

如果表征元件特性的代数关系为线性关系，对应的元件称为线性元件；否则称为非线性元件。

如果元件参数是时间 t 的函数，对应的元件称为时变元件；否则称为时不变元件，元件参数为常数。

本书所涉及的元件大部分为线性时不变元件，且大多为二端元件。

1.3.1 电阻元件

电阻元件是从实际物体中抽象出来的理想模型，表示物体对电流的阻碍和将电能转化为热能的作用，如模拟灯泡、电热炉等电器。

1. 电阻元件的伏安特性

任何一个二端元件，如果在任意时刻的电压和电流之间存在代数关系(即伏安关系，Voltage Current Relation，VCR)，不论电压和电流的波形如何，它们之间的关系总可以由 u-i 平面上的一条曲线(伏安特性曲线)所决定，则此二端元件称为电阻元件，简称电阻。

伏安特性曲线过原点且为直线的电阻元件称为线性电阻元件，如图 1-5 所示。

设电流和电压参考方向相关联，电阻元件两端的电压和电流遵守欧姆定律：

$$u = Ri \tag{1-6}$$

式中，u 为电阻元件两端的电压，单位为伏[特](V)；i 为流过电阻元件的电流，单位为安[培](A)；电阻 R 是电阻元件的参数，为正实常数，单位为欧[姆](Ω)，电阻 R 的大小与直线的斜率成正比，R 不随电流和电压大小而改变；u、i 可以是时间 t 的函数，也可以是常量(直流)。

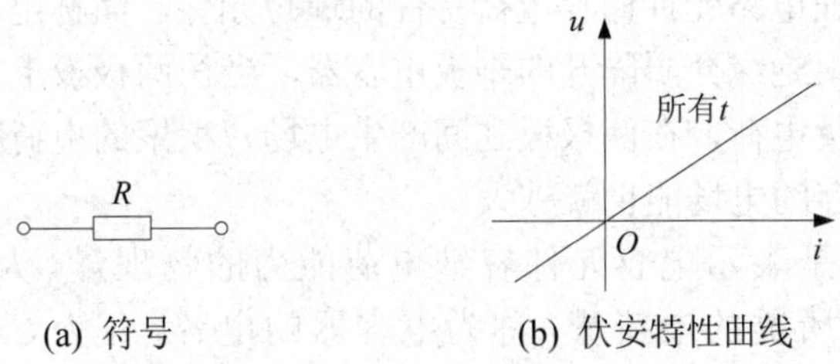

(a) 符号　　(b) 伏安特性曲线

图 1-5　线性电阻元件

定义电阻的倒数为电导 G，即 $G=\dfrac{1}{R}$，式(1-6)可写为

$$i = Gu \tag{1-7}$$

电导的单位是 S(西[门子])。

如果电流和电压参考方向非关联，则有

$$u=-Ri \quad 或 \quad i=-Gu$$

电阻元件还可分为非线性、时不变、时变等几类。非线性电阻元件符号及各类电阻伏安特性曲线如图 1-6 所示。

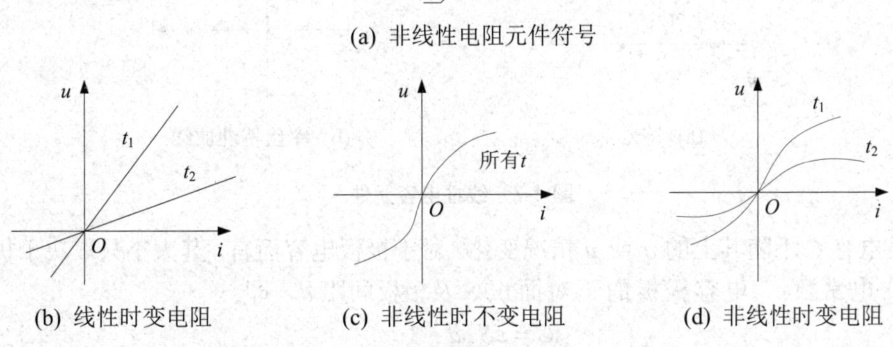

(a) 非线性电阻元件符号

(b) 线性时变电阻　　(c) 非线性时不变电阻　　(d) 非线性时变电阻

图 1-6　非线性电阻元件符号及各类电阻伏安特性曲线

根据电阻元件的一般定义，在 u-i 平面上用一条斜率为负的特性曲线来表征的元件也属电阻元件，这种元件称为负电阻元件或负电阻，即 $R<0$。

在本书中，除非专门说明，电阻均指线性时不变的正值电阻。

2. 电阻元件的功率

对于任意线性时不变的正值电阻，即 $R=\dfrac{u(t)}{i(t)}>0$，因此 $p(t)=u(t)i(t)>0$，也就是说，这种电阻元件始终吸收(消耗)功率，为耗能元件，也称无源元件。

电阻元件从 t_0 到 t 时间内产生的热量即为这段时间内消耗的电能，有

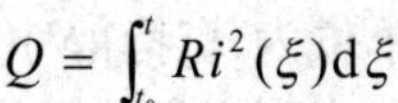

$$Q = \int_{t_0}^{t} Ri^2(\xi)\mathrm{d}\xi$$

1.3.2　电容元件

电容元件是一种表征电路元件储存电荷特性的理想元件，简称电容。电容的原始模型为由两块金属极板中间用绝缘介质隔开的平板电容器，当在两极板上加上电压后，极板上分别积聚了等量的正、负电荷，在两极板之间产生电场。积聚的电荷越多，所形成的电场就越强，电容元件所储存的电场能也就越大。

电容(或称电容量)是表示电容元件容纳电荷能力的物理量，人们把电容器的两极板间的电势差增加 1V 所需的电荷量，称为电容器的电容，记为 C。C 是一个正实常数，单位是法[拉](F)，其定义为

$$C = q/u \tag{1-8}$$

除了 F 外，电容常用的单位还有微法(μF)、皮法(pF)，它们之间的换算关系如下：

$$1\text{F}=10^6\mu\text{F}\quad 1\mu\text{F}=10^6\text{ pF}$$

电容元件也有线性、非线性、时不变和时变的区分，本书只讨论线性时不变二端电容元件。

任何一个二端元件，如果在任意时刻的电荷量和电压之间的关系总可以由 q-u 平面上一条过原点的直线所决定，则此二端元件称为线性时不变电容元件，如图 1-7 所示。

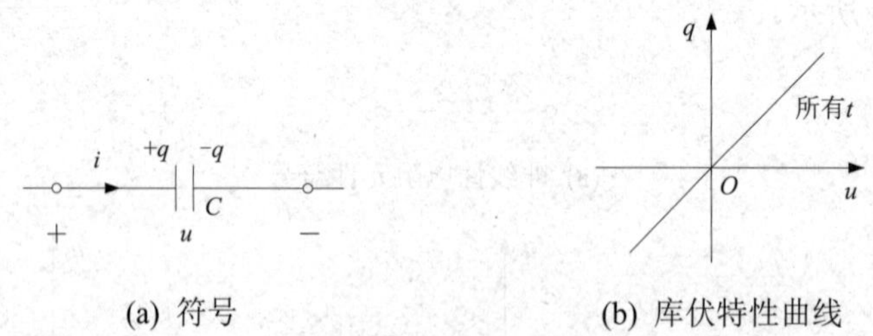

(a) 符号　　(b) 库伏特性曲线

图 1-7　线性电容元件

线性电容 C 不随其上的 q 或 u 情况变化。对于极板电容而言，其大小只取决于极板间介质的介电常数 ε、电容极板的正对面积 S 及极板间距 d，即

$$C = \varepsilon S/d$$

1. 电容元件的伏安特性

由于 $i = \dfrac{\mathrm{d}q}{\mathrm{d}t}$，而 $q = Cu$，所以电容的伏安(u-i)关系为微分关系，即

$$i = C\frac{\mathrm{d}u}{\mathrm{d}t} \tag{1-9}$$

由此可见，电路中流过电容的电流大小与其两端的电压变化率成正比，电压变化越快，电流越大，而当电压不变时，电流为零。所以，电容元件有隔断直流的作用。

而其(u-i)关系为积分关系，即

$$q = \int_{q_1}^{q_2}\mathrm{d}q = \int_{t_1}^{t_2} i\mathrm{d}t$$

$$\int_{q_1}^{q_2} \mathrm{d}q = q_2 - q_1 = \int_{t_1}^{t_2} i\mathrm{d}t$$

$$q_2 = q_1 + \int_{t_1}^{t_2} i\mathrm{d}t$$

两边同时除以 C，有

$$\frac{q_2}{C} = \frac{q_1}{C} + \frac{1}{C}\int_{t_1}^{t_2} i(t)\mathrm{d}t$$

$$u(t_2) = u(t_1) + \frac{1}{C}\int_{t_1}^{t_2} i(t)\mathrm{d}t$$

如果取初始时刻 $t_1 = 0$，则有

$$u(t) = u(0) + \frac{1}{C}\int_0^t i(t)\mathrm{d}t \tag{1-10}$$

由此可见，电容元件某一时刻的电压不仅与该时刻流过电容的电流有关，还与初始时刻的电压大小有关。可见，电容是一种电压“记忆”元件。

2. 电容元件的功率

对于任意线性时不变的正值电容，其功率为

$$p = u(t)i(t) = Cu\frac{\mathrm{d}u}{\mathrm{d}t} \tag{1-11}$$

那么从 t_0 到 t 时间内，电容元件吸收的电能为

$$W = \int_{t_0}^{t} u(\xi)i(\xi)\mathrm{d}\xi = \int_{t_0}^{t} u(\xi)C\frac{\mathrm{d}u(\xi)}{\mathrm{d}\xi}\mathrm{d}\xi = C\int_{u(t_0)}^{u(t)} u(\xi)\mathrm{d}u(\xi)$$

$$= \frac{1}{2}Cu^2(t) - \frac{1}{2}Cu^2(t_0)$$

则从 t_1 到 t_2 时间内，电容元件吸收的电能为

$$W = \frac{1}{2}C{u_2}^2 - \frac{1}{2}C{u_1}^2 \tag{1-12}$$

式(1-12)表明，当 $u_2 > u_1$ 时 $W > 0$，电容从外部电路吸收能量，为充电过程；反之，当 $u_2 < u_1$ 时 $W < 0$，电容向外部电路释放能量，为放电过程。电容可以储存电能，但并没有消耗掉，所以称为储能元件。而电容释放的电能也是取之于电路，它本身并不产生能量，所以它是一种无源元件。

【例 1-2】图 1-8(a)所示电容 C=1F，电容电压的波形图如图 1-8(b)所示，试求电容电流的表达式，并绘出对应波形图。

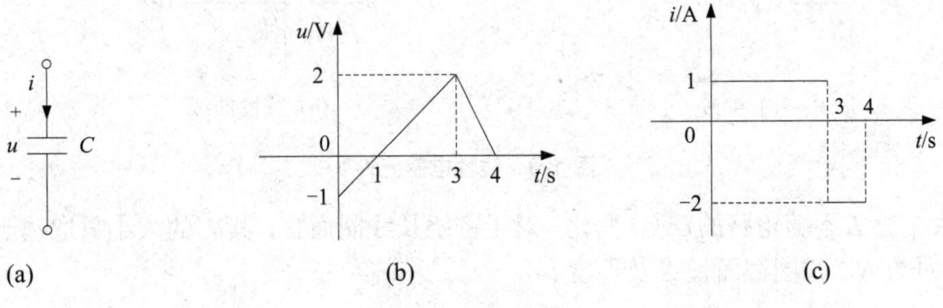

图 1-8　例 1-2 图

解：由图 1-8(b)先列出对应的电压表达式为

$$u(t)=\begin{cases} t-1 & 0\leqslant t\leqslant 3\text{s} \\ -2(t-4) & 3\text{s}\leqslant t\leqslant 4\text{s} \end{cases}$$

根据 $i(t)=C\dfrac{\mathrm{d}u(t)}{\mathrm{d}t}$ 求 $i(t)$，即

$0\leqslant t\leqslant 3\text{s}$ 时，$u(t)=t-1$，$i(t)=1\times\dfrac{\mathrm{d}(t-1)}{\mathrm{d}t}=1\text{A}$

$3\text{s}\leqslant t\leqslant 4\text{s}$ 时，$u(t)=-2(t-4)$，$i(t)=1\times\dfrac{\mathrm{d}(-2t+8)}{\mathrm{d}t}=-2\text{A}$

所以，电容电流为

$$u(t)=\begin{cases} 1\text{A} & 0\leqslant t\leqslant 3\text{s} \\ -2\text{A} & 3\text{s}\leqslant t\leqslant 4\text{s} \end{cases}$$

电容电流对应波形图如图 1-8(c)所示。

1.3.3 电感元件

电感元件的原始模型为由绝缘导线(如漆包线、纱包线等)绕制而成的圆柱线圈。当线圈中通以电流 i 时，在线圈中就会产生磁通量Φ，并储存能量。线圈中变化的电流和磁场可使线圈自身产生感应电压。磁通量Φ与线圈的匝数 N 的乘积称为磁通链$\psi=N\Phi$，磁通链的单位是韦[伯](Wb)。

表征电感元件(简称电感)产生磁通、存储磁场能力的参数称为电感，用 L 表示。它在数值上等于单位电流产生的磁通链，即

$$L=\psi/i \tag{1-13}$$

电感 L 也称自感系数，基本单位是亨[利](H)。1H = 1Wb/A，常用的单位还有毫亨(mH)和微亨(μH)，它们之间的换算关系如下：

$$1\text{H}=10^3\text{mH}\qquad 1\text{mH}=10^3\mu\text{H}$$

本书只讨论线性时不变二端电感元件。

任何一个二端元件，如果在任意时刻的磁通链和电流之间的关系总可以由(ψ-i)平面上一条过原点的直线所决定，则此二端元件称为线性电感元件，如图 1-9 所示。

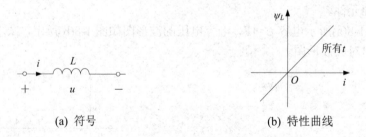

(a) 符号　　(b) 特性曲线

图 1-9　线性电感元件

线性电感 L 不随电路的ψ或 i 变化。对于密绕长线圈而言，其 L 的大小只取决于磁导率μ、线圈匝数 N、线圈截面积 S 及长度 l。

1. 电感元件的伏安特性

由楞次定理可得 $u=\frac{\mathrm{d}\psi_L}{\mathrm{d}t}$，而 $\psi_L = Li$，所以电感的伏安(u-i)关系为

$$u = L\frac{\mathrm{d}i}{\mathrm{d}t} \tag{1-14}$$

由此可见，电路中电感两端的电压大小与流过它的电流变化率成正比，电流变化越快，电压越高，而当电流不变时，电压为零，电感相当于短路。

而其(u-i)关系即为积分关系，即

$$i(t_2) = i(t_1) + \frac{1}{L}\int_{t_1}^{t_2} u(t)\mathrm{d}t$$

如果取初始时刻 $t_1 = 0$，则有

$$i(t) = i(0) + \frac{1}{L}\int_0^t u(t)\mathrm{d}t \tag{1-15}$$

由此可见，电感元件某一时刻流过的电流不仅与该时刻电感两端的电压有关，还与初始时刻的电流大小有关。可见，电感是一种电流“记忆”元件。

2. 电感元件的功率

对于任意线性时不变的正值电感，其功率为

$$p = u(t)i(t) = Li\frac{\mathrm{d}i}{\mathrm{d}t} \tag{1-16}$$

那么从 t_0 到 t 时间内，电感元件吸收的电能为

$$W = \int_{t_0}^{t} u(\xi)i(\xi)\mathrm{d}\xi = \int_{t_0}^{t} i(\xi)L\frac{\mathrm{d}i(\xi)}{\mathrm{d}\xi}\mathrm{d}\xi = \int_{i(t_0)}^{i(t)} i(\xi)\mathrm{d}i(\xi)$$
$$= \frac{1}{2}Li^2(t) - \frac{1}{2}Li^2(t_0)$$

则从 t_1 到 t_2 时间内，电感元件吸收的电能为

$$W = \frac{1}{2}L{i_2}^2 - \frac{1}{2}L{i_1}^2 \tag{1-17}$$

可见，当 $i_2 > i_1$ 时 $W > 0$，电感从外部电路吸收能量，以磁场的形式储存起来，为充电过程；当 $i_2 < i_1$ 时 $W < 0$，电感向外部电路释放能量，为放电过程。和电容一样，电感可以储存电能，也是储能元件。电感释放的电能来自于电路，它也是一种无源元件。

【例 1-3】 图 1-10(a)所示电感 L=2H，电感电压 $u(t)$ 的波形图如图 1-10(b)所示，$i(0) = 0\text{V}$，试求电感电流的表达式，并绘出对应波形图。

解： 由电压波形图先列出对应的各时段电压表达式为

$$u(t) = \begin{cases} -2 & 0 \leqslant t \leqslant 1\text{s} \\ 0 & 1\text{s} \leqslant t \leqslant 2\text{s} \\ 3 & 2\text{s} \leqslant t \leqslant 4\text{s} \end{cases}$$

电感电压与电流的关系式为

$$i(t) = i(t_0) + \frac{1}{L}\int_{t_0}^{t} u(\xi)\mathrm{d}\xi$$

所以，当 $0 \leqslant t \leqslant 1\text{s}$ 时，有 $i(t)=i(0)+\dfrac{1}{2}\int_0^t -2\mathrm{d}\xi = 0+\dfrac{-2}{2}\xi\big|_0^t = -1(t-0) = -t$，$i(1)=-1\text{A}$

当 $1\text{s} \leqslant t \leqslant 2\text{s}$ 时，有 $i(t)=i(1)+\dfrac{1}{2}\int_1^t 0\mathrm{d}\xi = -1+0 = -1\text{A}$，$i(2)=-1\text{A}$

当 $2\text{s} \leqslant t \leqslant 4\text{s}$ 时，有 $i(t)=i(2)+\dfrac{1}{2}\int_2^t 3\mathrm{d}\xi = -1+\dfrac{3}{2}\xi\big|_2^t = -1+\dfrac{3}{2}(t-2)$，$i(4)=2\text{A}$

所以，电感电流函数为

$$
i(t)=\begin{cases} -t & 0\leqslant t\leqslant 1\text{s} \\ -1 & 1\text{s}\leqslant t\leqslant 2\text{s} \\ -1+\dfrac{3}{2}(t-2) & 2\text{s}\leqslant t\leqslant 4\text{s} \end{cases}
$$

电感电流对应波形图如图 1-10(c)所示。

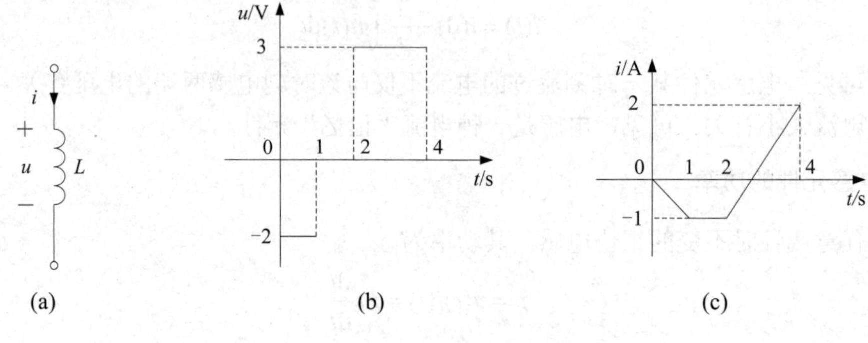

图 1-10　例 1-3 图

1.3.4　独立电压源

电源是一种把其他形式的能转换成电能的装置。任何电路工作时都首先要由电源提供能量，实际的电源种类多样，有电池、发电机、信号源等，电池能把化学能转换成电能，发电机能把机械能转换成电能，信号源是指能提供信号的电子设备。近年来，新能源的应用发展很快，如太阳能和风力发电等。

独立源是从实际电源中抽象出来的一种电路模型，分为独立电压源(也称为理想电压源，简称电压源)和独立电流源(也称为理想电流源，简称电流源)。电压源的电压或电流源的电流一定，不受外电路的控制而独立存在。

电压源的端电压为定值 U_{s} 或者是一定的时间函数 $u_{\mathrm{s}}(t)$，与流过它的电流或其他支路的电流无关。当电流为零时，其两端仍有电压 U_{s} 或 $u_{\mathrm{s}}(t)$。独立电压源的符号及特性曲线如图 1-11 所示。

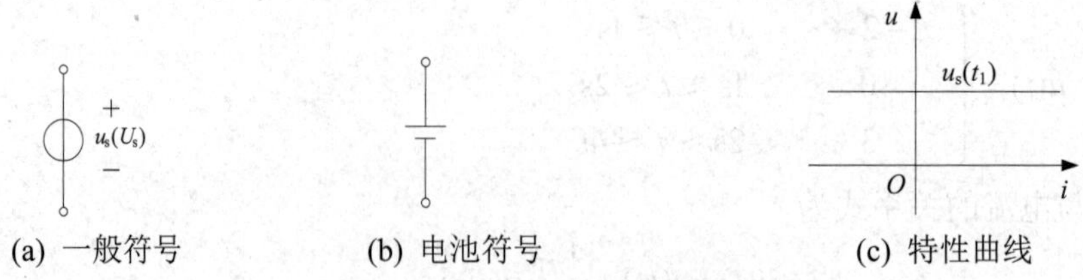

图 1-11　独立电压源符号及特性曲线

端电压为定值 U_s 的电压源，称为直流(恒定)电压源；端电压是一定的时间函数 $u_s(t)$的电压源，称为交变电压源；端电压随时间做周期性变化且在一个周期内的平均值为零的电压源，称为交流电压源。

在 u-i 平面上，电压源在 t_1 时刻的伏安特性曲线是一条平行于 i 轴且纵坐标为 $u_s(t_1)$的直线，如图 1-11(c)所示。特性曲线表明了电压源端电压与电流大小无关。

电压源两端的电压由其本身独立确定，而流过它的电流并不是由电压源本身所能确定的，而是和与之相连接的外电路有关。电流可以从不同的方向流过电压源，因而电压源既可以对外电路提供能量，也可以从外电路接收能量，视电流的方向而定。因此，电压源是一种有源元件。

理想电压源实际上不存在，但通常的电池、发电机等实际电源在一定的电流范围内可近似地看成是一个理想电压源。也可以用电压源与电阻元件来构成实际电源的模型，本书在后面再讨论这个问题。此外，电压源也可用电子电路来辅助实现，如晶体管稳压电源。

1.3.5　独立电流源

独立电流源也是一种电路模型。

电流源是一种能产生电流的装置。例如光电池在一定条件下，在一定照度的光线照射时就被激发产生一定值的电流，该电流与照度成正比，该光电池可视为电流源。

流过电流源的电流为定值 I_s 或者是一定时间的函数 $i_s(t)$，与其两端的电压无关。当电压为零时，其发出的电流仍为 I_s 或 $i_s(t)$。

独立电流源的元件符号如图 1-12(a)所示，在表示直流(恒定)电流源时，$i_s(t) = I_s$，箭头表示电流的参考方向，对已知的直流电流源，常使参考方向与实际方向一致。

(a) 一般符号　　　　(b) 特性曲线

图 1-12　独立电压源符号及特性曲线

电流是一定时间函数 $i_s(t)$的电流源，称为交变电流源；电流随时间做周期性变化且在一个周期内的平均值为零的电流源，称为交流电流源。

在 u-i 平面上，电流源在 t_1 时刻的伏安特性曲线是一条平行于 u 轴且横坐标为 $i_s(t_1)$的直线，如图 1-12(b)所示。特性曲线表明了电流源端电压与电流大小无关。

电流源的电流由其本身独立确定，而其两端的电压并不是由电流源本身所能确定的，而是和与之相连接的外电路有关。电流源两端电压可以有不同的极性，因而电流源既可以对外电路提供能量，也可以从外电路接收能量，视电压的极性而定。因此，电流源是一种有源元件。

理想电流源实际上不存在，但光电池等实际电源在一定的电压范围内可近似地看成是一个理想电流源。也可以用电流源与电阻元件来构成实际电源的模型，本书将在后面再讨论这个问题。此外，电流源也可用电子电路来辅助实现。

1.3.6 受控源

受控源又称非独立源，也是一种理想电路元件，具有与独立源完全不同的特点。以受控电压源为例，它的电压是受同一电路中其他支路的电压或电流控制的。

受控源原本是从电子器件中抽象而来的。例如，晶体管的集电极电流受基极电流控制，运算放大器的输出电压受输入电压控制，场效应管的漏极电流受栅极电压控制等。

受控源是一种四端元件，它含有两条支路，一条是控制支路，另一条是受控支路。受控支路为一个电压源或一个电流源，它的输出电压或输出电流(称为受控量)受另外一条支路的电压或电流(称为控制量)的控制，该电压源、电流源分别称为受控电压源和受控电流源，统称为受控源。

1. 受控源的四种形式

根据控制支路的控制量的不同，受控源分为四种形式：电压控制电压源(Voltage Controlled Voltage Source，VCVS)、电流控制电流源(Current Control Voltage Source，CCVS)、电压控制电流源(Voltage Control Current Source，VCCS)和电流控制电流源(Current Control Current Source，CCCS)。

这四种受控源的符号如图 1-13 所示。

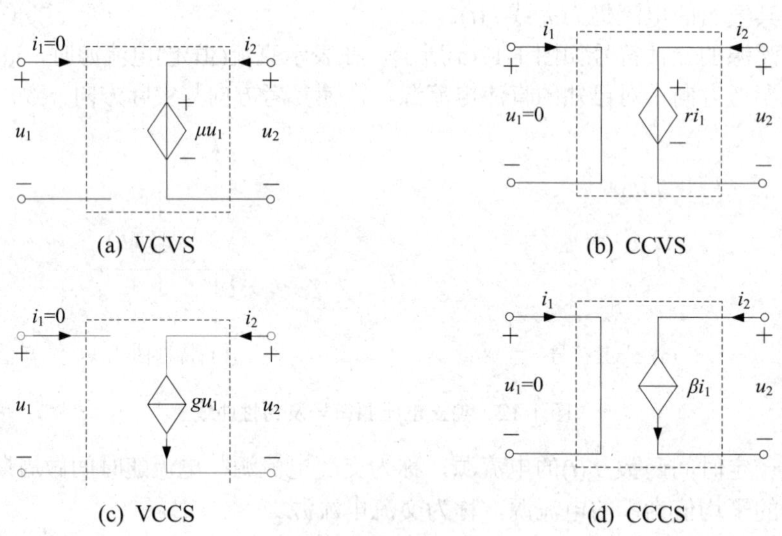

图 1-13 四种受控源符号

独立源与受控源在电路中的作用完全不同，故用不同的符号表示，前者用圆圈符号，后者用菱形符号。独立源通常作为电路的输入，代表着外界对电路的作用，如电子电路中的信号源。受控源则是用来表示在电子器件中所发生的物理现象的一种模型，它反映了电路中某处的电压或电流能控制另一处的电压或电流的关系，在电路中不能作为“激励”作用。

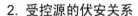

2. 受控源的伏安关系

每一种线性受控源都由两个线性方程式来表征。

(1) 对于 VCVS 有 $i_1 = 0$，$u_2 = \mu u_1$，其中 μ 称为转移电压比，无量纲。

(2) 对于 CCVS 有 $u_1 = 0$，$u_2 = r i_1$，其中 r 称为转移电阻，量纲为Ω(欧[姆])。

(3) 对于 VCCS 有 $i_1 = 0$，$i_2 = g u_1$，其中 g 称为转移电导，量纲为 S(西[门子])。

(4) 对于 CCCS 有 $u_1 = 0$，$i_2 = \beta i_1$，其中 β 称为转移电流比，无量纲。

这些方程是以电压和电流为变量的代数方程式，只是电压和电流不在同一端口，方程式表明的是一种"转移"关系。

由此可见，若方程式的系数(即 μ、r、g、β)为常数，则受控源是一种线性、非时变、双口电阻元件。我们所称的电阻电路包含受控源在内。

注意：在具体的电路中，受控源的控制量和受控量的两条支路一般并不像图中画得那么近，控制量(电流或电压)就是某支路的电流或某元件上的电压。

【例 1-4】图 1-14 所示为一晶体管放大器的简单电路模型，设晶体管的输入电阻 $r_{be} = 1\text{k}\Omega$，电流放大系数 $\beta = 50$，试求输出电压 u_o 与输入电压 u_i 的比值(也称为电压的增益)。

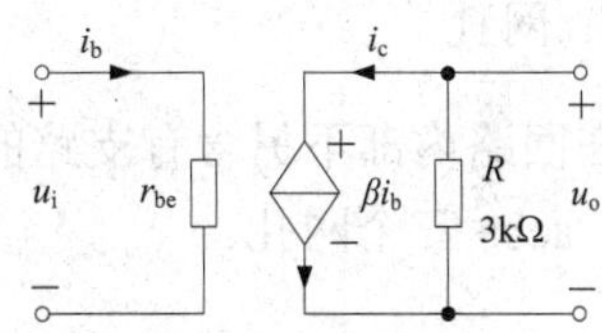

图 1-14　例 1-4 图

解：根据欧姆定律，有 $u_o = -Ri_c = -R\beta i_b$，而 $u_i = r_{be} i_b$，所以有

$$\frac{u_o}{u_i} = \frac{-R\beta}{r_{be}} = \frac{-3\times10^3\times50}{10^3} = -150$$

1.4　基尔霍夫定律

电路的基本规律包含两方面的内容。一是将电路作为一个整体来看，应服从什么规律？二是电路的各个组成部分(电路元件)各有什么表现？也就是其特性如何？

这两方面都必不可少。因为电路是由元件组成的，整个电路表现如何，既要看这些元件是怎样连接而构成一个整体的，又要看每个元件各具有什么特性。

这两个方面体现了电路的元件约束和拓扑约束。其中元件约束是指元件应满足的伏安关系(Voltage Current Relation，VCR)，拓扑约束是指取决于互连方式的约束(即 KCL、KVL 定律)，它们是电路分析中解决集总问题的基本依据。

本节首先学习电路整体的规律，即基尔霍夫定律。

基尔霍夫定律(Kirchhoff's laws)由德国物理学家基尔霍夫于 1847 年提出，是分析和计算较为复杂电路的基础，它既可以用于直流电路的分析，也可以用于交流电路的分析，还可以用于含有电子元件的非线性电路的分析。运用基尔霍夫定律进行电路分析时，仅与电路的连接方式有关，而与构成该电路的元器件具有的性质无关，即不论元件是线性还是非线性的，是时变还是时不变的都成立。基尔霍夫定律包括基尔霍夫电流定律(KCL)和基尔霍夫电压定律(KVL)。

下面首先介绍几个基本概念，以图 1-15 所示电路为例。

1. 支路

电路中只通过同一电流的每个分支(branch)称为支路，由一个或多个二端元件串联组成。流经支路的电流称为支路电流。图 1-15 所示电路中共有 ac、ab、bc、ad、bd、cd 六条支路，其中 ad 和 cd 支路是由两个元件串联组成的(注意有些书中是把每一个二端元件看成一条支路)。

2. 节点

三条或三条以上支路的连接点称为节点(node)。在图 1-15 所示电路中，a、b、c、d 均为节点，共四个节点。

3. 回路

电路中的任一闭合路径称为回路(loop)。在图 1-15 所示电路中，abda、bcdb、acba、acda、abcda 等都是回路，共有七个回路。

4. 网孔

在回路内部不另含有支路的回路称为网孔(mesh)。在图 1-15 所示电路中，共有 abda、bcdb、acba 三个网孔。

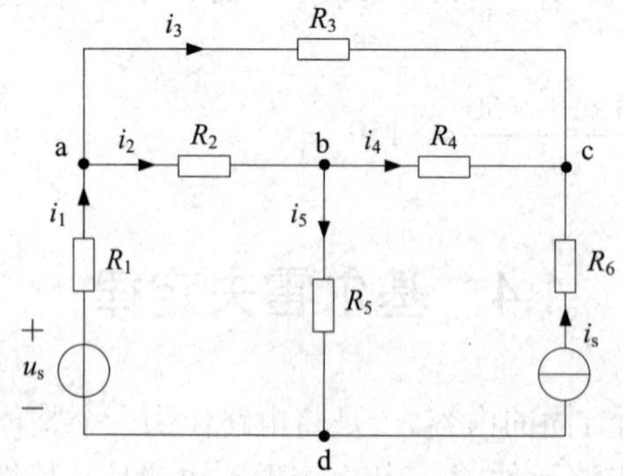

图 1-15 支路与节点

1.4.1 KCL 定律

电荷守恒和电流连续性原理指出，在电路中任一点上，任何时刻都不会产生电荷的堆积或减少现象，由此可得基尔霍夫电流定律(KCL)。

对于任一集总电路中的任一节点，在任一时刻，流进该节点的所有支路电流的和等于流出该节点的所有支路电流的和，即

$$\sum i_{流入} = \sum i_{流出} \tag{1-18}$$

如图 1-16 所示电路中节点 a，对其列出 KCL 方程为

$$i_1 = i_2 + i_3$$

对上式适当移项，若规定流入该节点的支路电流取正号，流出节点的支路电流取负号，可改写为

$$i_1 - i_2 - i_3 = 0$$

因而 KCL 也可描述为：对任一集总电路中的任一节点，在任一时刻，流入(或流出)该节点的所有支路电流的代数和为零。KCL 的数学表达式为

$$\sum_{k=1}^{K} i_k(t) = 0 \tag{1-19}$$

式中，$i_k(t)$ 为流出(或流入)节点的第 k 条支路的支路电流；K 为节点处的支路数。

注意，电流“流入”或“流出”节点指的是电流参考方向。若规定流出节点的电流取正号，流入节点的电流取负号，式(1-19)也成立。

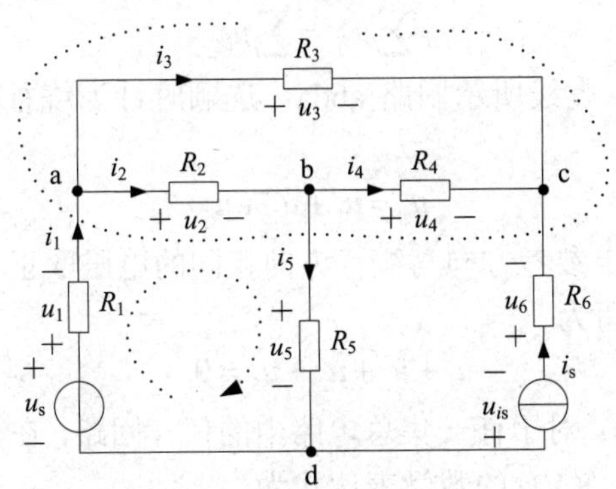

图 1-16　KCL 与 KVL 例图

关于基尔霍夫电流定律(KCL)的说明如下。

(1) KCL 定律适用于集总电路，表征电路中各个支路电流的约束关系，与元件特性无关。

(2) 使用 KCL 定律时，必须先设定各支路电流的参考方向，再依据参考方向列写方程。

(3) 可将 KCL 推广到电路中的任一闭合面或闭合曲线(广义节点)。

例如，对图 1-16 中电路上部虚线所围的包含电阻 R_2、R_3、R_4 和节点 a、b、c 的封闭区域，i_1 和 i_s 流入，i_5 流出，其 KCL 方程为

$$i_1 + i_s - i_5 = 0$$

证明过程如下。

图 1-16 中上部虚线所围区域内的节点 a、b、c 对应的 KCL 方程分别是

$$i_1 - i_2 - i_3 = 0$$
$$i_2 - i_4 - i_5 = 0$$
$$i_3 + i_4 + i_s = 0$$

将上面三式相加后，即得到上述结论。

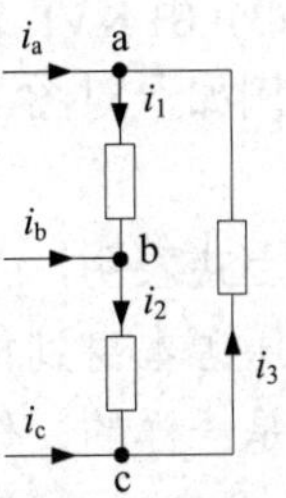

图 1-17　例 1-5 图

【例 1-5】如图 1-17 所示的部分电路中，已知 $i_a = 2\text{A}$，$i_1 = -4\text{A}$，$i_2 = 5\text{A}$，求 i_3、i_b 和 i_c。

解：应用基尔霍夫电流定律，依据图 1-17 中标出的各电流参考方向，分别由节点 a、b、c 的 KCL 方程，求得

$$i_3 = i_1 - i_a = -4 - 2 = -6\text{A}$$
$$i_b = i_2 - i_1 = 5 - (-4) = 9\text{A}$$
$$i_c = i_3 - i_2 = -6 - 5 = -11\text{A}$$

或者在求得 i_b 后，把三个电阻看成广义节点，也可求得 i_c，有

$$i_c = -i_a - i_b = -2 - 9 = -11\text{A}$$

1.4.2 KVL 定律

由于电路中任意一点的瞬时电位具有单值性，若沿着任一路径，回到原来的出发点时，该点的电位是不会变化的，因此可得基尔霍夫电压定律(KVL)。

对于任一集总电路，在任一时刻，沿任一回路循环一周，该回路所有支路电压降的和等于所有支路电压升的和，即

$$\sum u_{升} = \sum u_{降} \tag{1-20}$$

如图 1-16 中电路左下虚线所示回路 abda，选顺时针为绕行方向，所列出的 KVL 方程为

$$u_s = u_1 + u_2 + u_5$$

对上式适当移项，规定参考方向与绕行方向相同的电压取正号，参考方向与绕行方向相反的电压取负号，可改写为

$$-u_s + u_1 + u_2 + u_5 = 0$$

因而 KVL 也可描述为：对于任一集总电路中的任一回路，在任一时刻沿着该回路的所有支路电压的代数和为零。KVL 的数学表达式为

$$\sum_{k=1}^{K} u_k(t) = 0 \tag{1-21}$$

式中，$u_k(t)$ 表示回路中第 k 条支路的支路电压；K 为回路中的支路数。

应用式(1-21)时，首先应选定回路的循环方向(沿回路顺时针或逆时针均可)，然后自回路中任一点开始沿所选方向绕行一周，凡经过的支路电压的参考方向与回路绕行方向一致者，在该电压前取正号；反之取负号。

关于基尔霍夫电压定律(KVL)的说明如下。

(1) KVL 定律适用于集总电路，表征电路中各个支路电压的约束关系，与元件特性无关。

(2) 使用 KVL 定律时，必须先设定各支路电压的参考方向，再依据参考方向和选定的绕行方向列写方程。

(3) 由 KVL 定律可知，任何两点间的电压与这两点间所经路径无关。

例如，对图 1-16 中左下虚线所示回路 abda，沿顺时针绕行，所列出的 KVL 方程为

$$u_s = u_1 + u_2 + u_5$$

上式表明，u_s 两端电压是唯一的，由其正极出发，即可经电压源本身到负极，也可沿 u_1、u_2、u_5 到负极的路径来求，结果是一样的，与所经路径无关。

(4) KVL 定律可推广到电路中的任一假想的闭合回路上。

【例 1-6】如图 1-18 所示电路中，已知 u_1=4V，u_2=−1V，u_3=2V，u_4=3V，R_1=R_2=20Ω，求电流 i 和电压 u_{cd}。

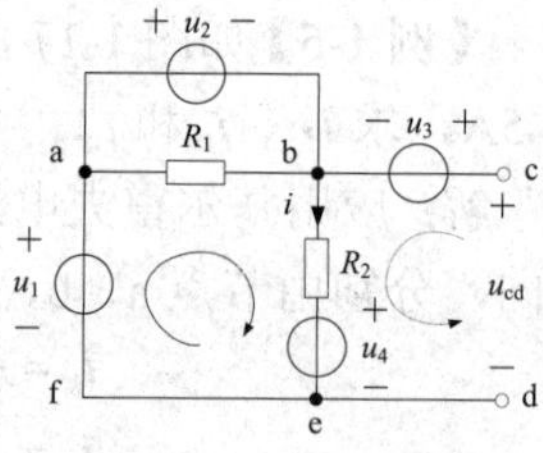

解：沿回路 abefa，由 KVL 定律，可列方程为

$$u_1 = u_2 + iR_2 + u_4$$

图 1-18　例 1-6 图

所以有

$$i = \frac{u_1 - u_2 - u_4}{R_2} = \frac{4-(-1)-3}{20} = 0.1\text{A}$$

虽然 cd 点并不闭合，但对回路 cbedc，也可以列 KVL 方程为

$$u_{cd} = u_3 + iR_2 + u_4 = 2 + 0.1 \times 20 + 3 = 7\text{V}$$

1.4.3　电路中 KCL、KVL 方程的独立性

在电路分析中，当电路中有多个未知的支路电压和电流时，常要运用 KCL、KVL 定律列写多个方程，组成线性方程组求解。那么，对于给定的电路，可以列出多少个独立有效的 KCL 和 KVL 方程呢？

图 1-19 所示电路中有四个节点($n = 4$)，可列出四个 KCL 方程，即

节点a：$i_1 = i_2 + i_3$

节点b：$i_2 = i_4 + i_5$

节点c：$i_3 + i_4 + i_s = 0$

节点d：$i_5 = i_1 + i_s$

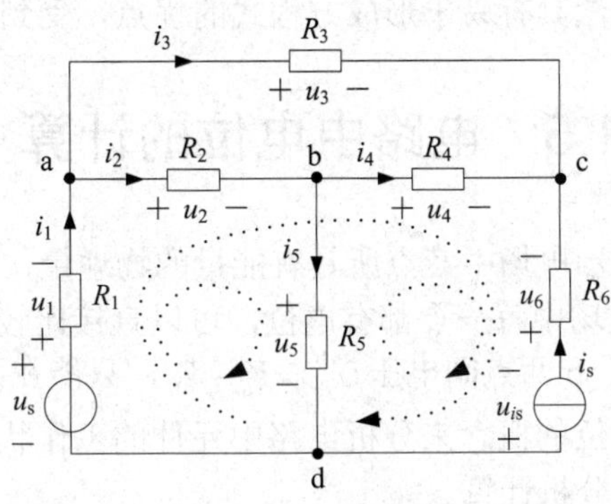

图 1-19　KCL、KVL 方程独立性例图

每一支路接在两个节点之间，因而每一支路电流对一个节点为流出，则对另一个节点为流入。因此，如对所有的节点写 KCL 方程，每一支路电流将出现两次，一次为正，一次为负。若把以上四个方程相加，必然得到等号两边为零的结果，即这四个方程不是相互独立的。

若从这四个方程中去掉任意一个，余下的三个方程一定是互相独立的。

可以证明，对于具有 n 个节点的电路，在任意($n-1$)个节点上可以得出($n-1$)个独立的 KCL 方程，相应的($n-1$)个节点称为独立节点。

在图 1-19 所示电路中，如果对回路 abda、回路 bcdb 和回路 abcda 列 KVL 方程，可得

abda：$u_1 + u_2 + u_5 - u_s = 0$

bcdb：$u_4 - u_6 - u_{is} - u_5 = 0$

abcda：$u_2 + u_4 - u_6 - u_{is} - u_s + u_1 = 0$

观察发现，前两个方程两边相加即可得到第三式。即这三个回路电压方程相互是不独立的，其中任一个方程可以由另外两个方程导出，所以这三个 KVL 方程中只有两个是独

立的。

可以证明，在平面电路中，其独立回路对应的KVL方程数等于其网孔数m，而网孔数$m=b-(n-1)$，其中b为支路数，n为节点数。

除了KCL、KVL方程外，还可以依据电路中元件的特性(VCR关系)列方程，如

$$u_1=R_1i_1$$
$$u_2=R_2i_2$$
$$u_3=R_3i_3$$

因此，对一个具有b条支路的电路，可以列出联系b个支路电流变量和b个支路电压变量所需的$2b$个独立方程式。

列写这些方程的基本依据是只取决于电路互连形式的拓扑约束(topological constraints)和取决于元件性质的元件约束(element constraints)，分别由电路的KCL、KVL定律和元件的VCR关系描述。

根据两类约束列出支路电压变量、支路电流变量的联立方程组从而求得所需未知电压、电流的方法常称为$2b$法。

$2b$法往往涉及求解大量联立方程式的问题，因此需要寻求减少联立方程式的电路分析方法。但是，从概念上说，$2b$法是很重要的，它是所有其他电路分析方法的基础。在计算机辅助电路分析中，这一方法具有易于形成方程式的优点，受到重视。

1.5 电路中电位的计算

电位也称为电势，是表示电场中某点所具有能量的物理量，用符号V表示，如a点的电位记为V_a，单位是V。电场中每一点都有电位，可以直接比较各点电位的高低，而电压就是两点间的电位差，如a、b两点间电压$U_{ab}=V_a-V_b$，只能在两点间相互比较。

在电子技术中，常用电位的概念来分析电路中元件的工作状态，应用电位的概念还可以简化电路图的画法，便于分析计算。

1.5.1 电位

在电路中，电位指某点到参考点间的电压，通常设参考点的电位为零，用图符“⊥”表示。

例如图1-20所示电路，若取c点为参考点，则$V_c=0V$，电路中电流$i=1A$，有

b点的电位：$V_b=U_{bc}=iR_2=1\times6=6V$

d点的电位：$V_d=U_{dc}=-iR_3=-1\times10=-10V$

b点电位为正，说明该点的电位比参考点高；d点电位为负，说明该点的电位比参考点低。

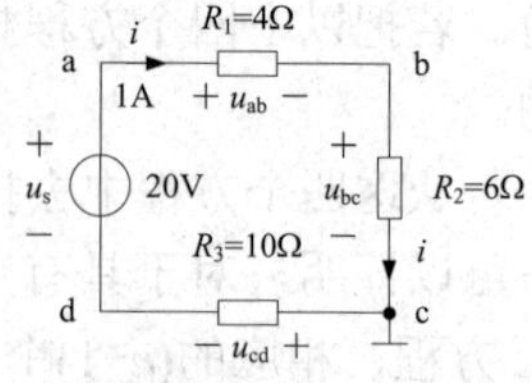

图1-20 电位的计算

若取d点为参考点，则$V_d=0V$，此时c点的电位为

$$V_c=U_{cd}=iR_3=1\times10=10V$$

b点的电位为

$$V_b=U_{bd}=U_{bc}+U_{cd}=iR_2+iR_3=1\times6+1\times10=16V$$

由上可知，在参考点不同的情况下，电路中同一点的电位也不相同。可见，电位是相对的，电路中某点电位的大小与参考点(即零电位点)的选择有关。零电位点可选电路上的任意点，习惯上规定大地为零电位点，对于机壳需要接地的设备，就可以把机壳作为参考点；在不接地的电子设备中，常把多个元器件汇聚的公共点设为零电位，也称之为地。

而在图 1-20 所示电路中，a、b 间的电压 $U_{ab}=iR_1=1\times4=4\text{V}$，a、d 间的电压 $U_{ad}=u_s=20\text{V}$，在以上参考点不同的两种情况下都始终不变。可见，电路中两点间的电压值是固定的，不会因参考点的不同而改变，即与零电位参考点的选取无关。

综上所述，计算电位的基本方法可归纳为如下几点。

(1) 选定电路中某一点为参考点，设其电位为零。

(2) 标出各电流参考方向及各元件两端电压的参考正、负极性。

(3) 计算各点至参考点间的电压，即得到各点的电位。

从被求点开始通过一定的路径绕行到零电位参考点，则该点的电位等于此路径上所有电压降的代数和：电阻元件电压降写成±iR 的形式，当电流 i 的参考方向与路径绕行方向一致时，取“+”号；反之，则取“−”号。电源电动势写成 $\pm u_s$ 形式，当电动势的方向与路径绕行方向一致时，取“+”号；反之，则选取“−”号。

【例 1-7】如图 1-20 所示电路，试通过路径 abc 和 adc 分别计算 a 点的电位。

解：由路径 abc，有

$$V_a=U_{ac}=U_{ab}+U_{bc}=iR_1+iR_2=1\times4\text{V}+1\times6\text{V}=10\text{V}$$

由路径 adc，有

$$V_a=U_{ac}=U_{ad}+U_{dc}=u_s-iR_3=20\text{V}-1\times10\text{V}=10\text{V}$$

在上式中，由于 R_3 上电流参考方向与绕行方向相反，故 R_3 上电压取“−”号。

上两式求出的 a 点电位是一样的，可见，只要参考点确定，电路中各点电位就确定了，与分析时所取的路径无关。

1.5.2　简化电路

为了方便绘制电路图及简化计算过程，借助电位的概念，常采用简化电路图。

如图 1-21(a)所示电路，可简化为图 1-21(b)或图 1-21(c)所示的形式，一般将电路参考点(地)选取在与电源直接相连处，把与地相连的电源及其与地的连线去掉，并用带有“+”、“−”符号及大小的标注代替。电路的其他所有部分则保留。

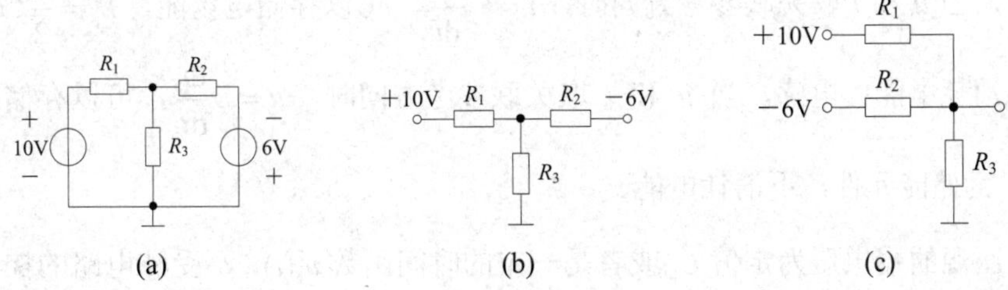

图 1-21　简化电路图

1.5.3 简化电路的分析方法

【例 1-8】如图 1-22(a)所示电路，求在开关 S 断开和闭合两种情况下，B 点的电位 V_B。

解：开关 S 断开时，电路没有构成电流通路，电流 $i=0$，R_1 上无压降，有

$$V_B = V_A - iR_1 = 10V - 0V = 10V$$

开关 S 闭合时，电路电流 $i = \frac{V_A - V_C}{R_1 + R_2} = \frac{10-(-6)}{8+8}mA = 1mA$，有

$$V_B = V_A - R_1 i = 10V - 8\times 1V = 2V$$

若不熟悉简化电路，也可将其改画成完整画法后再计算。即在标有电位的悬空端与参考点(地)间补画出理想电压源，注意理想电压源的极性和大小应与原来标的电位一样，如图 1-22(b)所示。

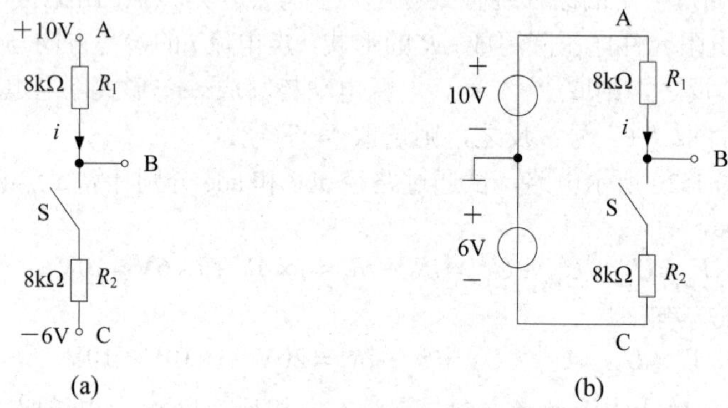

图 1-22 简化电路的分析

本章小结

实际电路及元件理想化后，用对应符号构成的抽象电路称为电路模型，以利于分析。

分析电路时，必须先设定电压、电流等电量的参考方向，元件或电路上电压、电流参考方向取一致(不一致)时称为关联(非关联)参考方向。

常见电路元件：电阻，当 u 和 i 取关联参考方向时，$u=Ri$，$p=ui=R^2 i \geqslant 0$，为耗能元件；电容，当 u 和 i 取关联参考方向时，$i = C\frac{du}{dt}$，可以存储电场能，$W=\frac{1}{2}Cu^2$，为储能元件，不消耗电能；电感，当 u 和 i 取关联参考方向时，$u = L\frac{di}{dt}$，可以存储磁场能，$W=\frac{1}{2}Li^2$，为储能元件，不消耗电能。

独立电压源的端电压为定值 U_s 或者是一定的时间函数 $u_s(t)$，不受外电路的控制而独立存在，与流过的电流大小、方向无关；独立电流源的电流为定值 I_s 或者是一定的时间函数 $i_s(t)$，也独立存在，与外电路或其两端的电压无关。电压源、电流源既可以向外电路提供能量，也可以从外电路吸收能量。

受控源是非独立的，其输出的电压或电流是受电路中其他位置的电压或电流控制的，所以受控源对电路不起激励作用。受控源分为四种形式：电压控制电压源(VCVS)、电流控制电压源(CCVS)、电压控制电流源(VCCS)、电流控制电流源(CCCS)。

基尔霍夫电流定律(KCL)：对任一集总电路中的任一节点，在任一时刻，流入(或流出)该节点的所有支路电流的代数和为零。KCL 的数学表达式为$\sum_{k=1}^{K} i_k(t)=0$。

基尔霍夫电压定律(KVL)：对任一集总电路中的任一回路，在任一时刻沿着该回路的所有支路电压的代数和为零。KVL 的数学表达式为$\sum_{k=1}^{K} u_k(t)=0$。

对于具有 n 个节点、b 条支路、m 个网孔的平面电路，其独立的 KCL 方程为$(n-1)$个，独立的 KVL 方程为 m 个，其中 $m=b-(n-1)$。

基尔霍夫定律表明了支路电流和支路电压之间与电路元件连接方式有关的约束关系，这种约束与元件特性无关，称为拓扑约束。而电路中的电压和电流还要受到元件特性(例如欧姆定律 $u=Ri$)的约束，这类约束只与元件的伏安关系(VCR)有关，与元件连接方式无关，称为元件约束。这两种约束是集总电路中分析问题的基本依据。

电路中某点到参考点间的电压称为该点的电位，通常设参考点的电位为零，电压就是两点间的电位差，应用电位的概念可以简化电路分析。

习　题

1. 已知图 1-23(a)、(b)所示两电路中的电流及其参考方向，标出其实际方向，如果参考方向改变，再写出两电流。

2. 已知图 1-24 所示电路中电池电动势大小为 5V，求 U_{ab} 和 U_{ba}。

3. 已知图 1-25 所示电路中电压表读数为−6V，求 U_{ab} 和 U_{ba}。

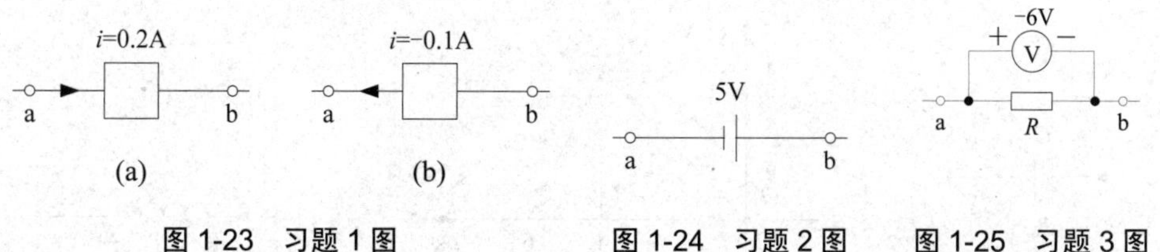

图 1-23　习题 1 图　　图 1-24　习题 2 图　　图 1-25　习题 3 图

4. 指出图 1-26 所示电路中各元件端电压 u 与电流 i 是否为关联参考方向，写出各元件功率的表达式，计算各元件的功率，说出它们是吸收还是发出功率。

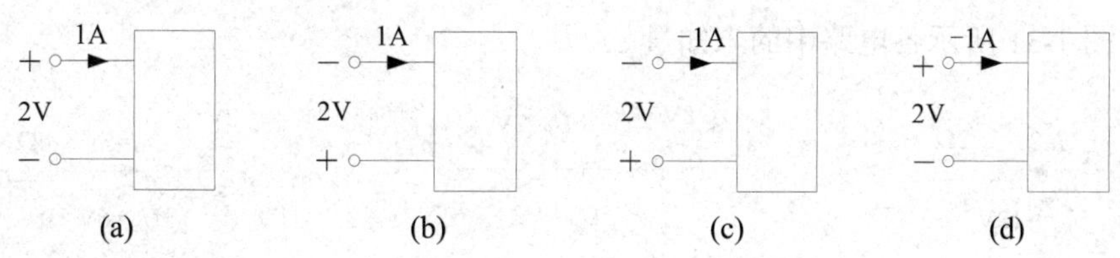

图 1-26　习题 4 图

5. 标出图 1-27 所示电路中各元件端电压的实际极性和各电流的实际方向，计算各元件吸收或发出的功率，并验证整个电路的功率是否平衡。

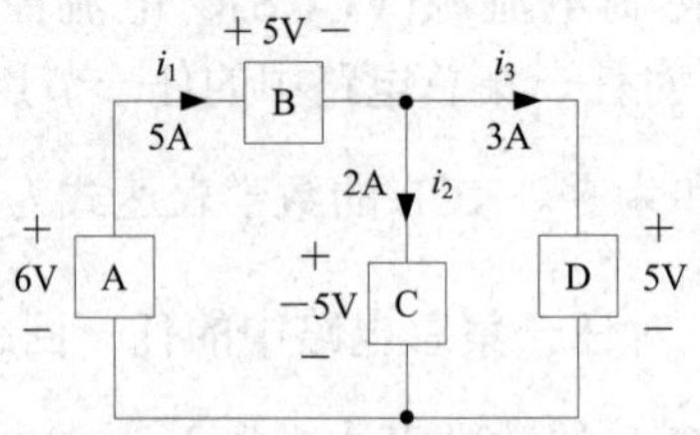

图 1-27　习题 5 图

6. 写出图 1-28 中各元件两端的电压 u 和电流 i 的约束方程(即伏安关系 VCR)。

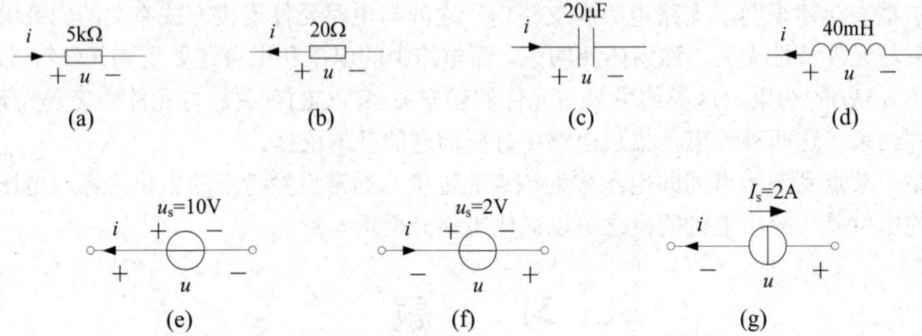

图 1-28　习题 6 图

7. 图 1-29(a)中 2μF 电容上所加电压的波形如图 1-29(b)所示，求：

(1) 电流 i。

(2) 功率 p。

8. 已知图 1-30 中电感 $L = 0.2\text{H}$，若其上电流 $i(t) = 4\sin(100t)$ A，$t \geqslant 0$，求其端电压 $u(t)$。

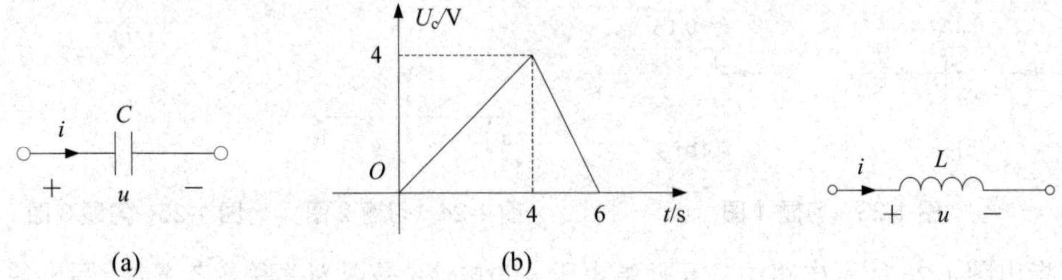

图 1-29　习题 7 图

图 1-30　习题 8 图

9. 求图 1-31 所示各电路中的未知量。

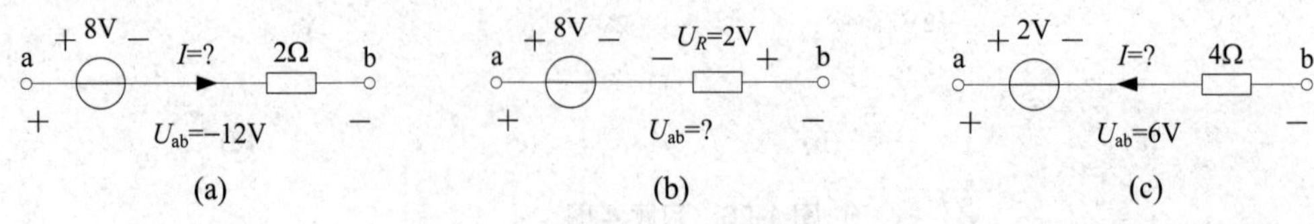

图 1-31　习题 9 图

10. 求图 1-32 所示各电路中的未知量(设电压表、电流表对电路无影响)。

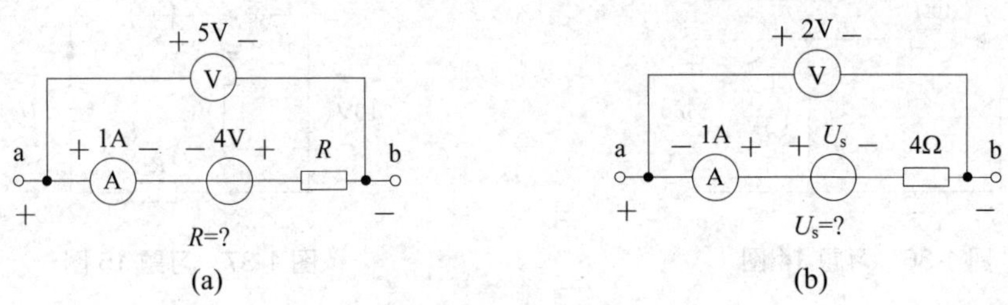

图 1-32　习题 10 图

11. 求图 1-33 所示电路中的电流 I 和电压 U。

12. 写出图 1-34 所示电路的端电压和总电流的关系式 $U = f(I)$。

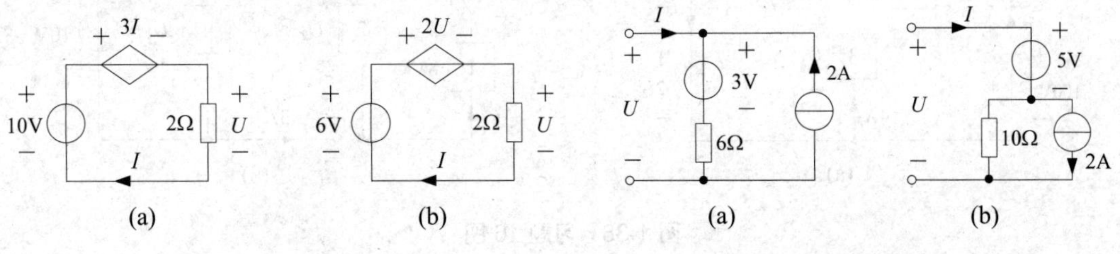

图 1-33　习题 11 图　　　　图 1-34　习题 12 图

13. 图 1-35 所示电路中有几个节点？几条支路？几个网孔和回路？依据已知量求电路中各元件的未知电流或电压。

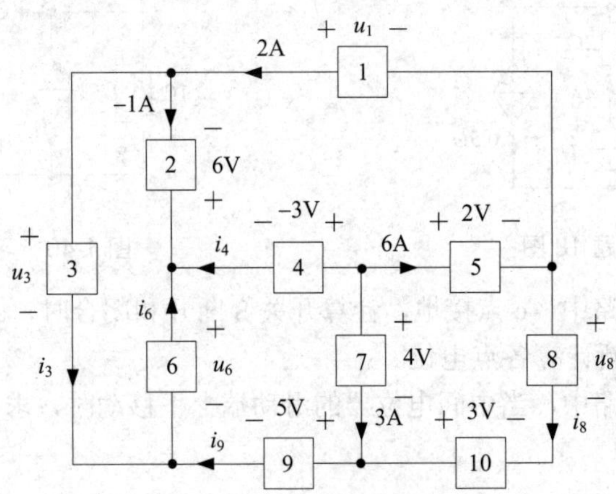

图 1-35　习题 13 图

14. 求图 1-36 所示电路中的电压 u 和电流 i 。

15. 求图 1-37 所示电路中电阻 R_1 上的电流 i 及恒流源 I_s 两端的电压 U，已知 R_1=5kΩ，R_2=2kΩ，I_s=1mA。

16. 应用基尔霍夫定律求出图 1-38 所示电路中各元件的未知电流或电压。

17. 根据图 1-38(a)、(b)所示的电路结构，判断可分别列写相互独立的 KCL 方程、相互独立的 KVL 方程各有多少个。

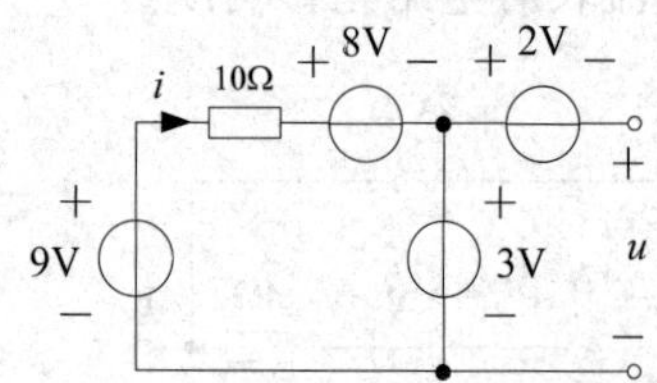

图 1-36　习题 14 图

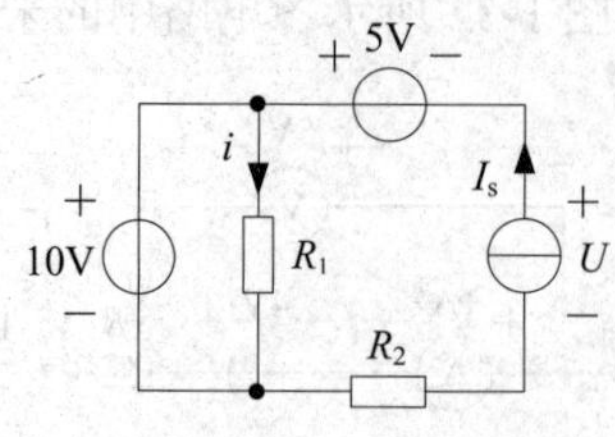

图 1-37　习题 15 图

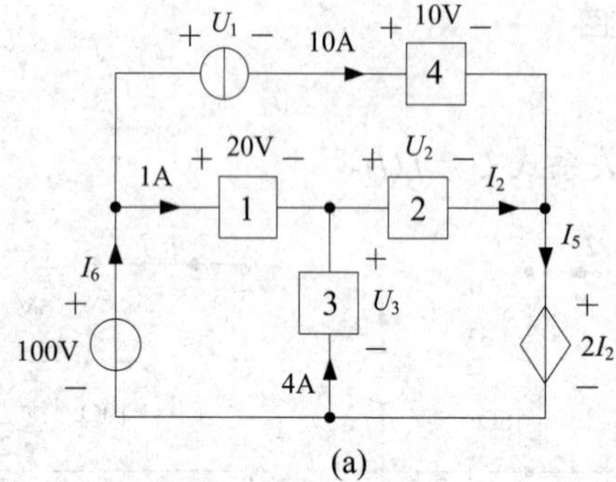

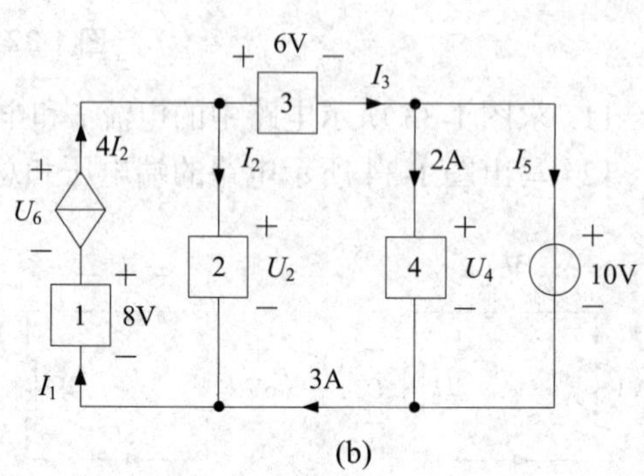

图 1-38　习题 16 图

18. 求图 1-39 所示电路中的电压 U 和 U_1。

19. 求图 1-40 所示电路中的电流 I 和电压 U。

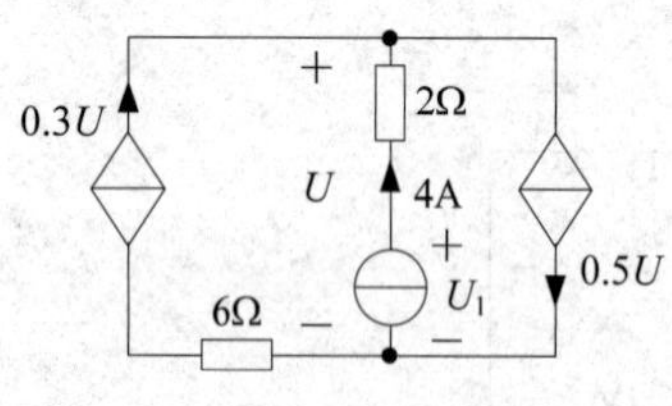

图 1-39　习题 18 图

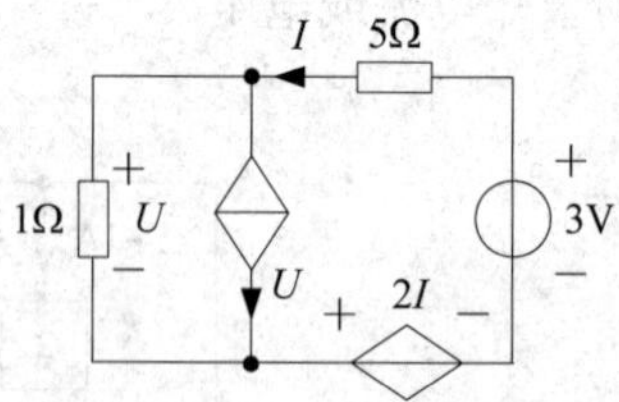

图 1-40　习题 19 图

20. 图 1-41 所示电路中，c 点接地，计算开关 S 断开和闭合时，a、b、c 各点的电位；当改为 a 点接地时，重新计算各点电位。

21. 图 1-42 所示电路中，当中间电位器的滑动端上下移动时，求与之相连的 B 点电位的最大变化范围。

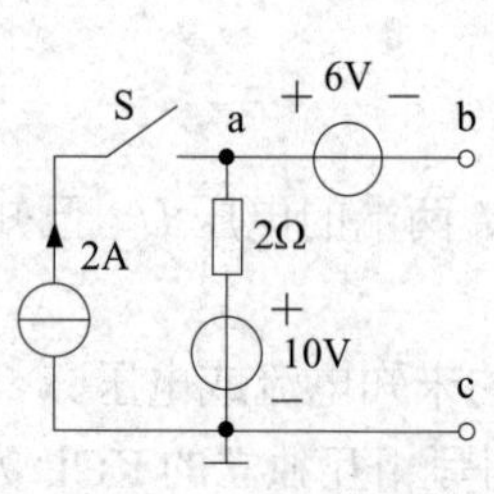

图 1-41　习题 20 图

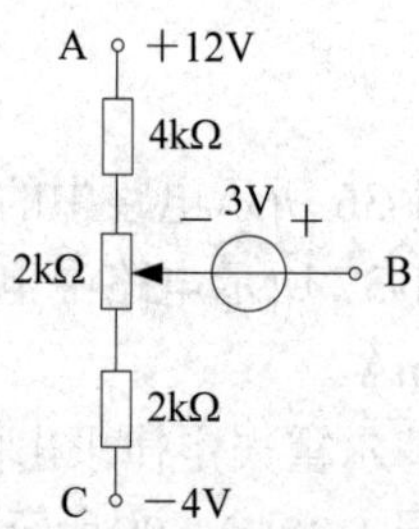

图 1-42　习题 21 图

第 2 章　电阻电路的等效变换

教学目标

(1) 理解电路等效变换的概念。

(2) 熟练掌握电阻的串联、并联与混联的等效变换，初步掌握电阻 Y 连接与△连接的等效变换。

(3) 掌握电源的串联、并联，实际电源的两种模型及等效变换。

(4) 掌握一端口电路输入电阻的计算。

2.1　概　　述

线性电路是指由时不变线性无源元件、线性受控源和独立源组成的电路。若无源元件为电阻元件，则为线性电阻电路，简称电阻电路。从本章开始一直到第 4 章将研究电阻电路的分析。这种电路的电源可以是直流的(不随时间变化)，也可以是交流的(随时间变化)。若所有的独立源都是直流的，则简称为直流电路。本章讲述较简单的电阻电路的分析。

在分析计算电路的过程中，常常用到等效的概念。电路的等效变换原理是分析电路的一种重要方法。

结构、元件参数不相同的两部分电路 N_1、N_2 如图 2-1 所示，若 N_1、N_2 具有相同的电压、电流关系，即相同的 VCR，则称它们彼此等效。这就是等效电路的一般定义。

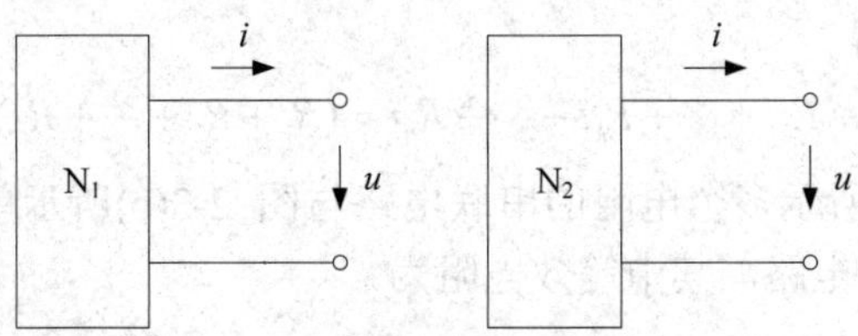

图 2-1　电路的等效

相互等效的两部分电路 N_1 与 N_2 在电路中可以相互代换，代换前的电路和代换后的电路对任意外电路 N_3 中的电压、电流和功率是等效的，如图 2-2 所示。也就是说，用图 2-2(a)求解 N_3 的电流、电压和功率所得到的结果与用图 2-2(b)求解 N_3 的电流、电压和功率所得到的结果是相等的。这种计算电路的方法称为电路的等效变换。用简单电路等效代替复杂电路可简化整个电路的计算。

需要明确的是：当用等效电路的方法求解电路时，电压、电流和功率保持不变的部分仅限于等效电路以外的部分(N_3)，这就是“对外等效”的概念。等效电路是被代替部分的简化或变形，因此，内部并不等效。例如，在求解 N_1 电路内部的电压、电流或功率时，不能直接用图 2-2(b)所示电路来求解。而是由图 2-2(b)所示电路得出 N_2 与 N_3 连接处的电压、电流，以此为图 2-2(a)所示电路中 N_1 与 N_3 连接处的电压、电流后，必须再回到图 2-2(a)所示电路中去求解 N_1 电路中要求的电压、电流或功率。

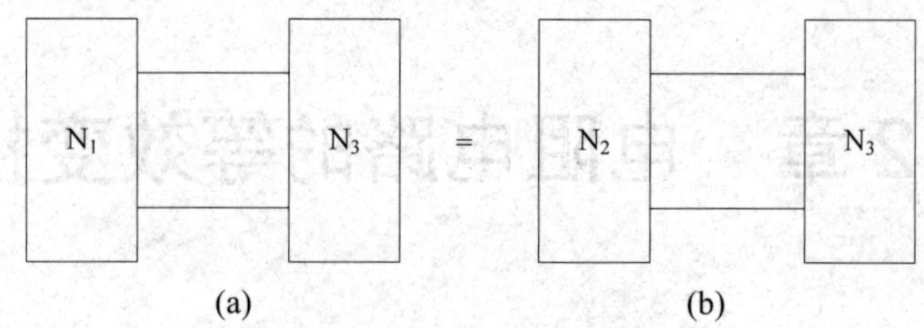

图 2-2　电路的等效变换

根据等效电路的定义，等效变换和化简电路的规律和公式在后面章节进行介绍。

2.2　电阻的串联和并联

电路中，电阻的连接形式多种多样，其中最简单的形式是串联和并联。通过等效变换的方法，可以将任一电阻连接电路等效为具有某个阻值的电阻。

2.2.1　电阻的串联及分压公式

如果电路中有两个或两个以上的电阻一个接一个地顺序相连，并且流过同一电流，则称这些电阻为串联。

图 2-3(a)所示为 n 个电阻的串联，设电压、电流参考方向关联，根据 KVL，电路的总电压等于各串联电阻的电压之和，即

$$u = u_1 + u_2 + \cdots + u_k + \cdots + u_n \tag{2-1}$$

由于各电阻的电流均为 i，根据欧姆定律有 $u_1 = R_1 i$，$u_2 = R_2 i$，…，$u_k = R_k i$，…，$u_n = R_n i$，代入式(2-1)，得

$$u = R_1 i + R_2 i + \cdots + R_k i + \cdots + R_n i = (R_1 + R_2 + \cdots + R_n)i = R_{\text{eq}} i \tag{2-2}$$

式(2-2)说明图 2-3(a)所示多个电阻的串联电路与图 2-3(b)所示单个电阻的电路具有相同的 VCR，是互为等效的电路。其中等效电阻为

$$R_{\text{eq}} \overset{\text{def}}{=\!=\!=} R_1 + R_2 + \cdots + R_n = \sum_{k=1}^{n} R_k \tag{2-3}$$

即串联电路的总电阻等于各分电阻之和。

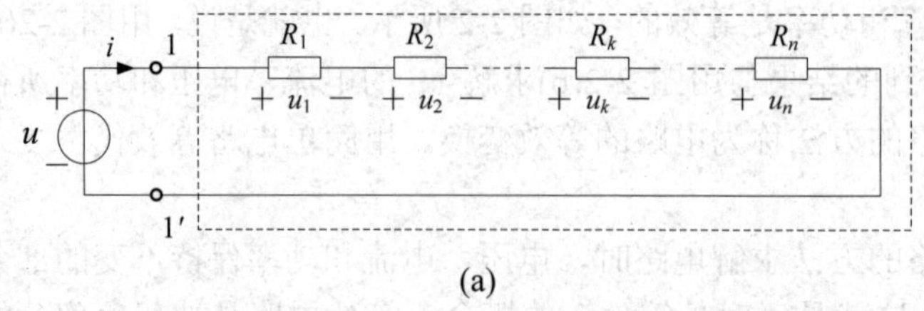

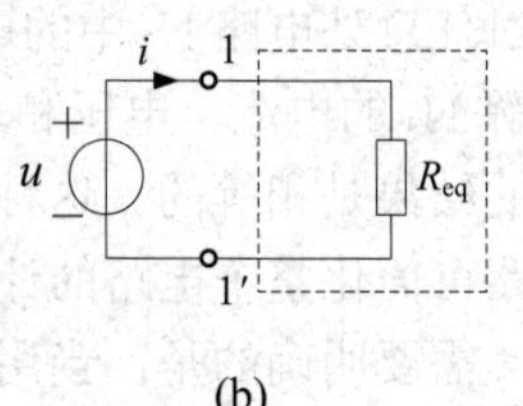

图 2-3　电阻的串联等效

显然，等效电阻 R_{eq} 必大于任何一个串联的分电阻 R_k。

若已知串联电阻两端的总电压，求各分电阻上的电压，称为分压。由图 2-3 可知

$$u_k = R_k i = R_k \frac{u}{R_{\text{eq}}} = \frac{R_k}{R_{\text{eq}}} u < u \tag{2-4}$$

满足 $u_1 : u_2 : \cdots : u_k : \cdots : u_n = R_1 : R_2 : \cdots : R_k : \cdots : R_n$。

可见，电阻串联时，各分电阻上的电压与电阻成正比，电阻值大者分得的电压大。因此，串联电阻电路可作分压电路。式(2-4)称为分压公式。

两个电阻 R_1、R_2 串联时，等效电阻 $R = R_1 + R_2$，则有分压公式为

$$U_1 = \frac{R_1}{R_1 + R_2} U, \qquad U_2 = \frac{R_2}{R_1 + R_2} U$$

电阻串联是电路中的常见形式。例如，为了限制负载中过大的电流，常将负载与一个限流电阻串联；当负载需要变化的电流时，通常串联一个电位器。

此外，用电流表测量电路中的电流时，需将电流表串联在所要测量的支路里。

【例 2-1】 有一盏额定电压 $U_1 = 40\text{V}$、额定电流 $I = 5\text{A}$ 的电灯，应该怎样把它接入电压 $U = 220\text{V}$ 的照明电路中？

解： 将电灯(设电阻为 R_1)与一个分压电阻 R_2 串联后，接到 $U = 220\text{V}$ 的电源上，如图 2-4 所示。

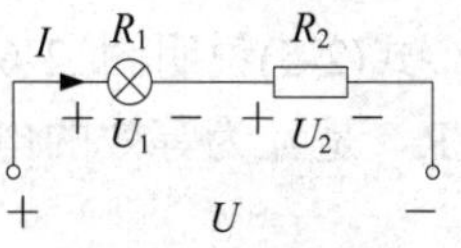

图 2-4　例 2-1 图

解法一：分压电阻 R_2 上的电压为 $U_2 = U - U_1 = 220 - 40 = 180\text{V}$，且 $U_2 = R_2 I$，则有

$$R_2 = \frac{U_2}{I} = \frac{180}{5} = 36\,\Omega$$

解法二：利用两个电阻串联的分压公式 $U_1 = \frac{R_1}{R_1 + R_2} U$，且 $R_1 = \frac{U_1}{I} = \frac{40}{5} = 8\Omega$，可得

$$R_2 = R_1 \frac{U - U_1}{U_1} = 8 \times \frac{220 - 40}{40} = 36\Omega$$

即将电灯与一个 36Ω 分压电阻串联后，接到 $U = 220\text{V}$ 的电源上即可。

【例 2-2】 有一只电流表，内阻 $R_g = 1\text{k}\Omega$，满偏电流 $I_g = 100\mu\text{A}$，要把它改成量程 $U_n = 3\text{V}$ 的电压表，应该串联一个多大的分压电阻 R？

解： 如图 2-5 所示，该电流表的电压量程为 $U_g = R_g I_g = 0.1\text{V}$，与分压电阻 R 串联后的总电压 $U_n = 3\text{V}$，即将电压量程扩大到 $n = U_n/U_g = 30$ 倍。

利用两个电阻串联的分压公式，可得 $U_g = \frac{R_g}{R_g + R} U_n$，则有

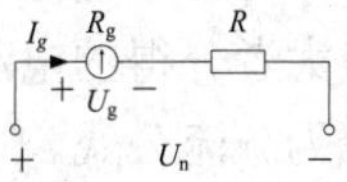

$$R = \frac{U_n - U_g}{U_g} R_g = \left(\frac{U_n}{U_g} - 1\right) R_g = (n-1) R_g = (30-1) \times 1\text{k}\Omega = 29\text{k}\Omega$$

图 2-5　例 2-2 图

例 2-2 表明，将一只量程为 U_g、内阻为 R_g 的表头扩大到量程为 U_n，所需要的分压电阻为 $R = (n - 1) R_g$，其中 $n = U_n/U_g$ 称为电压扩大倍数。

2.2.2　电阻的并联及分流公式

如果电路中有两个或两个以上的电阻连接在两个公共节点之间，并且通过同一电压，则称这些电阻为并联。

图 2-6(a)所示为 n 个电阻的并联，设电压、电流参考方向关联，根据 KCL，电路的总电流等于流过各并联电阻的电流之和，即

$$\begin{aligned} i &= i_1 + i_2 + \cdots + i_k + \cdots + i_n = G_1 u + G_2 u + \cdots + G_k u + \cdots + G_n u \\ &= (G_1 + G_2 + \cdots + G_k + \cdots + G_n) u = G_{\text{eq}} u \end{aligned} \tag{2-5}$$

式中，G_1、G_2、…、G_k、…、G_n 为电阻 R_1、R_2、…、R_k、…、R_n 的电导。

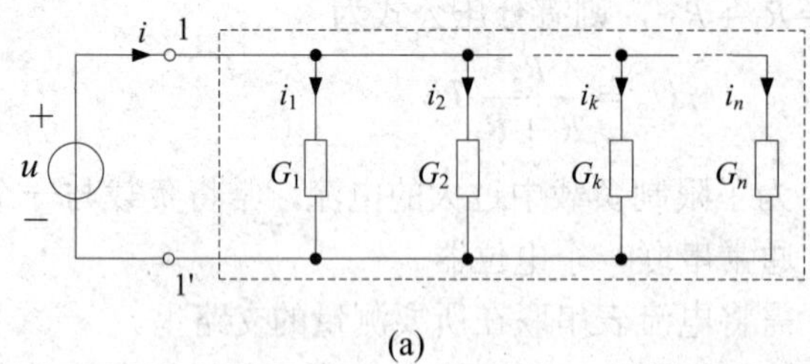

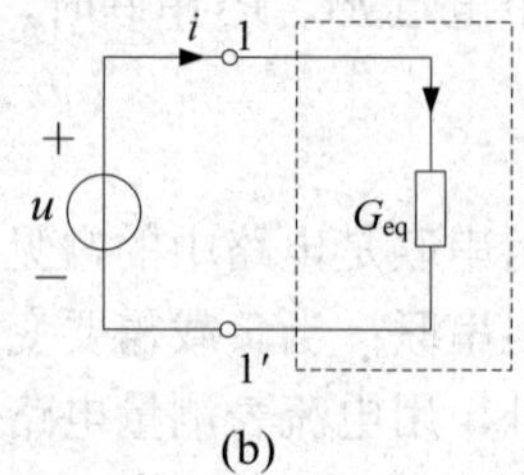

图 2-6　电阻的并联等效

式(2-5)说明图 2-6(a)所示多个电阻的并联电路与图 2-6(b)所示电阻的电路具有相同的 VCR，是互为等效的电路。其中等效电导为

$$G_{\text{eq}} \overset{\text{def}}{=\!=} G_1 + G_2 + \cdots + G_n = \sum_{k=1}^{n} G_k \geqslant G_k \tag{2-6}$$

可见，电阻并联时，其等效电导等于各电导之和且大于分电导。

或根据式(2-6)有 $\dfrac{1}{R_{\text{eq}}} = G_{\text{eq}} = \dfrac{1}{R_1} + \dfrac{1}{R_2} + \cdots + \dfrac{1}{R_n}$，即 $R_{\text{eq}} < R_k$，得等效电阻之倒数等于各分电阻倒数之和，等效电阻小于任意一个并联的分电阻。

若已知并联电阻电路的总电流，求各分电阻上的电流，称为分流。由图 2-6 可知

$$\frac{i_k}{i} = \frac{u / R_k}{u / R_{\text{eq}}} = \frac{G_k}{G_{\text{eq}}}$$

即

$$i_k = \frac{G_k}{G_{\text{eq}}} i \tag{2-7}$$

满足 $i_1 : i_2 : \cdots : i_k : \cdots : i_n = G_1 : G_2 : \cdots : G_k : \cdots : G_n$。

可见，电阻并联时，各分电阻上的电流与电阻成反比，电阻值大者分得的电流小。因此，并联电阻电路可作分流电路。式(2-7)称为分流公式。

当两个电阻 R_1、R_2 并联时，如图 2-7 所示，等效电阻为

图 2-7　电阻并联电路

$$R = \frac{R_1 R_2}{R_1 + R_2}$$

则有分流公式为

$$I_1 = \frac{R_2}{R_1 + R_2} I, \qquad I_2 = \frac{R_1}{R_1 + R_2} I$$

并联电路也有广泛的应用。例如，工厂里的动力负载、家用电器和照明电器等都以并联的方式连接在电网上，以保证负载在额定电压下正常工作。

此外，用电压表测量电路中某两点间的电压时，需将电压表并联在要测量的两点间。

【例 2-3】如图 2-8 所示，电源供电电压 $U = 220\text{V}$，每根输电导线的电阻均为 $R_1 = 1\Omega$，电路中一共并联 100 盏额定电压 220V、功率 40W 的电灯。假设电灯在工作(发光)时电阻值为常数。试求：

(1) 当只有 10 盏电灯工作时，每盏电灯的电压 U_L 和功率 P_L。

(2) 当 100 盏电灯全部工作时，每盏电灯的电压 U_L 和功率 P_L。

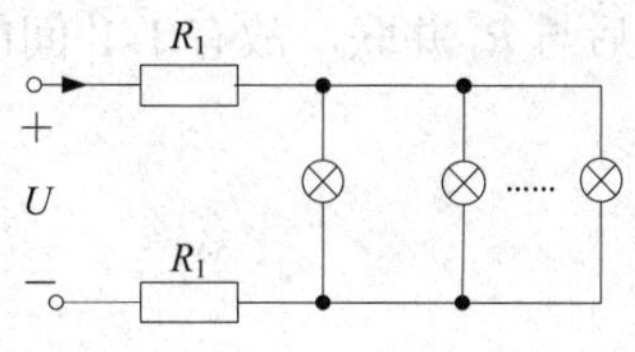

图 2-8　例 2-3 图

解：每盏电灯的电阻为 $R = U^2/P = 1210\Omega$，n 盏电灯并联后的等效电阻为 $R_n = R/n$。

根据分压公式，可得每盏电灯的电压、功率分别为

$$U_L = \frac{R_n}{2R_1 + R_n}U$$

$$P_L = \frac{U_L^2}{R}$$

(1) 当只有 10 盏电灯工作时，即 $n = 10$，则 $R_{10} = R/10 = 121\Omega$，因此有

$$U_L = \frac{R_{10}}{2R_1 + R_{10}}U \approx 216\text{V}, P_L = \frac{U_L^2}{R} \approx 39\text{W}$$

(2) 当 100 盏电灯全部工作时，即 $n = 100$，则 $R_{100} = R/100 = 12.1\Omega$，因此有

$$U_L = \frac{R_{100}}{2R_1 + R_{100}}U \approx 189\text{V}, P_L = \frac{U_L^2}{R} \approx 29\text{W}$$

【例 2-4】有一只微安表，满偏电流 $I_g = 100\mu\text{A}$、内阻 $R_g = 1\text{k}\Omega$，要改装成量程为 $I_n = 100\text{mA}$ 的电流表，试求所需的分流电阻 R。

解：如图 2-9 所示，设 $n = I_n/I_g$，根据分流公式可得

$$I_g = \frac{R}{R_g + R}I_n$$

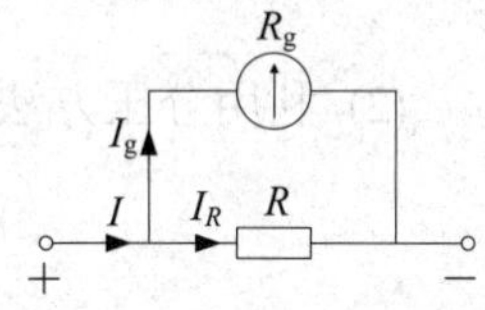

图 2-9　例 2-4 图

则有

$$R = \frac{R_g}{n-1}$$

本题中 $n = I_n/I_g = 1000$，所以有

$$R = \frac{R_g}{n-1} = \frac{1\times10^3}{1000-1}\Omega \approx 1\Omega$$

例 2-4 表明，将一只量程为 I_g、内阻为 R_g 的表头扩大到量程为 I_n，所需要的分流电阻为 $R = R_g/(n-1)$，其中 $n = I_n/I_g$ 称为电流扩大倍数。

2.2.3　电阻的串并联

电路中既有电阻串联又有电阻并联的电路称为电阻的串并联电路，简称混联电路，如图 2-10 所示。电阻相串联的部分具有电阻串联电路的特点；电阻相并联的部分具有电阻并联电路的特点。混联电路要解决的问题仍然是求电路的等效电阻，以及电路中各部分的电压、电流等问题。解决这类问题的方法之一就是运用线性电阻串联和并联的规律，围绕指

定的端口逐步化简原电路。在图 2-10 所示电路中，R_3 与 R_4 串联后与 R_5 并联，再与 R_2 串联，最后与 R_1 并联，故有 1-1′ 间的等效电阻 $R_{1-1'}=\{[(R_3+R_4)//R_5]+R_2\}//R_1$。

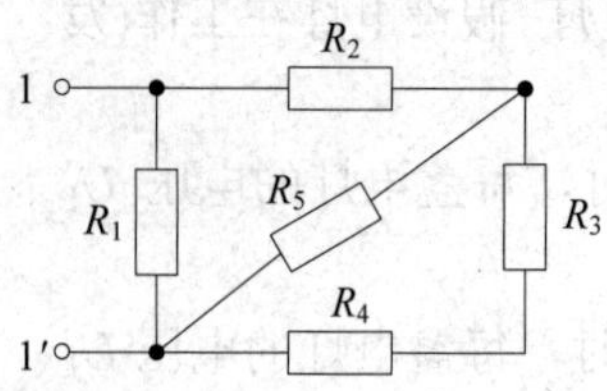

图 2-10　混联电路

【例 2-5】求图 2-11 所示电路的 i_1、i_4 和 u_4。

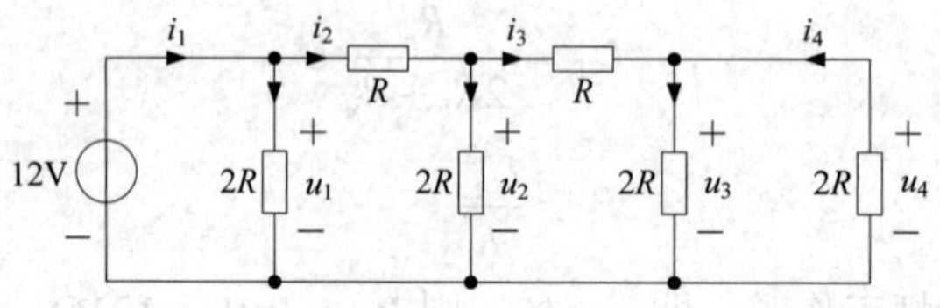

图 2-11　例 2-5 图

解：(1) 利用分流方法有

$$i_4=-\frac{1}{2}i_3=-\frac{1}{4}i_2=-\frac{1}{8}i_1=-\frac{1}{8}\times\frac{12}{R}=-\frac{3}{2R}$$

$$u_4=-i_4\times 2R=3\text{V}$$

$$i_1=\frac{12}{R}$$

(2) 利用分压方法有

$$u_4=\frac{u_2}{2}=\frac{u_1}{4}=3\text{V}$$

$$i_4=-\frac{3}{2R}$$

从以上例题可得求解串并联电路的一般步骤如下。

(1) 求出等效电阻或等效电导。

(2) 应用欧姆定律求出总电压或总电流。

(3) 应用欧姆定律或分压、分流公式求各电阻上的电流和电压。

因此，分析串并联电路的关键问题是判别电路的串并联关系。判别电路的串并联关系一般应掌握下述四点。

(1) 看电路的结构特点。若电阻是首尾相连就是串联，若电阻是首首相连和尾尾相连就是并联。

(2) 看电压电流关系。若流经电阻的电流是同一个电流，那就是串联；若电阻上承受的是同一个电压，那就是并联。

(3) 对电路作变形等效。如将左边的支路扭到右边，将上面的支路翻到下面，将弯曲的支路拉直，将短线路任意压缩或者伸长，将多点接地用短路线相连等。一般情况下，都可以判别出电路的串并联关系。

(4) 找出等电位点。对于具有对称特点的电路，若能判断某两点是等电位点，则根据电路等效的概念，一是可以用短接线把等电位点连起来，二是可以把连接等电位点的支路断开(因支路中无电流)，从而得到电阻的串并联关系。

2.3　电阻的 Y 连接和△连接的等效变换

当遇到结构较为复杂的电路时，就难以用简单的串并联来化简。如图 2-12(a)所示为一桥式电路，电阻之间既非串联，也非并联，而是△-Y 连接结构，其中 R_1、R_3 和 R_5 及 R_2、R_4 和 R_5 都构成如图 2-12(b)所示的△结构(也称三角形连接)，而 R_1、R_2 和 R_5 及 R_3、R_4 和 R_5 都构成如图 2-12(c)所示的 Y 结构(也称星形连接)。

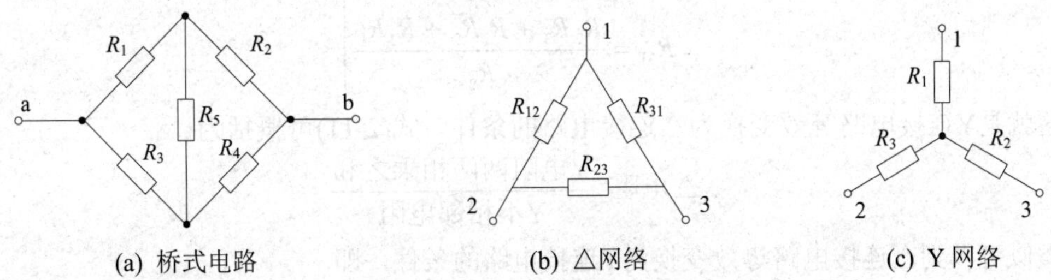

(a) 桥式电路　(b) △网络　(c) Y 网络

图 2-12　复杂电路的连接

图 2-12(b)、(c)中的端子与电路的其他部分相连，图中没有画出电路的其他部分。在这两个电路中，当它们的电阻满足一定的关系时，它们在端子 1、2、3 上及端子以外的特性可以相同，即能够相互等效。根据电路的等效条件，当图 2-12(b)和图 2-12(c)中的端子 1、2、3 之间的电压 $u_{12\triangle}=u_{12Y}$、$u_{23\triangle}=u_{23Y}$、$u_{31\triangle}=u_{31Y}$，端子电流 $i_{1\triangle}=i_{1Y}$、$i_{2\triangle}=i_{2Y}$、$i_{3\triangle}=i_{3Y}$ 时，△电路和 Y 电路可相互等效。

对于△电路，若用电压表示电流，根据 KCL 可得如下关系式：

$$\left.\begin{aligned} i_{1\triangle}&=\frac{u_{12\triangle}}{R_{12}}-\frac{u_{31\triangle}}{R_{31}}\\ i_{2\triangle}&=\frac{u_{23\triangle}}{R_{23}}-\frac{u_{12\triangle}}{R_{12}}\\ i_{3\triangle}&=\frac{u_{31\triangle}}{R_{31}}-\frac{u_{23\triangle}}{R_{23}} \end{aligned}\right\} \tag{2-8}$$

对于 Y 电路，若用电流表示电压，根据 KCL 和 KVL 可得如下关系式：

$$\left.\begin{aligned} u_{12Y}&=R_1 i_{1Y}-R_2 i_{2Y}\\ u_{23Y}&=R_2 i_{2Y}-R_3 i_{3Y}\\ u_{31Y}&=R_3 i_{3Y}-R_1 i_{1Y}\\ i_{1Y}+i_{2Y}&+i_{3Y}=0 \end{aligned}\right\} \tag{2-9}$$

由式(2-9)解得

$$\left.\begin{aligned}i_{1\mathrm{Y}}&=\frac{u_{12\mathrm{Y}}R_3}{R_1R_2+R_2R_3+R_3R_1}-\frac{u_{31\mathrm{Y}}R_2}{R_1R_2+R_2R_3+R_3R_1}\\i_{2\mathrm{Y}}&=\frac{u_{23\mathrm{Y}}R_1}{R_1R_2+R_2R_3+R_3R_1}-\frac{u_{12\mathrm{Y}}R_3}{R_1R_2+R_2R_3+R_3R_1}\\i_{3\mathrm{Y}}&=\frac{u_{31\mathrm{Y}}R_2}{R_1R_2+R_2R_3+R_3R_1}-\frac{u_{23\mathrm{Y}}R_1}{R_1R_2+R_2R_3+R_3R_1}\end{aligned}\right\}\tag{2-10}$$

根据等效条件，比较式(2-10)与式(2-8)的系数，得

$$\left.\begin{aligned}R_{12}&=\frac{R_1R_3+R_2R_3+R_1R_2}{R_3}\\R_{23}&=\frac{R_1R_2+R_1R_3+R_2R_3}{R_1}\\R_{31}&=\frac{R_2R_3+R_1R_2+R_3R_1}{R_2}\end{aligned}\right\}\tag{2-11}$$

这就是Y连接电路等效变换为△连接电路的条件。式(2-11)可概括为

$$\triangle\text{电阻}=\frac{\text{Y电阻两两相乘之和}}{\text{Y不相邻电阻}}$$

类似可得到△连接电路等效变换为Y连接电路的条件，即

$$\left.\begin{aligned}R_1&=\frac{R_{12}R_{31}}{R_{12}+R_{23}+R_{31}}\\R_2&=\frac{R_{23}R_{12}}{R_{12}+R_{23}+R_{31}}\\R_3&=\frac{R_{23}R_{31}}{R_{12}+R_{23}+R_{31}}\end{aligned}\right\}\tag{2-12}$$

式(2-12)可概括为

$$\text{Y电阻}=\frac{\triangle\text{相邻电阻的乘积}}{\triangle\text{电阻之和}}$$

若Y电路中三个电阻相等，即 $R_1=R_2=R_3=R_\mathrm{Y}$ ，则等效△电路中的三个电阻也相等，即 $R_\triangle=R_{12}=R_{23}=R_{31}=3R_\mathrm{Y}$ 。

同样，若△电路中 $R_{12}=R_{23}=R_{31}=R_\triangle$ ，则等效Y电路中 $R_\mathrm{Y}=R_1=R_2=R_3=\frac{R_\triangle}{3}$ 。

利用等效变换分析电路时，应注意以下几点。

(1) △-Y电路的等效变换属于多端子电路的等效，在应用中，除了正确使用电阻变换公式计算各电阻值外，还必须正确连接各对应端子。

(2) 等效是对外部(端钮以外)电路有效，对内不成立。

(3) 等效电路与外部电路无关。

(4) 等效变换用于简化电路，因此不要把本是串并联的问题看作△、Y结构进行等效变换，那样会使问题的计算更复杂。

另外，如图 2-13 所示的电阻连接，也属于电阻的 Y 连接和△连接，又分别称为电阻的 T 连接和 Π 连接。

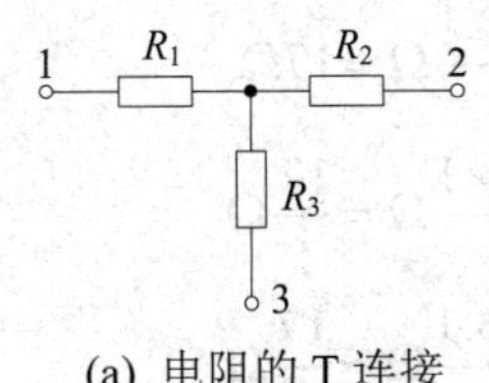

(a) 电阻的 T 连接

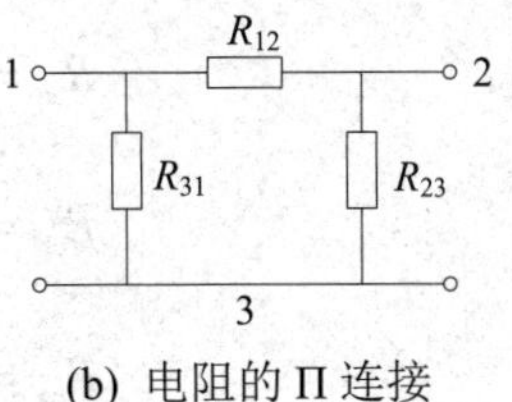

(b) 电阻的 Π 连接

图 2-13　电阻的 T 连接和 Π 连接

【例 2-6】 电路如图 2-14(a)所示，求电路中 a、b 间的等效电阻 R_{eq} 和电流 i。

解： 将图2-14(a)所示电路中的R_1、R_2、R_5组成的三角形电路等效转换成由R_a、R_c、R_d组成的星形电路，如图2-14(b)所示。由式(2-12)，得

$$R_a = \frac{3\times 5}{3+5+2} = 1.5\Omega$$

$$R_c = \frac{2\times 3}{3+5+2} = 0.6\Omega$$

$$R_d = \frac{2\times 5}{3+5+2} = 1\Omega$$

利用电阻的串并联等效变换可得a、b间的等效电阻为

$$R_{eq} = 1.5 + (0.6+1.4)//(1+1) = 2.5\Omega$$

则由图2-14(b)得

$$i = \frac{5}{2.5+2.5}\text{A} = 1\text{A}$$

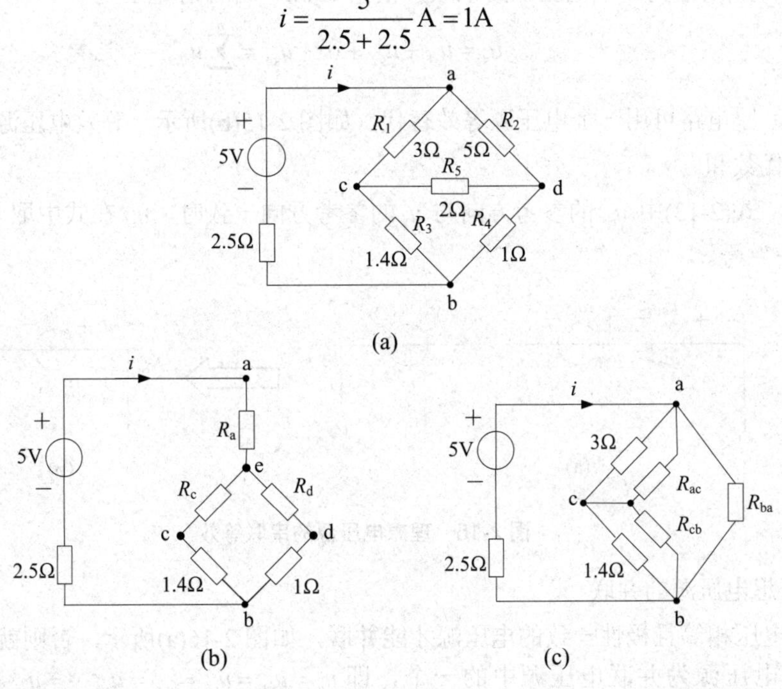

图 2-14　例 2-6 图

也可将图2-14(a)所示电路中由R_2、R_5、R_4组成的星形电路等效转换成由R_{ac}、R_{cb}、R_{ba}组成的三角形电路，如图2-14(c)所示。由式(2-11)，得

$$R_{ac}=\frac{2\times5+2\times1+5\times1}{1}\Omega=17\Omega$$

$$R_{cb}=\frac{2\times5+2\times1+5\times1}{5}\Omega=\frac{17}{5}\Omega$$

$$R_{ba}=\frac{2\times5+2\times1+5\times1}{2}\Omega=\frac{17}{2}\Omega$$

则也可得到a、b间的等效电阻为 $R_{eq}=\left(3//17+1.4//\frac{17}{5}\right)//\frac{17}{2}\Omega=2.5\Omega$。

2.4 电源的等效变换

2.4.1 电源的串并联

电压源、电流源的串联和并联问题的分析，是以电压源和电流源的定义及外特性为基础，结合电路等效的概念进行的。

1. 理想电压源的串联和并联

1) 理想电压源的串联

图 2-15(a)所示为 n 个电压源的串联，根据 KVL，可得总电压为

$$u_s=u_{s1}+u_{s2}+\cdots+u_{sn}=\sum_{k=1}^{n}u_{sk} \tag{2-13}$$

可见，原电路可用一个电压源等效替代，如图 2-15(b)所示。等效电压源的电压为串联电压源的代数和。

注意，式(2-13)中 u_{sk} 的参考方向与 u_s 的参考方向一致时，u_{sk} 在式中取“+”号，不一致时取“−”号。

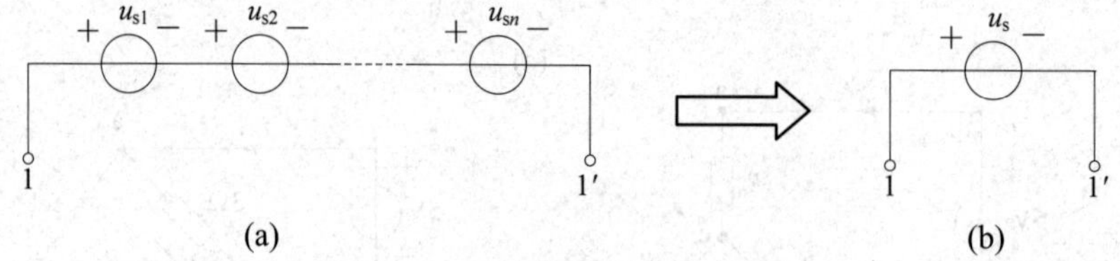

图 2-15 理想电压源的串联等效

2) 理想电压源的并联

只有电压相等且极性一致的电压源才能并联，如图 2-16(a)所示，否则就违背了 KVL。此时等效电压源为并联电压源中的一个，即 $u_s=u_{s1}=u_{s2}=\cdots=u_{sk}\cdots=u_{sn}$。等效电路如图 2-16(b)所示。

注意，电压源并联时，每个电压源中的电流是不确定的。

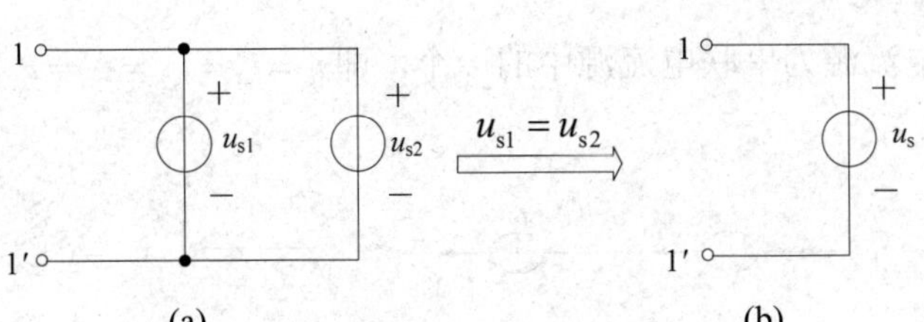

图 2-16　理想电压源的并联等效

2. 电压源与支路的串、并联等效

1) 电压源与支路的串联等效

图 2-17(a)所示为 n 个电压源和电阻支路的串联，根据 KVL，可得端口电压、电流关系为

$$\begin{aligned} u &= u_{s1}+R_1 i+u_{s2}+R_2 i+\cdots+u_{sn}+R_n i \\ &= (u_{s1}+u_{s2}+\cdots+u_{sn})+(R_1+R_2+\cdots+R_n)i = u_s+Ri \end{aligned}$$

根据电路等效的概念，图 2-17(a)所示电路可以用图 2-17(b)所示电压为 u_s 的单个电压源和电阻为 R 的单个电阻的串联组合等效替代，其中

$$u_s = u_{s1}+u_{s2}+\cdots+u_{sn}, \quad R = R_1+R_2+\cdots+R_n$$

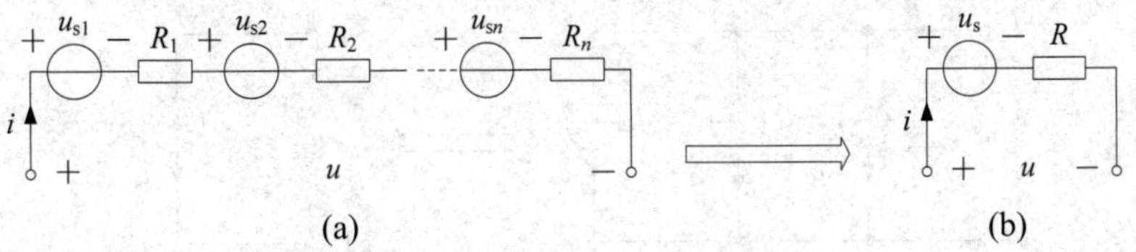

图 2-17　电压源与支路的串联等效

2) 电压源与支路的并联等效

图 2-18(a)所示为电压源和任意元件的并联，设外电路接电阻 R，根据 KVL 和欧姆定律，可得端口电压 $u=u_s$，电流 $i=\dfrac{u}{R}$。

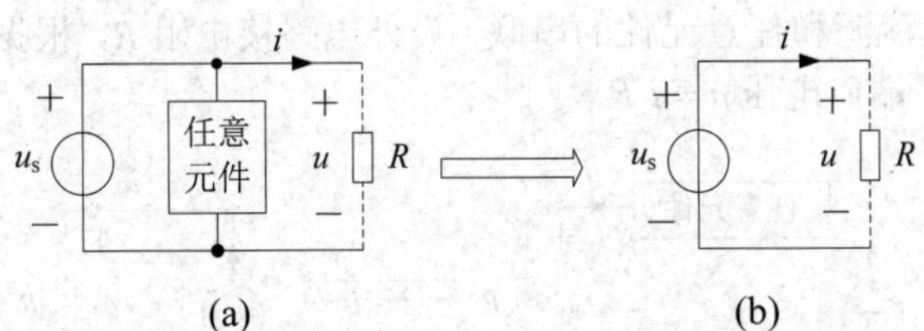

图 2-18　电压源与支路的并联等效

可见，端口电压、电流只由电压源和外电路决定，与并联的元件无关，对外特性与图 2-18(b)所示电压为 u_s 的单个电压源一样。因此，电压源和任意元件并联就等效为电压源。

3. 理想电流源的串联和并联

1) 理想电流源的串联

只有电流相等且输出电流方向一致的电流源才能串联，如图 2-19(a)所示，否则就违背了

KCL。此时等效电流源为串联电流源中的一个，即 $i_s = i_{s1} = i_{s2} = \cdots = i_{sk} = \cdots = i_{sn}$ 。等效电路如图 2-19(b)所示。

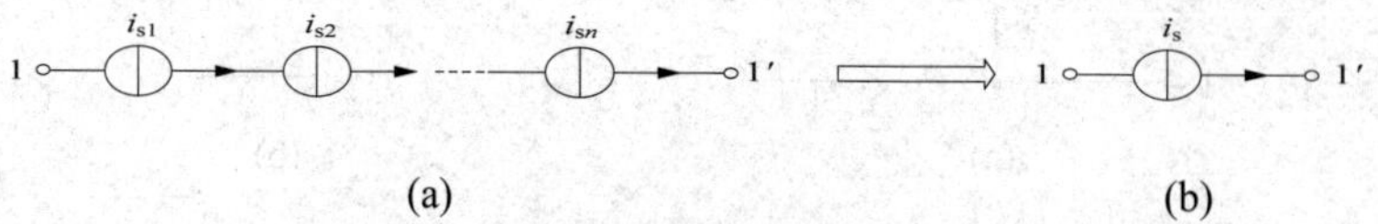

图 2-19　理想电流源的串联等效

注意，电流源串联时，每个电流源上的电压是不确定的。

2) 理想电流源的并联

图 2-20(a)所示为 n 个电流源的并联，根据 KCL，可得总电流为

$$i_s = i_{s1} + i_{s2} + \cdots + i_{sn} = \sum_{k=1}^{n} i_{sk} \tag{2-14}$$

可见，原电路可用一个电流源等效替代，如图 2-19(b)所示。等效电流源的电流为并联电流源的代数和。

注意，式(2-14)中 i_{sk} 与 i_s 的参考方向一致时，i_{sk} 在式中取“+”号，不一致时取“-”号。

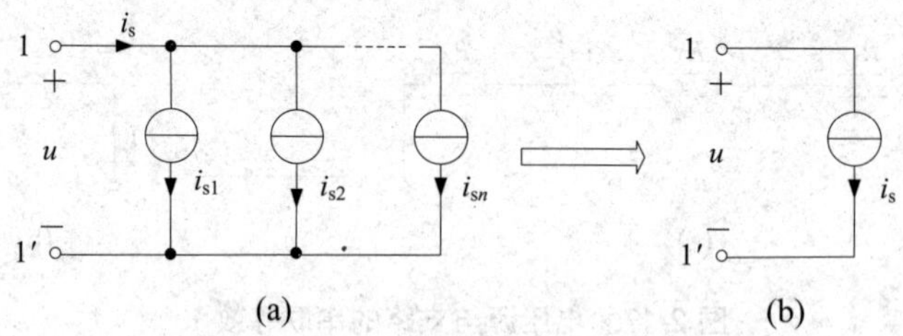

图 2-20　理想电流源的并联等效

4. 电流源与支路的串、并联等效

1) 电流源与支路的串联等效

图 2-21(a)所示为电流源和任意元件的串联，设外电路接电阻 R，根据 KCL 和欧姆定律，可得流过 R 的电流 $i = i_s$，端口电压 $u = i_s R$ 。

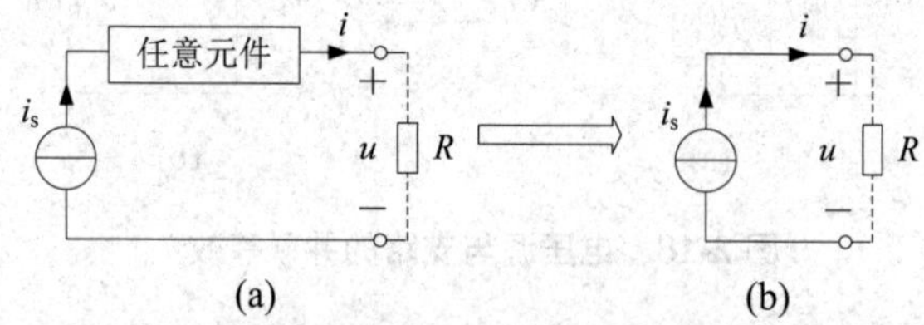

图 2-21　电流源与支路的串联等效

可见，端口电压、电流只由电流源和外电路决定，与串联的元件无关，对外特性与图 2-21(b)所示电流为 i_s 的单个电流源一样。因此，电流源和任意元件串联就等效为电流源。

2) 电流源与支路的并联等效

图 2-22(a)所示为 n 个电流源和电阻支路的并联，根据 KCL，可得端口电压、电流关系为

$$i = i_{s1} + \frac{u}{R_1} + i_{s2} + \frac{u}{R_2} + \cdots + i_{sn} + \frac{u}{R_n}$$

$$= (i_{s1} + i_{s2} + \cdots + i_{sn}) + \left(\frac{1}{R_1} + \frac{1}{R_2} + \cdots + \frac{1}{R_n}\right)u = i_s + \frac{u}{R}$$

上式说明，图 2-22(a)所示电路的对外特性与图 2-22(b)所示电流为 i_s 的单个电流源和电阻为 R 的单个电阻的并联组合一样，因此，图 2-22(a)所示电路可以用图 2-21(b)所示电路等效替代，其中

$$i_s = i_{s1} + i_{s2} + \cdots + i_{sn}\text{，}\quad \frac{1}{R} = \frac{1}{R_1} + \frac{1}{R_2} + \cdots + \frac{1}{R_n}$$

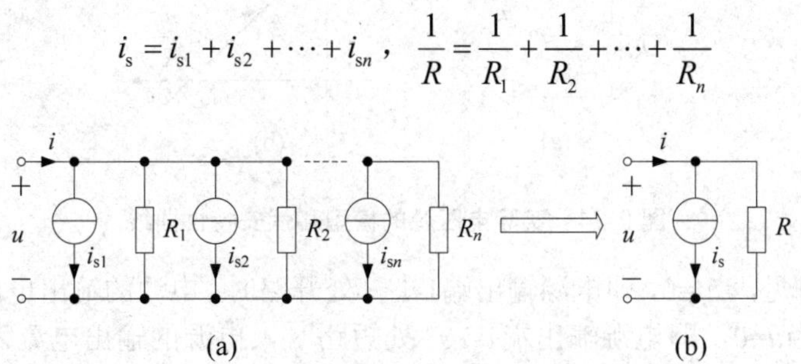

图 2-22　电流源与支路的并联等效

【例 2-7】将图 2-23(a)所示电路等效简化为一个电压源或电流源。

解：在图 2-23(a)所示电路中，u_s 和 R_2、i_{s1} 支路并联，故可以等效为电压源 u_s；i_{s2} 和 i_{s3} 并联，故可以简化为电流源 i_{s23} =3A−1A=2A；i_{s4} 和 R_1 串联，故可以等效为 i_{s4}，如图 2-23(b)所示。

在图 2-23(b)所示电路中，i_{s23} 和 u_s 串联，可以等效为 i_{s23}，如图 2-23(c)所示。

在图 2-23(c)所示电路中，i_{s23} 和 i_{s4} 并联，可以简化等效为如图 2-23(d)所示的一个电流源，即 i_{seq}=6A−2A=4A。

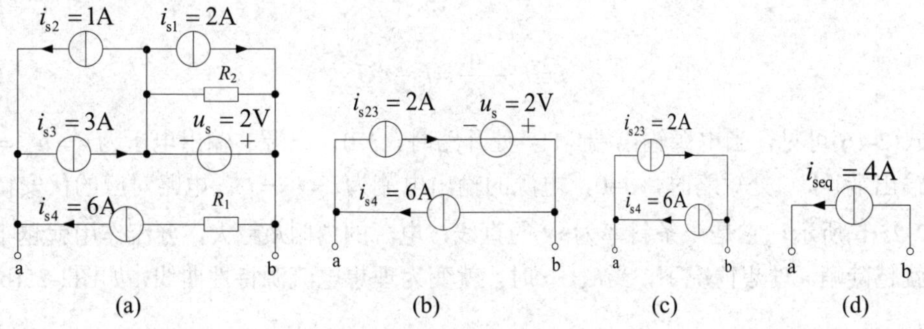

图 2-23　例 2-7 图

2.4.2　两种电源模型的等效变换

事实上，一个实际电源(如一个电池)接入电路时，电源自身总会有损耗。因此，实际电源可以用两种不同的电路模型表示，一种是实际电压源模型；另一种是实际电流源模型。

1. 实际电压源模型

实际电源可以用一个理想电压源u_s和一个表征电源损耗的电阻R_s的串联电路来模拟，称为实际电压源模型，如图2-24(a)所示。其中R_s为实际电源的内阻，又称电源的输出电阻。在图2-24(a)所示参考方向下，可得端子1-1′ 处电压u和电流i的关系为

$$u = u_s - R_s i \quad 或 \quad i = \frac{u_s}{R_s} - \frac{u}{R_s} \tag{2-15}$$

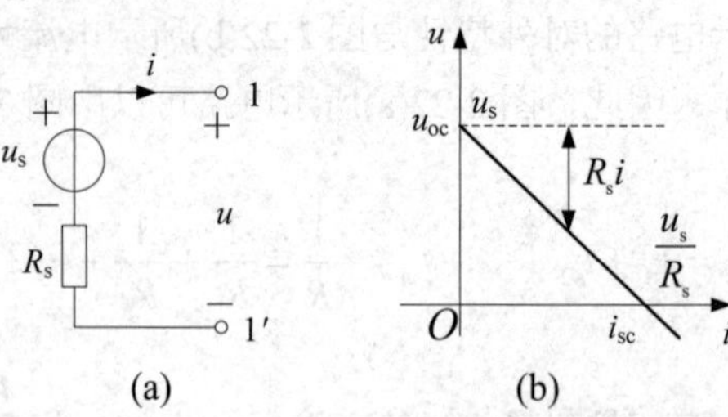

图 2-24　实际电压源的模型和伏安特性曲线

由式(2-15)可见，当i=0，即电源输出端1-1′ 处开路时，电源的输出电压为开路电压u_{oc}，有$u = u_{oc} = u_s$；当u=0，即电源输出端1-1′ 处短路时，电源的输出电流为短路电流i_{sc}，有$i_{sc} = \frac{u_s}{R_s} = G_s u_s$。电路对应的伏安特性曲线如图2-24(b)所示，它是一条斜率为$-R_s$的直线，电源的内阻R_s越小，特性曲线就越平坦，i_{sc}越大。理想情况下，当R_s＝0时，就变为理想电压源特性曲线，如图2-24(b)中虚线所示。

2. 实际电流源模型

实际电源也可以用一个理想电流源i_s和内阻R_s的并联电路来模拟，称为实际电流源模型，如图2-25(a)所示。在图2-25(a)所示参考方向下，可得端子1-1′ 处电压u和电流i的关系为

$$i = i_s - \frac{u}{R_s} = i_s - uG_s \tag{2-16}$$

由式(2-16)可见，当电源输出端1-1′ 处开路时，i=0，电源的输出电压为$u = u_{oc} = i_s R_s$；当电源输出端1-1′ 处短路时，u=0，电源的输出电流为$i = i_{sc} = i_s$。电路对应的伏安特性曲线如图2-25(b)所示，它是一条斜率为$-R_s$的直线，电源的内阻R_s越大，分流作用就越小，特性曲线就越陡峭。理想情况下，当$R_s \to \infty$时，就变为理想电流源特性曲线，如图2-25(b)中虚线所示。

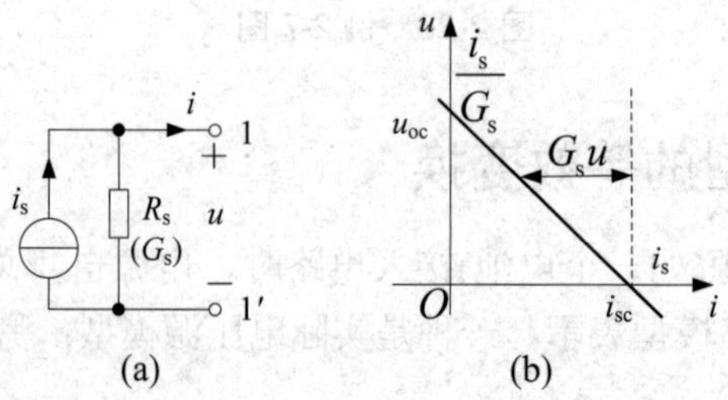

图 2-25　实际电流源的模型和伏安特性曲线

3. 两种电源的等效变换

根据等效的概念，如果实际电压源与实际电流源两种模型的外特性完全相同，则它们可以进行等效变换。在等效变换过程中，应使两者端口的电压、电流保持不变。

比较式(2-15)和式(2-16)，可以得出等效变换的条件为

$$u_s = R_s i_s,\quad R_s = \frac{1}{G_s} \qquad 或 \quad i_s = G_s u_s,\quad G_s = \frac{1}{R_s} \tag{2-17}$$

若已知电流源模型，可用式(2-17)求得其等效电压源模型的u_s，并把R_s和u_s串联即可。若已知电压源模型，可用式(2-17)求得其等效电流源模型的i_s，并把R_s和i_s并联即可。要注意的是电压源的极性u_s和电流源i_s的方向，如图2-26所示。

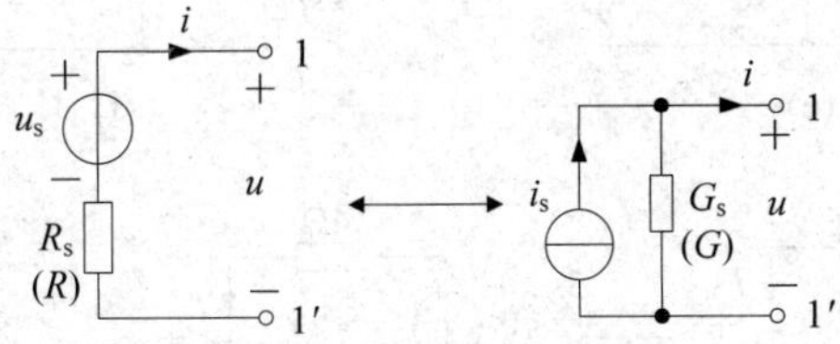

图 2-26　两种电源的等效变换

应该指出，上述两种电路的等效变换只是对外电路而言，对其内部并不等效。

由图2-24(b)和图2-25(b)中的虚线可知，理想电压源和理想电流源的伏安特性曲线完全不同，因此两者不能进行等效变换。

实际电源的等效变换可推广为含源支路的等效变换，把其中的电源内阻视为一般的电阻，即电压源与电阻串联等效为电流源与电阻并联。

利用实际电源的两种等效变换和电压源、电流源的串并联等效变换的方法，可以化简或计算多种复杂电路。

【例 2-8】电路如图 2-27(a)所示，试用等效化简电路的方法，求 5Ω电阻元件支路的电流 I 和电压 U 。

解：等效变换过程如图 2-27(b)～(i)所示。

根据图 2-27(i)所示的等效电路，回路电流为

$$I = \frac{5}{5+5}\mathrm{A} = 0.5\mathrm{A}$$

电压为

$$U = 5I = 5\times 0.5\mathrm{V} = 2.5\mathrm{V}$$

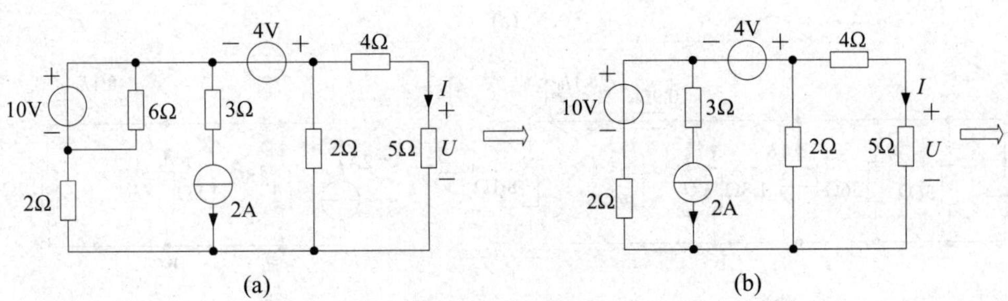

图 2-27　例 2-8 图

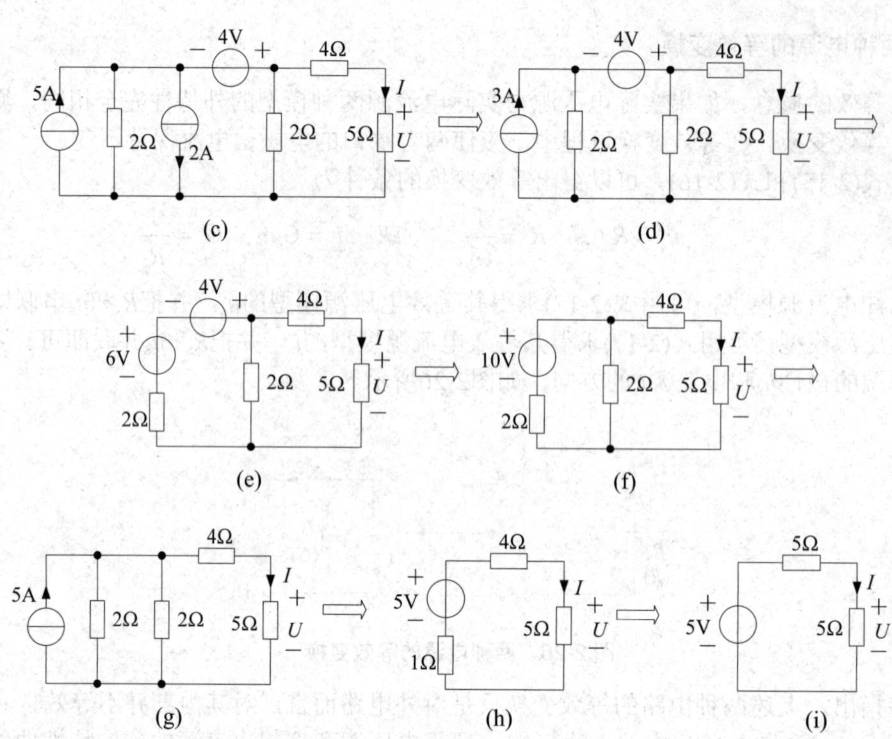

图 2-27　例 2-8 图(续)

受控电压源、电阻的串联组合和受控电流源、电阻的并联组合也可以用上述方法进行变换。此时，可把受控源当作独立源处理，但需特别注意在转换过程中要保存控制量所在的支路，而不要消除掉。

【例 2-9】含受控源电路等效化简分析计算。电路如图 2-28(a)所示，应用等效化简方法，求 ab 支路的电流 I_0 和电压 U_0。

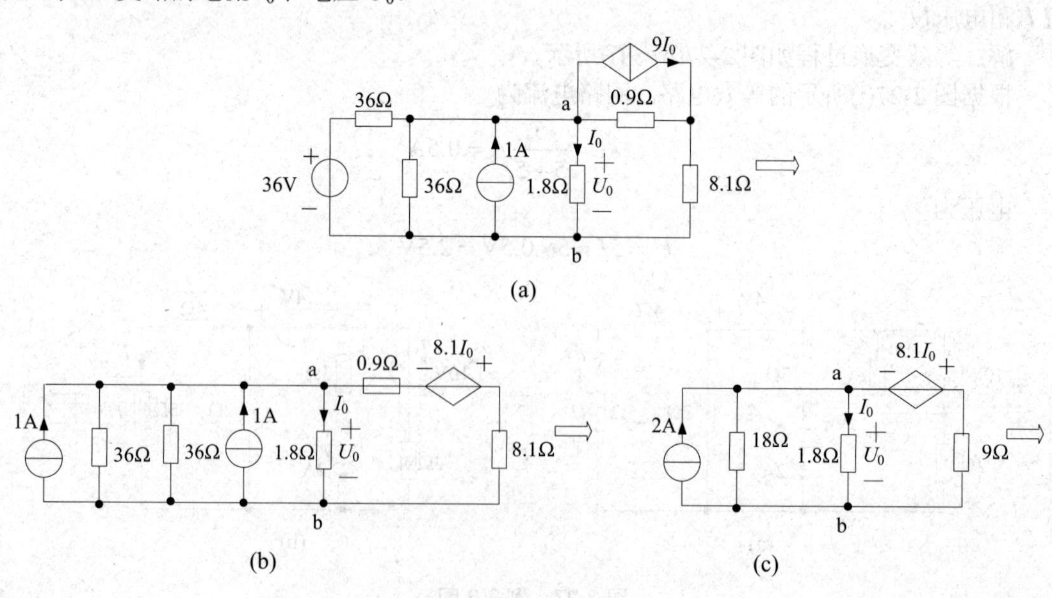

图 2-28　例 2-9 图

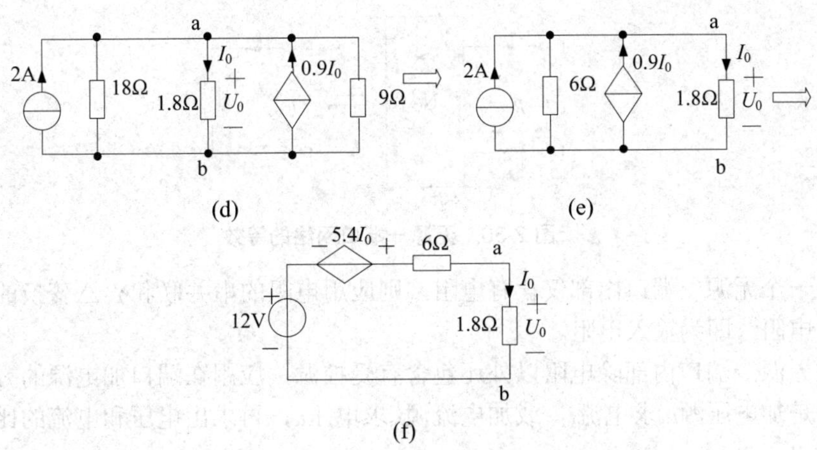

图 2-28　例 2-9 图(续)

解：等效变换过程如图 2-28 所示。

根据图 2-28(f)所示的等效电路，列回路 KVL 方程为

$$(6+1.8)I_0 = 12 + 5.4I_0$$

$$2.4I_0 = 12$$

所以有

$$I_0 = \frac{12}{2.4}\text{A} = 5\text{A}$$

$$U_0 = 1.8I_0 = 1.8 \times 5\text{V} = 9\text{V}$$

2.5 输入电阻和等效电阻

2.5.1 一端口(二端)网络

如果一个网络 N 具有两个引出端子与外电路相连，不管其内部结构如何复杂，这样的网络都称为一端口(网络)或二端网络，如图 2-29 所示。对于一端口网络来说，从它一个端子流入的电流一定等于从另一个端子流出的电流。若一端口网络含有独立源，称为有源一端口网络 N_S；否则，称为无源一端口网络 N_O。

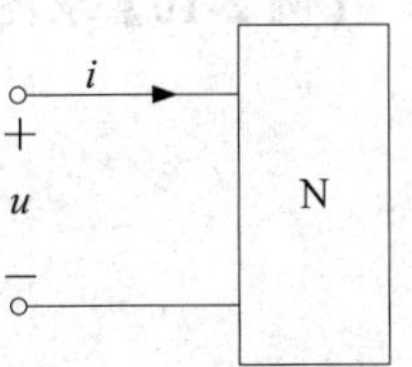

图 2-29　一端口网络

2.5.2 输入电阻

对于一个不含独立源的一端口电路 N_O，不论其内部如何复杂，其端口电压和端口电流成正比，定义这个比值为一端口电路的输入电阻 R_{in}，如图 2-30 所示。在电压 u 和电流 i 关联参考方向下，有

$$R_{in} \overset{\text{def}}{=\!=} \frac{u}{i} \tag{2-18}$$

端口的输入电阻也就是端口的等效电阻R_{eq}。

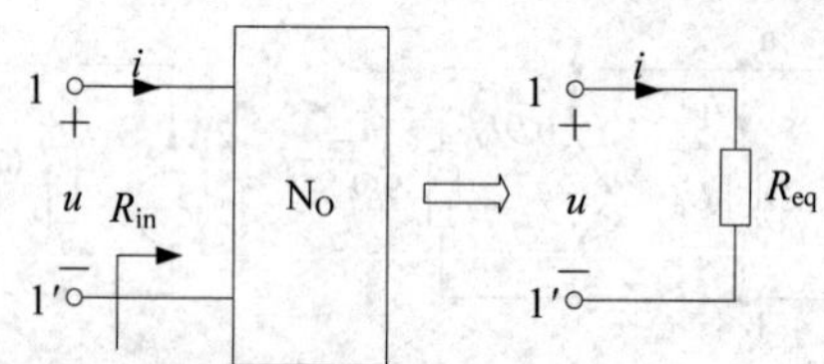

图 2-30 无源一端口网络的等效

如果一个无源一端口内部仅含有电阻，则应用电阻的串并联和Y-△变换的方法，求得它的等效电阻，即为输入电阻。

如果无源一端口内部除电阻以外还包含有受控源，应用在端口加电源的方法求输入电阻。做法是加电压源u_s求电流i，或加电流源i_s求电压u，再求出电压和电流的比值就是输入电阻$R_{in}=\dfrac{u_s}{i}=\dfrac{u}{i_s}$。这种计算方法称为外加电源法，如图2-31所示。

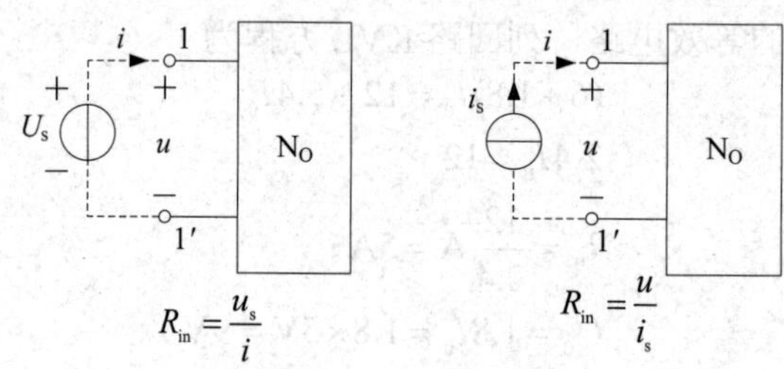

图 2-31 外加电源法

需要指出的有以下两点。

(1) 应用外加电源法时，端口电压、电流的参考方向对两端电路来说是关联的。

(2) 对含有独立源的一端口电路N_S，求输入电阻时，要先把独立源置零，即电压源短路、电流源断路。

【**例 2-10**】求图 2-32 所示电路的输入电阻 R_{in}。

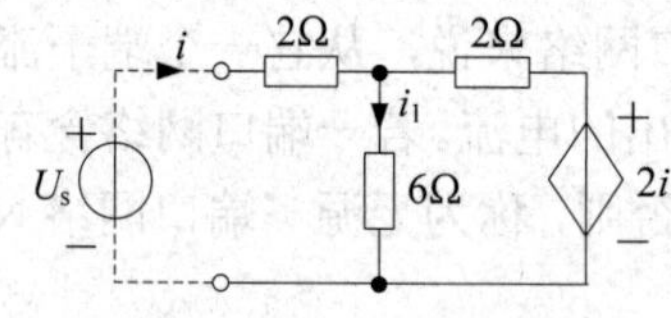

图 2-32 例 2-10 图

解：可列 KVL 方程为

$$\begin{cases}2i+6i_1=u_s\\2i+2(i-i_1)+2i=u_s\end{cases}\quad\Rightarrow i_1=\frac{i}{2}$$

则有 $R_{in}=\dfrac{u_s}{i}=\dfrac{6i-i}{i}=5\Omega$

本 章 小 结

本章主要介绍了等效电路的定义、等效变换和化简电路的规律和公式。

1. 等效的定义

两部分电路 N_1 与 N_2，若对任意外电路 N_3，两者相互代换能使外电路 N_3 中有相同的电压、电流和功率，则称电路 N_1 与电路 N_2 是相互等效的。

2. 等效的条件

N_1 与 N_2 电路具有相同的 VCR。

3. 等效的对象

任意外电路 N_3 中的电压、电流和功率。

4. 等效的目的

简化电路，方便分析计算。

等效变换法的归纳如表 2-1 所示。

表 2-1　等效变换法的归纳

	类　别	等效形式	重要公式
电阻(电导)的串并联	串联	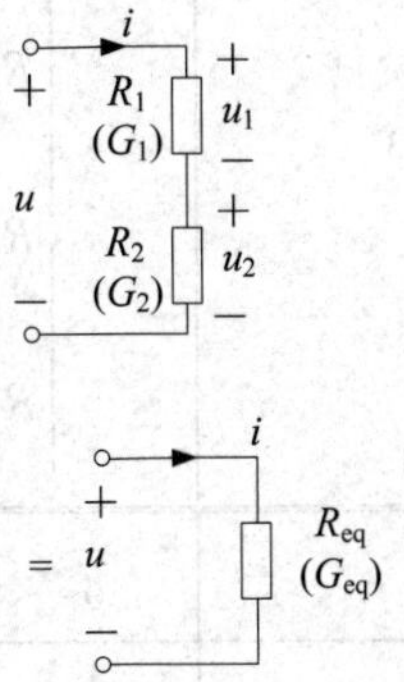	$R_{eq}=R_1+R_2$ $G_{eq}=\dfrac{G_1G_2}{G_1+G_2}$ $u_1=\dfrac{R_1}{R_1+R_2}u$ $u_1=\dfrac{G_2}{G_1+G_2}u$ $u_2=\dfrac{R_2}{R_1+R_2}u$ $u_2=\dfrac{G_1}{G_1+G_2}u$ $p=p_1+p_2$ $\dfrac{p_1}{p_2}=\dfrac{R_1}{R_2}=\dfrac{G_2}{G_1}$

续表

	类别	等效形式	重要公式
电阻(电导)的串并联	并联	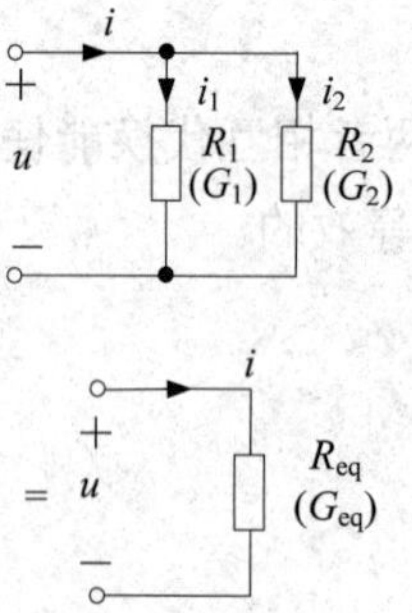	$R_{eq}=\dfrac{R_1R_2}{R_1+R_2}$ $G_{eq}=G_1+G_2$ $i_1=\dfrac{R_2}{R_1+R_2}i$ $i_1=\dfrac{G_1}{G_1+G_2}i$ $i_2=\dfrac{R_1}{R_1+R_2}i$ $i_2=\dfrac{G_2}{G_1+G_2}i$ $p=p_1+p_2$ $\dfrac{p_1}{p_2}=\dfrac{R_2}{R_1}=\dfrac{G_1}{G_2}$
		等效形式	重要公式
电阻Y-△连接等效变换		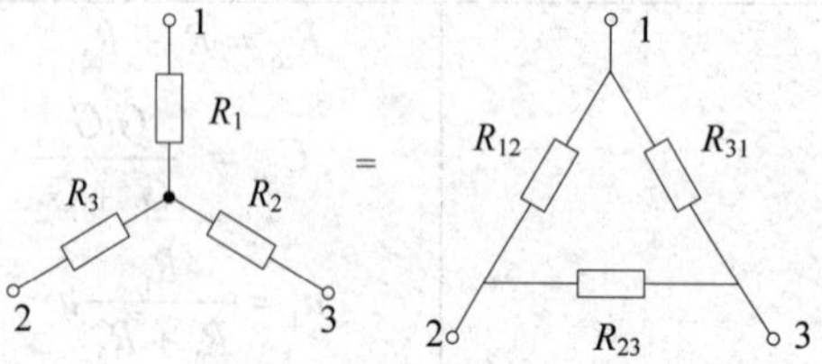	$\begin{cases}R_{12}=\dfrac{R_1R_3+R_2R_3+R_1R_2}{R_3}\\R_{23}=\dfrac{R_1R_2+R_1R_3+R_2R_3}{R_1}\\R_{31}=\dfrac{R_2R_3+R_1R_2+R_3R_1}{R_2}\end{cases}$ $\begin{cases}R_1=\dfrac{R_{12}R_{31}}{R_{12}+R_{23}+R_{31}}\\R_2=\dfrac{R_{23}R_{12}}{R_{12}+R_{23}+R_{31}}\\R_3=\dfrac{R_{23}R_{31}}{R_{12}+R_{23}+R_{31}}\end{cases}$
	类别	等效形式	重要公式
理想电源的串联与并联	理想电压源的串联	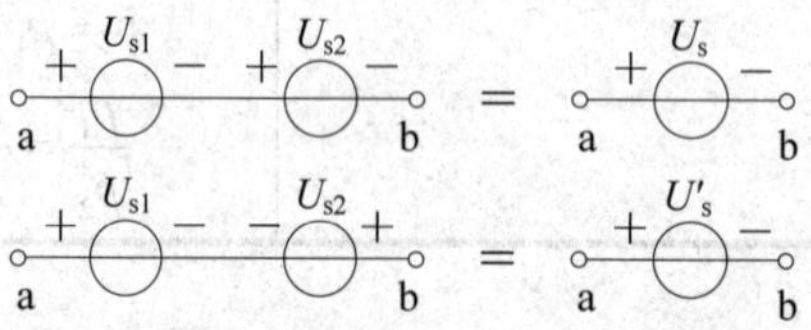	$U_s=U_{s1}+U_{s2}$ $U_s'=U_{s1}-U_{s2}$

续表

	类　别	等效形式	重要公式
理想电源的串联与并联	理想电流源的并联	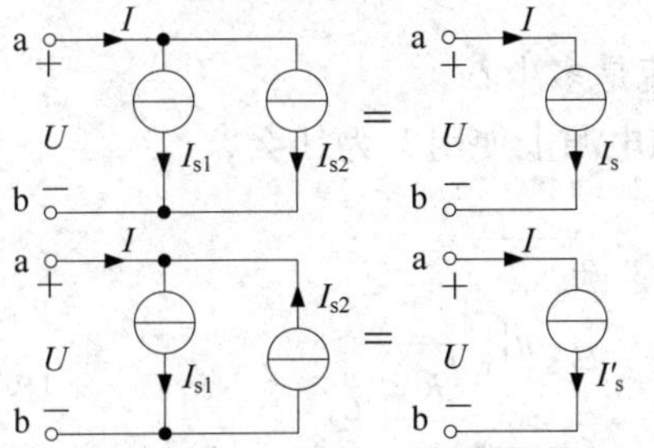	$I_s = I_{s1} + I_{s2}$ $I'_s = I_{s1} - I_{s2}$
	任意元件与理想电压源并联	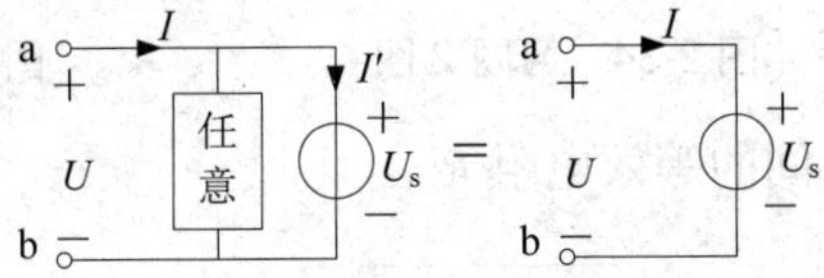	$U = U_s$ $I \neq I'$
	任意元件与理想电流源串联	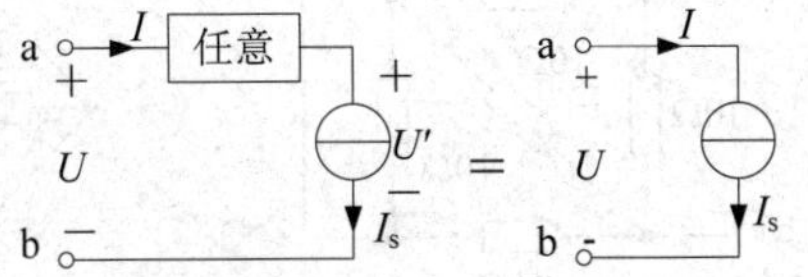	$I = I_s$ $U \neq U'$
电源的等效变换	等效形式		重要公式
		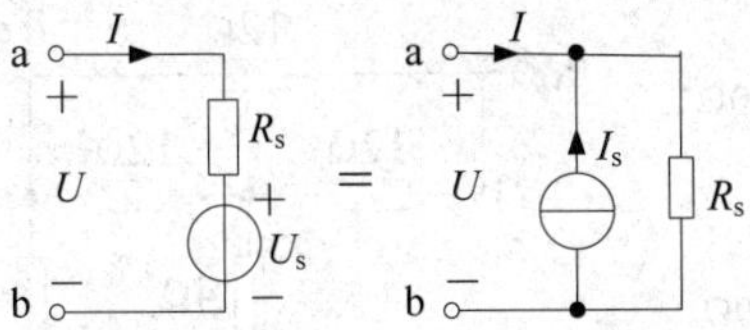	$U_s = R_s I_s$ $I_s = \dfrac{U_s}{R_s}$

习　题

1. 电路如图 2-33 所示，已知 u_s=100V，R_1=2kΩ，R_2=8kΩ，试求以下三种情况下的电压 u_2 和电流 i_2、i_3。

(1) R_3=8kΩ。

(2) R_3=∞(R_3 处开路)。

(3) R_3=0(R_3 处短路)。

2. 在图 2-34 所示电路中，已知滑线电阻器的电阻 R=100Ω，额定电流 I_N=2A，电源电压 U=110V，当 a、b 两点开路时，试求下述情况下的电压 U_o。

(1) R_1=0。

(2) R_1=0.5R。

(3) R_1=0.9R。

3. 习题 2 中，在 a、b 两端接入负载 R_L=50Ω后，重新计算 U_o，并分析第(3)种情况下使用滑线电阻器的安全问题。

4. 在图 2-35 所示电路中，电阻为 R_1 的灯泡的额定功率为 40W，电阻为 R_2 的灯泡的额定功率为 15W，两盏灯泡的额定电压都为 110V，现将两盏灯泡并联在 110V 的直流电源上，问：

(1) 每盏灯泡的电阻和额定电流是多少？

(2) 能否将它们串联在 220V 的电源上使用？为什么？

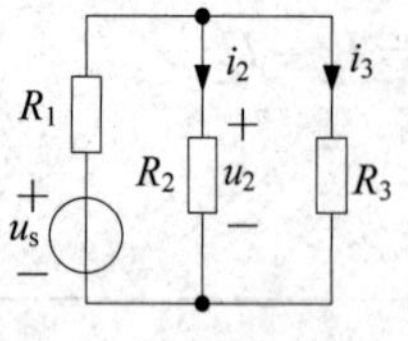

图 2-33　习题 1 图

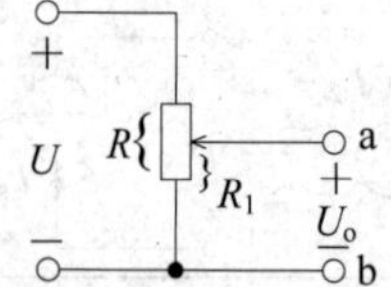

图 2-34　习题 2 图

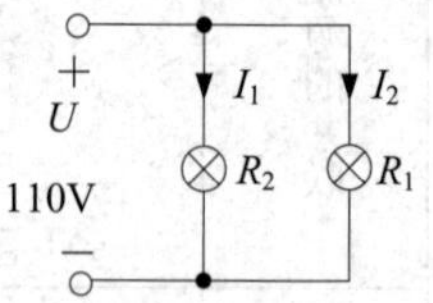

图 2-35　习题 4 图

5. 求图 2-36 所示各电路 a、b 间的等效电阻 R_{ab}。

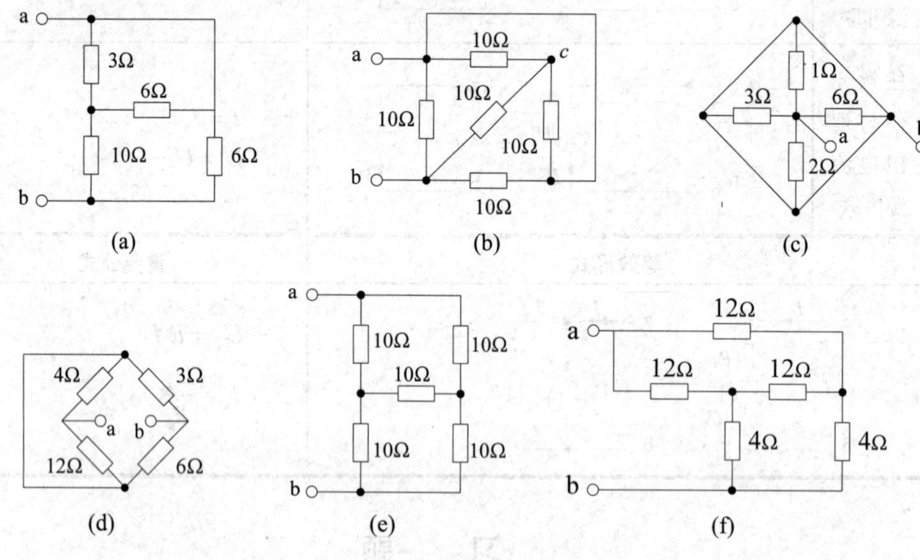

图 2-36　习题 5 图

6. 利用△-Y 电路的等效变换求图 2-37 所示电路 c、b 两点间的电压 u_{cb}。

7. 应用△-Y 等效变换求图 2-38 所示电路中的电压 U_1。

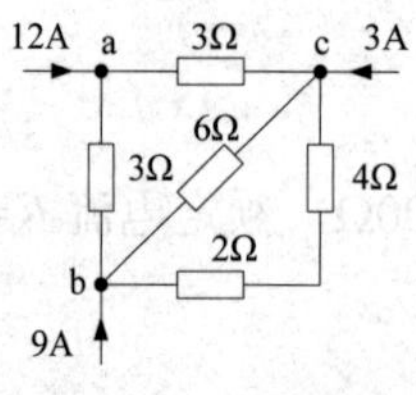

图 2-37　习题 6 图

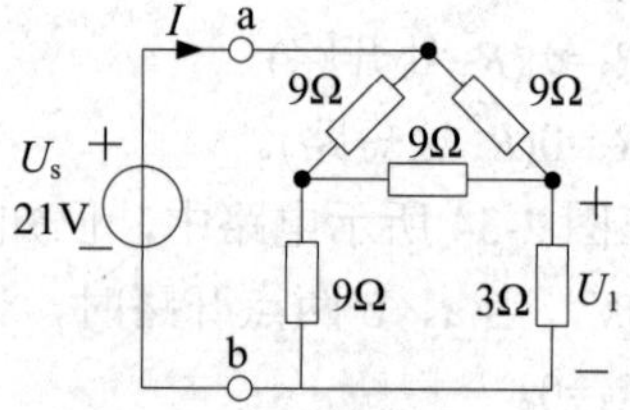

图 2-38　习题 7 图

8. 应用△-Y 等效变换求图 2-39 所示电路中的电压 U_{ab} 和对角线电压 U。

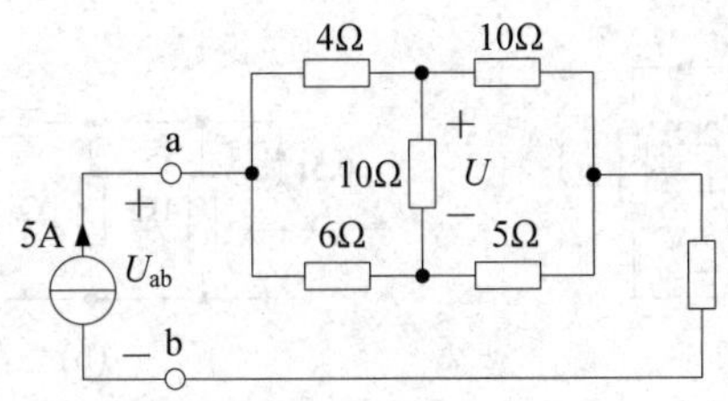

图 2-39　习题 8 图

9. 求图 2-40 所示各电路的最简等效电路。

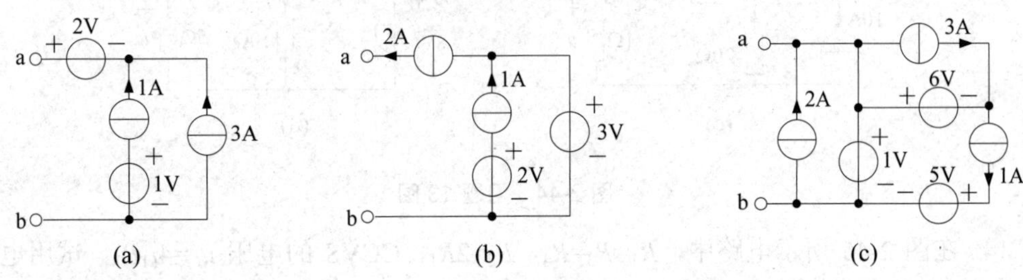

图 2-40　习题 9 图

10. 应用电路的等效变换化简图 2-41 所示的各电路，并求电压 U。

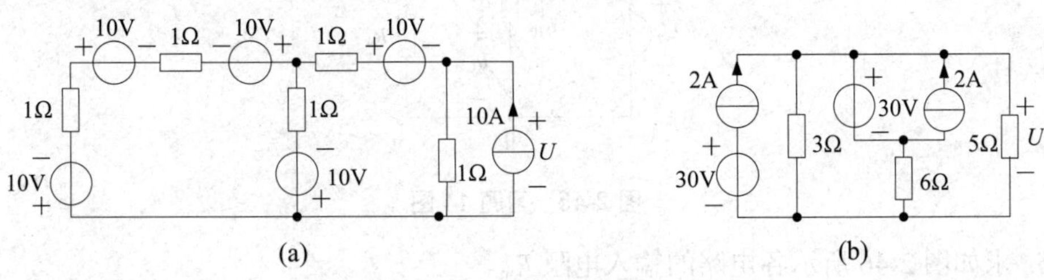

图 2-41　习题 10 图

11. 试用电压源与电流源等效变换的方法计算图 2-42 所示电路中 1Ω 电阻中的电流 I。

12. 已知如图 2-43 所示电路中，U_1=10V，I_s=2A，R_1=1Ω，R_2=2Ω，R_3=5Ω，R=1Ω。求：

(1) 电阻 R 中的电流 I。

(2) 恒压源的电流 I_{U1}，恒流源的电压 U_{Is}。

(3) 验证功率平衡。

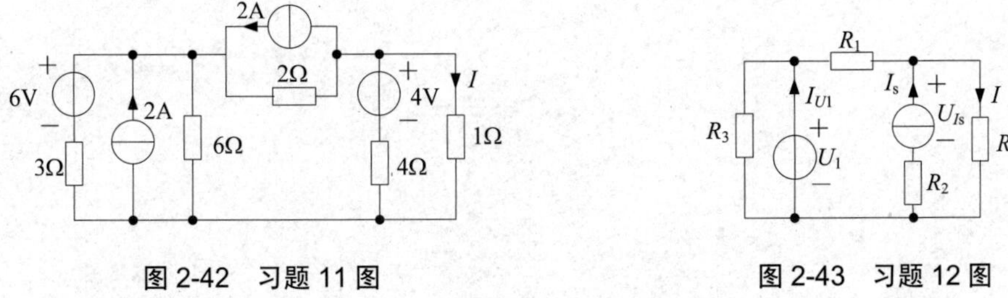

图 2-42　习题 11 图　　图 2-43　习题 12 图

13. 试用电源等效变换的方法求如图 2-44 所示各电路中的电流 i 和电压 u。

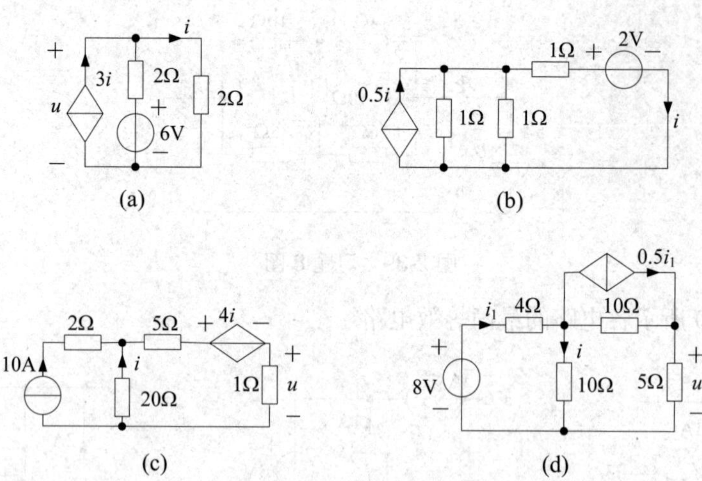

图 2-44　习题 13 图

14. 在图 2-45 所示电路中，R_1=R_3=R_4，R_2=2R_1，CCVS 的电压 u_C=4i_1R_1，试用电源等效变换的方法求电压 u_{10}。

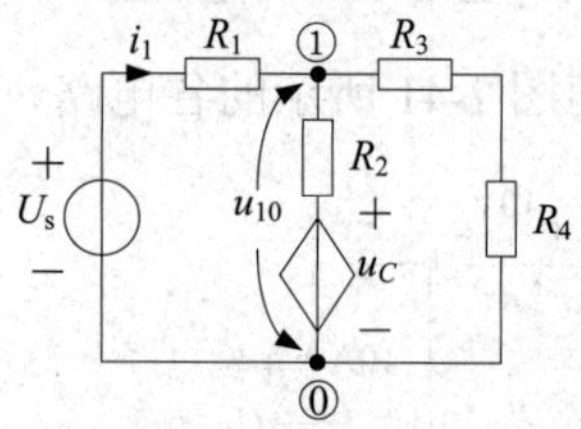

图 2-45　习题 14 图

15. 求如图 2-46 所示各电路的输入电阻 R_{in}。

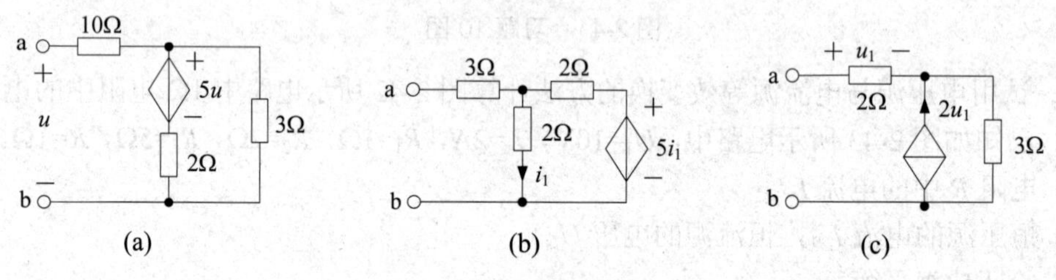

图 2-46　习题 15 图

第 3 章　电阻电路的一般分析方法

教学目标

(1) 掌握支路电流法、网孔电流法、回路电流法和节点电压法系统方程的列写。

(2) 熟练应用电阻电路的一般分析方法求解电路，为学习动态电路、非线性电路的分析奠定基础。

3.1　电路中的基本概念

电阻电路的一般分析方法是各种电路分析的重要基础。为了便于对各种分析方法的阐述，先介绍电路一般分析中常用的基本概念。

1. 支路

电路中一个二端元件或若干个二端元件依次串联且流过同一个电流的电路分支，称为一条支路。例如，图 3-1 所示电路中有五条支路，其中支路 1 是由两个二端元件串联构成的，其余都是由一个二端元件构成的。

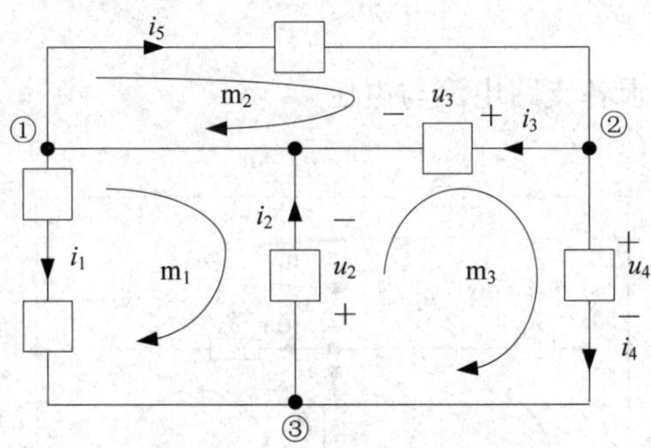

图 3-1　基本概念解析电路

2. 节点

电路中三条或者三条以上支路的连接点称为节点。例如，图 3-1 所示电路中，①、②、③为电路的三个节点。

3. 回路

电路中由若干条支路构成的闭合路径称为回路。例如，图 3-1 所示电路中共有七个回路(请读者自行找出)。

4. 网孔

在平面电路图中不含有任何交叉支路的回路称为网孔。网孔一般是指内网孔，它所限

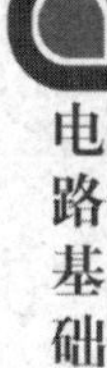

定的区域不再有支路。例如，图 3-1 所示电路中，m_1、m_2、m_3 为电路的三个网孔。值得注意的是，网孔属于回路，但回路并非都是网孔。

3.2 2*b* 法与 1*b* 法

集总参数电路(模型)由电路元件连接而成，电路中各支路电流受到 KCL 约束，各支路电压受到 KVL 约束，这两种约束只与电路元件的连接方式有关，与元件特性无关，称为拓扑约束。集总参数电路(模型)的电压和电流还受到元件特性(例如欧姆定律 $u=Ri$)的约束，这类约束只与元件的 VCR 有关，与元件连接方式无关，称为元件约束。任何集总参数电路的电压和电流都必须同时满足这两种约束关系。根据电路的结构和参数，列出反映这两类约束关系的 KCL、KVL 和 VCR 方程(称为电路方程)，然后求解电路方程就能得到各支路的电压和电流。

3.2.1 支路法(2*b* 法)简介

以支路电压和支路电流作为变量，对具有 n 个节点、b 条支路的电路，可以列写$(n-1)$个独立的节点电流(KCL)方程，列写$(b-n+1)$个独立的回路电压(KVL)方程，再对 b 条支路写出其电压电流关系(VCR)方程，从而得到含 b 个支路电流和 b 个支路电压，共 $2b$ 个变量的 $2b$ 个独立方程。这种求解电路的方法称为 $2b$ 法。下面举例来介绍 $2b$ 法求解电路的具体步骤。

电路如图 3-2 所示，求各支路电流与电压。

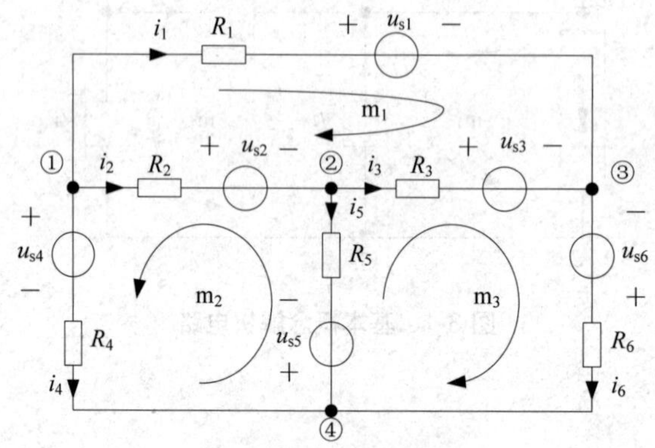

图 3-2　2*b* 法示例电路

设各支路电流参考方向如图中所标，支路电压参考方向与支路电流参考方向关联，省略不标。该电路有四个节点，可列写出三个独立的 KCL 电流方程。对节点①、②、③有

$$\left.\begin{aligned} i_1+i_2+i_4&=0\\ -i_2+i_3+i_5&=0\\ -i_1-i_3+i_6&=0 \end{aligned}\right\} \tag{3-1}$$

电路中有六条支路，四个节点，可列写出三个独立的 KVL 电压方程。对网孔 m_1、m_2、m_3 列写方程为

$$\left.\begin{aligned} u_1-u_3-u_2&=0\\ -u_2+u_4-u_5&=0\\ u_3+u_6-u_5&=0 \end{aligned}\right\} \tag{3-2}$$

根据电路各支路具体的结构与元件值，可写出各支路的电压与电流关系方程为

$$\left.\begin{aligned} u_1&=R_1i_1+u_{s1}\\ u_2&=R_2i_2+u_{s2}\\ u_3&=R_3i_3+u_{s3}\\ u_4&=R_4i_4+u_{s4}\\ u_5&=R_5i_5-u_{s5}\\ u_6&=R_6i_6-u_{s6} \end{aligned}\right\} \tag{3-3}$$

联立式(3-1)、式(3-2)、式(3-3)所表示的 $2b$ (本例 $2b$=12)个方程，就可以求解出各支路电压和电流。

$2b$ 法求解电路的优点是列写的方程思路清晰，解的结果直观明了，就是各支路的电压和电流，但其缺点也很突出，就是方程数太多，给手算求解联立方程带来困难。为了减少求解的方程数，可采用 $1b$ 支路法。

3.2.2　支路电流法

$1b$ 支路法又分为支路电流法和支路电压法。本小节仅介绍支路电流法的求解方法。

电路如图 3-2 所示，将式(3-3)代入式(3-2)并整理，得

$$\left.\begin{aligned} R_1i_1-R_2i_2-R_3i_3&=-u_{s1}+u_{s2}+u_{s3}\\ -R_2i_2+R_4i_4-R_5i_5&=u_{s2}-u_{s4}-u_{s5}\\ R_3i_3+R_6i_6-R_5i_5&=-u_{s3}+u_{s6}-u_{s5} \end{aligned}\right\} \tag{3-4}$$

式(3-1)和式(3-4)就是以 b 条(本例 $1b$=6)支路电流为未知变量的相互独立的方程组。解该方程组便得到各支路电流，进而求出其他所需求的电压、功率等量。这种求解电路的方法称为支路电流法。

实际上，式(3-4)常可以根据 KVL 结合元件的 VCR 直接列写。因此，归纳出利用支路电流法分析电路的一般步骤如下。

(1) 选取各支路电流的参考方向和独立回路的绕行方向。

(2) 对(n−1)个独立节点列写 KCL 方程。

(3) 根据 KVL 和 VCR 对(b−n+1)个独立回路列出以支路电流为变量的方程。

(4) 求解各支路电流，进而求出其他所需的量。

【例 3-1】电路如图 3-3 所示，求各支路电流、电压 u_{ab} 及各电源的功率。

解：电路中有两个节点、三条支路，因此可列写出一个独立的 KCL 方程和两个独立的 KVL 方程。

选取各支路电流的参考方向和独立回路的绕行方向，如图 3-3 所示。

对节点 a 列写 KCL 方程为

$$-i_1+i_2-i_3=0 \tag{3-5}$$

对网孔 m_1、m_2 列写 KVL 方程为

$$\left.\begin{array}{l}15i_1 - i_3 = 15 - 9 \\ 1.5i_2 + i_3 = 9 - 4.5\end{array}\right\} \quad (3\text{-}6)$$

注意，把支路电压用支路电流表示。

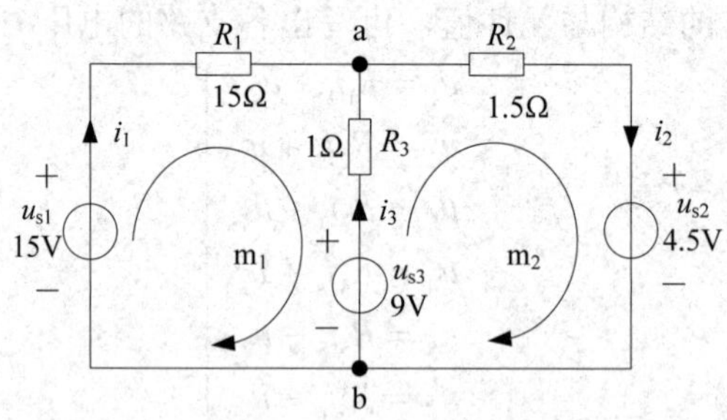

图 3-3　例 3-1 电路

解式(3-5)与式(3-6)联立方程组，得出各支路电流为

$$i_1 = 0.5\text{A}$$
$$i_2 = 2\text{A}$$
$$i_3 = 1.5\text{A}$$

将求得的各支路电流代入各支路电压、电流关系式中，就可求得各支路电压。本例的三条支路电压相同，所以求 u_{ab} 用任意一支路的电压、电流关系式都可以，有

$$u_{ab} = -R_3 i_3 + u_{s3} = 7.5\text{V}$$

各电源的功率分别为

$$p_{s1} = -u_{s1}i_1 = -15 \times 0.5\text{W} = -7.5\text{W}$$
$$p_{s2} = u_{s2}i_2 = 4.5 \times 2\text{W} = 9\text{W}$$
$$p_{s3} = -u_{s3}i_3 = -9 \times 1.5\text{W} = -13.5\text{W}$$

电源 u_{s2} 吸收 9W 的功率，处于被充电状态。

3.3　网孔电流法与回路电流法

3.3.1　网孔电流法

网孔电流法是以网孔电流为电路独立变量的解题方法，它仅适用于平面电路。网孔电流是一组假想的沿网孔流动的电流，其方向可以任意指定。在图 3-4 所示电路中，i_{m1}、i_{m2} 表示两个网孔电流。由于网孔电流是环流，在电路的每一节点上流入，又流出同一节点，所以网孔电流自动地满足 KCL，各网孔电流之间是相互独立的。各支路电流可用网孔电流表示出来，在图 3-4 电路中，有 $i_1=i_{m1}$，$i_2=i_{m1}-i_{m2}$，$i_3=i_{m2}$，所以网孔电流是一组独立和完备的变量，以网

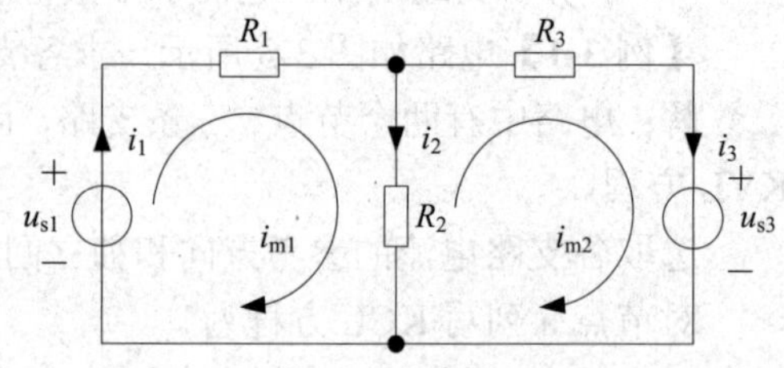

图 3-4　网孔电流法

孔电流为变量所列的方程是一组独立的方程。

例如，以 i_{m1}、i_{m2} 两个网孔电流为变量，对图 3-4 电路中的两个网孔列 KVL 方程，有

$$\begin{cases} R_1 i_{m1} + R_2(i_{m1} - i_{m2}) - u_{s1} = 0 \\ R_2(i_{m2} - i_{m1}) + R_3 i_{m2} + u_{s3} = 0 \end{cases}$$

将上述方程整理后得

$$\left.\begin{aligned} (R_1 + R_2)i_{m1} - R_2 i_{m2} = u_{s1} \\ -R_2 i_{m1} + (R_1 + R_3)i_{m2} = -u_{s3} \end{aligned}\right\} \tag{3-7}$$

式(3-7)即是以网孔电流为变量的网孔电流方程。对于具有两个网孔的电路，网孔电流方程的一般形式为

$$\left.\begin{aligned} R_{11}i_{m1} + R_{12}i_{m2} = u_{s11} \\ R_{21}i_{m1} + R_{22}i_{m2} = u_{s22} \end{aligned}\right\} \tag{3-8}$$

观察式(3-8)可以看出如下规律。

(1) $R_{11}=R_1+R_2$ 为网孔 1 中所有电阻之和，称为网孔 1 的自电阻；$R_{22}=R_2+R_3$ 为网孔 2 中所有电阻之和，称为网孔 2 的自电阻。自电阻总为正。

(2) $R_{12}=R_{21}=-R_2$ 为网孔 1 和网孔 2 之间的公共电阻，称为互电阻。当两个网孔电流流过相关公共支路的方向相同时，互电阻取正号；否则为负号。

(3) $u_{s11}=u_{s1}$ 为网孔 1 中所有电压源电压的代数和，$u_{s22}=-u_{s3}$ 为网孔 2 中所有电压源电压的代数和。当电压源电压方向与该网孔电流方向一致时，取负号；反之取正号。

由此可知，对于具有 m 个网孔的平面电路，网孔电流方程的一般形式为

$$\left.\begin{aligned} R_{11}i_{m1} + R_{12}i_{m2} + \cdots + R_{1m}i_{mm} = u_{s11} \\ R_{21}i_{m1} + R_{22}i_{m2} + \cdots + R_{2m}i_{mm} = u_{s22} \\ \vdots \qquad\qquad \\ R_{m1}i_{m1} + R_{m2}i_{m2} + \cdots + R_{mm}i_{mm} = u_{smm} \end{aligned}\right\} \tag{3-9}$$

用网孔电流法求解电路的一般步骤如下。

(1) 选取网孔电流。

(2) 按照式(3-9)列写网孔电流方程。注意自电阻总为正，互电阻可正可负；同时注意电压源电压的正负。

(3) 求解网孔电流。

(4) 根据所求得的网孔电流来求其他的电压和电流。

【**例 3-2**】用网孔电流法求如图 3-5 所示电路中流过 5Ω电阻的电流 i。

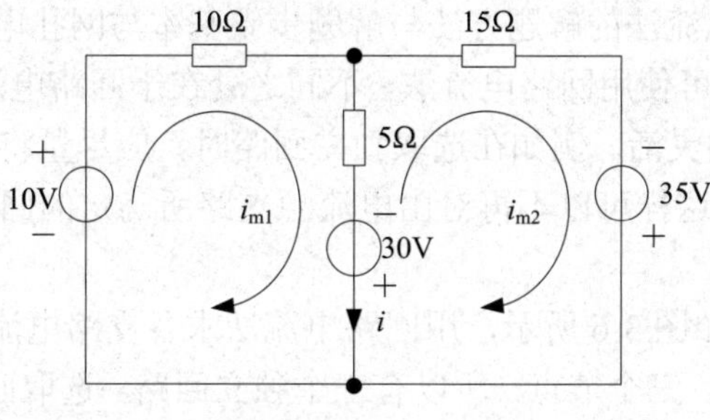

图 3-5 例 3-2 电路

解：(1) 选取网孔电流 i_{m1}、i_{m2}，如图 3-5 所示。

(2) 列网孔电流方程为

$$\begin{cases}(10+5)i_{m1}-5i_{m2}=10+30\\-5i_{m1}+(5+15)i_{m2}=-30+35\end{cases}$$

整理得

$$\begin{cases}15i_{m1}-5i_{m2}=40\\-5i_{m1}+20i_{m2}=5\end{cases}$$

解方程组得 $i_{m1}=3\text{A}$，$i_{m2}=1\text{A}$

所以有 $i=i_{m1}-i_{m2}=2\text{A}$

3.3.2 回路电流法

回路电流法是以回路电流为电路变量的求解方法，它不仅适用于平面电路，而且适用于非平面电路。回路电流是一个回路中连续流动的假想电流。对于具有 n 个节点、b 条支路的电路，有$(b-n+1)$个独立回路，这样以独立回路电流为变量列出的 KVL 电压方程是一组独立的方程。

对于平面电路，独立回路数等于网孔数。对于具有 l 个独立回路(m 个网孔)的平面电路，把网孔选为独立回路，参考式(3-9)可知，回路电流方程的一般形式为

$$\left.\begin{aligned}R_{11}i_{l1}+R_{12}i_{l2}+\cdots+R_{1l}i_{ll}&=u_{s11}\\R_{21}i_{l1}+R_{22}i_{l2}+\cdots+R_{2l}i_{ll}&=u_{s22}\\&\vdots\\R_{l1}i_{l1}+R_{l2}i_{l2}+\cdots+R_{ll}i_{ll}&=u_{sll}\end{aligned}\right\} \tag{3-10}$$

式中，$R_{kk}(k=1、2、3、\cdots、l)$称为回路 k 的自电阻，它是回路 k 中所有电阻之和，恒取“+”号。例如，在图 3-4 所示电路中，选取网孔为独立回路时，$R_{11}=R_1+R_2$，$R_{22}=R_2+R_3$。

$R_{kj}(k=1、2、3、\cdots、l，j=1、2、3、\cdots、l，j\neq k)$称为回路 k 和回路 j 的互电阻，它是回路 k 与回路 j 共有支路上所有公共电阻的代数和。如果流过公共电阻上的两回路电流方向相同，其前取“+”号；方向相反，取“−”号。例如，在图 3-4 所示电路中，选取网孔为独立回路时，$R_{12}=R_{21}=-R_2$。显然，若两个回路间无共有电阻，则相应的互电阻为零。

$U_{skk}(k=1、2、3、\cdots、l)$是回路 k 中所有电压源电压的代数和。取和时，与回路电流方向相反的电压源(即回路电流从电压源的“−”极流入，“+”极流出)前面取“+”号，否则取“−”号。

从式(3-10)看，回路电流法的解题方法与解题步骤基本与网孔电流法相同，所有可以运用网孔电流法求的电路均可使用回路电流法。不同之处在于回路电流法应用面更广(它可以应用于非平面电路)、更加灵活。例如在选取独立回路时，应尽量将电流源或受控电流源所在的支路选为回路电流，这样可以不再对由电流源支路所确定的回路列写方程，从而进一步减少方程的数量。

【例 3-3】已知电路如图 3-6 所示，用回路电流法求各支路电流。

解：电路有五条支路，三个节点，所以有三个独立回路。选取回路及回路电流如图 3-6 所示。在此情况下，回路 1、回路 2 的回路电流即为支路电流 I_1 和 I_2，回路 3 的回路电流

等于电流源的电流 2mA，即 I_{13}=2mA。因此只需建立两个回路方程就可以了。

自电阻、互电阻及每一回路中的电压源电压的代数和分别为

$$R_{11} = 3\text{k}\Omega + 1\text{k}\Omega = 4\text{k}\Omega$$
$$R_{22} = 1\text{k}\Omega + 2.25\text{k}\Omega + 2\text{k}\Omega = 5.25\text{k}\Omega$$

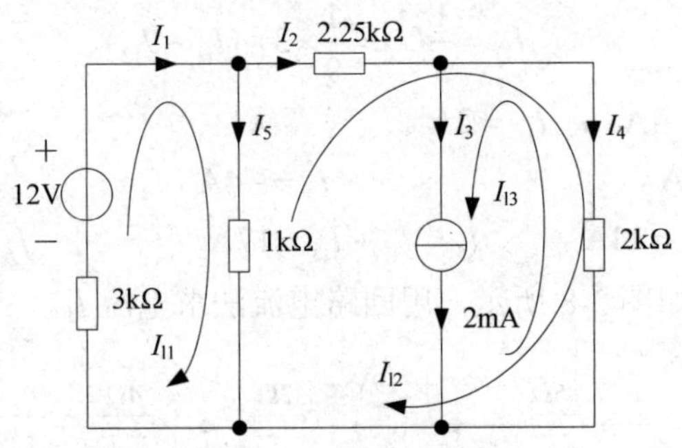

图 3-6　例 3-3 电路

$$R_{12} = R_{21} = -1\text{k}\Omega$$
$$R_{23} = R_{32} = -2\text{k}\Omega$$
$$U_{s11} = 12\text{V}$$
$$U_{s22} = 0$$

因此，回路 1、2 的回路方程为

$$4\times10^3 I_{11} - 1\times10^3 I_{12} = 12$$
$$-1\times10^3 I_{11} + 5.25\times10^3 I_{12} - 2\times10^3 I_{13} = 0$$

而 $I_{13} = 2\times10^3\text{mA}$，可以解出 $I_{11} = 3.35\text{mA}$，$I_{12} = 1.4\text{mA}$。

所以求得各支路电流为

$I_1 = 3.35\text{mA}$，　　$I_2 = 1.4\text{mA}$，　　$I_3 = 2\text{mA}$，

$I_4 = I_{12} - I_{13} = -0.6\text{mA}$，　　$I_5 = I_{11} - I_{12} = 1.95\text{mA}$

【例 3-4】已知电路如图 3-7 所示，用回路电流法求各支路电流。

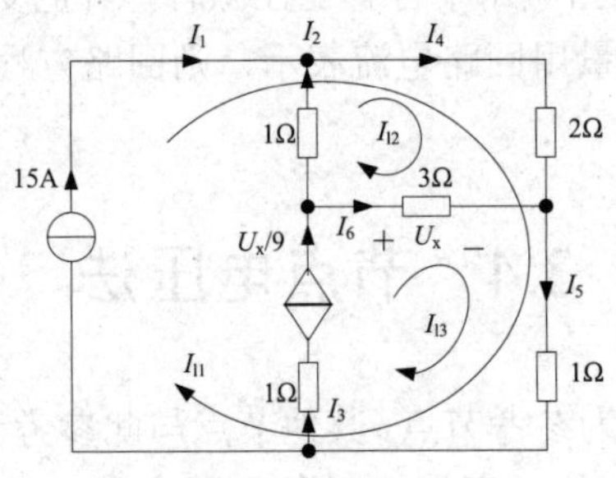

图 3-7　例 3-4 电路

解：电路有六条支路，四个节点，所以有三个独立回路。

该电路既含有独立电流源，又含有受控电流源。为了便于建立回路方程，且方便计算，可以将这二者分别划归回路 1 和回路 3，从而使得这两个回路电流分别等于已知的独立电

流源电流(15A)和受控源电流($U_x/9$)，于是就只需对回路2建立回路方程即可，再利用受控源与所涉及的回路电流之间的关系，就可以求解出待求量，即

$$I_{l1}=15\text{A}$$

$$2I_{l1}+(1+3+2)I_{l2}-3I_{l3}=0$$

$$I_{l3}=\frac{1}{9}U_x=\frac{1}{9}\times 3\times(I_{l3}-I_{l2})$$

由此可以解出 $I_{l2}=-4\text{A}$ ，$I_{l3}=2\text{A}$ 。

所以有 $I_1=15\text{A}$， $I_2=-4\text{A}$， $I_3=2\text{A}$

$I_4=I_{l1}+I_{l2}=11\text{A}$， $I_5=I_{l1}+I_{l3}=17\text{A}$ $I_6=I_{l3}-I_{l2}=6\text{A}$

【例3-5】已知电路如图3-8所示，用回路电流法求电流I_1。

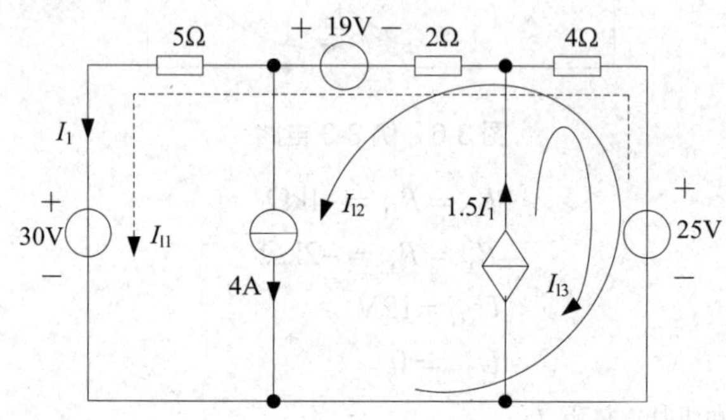

图3-8　例3-5电路

解：电路有五条支路，三个节点，所以有三个独立回路。

选取回路及回路电流如图3-8所示，则有

$$(5+2+4)I_{l1}+(2+4)I_{l2}-4I_{l3}=30-19-25$$

$$I_{l2}=4\text{A}$$

$$I_{l3}=1.5I_1=1.5I_{l1}$$

解得$I_{l1}=-12\text{A}=I_1$。

从例3-4、例3-5可看到，当电路中含有受控源时，可把受控源先当作独立源处理来列方程，然后再把受控源的控制量用回路电流表示，则回路方程仍然是以回路电流为变量的一组独立方程。

3.4　节点电压法

任意选择电路中某一节点为参考节点，其他节点与此参考节点间的电压称为节点电压。节点电压法是以节点电压作为独立变量，对各个独立节点列写电流(KCL)方程，得到含$(n-1)$个节点电压变量的$(n-1)$个独立电流方程，从而求解电路中的待求量。

例如，电路如图3-9所示。电路有四个节点，选择④为参考节点，设节点①、②、③的节点电压分别为u_{n1}、u_{n2}、u_{n3}，则只要计算出各独立节点的电压，就可以据此求出其他所有待求量，如$u_{R4}=u_{n1}-u_{n2}$。

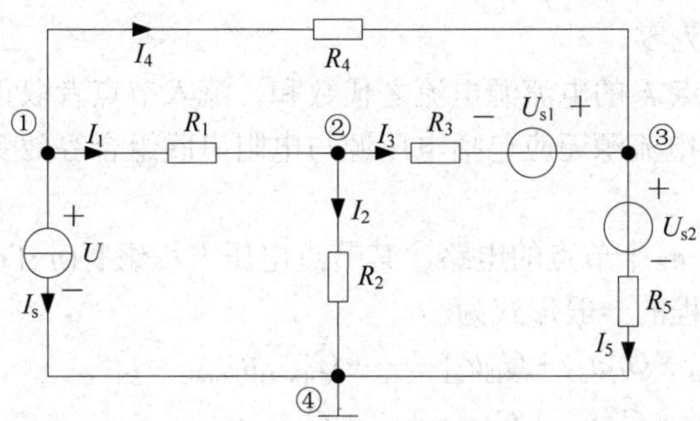

图 3-9　节点电压法

对图 3-9 所示电路列写 KCL 方程，并用节点电压表示支路电流，对节点①、②、③得

$$\left.\begin{aligned}&I_s+\frac{u_{n1}-u_{n2}}{R_1}+\frac{u_{n1}-u_{n3}}{R_4}=0\\&\frac{u_{n1}-u_{n2}}{R_1}=\frac{u_{n2}}{R_2}+\frac{(u_{n2}-u_{n3})+U_{s1}}{R_3}\\&\frac{(u_{n2}-u_{n3})+U_{s1}}{R_3}+\frac{u_{n1}-u_{n3}}{R_4}=\frac{U_{n3}-U_{s2}}{R_5}\end{aligned}\right\}\tag{3-11}$$

经整理，就可得到

$$\left.\begin{aligned}&\left(\frac{1}{R_1}+\frac{1}{R_4}\right)u_{n1}-\frac{1}{R_1}u_{n2}-\frac{1}{R_4}u_{n3}=-I_s\\&-\frac{1}{R_1}u_{n1}+\left(\frac{1}{R_1}+\frac{1}{R_2}+\frac{1}{R_3}\right)u_{n2}-\frac{1}{R_3}u_{n3}=-\frac{U_{s1}}{R_3}\\&-\frac{1}{R_4}u_{n1}-\frac{1}{R_3}u_{n2}+\left(\frac{1}{R_3}+\frac{1}{R_4}+\frac{1}{R_5}\right)u_{n3}=\frac{U_{s1}}{R_3}+\frac{U_{s2}}{R_5}\end{aligned}\right\}\tag{3-12}$$

式(3-12)可写为

$$\left.\begin{aligned}&(G_1+G_4)u_{n1}-G_1u_{n2}-G_4u_{n3}=-I_s\\&-G_1u_{n1}+(G_1+G_2+G_3)u_{n2}-G_3u_{n3}=-G_3U_{s1}\\&-G_4u_{n1}-G_3u_{n2}+(G_3+G_4+G_5)u_{n3}=G_3U_{s1}+G_5U_{s5}\end{aligned}\right\}\tag{3-13}$$

式(3-13)即是以节点电压为独立变量的节点电压方程。对于具有三个独立节点的电路，节点电压方程的一般形式为

$$\left.\begin{aligned}&G_{11}u_{n1}+G_{12}u_{n2}+G_{13}u_{n3}=i_{s11}\\&G_{21}u_{n1}+G_{22}u_{n2}+G_{23}u_{n3}=i_{s22}\\&G_{31}u_{n1}+G_{32}u_{n2}+G_{33}u_{n3}=i_{s33}\end{aligned}\right\}\tag{3-14}$$

观察式(3-13)和式(3-14)可以看出如下规律。

(1) G_{kk} 称为节点 k 的自电导，它是连接到节点 k 的所有支路电导之和，恒取“+”号。例如 $G_{11}=G_1+G_2$，$G_{22}=G_1+G_2+G_3$ 等。

(2) $G_{kj}(k\neq j)$ 称为节点 k 与节点 j 的互电导，它是节点 k 与节点 j 之间共有支路电导之和，恒取“−”号。例如 $G_{12}=G_{21}=-G_1$，$G_{23}=G_{32}=-G_3$ 等。显然，当两节点间无共有支路电

导时，则相应的互电导为零。

(3) i_{skk}是注入到节点 k 的电流源电流之代数和，流入节点者取正号，流出节点者取负号。例如 $i_{s11}=-I_s$。注入电流源还应包括电压源与电阻串联组合等效变换形成的电流源。例如 $i_{s33}=G_3U_{s1}+G_5U_{s5}$ 等。

由此可知，对于有 n 个节点的电路，其节点电压方程组有$(n-1)$个方程，可依式(3-14)推广，得出节点电压方程的一般形式为

$$\left.\begin{aligned}&G_{11}u_{n1}+G_{12}u_{n2}+G_{13}u_{n3}+\cdots+G_{1(n-1)}u_{n(n-1)}=i_{s11}\\&G_{21}u_{n1}+G_{22}u_{n2}+G_{23}u_{n3}+\cdots+G_{2(n-1)}u_{n(n-1)}=i_{s22}\\&\qquad\vdots\\&G_{(n-1)1}u_{n1}+G_{(n-1)2}u_{n2}+G_{(n-1)3}u_{n3}+\cdots+G_{(n-1)(n-1)}u_{n(n-1)}=i_{s(n-1)(n-1)}\end{aligned}\right\}\tag{3-15}$$

用节点电压法求解电路的一般步骤可归纳如下。

(1) 选定合适的参考节点。

(2) 按一般式(3-15)列出节点电压方程，注意自电导总为正，互电导总为负，并注意各节点注入电流源电流前面的“+”、“−”号。

(3) 由节点电压方程解出各节点电压，根据需要求出其他待求量。

【例 3-6】已知电路如图 3-10 所示，用节点电压法求 6Ω电阻上的电流。

解：选取参考节点如图 3-10 所示，设节点①、②、③的节点电压分别为 u_{n1}、u_{n2}、u_{n3}。该题存在纯电压源支路的情况，可采用两种方法处理。

方法一：设纯电压源支路的电流为 I，作为变量添加在方程中。根据节点电压法直接列写方程得

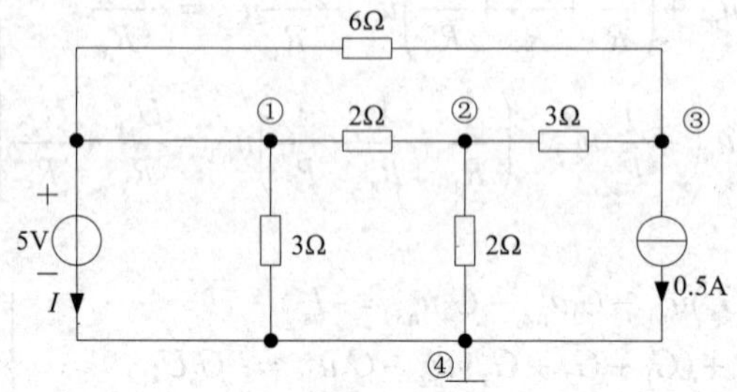

图 3-10　例 3-6 电路

$$\begin{cases}\left(\dfrac{1}{3}+\dfrac{1}{2}+\dfrac{1}{6}\right)u_{n1}-\dfrac{1}{2}u_{n2}-\dfrac{1}{6}u_{n3}=-I\\-\dfrac{1}{2}u_{n1}+\left(\dfrac{1}{2}+\dfrac{1}{2}+\dfrac{1}{3}\right)u_{n2}-\dfrac{1}{3}u_{n3}=0\\-\dfrac{1}{6}u_{n1}-\dfrac{1}{3}u_{n2}+\left(\dfrac{1}{3}+\dfrac{1}{6}\right)u_{n3}=-0.5\end{cases}$$

增补方程：$u_{n1}=5\text{V}$。这样三个方程、三个变量，即可求解出电路的各个待求量。解方程得 $u_{n3}=2.3\text{V}$，所以待求的电流为

$$\frac{5-2.3}{6}\text{A}=0.45\text{A}$$

方法二：当选取纯电压源支路一端为参考节点时，则节点①电压就等于电压源的电压，只需对节点②、③列写方程，即

$$\begin{cases}\left(\dfrac{1}{2}+\dfrac{1}{2}+\dfrac{1}{3}\right)u_{n2}-\dfrac{1}{2}u_{n1}-\dfrac{1}{3}u_{n3}=0\\-\dfrac{1}{6}u_{n1}-\dfrac{1}{3}u_{n2}+\left(\dfrac{1}{6}+\dfrac{1}{3}\right)u_{n3}=-0.5\end{cases}$$

式中，u_{n1}=5V。

可以计算出与方法一相同的结论。

【例 3-7】已知电路如图 3-11 所示，求各节点电压。

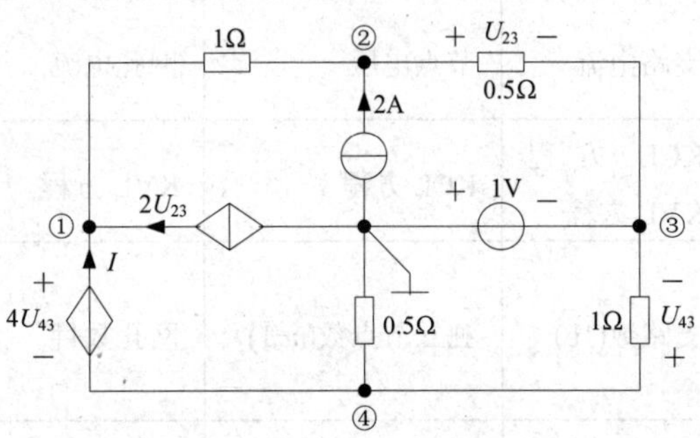

图 3-11　例 3-7 电路

解： 选取参考节点如图 3-11 所示，设节点①、②、③、④的节点电压分别为 u_{n1}、u_{n2}、u_{n3}、u_{n4}，则节点电压方程为

$$1\times u_{n1}-1\times u_{n2}=I+2U_{23}$$

$$-1\times u_{n1}+\left(1+\frac{1}{0.5}\right)u_{n2}-\frac{1}{0.5}u_{n3}=2$$

$$u_{n3}=-1\text{V}$$

$$-1\times u_{n3}+\left(\frac{1}{0.5}+1\right)u_{n4}=-I$$

再加上受控源与其涉及的节点电压变量之间的关系为

$$2U_{23}=2(u_{n2}-u_{n3})$$

$$4U_{43}=4(u_{n4}-u_{n3})=u_{n1}-u_{n4}$$

此时联立上面方程最终可以得出待求量为

$$u_{n1}=\frac{17}{3}\text{V},\quad u_{n2}=\frac{17}{9}\text{V},\quad u_{n3}=-1\text{V},\quad u_{n4}=\frac{1}{3}\text{V}$$

从例 3-7 可看到，当电路中含有受控源时，可先把受控源当作独立源来处理并列方程，然后再把受控源的控制量用节点电压表示，则节点电压方程仍然是以节点电压为变量的一组独立方程。

本 章 小 结

本章介绍了分析线性电阻电路的基本方法，主要有 2*b* 法、1*b* 法(含支路电流法)、网孔电流法、回路电流法和节点电压法。其中 $2b$ 法、$1b$ 法(含支路电流法)是电路分析的基础，网孔电流法、回路电流法和节点电压法是电路的系统分析，应重点掌握系统分析的方程列写。无论用以上哪一种方法，对于线性电阻电路，都可以获得一组未知数与方程数相等的代数方程。从数学上说，只要方程的系数行列式不等于零，方程就有解且是唯一解。因此，线性电阻电路的基本分析方法适用性强，原则上适用于各种电路的分析，是学习动态电路、非线性电路的基础。各种分析方法的比较如表 3-1 所示。

表 3-1　线性电阻电路各种分析方法比较

	$2b$ 法	$1b$ 法	节点电压法	网孔电流法	回路电流法
变量	支路电压和支路电流	支路电流	节点电压	网孔电流	回路电流
方程性质	KCL 方程 KVL 方程	KCL 方程 KVL 方程	KCL 方程	KVL 方程	KVL 方程
独立方程数目	两倍支路数(2b)	支路数(1b)	独立节点数(n−1)	网孔数目	独立回路数(b−n+1)
方程形式	①节点 KCL ②回路 KVL ③支路 VCR	①节点 KCL ②独立回路 KVL	式(3-15)	式(3-9)	式(3-10)
特点	最基本、最灵活，方程数较多	最基本，方程数较 $2b$ 法少	节点电压易确定，方程数少，易于编程	只适用于平面电路，网孔直观易确定	独立回路选取灵活，方程数少

习　　题

1. 电路如图3-12所示，已知U_{s1}=10V，U_{s2}=12V，U_{s3}=16V，R_1=2Ω，R_2=4Ω，R_3=6Ω。试分别写出：

(1) 用支路电流法求解时所需的方程组，并求出各支路电流。

(2) 用网孔电流法求解所需的方程组，并求出各支路电路。

2. 试用网孔电流法求图3-13所示电路中各电压源对电路提供的功率P_{s1} 和P_{s2}。

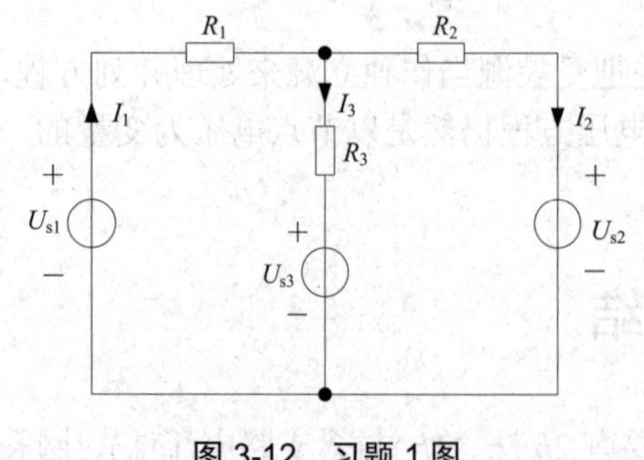

图 3-12　习题 1 图

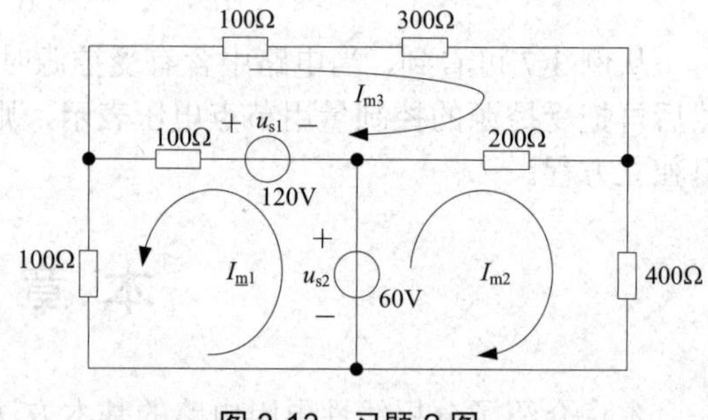

图 3-13　习题 2 图

3. 电路如图3-14所示，用回路电流法(网孔电流法)求I，并求受控源提供的功率。

4. 电路如图3-15所示，用回路电流法(网孔电流法)求4Ω电阻的功率。

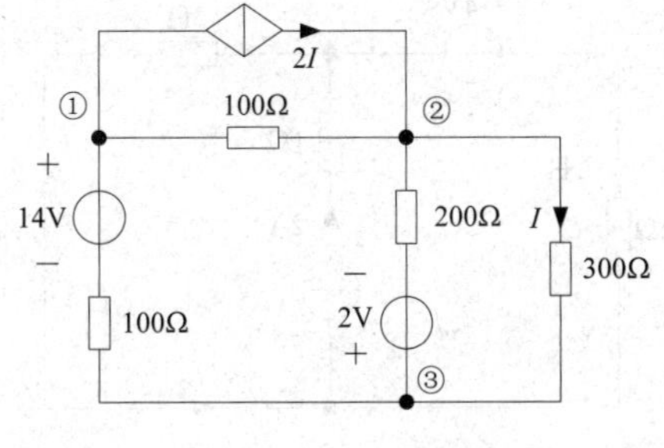

图 3-14　习题 3 图

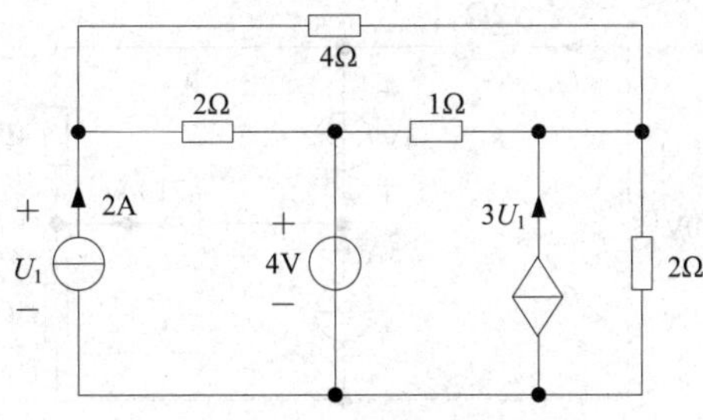

图 3-15　习题 4 图

5. 列出如图3-16所示电路的节点电压方程，并求出节点电压。

6. 用节点电压法求如图3-17所示电路中的U_1和I。

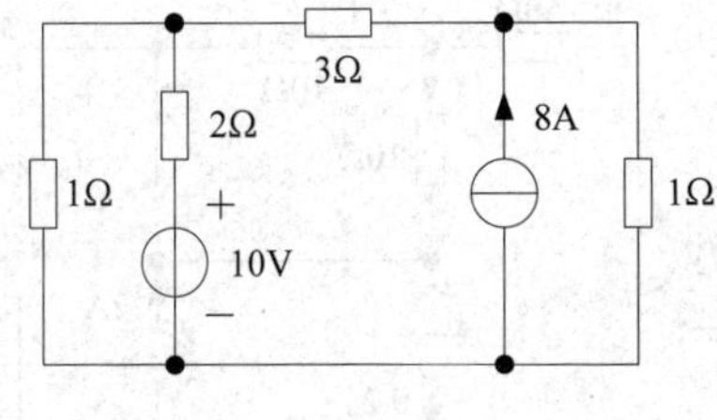

图 3-16　习题 5 图

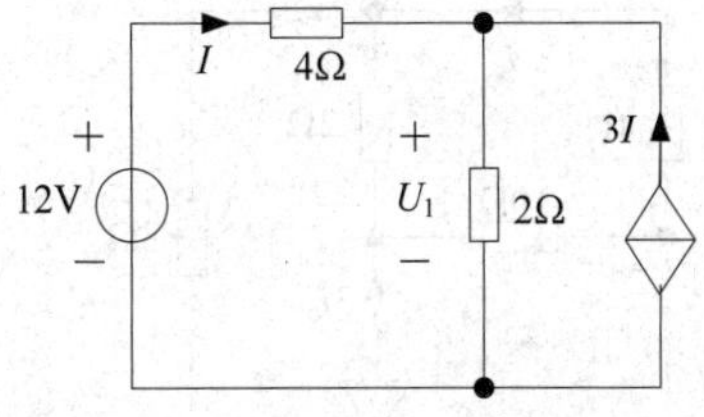

图 3-17　习题 6 图

7. 电路如图 3-15 所示，用节点电压法求 4V 电压源所发出的功率。

8. 求如图3-18所示电路中50kΩ电阻中的电流I_{AB}。

9. 试用节点分析法求图3-19所示电路中的U 及受控源的功率。

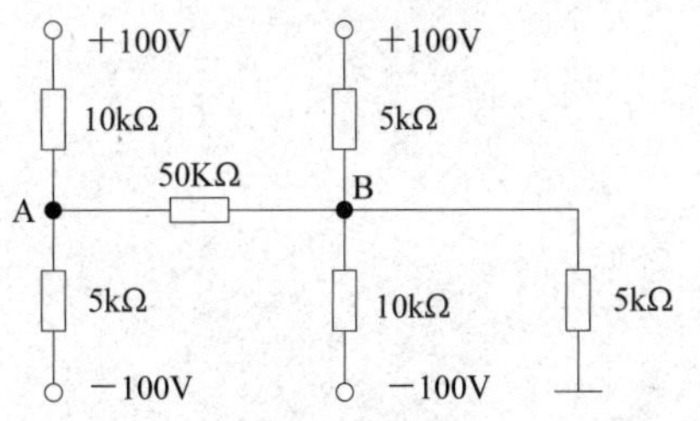

图 3-18　习题 8 图

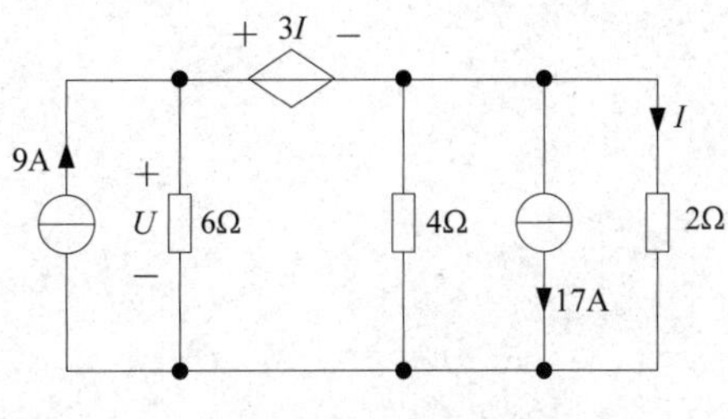

图 3-19　习题 9 图

10. 试列出为求解如图3-20所示电路中的U_o 所需的节点方程。

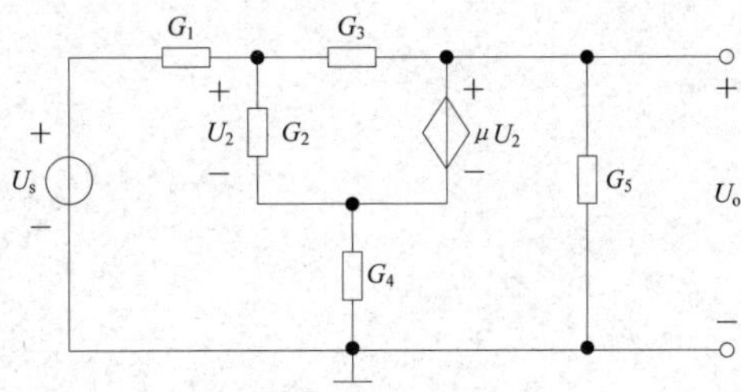

图 3-20　习题 10 图

11. 电路如图3-21所示，求I_x。

12. 电路如图3-22所示，求I_x。

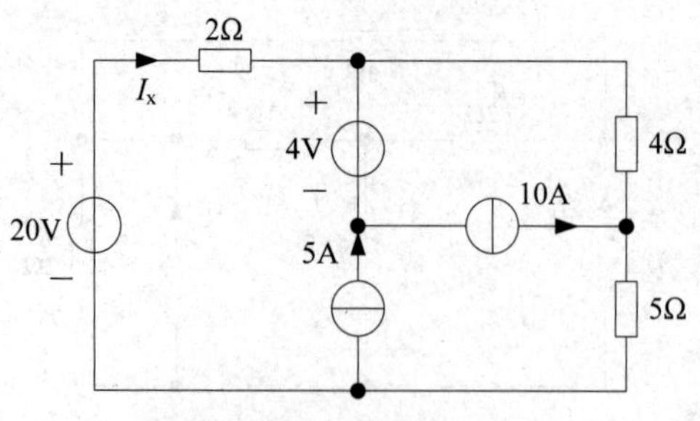

图 3-21 习题 11 图

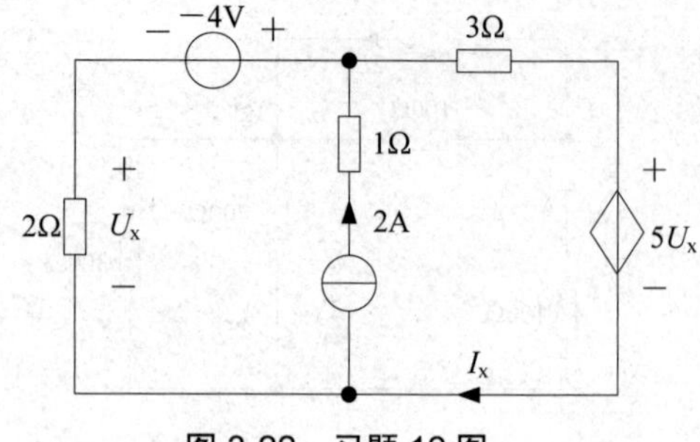

图 3-22 习题 12 图

13. 电路如图 3-23 所示，求 I_o。

14. 电路如图 3-24 所示，求 u、i。

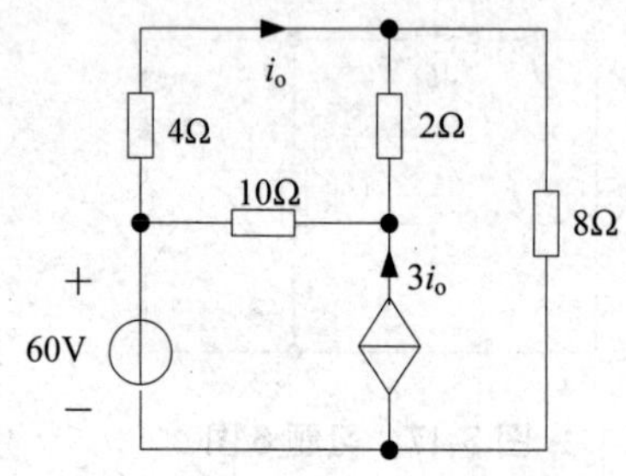

图 3-23 习题 13 图

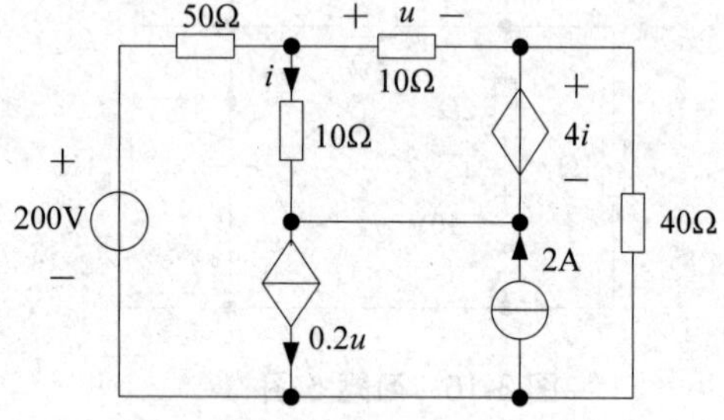

图 3-24 习题 14 图

第 4 章　电路定理

教学目标

(1) 深刻理解和掌握叠加定理与替代定理的基本内容、适用范围、条件及应用。

(2) 熟练掌握戴维南定理和诺顿定理的内容和条件，并能熟练应用其求解电路。

(3) 了解特勒根定理、互易定理及对偶定理的基本内容及适用条件。

(4) 初步掌握多个定理多种解法结合求解电路的方法。

4.1　叠加定理

叠加定理是线性电路的一个重要定理，它反映了线性电路的基本性质，是分析线性电路的基础。叠加定理不仅是线性电路的一种分析方法，而且根据叠加定理还可以推导出线性电路的其他重要定理。

4.1.1　定理内容

下面用图 4-1 所示电路来具体说明叠加定理的内容。

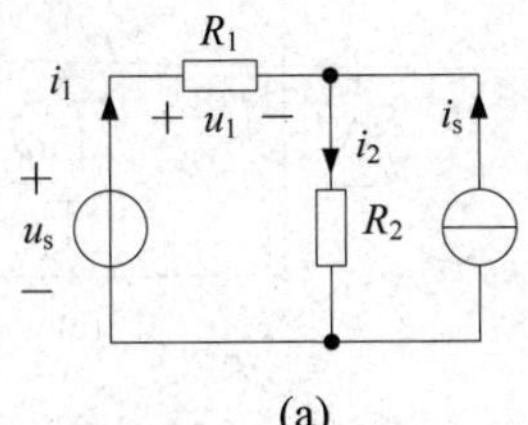

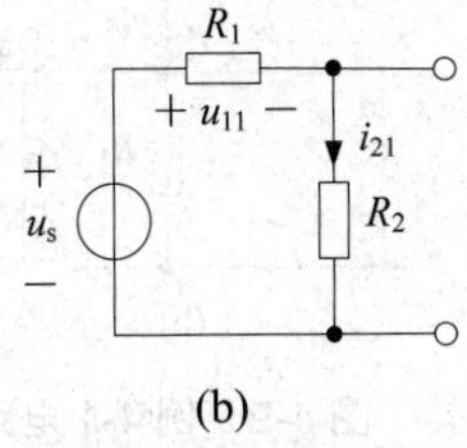

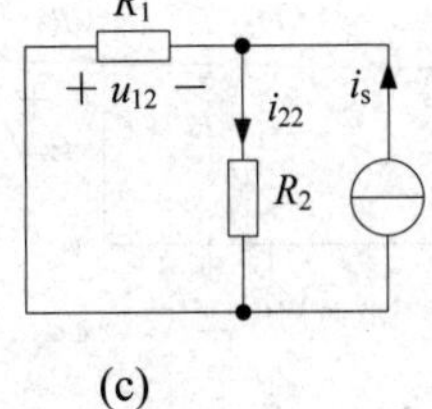

图 4-1　叠加定理

电路如图 4-1(a)所示，要求求解电路中支路电流 i_2 与电压 u_1，采用支路电流法列方程，有

$$\begin{cases} -u_s + u_1 + i_2 R_2 = 0 \\ u_1 = i_1 R_1 \\ i_2 = i_1 + i_s \end{cases}$$

可求得

$$\left.\begin{aligned} i_2 &= \frac{u_s}{R_1 + R_2} + \frac{R_1 i_s}{R_1 + R_2} \\ u_1 &= \frac{R_1 u_s}{R_1 + R_2} - \frac{R_1 R_2 i_s}{R_1 + R_2} \end{aligned}\right\} \tag{4-1}$$

式(4-1)中的 i_2 和 u_1 可以看成是 u_s 和 i_s 的线性组合，可以写成

$$\left.\begin{aligned} i_2 &= K_{11}u_s + K_{12}i_s \\ u_1 &= K_{12}u_s + K_{21}i_s \end{aligned}\right\} \tag{4-2}$$

由式(4-2)可知，支路电流 i_2 和电压 u_1 可以看作是电压源和电流源的一次函数。当电压源单独作用时，即令 $i_s = 0$，此时 $i_{21} = K_{11}u_s$，$u_{11} = K_{12}u_s$；当电流源单独作用时，即令 $u_s = 0$，此时 $u_{12} = K_{21}i_s$，$i_{22} = K_{12}i_s$。

上述叠加过程如图 4-1(b)和(c)所示。

$$i_{21} = \frac{u_s}{R_1 + R_2} = i_2\Big|_{i_s=0} \qquad i_{22} = \frac{R_1 i_s}{R_1 + R_2} = i_2\Big|_{u_s=0}$$

$$u_{11} = \frac{R_1 u_s}{R_1 + R_2} = u_1\Big|_{i_s=0} \qquad u_{12} = -\frac{R_1 R_2 i_s}{R_1 + R_2} = u_1\Big|_{u_s=0}$$

i_{21} 与 u_{11} 为将原电路中电流源 i_s 置零时的响应，即 u_s 单独作用时在分电路中所产生的电流、电压分响应，如图 4-1(b)所示。i_{22} 与 u_{12} 为将原电路中电压源置零后，由 i_s 单独作用时在分电路中所产生的电流、电压分响应，如图 4-1(c)所示。

将上述结论推广到一般线性电路便得到叠加定理。它的内容可表述为：对于任意线性电路，若同时受到多个独立源的作用，则这些共同作用的独立源在任一支路上所产生的电压(电流)，等于每一个独立源各自单独作用时在该支路上所产生的电压(电流)的代数和。

【例 4-1】电路如图 4-2(a)所示，R_1=3Ω，R_2=6Ω，R_3=2Ω，求支路电流 I 和电阻 R_1 上的功率。

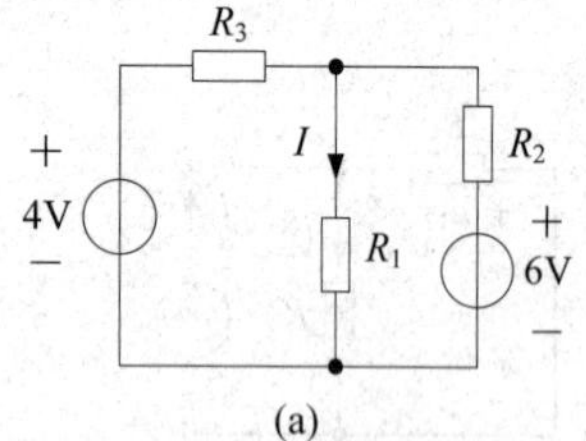

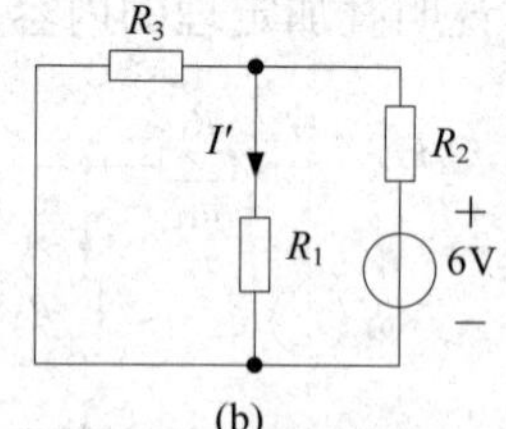

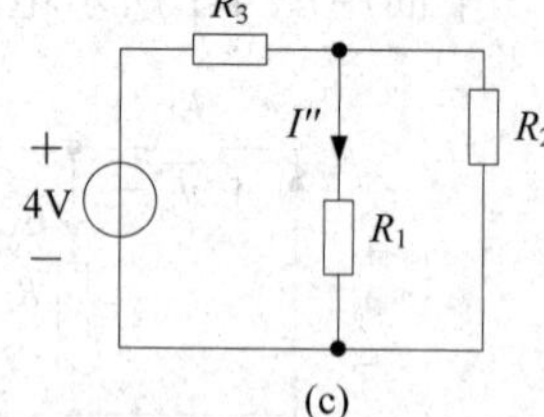

图 4-2　例 4-1 电路

解：(1) 采用叠加定理，画出两个电压源分别作用时的电路如图 4-2(b)和图 4-2(c)所示。

(2) 在图 4-2(b)所示电路中，6V 电压单独作用时，支路电流为

$$I' = \frac{6}{R_1 // R_3 + R_2} \times \frac{R_3}{R_1 + R_3} = \frac{1}{3}\text{A}$$

在图 4-2(c)所示电路，4V 电压单独作用时，支路电流为

$$I'' = \frac{4}{R_2 // R_1 + R_3} \times \frac{R_2}{R_1 + R_2} = \frac{2}{3}\text{A}$$

(3) 支路电流 I 的值为

$$I = I' + I'' = 1\text{A}$$

(4) 电阻 R_1 上消耗的功率为

$$P = I^2 R_1 = 3\text{W}$$

思考：电阻上的功率能否采用叠加原理进行计算？

4.1.2 关于定理的说明

叠加定理在线性电路的分析中起着非常重要的作用，它是分析线性电路的基础。直接应用叠加原理分析和计算电路时，可将电源分成几组，按组计算后再叠加，来简化计算。

使用叠加定理时应注意以下问题。

(1) 叠加定理只适用于线性电路中求电压、电流，不适用于非线性电路。

(2) 叠加定理只适用于线性电路中求电压、电流，不适用于求功率，因为功率不是电压或电流的一次函数。

(3) 当某个独立源单独作用时，其余的独立源应全为零值(独立源为零指电压源短路、电流源断路)。

(4) 受控源不可以单独作用，而且在每个独立源单独作用时，受控源均予以保留并且注意控制量的变动。

(5) 叠加时要注意电压和电流的参考方向，求和时要注意各电压分量和电流分量的正负，某电流或电压分量的参考方向与其对应合成电流或电压的参考方向一致时，在叠加式中该项前取“+”号，不一致时取“−”。

【例 4-2】试求图 4-3(a)所示电路中的电压 u 与电流 i。

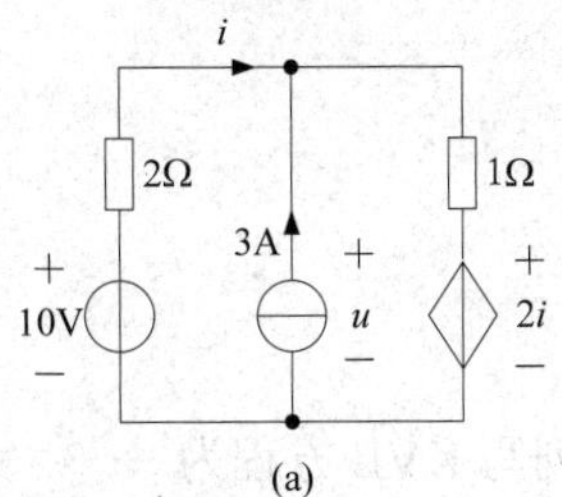

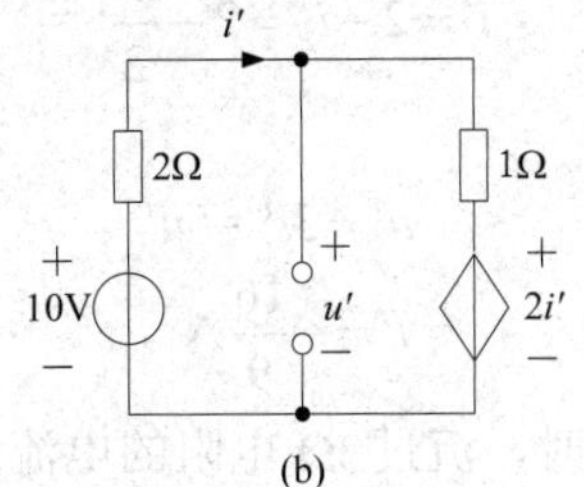

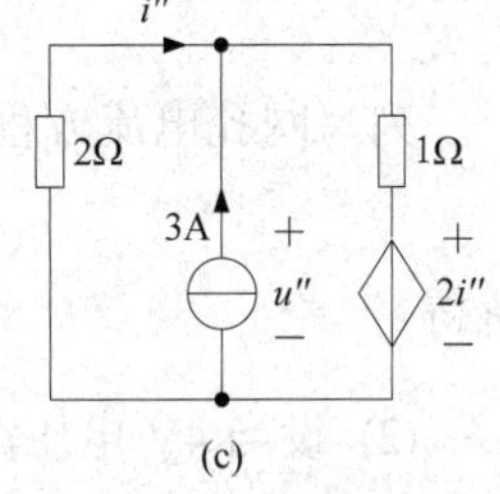

图 4-3 例 4-2 电路

解：利用叠加定理时，通常受控源不能当作独立源处理。若要把受控源按独立源处理，则应注意受控源的控制量不是该分电路中的控制量。

根据叠加定理，图 4-3(a)所示电路中的电压 u 是由 10V 电压源单独作用所产生的电压 u'和 3A 电流源单独作用所产生的电压 u''的叠加；同理，电路中的电流 I 是由 10V 电压源单独作用所产生的电流 i'和 3A 电流源单独作用所产生的电流 i''的叠加。此处注意受控源的处理。

(1) 对于图 4-3(b)所示电路，根据 KVL 原理列写方程，得

$$2i'+i'+2i'=10$$

解得

$$i'=2\text{A}\,,\quad u'=1\times i'+2\times i'=6\text{V}$$

(2) 对于图 4-3(c)所示电路，采用节点电压法列写方程，得

$$\left(\frac{1}{2}+1\right)u''=3-\frac{2i''}{1}$$

$$i''=-\frac{1}{2}u''$$

解得

$$u''=6\text{V}\ ,\quad i''=-3\text{A}$$

(3) 根据叠加定理，有

$$u=u'+u''=6\text{V}+6\text{V}=12\text{V}$$
$$i=i'+i''=2\text{A}-3\text{A}=-1\text{A}$$

【例 4-3】试求图 4-4(a)所示电路中的电流 i。

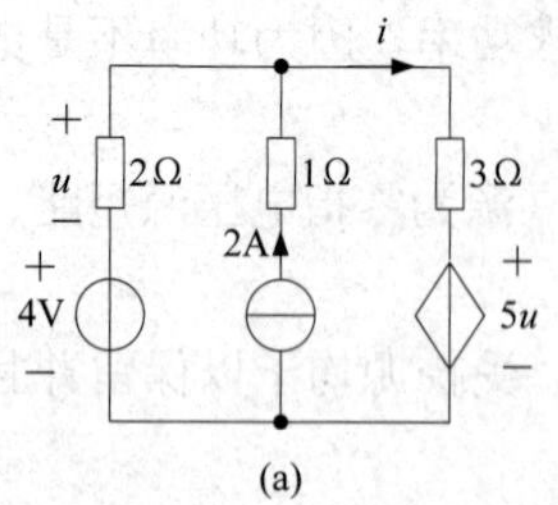

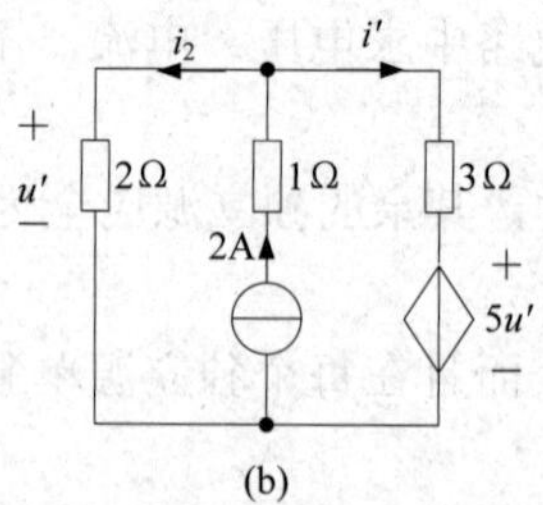

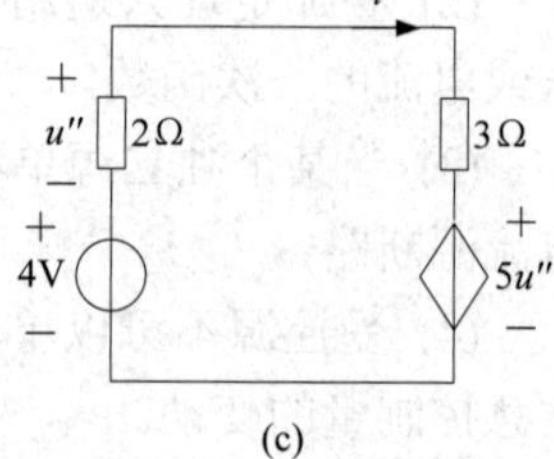

图 4-4　例 4-3 电路

解：分别画出 2A 电流源和 4V 电压源单独作用时的电路如图 4-4(b)和图 4-4(c)所示。

(1) 设当 2A 电流源单独作用时，流过 3Ω电阻的电流为 i'。根据 KCL 列写方程为

$$i'=2-i_2=2-\frac{u'}{2}$$

列写网孔电流方程为

$$u'=3i'+5u'$$

解得

$$i'=-\frac{16}{9}\text{A}$$

(2) 设当 4V 电压源单独作用时，流过 3Ω 电阻的电流为 i''。列写 KVL 方程为

$$-4+(-u'')+3i''+5u''=0$$
$$u''=-2i''$$

解得

$$i''=-\frac{4}{5}\text{A}$$

所以，流过 3Ω电阻的电流为

$$i=i'+i''=-\frac{4}{5}\text{A}+\frac{16}{9}\text{A}\approx 2.6\text{A}$$

【例 4-4】图 4-5 所示为无源电阻网络，若 $I_{s1}=8\text{A}$、$I_{s2}=12\text{A}$ 时，$U_x=80\text{V}$；若 $I_{s1}=-8\text{A}$、$I_{s2}=4\text{A}$ 时，$U_x=0\text{V}$。求 $I_{s1}=I_{s2}=20\text{A}$ 时，U_x 的值。若 N 内含有一个独立源，且当 $I_{s1}=I_{s2}=0\text{A}$ 时，$U_x=40\text{V}$，求当 $I_{s1}=I_{s2}=20\text{A}$ 时，U_x 的值。

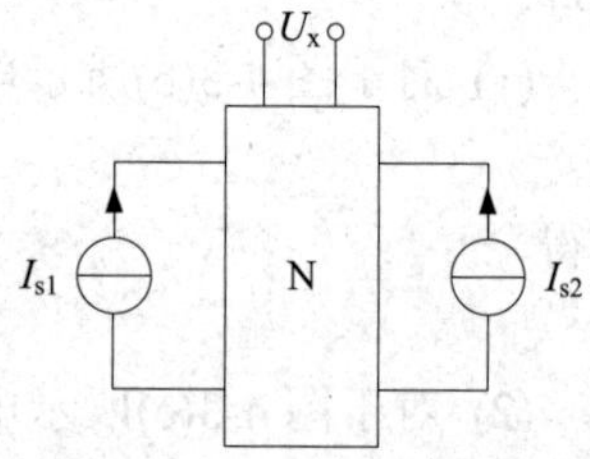

图 4-5　例 4-4 电路

解：因为线性电路中激励与响应电压电流的线性关系，可进行如下线性假设。

(1) 先设 $U_x=K_1I_{s1}+K_2I_{s2}$，代入相应的数值，得

$$80=8K_1+12K_2$$
$$0=-8K_1+4K_2$$

所以有 $K_1 = 2.5\Omega$，$K_2 = 5\Omega$

则当 $I_{s1} = I_{s2} = 20\text{A}$ 时，$U_x = 150\text{V}$。

(2) 同理，假设 $U_x = U_x' + K_1 I_{s1} + K_2 I_{s2}$。当 $I_{s1} = I_{s2} = 0$ 时，则有

$$U_x = U_x' = 40\text{V}$$

所以代入数值有

$$80 = 40 + 8K_1 + 12K_2$$
$$0 = 40 - 8K_1 + 4K_2$$

解得 $K_1 = -11.875\Omega$，$K_2 = -13.75\Omega$

当 $I_{s1} = I_{s2} = 20\text{A}$ 时，$U_x = -362.5\text{V}$。

【例 4-5】在图 4-6(a)所示电路中，调节电压源的电压 E_1 为多少时，能使流过 2Ω 电阻的电流 $I_R = 0$。

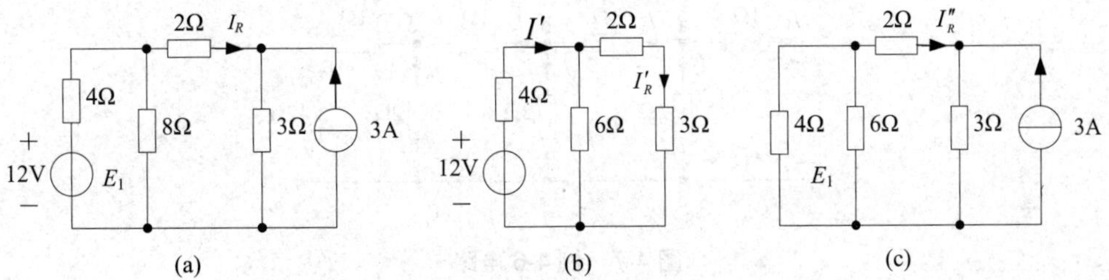

图 4-6　例 4-5 电路

解： 分别画出 E_1 和 3A 电流源单独作用时的电路如图 4-6(b)和图 4-6(c)所示。

(1) 当 $E_1 = 12\text{V}$ 单独作用时，电路如图 4-6(b)所示，先求流过 2Ω 电阻的电流 I_R' 为

$$I' = \frac{12}{4 + 6/(2+3)} = \frac{12}{4 + 2.73}\text{A} = 1.78\text{A}$$

所以

$$I_R' = \frac{-6}{6 + (2+3)} I' = \frac{6}{11} \times 1.78\text{A} = 0.973\text{A}$$

(2) 当 3A 电流源单独作用时，电路如图 4-6(c)所示，流过 2Ω 电阻的电流 I_R'' 为

$$I_R'' = -\frac{3}{(4//6 + 2) + 3} \times 3\text{A} = -1.22\text{A}$$

(3) 由叠加定理得到

$$I_R = I_R' + I_R' = 0.973\text{A} - 1.22\text{A} = -0.247\text{A}$$

(4) 若调整电压源 E_1，使其单独作用时产生的电流 I_R' 刚好和 I_R'' 等值反号，则可使 $I_R = 0$。

对于线性电路，当 E_1 单独作用时，I_R' 和 E_1 成正比，由于 1.22/0.973=1.25 倍，所以当 E_1=12×1.25 倍时，可使 $I_R' = -I_R'' = 1.22\text{A}$，从而得到 $I_R = 0$。

4.1.3　线性电路的齐次性与可加性

作为线性系统(包含线性电路)最基本的性质——线性性质，它包含齐次性和可加性两

个方面。4.1.2 小节所述的叠加定理就是可加性的反映，它是线性电路的一个重要定理。可加性的概念可以说是贯穿于电路分析之中，并在叠加定理中得到直接的应用。

齐次性是指在线性电路中，只有一个独立源作用时，支路的电流和电压与激励电源成正比，即响应与激励成正比。也就是说，在线性电路中，如果所有激励同时扩大或缩小 k(k 为实常数)倍，则电路响应也同时扩大或缩小 k 倍，这就是齐次定理。齐次定理可以由叠加定理推导得出，关于推导过程请读者自己完成。

应用齐次定理时需注意以下问题。

(1) 此定理只适用于线性电路。

(2) 所谓激励是指独立源，即独立电压源和电流源，不包括受控源。

(3) 必须是所有激励同时扩大或缩小 k 倍，电路响应才扩大或缩小 k 倍。

【例 4-6】 设 $U_s = 47.85\text{V}$，试求图 4-7 所示梯形电路中各支路电流。

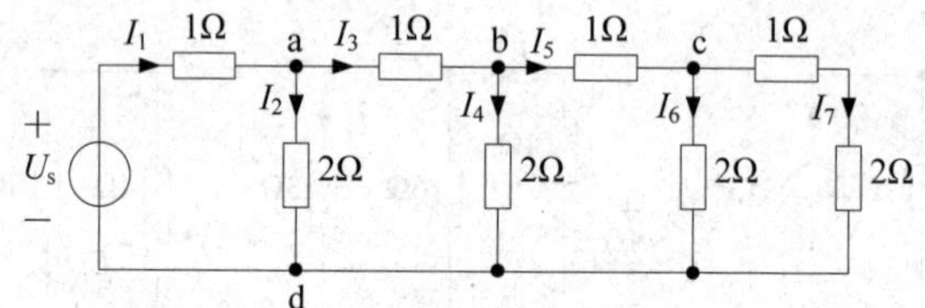

图 4-7　例 4-6 电路

解： 图 4-7 所示电路中只有一个电压源，根据齐次定理，电路中各个支路电流与该电压源的电压成正比。图中各支路电流的参考方向已给出。

先设支路电流 $I_7 = 1\text{A}$，则各支路电流和支路电压分别为

$$U_{cd} = (1+2)\times I_7 = (1+2)\Omega\times 1\text{A} = 3\text{V}$$

$$I_6 = \frac{U_{cd}}{2} = \frac{3}{2}\text{A} = 1.5\text{A}$$

$$I_5 = I_6 + I_7 = 1.5\text{A} + 1\text{A} = 2.5\text{A}$$

$$U_{bd} = I_5\times 1 + I_6\times 2 = 2.5\text{V} + 3\text{V} = 5.5\text{V}$$

$$I_4 = \frac{U_{bd}}{2} = \frac{5.5}{2}\text{A} = 2.75\text{A}$$

$$I_3 = I_4 + I_5 = 2.75\text{A} + 2.5\text{A} = 5.25\text{A}$$

$$U_{ad} = I_3\times 1 + I_4\times 2 = 5.25\text{V} + 5.5\text{V} = 10.75\text{V}$$

$$I_2 = \frac{U_{ad}}{2} = \frac{10.75}{2}\text{A} = 5.375\text{A}$$

$$I_1 = I_2 + I_3 = 5.375\text{A} + 5.25\text{A} = 10.575\text{A}$$

$$U_s' = I_1\times 1 + I_2\times 2 = 10.575\text{V} + 5.375\text{V} = 15.95\text{V}$$

在假设 $I_7 = 1\text{A}$ 时，求得所需的电压源电压为 15.95V，现给定电压源电压为 47.85V，故相当于将以上激励 U_s' 增至 U_s，即 $k = \dfrac{47.85}{15.95} = 3$，所以各支路电流响应同时增至 3 倍，即

$$I_1 = 10.575\times 3\text{A} = 31.125\text{A}$$

$$I_2 = 16.125\text{A}$$

$$I_3 = 15.75\text{A}$$

$$I_4 = 8.25\text{A}$$
$$I_5 = 7.5\text{A}$$
$$I_6 = 4.5\text{A}$$
$$I_7 = 3\text{A}$$

本例计算是先假设离电压源最远的一端支路的电流，然后由远至近倒推至电压源激励处，最后用齐次定理修正。这种方法称为“倒推法”。此方法可用于计算电路的输入电阻。当然，也可以采用其他方法计算本题。

4.2 替代定理

替代定理不仅适用于线性电路，也适用于非线性电路。经常应用此定理易于对电路进行分析和简化。

4.2.1 定理内容

替代定理的基本内容是：对于任意的线性、非线性电路，若已求得 N_A 与 N_B 两个一端口网络连接口的电压 u_p 与电流 i_p，那么就可以用一个电压为 u_p 的电压源支路或电流为 i_p 的电流源支路替代其中的一个网络，而使另一个网络的内部电压、电流均维持不变。如图 4-8(a)所示的原电路，其中 N_B 网络可用电压源 u_s 或电流源 i_s 的支路替代，如图 4-8(b)和图 4-8(c)所示。

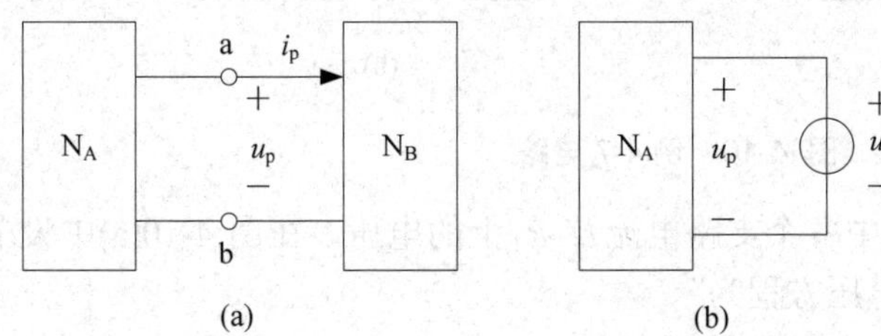

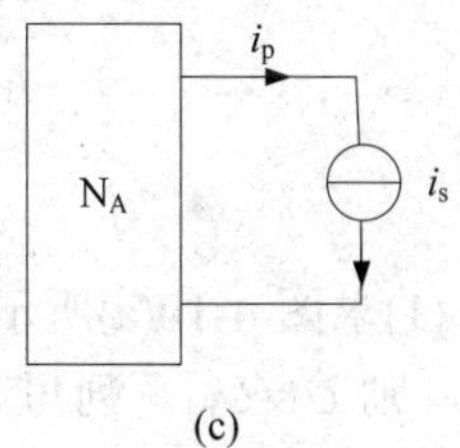

图 4-8　替代定理

图 4-9 给出了用电压源替代 N_B 的证明过程。

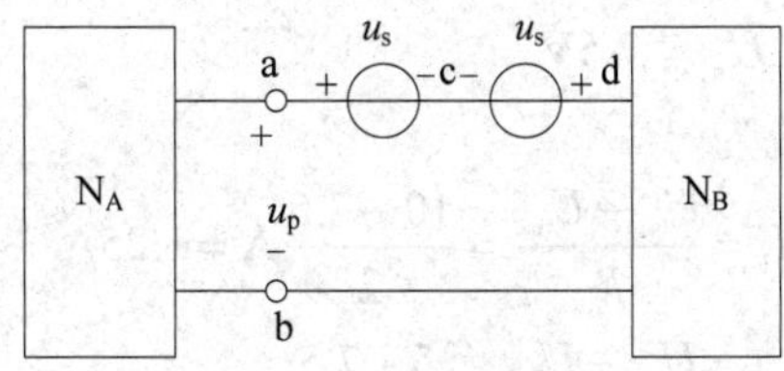

图 4-9　替代定理证明

首先在 N_B 端子 a、d 间串联两个电压数值相同、方向相反的电压源 u_s。令 $u_s = u_p$，可见 $u_{ad} = 0$，现将 c、b 两点短接，得到图 4-8(b)所示电路。电流源替代 N_B 的证明过程原理相同。注意，如果 N_B 中有 N_A 中的受控量，则 N_B 就不可以被替代。

也可以这样理解，如果电路中的第 p 条支路用一个电压源 u_s 替代后，新电路和原电路的连接是完全相同的，因此，两个电路的 KCL 和 KVL 方程也相同。两个电路的支路方程除第 k 条支路外完全相同，而替代后的电路中的 $u_s = u_p$，且其电流是任意的。这样，替代前后，电路中各支路电压和电流维持不变。所以，替代定理也可这样描述：已知电路中某一条支路上的电压为 u_p，电流为 i_p，则这条支路可以用下列任一条支路去替代，而不影响电路各部分电压或电流。

(1) 用一条电压为 u_p 的电压源支路替代。

(2) 用一条电流为 i_p 的电流源支路替代。

(3) 用一条电阻为 $R_p = \dfrac{u_p}{i_p}$ 的电阻支路替代。

【例 4-7】电路如图 4-10(a)所示，已知 $R_1 = 2\Omega$，$R_2 = 5\Omega$，$R_3 = 10\Omega$，$U_{s1} = 10V$，$U_{s2} = 5V$，试求：

(1) 各支路的电流及 R_3 两端的电压。

(2) 运用替代定理，把电阻 R_3 换成电压源后重新计算各支路电流。

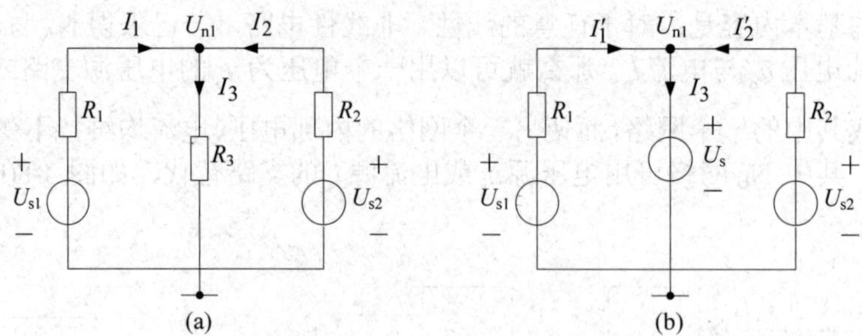

图 4-10 例 4-7 电路

解：(1)求图 4-10(a)所示电路中各个支路电流及 R_3 上的电压。在图 4-10(a)中设节点电位为 U_{n1}，则 $U_3=U_{n1}$。列写节点电压方程为

$$\left(\frac{1}{R_1}+\frac{1}{R_2}+\frac{1}{R_3}\right)U_{n1} = \frac{U_{s1}}{R_1}+\frac{U_{s2}}{R_2}$$

代入数值得

$$\left(\frac{1}{2}+\frac{1}{5}+\frac{1}{10}\right)U_{n1} = 6$$

解得

$$U_{n1} = 7.5V$$

因此，图 4-10(a)中各支路电流为

$$I_1 = \frac{U_{s1}-U_{n1}}{R_1} = \frac{10-7.5}{2}A = 1.25A$$

$$I_2 = \frac{U_{s2}-U_{n2}}{R_2} = \frac{5-7.5}{5}A = -0.5A$$

$$I_3 = \frac{U_{n1}}{R_3} = \frac{7.5}{10}A = 0.75A$$

(2) 将电阻 R_3 用 $U_s = U_3 = 7.5V$ 的电压源替代，如图 4.10(b)所示。求此图中各个支路电

流和电压。有

$$I_1' = \frac{U_{s1} - U_s}{R_1} = \frac{10 - 7.5}{2}\text{A} = 1.25\text{A}$$

$$I_2' = \frac{U_{s2} - U_s}{R_2} = \frac{5 - 7.5}{5}\text{A} = -0.5\text{A}$$

可见，$I_1' = I_1$，$I_2' = I_2$。也就是说，用电压为U_s的电压源替代电阻R_3后，对电路中其他支路的电流和电压不发生任何影响。

4.2.2 关于定理的说明

替代定理的应用很广泛，例如，电压等于零的支路可以用“短路”来替代，电流等于零的支路可以用“开路”来替代。

替代定理适用于用电压源或电流源替代已知电压或电流的电路中的某一条支路，而且也适用于已知端钮处电压和电流的一端口网络。

当电路中含有受控源、耦合电感等元件时，耦合电感所在支路及控制量所在支路一般不能应用替代定理。另外，注意替代和等效是两个不同的概念。“替代”是指用独立源替代已知电压或电流的支路或者部分电路。电路中的结构和元件参数都不改动。“等效”是指两端点处伏安关系完全相同的两个一端口网络之间的相互转换，与电路结构和内部参数无关。例如，一个 5Ω电阻和一个 4Ω电阻的串联支路，当该串联支路与一个电压为 9V 的电压源并联时，该电阻串联支路可以用一个 1A 的电流源来替代；而当该串联支路与 18V 的电压源并联时，该电阻串联支路却要用一个 2A 的电流源来替代。但在上述两种不同连接时，该电阻串联支路都能用一个 9Ω的电阻来等效。

4.3 戴维南定理和诺顿定理

在电路分析中，经常要用到一端口网络的概念。关于一端口网络的介绍请回顾 2.5.1 小节。

通常用方框内标注 N_O 来表示无源一端口网络，标准 N_S 来表示有源一端口网络，如图 4-11 所示。

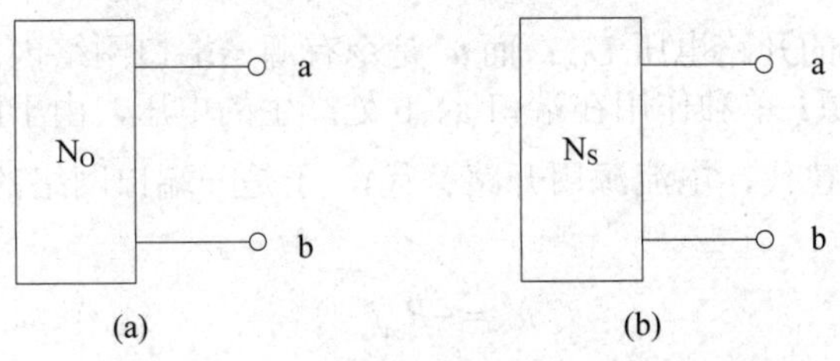

图 4-11 无源、有源一端口网络方框示意图

一个不含独立源、仅含线性电阻和受控源的一端口网络，其端口输入电压和端口电流呈比例关系，此比值是个常数(这是齐次定理所体现的内容)，此常数被定义为一端口网络的输入电阻或等效电阻。所以，任何一个线性无源一端口网络都可以用一个电阻来等效置

换。那么，对于含有独立源的线性一端口网络，是否可以用一个独立源和一个电阻来等效置换呢？戴维南定理和诺顿定理给出了答案。

4.3.1 戴维南定理

戴维南定理的基本内容是：任何一个线性有源一端口网络，对外电路来说，可以用一个电压源和一个电阻的串联组合等效替代，此电压源的激励电压等于该有源一端口网络的开路电压，等值内阻为该有源一端口网络内全部独立源置零后的输入端电阻。戴维南定理示意图如图 4-12 所示。

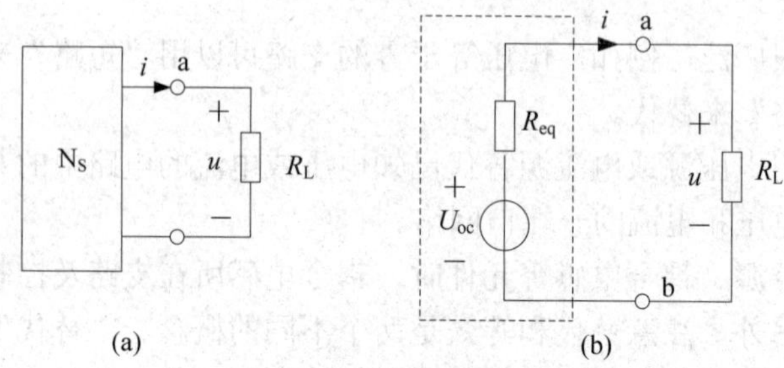

图 4-12 戴维南定理示意图

在图 4-12(a)中，N_S 为有源一端口网络，它与外电路连接。如果在 a、b 处将外电路断开，则端口的电压为 N_S 的开路电压 U_{oc}。将 N_S 中的全部独立源置零(电压源短路，电流源开路)后得到的一端口网络 N_O 呈现电阻特性，用等效电阻 R_{eq} 来表示。根据叠加定理，图 4-12(a)所示的一端口网络，对外电路而言，可以用一个电压为 U_{oc} 的电压源和阻值为 R_{eq} 的电阻的串联组合来表示，如图 4-12(b)所示，而不改变端口 a、b 处的伏安特性。

下面应用叠加定理和替代定理来证明这一结论。设线性有源一端口网络为 N_S，通过对外端口 a、b 与外部电路 N_P(N_P 可以是任意线性、非线性、含源或无源网络)相连接。取端口 a、b 上的电压为 u，电流为 i，如图 4-13(a)所示。根据替代定理将外部电路 N_P 用一个电流源来替代，该电流源的电流 i_s 等于通过外部电路的电流 i，即 $i_s = i$，如图 4-13(b)所示。对于图 4-13(b)，根据叠加定理，把对外端口 a、b 上的电压 u 看成是网络内部独立源及网络外部电流源共同作用的结果，即 u 由两个分量 u' 与 u'' 所组成。如图 4-13(c)和 4-13(d)所示。$u = u' + u''$，其中 u' 是令一端口网络外部电流源 i_s 为零值时，仅由网络内部独立源单独作用在端口 a、b 处产生的开路电压 U_{oc}；而 u'' 是令有源一端口网络内部所有独立源为零值时，仅由网络外部电流源 i_s 单独作用在端口 a、b 处产生的电压，由于网络内部所有独立源均为零值(电压源用短路替代，电流源用开路替代)，于是一端口网络的端口 a、b 间对外呈现电阻特性 R_{eq}，所以有

$$u'' = -R_{eq} i$$

故

$$u = u' + u'' = u_{oc} - R_{eq} i \tag{4-3}$$

式(4-3)为 N_S 在端口 a、b 处的伏安关系。对于图 4-13(e)所示有源支路，如果令电压源的电压等于有源一端口网络开路时的端口电压 u_{oc}，其串联电阻等于该网络中所有独立源均

为零值时在端口处的等效电阻 R_{eq}，其伏安关系与式(4-3)完全相同，即对外电路而言，变换前后不影响外电路中的电压和电流值。

对于开路电压的求解方法，可采用前面章节所讲述的分析方法，如节点电压法、回路电流法、等效变换等均适用。对于等效电阻的求解方法，有以下几种。

(1) 将有源一端口网络内部独立源置零后，若网络内部仅含线性电阻，可采用串并联及星形和三角形之间的等效变换等方法来计算等效电阻。

(2) 外加激励法。将有源一端口网络独立源置零后得其相应的无源一端口网络，在无源一端口网络的端口处施加一个电压为 U 的电压源(或电流源)作用于该电路，在端口电压和电流关联参考方向下，求得端口处的电流(或电压)，最后由 $R_{eq}=\dfrac{U}{I}$ 得到等效电阻值 R_{eq}。

(3) 开路短路法。先求得有源一端口网络的端口处开路电压 U_{oc} 和短路电流 I_{sc}，其端口等效电阻 $R_{eq}=\dfrac{U_{oc}}{I_{sc}}$。

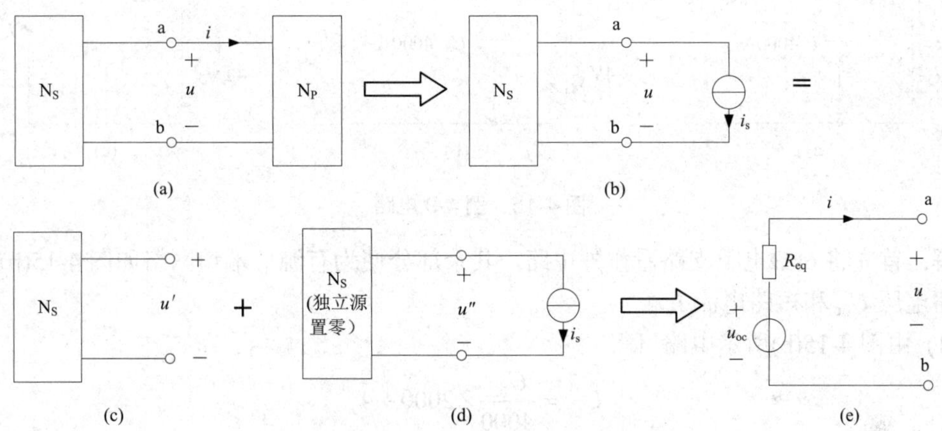

图 4-13　戴维南定理证明

【例 4-8】在图 4-14(a)所示电路中，已知 $I_{s1}=1\text{A}$，$I_{s2}=2\text{A}$，$U_s=4\text{V}$；$R_1=R_2=2\Omega$，$R_3=R_4=3\Omega$。用戴维南定理求电流 I。

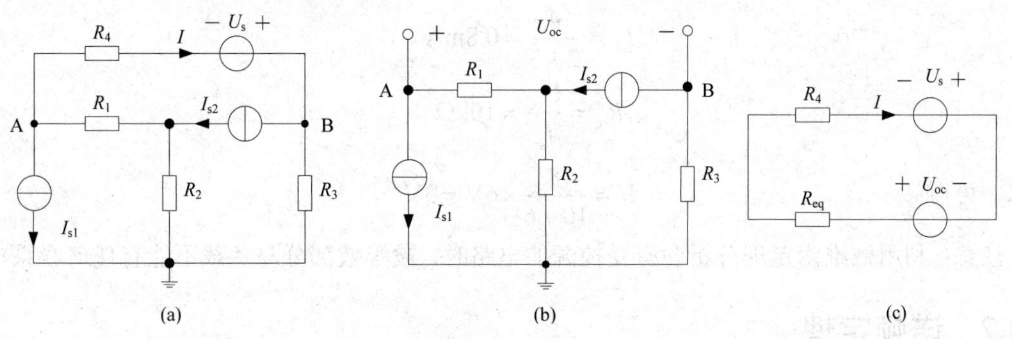

图 4-14　例 4-8 电路

解： 首先将电流为 I 的支路看作外电路，求端钮 A、B 为一端口网络的戴维南等效电路，如图 4-14(b)所示。

(1) 首先计算开路电压 U_{oc}。利用叠加定理得

$$U_{oc} = -I_{s1}(R_1 + R_2) + I_{s2}(R_2 + R_3) = 8V$$

(2) 然后计算等效电阻。将图 4-14(b)所示有源一端口网络的电流源开路、电压源短路，从 A、B 端看进去的等效电阻。

$$R_{eq} = R_1 + R_2 + R_3 = 7\Omega$$

(3) 最后画出等效电路如图 4-14(c)所示，可求解电流 I。在此回路中，利用 KVL 定律可得

$$I = \frac{U_{oc} + U_s}{R_{eq} + R_4} = 1.2A$$

【例 4-9】用戴维南定理分析如图 4-15(a)所示的含有受控源的电路，求支路电压 U。

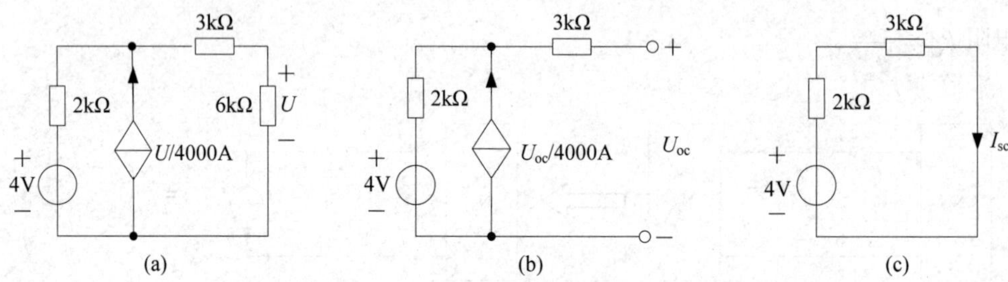

图 4-15　例 4-9 电路

解：首先将 6kΩ电阻支路看作外电路，其余部分便为有源一端口网络如图 4-15(b)，求其开路电压 U_{oc} 和短路电流 I_{sc}。

(1) 由图 4-15(b)所示电路可得

$$U_{oc} = \frac{U_{oc}}{4000} \times 2000 + 4$$

$$U_{oc} = 8V$$

(2) 将有源一端口网络端口短路后，由于受控电流源 $\frac{U}{4000} = 0$，则求 I_{sc} 的电路可由图 4-15(c)电路图得

$$I_{sc} = \frac{4}{2+3} = 0.8mA$$

$$R_{eq} = \frac{U_{oc}}{I_{sc}} = 10k\Omega$$

所以，可得

$$U = \frac{8}{10+6} \times 6V = 3V$$

注意：利用戴维南定理分析含有受控源的电路时，被等效部分与负载不能有任何联系。

4.3.2　诺顿定理

任何一个线性有源一端口网络，对外电路而言，可以用一个电流源和一个电阻的并联组合来等效置换，电流源的激励电流等于有源一端口网络在端口处的短路电流 I_{sc}，电阻等

于原有源一端口网络全部独立源置零后的输入电阻 R_{eq}。这就是诺顿定理，如图 4-16 所示。

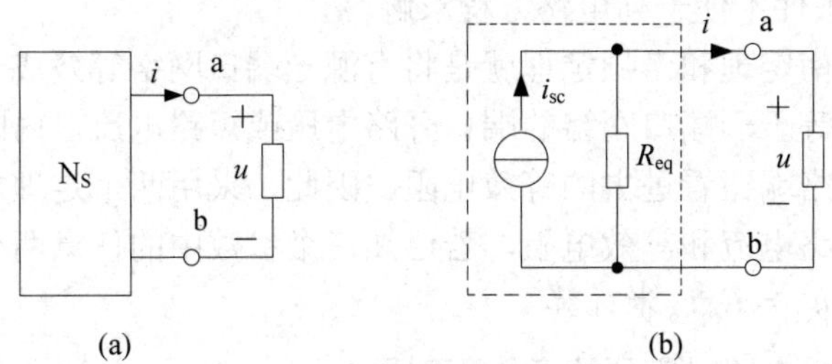

图 4-16 诺顿定理示意图

【例 4-10】运用诺顿定理求解图 4-17(a)所示电路的诺顿等效电路。

解：先求等效电阻 R_{eq}，与求戴维南等效电路的等效电阻的方法一样，将独立源置零后的电路如图 4-17(b)所示。

$$R_{eq}=5\Omega//(8+4+8)\Omega$$
$$=5\Omega//20\Omega=4\Omega$$

再求短路电流 I_{sc}，电路如图 4-17(c)所示，利用叠加定理得

$$I_{sc}=\frac{4}{4+16}\times 2\text{A}+\frac{12}{4+8+8}\text{A}=1\text{A}$$

因此，诺顿等效电路如图 4-17(d)所示。

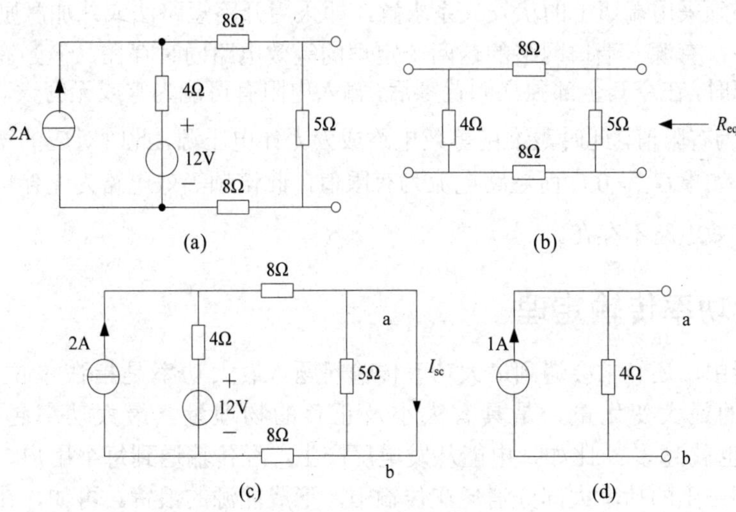

图 4-17 例 4-10 电路

4.3.3 关于这两个定理的说明

一般来讲，两个定理特别适用于以下几种情况中对电路进行分析。

(1) 只计算电路中某一支路的电压或电流。

(2) 分析某一参数变动的影响。

(3) 分析含有一个非线性元件的电路。

(4) 给出的已知条件不便于列电路方程求解。

简单地讲，戴维南定理和诺顿定理就是将有源一端口网络等效成一个含有内阻的独立源。独立源的激励值等于一端口网络的端口开路电压或短路电流，内阻的值为将全部独立源置零后从一端口网络端钮看进去的等效电阻。因此，采用两个定理求解电路的关键就转化为求开路电压、短路电流和等效电阻。若已知三个参数中的任意两个，如果需要求出第三个参数，可根据式$u_{oc} = R_{eq} i_{co}$来计算。

采用两个定理分析电路时需要注意以下问题。

(1) 首先将原电路分成两部分。一部分是待求量所在部分，即所谓“外电路”；另一部分是可化为等效电源的一端口网络。等效电源部分是线性网络，可以是定常的，也可以是时变的。至于当作“外电路”的部分，可以是线性的，也可以是非线性的。然而这两部分之间不允许存在耦合(如控制与被控制)关系，若存在耦合关系，则要设法将控制量转移成等效电源部分的端口电压或端口电流。

(2) 等效电压源的电压极性要和其原电路的开路电压极性一致；等效电流源的电流方向要与其原电路的端口短路电流方向一致。

(3) 对于含受控源的电路，求有源电路的“等效电源的开路电压或短路电流”时，首先注意被等效部分与负载不能有任何联系；然后把受控源作为独立源看待，列写电路方程，并补充受控源控制量与求解量关系的方程；最后，联立求解开路电压或短路电流。在求含受控源电路的等效内阻时，因此时独立源置零后的电路含有受控源而并非是纯电阻电路，求解等效电阻必须采用端钮上的伏安关系求解，即采用开路短路法或外加激励法。

一般情况下，有源一端口网络的这两个定理的等效电路同时存在，但当有源一端口网络内部含受控源时，在令其全部独立源置零后，输入电阻有可能为零或无穷大。如果$R_{eq}=0$而开路电压U_{oc}为有限值，此时戴维南等效电路成为无伴电压源，此时对应的诺顿等效电路不存在。同理，如果$G_{eq}=0$，而短路电流为有限值，此诺顿等效电路为无伴电流源，此时对应的戴维南等效电路不存在。

4.3.4 最大功率传输定理

在电路分析中，还经常会遇到最大功率传输问题。最大功率是指在单位时间内，电路元件上能量的最大变化量，是具有大小及正负的物理量。最大功率越大，电源所能负载的设备也就越多。比如，电能从发电厂产生，经传输送到每个用户，如果功率传输的效率低，则产生的功率大部分消耗在传输中，形成能源的浪费。再如，在通信和仪器系统中，要传输的信号是微弱的电信号，应尽量使负载和接收器获得较大的功率，这里强调功率传输时负载是否获得最大功率。

最大功率传递定理即关于负载与电源相匹配时，负载能获得最大功率的定理。对于图 4-18(a)所示电路，如果电阻R_L的阻值可以改变，问当R_L为何值时，它才能获得最大功率？其最大功率值为多少？

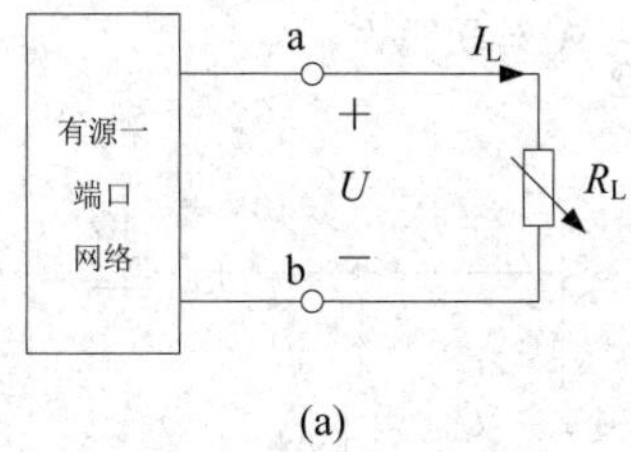

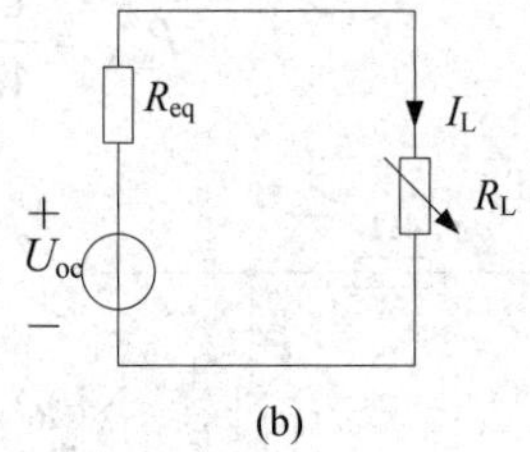

图 4-18　最大功率传输定理

首先将有源一端口网络应用戴维南定理等效变换成一个电压源 U_{oc} 和电阻 R_{eq} 的串联，如图 4-18(b)所示。负载 R_L 所获得的功率为

$$P_L = I_L^2 R_L = \left(\frac{U_{oc}}{R_{eq}+R_L}\right)^2 R_L = \frac{U_{oc}^2}{R_{eq}+R_L} \times \frac{R_L}{R_{eq}+R_L}$$

式中，R_{eq}、U_{oc} 都为实常数，保持不变，因此负载电阻获得的功率是其电阻的函数。对功率求导，并令 $\frac{dP_L}{dR_L}=0$ 时，电阻 R_L 获得的功率最大，即有源一端口网络传输最大功率。求得 $R_L = R_{eq}$。

根据上述分析，可得到最大功率传输定理：将有源一端口网络用戴维南等效电路来替代，其参数为 U_{oc} 与 R_{eq}，当 $R_L = R_{eq}$ 时获得最大功率 P_{max}，最大功率值为

$$P_{max} = \frac{U_{oc}^2}{4R_{eq}} \tag{4-4}$$

【例 4-11】电路如图 4-19(a)所示，试求当 R_L 为何值时能获得最大功率，并求此最大功率。

解：将 R_L 所在支路从电路中拉出，求如图 4-19(b)所示的一端口网络的戴维南等效电路。

(1) 首先求开路电压 U_{oc}。把图 4-19(b)中受控电流源与电阻的并联支路等效变换为受控电压源与电阻的串联支路，如图 4-19(c)所示。

由 KVL 可得

$$-6U_{oc} + 6I - 10 + 5I = 0$$

又因为

$$I = \frac{U_{oc}}{1} = U_{oc}$$

求得

$$U_{oc} = 2\text{V}$$

(2) 其次求短路电流 I_{sc}。把图 4-19(b)中端子短接如图 4-19(d)所示，由 KVL 得

$$I_{sc} = \frac{10}{6+4}\text{A} = 1\text{A}$$

(3) 求等效电阻 R_{eq}，代入数值得

$$R_{eq} = \frac{U_{oc}}{I_{sc}} = \frac{2}{1}\Omega = 2\Omega$$

所以由最大功率传输定理可知，当 $R_L = R_{eq} = 2\Omega$ 时，R_L 上能获得最大功率，有

$$P_{\max} = \frac{U_{oc}^2}{4R_{eq}} = \frac{2^2}{4 \times 2}\text{W} = 0.5\text{W}$$

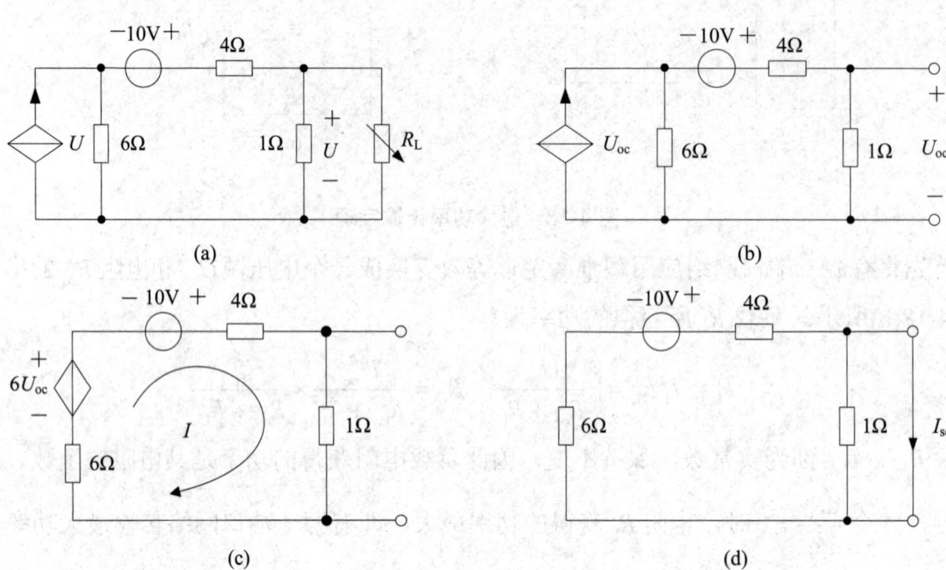

图 4-19　例 4-11 电路

*4.4　特勒根定理

特勒根定理是电路理论中对集总电路普遍使用的基本定理。就此意义上来讲，它与基尔霍夫电压、电流定律一样，适用于线性、非线性、时变、时不变的电路。

4.4.1　特勒根功率定理

首先看如图 4-20(a)和图 4-20(b)所示的电路，假设两个电路均采用关联参考方向。

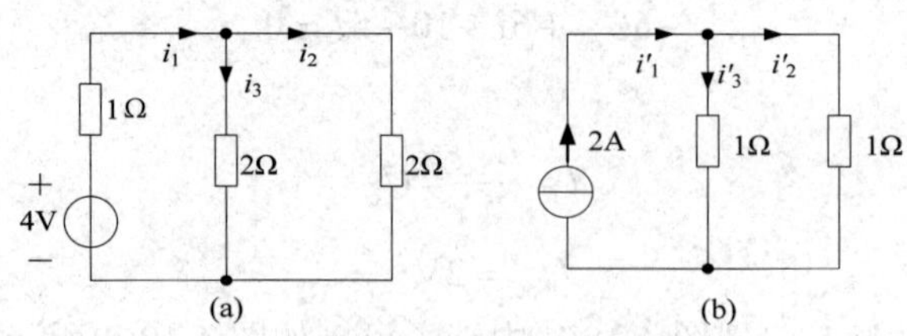

图 4-20　结构相同的两个电路

对图 4-20(a)所示电路进行分析，得到各个支路的电压、电流值为

$$i_1 = 2\text{A}，\ i_2 = 1\text{A}，\ i_3 = 1\text{A}$$

$$u_1 = -2\text{V}，\ u_2 = 2\text{V}，\ u_3 = 2\text{V}$$

对图 4-20(b)所示电路进行分析，得到各个支路的电压、电流值为

$$i_1' = 2\text{A}，\ i_2' = 1\text{A}，\ i_3' = 1\text{A}$$

$$u_1' = -1\text{V}\text{，}\ u_2' = 1\text{V}\text{，}\ u_3' = 1\text{V}$$

把图 4-20(a)和图 4-20(b)所示电路中各支路电压、电流的乘积相加，得到

$$u_1 i_1 + u_2 i_2 + u_3 i_3 = (-2)\times 2 + 2\times 1 + 2\times 1 = 0$$

$$u_1' i'_1 + u_2' i_2' + u_3' i_3' = (-1)\times 2 + 1\times 1 + 1\times 1 = 0$$

通过上述分析可看出，图 4-20(a)所示电路 N 的各支路电压与电流乘积的代数和等于零，图 4-20(b)所示电路 N′的各支路电压与支路电流的代数和也等于零。这就是特勒根定理的基本内容之一。

将此结论推广，即得到特勒根功率定理的内容：对于具有 n 个节点、b 条支路的电路，假设各支路上电压与电流取关联参考方向，并令$(i_1,i_2,\cdots,i_b)$、$(u_1,u_2,\cdots,u_b)$分别为 b 条支路的电流和电压，则对任意时间 t，有

$$\sum_{k=1}^{b} u_k i_k = 0 \tag{4-5}$$

这个定理实际上是功率守恒的数学表达式，它表明任何一个电路的全部支路吸收的功率之和等于零。

下面对此定理进行证明，假设某电路具有如图 4-21 所示的拓扑结构图。

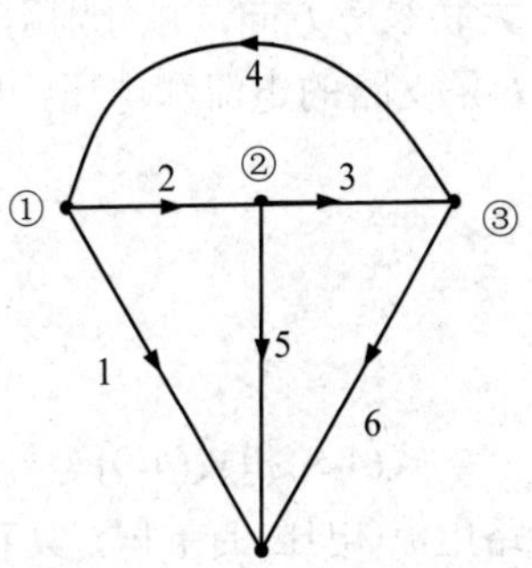

图 4-21　特勒根功率定理证明

令 u_{n1}、u_{n2}、u_{n3} 分别表示节点①、②、③的节点电压，按 KVL 可得出各支路电压与节点电压的关系为

$$\left.\begin{aligned} u_1 &= u_{n1} \\ u_2 &= u_{n1} - u_{n2} \\ u_3 &= u_{n2} - u_{n3} \\ u_4 &= -u_{n1} + u_{n3} \\ u_5 &= u_{n2} \\ u_6 &= u_{n3} \end{aligned}\right\} \tag{4-6}$$

则各个支路的电压、电流乘积相加为

$$\begin{aligned} \sum_{k=1}^{6} u_k i_k &= u_1 i_1 + u_2 i_2 + u_3 i_3 + u_4 i_4 + u_5 i_5 + u_6 i_6 \\ &= u_{n1} i_1 + (u_{n1} - u_{n2}) i_2 + (u_{n2} - u_{n3}) i_3 + (-u_{n1} + u_{n3}) i_4 + u_{n2} i_5 + u_{n3} i_6 \\ &= u_{n1}(i_1 + i_2 - i_4) + u_{n2}\left(-i_2 + i_3 + i_5\right) + u_{n3}(-i_3 + i_4 + i_6) \end{aligned}$$

再对节点①、②、③应用 KCL，得

$$\left.\begin{aligned} i_1 + i_2 - i_4 &= 0 \\ -i_2 + i_3 + i_5 &= 0 \\ -i_3 + i_4 + i_6 &= 0 \end{aligned}\right\} \tag{4-7}$$

可见

$$\sum_{k=1}^{6} u_k i_k = 0$$

上述证明过程可推广到任何具有 n 个节点、b 条支路的电路，即

$$\sum_{k=1}^{b} u_k i_k = 0$$

4.4.2 特勒根拟功率定理

观察 4.4.1 小节中图 4-20(a)和图 4-20(b)所示电路可发现，两个电路所采用的元件参数与激励形式不同，但二者有相同的节点数和支路数，二者对应的拓扑结构图也相同，另外两个电路均采用关联参考方向。将两电路对应的各个支路电压电流对应相乘后进行相加，可得

$$u_1'i_1 + u_2'i_2 + u_3'i_3 = (-1)\times 2 + 1\times 1 + 1\times 1 = 0$$
$$u_1i_1' + u_2i_2' + u_3i_3' = (-2)\times 2 + 2\times 1 + 2\times 1 = 0$$

通过上述分析可看出，图 4-20(a)所示电路 N 的支路电压与图 4-20(b)所示电路 N′对应支路电流乘积的代数和也等于零。这就是特勒根拟功率定理的基本内容。

将此结论推广，即得到特勒根拟功率定理的内容。对于具有 n 个节点、b 条支路的电路，它们具有相同的拓扑结构图，但由内容不同的支路构成，假设各支路上电压与电流取关联参考方向，并分别用$(i_1,i_2,\cdots,i_b)$、$(u_1,u_2,\cdots,u_b)$、$(i'_1,i'_2,\cdots,i'_b)$、$(u'_1,u'_2,\cdots,u'_b)$表示两电路中 b 条支路的电流和电压，则对任意时间 t，有

$$\sum_{k=1}^{b} u_k' i_k = 0 \tag{4-8}$$

$$\sum_{k=1}^{b} u_k i_k' = 0 \tag{4-9}$$

式(4-8)和式(4-9)等号左侧每一项代表电路 N 中的支路电压(电流)与电路 N′ 中的对应支路电流(电压)的乘积，具有功率的量纲，但不表示任何支路的瞬时功率，故称为“拟功率”。此定理对两个具有相同拓扑结构的电路支路电压与电流给出了十分有用的数学方程。

关于此定理的证明请读者自己完成。此定理经常用于同一个网络的不同时刻，下面举例说明。

【例 4-12】电路如图 4-22 所示，N 仅由电阻组成。对不同的输入直流电压 U_s 及 R_1、R_2 的不同取值进行了两次测量，得到下列数据：当 $R_1 = R_2 = 2\Omega$ 时，$U_s = 8\text{V}$，$I_1 = 2\text{A}$，$U_2 = 2\text{V}$；当 $R_1 = 1.4\Omega$、$R_2 = 0.8\Omega$ 时，$U_s' = 9\text{V}$，$I_1' = 3\text{A}$，求 U_2' 的值。

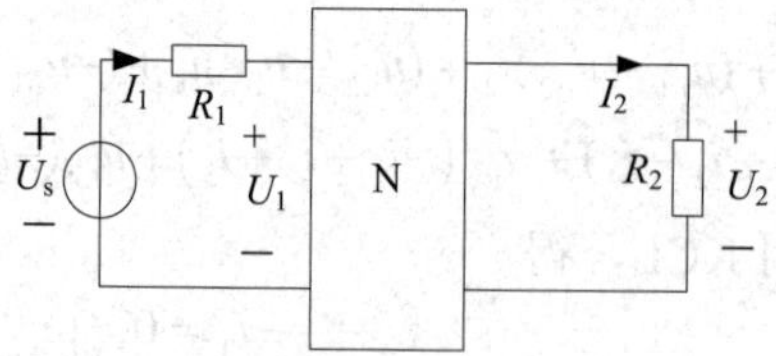

图 4-22 例 4-12 电路

解：(1) 设 N 网络两个端口电压分别为 U_1、U_2，所以在第一次测量中，依 KVL 得

$$U_1 = U_s - I_1R_1 = 8\text{V} - 2\times 2\text{V} = 4\text{V}$$

又因为 $U_2 = 2\text{V}$，则

$$I_2 = \frac{U_2}{R_2} = \frac{2}{2}\text{A} = 1\text{A}$$

(2) 在第二次测量中，依 KVL 得

$$U_1' = U_s' - I_1'R_1' = 9\text{V} - 1.4\times 3\text{V} = 4.8\text{V}$$

$$I_2' = \frac{U_2'}{R_2} = \frac{U_2'}{0.8}$$

(3) 根据特勒根拟功率定理有

$$U_1\times(-I_1') + U_2I_2' = U'_1\times(-I_1) + U'_2I_2$$

即
$$4\times(-3) + 2\times\frac{U_2'}{0.8} = 4.8\times(-2) + U_2'\times 1$$

求得
$$U_2' = 1.6\text{V}$$

*4.5　互 易 定 理

互易定理是线性电路的重要定理，对于单一激励的不含受控源的线性电阻电路，在将独立源置零后保持电路的拓扑结构不变的条件下，激励和响应互换位置后，响应和激励的比值保持不变。上述激励和响应的互换有三种可能，所以存在着三种形式的互易性质。

4.5.1　定理的形式一

在图 4-23(a)、(b)所示电路中，N_O 为仅由电阻组成的线性电阻电路，将电压源激励和响应电流互换位置时，有

$$\frac{i_2}{u_s} = \frac{\hat{i}_1}{\hat{u}_s} \tag{4-10}$$

这就是互易定理的形式一。

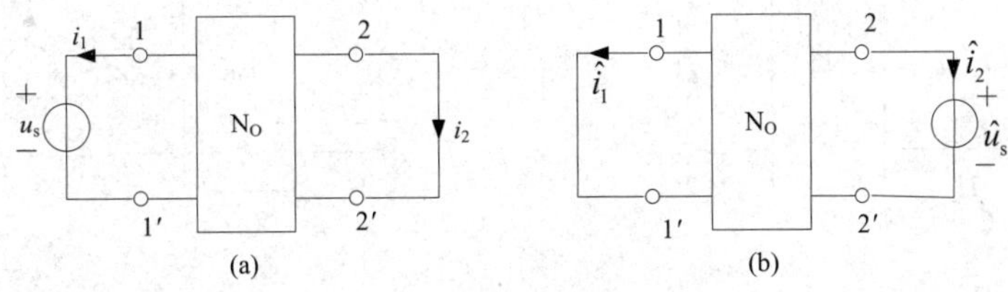

图 4-23　互易定理形式一

互易定理的形式一表明，对于不含受控源的单一激励的线性电阻电路，互易激励(电压源)与响应(电流)的位置，其响应与激励的比值仍然保持不变。当激励 $u_s = \hat{u}_s$ 时，则有 $i_2 = \hat{i}_1$。

下面采用特勒根拟功率定理对此定理进行证明。

设电阻电路 N_O 内部支路编号为 3,4,⋯,b，各个支路的电压电流均采用关联参考方向。对图 4-23(a)、(b)采用特勒根拟功率定理有

$$\left.\begin{aligned} u_1\hat{i}_1 + u_2\hat{i}_2 + \sum_{k=3}^{b}u_k\hat{i}_k = 0 \\ \hat{u}_1 i_1 + \hat{u}_2 i_2 + \sum_{k=3}^{b}\hat{u}_k i_k = 0 \end{aligned}\right\} \tag{4-11}$$

又因 N_O 为纯电阻电路，分析图 4-23(a)有 $u_k = i_k R_k$，$u_2 = 0$，分析图 4-23(b)有 $\hat{u}_k = \hat{i}_k R_k$，$\hat{u}_1 = 0$。

所以有

$$\left.\begin{aligned} u_1\hat{i}_1 + u_2\hat{i}_2 + \sum_{k=3}^{b}(i_k R_k)\hat{i}_k = 0 \\ \hat{u}_1 i_1 + \hat{u}_2 i_2 + \sum_{k=3}^{b}(\hat{i}_k R_k) i_k = 0 \end{aligned}\right\} \tag{4-12}$$

比较式(4-11)和式(4-12)得 $u_1\hat{i}_1 + u_2\hat{i}_2 = \hat{u}_1 i_1 + \hat{u}_2 i_2$

所以有

$$u_1\hat{i}_1 = \hat{u}_2 i_2$$

即

$$\frac{i_2}{u_s} = \frac{\hat{i}_1}{\hat{u}_s}$$

4.5.2 定理的形式二

在图 4-24(a)、(b)所示电路中，N_O 为仅由电阻组成的线性电阻电路，将电流源激励和响应电压互换位置时，有

$$\frac{u_2}{i_s} = \frac{\hat{u}_1}{\hat{i}_s} \tag{4-13}$$

这就是互易定理的形式二。

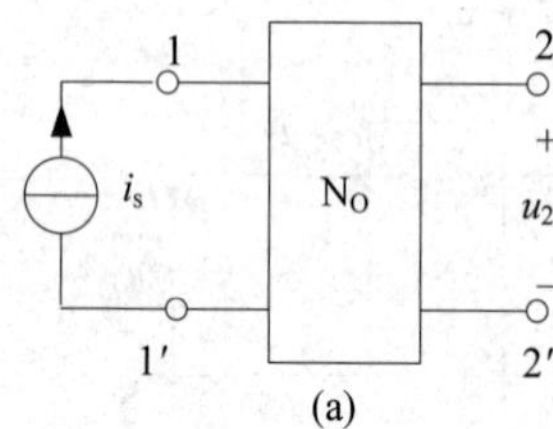

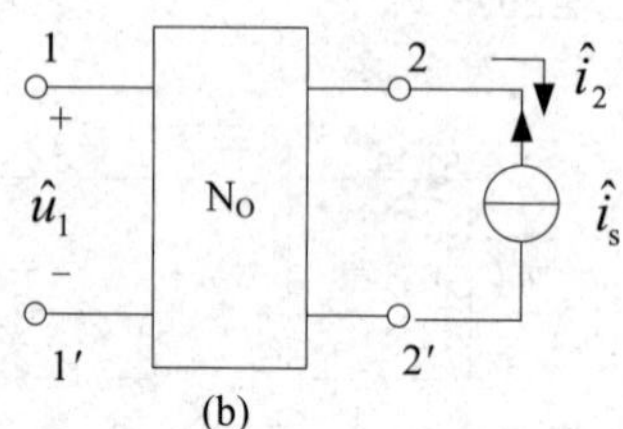

图 4-24 互易定理形式二

此形式表明，对于不含受控源的单一激励的线性电阻电路，互易激励(电流源)与响应(电压)的位置，其响应与激励的比值仍然保持不变。当激励 $i_s = \hat{i}_s$ 时，则有 $\hat{u}_1 = u_2$。

关于此形式的互易定理的证明略，请读者自己完成。

4.5.3 定理的形式三

在图 4-25(a)、(b)所示电路中，N_O 为仅由电阻组成的线性电阻电路，互易响应与激励的位置，将电流源激励转换为电压源，响应由短路电流换为开路电压时，有

$$\frac{i_2}{i_s} = \frac{\hat{u}_1}{\hat{u}_s} \tag{4-14}$$

这就是互易定理的形式三。

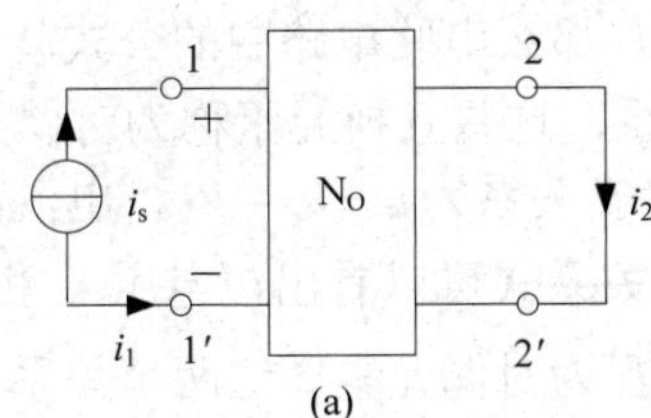

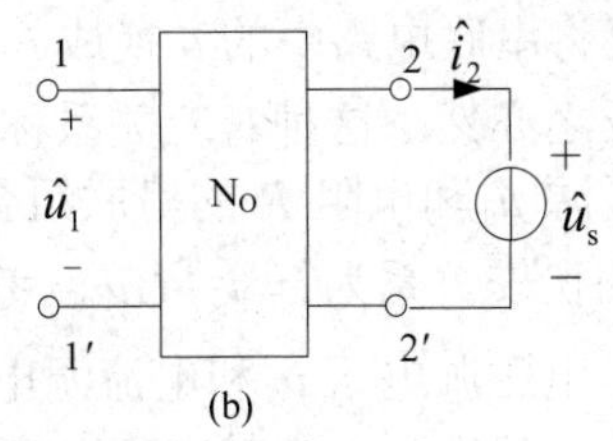

图 4-25　互易定理形式三

此形式表明，对于不含受控源的单一激励的线性电阻电路，互易激励与响应的位置，且把原电流激励改为电压激励，把原电流响应改为电压响应，则互易位置前后响应与激励的比值仍然保持不变。如果在数值上 $\hat{u}_s = i_s$ ，则 $\hat{u}_1 = i_2$ 。

关于此形式的互易定理的证明略，请读者自己完成。

采用互易定理，通常能够对复杂电路进行简化，使求解过程变得简单，但采用互易定理进行电路分析时应注意以下几点。

(1) 对于直流电阻电路，互易定理只适用于单一激励且不含受控源的线性电阻电路。

(2) 互易定理的形式一中单激励为电压源，响应为电流；互易定理的形式二中单激励为电流源，响应为电压；互易定理的形式三中一对激励和响应均为电压，另一对激励和响应均为电流，不可混淆。

(3) 激励和响应互易位置后应注意激励的连接方法与激励、响应的参考方向。

*4.6　对偶定理

自然界中很多物理现象都是以一种对偶形式出现的。对偶现象在电路理论中也占有重要地位，它是电路分析中出现的大量相似性的结论归纳。电路元件的特性、电路方程及其解答都可以通过对它们的对偶元件、对偶方程的研究而获得。

电路的对偶性广泛存在于电路变量、电路元件、电路定律、电路结构和分析方法等之间的一一对应中。例如，在电流 i 和电压 u 的关联参考方向下，电阻 R 的伏安关系 $u=Ri$ 与电导 G 的伏安关系 $i=Gu$ 具有对偶性。

观察两个最简单的串并联电路。在串联电路中，有

总电阻　$$R = \sum_{K=1}^{n} R_K$$

电流　$$i = \frac{u}{R}$$

分压公式　$$u_K = \frac{R_K}{R} u$$

在并联电路中，有

总电导　$$G = \sum_{K=1}^{n} G_K$$

电流　$$i = uG$$

分流公式　$$i_K = \frac{G_K}{G} i$$

可见，如果将串联电路中的 u 换成 i，R 换成 G，那么串联电路中的公式就变成并联电路中的公式；反之亦然。这种对应关系称为对偶关系，这些互换元素称为对偶元素。

又如，电压源 u_s 和电阻 R 的串联组合支路的伏安关系为 $u = u_s - Ri$，电流源 i_s 和电导 G 的并联支路的伏安关系为 $i = i_s - Gu$。考察这两个关系式可以看出，电压 u 和电流 i、电阻 R 和电导 G、电压源电压 u_s 和电流源电流 i_s 分别互为对偶元素。这两个关系式也互为对偶关系式。再如，戴维南定理和诺顿定理也互为对偶关系，基尔霍夫定律的 KCL 与 KVL 也互为对偶关系。还应注意，两个电路互为对偶，绝非意指这两个电路等效。“对偶”和“等效”是两个不同的概念，不可混淆。

可以这样来描述对偶原理：电路中某些元素之间的关系(或方程、电路、定律、定理等)用它们的对偶元素对应地置换后所得到的新关系(或新方程、新电路、新定律、新定理等)也一定成立。

电路中的一些对偶元素、对偶元件、对偶结构、对偶定律和对偶关系如表 4-1 所示。了解这些对偶元素和对偶关系，有利于对本课程的基本内容进行归纳和总结。

表 4-1　一些对偶元素和对偶关系

原 电 路	电压 u	电组 R	电感 L	独立节点	参考节点	串联	短路	电压源 u_s
对偶电路	电流 i	电导 G	电容 C	网孔	外网孔	并联	开路	电流源 i_s

有了对偶定理，当对某一电路进行分析研究，要求它的响应和性质时，若能找到该电路的一种对偶电路，计算出其响应，就可以利用对偶规则，找到该电路的响应和性质。使用对偶原理不仅使求解工作简化，而且在寻找对偶电路和性质时常常会有新的发现或预见到有用的新性质。这一思想方法对于进行电路设计是十分有帮助的。

【例 4-13】验证图 4-26(a)、(b)所示两个电路互为对偶电路。

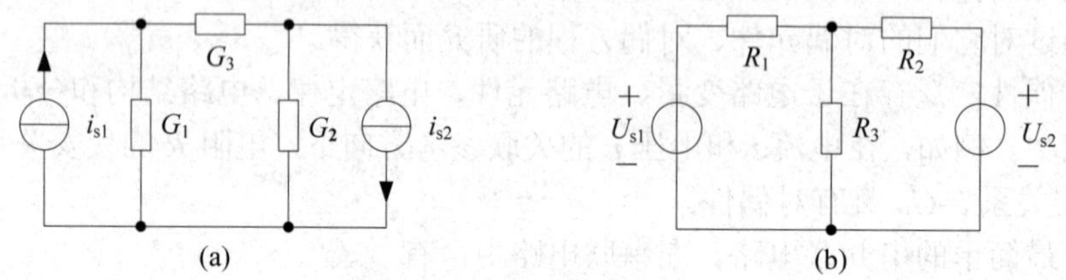

图 4-26　例 4-13 电路

解：根据对偶原理可知，如果图 4-26(a)、(b)所示的两个电路互为对偶电路，则对图 4-26(a)所示电路列写的网孔电流方程必然与对图 4-26(b)所示电路列写的节点电压方程在形式上完全相同。

对图 4-26(a)所示电路列写的节点电压方程为

$$\left.\begin{aligned}(G_1+G_3)u_{n1}-G_3u_{n2}&=i_{s1}\\ -G_3u_{n1}+(G_2+G_3)u_{n2}&=-i_{s2}\end{aligned}\right\}\tag{4-15}$$

对图 4-26(b)所示电路列写的网孔电流方程为

$$\left.\begin{aligned}(R_1+R_3)i_{m1}-R_3i_{m2}&=u_{s1}\\ -R_3i_{m1}+(R_2+R_3)i_{m2}&=-u_{s2}\end{aligned}\right\}\tag{4-16}$$

考察式(4-15)和式(4-16)不难看出，这两个方程具有完全相同的形式。如果按照 G 和 R、i_s 和 u_s、节点电压 u_n 和网孔电流 i_m 等对应的对偶元素相互转换，则式(4-15)和式(4-16)为对偶方程组。比较所列写的网孔电流方程组和节点电压方程组可知，这两组方程互为对偶方程，故对应的图 4-26(a)、(b)所示的两电路互为对偶电路。

于是，如果已经求得如图 4-26(a)所示电路的节点电压 u_{n1} 和 u_{n2}，则当对偶元素在数值上相等时，如图 4-26(b)所示对偶电路的网孔电流便不解而得。因此，利用对偶原理分析和计算电路可以获得事半功倍的效果。同时，利用对偶原理记忆有关电路的基本概念、基本定律、基本定理、基本公式与基本分析和计算方法也是一种好方法。

本 章 小 结

本章主要讲述了一些重要的电路定理，包括叠加定理、替代定理、戴维南定理、诺顿定理、特勒根定理、互易定理和对偶定理。

线性性质是线性电路最基本的性质，即可加性和其次性。叠加定理即是可加性的反映。它的基本内容是：对于任意线性电路，若同时受到多个独立源的作用，则这些共同作用的独立源在任一支路上所产生的电压(电流)应该等于每一个独立源各自单独作用时在该支路上所产生的电压(电流)的代数和。叠加定理是电路定理中最基本的定理，它适用于线性电路。

替代定理的基本内容是：对于任意的线性、非线性电路，若已求得 N_A 与 N_B 两个一端口网络连接端口的电压 u_p 与电流 i_p，那么就可以用一个电压为 u_p 的电压源支路或电流为 i_p 的电流源支路替代其中的一个网络，而使另一个网络的内部电压、电流均维持不变。注意，替代定理的适用范围包括线性和非线性电路。

戴维南定理的基本内容是：任何一个线性有源一端口网络，对外电路来说，可以用一个电压源和一个电阻的串联组合等效替代，此电压源的激励电压等于该有源一端口网络的开路电压，等值内阻为该有源一端口网络内全部独立源置零后的输入端电阻。诺顿定理的基本内容是：任何一个线性有源一端口网络，对外电路而言，可以用一个电流源和一个电阻的并联组合来等效置换，电流源的激励电流等于有源一端口网络在端口处的短路电流 I_{sc}，电阻等于原有源一端口网络全部独立源置零后的输入电阻 R_{eq}。注意要熟练应用两个定理进行电路的求解。

将含源一端口网络用戴维南等效电路来替代时，其参数为 U_{oc} 与 R_{eq}，当 $R_L = R_{eq}$ 时可获得最大功率 P_{max}，最大功率值为 $P_{max} = \dfrac{U_{oc}^2}{4R_{eq}}$。这就是最大功率传输定理。注意，此定理的应用是在戴维南等效电路的前提下，要注意等效电压源的电压和与其串联的等效电阻。

特勒根定理的基本内容包含了功率定理和拟功率定理。对于具有 n 个节点、b 条支路的电路，假设各支路上电压与电流取关联参考方向，并令 $(i_1,i_2,\cdots,i_b)$、$(u_1,i_2,\cdots,i_b)$分别为 b 条支路的电流和电压，则对任意时间 t，有

$$\sum_{k=1}^{b} u_k i_k = 0,\quad \sum_{k=1}^{b} u_k \hat{i}_k = 0,\quad \sum_{k=1}^{b} \hat{u}_k i_k = 0$$

其中，前一个公式是特勒根功率定理的数学表达式，它表明任何一个电路的全部支路吸收的功率之和等于零；后两个公式是特勒根拟功率定理的数字表达式，它对具有两个相同拓扑结构的电路的支路电压和电流给出了十分普遍且很有用的数学方程。

互易定理是线性电路的重要定理，对于单一激励不含受控源的线性电阻电路，在保持将独立源置零后电路的拓扑结构不变的条件下，激励和响应互换位置后，响应和激励的比值保持不变。上述激励和响应的互换有三种可能，所以存在着三种形式的互易性质。

对偶原理的基本内容是：电路中某些元素之间的关系(或方程、电路、定律、定理等)用它们的对偶元素对应地置换后所得到的新关系(或新方程、新电路、新定律、新定理等)也一定成立。掌握此定理的内容有利于对课程的基本内容进行归纳和总结，能够简化对电路的分析计算。

习　题

1. 直流稳态电路如图 4-27 所示，采用叠加定理求电压 U、电流 I。

2. 应用叠加定理，求图 4-28 所示电路中的电压 U_{ab}。

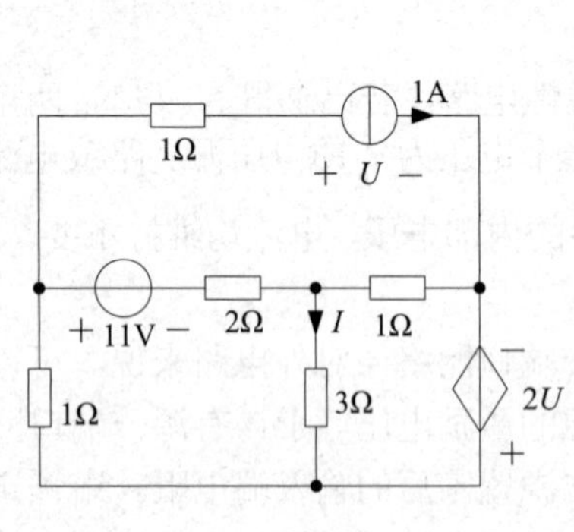

图 4-27　习题 1 图

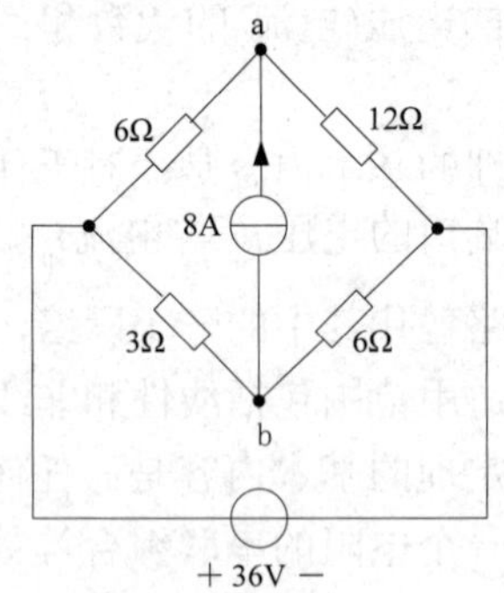

图 4-28　习题 2 图

3. 用叠加定理求图 4-29 所示电路中 I_{x} 和 U_2 的值。

4. 试用叠加原理求图 4-30 所示电路中 3Ω电阻上的电压。

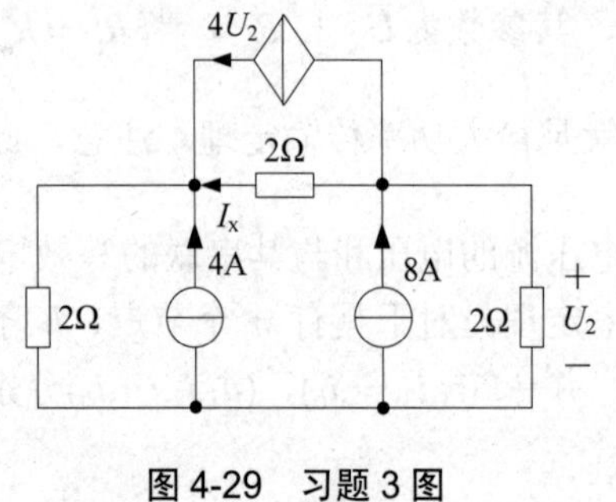

图 4-29　习题 3 图

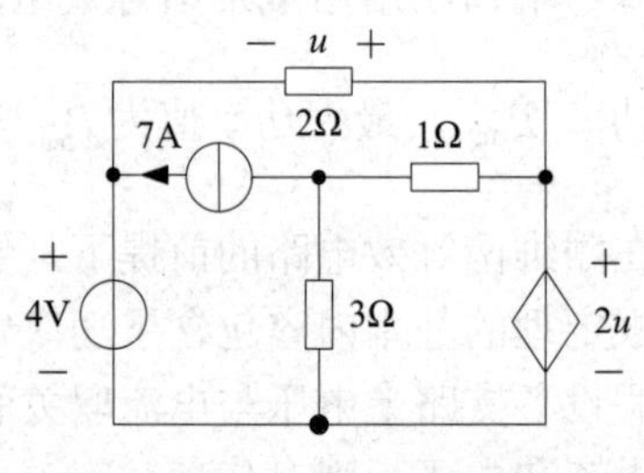

图 4-30　习题 4 图

5. 如图 4-31(a)所示，N 为一无源线性电阻网络，$u_{\text{s}}=10\text{V}$，$i_{\text{s}}=4\text{A}$，$i_1=4\text{A}$，$i_3=2.8\text{A}$；

$u_s = 0\text{V}$，$i_s = 2\text{A}$ 时，$i_1 = -0.5\text{A}$，$i_3 = 0.4\text{A}$。若将 U_s 换成一个 10Ω的电阻，如图 4-31(b)所示。求 $i_s = 10\text{A}$ 时，i_1 和 i_3 的值。

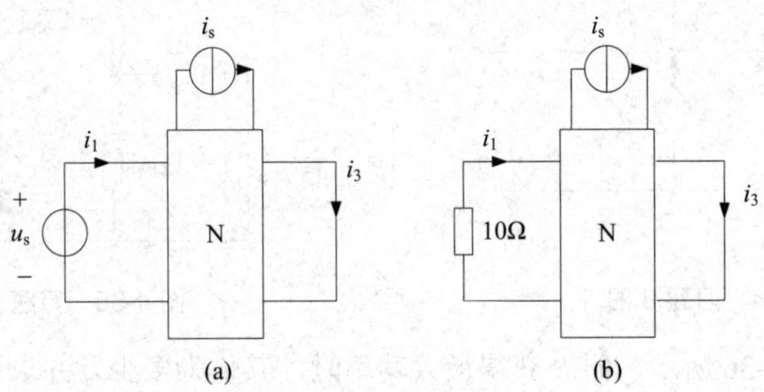

图 4-31　习题 5 图

6. 试求图 4-32 所示各电路的戴维南等效电路和诺顿等效电路。

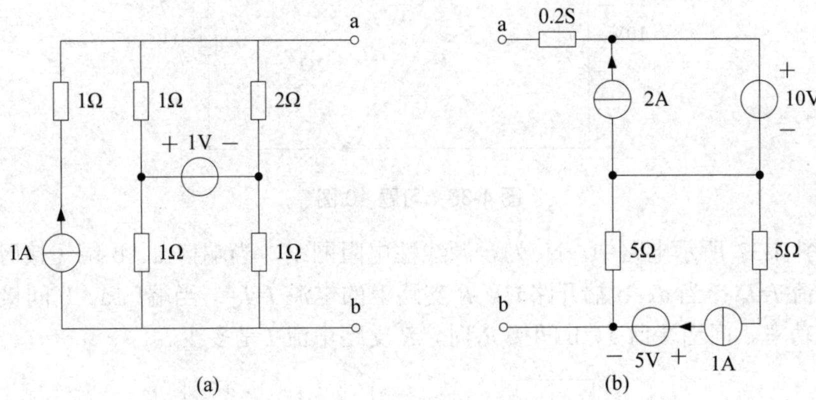

图 4-32　习题 6 图

7. 求图 4-33 所示各电路的戴维南等效电路或诺顿等效电路。

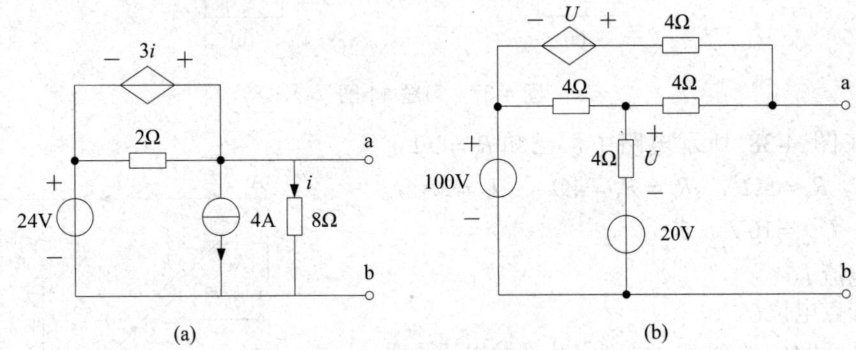

图 4-33　习题 7 图

8. 已知图 4-34 所示电路中 $U_{s1} = 12\text{V}$，$U_{s2} = 8\text{V}$，$R_1 = 3\Omega$，$R_2 = 4\Omega$，$R_3 = 6\Omega$，应用戴维南定理求 ab 端接 2Ω时电阻的电流 I。

9. 已知电路如图 4-35 所示，求此电路的诺顿等效电路。

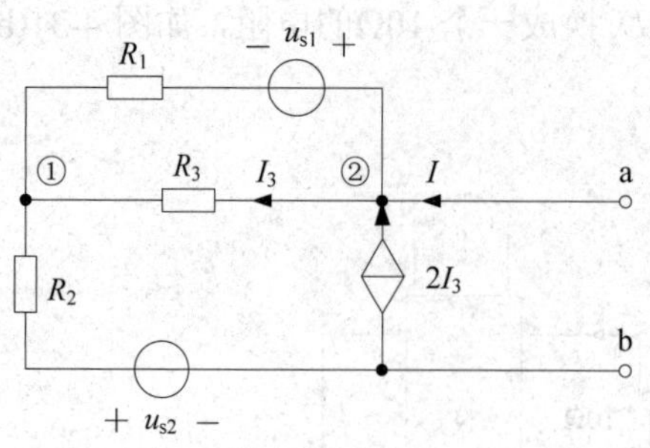

图 4-34　习题 8 图

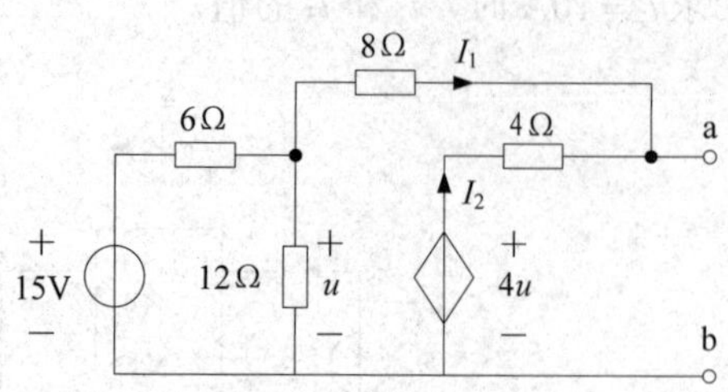

图 4-35　习题 9 图

10. 电路如图 4-36 所示，问 R 获得最大功率时，其值为多少？并求最大功率。

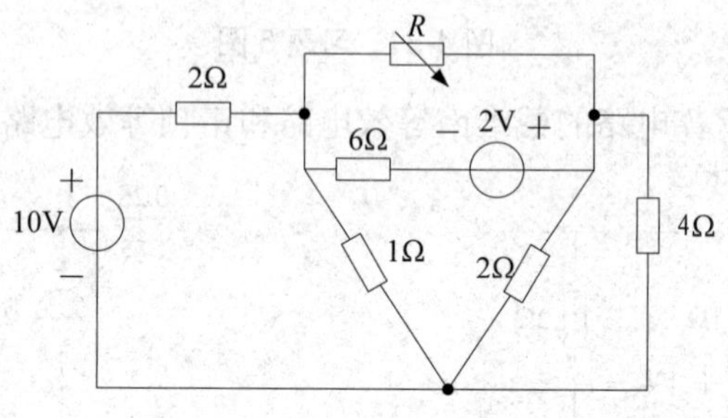

图 4-36　习题 10 图

11. 在图 4-37 所示电路中，N_S 为含源线性电阻网络，当端口 a、b 端短接时，电阻 R 支路上的电流 $I=I_{s1}$；当 a、b 端开路时，R 支路上的电流 $I=I_{s2}$；当端口 a、b 间接 R_f 时，R_f 可获得最大功率。问当端口 a、b 间接 R_f 时，R 支路电流 I 是多少？

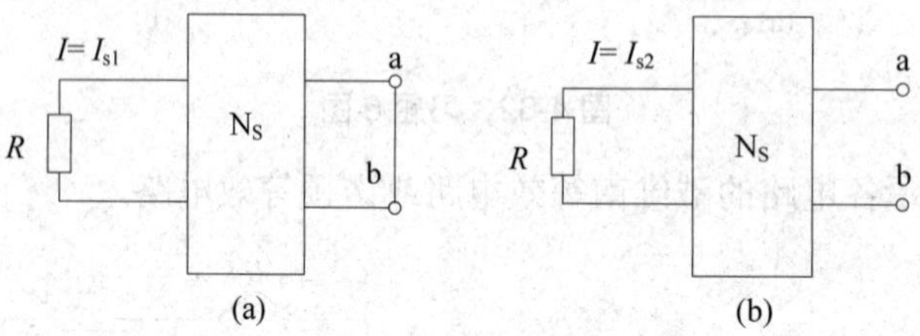

图 4-37　习题 11 图

12. 在图 4-38 所示电路中，已知 $R_1=1\Omega$，$R_2=2\Omega$，$R_3=5\Omega$，$R_4=R_5=4\Omega$，$I_s=2\text{A}$，$U_{s1}=5\text{V}$，$U_{s2}=16\text{V}$。求：

(1) 电流 I。

(2) A 点电位 U_A。

(3) U_{s1} 和 U_{s2} 的功率，并判定其是发出还是吸收功率。

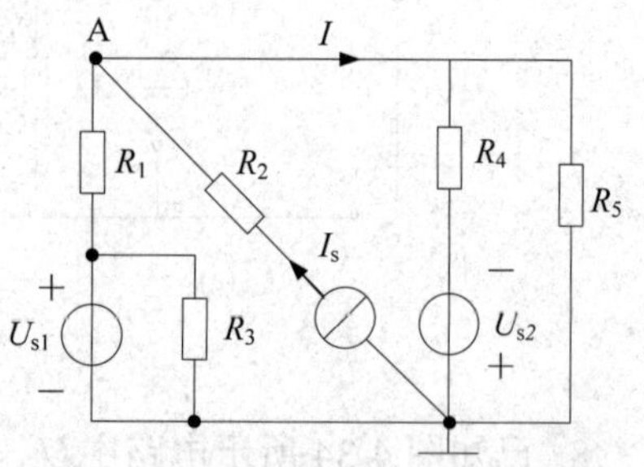

图 4-38　习题 12 图

13. 电路如图 4-39 所示，问当负载电阻 R_L 为多大时，可获得最大功率？其值为多少？

14. 电路如图 4-40 所示。试计算下列各题。

(1) R 为多大时，吸收的功率最大？并求此最大功率。

(2) 若 $R=100\Omega$，欲使 R 中的电流为零，则节点 a 和 b 之间应并接什么理想元件，其参数值为多少？

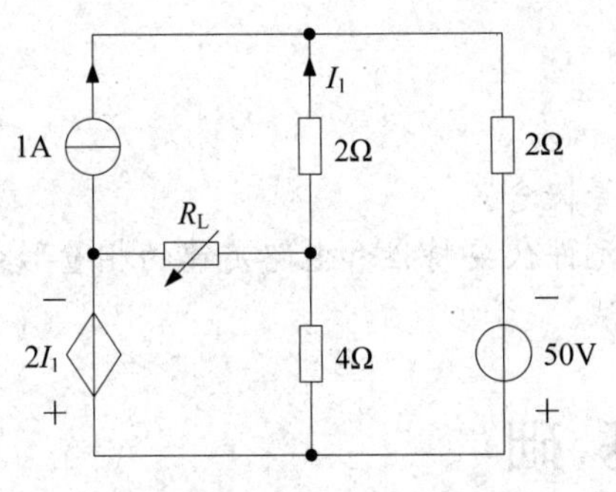

图 4-39 习题 13 图

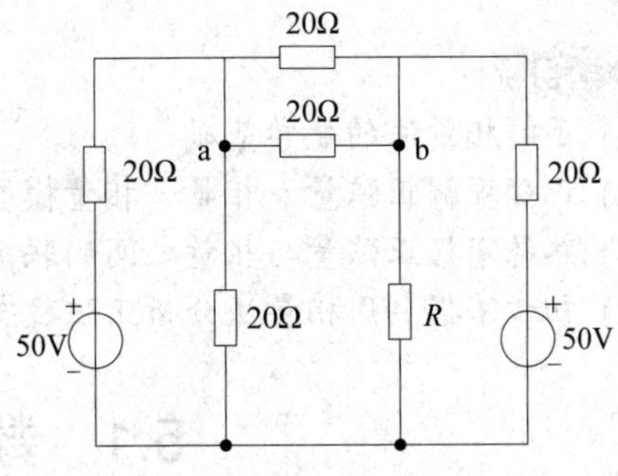

图 4-40 习题 14 图

15. 如图 4-41 所示，N 为线性电阻网络。由图 4-41(a)中测得 $U_{s1}=20\text{V}$ ，$I_1=10\text{A}$，$I_2=2\text{A}$，如果将电压源 U_{s2} 接右端口 2-2′，如图 4-41(b)所示，且此时 $I_1=4\text{A}$，求 U_{s2} 的值。

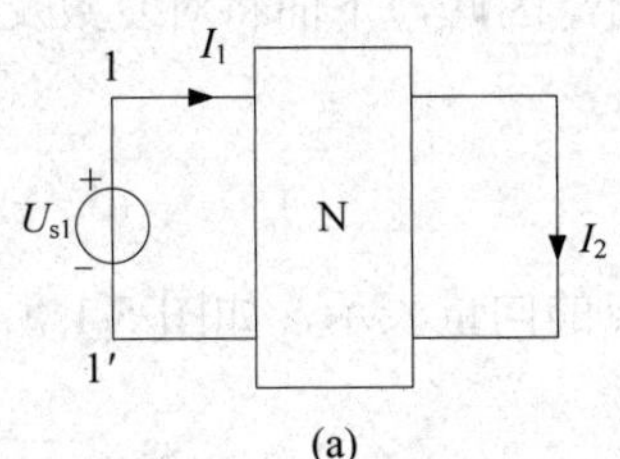

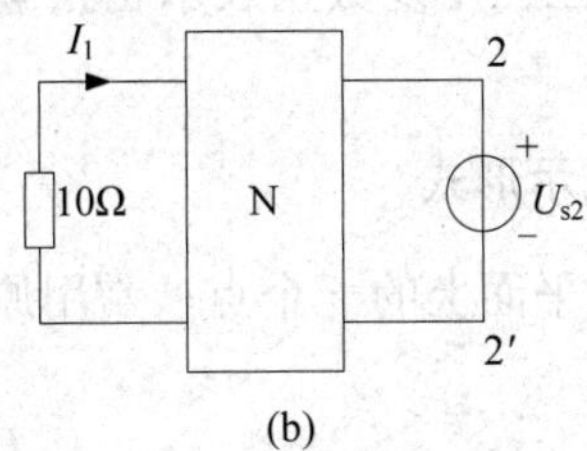

图 4-41 习题 15 图

16. 电路如图 4-42 所示，已知电阻 $R=4\Omega$ 时，$I_1=4\text{A}$，$I_2=1\text{A}$，又知 $R=8\Omega$ 时，$I_1=2\text{A}$，求此时的电流 I_2。

17. 试用互易定理求图 4-43 所示直流电阻电桥电路中的电流 I。

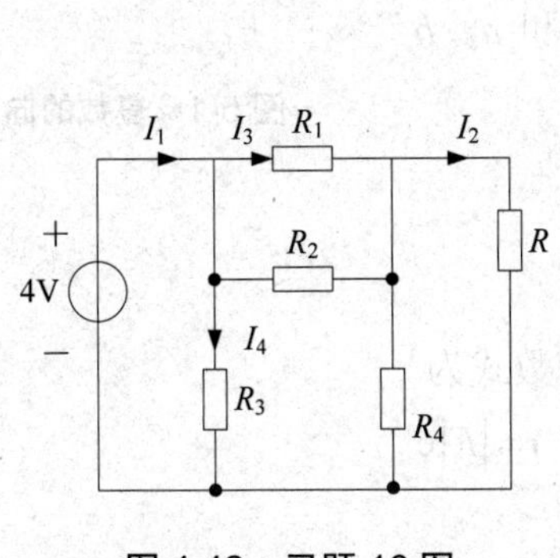

图 4-42 习题 16 图

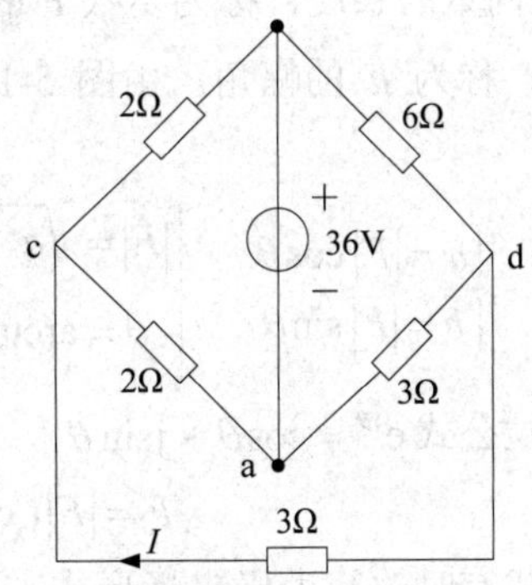

图 4-43 习题 17 图

第 5 章　相量法基础

教学目标

(1) 了解相量法的数学基础。

(2) 正确理解正弦量、相量、相量模型及相量图等概念。

(3) 熟练掌握正弦量与相量之间的联系和区别、元件伏安特性和电路定律的相量形式。

(4) 初步掌握利用相量法分析正弦稳态电路的方法。

5.1　数 学 基 础

5.1.1　复数基础

相量法是建立在用复数来表示正弦量的基础上的，因此，下面将对复数及其运算进行简要的介绍。

1. 复数的表示形式

复数 F 是复平面上的一个点，常用原点指向该点的向量表示，如图 5-1 所示。复数 F 的代数式为

$$F = a + \mathrm{j}b$$

式中，$\mathrm{j} = \sqrt{-1}$ 为虚单位；a 是复数 F 的实部，记为 $a = \mathrm{Re}[F]$；b 是复数 F 的虚部，记为 $b = \mathrm{Im}[F]$。

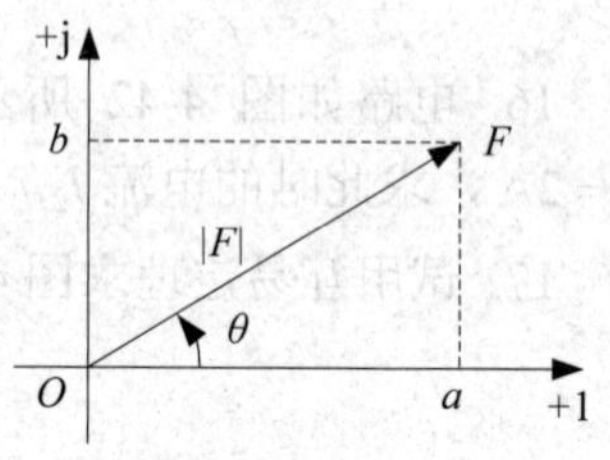

图 5-1　复数的向量表示

根据图 5-1，可得复数 F 的三角函数式为

$$F = |F|(\cos\theta + \mathrm{j}\sin\theta)$$

式中，$|F|$ 为向量的长度，称为复数 F 的模；θ 是向量与正实轴的夹角，称为 F 的幅角。由图 5-1 得 $|F|$、θ 和 a、b 的关系为

$$\begin{cases} a = |F|\cos\theta \\ b = |F|\sin\theta \end{cases}, \quad \begin{cases} |F| = \sqrt{a^2 + b^2} \\ \theta = \arctan\dfrac{b}{a} \end{cases}$$

根据欧拉公式 $\mathrm{e}^{\mathrm{j}\theta} = \cos\theta + \mathrm{j}\sin\theta$，得复数的指数式为

$$F = |F|(\cos\theta + \mathrm{j}\sin\theta) = |F|\mathrm{e}^{\mathrm{j}\theta}$$

指数形式有时改写为极坐标形式，即

$$F = |F|\mathrm{e}^{\mathrm{j}\theta} = |F|\angle\theta$$

以上讨论了复数的四种表示形式，可以相互转换，读者在学习中应灵活使用。

F^*表示复数 F 的共轭复数，可表示为

$$F^* = a - \mathrm{j}b = |F|\mathrm{e}^{\mathrm{j}(-\theta)} = |F|\angle -\theta$$

2. 复数的运算

(1) 加减运算。在一般情况下，复数的加减运算用代数式进行。

设有复数 $F_1 = a_1 + \mathrm{j}b_1$，$F_2 = a_2 + \mathrm{j}b_2$，则有

$$F_1 \pm F_2 = (a_1 + \mathrm{j}b_1) \pm (a_2 + \mathrm{j}b_2) = (a_1 \pm a_2) + \mathrm{j}(b_1 \pm b_2)$$

即复数的加减运算满足实部和实部相加减，虚部和虚部相加减。

复数的加减运算也可以在复平面上按平行四边形法用向量的相加和相减求得，如图 5-2 所示。

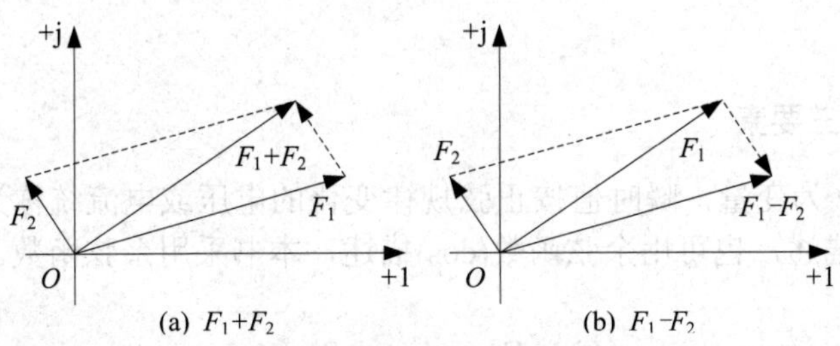

图 5-2　复数代数和的图解法

(2) 乘除运算。复数的乘除运算采用指数形式或极坐标形式比较方便。

若
$$F_1 = |F_1|\mathrm{e}^{\mathrm{j}\theta_1} = |F_1|\angle\theta_1,\quad F_2 = |F_2|\mathrm{e}^{\mathrm{j}\theta_2} = |F_2|\angle\theta_2$$

则
$$F_1F_2 = |F_1|\mathrm{e}^{\mathrm{j}\theta_1}|F_2|\mathrm{e}^{\mathrm{j}\theta_2} = |F_1||F_2|\mathrm{e}^{\mathrm{j}(\theta_1+\theta_2)} = |F_1||F_2|\angle\theta_1+\theta_2$$

$$\frac{F_1}{F_2} = \frac{|F_1|\mathrm{e}^{\mathrm{j}\theta_1}}{|F_2|\mathrm{e}^{\mathrm{j}\theta_2}} = \frac{|F_1|}{|F_2|}\mathrm{e}^{\mathrm{j}(\theta_1-\theta_2)} = \frac{|F_1|}{|F_2|}\angle\theta_1-\theta_2$$

即复数的乘法运算满足模相乘，辐角相加；除法运算满足模相除，辐角相减。乘除运算也可采用代数形式运算。

(3) 旋转因子。复数 $\mathrm{e}^{\mathrm{j}\theta}$ 是模等于 1、辐角为 θ 的复数。由复数的乘除运算可知任意复数 F 乘或除复数 $\mathrm{e}^{\mathrm{j}\theta}$，相当于 F 逆时针或顺时针旋转一个角度 θ，而模不变，故把 $\mathrm{e}^{\mathrm{j}\theta}$ 称为旋转因子。由欧拉公式可得 $\mathrm{e}^{\mathrm{j}\frac{\pi}{2}} = \mathrm{j}$。若把任意复数 F 乘以 j 就等于把复数 F 在复平面上逆时针旋转 π/2，如图 5-3 所示，表示为 jF，因此 j 可看成旋转因子。同样，$\mathrm{e}^{\mathrm{j}\left(-\frac{\pi}{2}\right)} = -\mathrm{j}$ 可看成顺时针旋转 π/2 的旋转因子，$\mathrm{e}^{\mathrm{j}\pi} = -1$ 可看成旋转±π 的旋转因子。

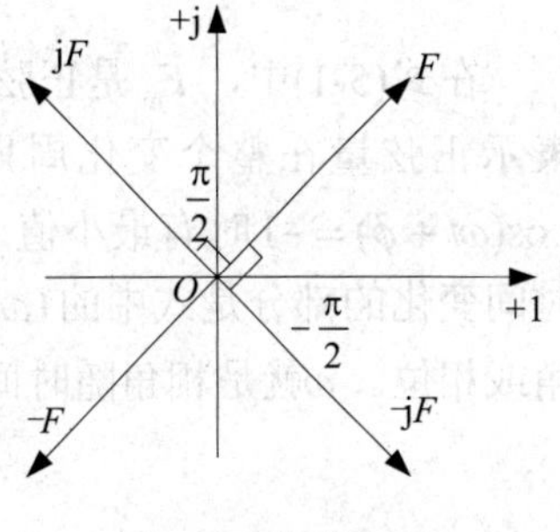

图 5-3　旋转因子

【例 5-1】计算复数 $5\angle 47^\circ + 10\angle -25^\circ$。

解：
$$\begin{aligned}5\angle 47^\circ + 10\angle -25^\circ &= 5\times(\cos 47^\circ + \mathrm{j}\sin 47^\circ) + 10\times[\cos(-25^\circ) + \mathrm{j}\sin(-25^\circ)]\\ &= 3.14 + \mathrm{j}3.657 + (9.063 - \mathrm{j}4.226)\\ &= 12.47 - \mathrm{j}0.569\\ &= 12.48\angle -2.61^\circ\end{aligned}$$

本例说明进行复数的加减运算时应先把极坐标形式转为代数形式。

【例 5-2】计算复数 $220\angle35^\circ+\dfrac{(17+\mathrm{j}9)(4+\mathrm{j}6)}{20+\mathrm{j}5}$。

解：原式$=80.2+\mathrm{j}126.2+\dfrac{19.24\angle27.9^\circ\times7.211\angle56.3^\circ}{20.62\angle14.04^\circ}$

$=180.2+\mathrm{j}126.2+6.728\angle70.16^\circ$

$=180.2+\mathrm{j}126.2+2.238+\mathrm{j}6.329$

$=182.5+\mathrm{j}132.5=225.5\angle36^\circ$

本例说明进行复数的乘除运算时应先把代数形式转为极坐标形式。

5.1.2 正弦量

1. 正弦量及其三要素

电路中以时间 t 为变量，瞬时值按正弦规律变化的电压或电流统称为正弦量。正弦量可用正弦函数(sin)描述，也可用余弦函数(cos)描述，本书采用余弦函数。正弦量的瞬时值表达式为

$$f(t)=F_\mathrm{m}\cos(\omega t+\phi) \tag{5-1}$$

以电流为例，在选定参考方向下，其瞬时值表达式为 $i=I_\mathrm{m}\cos(\omega t+\phi_i)$。

正弦量除用数学表达式表示外，还可以用波形图表示，如图 5-4 所示。

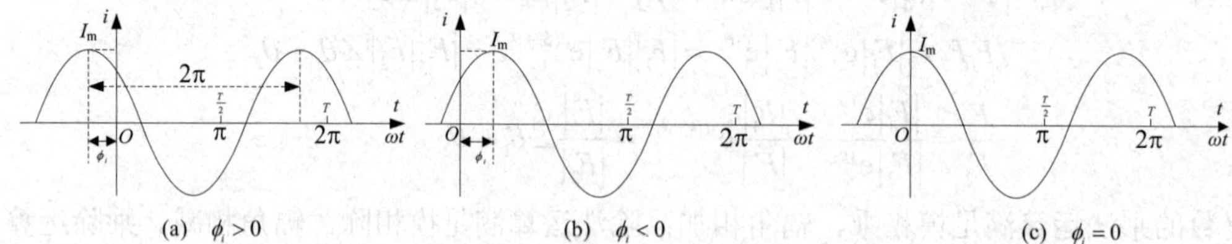

图 5-4 正弦量的波形图

在式(5-1)中，F_m 是正弦量的振幅，通常用带下标 m 的大写字母表示，它是一个正数，表示正弦量在整个变化周期中所能达到的最大值，即 $\cos(\omega t+\phi)=1$ 时有 $f_{\max}=F_\mathrm{m}$。当 $\cos(\omega t+\phi)=-1$ 时有最小值 $f_{\min}=-F_\mathrm{m}$。$f_{\max}-f_{\min}=2F_\mathrm{m}$ 称为正弦量的峰-峰值。正弦量随时间变化的部分是式中的 $(\omega t+\phi)$，它反映了正弦量随时间 t 变化的进程，称为正弦量的相角或相位。ω就是相角随时间变化的速度，即

$$\frac{\mathrm{d}(\omega t+\phi)}{\mathrm{d}t}=\omega \tag{5-2}$$

式中，ω反映了正弦量变化的快慢，单位是弧度/秒(rad/s)。

正弦量随时间变化一周所需要的时间 T 称为周期，单位是秒(s)。单位时间 1s 内正弦量重复变化一周的次数 f 称为频率，$f=\dfrac{1}{T}$，单位是赫[兹](Hz)。我国供电系统交流电的频率为 50Hz，该频率称为工频。T、f 也反映了正弦量变化的快慢。正弦量变化一周，相当于正弦函数变化 2π 弧度的电角度，正弦量的角频率ω就是单位时间变化的弧度数，即

$$\omega=\frac{2\pi}{T}=2\pi f \tag{5-3}$$

式(5-3)就是角频率ω与周期T和频率f的关系式。

ϕ是$t=0$时刻正弦量的相角，称为初相角，即$(\omega t+\phi)\big|_{t=0}=\phi$。初相角$\phi$的单位可以用弧度(rad)或度(deg)来表示。通常初相角应在$|\phi|\leqslant\pi$的范围内取主值。如果$|\phi|>\pi$时，则应以$\phi\pm 2\pi$进行替换。例如，当$\phi=\dfrac{3}{2}\pi$（270°），应替换成$\phi=\dfrac{3}{2}\pi-2\pi=-90^\circ$；又如$\phi=-1.2\pi$（$-216^\circ$）时，则应替换为$\phi=-1.2\pi+2\pi=0.8\pi$（$144^\circ$）。正弦量初相角$\phi$的大小和正负，与选择正弦量的计时起点有关。在波形图上，与$\omega t+\phi=0$相应的点，称为零值起点，用s表示。计时起点是$\omega t=0$的点，即坐标原点。初相角ϕ就是计时起点对零值起点(即以零值起点为参考)的电角度。对于任一正弦量，计时起点不同，初相角就不同，即初相角可以任意指定。但当一个正弦量的计时起点选定后，初相角ϕ便是已知量。要注意的是，同一电路中许多相关的正弦量只能对于同一计时起点来确定各自的相位。图5-4给出了$\phi=0$、$\phi>0$、$\phi<0$这三种情况下的波形图。

正弦量的最大值、角频率和初相角一旦确定，其变化规律也就确定了。因此，将最大值、角频率和初相角称为正弦量的三要素。

正弦量乘以常数，正弦量的积分、微分，同频率正弦量的代数和等运算，其结果仍然是一个同频率的正弦量。电路分析中常用到正弦量的这个重要特性。

2. 相位差

正弦量可以通过三要素进行比较。在同一正弦电路中，各支路的电压、电流与激励是同频率的，因此，各正弦量的差别就只有振幅和相位了。振幅之比就是衡量振幅的相对大小；相位之差说明相位的不同。

相位差是两同频率的正弦量的相位之差，用φ表示，其取值范围为$|\varphi|\leqslant\pi$。设有同频率的正弦电压$u=U_{\mathrm{m}}\cos(\omega t+\phi_u)$，电流$i=I_{\mathrm{m}}\cos(\omega t+\phi_i)$，则$u$与$i$的相位差为

$$\varphi=(\omega t+\phi_u)-(\omega t+\phi_i)=\phi_u-\phi_i \tag{5-4}$$

显然两同频率正弦量的相位差就是它们的初相角之差，为一个与时间无关的常数。

电路常采用“超(越)前”和“滞(落)后”等概念来说明两个同频率正弦量相位比较的结果。如图5-5所示，综合相位差的情况如下。

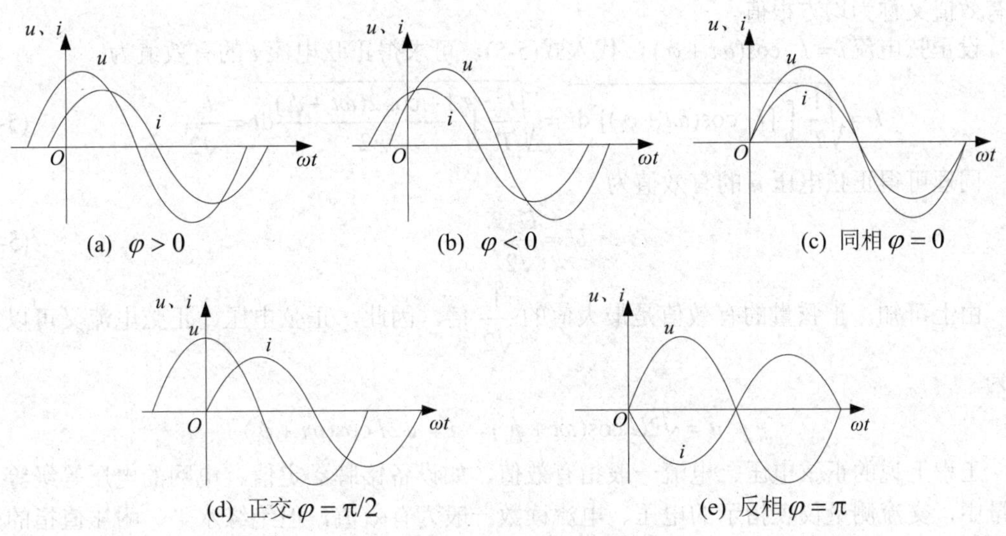

图5-5　同频率正弦量的相位关系

(1) $\varphi=\phi_u-\phi_i>0$，表示 u 超前 i φ 度，或者说 i 滞后 u φ 度。

(2) $\varphi=\phi_u-\phi_i<0$，表示 i 超前 u φ 度，或者说 u 滞后 i φ 度。

(3) $\varphi=\phi_u-\phi_i=0$，表示 u 、i 同相。

(4) $|\varphi|=|\phi_u-\phi_i|=\dfrac{\pi}{2}$，称为 u 和 i 正交。

(5) $|\varphi|=|\phi_u-\phi_i|=\pi$，称为 u 和 i 反相。

应该指出，在进行两个正弦量相位关系的比较时，两正弦量必须是同频率、同正负和同是正弦($\sin$)函数或同是余弦($\cos$)函数。

3. 正弦电流、电压的有效值

周期性电流、电压的瞬时值随时间而变，瞬时值不能表征电压、电流信号在一个周期内整体所起的作用。为了表示电压、电流信号做功的能力并量度其大小，工程上引入了有效值的概念。

正弦信号的有效值定义是：让正弦量和直流电分别通过两个阻值相同的电阻，若在相同时间内，两个电阻消耗的能量相等，那么该直流电的值为正弦量的有效值，用相应的大写字母表示。

现以电流信号为例说明。直流电流 I 流过电阻 R 时，在一个周期 T 内电阻所消耗的能量为 $W_I=\int_0^T RI^2\mathrm{d}t=RI^2T$ 。周期电流 i 流过电阻 R 时，在一个周期 T 内电阻所消耗的能量为 $W_i=\int_0^T p(t)\mathrm{d}t=\int_0^T Ri^2\mathrm{d}t$ 。若两能量相等，即

$$RI^2T=\int_0^T Ri^2\mathrm{d}t$$

则得

$$I=\sqrt{\frac{1}{T}\int_0^T i^2\mathrm{d}t} \tag{5-5}$$

式(5-5)表明，正弦电流有效值是瞬时值的平方在一个周期内的平均值再取平方根，因此有效值又称为均方根值。

设正弦电流 $i=I_{\mathrm{m}}\cos(\omega t+\phi_i)$ ，代入式(5-5)，可求得正弦电流 i 的有效值为

$$I=\sqrt{\frac{1}{T}\int_0^T[I_{\mathrm{m}}\cos(\omega t+\phi_i)]^2\mathrm{d}t}=\sqrt{\frac{I_{\mathrm{m}}^2}{T}\int_0^T\frac{1+\cos 2(\omega t+\phi_i)}{2}\mathrm{d}t}=\frac{I_{\mathrm{m}}}{\sqrt{2}} \tag{5-6}$$

同理可得正弦电压 u 的有效值为

$$U=\frac{U_{\mathrm{m}}}{\sqrt{2}} \tag{5-7}$$

由上可知，正弦量的有效值是最大值的 $\dfrac{1}{\sqrt{2}}$ 倍。因此，正弦电压、正弦电流又可以表示为

$$u=\sqrt{2}U\cos(\omega t+\phi_{\mathrm{u}}),\quad i=\sqrt{2}I\cos(\omega t+\phi_i)$$

工程上说的正弦电压、电流一般指有效值，如设备铭牌额定值、电网的电压等级等。测量中，交流测量仪表指示的电压、电流读数一般为有效值，但绝缘水平、耐压值指的是最大值。因此，在考虑电器设备的耐压水平时应按最大值考虑。

【例 5-3】已知正弦电压$u = 311\cos(314t + 30^\circ)$ V，试求：

(1) 角频率ω、频率f、周期T、最大值U_{m}和初相位ϕ_u。

(2) 在$t = 0$和t=0.001s 时，电压的瞬时值。

(3) 用交流电压表测量电压时，电压表的读数应为多少？

解：(1) $\omega = 314\text{rad/s}$，$f = \dfrac{\omega}{2\pi} = 50\text{Hz}$，$T = \dfrac{1}{f} = 0.02\text{s}$，$U_{\mathrm{m}} = 311\text{V}$，$\phi_{\mathrm{u}} = 30^\circ$。

(2) $t = 0$时，$u = 311\cos 30^\circ\,\text{V} \approx 269.3\,\text{V}$。

$t = 0.001\text{s}$时，$u = 311\cos\left(100\pi \times 0.001 + \dfrac{\pi}{6}\right)\text{V} = 311\cos 48^\circ\,\text{V} \approx 208.1\,\text{V}$

(3) 用交流电压表测量电压时，电压表的读数应为有效值，即$U = \dfrac{U_{\mathrm{m}}}{\sqrt{2}} = 220\text{V}$。

【例 5-4】已知$u = -12\cos(\omega t + 60^\circ)$ V，$i = 2\sin(\omega t - 150^\circ)$ A，求 u、i 的有效值、初相位以及 u 和 i 的相位差。

解：$u = -12\cos(\omega t + 60^\circ)\text{V} = 12\cos(\omega t + 60^\circ - 180^\circ)\text{V} = 12\cos(\omega t - 120^\circ)\text{V}$

$i = 2\sin(\omega t - 150^\circ)\text{A} = 2\cos(\omega t - 150^\circ - 90^\circ)\text{A} = 2\cos(\omega t - 240^\circ)\text{A} = 2\cos(\omega t + 120^\circ)\text{A}$

故 u、i 的有效值分别为

$$U = \frac{12}{\sqrt{2}} = 8.484\text{V},\quad I = \frac{2}{\sqrt{2}} = \sqrt{2}\text{A}$$

电压 u 对电流 i 的相位差为 $\varphi = \phi_u - \phi_i = -120^\circ - 120^\circ = -240^\circ$，应取$\varphi = -240^\circ + 360^\circ = 120^\circ$，表明电压超前电流$120^\circ$。

5.2　相量法的基本思想

正弦稳态线性电路中，各支路的电压和电流响应与激励源是同频率的正弦量，而激励源的频率通常是已知的，因此要求响应，只需求出响应的大小和初相位即可。但在分析求解正弦电路时，将遇到正弦量的加减、积分和微分等运算，在时域形式下进行这些运算十分繁复。相量法利用欧拉公式，通过借用复数表示正弦信号，可以使正弦电路分析得到简化。

5.2.1　正弦量的相量表示

由欧拉公式 $\mathrm{e}^{\mathrm{j}(\omega t+\varphi)} = \cos(\omega t + \varphi) + \mathrm{j}\sin(\omega t + \varphi)$ 可见，$\cos(\omega t + \phi) = \mathrm{Re}\left[\mathrm{e}^{\mathrm{j}(\omega t+\phi)}\right]$，$\sin(\omega t + \phi) = \mathrm{Im}\left[\mathrm{e}^{\mathrm{j}(\omega t+\phi)}\right]$，其中，符号 Re 表示取实部；Im 表示取虚部。

设正弦电流$i(t) = I_{\mathrm{m}}\cos(\omega t + \phi_i) = \sqrt{2}I\cos(\omega t + \phi_i)\text{A}$，利用欧拉公式，可表示为

$$i(t) = I_{\mathrm{m}}\cos(\omega t + \phi_i) = \mathrm{Re}[I_{\mathrm{m}}\mathrm{e}^{\mathrm{j}(\omega t+\phi_i)}] = \mathrm{Re}[I_{\mathrm{m}}\mathrm{e}^{\mathrm{j}\phi_i}\mathrm{e}^{\mathrm{j}\omega t}] \tag{5-8}$$

这样就把正弦量和复指数函数联系起来了。该复指数函数的复常数部分($I_{\mathrm{m}}\mathrm{e}^{\mathrm{j}\phi_i}$)正是一个复数的极坐标的表达式，其中$I_{\mathrm{m}}$为复数的模，$\phi_i$为复数的辐角。而$I_{\mathrm{m}}$和$\phi_i$又分别是正弦量$i(t)$的振幅和初相角。前面指出，在正弦电路中，各响应与激励源的频率相同，是已知的。因此，正弦电路中的电压和电流可由其振幅和初相角唯一确定，即可由其对应的复指数函数的复常数部分唯一确定。所以，以正弦量的振幅为模、初相角为辐角构成的复数就

称为该正弦量的幅值相量。

在正弦电路中有电压$u(t)$和电流$i(t)$两类正弦量，与之对应的幅值相量分别用$\dot{U}_{\mathrm{m}}$和$\dot{I}_{\mathrm{m}}$表示。式(5-8)中电流$i(t)$的幅值相量为

$$\dot{I}_{\mathrm{m}} = I_{\mathrm{m}}\mathrm{e}^{\mathrm{j}\phi_i} = I_{\mathrm{m}}\angle\phi_i \tag{5-9}$$

此时该正弦电流进一步表示为

$$i(t) = \mathrm{Re}[I_{\mathrm{m}}\mathrm{e}^{\mathrm{j}\phi_i}\mathrm{e}^{\mathrm{j}\omega t}] = \mathrm{Re}[\dot{I}_{\mathrm{m}}\mathrm{e}^{\mathrm{j}\omega t}]$$

注意$i(t) \neq \dot{I}_{\mathrm{m}}$，用相量表示正弦量，并不是说相量就等于正弦量。

当然，也可以以正弦量的有效值为模、初相角为辐角构建出正弦量的有效值相量，即

$$\dot{I} = I\mathrm{e}^{\mathrm{j}\phi_i} = I\angle\phi_i \tag{5-10}$$

显然有$\dot{I}_{\mathrm{m}} = \sqrt{2}\dot{I}$。有效值相量与幅值相量都简称为相量，根据相量符号是否有下标 m 加以区别。由于在计算正弦电路的功率时，常常用到的是电压和电流的有效值，所以使用有效值相量会更方便一些。今后若无特殊声明，所提到的相量均是指有效值相量。

同理，可定义正弦电压及其他正弦量的相量。如电压$u = U_{\mathrm{m}}\cos(\omega t + \phi_u) = \sqrt{2}U\cos(\omega t + \phi_u)$对应的相量为

$$\dot{U} = U\mathrm{e}^{\mathrm{j}\phi_u} = U\angle\phi_u \tag{5-11}$$

相量是复数，其运算与一般复数运算相同。每一相量都对应着一个正弦量，这是其与一般复数的不同之处，因此在相量的符号上方加一小圆点以示区别。相量也可用复平面的向量图表示，称为正弦量的相量图。电压、电流的有效值相量图与幅值相量图分别如图 5-6 和图 5-7 所示。

由正弦量的瞬时表达式可直接写出其相量，或由相量可直接写出与之对应的正弦量瞬时表达式。

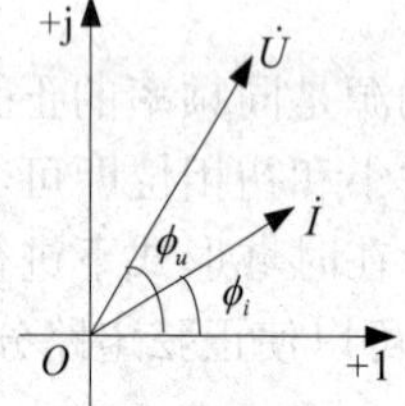

图 5-6　有效值相量图

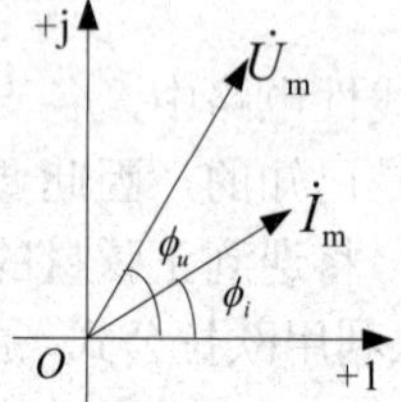

图 5-7　幅值相量图

【例 5-5】若已知正弦电流和电压分别为$i(t) = 141.4\cos(314t + 30^\circ)\mathrm{A}$，$u(t) = 311.1\cos(314t - 60^\circ)\mathrm{V}$，求 i、u 对应的相量。

解：对应的相量分别为

$$\dot{I} = \frac{141.4}{\sqrt{2}}\angle 30^\circ\,\mathrm{A} = 100\angle 30^\circ\,\mathrm{A}，\quad \dot{U} = \frac{311.1}{\sqrt{2}}\angle -60^\circ\,\mathrm{V} = 220\angle -60^\circ\,\mathrm{V}$$

【例 5-6】若正弦电流的相量$\dot{I} = 50\angle 15^\circ\mathrm{A}$，频率$f = 50\mathrm{Hz}$，求正弦电流的瞬时表达式。

解：由题意知，电流有效值$I = 50\mathrm{A}$，初相位$\phi = 15^\circ$，$\omega = 2\pi f = 314\mathrm{rad/s}$，则对应的正弦电流为$i(t) = 50\sqrt{2}\cos(314t + 15^\circ)\mathrm{A}$。

5.2.2 正弦量的计算

1. 同频率正弦量的加减运算

设同频率的正弦量为 $i_1(t)=\sqrt{2}I_1\cos(\omega t+\phi_1)$，$i_2(t)=\sqrt{2}I_2\cos(\omega t+\phi_2)$，…，$i_n(t)=\sqrt{2}I_n\cos(\omega t+\phi_n)$，这些正弦量的和设为 i，则有

$$
\begin{aligned}
i(t) &= i_1(t)+i_2(t)+\cdots+i_n(t) \\
&= \mathrm{Re}[\sqrt{2}\dot{I}_1\mathrm{e}^{\mathrm{j}\omega t}]+\mathrm{Re}[\sqrt{2}\dot{I}_2\mathrm{e}^{\mathrm{j}\omega t}]+\cdots+\mathrm{Re}[\sqrt{2}\dot{I}_n\mathrm{e}^{\mathrm{j}\omega t}] \\
&= \mathrm{Re}[\sqrt{2}(\dot{I}_1+\dot{I}_2+\cdots+\dot{I}_n)\mathrm{e}^{\mathrm{j}\omega t}] \\
&= \mathrm{Re}[\sqrt{2}\dot{I}\mathrm{e}^{\mathrm{j}\omega t}]
\end{aligned} \tag{5-12}
$$

式中，$\dot{I}=\dot{I}_1+\dot{I}_2+\cdots+\dot{I}_n$。

$\dot{I}$ 是正弦量 i 对应的相量。由式(5-12)可见，正弦量 i 的频率也是ω，也就是说，同频率的正弦量相加，其结果仍然是同频率的正弦量。

因此，同频率正弦量的加减运算变为对应相量的加减运算，即可以先根据式

$$\dot{I}=\dot{I}_1\pm\dot{I}_2\pm\cdots\pm\dot{I}_n \tag{5-13}$$

用复数的加减运算求出 $i(t)$ 的相量 $\dot{I}$，再根据正弦量和相量的关系写出 $i(t)$。

2. 正弦量的微分

已知 $i(t)=\sqrt{2}I\cos(\omega t+\phi_i)$，对 i 求导，有

$$\frac{\mathrm{d}i(t)}{\mathrm{d}t}=\frac{\mathrm{d}\,\mathrm{Re}[\sqrt{2}\dot{I}\mathrm{e}^{\mathrm{j}\omega t}]}{\mathrm{d}t}=\mathrm{Re}[\sqrt{2}(\mathrm{j}\omega\dot{I})\mathrm{e}^{\mathrm{j}\omega t}] \tag{5-14}$$

式(5-14)说明正弦量 i 的导数是同频率的正弦量，其相量为 $\mathrm{j}\omega\dot{I}$，即正弦量导数的相量为原正弦量 i 的相量 $\dot{I}$ 乘以 $\mathrm{j}\omega$，即 $\mathrm{j}\omega\dot{I}=\omega I\angle\phi_i+90^\circ$，此相量的模增大为 $\dot{I}$ 相量的 ω 倍，幅角超前 90°。

若对 i 求高阶导数 $\frac{\mathrm{d}^n i(t)}{\mathrm{d}t^n}$，其相量为 $(\mathrm{j}\omega)^n\dot{I}$。

3. 正弦量的积分

已知 $i(t)=\sqrt{2}I\cos(\omega t+\phi_i)$，对 i 积分，有

$$\int i(t)\mathrm{d}t=\int\mathrm{Re}[\sqrt{2}\dot{I}\mathrm{e}^{\mathrm{j}\omega t}]\mathrm{d}t=\mathrm{Re}[\int\sqrt{2}\dot{I}\mathrm{e}^{\mathrm{j}\omega t}\mathrm{d}t]=\mathrm{Re}[\sqrt{2}\frac{\dot{I}}{\mathrm{j}\omega}\mathrm{e}^{\mathrm{j}\omega t}] \tag{5-15}$$

式(5-15)说明正弦量 i 的积分是同频率的正弦量，其相量为$\frac{\dot{I}}{\mathrm{j}\omega}$，即正弦量积分的相量为原正弦量 i 的相量 $\dot{I}$ 除以 $\mathrm{j}\omega$，即$\frac{\dot{I}}{\mathrm{j}\omega}=\frac{I}{\omega}\angle\phi_i-90^\circ$，此相量的模减小为 $\dot{I}$ 相量的$\frac{1}{\omega}$倍，幅角滞后 90°。

i 的 n 重积分的相量为$\left(\frac{1}{\mathrm{j}\omega}\right)^n\dot{I}$。

【例 5-7】已知两个同频正弦电流分别为 $i_1(t)=10\sqrt{2}\cos\left(314t+\dfrac{\pi}{3}\right)\text{A}$，$i_2(t)=22\sqrt{2}\cos\left(314t-\dfrac{5\pi}{6}\right)\text{A}$。试求：

(1) i_1+i_2。

(2) $\dfrac{\mathrm{d}i_1}{\mathrm{d}t}$。

(3) $\int i_2\mathrm{d}t$。

解：由 $i_1(t)=10\sqrt{2}\cos\left(314t+\dfrac{\pi}{3}\right)\text{A}$，得 i_1 的相量为 $\dot{I}_1=10\angle\dfrac{\pi}{3}\text{A}$。

由 $i_2(t)=22\sqrt{2}\cos\left(314t-\dfrac{5\pi}{6}\right)\text{A}$，得 i_2 的相量为 $\dot{I}_2=22\angle-\dfrac{5\pi}{6}\text{A}$。

(1) 设 $i=i_1+i_2$，则 i 的相量为 $\dot{I}$，于是有

$$
\begin{aligned}
\dot{I}&=\dot{I}_1+\dot{I}_2=10\angle\frac{\pi}{3}+22\angle-\frac{5\pi}{6}\\
&=10(\cos 60^\circ+\mathrm{j}\sin 60^\circ)+22\left[\cos(-150^\circ)+\mathrm{j}(\sin-150^\circ)\right]\\
&=(5+\mathrm{j}8.66)+(-19.05-\mathrm{j}11)=-14.05-\mathrm{j}2.34\\
&=\sqrt{14.05^2+2.34^2}\angle-180^\circ+\arctan\frac{-2.34}{-14.05}\\
&=14.24\angle-170.54^\circ
\end{aligned}
$$

所以 $$i=i_1+i_2=14.24\sqrt{2}\cos(314t-170.54^\circ)\text{A}$$

(2) $\dfrac{\mathrm{d}i_1}{\mathrm{d}t}$ 对应的相量为

$$\mathrm{j}\omega\dot{I}_1=\mathrm{j}314\times10\angle\frac{\pi}{3}=3140\angle\frac{\pi}{3}+90^\circ=3140\angle150^\circ$$

所以有

$$\frac{\mathrm{d}i_1}{\mathrm{d}t}=3140\sqrt{2}\cos(314t+150^\circ)\ \text{A/s}$$

(3) $\int i_2\mathrm{d}t$ 对应的相量为

$$\frac{\dot{I}_2}{\mathrm{j}\omega}=\frac{22\angle-\dfrac{5\pi}{6}}{\mathrm{j}314}=\frac{22\angle-150^\circ}{314\angle90^\circ}=0.07\angle120^\circ$$

所以有

$$\int i_2\mathrm{d}t=0.07\sqrt{2}\cos(314t+120^\circ)\ \text{A}$$

以上分析说明，可用相量的代数运算来替代同频率的正弦量的加减、微分、积分运算。在推导出了正弦量的相量运算法后，就可以将一个含待求正弦量的微分方程转换成一个含待求正弦量的相量的复代数方程，解这个复代数方程即可求出待求正弦量的相量，进而可写出待求正弦量的表达式。显然，解一个复代数方程要比解一个微分方程简单得多。

5.3　电路定律的相量形式

1. 基尔霍夫定律的相量形式

正弦稳态电路中，各电压、电流变量均为同频率的正弦量，所以 KCL 和 KVL 的时域形式通过相量法可以转化为相应的相量形式。

1) KCL 的相量形式

KCL 的时域形式为

$$i_1+i_2+\cdots+i_k=0 \quad 或\sum i=0$$

由于各支路电流都是同频率的正弦量，所以 KCL 的相量形式可表示为

$$\dot{I}_1+\dot{I}_2+\cdots+\dot{I}_k=0 \quad 或\sum \dot{I}=0 \tag{5-16}$$

即任一节点所有正弦电流的对应相量的代数和为零 。

2) KVL 的相量形式

KVL 的时域形式为

$$u_1+u_2+\cdots+u_k=0 \quad 或\sum u=0$$

由于各支路电压都是同频率的正弦量，所以 KVL 的相量形式可表示为

$$\dot{U}_1+\dot{U}_2+\cdots+\dot{U}_k=0 \quad 或\sum \dot{U}=0 \tag{5-17}$$

即任一回路所有支路正弦电压的对应相量的代数和为零。

由上可知，基尔霍夫定律的相量形式和其时域形式的表述是相同的。不过要注意，电流(电压)的有效值是不满足 KCL(KVL)表达式的，即

$$I_1+I_2+\cdots+I_k\neq 0$$
$$U_1+U_2+\cdots+U_k\neq 0$$

2. 元件约束关系(VCR)的相量形式

1) 电阻元件

图 5-8(a)所示电路为电阻元件 R 的时域模型。设 R 的电流为 $i_R=\sqrt{2}I\cos(\omega t+\phi_i)$，对应的相量为 $\dot{I}_R=I_R\angle\phi_i$；$R$ 的电压为 u_R，对应的相量为 $\dot{U}_R=U_R\angle\phi_u$。

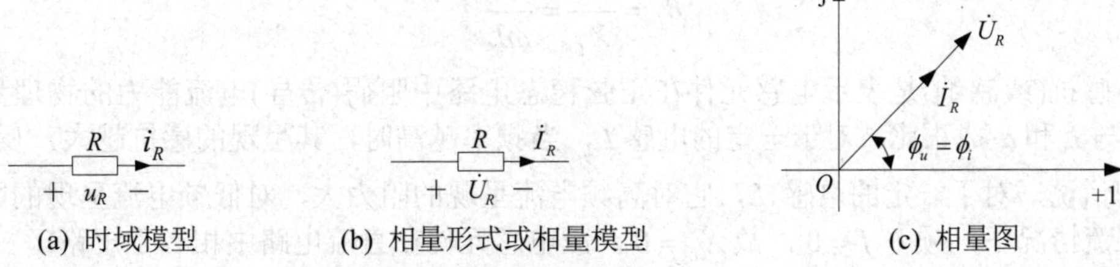

(a) 时域模型　(b) 相量形式或相量模型　(c) 相量图

图 5-8　电阻中的电压、电流

根据欧姆定律，有

$$u_R=Ri_R=\sqrt{2}RI\cos(\omega t+\phi_i) \tag{5-18}$$

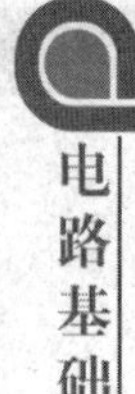

可见u_R与i_R的频率相同，于是式(5-18)的相量形式可表示为

$$\dot{U}_R = RI_R\angle\phi_i = R\dot{I}_R \tag{5-19}$$

式(5-19)为电阻元件伏安关系(VCR)的相量形式。

比较可知，$\phi_u = \phi_i$，$U_R = RI_R$。

以上说明电阻元件上的电压和电流始终是同相的，电压和电流关系的相量形式以及它们有效值之间的关系均符合欧姆定律，没有变化。电阻元件 VCR 的相量形式可用图 5-8(b)所示的电路模型表示，称为相量形式(或相量模型)。电阻的电压和电流的相量图如图 5-8(c)所示。

2) 电感元件

图 5-9(a)所示电路为电感元件 L 的时域模型。设 L 的电流为$i_L = \sqrt{2}I_L\cos(\omega t + \phi_i)$，对应的相量为$\dot{I}_L = I_L\angle\phi_i$；其电压为$u_L$，对应的相量为$\dot{U}_L = U_L\angle\phi_u$。

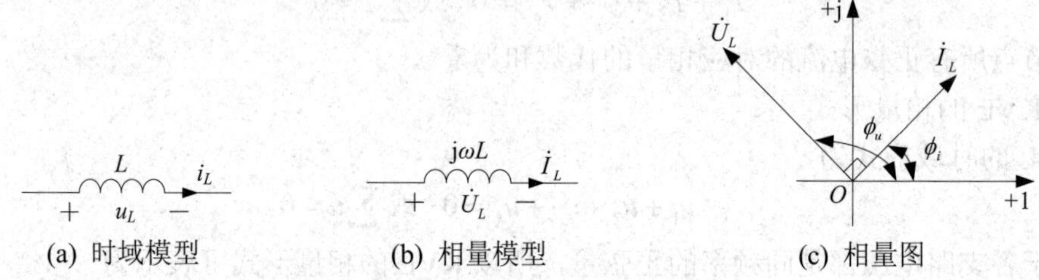

图 5-9　电感中的电压、电流

由图 5-9(a)，根据电感元件的 VCR 有

$$u_L = L\frac{\mathrm{d}i_L}{\mathrm{d}t} = -\omega L\sqrt{2}I_L\sin(\omega t + \phi_i) = \sqrt{2}\omega LI_L\cos(\omega t + \phi_i + 90^\circ) \tag{5-20}$$

可见u_L与i_L的频率相同。式(5-20)的相量形式可表示为

$$\dot{U}_L = \omega LI_L\angle\phi_i + 90^\circ = \omega L\angle 90^\circ I_L\angle\varphi_i = \mathrm{j}\omega L\dot{I}_L \tag{5-21}$$

比较可得，$U_L = \omega LI_L$，$\phi_u = \phi_i + 90^\circ$。

可见，电感电压始终超前电感电流 90°。它们之间的大小关系为$\dfrac{U_L}{I_L} = \omega L = X_L$，式中，$X_L = \omega L = 2\pi fL$，具有与电阻相同的量纲(Ω)，称为感抗，这样命名表示它与电阻有本质的区别。将感抗的倒数称为电感的电纳，简称感纳，用B_L表示，单位为西[门子](S)，即

$$B_L = \frac{1}{X_L} = \frac{1}{\omega L} \tag{5-22}$$

感抗(或感纳)是表示电感元件在正弦稳态电路中阻碍(传导)电流能力的物理量。感抗X_L与L和ω成正比。对于一定的电感L，当频率越高时，其呈现的感抗越大，反之越小。换句话说，对于一定的电感 L，它对高频电流呈现的阻力大，对低频电流呈现的阻力小。在直流情况下，频率$f = 0$，故$X_L = 0$，故电感元件在直流电路中相当于短路。

利用感抗和感纳的定义，电感元件 VCR 的相量形式又可表示为

$$\dot{U}_L = \mathrm{j}X_L\dot{I}_L \text{ 或 } \dot{I}_L = \frac{\dot{U}_L}{\mathrm{j}X_L} = -\mathrm{j}B_L\dot{U}_L \tag{5-23}$$

式(5-19)为电感元件伏安关系(VCR)的相量形式，它不仅表明电感电压与电流之间的大

小关系，而且表明它们之间的相位关系。电感元件的相量模型如图 5-9 (b)所示，图 5-9 (c) 所示为电感电压与电流的相量图。

3) 电容元件

图 5-10(a)所示电路为电容元件 C 的时域模型。设 C 的电压为$u_C=\sqrt{2}U_C\cos(\omega t+\phi_u)$，对应的相量为$\dot{U}_C=U_C\angle\phi_u$；其电流为$i_C$，对应的相量为$\dot{I}_C=I_C\angle\phi_i$。

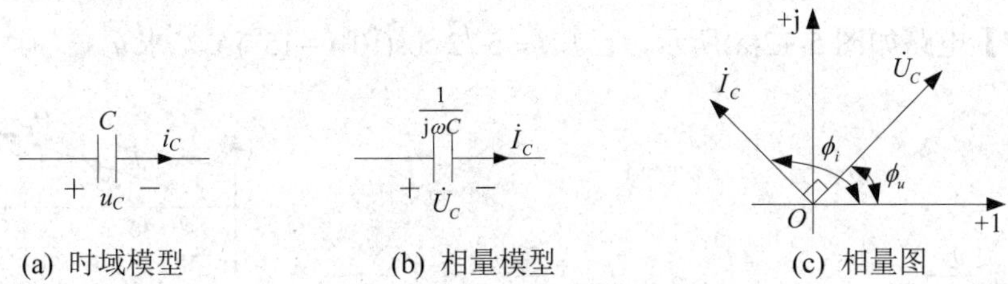

(a) 时域模型　　(b) 相量模型　　(c) 相量图

图 5-10　电容中的电压、电流

由图 5-10(a)，根据电容元件的 VCR 有

$$i_C=C\frac{\mathrm{d}u_C}{\mathrm{d}t}=-\omega C\sqrt{2}U_C\sin(\omega t+\phi_u)=\sqrt{2}\omega CU_C\cos(\omega t+\phi_u+90^\circ) \tag{5-24}$$

可见u_C与i_C的频率相同，式(5-24)的相量形式可表示为

$$\dot{I}_C=\omega CU_C\angle\phi_u+90^\circ=\omega C\angle 90^\circ U_C\angle\phi_u=\mathrm{j}\omega C\dot{U}_C \tag{5-25}$$

比较可得$I_C=\omega CU_C$，$\phi_i=\phi_u+90^\circ$。

可见，电容电流始终超前电容电压90°。它们之间的大小关系为$\dfrac{U_C}{I_C}=\dfrac{1}{\omega C}=X_C$，式中，$X_C=\dfrac{1}{\omega C}=\dfrac{1}{2\pi fC}$，也具有与电阻相同的量纲(Ω)，称为容抗。将容抗的倒数称为电容的电纳，简称容纳，用B_C表示，单位为西[门子](S)，即

$$B_C=\frac{1}{X_C}=\omega C \tag{5-26}$$

容抗X_C与 C 和ω成反比。对于一定的电容 C，当频率越高时，其呈现的容抗越小，反之越大。也就是说，对于一定的电容 C，它对高频电流呈现的阻力小，对低频电流呈现的阻力大。在直流情况下，频率$f=0$，故$X_C\to\infty$，故电容元件在直流电路中相当于开路。

利用容抗和容纳的定义，电容元件 VCR 的相量形式又可表示为

$$\dot{I}_C=\mathrm{j}B_C\dot{U}_C \text{ 或 } \dot{U}_C=-\mathrm{j}X_C\dot{I}_C \tag{5-27}$$

式(5-27)为电容元件伏安关系(VCR)的相量形式，它不仅表明电容电压与电流之间的大小关系，而且表明它们之间的相位关系。电容元件的相量模型如图 5-10 (b)所示，图 5-10 (c) 所示的电容电压与电流的相量图。

受控源与其控制量之间关系的相量形式与其时域形式相同。以 VCCS 为例说明，其时域形式的电路图如图 5-11(a)所示，其相量形式的电路图如图 5-11(b)所示。

对于一个正弦稳态交流电路，若将电路中所有电压和电流都用它们所对应的相量代替，将所有的电路元件都用它们的相量模型表示，则可得到与原电路对应的相量模型。

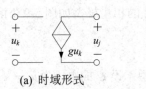

(a) 时域形式　　(b) 相量形式

图 5-11　受控源与其控制量之间关系

【**例 5-8**】电路如图 5-12(a)所示，已知 $i = 5\sqrt{2}\cos(10^6 t + 15^\circ)\text{A}$，求 u_s。

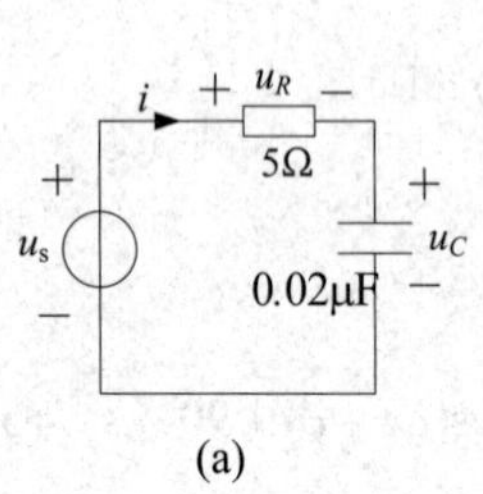

(a)

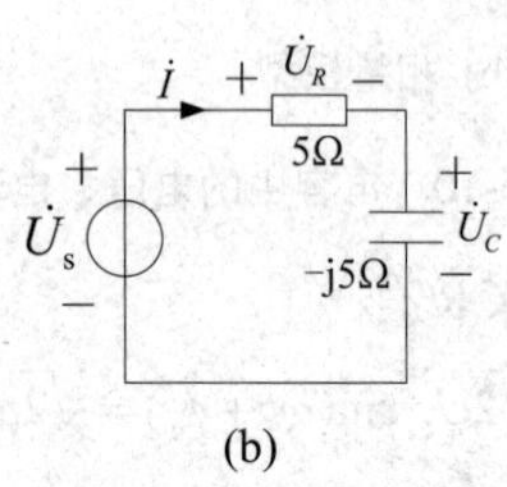

(b)

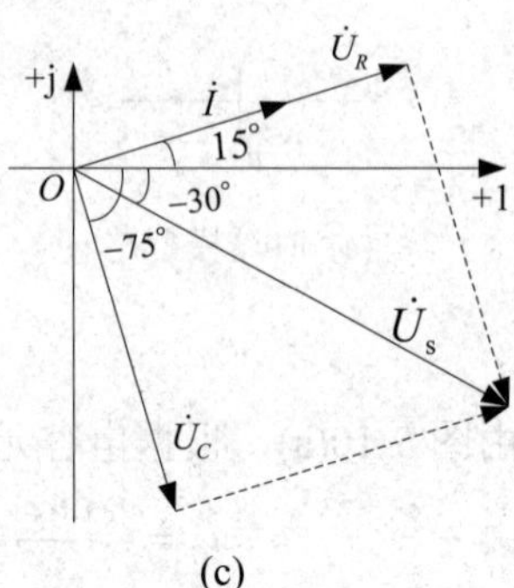

(c)

图 5-12　例 5-8 图

解：由题意得 i 的相量为 $\dot{I} = 5\angle 15^\circ\ \text{A}$，电容元件的相量为

$$-\text{j}X_C = -\text{j}\frac{1}{10^6 \times 0.2 \times 10^{-6}}\Omega = -\text{j}5\Omega$$

画出电路的相量模型如图 5-12(b)所示。

由于电路是 RC 串联电路，通过的电流为 $\dot{I}$，所以有

$$\dot{U}_R = 5\dot{I} = 5 \times 5\angle 15^\circ = 25\angle 15^\circ\ \text{V}$$

$$\dot{U}_C = -\text{j}5\dot{I} = 5\angle -90^\circ \times 5\angle 15^\circ\ \text{V} = 25\angle -75^\circ\ \text{V}$$

则

$$\dot{U}_\text{s} = \dot{U}_R + \dot{U}_C = 25\angle 15^\circ\ \text{V} + 25\angle -75^\circ\ \text{V} = 25\sqrt{2}\angle -30^\circ\ \text{V}$$

得

$$u_\text{s} = 50\cos(10^6 t - 30^\circ)\text{V}$$

电压与电流的相量图如图 5-12(c)所示。

【**例 5-9**】图 5-13(a)所示的 RLC 并联电路中，已知 $u(t) = 120\sqrt{2}\cos(5t)\ \text{V}$，求 $i(t)$。

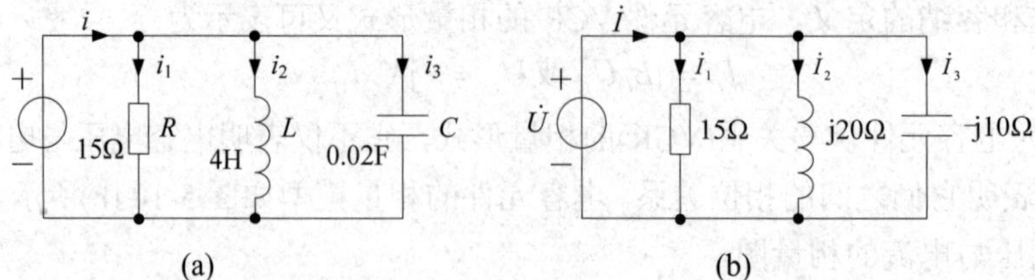

(a)　　(b)

图 5-13　例 5-9 图

解：由题意得 u 的相量为 $\dot{U} = 120\angle 0^\circ$。

$$\text{j}X_L = \text{j}4 \times 5\Omega = \text{j}20\Omega \qquad -\text{j}X_C = -\text{j}\frac{1}{5 \times 0.02}\Omega = -\text{j}10\Omega$$

画出电路的相量模型如图 5-13(b)所示，利用 R、L、C 元件伏安关系的相量形式，得各支路电流分别为

$$\dot{I}_1=\frac{\dot{U}}{R}=\frac{120\angle 0^\circ}{15}\text{A}=8\angle 0^\circ\text{A}$$

$$\dot{I}_2=\frac{\dot{U}}{\text{j}X_L}=\frac{120\angle 0^\circ}{\text{j}20}\text{A}=6\angle -90^\circ\text{A}=-\text{j}6\text{A}$$

$$\dot{I}_3=\frac{\dot{U}}{-\text{j}X_C}=\frac{120\angle 0^\circ}{-\text{j}10}\text{A}=12\angle 90^\circ\text{A}=\text{j}12\text{A}$$

根据 KCL 的相量形式，得电流 i 的相量为

$$\dot{I}=\dot{I}_1+\dot{I}_2+\dot{I}_3=(8-\text{j}6+\text{j}12)\text{A}=(8+\text{j}6)\text{A}=10\angle 36.9^\circ\text{A}$$

故
$$i(t)=10\sqrt{2}\cos(5t+36.9^\circ)\text{A}$$

本 章 小 结

1. 正弦量的三要素

正弦量的瞬时值表达式为

$$f(t)=F_\text{m}\cos(\omega t+\phi)$$

式中，振幅 F_m (有效值 F)、角频率 ω(频率 f)和初相角 ϕ 是正弦量的三要素。设两个同频率的正弦量 $f_1(t)$ 和 $f_2(t)$，它们的初相位分别为 ϕ_1 和 ϕ_2，那么这两个正弦量的相位差等于它们的初相位之差，即 $\varphi=\phi_1-\phi_2$。若 $\varphi>0$，表示 $f_1(t)$ 超前 $f_2(t)$；若 $\varphi<0$，表示 $f_1(t)$ 落后 $f_2(t)$；若 $\varphi=0$，表示 $f_1(t)$ 和 $f_2(t)$ 同相；若 $\varphi=\pm 180^\circ$，表示 $f_1(t)$ 和 $f_2(t)$ 反相。

2. 正弦量的表示方法

以正弦电流为例，正弦量的表示方法如表 5-1 所示。

表 5-1　正弦量的表示方法

<table>
<tr><td colspan="2">三角函数式(瞬时值表示式)</td><td colspan="2">$i=I_\text{m}\cos(\omega t+\phi_i)$</td></tr>
<tr><td colspan="2">正弦波形</td><td colspan="2"> 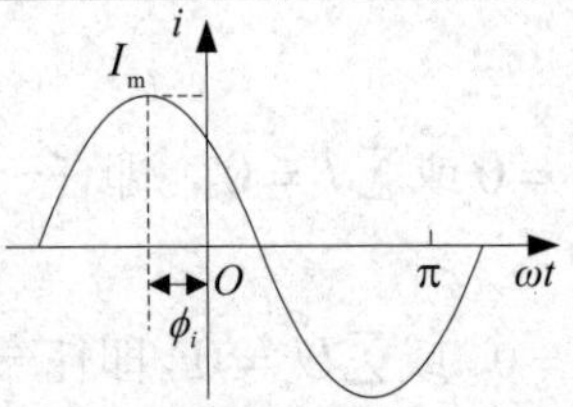</td></tr>
<tr><td rowspan="4">相量式或复数式</td><td>定义</td><td colspan="2">用复数的模表示正弦量的幅值(或有效值)，复数的辐角表示正弦量的初相位</td></tr>
<tr><td>直角坐标形式</td><td>$\dot{I}=I(\cos\phi_i+\text{j}\sin\phi_i)$</td><td rowspan="3">$\dot{I}_\text{m}=\sqrt{2}\dot{I}$</td></tr>
<tr><td>极坐标形式</td><td>$\dot{I}=I\angle\phi_i$</td></tr>
<tr><td>指数形式</td><td>$\dot{I}=I\text{e}^{\text{j}\phi_i}$</td></tr>
</table>

续表

相量图	定义	相量的长度等于正弦量的幅值(或有效值)，相量的起始位置与横轴之间的夹角等于正弦量的初相位。当相量以正弦量角频率绕原点逆时针旋转时，任一瞬间在纵轴上的投影等于该时刻正弦量的瞬时值
	表示形式 ($\phi_i > 0$)	Im　$\dot{I}$　ϕ_i　Re
注意		相量是正弦量的一种表示方法，相量不等于正弦量，即 $i \neq \dot{I}$ (或 $\dot{I}_{\mathrm{m}}$)，$\dot{I}_{\mathrm{m}} \neq I_{\mathrm{m}} \cos(\omega t + \phi_i)$

3. 单一元件交流电路特性基本关系

单一元件交流电路特性基本关系如表 5-2 所示。

表 5-2　单一元件交流电路特性基本关系

电路参数		R	L	C
电压电流关系	瞬时值	$u_R = Ri = R$	$u_L = L\dfrac{\mathrm{d}i}{\mathrm{d}t}$	$u_C = \dfrac{1}{C}\int i\mathrm{d}t$
	有效值	$U_R = IR$	$U_L = I\omega L = IX_L$	$U_C = I\dfrac{1}{\omega C} = IX_C$
	相量式	$\dot{U}_R = \dot{I}R$	$\dot{U}_L = \dot{I}\mathrm{j}X_L$	$\dot{U}_C = \dot{I}(-\mathrm{j}X_C)$
	相量图	$\dot{I}$　$\dot{U}$	$\dot{U}_L$　$\dot{I}$	$\dot{I}$　$\dot{U}_C$
	相位差	u_R 和 i 同相	u_L 超前 i 90° 角	u_C 滞后 i 90° 角
有功功率		$P_R = U_R I = I^2 R = \dfrac{U_R^{\ 2}}{R}$	0	0
无功功率		0	$Q_L = U_L I = I^2 X_L = \dfrac{U_L^{\ 2}}{X_L}$	$Q_C = -U_C I = -I^2 X_C = -\dfrac{U_C^{\ 2}}{X_C}$

4. 基尔霍夫定律的相量形式

KCL 的相量形式为 $\dot{I}_1 + \dot{I}_2 + \cdots + \dot{I}_k = 0$ 或 $\sum \dot{I} = 0$，即任一节点所有正弦电流的对应相量的代数和为零 。

KVL 的相量形式为 $\dot{U}_1 + \dot{U}_2 + \cdots + \dot{U}_k = 0$ 或 $\sum \dot{U} = 0$，即任一回路所有正弦电压的对应相量的代数和为零 。

习　题

1. 已知复数 $A_1 = 6 - \mathrm{j}8$，$A_2 = 4\sqrt{2}\angle 45^\circ$，试求 $A_1 + A_2$、$A_1 - A_2$、$A_1 \times A_2$、A_1 / A_2。

2. 已知频率相同的正弦电压 u、电流 i 的波形如图 5-14 所示，试指出它们的周期 T、角频率ω、最大值、有效值、初相角以及相角差，说明哪个正弦量超前，超前多少角度。并写出 u、i 的瞬时表达式。

3. 已知 $i_1=-5\cos(314t+60^\circ)$ A，$i_2=2\sin(314t+60^\circ)$ A，$i_3=10\cos(314t+60^\circ)$ A。

(1) 写出上述电流的相量表达式，并画出相量图。

(2) 求 i_1 与 i_2 和 i_1 与 i_3 的相位差。

(3) 求 i_1 的周期 T 和频率 f，并绘出 i_1 的波形图。

(4) 求①i_1+i_2；②$\dfrac{\mathrm{d}i_1}{\mathrm{d}t}$；③ $\int i_3\mathrm{d}t$ 。

4. 在图 5-15 所示的相量图中，已知 U=220V，I_1=10A，$I_2=5\sqrt{2}$ A，它们的角频率是ω，试写出各正弦量的瞬时表达式及相量式。

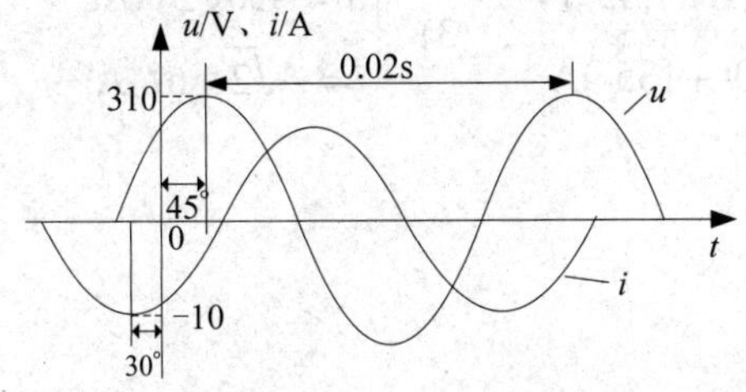

图 5-14　习题 2 图

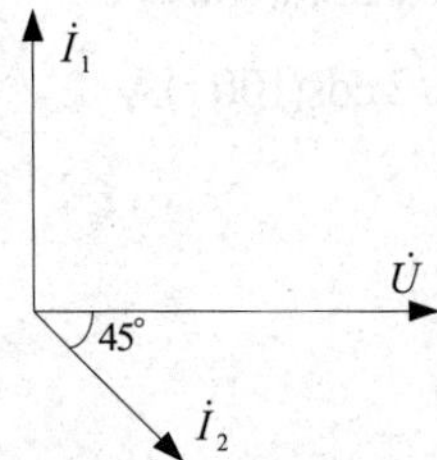

图 5-15　习题 4 图

5. 在图 5-16 所示各电路中，除了电流表 A 和电压表 V 的读数外，其他各表的读数已知，求 A 表和 V 表的读数。

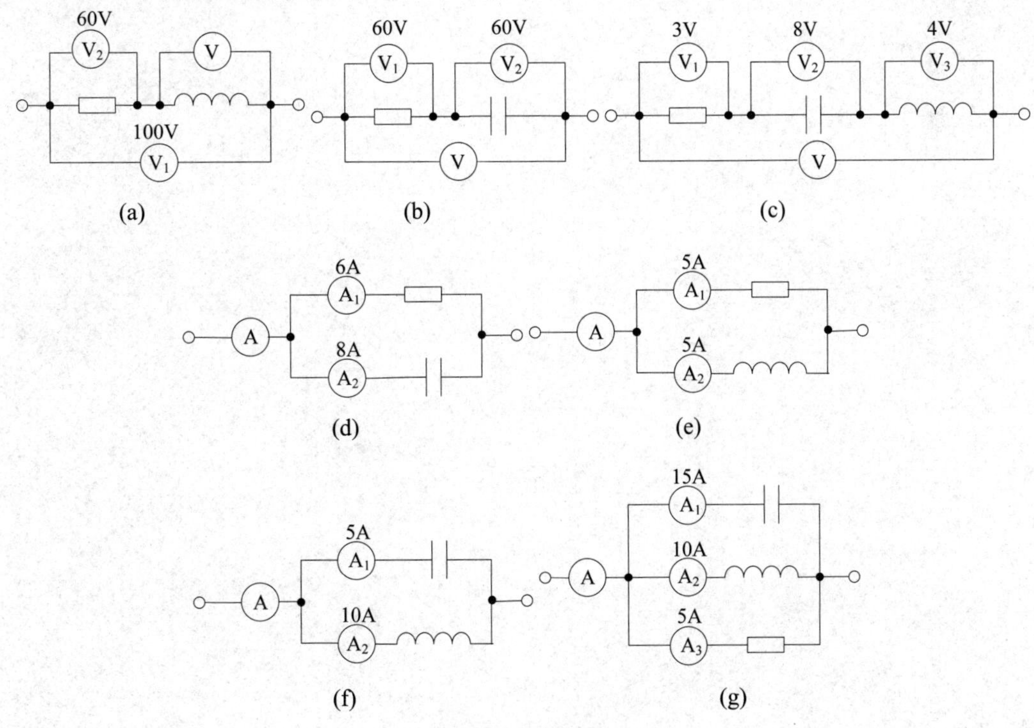

图 5-16　习题 5 图

6. 电路如图5-17所示，已知$I_1 = I_2 = 10\text{A}$，求$\dot{I}$和$\dot{U}_\text{s}$。

7. 电路如图5-18所示，已知$\dot{I}_\text{s} = 2\angle 0^\circ\ \text{A}$，$\omega = 5\text{rad/s}$，求$\dot{U}$。

图 5-17　习题 6 图　　　　图 5-18　习题 7 图

8. 某无源一端口网络的电压、电流(关联方向)分别为下面三种情况，问网络中可能有什么元件？

(1) $\begin{cases} u = 10\sqrt{2}\sin(100\,t)\text{V} \\ i = 2\sqrt{2}\cos(100\,t)\text{A} \end{cases}$　(2) $\begin{cases} u = 10\sqrt{2}\cos(10t + 45^\circ)\text{V} \\ i = 2\sqrt{2}\sin(10t + 135^\circ)\text{A} \end{cases}$　(3) $\begin{cases} u = -10\sqrt{2}\cos t\ \text{V} \\ i = -\sqrt{2}\sin t\ \text{A} \end{cases}$

第 6 章　正弦交流电路的分析

教学目标

(1) 掌握阻抗的串联、并联。

(2) 熟练掌握正弦电流电路的稳态分析法。

(3) 了解正弦电流电路的瞬时功率、有功功率、无功功率、功率因数、复功率的概念及表达形式。

(4) 掌握最大功率传输的概念及在不同情况下的最大传输条件。

(5) 掌握三相电路的概念及对称三相电路的计算方法，会计算三相电路的功率。

6.1　阻抗和导纳

由前可知，对于一个无源一端口电阻网络，总可以通过电阻的串并联简化、△-Y 等效变换或通过求输入电阻的方法将其化简为一个等效电阻或电导。在正弦稳态电路中，通过引入阻抗和导纳的概念，将看到任意一个无源一端口网络的相量模型可与一个阻抗或导纳等效。阻抗和导纳的概念以及对它们的运算和等效变换是线性电路正弦稳态分析中的重要内容。

6.1.1　阻抗(导纳)的定义

图 6-1(a)所示为一个不含独立源的线性一端口网络 N_O，当它在角频率为ω的正弦电源激励下处于稳定状态时，端口的电压和电流都是同频率的正弦量，设其相量分别为 $\dot{U}=U\angle\phi_u$，$\dot{I}=I\angle\phi_i$，电压和电流取关联参考方向。将电压相量$\dot{U}$和电流相量$\dot{I}$的比值定义为该一端口的阻抗 Z，即有

$$Z\overset{\text{def}}{=\!=}\frac{\dot{U}}{\dot{I}}=\frac{U\angle\phi_u}{I\angle\phi_i}=\frac{U}{I}\angle\phi_u-\phi_i=|Z|\angle\phi_Z \text{ 或 } \dot{U}=Z\dot{I} \tag{6-1}$$

式中，$|Z|=\dfrac{U}{I}$ 称为阻抗模，$\phi_Z=\phi_u-\phi_i$ 为阻抗角。Z 的单位是Ω，其符号与电阻的符号相同。Z 是一个复数，故 Z 也称为复阻抗，但 Z 不是相量，不能代表正弦量。这样图 6-1(a)所示的无源一端口网络可以用图 6-1 (b)的等效电路表示，所以 Z 也称为一端口网络的等效阻抗或输入阻抗。式(6-1)与电阻电路中的欧姆定律相似，故称为欧姆定律的相量形式。

阻抗 Z 的倒数，即端口的电流相量和电压相量的比值定义为该一端口的导纳，用 Y 表示

$$Y=\frac{1}{Z}=\frac{\dot{I}}{\dot{U}}=\frac{I}{U}\angle\phi_i-\phi_u=|Y|\angle\phi_Y \qquad \text{或} \qquad \dot{I}=Y\dot{U} \tag{6-2}$$

式(6-2)仍为欧姆定律的相量形式，其中$|Y|=\dfrac{I}{U}=\dfrac{1}{|Z|}$称为导纳模，$\phi_Y=\phi_i-\phi_u=-\phi_Z$ 称

为导纳角。由于 Y 为复数，称为复导纳，这样图 6-1(a)所示的无源一端口网络可以用图 6-1(e)所示的等效电路表示，所以 Y 也称为一端口网络的等效导纳或输入导纳。导纳的单位是西门子(简称西，S)。

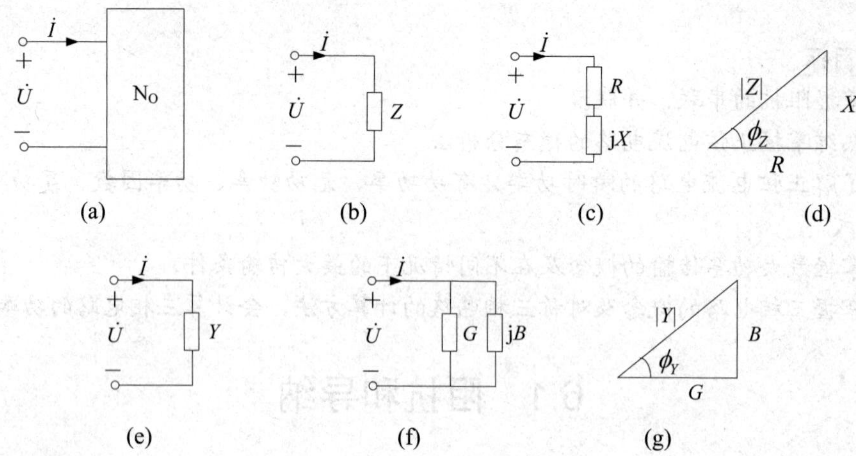

图 6-1 无源一端口的等效电路

由第 5 章电路元件伏安关系的相量形式，可得电阻、电感和电容的阻抗为

$$\begin{cases} R\text{:}\ \ Z_R = R,\ \ Y_R = \dfrac{1}{R} = G \\ L\text{:}\ \ Z_L = \mathrm{j}\omega L = \mathrm{j}X_L,\ \ Y_L = \dfrac{1}{\mathrm{j}\omega L} = -\mathrm{j}\dfrac{1}{\omega L} = -\mathrm{j}B_L \\ C\text{:}\ \ Z_C = \dfrac{1}{\mathrm{j}\omega C} = -\mathrm{j}X_C,\ \ Y_C = \mathrm{j}\omega C = \mathrm{j}B_C \end{cases}$$

说明 Z 或 Y 可以是纯实数，也可以是纯虚数。

$Z = |Z|\angle\phi_Z$ 是 Z 的极坐标式，Z 的代数形式为

$$Z = R + \mathrm{j}X \tag{6-3}$$

式中，R 是 Z 的实部，称为 Z 的电阻部分；X 是 Z 的虚部，称为 Z 的电抗部分。于是有

$$R = \mathrm{Re}[Z] = |Z|\cos\phi_Z$$

$$X = \mathrm{Im}[Z] = |Z|\sin\phi_Z$$

$$|Z| = \sqrt{R^2 + X^2}$$

$$\phi_Z = \arctan\frac{X}{R}$$

显然，Z 在复平面上用直角三角形表示，如图 6-1(d)所示(图中设 $X > 0$)，称为阻抗三角形。

特别说明，对于不含受控源的一端口无源阻抗网络，其等效阻抗 $Z = R + \mathrm{j}X$ 的实部 $R \geqslant 0$，此时 $|\phi_Z| \leqslant 90^\circ$；若含受控源，则 R 可能为负值，$|\phi_Z|$ 将大于 90°。在本书中，今后若无特殊说明，默认 $R \geqslant 0$。

由式(6-3)得，无源一端口网络可用一个电阻元件和一个电抗元件串联的电路等效，如图 6-1(c)所示。若 $X > 0$，电抗元件可等效为一个电感元件，$\phi_Z > 0$，端口电压超前电流，

称一端口网络呈感性，则 Z 称为感性阻抗；若 $X<0$，电抗元件可等效为一个电容元件，$\phi_Z<0$，电流超前电压，称一端口网络呈容性，则 Z 称为容性阻抗；若 $X=0$，$\phi_Z=0$，电流与电压同相，一端口网络呈电阻性，可等效为一个电阻。

Y 的代数形式为

$$Y = G + \mathrm{j}B \tag{6-4}$$

式中，G 是等效电导，B 是等效电纳。Y、G 和 B 之间的转换关系为

$$G=\mathrm{Re}[Y]=|Y|\cos\phi_Y$$

$$B=\mathrm{Im}[Y]=|Y|\sin\phi_Y$$

$$|Y|=\sqrt{G^2+B^2}$$

$$\phi_Y=\arctan\frac{B}{G}$$

若 $\phi_Y<0$，一端口网络呈感性；若 $\phi_Y>0$，一端口网络呈容性；若 $\phi_Y=0$，一端口网络呈电阻性。$|Y|$、G 和 B 在复平面上也可构成一个直角三角形，称为导纳三角形表示，如图 6-1(g)所示。根据式(6-4)，也可把无源一端口网络等效一个电导和一个电纳元件并联的电路，如图 6-1(f)所示。

对于一个无源一端口网络，其电阻与电抗串联的等效电路和电导与电纳并联的等效电路之间是可以相互转换的，等效的条件为

$$G+\mathrm{j}B=\frac{1}{R+\mathrm{j}X}=\frac{R}{R^2+X^2}-\mathrm{j}\frac{X}{R^2+X^2} \text{ 或 } R+\mathrm{j}X=\frac{1}{G+\mathrm{j}B}=\frac{G}{G^2+B^2}-\mathrm{j}\frac{B}{G^2+B^2}$$

计算时注意，R 与 G、X 与 B 一般并不互为倒数。

由于一端口网络的阻抗和导纳一般与频率有关，因此网络的端口性质(如感性、容性、或电阻性)以及等效电路中的参数一般会随频率的变化而变化。

【例 6-1】已知无源一端口网络的端口电压和电流分别为 $u=220\sqrt{2}\cos(314t+20^\circ)\mathrm{V}$，$i=4.4\sqrt{2}\cos(314t-33^\circ)\mathrm{A}$。求该一端口网络的阻抗和导纳，以及一端口网络由两个元件串联的等效电路和元件的参数值。

解：由题意得 $\dot{U}=220\angle20^\circ\,\mathrm{V}$，$\dot{I}=4.4\angle-33^\circ\,\mathrm{A}$，一端口网络的阻抗为

$$Z=\frac{\dot{U}}{\dot{I}}=\frac{220\angle20^\circ}{4.4\angle-33^\circ}\Omega=50\angle53^\circ\,\Omega\approx(30.1+\mathrm{j}40)\Omega$$

该一端口网络可等效为一个电阻和电感串联的电路，其参数为 $R=30.1\Omega$，感抗 $X_L=40\Omega$，对应的电感为 $L=\dfrac{X_L}{\omega}=\dfrac{40}{314}\mathrm{H}=0.127\mathrm{H}$，等效电路如图 6-2 所示。

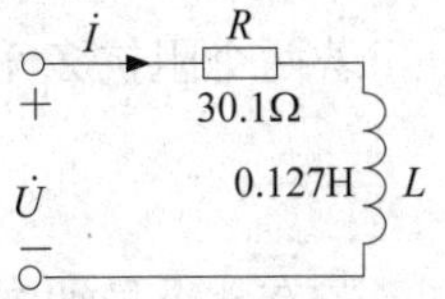

图 6-2　例 6-1 图

一端口网络的导纳为

$$Y=\frac{1}{Z}=0.02\angle-53^\circ\,\mathrm{S}$$

【例 6-2】正弦稳态电路如图 6-3(a)所示，分别求 $\omega_1=100\mathrm{rad/s}$、$\omega_2=1000\mathrm{rad/s}$ 两种工作频率下该网络的并联等效电路模型。

解：端口的等效阻抗为

$$Z=R+\mathrm{j}\omega L$$

当 $\omega=\omega_1=100\text{rad/s}$ 时，$Z_1=R+\text{j}\omega L=(100+\text{j}100\times0.1)\Omega=(100+\text{j}10)\Omega$，等效导纳为 $Y_1=\dfrac{1}{Z_1}=\dfrac{1}{100+\text{j}10}\text{S}=\left(\dfrac{1}{101}-\text{j}\dfrac{1}{1010}\right)\text{S}=G_1+\text{j}B_1$，并联等效电路模型如图 6-3(b)所示。

当 $\omega=\omega_2=1000\text{rad/s}$ 时，$Z_2=R+\text{j}\omega L=(100+\text{j}1000\times0.1)\Omega=(100+\text{j}100)\Omega$，等效导纳为 $Y_2=\dfrac{1}{Z_2}=\dfrac{1}{100+\text{j}100}\text{S}=\left(\dfrac{1}{200}-\text{j}\dfrac{1}{200}\right)\text{S}=G_2+\text{j}B_2$，并联等效电路模型如图 6-3(c)所示。

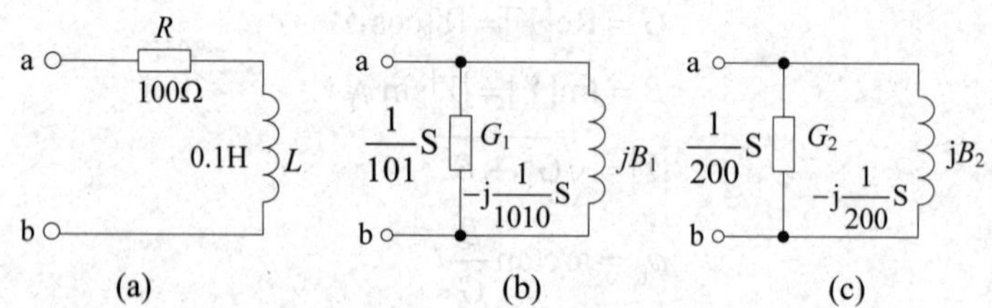

图 6-3　例 6-2 图

6.1.2　阻抗(导纳)的串联和并联

阻抗的串联和并联的计算，在形式上与电阻的串联和并联类似。

若有 n 个阻抗串联，如图 6-4(a)所示，其等效阻抗为

$$Z_{\text{eq}}=Z_1+Z_2+\cdots+Z_n=\sum_{k=1}^{n}Z_k=\sum_{k=1}^{n}(R_k+\text{j}X_k) \tag{6-5}$$

各个阻抗上的分压公式为

$$\dot{U}_k=\frac{Z_k}{Z_{\text{eq}}}\dot{U}\quad k=1,2,3,\cdots,n \tag{6-6}$$

式中，$\dot{U}$ 为总电压，$\dot{U}_k$ 为第 k 个阻抗 Z_k 的电压。

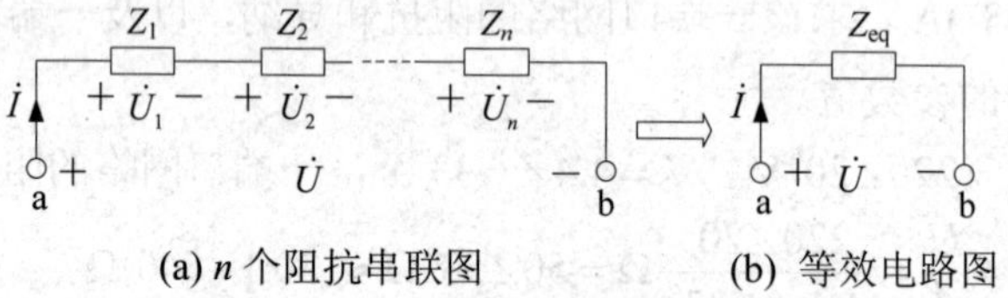

(a) n 个阻抗串联图　　(b) 等效电路图

图 6-4　阻抗串联的等效变换

若两个阻抗 Z_1 和 Z_2 串联，其等效阻抗为 $Z=Z_1+Z_2$，两阻抗上的电压分别为

$$\dot{U}_1=\frac{Z_1}{Z}\dot{U},\quad \dot{U}_2=\frac{Z_2}{Z}\dot{U}$$

若有 n 个导纳(或阻抗)并联，如图 6-5(a)所示，其等效导纳为

$$Y_{\text{eq}}=Y_1+Y_2+\cdots+Y_n=\sum_{k=1}^{n}Y_k=\sum_{k=1}^{n}(G_k+\text{j}B_k) \tag{6-7}$$

各个阻抗的分流公式为

$$\dot{I}_k=\frac{Y_k}{Y_{\text{eq}}}\dot{I}\quad k=1,2,3,\cdots,n \tag{6-8}$$

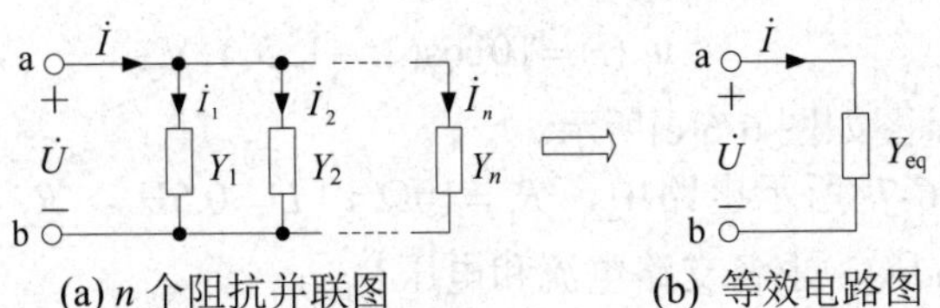

图 6-5　阻抗并联的等效变换

若两个阻抗 Z_1 和 Z_2 相并联，等效导纳为 $Y = Y_1 + Y_2$，两阻抗上的电流分别为

$$\dot{I}_1 = \frac{Y_1}{Y}\dot{I}，\quad \dot{I}_2 = \frac{Y_2}{Y}\dot{I}$$

或等效阻抗 $Z = \dfrac{Z_1 Z_2}{Z_1 + Z_2}$，分流公式为

$$\dot{I}_1 = \frac{Z_2}{Z_1 + Z_2}\dot{I}，\quad \dot{I}_2 = \frac{Z_1}{Z_1 + Z_2}\dot{I}$$

【例 6-3】如图 6-6(a)所示 RLC 串联电路中，已知 $R = 2\Omega$，$L = 2\text{H}$，$C = 0.25\text{F}$，$u_s = 10\sqrt{2}\cos 2t\text{V}$，求电流以及各元件的电压，并作出电流和电压的相量图。

解：由题意得

$$\dot{U}_s = 10\angle 0^\circ\ \text{V}，\quad \omega = 2\text{rad/s}，\quad Z_L = \text{j}X_L = \text{j}\omega L = \text{j}4\Omega，\quad Z_C = -\text{j}X_C = -\text{j}\frac{1}{\omega C} = -\text{j}2\Omega$$

可作出电路的相量模型如图 6-6(b)所示，其输入阻抗为

$$Z = Z_R + Z_L + Z_C = (2 + \text{j}4 - \text{j}2)\Omega = (2 + \text{j}2)\Omega = 2\sqrt{2}\angle 45^\circ\ \Omega$$

因此有

$$\dot{I} = \frac{\dot{U}_s}{Z} = \frac{5}{\sqrt{2}}\angle -45^\circ\ \text{A}$$

$$\dot{U}_R = Z_R\dot{I} = 2\times\dot{I} = 5\sqrt{2}\angle -45^\circ\ \text{V}$$

$$\dot{U}_L = Z_L\dot{I} = \text{j}4\times\dot{I} = 10\sqrt{2}\angle 45^\circ\ \text{V}$$

$$\dot{U}_C = Z_C\dot{I} = -\text{j}2\times\dot{I} = 5\sqrt{2}\angle -135^\circ\ \text{V}$$

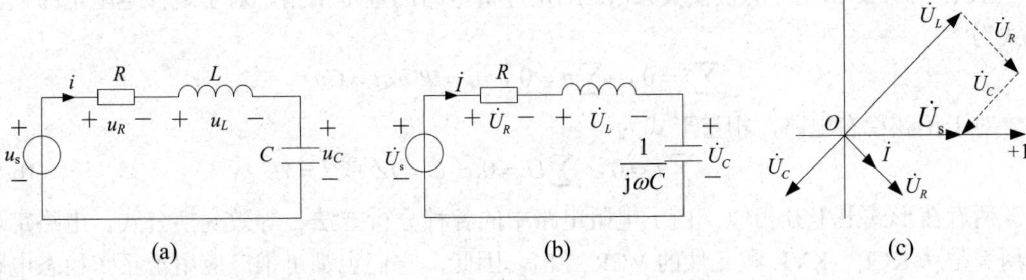

图 6-6　例 6-3 图

则电流和电压的瞬时表达式为

$$i(t) = 5\cos(2t - 45^\circ)\ \text{A}$$

$$u_R(t) = 10\cos(2t - 45^\circ)\ \text{V}$$

$$u_L(t) = 20\cos(2t + 45^\circ)\ \text{V}$$

$$u_C(t)=10\cos(2t-135^\circ)\ \text{V}$$

电流和电压的相量图如图 6-6(c)所示。

【例 6-4】在图 6-7 所示电路中，$R_1=10\Omega$，$L=0.5\text{H}$，$R_2=1000\Omega$，$C=10\mu\text{F}$，$U_s=100\text{V}$，$\omega=314\text{rad/s}$，求各支路电流和电压$\dot{U}_{10}$。

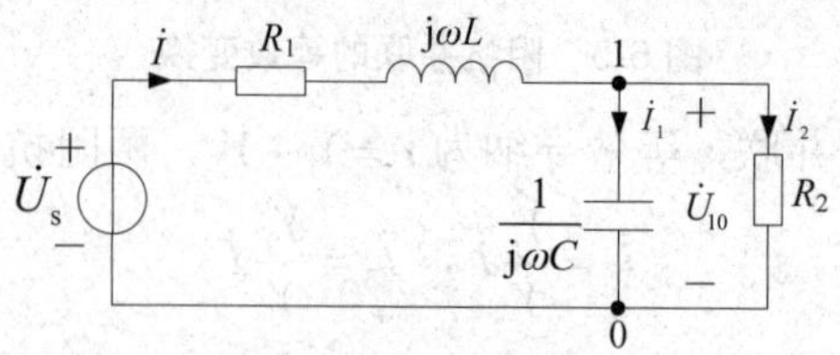

图 6-7　例 6-4 图

解：设$\dot{U}_s=100\angle 0^\circ\ \text{V}$，由题意得

$$Z_{R1}=10\Omega，Z_{R2}=1000\ \Omega，Z_L=\text{j}\omega L=\text{j}157\Omega，\quad Z_C=-\text{j}\frac{1}{\omega C}=-\text{j}318.47\Omega$$

设Z_{R2}与Z_C并联等效阻抗为Z_{10}，有

$$Z_{10}=Z_{R2}//Z_C=\frac{Z_{R2}Z_C}{Z_{R2}+Z_C}=\frac{1000\times(-\text{j}318.47)}{1000+(-\text{j}318.47)}\Omega=303.45\angle-72.33^\circ\Omega=(92.11-\text{j}289.13)\Omega$$

总输入阻抗为

$$Z_{\text{eq}}=Z_{10}+Z_{R1}+Z_L=(102.11-\text{j}132.13)\Omega=166.99\angle-52.30^\circ\Omega$$

所以有$\dot{I}=\dfrac{\dot{U}}{Z_{\text{eq}}}=0.60\angle 52.30^\circ\ \text{A}$　　　　$\dot{U}_{10}=Z_{10}\dot{I}=182.07\angle-20.03^\circ\ \text{V}$

$$\dot{I}_1=\frac{\dot{U}_{10}}{Z_C}=0.57\angle 69.97^\circ\ \text{A}\qquad \dot{I}_2=\frac{\dot{U}_{10}}{R_2}=0.18\angle-20.03^\circ\ \text{A}$$

6.2　正弦交流电路的分析

KCL、KVL 和元件的伏安关系(VCR)是分析电路的基本依据。对于线性电阻电路，其形式为

$$\sum i=0，\sum u=0，\quad u=iR\ 或\ i=Gu$$

对于正弦稳态电路，相量形式为

$$\sum\dot{I}=0，\sum\dot{U}=0，\dot{U}=\dot{I}Z\ 或\ \dot{I}=Y\dot{U}\tag{6-9}$$

两者在形式上十分相似。由于电阻电路中的各种分析方法、等效变换公式、电路定理应用都是从 KCL、KVL 和元件的 VCR 导出，因此，它们也都可推广应用于正弦稳态电路的分析中，区别仅仅在于用电压和电流的相量$\dot{U}$和$\dot{I}$代替电阻电路中的 u 和 i，用阻抗 Z 和导纳 Y 代替电阻 R 与电导 G，用电路的相量模型代替电路的时域模型，R、L、C 元件的参数用阻抗 Z 表示。

应用相量法对正弦稳态电路进行分析的主要步骤为：首先将时域电路等效为相量模型，然后利用 KCL、KVL 和元件的 VCR 的相量形式以及由它们导出的各种分析方法、等效变换、定理列写复数方程，并解出所求响应的相量，最后按要求可将响应的相量变换为正弦量等。

读者在学习过程中，应将正弦稳态电路和电阻电路加以对比，注意两者的相同之处和不同之处。下面以几个具体的例子说明相量分析法。

【例 6-5】电路如图 6-8(a)所示，$u_s = 40\sqrt{2}\cos 3000\,t\text{V}$，求$i(t)$、$i_C(t)$、$i_L(t)$。

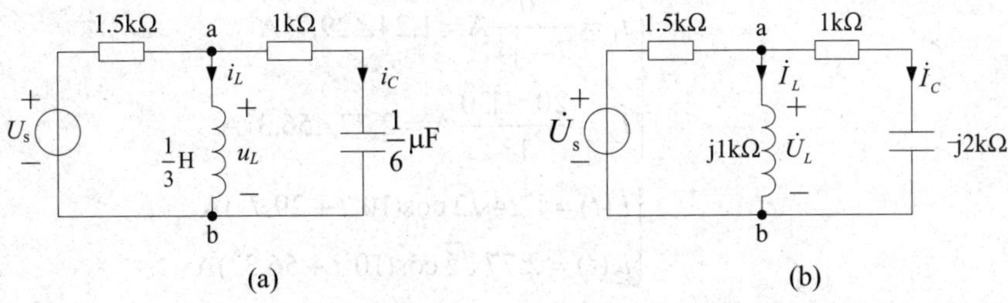

图 6-8　例 6-5 图

解：由题意得

$$\dot{U}_s = 40\angle 0^\circ\text{V}，\quad j\omega L = j\times 3000\times\frac{1}{3} = j1\text{k}\Omega，\quad -j\frac{1}{\omega C} = -j\frac{1}{3000\times\frac{1}{6}\times 10^{-6}} = -j2\text{k}\Omega$$

画出原电路的相量模型如图 6-8(b)所示，输入阻抗为

$$Z = 1.5 + Z_{ab} = 1.5 + \frac{j1(1-j2)}{j1+1-j2}\text{k}\Omega = (2+j1.5)\text{k}\Omega = 2.5\angle 36.9^\circ\text{k}\Omega$$

$$\dot{I} = \frac{\dot{U}_s}{Z} = \frac{40\angle 0^\circ}{2.5\angle 36.9^\circ}\text{mA} = 16\angle -36.9^\circ\text{mA}$$

$$\dot{I}_C = \dot{I}\frac{j1}{1+j1-j2} = \dot{I}\times\frac{j}{1-j} = \frac{1}{2}(j-1)\dot{I} = 11.3\angle 98.1^\circ\ \text{mA}$$

$$\dot{I}_L = \dot{I}\frac{1-j2}{1+j1-j2}\text{mA} = 25.3\angle -55.3^\circ\text{mA}$$

所以有

$$i(t) = 16\sqrt{2}\cos(3000\,t - 36.9^\circ)\text{mA}$$

$$i_C(t) = 11.3\sqrt{2}\cos(3000\,t + 98.1^\circ)\ \text{mA}$$

$$i_L(t) = 25.3\sqrt{2}\cos(3000\,t - 55.3^\circ)\ \text{mA}$$

【例 6-6】电路如图 6-9(a)所示，已知$u_s = 10\sqrt{2}\cos 10^3 t\text{V}$，求解$i_1(t)$ 和 $i_2(t)$。

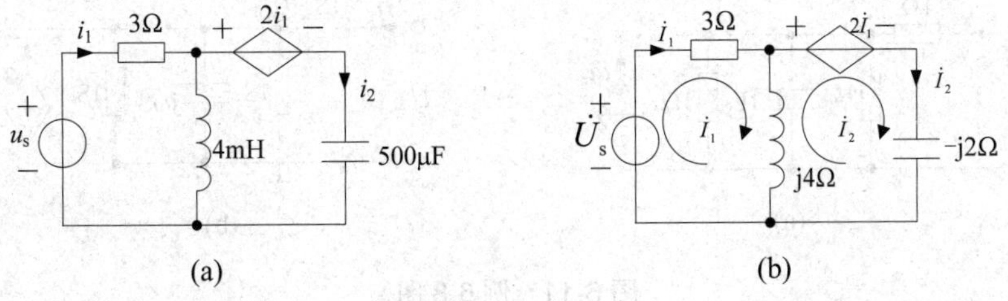

图 6-9　例 6-6 图

解：由题意得$\dot{U}_s = 10\angle 0^\circ\text{V}$，$\omega = 1000\text{rad/s}$，相量模型如图 6-9(b)所示，其中

$$Z_L = \mathrm{j}\omega L = \mathrm{j}4\Omega, \quad Z_C = -\mathrm{j}\frac{1}{\omega C} = -\mathrm{j}2\Omega$$

对该相量模型可建立网孔电流方程

$$\begin{cases}(3+4\mathrm{j})\dot{I}_1 - \mathrm{j}4\dot{I}_2 = 10\angle 0^\circ \\ -\mathrm{j}4\dot{I}_1 + (\mathrm{j}4-\mathrm{j}2)\dot{I}_2 = -2\dot{I}_1\end{cases}$$

解之得

$$\begin{cases}\dot{I}_1 = \dfrac{10}{7-\mathrm{j}4}\mathrm{A} = 1.24\angle 29.7^\circ \mathrm{A} \\ \dot{I}_2 = \dfrac{20+\mathrm{j}30}{13}\mathrm{A} = 2.77\angle 56.3^\circ \mathrm{A}\end{cases}$$

故

$$\begin{cases}i_1(t) = 1.24\sqrt{2}\cos(10^3 t + 29.7^\circ)\mathrm{A} \\ i_2(t) = 2.77\sqrt{2}\cos(10^3 t + 56.3^\circ)\mathrm{A}\end{cases}$$

【例 6-7】电路相量模型如图 6-10 所示，试列出节点电压相量方程。

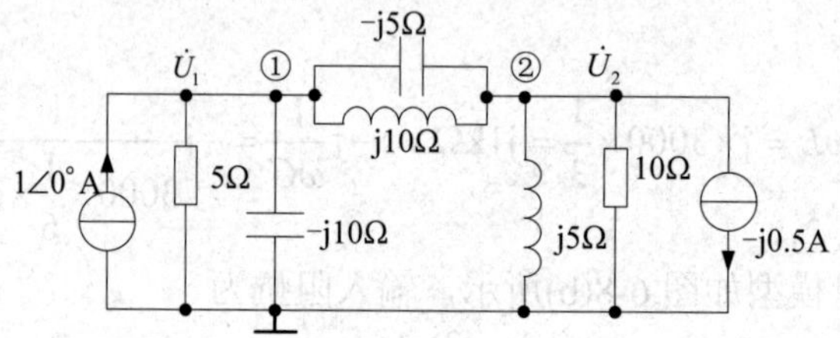

图 6-10　例 6-7 图

解：节点①：$\left(\frac{1}{5}+\frac{1}{-\mathrm{j}10}+\frac{1}{\mathrm{j}10}+\frac{1}{-\mathrm{j}5}\right)\dot{U}_1 - \left(\frac{1}{-\mathrm{j}5}+\frac{1}{\mathrm{j}10}\right)\dot{U}_2 = 1\angle 0^\circ$

节点②：$-\left(\frac{1}{-\mathrm{j}5}+\frac{1}{\mathrm{j}10}\right)\dot{U}_1 + \left(\frac{1}{10}+\frac{1}{\mathrm{j}5}+\frac{1}{\mathrm{j}10}+\frac{1}{-\mathrm{j}5}\right)\dot{U}_2 = -(-\mathrm{j}0.5)$

所以

$$\begin{cases}(0.2+\mathrm{j}0.2)\dot{U}_1 - \mathrm{j}0.1\dot{U}_2 = 1\angle 0^\circ \\ -\mathrm{j}0.1\dot{U}_1 + (0.1-\mathrm{j}0.1)\dot{U}_2 = \mathrm{j}0.5\end{cases}$$

$$\Rightarrow \begin{cases}2(1+\mathrm{j})\dot{U}_1 - \mathrm{j}\dot{U}_2 = 10 \\ -\mathrm{j}\dot{U}_1 + (1-\mathrm{j})\dot{U}_2 = \mathrm{j}5\end{cases}$$

【例 6-8】单口网络如图 6-11(a)所示，试求输入阻抗及输入导纳。

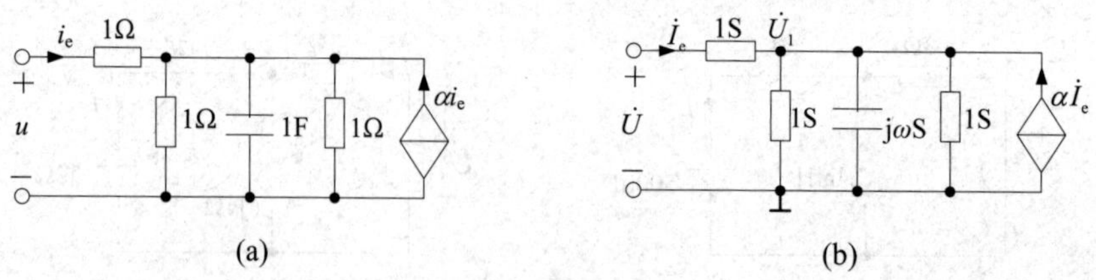

图 6-11　例 6-8 图

解：相量模型如图 6-11(b)所示，选择下面节点作为参考点，由节点电压法得

$$\begin{cases}(3+\mathrm{j}\omega)\dot{U}_1=\dot{U}+\alpha\,\dot{I}_{\mathrm{e}}\\ \dot{U}-\dot{U}_1=\dot{I}_{\mathrm{e}}\end{cases}\Rightarrow[(3+\mathrm{j}\omega)-1]\dot{U}=[3+\mathrm{j}\omega+\alpha]\dot{I}_{\mathrm{e}}$$

所以
$$Z=\frac{\dot{U}}{\dot{I}_{\mathrm{e}}}=\frac{3+\alpha+\mathrm{j}\omega}{2+\mathrm{j}\omega}=\frac{6+2\alpha+\omega^2}{4+\omega^2}-\mathrm{j}\frac{(1+\alpha)\omega}{4+\omega^2}$$

$$Y=\frac{1}{Z}=\frac{2+\mathrm{j}\omega}{3+\alpha+\mathrm{j}\omega}=\frac{6+2\alpha+\omega^2}{(3+\alpha)^2+\omega^2}+\mathrm{j}\frac{(1+\alpha)\omega}{(3+\alpha)^2+\omega^2}$$

【例 6-9】正弦稳态单口网络如图 6-12(a)所示，试求戴维南等效相量模型。

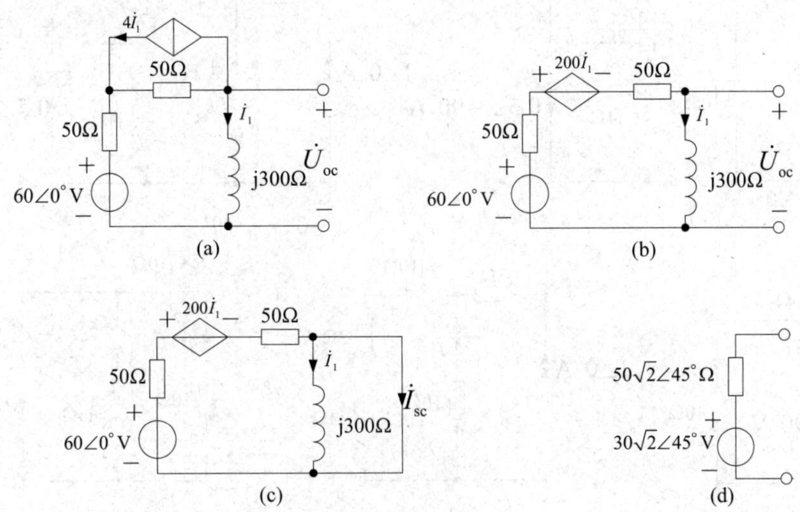

图 6-12　例 6-9 图

解：利用电源的等效变换，得出图 6-12(b)，并求开路电压 $\dot{U}_{\mathrm{oc}}$。

根据 KVL 得　　$-60\angle0^\circ+100\dot{I}_1+200\dot{I}_1+\mathrm{j}300\dot{I}_1=0$

$$\dot{I}_1=\frac{60}{300+\mathrm{j}300}\mathrm{A}=\frac{\sqrt{2}}{10}\angle-45^\circ\mathrm{A}$$

所以
$$\dot{U}_{\mathrm{oc}}=\mathrm{j}300\dot{I}_1=300\angle90^\circ\times\frac{\sqrt{2}}{10}\angle-45^\circ\mathrm{V}=30\sqrt{2}\angle45^\circ\mathrm{V}$$

将开口处短路，如图 6-12(c)所示，求短路电流 $\dot{I}_{\mathrm{sc}}$。因为电感被短路，所以 $\dot{I}_1=0\mathrm{A}$，则有

$$\dot{I}_{\mathrm{sc}}=60/100=0.6\angle0^\circ\mathrm{A}$$

戴维南电路中的等效阻抗为 $Z_{\mathrm{eq}}=\dfrac{\dot{U}_{\mathrm{oc}}}{\dot{I}_{\mathrm{sc}}}=\dfrac{30\sqrt{2}\angle45^\circ}{0.6}\Omega=50\sqrt{2}\angle45^\circ\Omega$

电路的戴维南等效相量模型如图 6-12(d)所示。

【例 6-10】图 6-13(a)所示正弦交流电路的相量模型，求 10Ω 电阻之路中的电流 $\dot{I}$。

解：方法一，应用戴维南定理解题。

(1) 将待求支路中 10Ω 电阻元件拆除，求端口的开路电压 $\dot{U}_{\mathrm{oc}}$，电路如图 6-13(b)所示。以下节点作为参考节点，对上节点以 $\dot{U}$ 为变量列节点方程，则有

$$\frac{1}{2+\mathrm{j}4}\dot{U}=1\angle 0^\circ-0.5\angle-90^\circ=1+\mathrm{j}0.5$$

解出节点电压相量为

$$\dot{U}=(1+\mathrm{j}0.5)(2+\mathrm{j}4)\mathrm{V}=\mathrm{j}5\mathrm{V}$$

根据 KVL 求出开路电压为

$$\dot{U}_{\mathrm{oc}}=-\mathrm{j}10\times 1\angle 0^\circ+\dot{U}=(-\mathrm{j}10+\mathrm{j}5)\mathrm{V}=-\mathrm{j}5\mathrm{V}$$

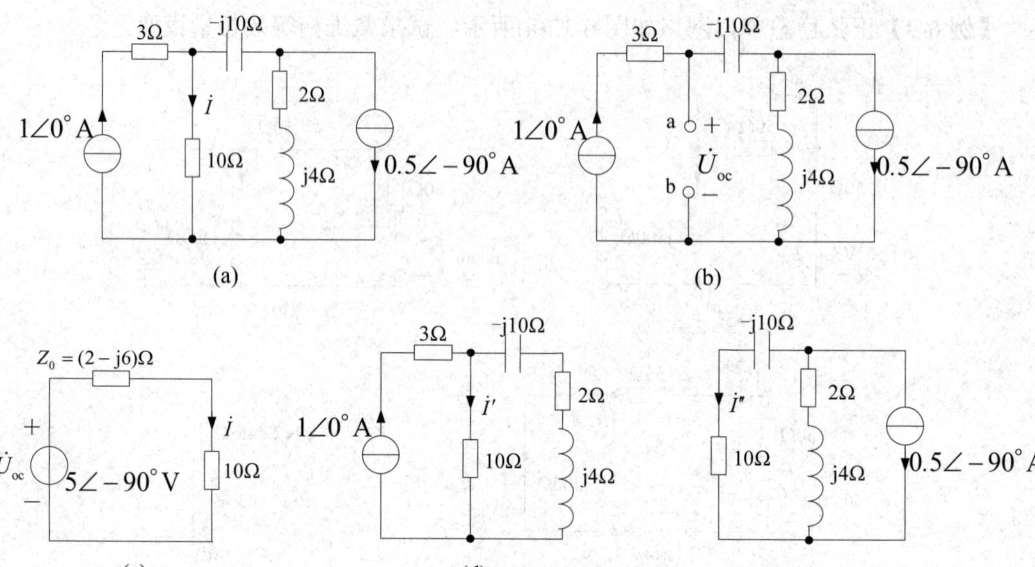

图 6-13　例 6-10 图

(2) 求戴维南电路中的等效阻抗 Z_0。当两电流源置零后，ab 端口的输入阻抗，即

$$Z_0=(-\mathrm{j}10+2+\mathrm{j}4)\Omega=(2-\mathrm{j}6)\Omega$$

应用戴维南定理化简得求 $\dot{I}$ 的等效电路，如图 6-13(c)所示。

(3) 根据图 6-12(c)等效电路计算 $\dot{I}$，即

$$\dot{I}=\frac{\dot{U}_{\mathrm{oc}}}{10+Z_0}=\frac{-\mathrm{j}5}{10+2-\mathrm{j}6}\mathrm{A}=\frac{5\angle-90^\circ}{13.42\angle-26.56^\circ}\mathrm{A}=0.37\angle-63.44^\circ\mathrm{A}$$

方法二，应用叠加定理解题。

(1) 当 $1\angle 0^\circ$ A 电流源单独作用时，电路的相量模型如图 6-13(d)所示。列 KVL 方程为

$$(-\mathrm{j}10+2+\mathrm{j}4)\ (1\angle 0^\circ-\dot{I}')-10\dot{I}'=0$$

$$(2-\mathrm{j}6)-(12-\mathrm{j}6)\dot{I}'=0$$

$$\dot{I}'=\frac{2-\mathrm{j}6}{12-\mathrm{j}6}\mathrm{A}=\frac{6.324\angle-71.56^\circ}{13.42\angle-26.56^\circ}\mathrm{A}=0.47\angle 45^\circ\mathrm{A}$$

(2) 当 $0.5\angle-90^\circ$ A 电流源单独作用时，电路的相量模型如图 6-13(e)所示。按分流公式得

$$\dot{I}''=\frac{2+\mathrm{j}4}{12-\mathrm{j}6}\times 0.5\angle-90^\circ\mathrm{A}=\frac{-4.47\angle 63.43^\circ}{13.42\angle-26.56^\circ}\times 0.5\angle-90^\circ\mathrm{A}=0.1665\angle 180^\circ\mathrm{A}=-0.1665\mathrm{A}$$

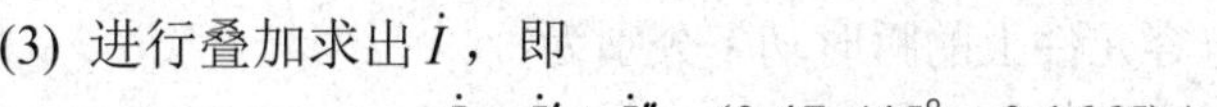

(3) 进行叠加求出 $\dot{I}$，即

$$\dot{I}=\dot{I}'+\dot{I}''=(0.47\angle 45^\circ-0.1665)\text{A}=0.37\angle 63.5^\circ\text{A}$$

6.3 正弦交流电路的功率分析

正弦交流电路与前面讲过的电阻电路不一样，正弦交流电路既有耗能元件电阻，又含有储能元件电容与电感。除了消耗能量以外，正弦交流电路一般还与电源之间进行能量的交换。这样研究正弦交流电路的功率十分重要。

由于正弦交流电路中，电压和电流是随时间变化的正弦函数，它们都有相位角。因此，交流电路中的功率比直流电阻电路中的功率要复杂得多。正弦交流电路有瞬时功率，更有平均功率、无功功率和视在功率以及功率因数和平均储能等概念。我们必须明确这些功率及有关的概念。

6.3.1 瞬时功率

设无源一端口网络 N_O 如图 6-14(a) 所示，在正弦稳态情况下，端口电压和电流为

$$u=U_m\cos(\omega t+\phi_u),\quad i=I_m\cos(\omega t+\phi_i)$$

u 与 i 的相位差为 $\varphi=\phi_u-\phi_i$，对无源网络，为其等效阻抗的阻抗角。

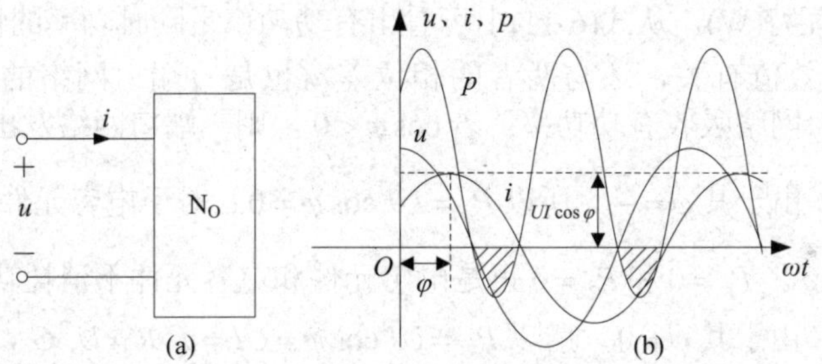

图 6-14 无源一端口网络 N_O 及其 u、i 和 p 的波形

则一端口网络 N_O 吸收的瞬时功率为

$$\begin{aligned}p=ui&=\sqrt{2}U\cos(\omega t+\phi_u)\times\sqrt{2}I\cos(\omega t+\phi_i)\\&=UI\cos(\phi_u-\phi_i)+UI\cos(2\omega t+\phi_u+\phi_i)\\&=UI\cos\varphi+UI\cos(2\omega t+2\phi_i+\varphi)\end{aligned}\tag{6-10}$$

从式(6-10)可以看出瞬时功率有两个分量，一个为恒定分量 $UI\cos\varphi$，另一个为正弦分量 $UI\cos(2\omega t+2\phi_i+\varphi)$，其频率是两倍电压(或电流)的频率。图 6-14(b)是当 $\phi_u=0$，$\phi_i<0$ 时 u、i 和瞬时功率 p 的波形。

由图 6-14(b)可见，由于电压和电流不同相，使得瞬时功率 p 不仅大小随时间变化，且其正负也随时间变化。当 $p>0$ 时，表示网络 N_O 从外电路吸收能量；当 $p<0$ 时，表示 N_O 给外电路发出能量。因此 N_O 与外电路之间来回交换的能量，这是由于 N_O 存在储能元件。在一个周期内，p 正负交替两次，但 $p>0$ 的部分大于 $p<0$ 的部分，这是由于网络 N_O 还存在电阻元件，网络 N_O 总体上是耗能的结果。

由式(6-10)可得电阻、电感、电容元件上的瞬时功率分别为

电阻 $(\varphi=0)$　　$p_R = UI[1+\cos(2\omega t+2\phi_i)] \geqslant 0$

电感 $\left(\varphi=\dfrac{\pi}{2}\right)$　　$p_L = UI\cos\left(2\omega t+2\phi_i+\dfrac{\pi}{2}\right)$

电容 $\left(\varphi=-\dfrac{\pi}{2}\right)$　　$p_C = UI\cos\left(2\omega t+2\phi_i-\dfrac{\pi}{2}\right)$

可见电阻的功率在任何时候非负，这反映出它耗能的性质。电感和电容的瞬时功率都是正负半周对称的正弦波，它们在一个周期内吸收的能量等于发出的能量，反映它们储能且不耗能的特性。

瞬时功率 p 是随时间 t 变化的周期量，所以使用瞬时功率的概念来讨论正弦稳态电路的功率就不是很方便。为此，需要定义一些新的概念来反映正弦稳态电路消耗和储存的功率，这就是下面谈到的有功功率和无功功率的概念。

6.3.2 平均功率、视在功率与功率因数

通常用瞬时功率 p 在一个周期内的平均值，即平均功率来衡量正弦稳态电路的功率。平均功率又称有功功率，或简称功率，记为 P，即

$$P=\frac{1}{T}\int_0^T p\mathrm{d}t=\frac{1}{T}\int_0^T[UI\cos\varphi+UI\cos(2\omega t+2\phi_i+\varphi)]\mathrm{d}t = UI\cos\varphi \tag{6-11}$$

式中，P 的单位为瓦特(W)，从式(6-11)中可看出有功功率是瞬时功率的恒定分量，不仅与正弦电压和电流有效值有关，还与两者的相位差 φ(也是一端口网络的阻抗角)有关。若 $\cos\varphi>0$，则一端口网络吸收有功功率；若 $\cos\varphi<0$，则一端口网络发出有功功率。

对于电感元件，由于其 $\varphi=\dfrac{\pi}{2}$，所以 $P_L=UI\cos\varphi=0$；对于电容元件，由于其 $\varphi=-\dfrac{\pi}{2}$，所以 $P_C=UI\cos\varphi=0$。$P_L=0$ 和 $P_C=0$ 正是电感元件和电容元件不消耗功率的体现。

对于电阻元件，由于其 $\varphi=0$，所以 $P_R=UI\cos\varphi=UI=I^2R=U^2G$，式中的 U、I 分别为电阻电压和电流的有效值。

对于不含独立源的一端口网络，设其阻抗和导纳分别为

$$Z=R+\mathrm{j}X=|Z|\angle\varphi，\ Y=G+\mathrm{j}B=|Y|\angle-\varphi$$

则其吸收的有功功率为

$$P=UI\cos\varphi=|Z|I^2\cos\varphi=I^2R$$

或

$$P=UI\cos\varphi=|Y|U^2\cos\varphi=U^2G \tag{6-12}$$

可见，无源一端口网络吸收的有功功率就是网络中电阻所消耗的功率。若一端口网络中有 n 个电阻，则网络吸收的总有功功率等于各电阻吸收的有功功率的和，即

$$P=\sum_{n=1}^{N}P_{Rn}$$

通常，平时说的功率都是指有功功率，例如 60W 的灯泡是指灯泡的有功功率为 60W。在工程上通常用功率表(瓦特表)来测量电路的有功功率。

一端口网络端口电压和电流有效值的乘积称为视在功率，记为

$$S = UI \tag{6-13}$$

单位为伏安($\mathrm{V \cdot A}$)。在工程上，通常用视在功率 S 来衡量一个电气设备在额定电压、电流条件下最大的负荷能力，或承载能力(指对外输出平均功率的最大能力)。

在工程上，还常常用到功率因数的概念。功率因数的定义为：对于任一无源一端口网络，该网络的有功功率 P 和视在功率 S 的比值就称为该网络的功率因数，用 λ 表示，即

$$\lambda = \frac{P}{S} = \cos\varphi \tag{6-14}$$

功率因数是无源一端口网络的阻抗角φ的余弦函数，故φ也称为功率因数角。

对于无源一端口网络，其功率因数 $0 \leqslant \lambda \leqslant 1$，$0 \leqslant P \leqslant S$。所以视在功率一般并不等于电路实际消耗的功率，但这一概念有其实用性。例如，发电机、变压器等发电、配电设备的最大可输出功率与所带负载功率因数有关，因此，一般以视在功率作为这一类设备的容量。一个额定容量为 $720\mathrm{kV \cdot A}$ 的电源若给一个功率因数为 1 的负载供电，则该电源最大可输出的功率为 $720\mathrm{kW}$；若负载的功率因数为 0.5，则其最大可输出的功率只有 $360\mathrm{kW}$。所以实际中为了提高电气设备的利用率，应尽量提高负载的功率因数。另外，在一定的电网电压和负载功率下，功率因数越低，所需的电流就越大，在输电线上产生的损耗也就越大。对于常见的感性负载，一般采用并联电容的方法来提高功率因数。

6.3.3　无功功率

电感和电容虽然不消耗能量，但存在与外电路交换能量的过程。这种能量交换用无功功率来计量。

一端口网络 $\mathrm{N_O}$ 吸收的瞬时功率可改写为

$$\begin{aligned} p &= UI\cos\varphi + UI\cos(2\omega t + 2\phi_u - \varphi) \\ &= UI\cos\varphi + UI\cos\varphi\cos(2\omega t + 2\phi_u) + UI\sin\varphi\sin(2\omega t + 2\phi_u) \\ &= UI\cos\varphi\ \{1 + \cos[2(\omega t + \phi_u)]\} + UI\sin\varphi\sin[2(\omega t + \phi_u)] \end{aligned}$$

上式中的第一项 $UI\cos\varphi\ \{1 + \cos[2(\omega t + \phi_u)]\} \geqslant 0$ 为不可逆分量，它反映网络 $\mathrm{N_O}$ 与外电路之间单向能量传送的速率，其平均值为有功功率，与 R 有关。第二项 $UI\sin\varphi\sin[2(\omega t + \phi_u)]$ 为正负半周对称的正弦量，是瞬时功率的可逆分量，是在平均意义上不能做功的无功分量。它反映网络 $\mathrm{N_O}$ 与外电路之间周期性地交换能量的速率，其最大值定义为网络 $\mathrm{N_O}$ 的无功功率，用 Q 表示，即

$$Q \stackrel{\text{def}}{=\!=} UI\sin\varphi \tag{6-15}$$

为了与有功功率区别，无功功率的单位为乏(var)。若 $\sin\varphi > 0$ ，表示“吸收”无功功率；若 $\sin\varphi < 0$，表示“发出”无功功率。

根据电阻、电感、电容元件的阻抗角，可得它们吸收的无功功率，即电阻元件 $Q_R = UI\sin 0 = 0$，表明电阻不与外界交换能量；电感元件 $Q_L = UI\sin\frac{\pi}{2} = UI$，$Q_L$ 称为感性无功功率；电容元件 $Q_C = UI\sin\varphi_Z = -UI$，$Q_C$ 称为容性无功功率。

可以看出，根据定义计算出的感性无功功率恒为正，容性无功功率恒为负。

设不含独立源的一端口网络的阻抗和导纳分别为

$$Z = R + \mathrm{j}X = |Z|\angle\varphi, \quad Y = G + \mathrm{j}B = |Y|\angle -\varphi$$

则其吸收的无功功率为

$$Q = UI\sin\varphi = |Z|I^2\sin\varphi = I^2X$$

或

$$Q = UI\sin\varphi = |Y|U^2\sin\varphi = U^2B \tag{6-16}$$

可见，无源一端口网络吸收的无功功率就是网络中电抗的无功功率。

显然，有功功率 P、无功功率 Q、视在功率 S 之间满足

$$P = S\cos\varphi, \quad Q = S\sin\varphi, \quad S = \sqrt{P^2+Q^2}, \quad \varphi = \arctan\left(\frac{Q}{P}\right) \tag{6-17}$$

P、Q、S 构成了一个直角三角形，称为功率三角形，如图 6-15 所示。

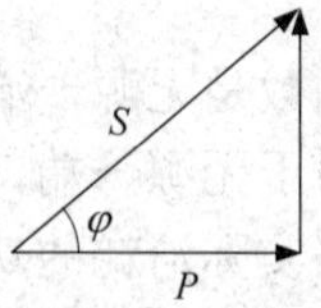

图 6-15　功率三角形

【例 6-11】电路及其相量模型如图 6-16 所示，已知 $\dot{U} = 100\angle 0^\circ\,\mathrm{V}$，求一端口网络的有功功率、无功功率、视在功率和功率因数。

解：由题意得

$$\dot{I}_1 = \frac{\dot{U}}{R + \mathrm{j}\omega L} = \frac{100\angle 0^\circ}{3 + \mathrm{j}4}\,\mathrm{A} = 20\angle -53.1^\circ\,\mathrm{A}$$

$$\dot{I}_2 = \dot{U}\mathrm{j}\omega C = \frac{100\angle 0^\circ}{-\mathrm{j}5}\,\mathrm{A} = 20\angle 90^\circ\,\mathrm{A}$$

$$\dot{I} = \dot{I}_1 + \dot{I}_2 = 12.65\angle 18.5^\circ\,\mathrm{A}$$

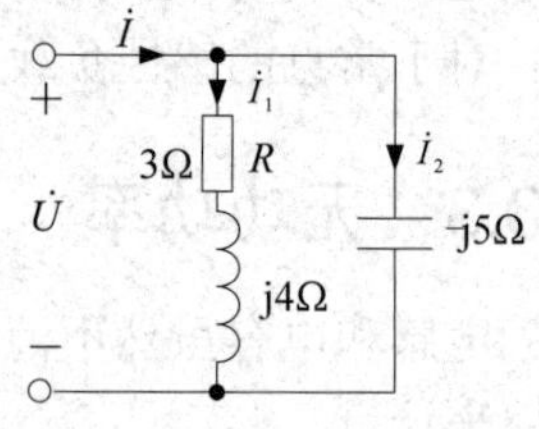

图 6-16　例 6-11 电路模型

求有功功率共有三种解法，分别为

解法一：$P = UI\cos(\varphi_u - \varphi_i) = 100\times 12.65\cos(0 - 18.5^\circ)\mathrm{W} = 1200\mathrm{W}$

解法二：$P = I_1^2R = 20^2\times 3\mathrm{W} = 1200\mathrm{W}$

解法三：$P = UI_1\cos[0-(-53.1^\circ)] = 100\times 20\times\cos 53.1^\circ\,\mathrm{W} = 1200\mathrm{W}$

求无功功率、视在功率和功率因数，分别为

$$Q = UI\sin(\varphi_u - \varphi_i) = 100\times 12.65\sin(0 - 18.5^\circ)\,\mathrm{var} = -401.4\mathrm{var}$$

$$S = UI = 100\times 12.65\mathrm{V\cdot A} = 1265\mathrm{V\cdot A}$$

$$\lambda = \cos\varphi = \frac{P}{S} = \frac{1200}{1265} = 0.949 \quad \text{电流超前(容性电路)}$$

工程上常利用电感、电容无功功率的互补特性，通过在感性负载端并联大小适当的电容来提高电路的功率因数，如图 6-17(a)所示。并联电容后，原负载的电压和电流不变，吸收的有功功率和无功功率不变，即负载的工作状态不变。而电容发出无功功率，部分(或全部)补偿感性负载吸收的无功功率，从而减轻电源和传输系统的无功功率的负担。又因为电容本身不消耗电能，所以电路的有功功率不变，仍为电阻的功率。

由图 6-17(b)相量图可导出并联电容的电容值。由相量图得

$$I_C = I_L\sin\varphi_1 - I\sin\varphi_2$$

根据电容的 VCR 有

$$I_C = \omega CU$$

并联前后电路的有功功率不变，有 $I=\dfrac{P}{U\cos\varphi_2}$，$I_L=\dfrac{P}{U\cos\varphi_1}$，结合以上式子得

$$\omega CU=\frac{P}{U\cos\varphi_1}\sin\varphi_1-\frac{P}{U\cos\varphi_2}=\frac{P}{U}(\tan\varphi_1-\tan\varphi_2)$$

所以有

$$C=\frac{P}{\omega U^2}(\tan\varphi_1-\tan\varphi_2) \tag{6-18}$$

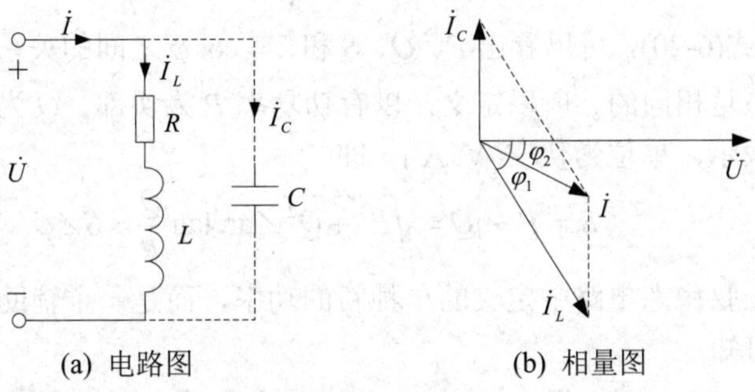

图 6-17　电容与感性负载并联以提高功率因数

【**例 6-12**】已知图 6-17(a)中 *RL* 感性负载的功率 P=10kW，功率因数 $\cos\varphi_1$=0.6，电源电压 U=220V，频率 f=50Hz。

(1) 要使功率因数提高到 0.9，求并联电容 C，并联前后电路的总电流各为多大？

(2) 若要使功率因数从 0.9 再提高到 0.95，试问还应增加多少并联电容，此时电路的总电流是多大？

解： (1) 并联电容前，$\cos\varphi_1=0.6 \quad\Rightarrow\quad \varphi_1=53.13^\circ$

并联电容后，$\cos\varphi_2=0.9 \quad\Rightarrow\quad \varphi_2=25.84^\circ$

由式(6-18)得

$$C=\frac{P}{\omega U^2}(\tan\varphi_1-\tan\varphi_2)=\frac{10\times10^3}{314\times220^2}(\tan53.13^\circ-\tan25.84^\circ)\text{MF}=557\mu\text{F}$$

并联电容前的总电流　$I=I_L=\dfrac{P}{U\cos\varphi_1}=\dfrac{10\times10^3}{220\times0.6}\text{A}=75.8\text{A}$

并联电容后的总电流　$I=\dfrac{P}{U\cos\varphi_2}=\dfrac{10\times10^3}{220\times0.9}\text{A}=50.5\text{A}$

(2) $\cos\varphi_1=0.9 \quad\Rightarrow\quad \varphi_1=25.84^\circ$，$\cos\varphi_2=0.95 \quad\Rightarrow\quad \varphi_2=18.19^\circ$

电容　$C=\dfrac{P}{\omega U^2}(\tan\varphi_1-\tan\varphi_2)=\dfrac{10\times10^3}{314\times220^2}(\tan25.84^\circ-\tan18.19^\circ)\text{MF}=103\mu\text{F}$

总电流　$I=\dfrac{10\times10^3}{220\times0.95}\text{A}=47.8\text{A}$

由本例可见，$\cos\varphi$ 提高后，线路上总电流减少，但继续提高 $\cos\varphi$ 所需电容很大，增加成本，总电流减小却不明显。因此 $\cos\varphi$ 接近 1 时，一般不必再提高。

6.3.4　复功率

由前面内容可知，正弦稳态电路的瞬时功率是一个非正弦周期量，同时它的频率不等

于电压和电流的频率，所以不能用相量法讨论。但是正弦稳态电路中的 P、Q、S 和 $\lambda=\cos\varphi$ 之间满足一个直角三角形的关系，有

$$S=\sqrt{P^2+Q^2}\,,\quad \varphi=\arctan\frac{Q}{P} \tag{6-19}$$

考虑到复数 $F=a+\mathrm{j}b$ 也满足

$$|F|=\sqrt{a^2+b^2}\,,\quad \angle F=\arctan\frac{b}{a} \tag{6-20}$$

比较式(6-19)和式(6-20)，可以看出 P、Q、S 和 $\lambda=\cos\varphi$ 之间的关系与复数的代数式和极坐标式之间的关系是相同的。所以定义：以有功功率 P 为实部、Q 为虚部构成的复数就称为复功率。用 $\overline{S}$ 表示，单位为伏安($\mathrm{V\cdot A}$)，即

$$\overline{S}=P+\mathrm{j}Q=\sqrt{P^2+Q^2}\angle\arctan\frac{Q}{P}=S\angle\varphi \tag{6-21}$$

复功率并不是正弦稳态电路中定义的一种新的功率，而是一个辅助计算功率的复数。根据复功率的定义可知

$$\overline{S}=S\angle\varphi=UI\angle\varphi_u-\varphi_i=U\angle\varphi_u I\angle-\varphi_i=\dot{U}\dot{I}^* \tag{6-22}$$

式中，$\dot{I}^*$ 为 $\dot{I}$ 的共轭复数。可见，一旦知道了某一端口网络的端电压相量 $\dot{U}$ 和端电流相量 $\dot{I}$，各种功率就可以方便地计算出来。应当指出复功率 $\overline{S}$ 不代表正弦量，乘积 $\dot{U}\dot{I}$ 是没有意义的。

对于不含独立源的一端口网络可以等效为阻抗 Z 或导纳 Y，则复功率也可以使用下面的方法计算，即

$$\overline{S}=\dot{U}\dot{I}^*=Z\dot{I}\dot{I}^*=ZI^2=RI^2+\mathrm{j}XI^2$$

或

$$\overline{S}=\dot{U}\dot{I}^*=\dot{U}(Y\dot{U})^*=U^2Y^*=GU^2-\mathrm{j}BU^2$$

式中，$Y=G+\mathrm{j}B$，$Y^*=G-\mathrm{j}B$。

可以证明，整个电路的复功率守恒，即 $\sum\overline{S}=0$，$\sum P=0$，$\sum Q=0$。

应特别注意，一般来说，$\sum S\neq 0$，即视在功率是不守恒的。所以，$S_1+S_2+\cdots+S_n$ 的值是没有任何物理意义的。

【例 6-13】施加于一端口网络的电压 $u(t)=100\sqrt{2}\cos(314t+30^\circ)\mathrm{V}$，输入电流 $i(t)=50\sqrt{2}\cos(314t+60^\circ)\mathrm{A}$，电压、电流为关联参考方向，试求 $\overline{S}$、P、Q。

解：由题意得端口电压、电流的相量为 $\dot{U}=100\angle30^\circ\ \mathrm{V}$，$\dot{I}=50\angle60^\circ\ \mathrm{A}$。

则有 $\quad\overline{S}=\dot{U}\dot{I}^*=100\angle30^\circ\times50\angle-60^\circ\ \mathrm{V\cdot A}=5000\angle-30^\circ\ \mathrm{V\cdot A}=(4330-\mathrm{j}2500)\mathrm{V\cdot A}$

所以有 $\quad P=4330\mathrm{W}$，$Q=-2500\mathrm{var}$

【例 6-14】电路如图 6-18 所示，已知电压有效值 U=2300V，试求两负载吸收的总复功率，并求输入电流(有效值)。

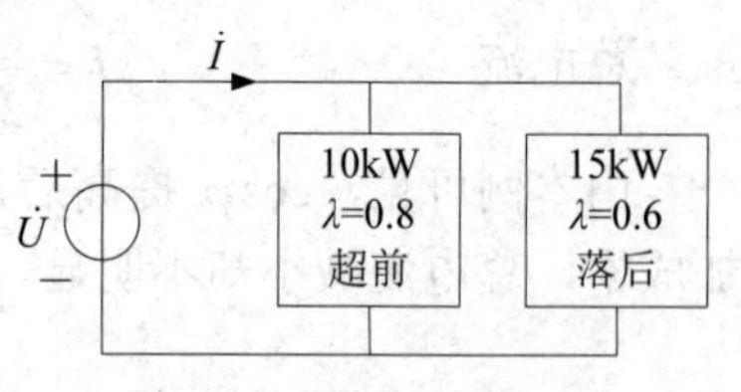

图 6-18　例 6-14 图

解：容性负载(超前)　　由 $P_1=S_1\cos\varphi_1=10\mathrm{kW}$ 得

$S_1=\dfrac{P_1}{\cos\varphi_1}=\dfrac{10\times10^3}{0.8}\mathrm{kV\cdot A}=12.5\mathrm{kV\cdot A}$，$Q_1=S_1\sin\varphi_1=$

$S_1\sin(-\arccos0.8)=-7.5\mathrm{kvar}$

所以有 $$\overline{S_1} = P_1 + \mathrm{j}Q_1 = (10 - \mathrm{j}7.5)\mathrm{kV\cdot A}$$

感性负载(落后) 由 $P_2 = S_2\cos\varphi_2 = 15\ \mathrm{kW}$ 得

$$S_2 = \frac{15\times10^3}{0.6}\mathrm{kV\cdot A} = 25\mathrm{kV\cdot A}$$

$$Q_2 = S_2\sin\varphi_2 = S_2\sin(\arccos 0.6) = 20\mathrm{kVar}$$

所以有 $$\overline{S_2} = P_2 + \mathrm{j}Q_2 = (15 + \mathrm{j}20)\mathrm{kV\cdot A}$$

总复功率为

$$\overline{S} = \overline{S_1} + \overline{S_2} = (25 + j12.5)\mathrm{kV\cdot A} = 27.951\angle 26.6^\circ\mathrm{kV\cdot A}$$

视在功率为 $S = 27.951\mathrm{kV\cdot A}$ 。

所以有 $I = \frac{S}{U} = \frac{27.951\times10^3}{2300}\mathrm{A} = 12.2\mathrm{A}$ 。

6.3.5 正弦电流电路的最大功率传输

正弦稳态电路中的最大功率，指的是最大有功功率。在通信和电子电路中，当不计较传输效率时，常常要研究负载获得最大功率的条件，比如扬声器的阻抗匹配、电视天线的阻抗匹配等。图 6-19(a)所示为含源一端口网路 N_S 向负载 Z 传输功率，下面分析在正弦稳态条件下，负载从含源一端口网络获取最大功率的条件。

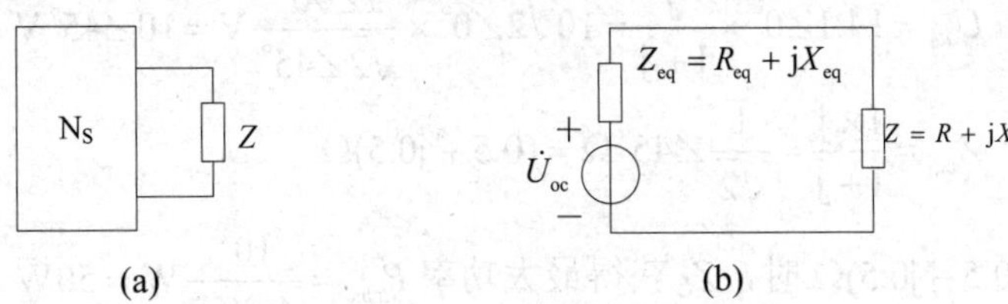

图 6-19 最大功率传输

根据戴维南定理，N_S 可以等效变换为一个有伴电压源的模型，如图 6-19(b)所示。

设 $Z_{eq} = R_{eq} + \mathrm{j}X_{eq}$，$Z = R + \mathrm{j}X$，则负载电流为 $\dot{I} = \frac{\dot{U}_{oc}}{Z + Z_{eq}} = \frac{\dot{U}_{oc}}{(R + R_{eq}) + \mathrm{j}(X + X_{eq})}$，则负载吸收的有功功率为 $P = I^2R = \frac{U_{oc}^2 R}{(R + R_{eq})^2 + (X + X_{eq})^2}$。

设一端口网络的参数一定(且 $U_{oc} \neq 0$)，负载阻抗 Z 的实部 R 和虚部 X 为可调。由于变量 X 只出现在分母，因此对于任意的 R，当 $X + X_{eq} = 0$ 时分母最小，此时

$$P = \frac{{U_{oc}}^2 R}{(R + R_{eq})^2}$$

上式对 R 求导，并令 $\frac{\mathrm{d}P}{\mathrm{d}R} = 0$，即 $\frac{\mathrm{d}P}{\mathrm{d}R} = \frac{(R + R_{eq})^2 - 2(R + R_{eq})R}{(R + R_{eq})^4}U_{oc}^2 = 0$，解得 $R = R_{eq}$。

综上可得，当 $X = -X_{eq}$，$R = R_{eq}$ 时负载可获得最大功率，即负载获得最大功率的条件为

$$Z = R_{eq} - \mathrm{j}X_{eq} = Z_{eq}^{\ *} \tag{6-23}$$

Z_{eq}^* 为 Z_{eq} 的共轭复数。此时负载上获得的最大功率为

$$P_{max} = \frac{U_{oc}^{\ 2}}{4R_{eq}} \tag{6-24}$$

当用诺顿等效电路时，获得最大功率的条件可表示为 $Y = Y_{eq}^{\ *}$。

上述获得最大功率的条件称为最佳匹配或共轭匹配。工程上还可以根据其他匹配条件求解最大功率。本书不一一列举，请读者参阅有关书籍或自己推导。

【例 6-15】 电路如图 6-20(a)所示，若 Z_L 的实部、虚部均能变动，若使 Z_L 获得最大功率，Z_L 应为何值，最大功率是多少？

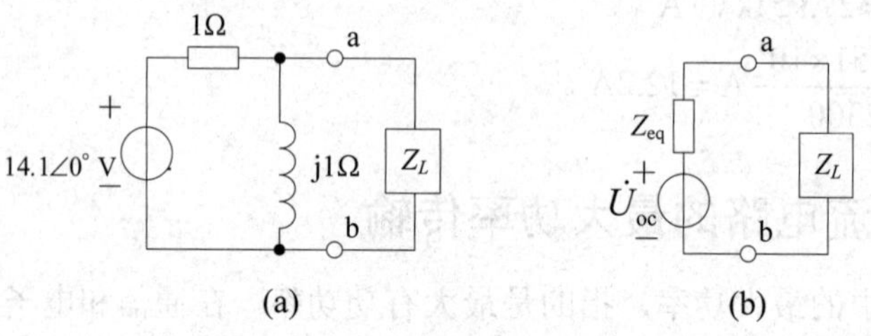

图 6-20　例 6-15 图

解： 先用戴维南定理求出从 a、b 端向左看的等效电路。即

$$\dot{U}_{oc} = 14.1\angle 0^\circ \times \frac{j}{1+j} = 10\sqrt{2}\angle 0^\circ \times \frac{1\angle 90^\circ}{\sqrt{2}\angle 45^\circ}\text{V} = 10\angle 45^\circ\text{V}$$

$$Z_{eq} = \frac{1\times j}{1+j} = \frac{1}{\sqrt{2}}\angle 45^\circ\,\Omega = (0.5 + j0.5)\Omega$$

则当 $Z_L = Z_{eq}^* = (0.5 - j0.5)\Omega$ 时，Z_L 获得最大功率 $P_{max} = \dfrac{10^2}{4\times 0.5}\text{W} = 50\text{W}$。

6.4　三 相 电 路

目前，世界上绝大多数国家的电力系统在电能的产生、传输、用电方面均采用三相制。三相电力系统由三相电源、三相负载和三相输电线路三部分组成。三相电路具有以下优点。

(1) 发电方面比单相电源可提高功率 50%。

(2) 输电方面比单相输电节省钢材 25%。

(3) 在配电方面，三相变压器比单相变压器经济且便于接入负载。

(4) 运电设备如生产中广泛使用的三相交流电机比单相交流电机的性能更好，经济效益更高。此外，220V 单相交流电，实际上就是三相交流发电机发出来的三相交流电中的一相。

三相电路实际上是正弦电路的一种特殊类型，前面讨论的单相交流电路的所有分析计算方法完全适用。

6.4.1　三相电源及三相电路的基本概念

三相电源一般都是由三相交流发电机产生的。图 6-21 所示是一简单的三相交流发电机

的示意图。它主要由定子和转子两部分组成。中间是转子(磁铁)。定子固定不动，而转子可以转动。定子包括定子铁芯和定子绕组，定子铁芯内表面冲有均匀分布的槽，槽里镶嵌三个完全相同的定子绕组 AX、BY、CZ。A、B、C 分别是三个绕组的首端，X、Y、Z 是绕组的末端。三个绕组 AX、BY、CZ 在空间位置上互差120°。当转子以ω的角速度旋转时，则在各绕组中感应出相位相差120°、幅值及频率相等的三个交流电压源。这三个电源依次称为 A 相、B 相、C 相，称为对称三相电源。以 A 相电压 u_A 作为参考量，则它们的瞬时表达式为

$$\left.\begin{aligned} u_A &= \sqrt{2}U\cos\omega t \\ u_B &= \sqrt{2}U\cos(\omega t - 120^\circ) \\ u_C &= \sqrt{2}U\cos(\omega t + 120^\circ) \end{aligned}\right\} \tag{6-25}$$

其相量形式为

$$\left.\begin{aligned} \dot{U}_A &= U\angle 0^\circ \\ \dot{U}_B &= U\angle -120^\circ = \alpha^2\dot{U}_A \\ \dot{U}_C &= U\angle 120^\circ = \alpha\dot{U}_A \end{aligned}\right\} \tag{6-26}$$

式中，$\alpha = \angle 120^\circ$，是工程中为了方便而引入的单位相量算子。对称三相电源的波形和相量图如图 6-22、图 6-23 所示。

显然，由图 6-23 和式(6-25)、式(6-26)可知，对称三相电源的瞬时值之和或相量之和都等于零，即

$$u_A + u_B + u_C = 0 \text{ 或 } \dot{U}_A + \dot{U}_B + \dot{U}_C = 0$$

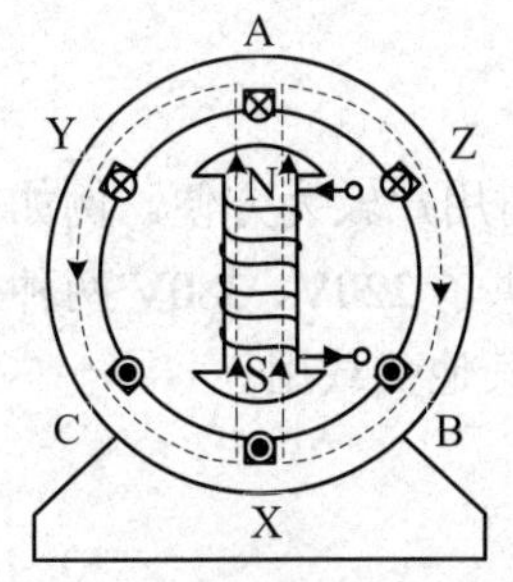

图 6-21　三相交流发电机示意图

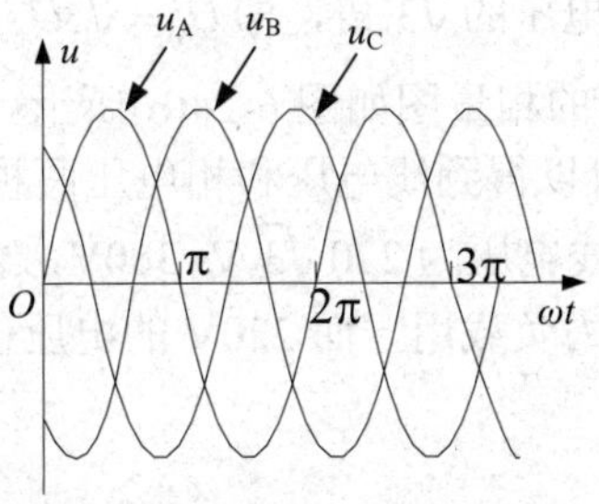

图 6-22　三相电源的波形

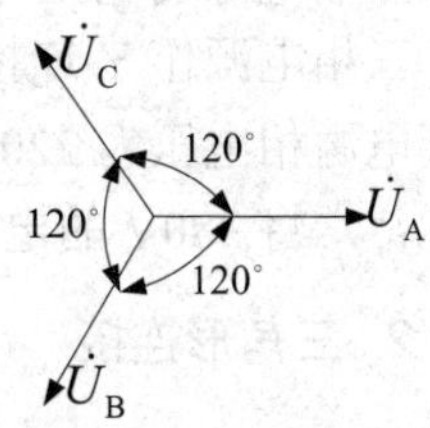

图 6-23　三相电源的向量图

三相电压经过同一量值(例如最大值)的先后次序称为三相电压的相序。图 6-22、图 6-23 所示三相电压的相序为 A→B→C，一般称为正序或顺序。与此相反，若 B 相超前于 A 相120°，C 相超前于 B 相120°，相序为 A→C→B，称为负序或逆序。电力系统一般采用正序。以后如果不加说明，都认为是正序。

常用不同颜色标志各相接线及端子。我国采用黄、红、绿三色分别标志 A、B、C 三相。

对称三相电源有星形(Y)连接和三角形(△)连接两种方式对外电路供电。

1. 星形连接

图 6-24(a)所示为三相电源的星形连接方式。将三个电压源负极性端子连接起来形成一个公共点，称为电源中(性)点，记为 N。从中性点引出的导线称为中(性)线或零线(俗称地线)。

从三个电压源正极性端子 A、B、C 向外引出的导线称为端线(俗称火线)。

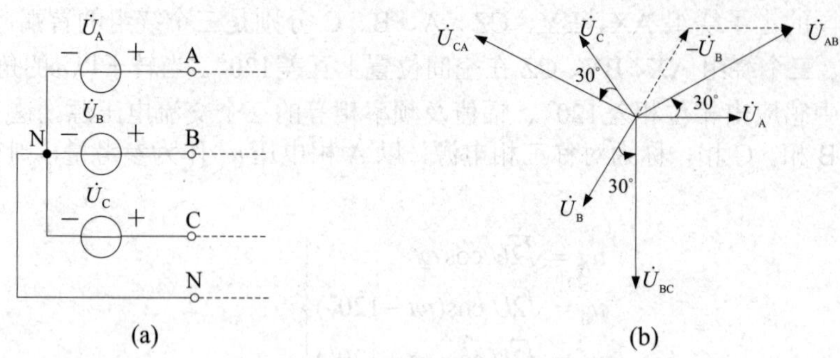

图 6-24 三相电源的星形连接及线电压与相电压的关系

端线与中线之间的电压也就是每相电源的电压，称为相电压，如$\dot{U}_{AN}$、$\dot{U}_{BN}$、$\dot{U}_{CN}$，简写为$\dot{U}_A$、$\dot{U}_B$、$\dot{U}_C$，其有效值用U_p表示；端线与端线之间的电压称为线电压，共有三个线电压，依次为$\dot{U}_{AB}$、$\dot{U}_{BC}$、$\dot{U}_{CA}$，其有效值用U_l表示。星形电源线电压与相电压的关系为

$$\left.\begin{aligned}\dot{U}_{AB}&=\dot{U}_A-\dot{U}_B=(1-\alpha^2)\dot{U}_A=\sqrt{3}\dot{U}_A\angle 30^\circ\\ \dot{U}_{BC}&=\dot{U}_B-\dot{U}_C=(1-\alpha^2)\dot{U}_B=\sqrt{3}\dot{U}_B\angle 30^\circ\\ \dot{U}_{CA}&=\dot{U}_C-\dot{U}_A=(1-\alpha^2)\dot{U}_C=\sqrt{3}\dot{U}_C\angle 30^\circ\end{aligned}\right\}\tag{6-27}$$

可见，在对称星形电源电路中，线电压也是对称的，它们各自超前对应相电压 30°。线电压的有效值(或振幅)是相电压的$\sqrt{3}$倍，即$U_l=\sqrt{3}U_p$。

星形电源线电压与相电压的相量图如图 6-24(b)所示。

三相电源作 Y 连接时，可以得到线电压和相电压两种电压，对用户较为方便。例如 Y 连接电源相电压为 220V 时，线电压为 $220\sqrt{3}$ V=380V，给用户提供了 220V、380V 两种电压。常常将 380V 的电压供动力负载用，而 220V 的电压供照明或其他负载用。

2. 三角形连接

如果将三相电源的正极性端和负极性端顺次相连接，形成一个闭合回路，再从连接点 A(Z)、B(Y)、C(X)向外引出三条端线，这种连接方式称为电源的三角形连接，如图 6-25 所示。必须注意，作三角形连接时，各相电源的极性不能接错。一旦接错，则$\dot{U}_A+\dot{U}_B+\dot{U}_C\neq 0$，电源回路中就会产生很大的环流从而烧坏电源绕组。

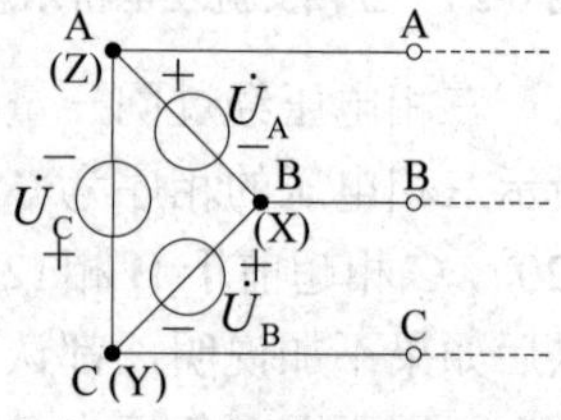

图 6-25 电源的三角形连接

由图 6-25 明显可得，三角形连接时电源的线电压等于相电压，即

$$\left.\begin{aligned}\dot{U}_{AB}&=\dot{U}_A\\ \dot{U}_{BC}&=\dot{U}_B\\ \dot{U}_{CA}&=\dot{U}_C\end{aligned}\right\}\tag{6-28}$$

6.4.2　三相电路的分析

1. 三相负载

三相电路的负载由三部分组成，其中每一部分称为一相负载，三相负载也有星形连接(Y 连接)和三角形连接(△连接)两种基本的连接方式，如图 6-26、图 6-27 所示，其中星形连接的负载有一个中性点，称为负载中性点，记为N′。

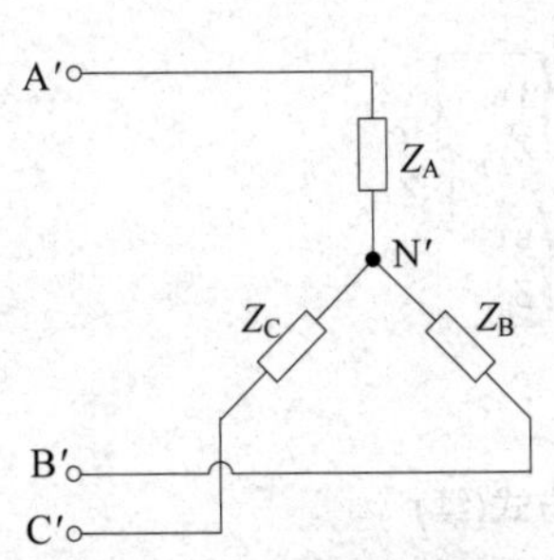

图 6-26　三相负载的星形连接

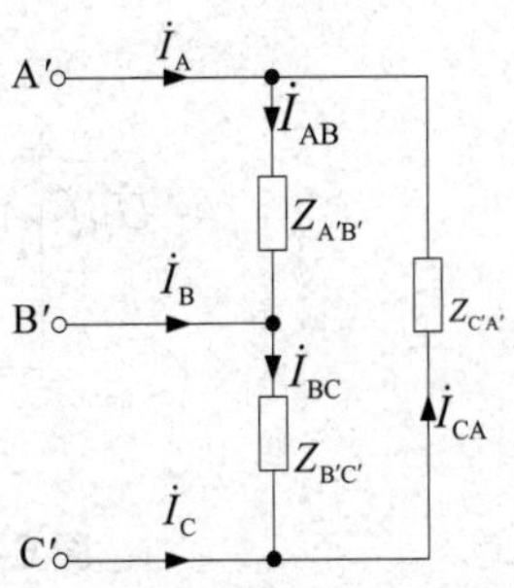

图 6-27　三相负载的三角形连接

负载阻抗相等的三相负载称为对称三相负载，否则称为不对称三相负载。三相用电设备一般都是对称三相负载，如三相电动机、三相变压器的一次绕组和三相电炉等。

从三相电源的三个端子引出三条端线(或输电线)，把三相负载连接在端线上就形成三相电路。实际三相电路中，三条端线阻抗是相等的，三相电源都是对称的。如此时三相负载也对称，则构成的三相电路称为对称三相电路。若三相电路有任一部分不对称，就称为不对称三相电路。如照明负载接入电源后很难做到三相对称。又如某一相负载发生短路或开路，或对称三相电路的某一相端线断开，都会造成三相电路不对称。

由于三相电源和三相负载各有星形和三角形两种连接方式，故由此构成的三相电路的连接方式通常有 Y-Y 连接、Y-△ 连接、△-Y 连接和 △-△ 连接四种基本连接方式。在 Y-Y 连接中，如果三相电源中性点和负载中性点之间接有中线，可记为 Y_0-Y_0 连接。三相供电制分为三相四线制和三相三线制，Y_0-Y_0 连接为三相四线制，其余没有中线的情况为三相三线制。各连接方式如图 6-28 所示，图中 Z_N 为中线阻抗，端线上阻抗都为 Z_l。

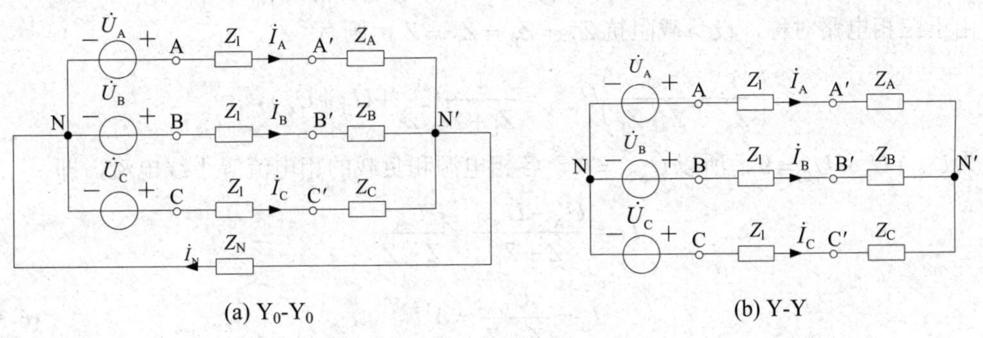

图 6-28　三相电路的常见连接方式

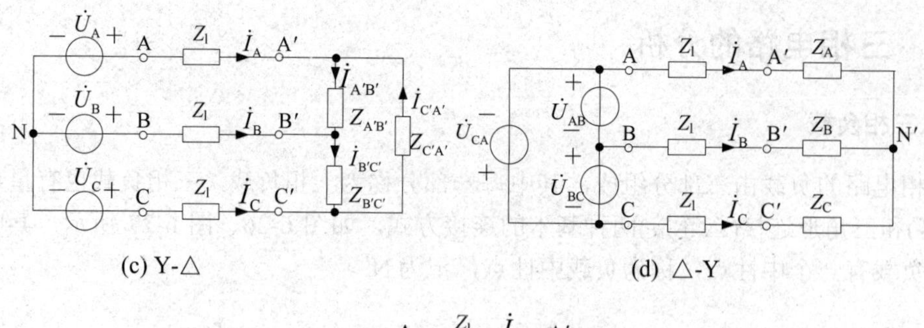

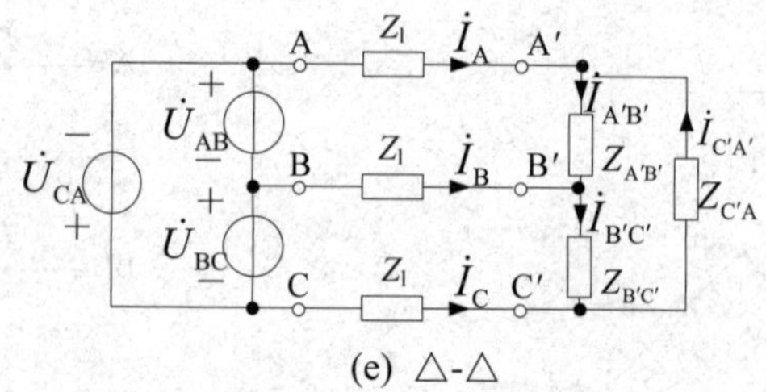

图 6-28　三相电路的常见连接方式(续)

各相负载阻抗的电压和电流分别称为三相负载的相电压和相电流。三相负载的任两个端线之间的电压称为负载的线电压。三条端线上通过的电流称为线电流。相电流、线电流的有效值分别用 I_p、I_l 表示。由电路的连接方式可知，星形负载的线电流等于相电流，当星形负载对称时线电压和相电压之间的关系与星形对称三相电源的相同；三角形负载的线电压等于相电压，三角形负载线电流与相电流之间的关系将在后面讨论。

Y-Y 连接(包括 Y_0-Y_0 连接)时，负载中点 N′ 到电源中点 N 之间的电压称为中点电压，用 $\dot{U}'_{NN}$ 表示。Y_0-Y_0 连接时，中线上通过的电流称为中线电流，用 $\dot{I}_N$ 表示。

下面主要讨论几种常用连接方式的三相电路的分析与计算。

2. 对称 Y-Y 连接三相电路的分析与计算

如图 6-28(a)所示，其中 Z_l 为端线阻抗，Z_N 为中性线阻抗，N 和 N′ 为中点，电路有中线时，一般用节点电压法进行分析，以 N 为参考节点，有

$$\left(\frac{1}{Z_N}+\frac{1}{Z_A+Z_l}+\frac{1}{Z_B+Z_l}+\frac{1}{Z_C+Z_l}\right)\dot{U}_{N'N}=\frac{\dot{U}_A}{Z_l+Z_A}+\frac{\dot{U}_B}{Z_l+Z_B}+\frac{\dot{U}_B}{Z_l+Z_C} \tag{6-29}$$

由于三相电路对称，设负载阻抗 $Z_A=Z_B=Z_C=Z$，则有

$$\left(\frac{1}{Z_N}+\frac{3}{Z+Z_l}\right)\dot{U}_{N'N}=\frac{1}{Z_l+Z}(\dot{U}_A+\dot{U}_B+\dot{U}_C),$$

又因为 $\dot{U}_A+\dot{U}_B+\dot{U}_C=0$，所以 $\dot{U}_{N'N}=0$，各相电源和负载的相电流等于线电流，即

$$\dot{I}_A=\frac{\dot{U}_A-\dot{U}_{N'N}}{Z+Z_l}=\frac{\dot{U}_A}{Z+Z_l}$$

$$\dot{I}_B=\frac{\dot{U}_B}{Z+Z_l}=a^2\dot{I}_A \tag{6-30}$$

$$\dot{I}_C = \frac{\dot{U}_C}{Z + Z_l} = a\dot{I}_A$$

由此可见，对称 Y - Y 连接三相电路中，各相电路的计算具有独立性，各线(相)电流也是独立的，可以拆分为三个独立的单相电路。又由于三相电源和三相负载的对称性，所以各相负载的电压和电流也是对称的。只要求得其中一相的电压和电流，其他两相就可以根据对称性直接写出，这时对称三相电路可归结为一相的计算方法。图 6-29 所示为一相计算电路(A 相)。注意，在一相电路计算中，由于 $\dot{U}_{N'N} = 0$，N 点和 N′点等电位，中线阻抗 Z_N 不起作用，用一根短接线连接。

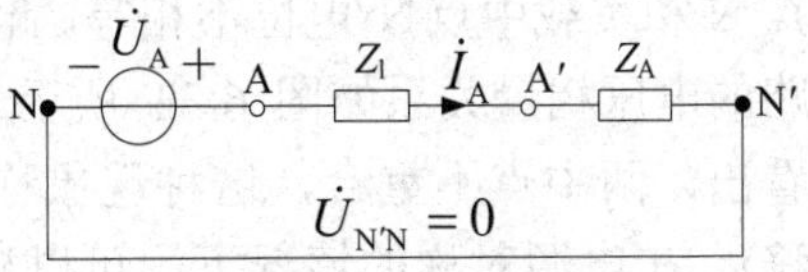

图 6-29　一相计算电路

中线的电流为

$$\dot{I}_N = \dot{I}_A + \dot{I}_B + \dot{I}_C = 0$$

从电流的观点来看，中线相当于开路。因此，在对称的 Y_0 - Y_0 三相电路中，把中线去掉对电路无影响(则电路此时可视为对称的 Y - Y 三相电路)。而在任一时刻，i_A、i_B、i_C 中至少有一个为负值，对应此负值电流的输电线则作为对称电路系统在该时刻的电流回路。

【例 6-16】 对称三相电路如图 6.28(b)所示，已知 $u_{AB} = 380\sqrt{2}\cos(\omega t + 30^\circ)$ V，各相负载阻抗均为 Z=(5+j6) Ω，端线阻抗为 Z_l=(1+j2)Ω，试求三相负载上的各相电流。

解： 根据已知条件，得线电压和相电压相量分别为

$$\dot{U}_{AB} = 380\angle 30^\circ \text{ V}，\ \dot{U}_A = \frac{\dot{U}_{AB}}{\sqrt{3}}\angle -30^\circ = 220\angle 0^\circ \text{ V}$$

画出一相(A 相)计算电路如图 6-29 所示，可得

$$\dot{I}_A = \frac{\dot{U}_A}{Z + Z_l} = \frac{220\angle 0^\circ}{6 + \text{j}8}\text{A} = 22\angle -53.1^\circ \text{ A}$$

根据对称性可以写出另外两相电流相量为

$$\dot{I}_B = 22\angle -173.1^\circ \text{ A}，\ \dot{I}_C = 22\angle 66.9^\circ \text{ A}$$

3. 不对称 Y – Y 连接三相电路的分析与计算

在实际电力系统中，三相电源一般都是对称，而三相负载的不对称是经常存在。下面将主要研究三相电源对称而三相负载不对称的三相电路。为方便讨论，设电路中输电线的阻抗 Z_l≈0，图 6-28(a)就可简化为图 6-30 所示电路。由于 Z_A、Z_B、Z_C 不相等，就构成了不对称的 Y - Y 电路。先设该电路 Z_N=∞，(即不接中线)时，显然 $\dot{I}_N = 0$。

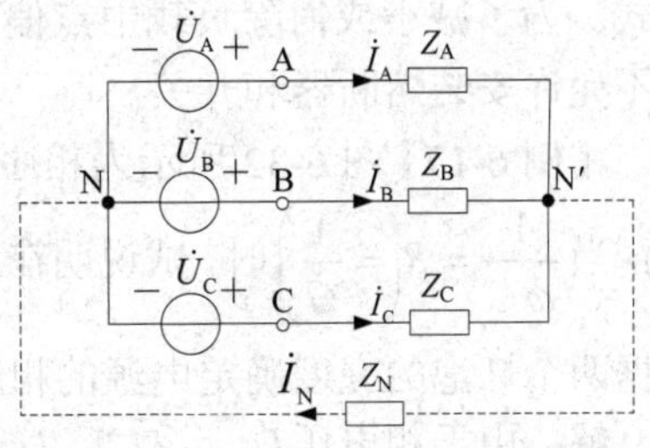

图 6-30　不对称三相电路图

由式(6-29)得该电路的节点电压方程为

$$\dot{U}_{N'N}\left(\frac{1}{Z_A} + \frac{1}{Z_B} + \frac{1}{Z_C}\right) = \frac{\dot{U}_A}{Z_A} + \frac{\dot{U}_B}{Z_B} + \frac{\dot{U}_C}{Z_C}$$

即有

$$\dot{U}_{N'N}=\frac{\dfrac{\dot{U}_A}{Z_A}+\dfrac{\dot{U}_B}{Z_B}+\dfrac{\dot{U}_C}{Z_C}}{\dfrac{1}{Z_A}+\dfrac{1}{Z_B}+\dfrac{1}{Z_C}}$$

由于负载不对称，一般情况下$\dot{U}_{N'N}\neq 0$，即电源中点N和负载中点N′电位不相等。此时的Y-Y不对称电路的电压相量关系如图6-31所示。从电压相量图可以看出，两中点不重合，这种现象称为中点偏移(中点位移)。在电源对称的情况下，可以根据中点偏移的程度来判断负载不对称的程度。当中点位移较大时，会引起负载端相电压的严重不对称，使有些负载相电压低于电源相电压，有些负载相电压高于电源相电压，甚至可能高过电源线电压，从而造成各相负载工作的不正常。另外，由于三相负载工作状况相互关联，负载中只要有一相因某种原因发生变化，中点电压就要随之变化，三相负载彼此都会相互影响，即完全失去了独立性和对称性。

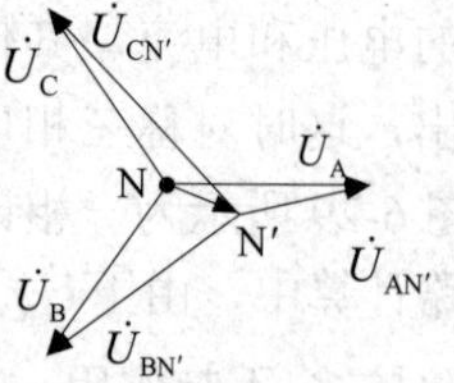

图6-31　不对称电路的电压相量关系

若图6-28(a)、(b)的三相电路为不对称Y-Y连接三相电路，分析时可先按式(6-29)计算出中点电压$\dot{U}_{N'N}$，各相负载和端线的电压分别为

$$\dot{U}_{AN'}=\dot{U}_A-\dot{U}_{N'N}$$
$$\dot{U}_{BN'}=\dot{U}_B-\dot{U}_{N'N}$$
$$\dot{U}_{CN'}=\dot{U}_C-\dot{U}_{N'N}$$

然后再根据电压、电流关系式进而求出各相负载上通过的电流。

若设不对称三相Y-Y连接电路有中线(也就是Y_0-Y_0连接)，且中线阻抗$Z_N\approx 0$，即可做到强制$\dot{U}_{N'N}=\dot{I}_N Z_N\approx 0$，从而克服了中点偏移现象。这时，三相电路就相当于三个单相电路的组合，各相保持独立性而互不影响，可以分别独立计算。这就克服了无中线时引起的缺点。因此，在负载不对称的情况下中线的存在是非常必要的。

由于相电流的不对称性，中线电流一般不为零，即

$$\dot{I}_N=\dot{I}_A+\dot{I}_B+\dot{I}_C$$

实际应用中，在给居民生活用电进行输送时，为了确保用电安全，均采用Y_0-Y_0连接方式。为了减小或消除负载中点偏移，中线选用电阻低、机械强度足够的导线，并且中线上不允许安装熔断器和开关。

【例6-17】图6-32所示为相序指示器(决定相序的仪器)，当$\dfrac{1}{\omega C}=R\left(=\dfrac{1}{G}\right)$时，试说明在线电压对称的情况下，根据两个灯泡的亮度确定电源的相序。

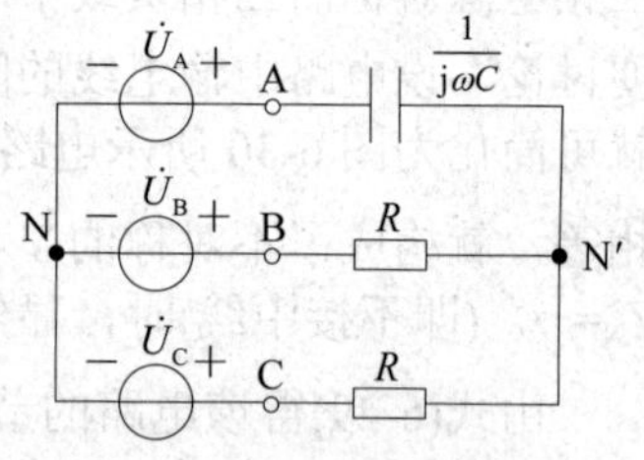

图6-32　相序指示器

解：由于相电压$\dot{U}_A$、$\dot{U}_B$、$\dot{U}_C$对称，又有

$$\dot{U}_{N'N}=\frac{j\omega C\dot{U}_A+G(\dot{U}_B+\dot{U}_C)}{j\omega C+2G}$$

设$\dot{U}_A=U\angle 0^\circ$，故有

$$\dot{U}_{\mathrm{N'N}} = (-0.2 + \mathrm{j}0.6)U = 0.63U\angle 108.4^\circ\ \mathrm{V}$$

$$\dot{U}_{\mathrm{BN'}} = \dot{U}_{\mathrm{BN}} - \dot{U}_{\mathrm{N'N}} = U\angle -120^\circ - (-0.2 + \mathrm{j}0.6)U = 1.5U\angle -101.5^\circ\ \mathrm{V}$$

$$\dot{U}_{\mathrm{CN'}} = \dot{U}_{\mathrm{CN}} - \dot{U}_{\mathrm{N'N}} = U\angle 120^\circ - (-0.2 + \mathrm{j}0.6)U = 0.4U\angle 138.4^\circ\ \mathrm{V}$$

(1) 若电容所在的那一相设为 A 相，则灯泡较亮的一相为 B 相，灯泡较暗一相为 C 相；

(2) 根据 $\dot{U}_{\mathrm{N'N}}$ 可直接判断 $U_{\mathrm{BN'}} > U_{\mathrm{CN'}}$。

4. △-Y 连接三相电路的分析与计算

可将△连接的对称三相电源用 Y 电源替代，图 6-33 所示，但要保证其线电压相等，即

$$\left.\begin{aligned} \dot{U}_{\mathrm{A}} &= \frac{1}{\sqrt{3}}\dot{U}_{\mathrm{AB}}\angle -30^\circ \\ \dot{U}_{\mathrm{B}} &= \frac{1}{\sqrt{3}}\dot{U}_{\mathrm{BC}}\angle -30^\circ \\ \dot{U}_{\mathrm{C}} &= \frac{1}{\sqrt{3}}\dot{U}_{\mathrm{CA}}\angle -30^\circ \end{aligned}\right\} \tag{6-31}$$

化为 Y-Y 三相电路后，参考前面的分析方法进行相关计算。

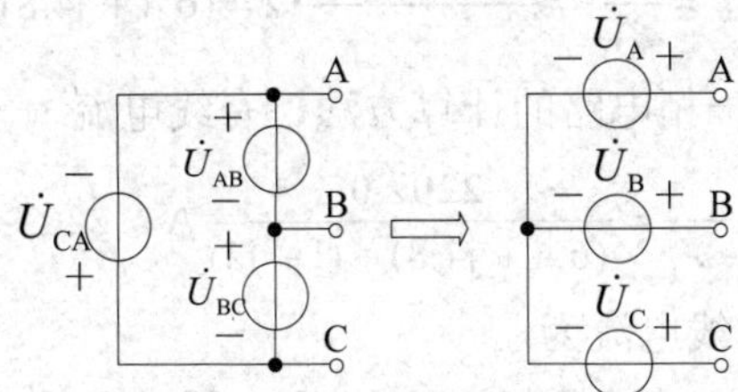

图 6-33　对称三相电源的△-Y 变换

5. 三相负载的△连接

由图 6-28(c)、(e)可见，△负载的线电压就等于相电压，但其相电流不等于线电流。现以图 6-28(c)为例说明，图中负载的相电流为 $\dot{I}_{\mathrm{A'B'}}$、$\dot{I}_{\mathrm{B'C'}}$、$\dot{I}_{\mathrm{C'A'}}$，线电流为 $\dot{I}_{\mathrm{A}}$、$\dot{I}_{\mathrm{B}}$、$\dot{I}_{\mathrm{C}}$。

根据 KCL，线电流与相电流之间的关系为

$$\begin{aligned} \dot{I}_{\mathrm{A}} &= \dot{I}_{\mathrm{A'B'}} - \dot{I}_{\mathrm{C'A'}} \\ \dot{I}_{\mathrm{B}} &= \dot{I}_{\mathrm{B'C'}} - \dot{I}_{\mathrm{A'B'}} \\ \dot{I}_{\mathrm{C}} &= \dot{I}_{\mathrm{C'A'}} - \dot{I}_{\mathrm{B'C'}} \end{aligned} \tag{6-32}$$

对于对称三相电路，三个相电流必然对称。可设

$$\dot{I}_{\mathrm{A'B'}} = I\angle 0^\circ \quad \dot{I}_{\mathrm{B'C'}} = I\angle -120^\circ \quad \dot{I}_{\mathrm{C'A'}} = I\angle -120^\circ$$

则有

$$\begin{aligned} \dot{I}_{\mathrm{A}} &= \sqrt{3}\dot{I}_{\mathrm{A'B'}}\angle -30^\circ \\ \dot{I}_{\mathrm{B}} &= \sqrt{3}\dot{I}_{\mathrm{B'C'}}\angle -30^\circ \\ \dot{I}_{\mathrm{C}} &= \sqrt{3}\dot{I}_{\mathrm{C'A'}}\angle -30^\circ \end{aligned} \tag{6-33}$$

可见，对于对称△三相负载电路，负载的线电流数值是相电流的 $\sqrt{3}$ 倍，相位滞后对应的相电流 30°。实际计算时，显然只需计算出一相电流，根据对称性，就可以依次写出另两

相电流。这一结论对△电源也适用。

根据阻抗的 Y-△等效变换的原则，对于负载△连接的三相电路的其他分析与计算，可先把△负载等效变换为 Y 负载，再参考前面 Y 负载的分析方法进行相关计算。

【例 6-18】对称三相电路如图 6-34(a)所示。已知 $Z_l=(1+j2)\Omega$，$Z_\triangle=(19.2+j14.4)\Omega$，线电压 $U_{AB}=380V$，求负载端的相电压和相电流。

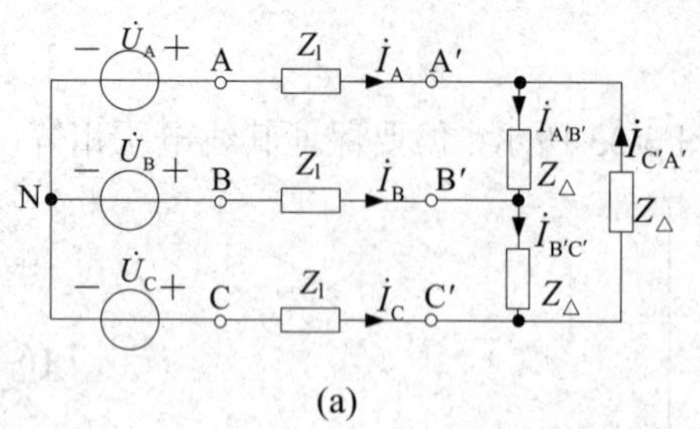

(a)

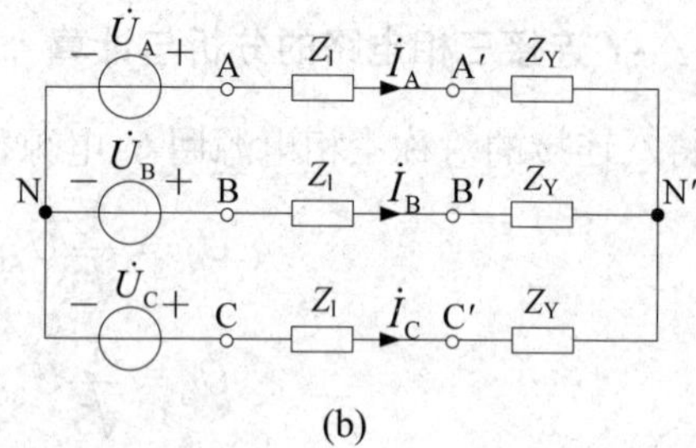

(b)

图 6-34　例 6-18 图

解：先进行负载△-Y 的等效互换，得 Y-Y 电路如图 6-34(b)所示。有

$$Z_Y=\frac{Z_\triangle}{3}=\frac{19.2+j14.4}{3}\Omega=(6.4+j4.8)\Omega$$

令 $\dot{U}_A=220\angle 0^\circ V$，根据一相电路的计算方法，有线电流

$$\dot{I}_A=\frac{\dot{U}_A}{Z_Y+Z_l}=\frac{220\angle 0^\circ}{(6.4+j4.8)+(1+j2)}A\approx 22\angle-42.58^\circ A$$

根据对称性得另外两相的线电流为

$$\dot{I}_B=22\angle-162.58^\circ A\qquad \dot{I}_C=22\angle 77.42^\circ A$$

先求出等效 Y 负载端的相电压，再利用线电压和相电压的关系求出负载端的线电压。此线电压也为原△负载的线电压和相电压，则有

$$\dot{U}_{A'N'}=\dot{I}_A Z_Y=176\angle-5.7^\circ V$$

$$\dot{U}_{A'B'}=\sqrt{3}\dot{U}_{A'N'}\angle 30^\circ=304.8\angle 24.3^\circ V$$

根据对称性可写出另外两相为

$$\dot{U}_{B'C'}=304.8\angle-95.7^\circ V$$

$$\dot{U}_{C'A'}=304.8\angle 144.3^\circ V$$

依据负载端的线电压，再返回到原电路，可求得负载中的相电流为

$$\dot{I}_{A'B'}=\frac{\dot{U}_{A'B'}}{Z_\triangle}=\frac{304.8\angle 24.3^\circ}{19.2+j14.4}A=12.7\angle-12.57^\circ A$$

$$\dot{I}_{B'C'}=12.7\angle-132.57^\circ A$$

$$\dot{I}_{C'A'}=12.7\angle 107.4^\circ A$$

也可以利用对称三角形连接的线电流和相电流的关系直接求得，即

$$\dot{I}_{A'B'}=\frac{1}{\sqrt{3}}\dot{I}_A\angle 30^\circ=12.7\angle-12.57^\circ A$$

总而言之，以上各连接方式的三相电路，总可以通过 Y-△等效变换，将电路变换为 Y-Y 的三相电路求解。

6.4.3　三相电路的功率

三相电源和三相负载，无论负载对不对称，无论采用何种连接，三相总有功功率等于各相有功功率之和，即

$$P = P_A + P_B + P_C$$

三相总无功功率等于各相无功功率之和，即

$$Q = Q_A + Q_B + Q_C$$

总视在功率为
$$S = \sqrt{P^2 + Q^2}$$

在对称三相电路中，各相负载的有功功率、无功功率均相等，即

$$P_A = P_B = P_C = U_p I_p \cos\varphi$$

$$Q_A = Q_B = Q_C = U_p I_p \sin\varphi$$

从而得到总有功功率、总无功功率和总视在功率为

$$\left.\begin{aligned} P &= 3U_p I_p \cos\varphi \\ Q &= 3U_p I_p \sin\varphi \\ S &= 3U_p I_p \end{aligned}\right\} \tag{6-34}$$

式中，U_p 为负载相电压，I_p 为相电流，φ 为相电压与相电流之间的相位差(也是负载的阻抗角)。

设负载线电压为U_l，线电流为I_l。如果负载为星形连接，则$U_p = \frac{U_l}{\sqrt{3}}$，$I_p = I_l$；如果负载为三角形连接，则$U_p = U_l$，$I_p = \frac{I_l}{\sqrt{3}}$。所以式(6-34)可以统写为

$$\left.\begin{aligned} P &= \sqrt{3}U_l I_l \cos\varphi \\ Q &= \sqrt{3}U_l I_l \sin\varphi \\ S &= \sqrt{3}U_l I_l \end{aligned}\right\} \tag{6-35}$$

对称三相电路的瞬时功率等于各相电路的瞬时功率之和。以图 6-28(b)Y-Y 连接为例，设 A 相电压为参考正弦量，$u_A = \sqrt{2}U_p \cos\omega t$，则有

$$p_A = u_A i_A = \sqrt{2}U_p \cos\omega t \sqrt{2}I_p \cos(\omega t - \varphi) = U_p I_p[\cos\varphi + \cos(2\omega t - \varphi)]$$

$$p_B = u_B i_B = \sqrt{2}U_p \cos(\omega t - 120^\circ)\sqrt{2}I_p \cos(\omega t - 120^\circ - \varphi) = U_p I_p[\cos\varphi + \cos(2\omega t - \varphi - 240^\circ)]$$

$$p_C = u_C i_C = \sqrt{2}U_p \cos(\omega t + 120^\circ)\sqrt{2}I_p \cos(\omega t + 120^\circ - \varphi) = U_p I_p[\cos\varphi + \cos(2\omega t + 240^\circ - \varphi)]$$

可见，每相电路的瞬时功率中都包含有一个恒定分量和一个正弦分量，且这三个正弦分量的频率和振幅相同，相位彼此相差120°，因此这三个正弦分量的和为零。故对称三相电路的瞬时功率为

$$p = p_A + p_B + p_C = 3U_p I_p \cos\varphi = P \tag{6-36}$$

表明对称三相电路的总瞬时功率是一个常数，等于三相电路的平均功率，这个结论对负载 Y 连接和△连接都适用。这是对称三相电路的一个优越的性能，习惯上称为瞬时功率

平衡。不管是三相发电机还是三相电动机，它的瞬时功率为一个常数，这就意味着它们的机械转矩是恒定的，从而避免运转时的振动，使得运行更加平稳。

对于三相三线制电路，不管负载对称还是不对称，也不管负载是星形连接还是三角形连接，都可以用两个单相功率表测量三相负载的功率，这种测量方法称为两表法，如图 6-35 所示。测量线路的接法是将两个功率表的电流线圈串到任意两条端线中(图中为 A、B 端线)。则线电流从*端分别流入两个功率表的电流线圈(图中 $\dot{I}_A$、$\dot{I}_B$)，电压线圈的同名端接到其电流线圈所串的线上，电压线圈的非同名端接到另一相没有串功率表的端线上(图中为 C 端线)，由此可见，这种测量方法中功率表的接线只触及端线，而与负载和电源的连接方式无关。

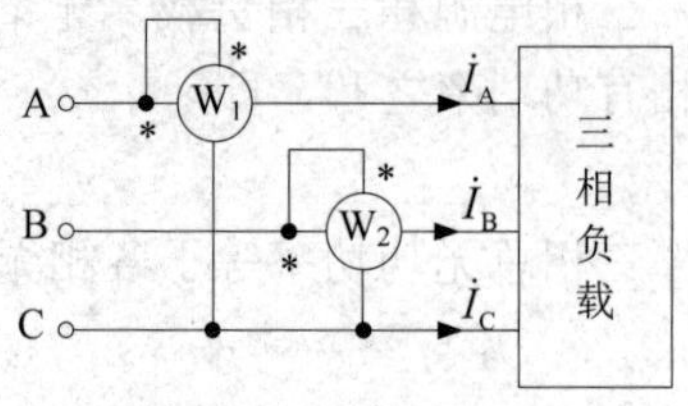

图 6-35　两表法测功率

可以证明图中两个功率表读数的代数和为三相三线制中右侧电路吸收的平均功率。

设功率表 W_1 的读数为 P_1，W_2 的读数为 P_2 表示，可以证明三相总功率为

$$P = P_1 + P_2$$

根据功率表的工作原理，有

$$P_1 = \mathrm{Re}[\dot{U}_{AC}\dot{I}_A^*] \qquad P_2 = \mathrm{Re}[\dot{U}_{BC}\dot{I}_B^*]$$

所以有

$$P_1 + P_2 = \mathrm{Re}[\dot{U}_{AC}\dot{I}_A^* + \dot{U}_{BC}\dot{I}_B^*]$$

由于三相电路无论负载如何连接，也无论负载对称与否，都可以等效为 Y 连接。

由 KCL 有 $\dot{I}_A + \dot{I}_B + \dot{I}_C = 0$，则 $\dot{I}_A^* + \dot{I}_B^* = -\dot{I}_C^*$。

又因为 $\dot{U}_{AC} = \dot{U}_A - \dot{U}_C$，$\dot{U}_{BC} = \dot{U}_B - \dot{U}_C$

所以 $P_1 + P_2 = \mathrm{Re}[\dot{U}_{AC}\dot{I}_A^* + \dot{U}_{BC}\dot{I}_B^*] = \mathrm{Re}[\dot{U}_A\dot{I}_A{}^* + \dot{U}_B\dot{I}_B{}^* + \dot{U}_C\dot{I}_C{}^*] = \mathrm{Re}[\overline{S}_A + \overline{S}_B + \overline{S}_C] = \mathrm{Re}[\overline{S}]$，而 $\mathrm{Re}[\overline{S}]$ 正是图 6-35 中三相负载的有功功率，也就是平均功率，即 $P = P_1 + P_2 = P_A + P_B + P_C$

应当注意：

(1) 在三相三线制条件下，不论负载对称与否，都能用两表法；不对称三相四线制不能用两表法来测量三相功率，因为负载不对称时 $\dot{I}_A + \dot{I}_B + \dot{I}_C \neq 0$。

(2) 两块表读数的代数和为三相总功率，每块表单独的读数无意义。

(3) 按正确极性接线时，两功率表中可能有一个表的读数为负，此时功率表指针反转，将其电流线圈极性反接后，指针指向正数，但求代数和时读数应取负值。

下面进一步讨论对称三相电路中两功率表的读数情况。为叙述简便，假设对称三相负载为 Y 连接，φ 为负载的阻抗角。令 $\dot{U}_A = U_A\angle 0^\circ$，则有 $\dot{I}_A = I_A\angle -\varphi$，$\dot{U}_{AC} = U_{AC}\angle 30^\circ$、$\dot{I}_A^* = I_A\angle\varphi$，$\dot{U}_{BC} = U_{BC}\angle -90^\circ$，$\dot{I}_B{}^* = I_B\angle -(-\varphi - 120^\circ)$，因此有

$$P_1 = \mathrm{Re}[\dot{U}_{AC}\dot{I}_A{}^*] = \mathrm{Re}[U_{AC}\angle -30^\circ I_A\angle\varphi] = \mathrm{Re}[U_{AC}I_A\angle\varphi - 30^\circ] = U_{AC}I_A\cos(\varphi - 30^\circ)$$

$$P_2 = \mathrm{Re}[\dot{U}_{BC}\dot{I}_B{}^*] = \mathrm{Re}[U_{BC}\angle -90^\circ I_B\angle -(-\varphi - 120^\circ)] = \mathrm{Re}[U_{BC}I_B\angle\varphi + 30^\circ] = U_{BC}I_B\cos(\varphi + 30^\circ)$$

即

$$\left.\begin{aligned} P_1 &= U_1I_1\cos(\varphi - 30^\circ) \\ P_2 &= U_1I_1\cos(\varphi + 30^\circ) \end{aligned}\right\} \tag{6-37}$$

可见，在对称三相电路中，如果 $|\varphi| > 60^\circ$，两表法中一个表的读数为负数。

【例 6-19】如图 6-36(a)所示电路，已知 U_1 =380V，Z_1=(30+j40)Ω，电动机的功率

P=1700W，$\cos\varphi$=0.8(感性)。试求：(1)线电流和电源发出的总功率；(2)用两表法测三相负载的功率，画接线图求两表读数。

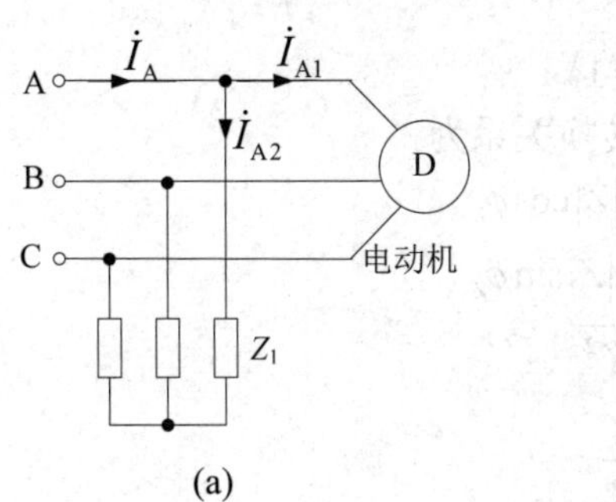

(a)

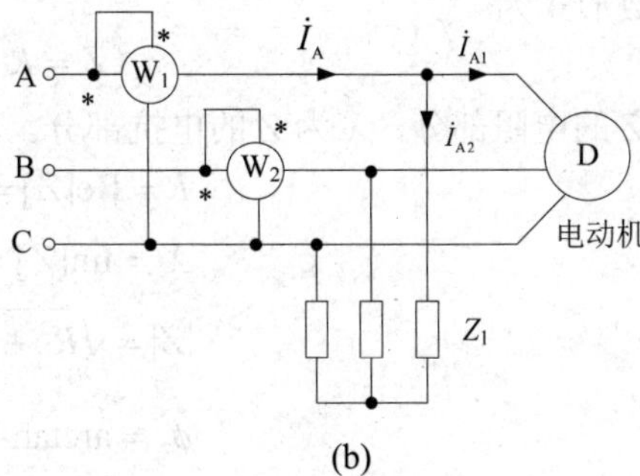

(b)

图 6-36 例 6-19 图

解：(1) 设电源电压 $\dot{U}_A = 220\angle 0^\circ \text{ V}$，则有

$$\dot{I}_{A2} = \frac{\dot{U}_A}{Z_1} = \frac{220\angle 0^\circ}{30 + \text{j}40} \text{A} = 4.41\angle -53.1^\circ \text{ A}$$

电动机负载 $P = \sqrt{3} U_l I_{A1} \cos\varphi = 1700\text{W}$

所以 $$I_{A1} = \frac{P}{\sqrt{3} U_1 \cos\varphi} = \frac{P}{\sqrt{3} \times 380 \times 0.8} = 3.23 \text{ A}$$

根据 $\cos\varphi = 0.8$ ，$\varphi = 36.9^\circ$ 得 $\dot{I}_{A1} = 3.23\angle -36.9^\circ \text{ A}$

因此总电流

$$\dot{I}_A = \dot{I}_{A1} + \dot{I}_{A2} = 4.41\angle -53.1^\circ \text{ A} + 3.23\angle -36.9^\circ \text{ A} = 7.56\angle -46.2^\circ \text{ A}$$

电源发出的功率为

$$P_{总} = \sqrt{3} U_1 I_A \cos\varphi_{总} = \sqrt{3} \times 380 \times 7.56 \cos 46.2^\circ \text{ W} = 3440\text{W} = 3.44\text{kW}$$

(2) 两表法测量功率的接线图如图 6-36(b)所示。

表 W_1 的读数 $P_1 = U_{AC} I_A \cos(\varphi_{总} - 30^\circ) = 380 \times 7.56 \cos(46.2^\circ - 30^\circ)\text{W} = 2758.73\text{W}$

表 W_2 的读数 $P_2 = U_{BC} I_B \cos(\varphi_{总} + 30^\circ) = 380 \times 7.56 \cos(30^\circ + 46.2^\circ)\text{W} = 685.26\text{W} = P - P_1$

则有 $P_1 + P_2 = 2758.73\text{W} + 685.26\text{W} = 3444\text{W} \approx 3.44\text{kW}$

与(1)所得结果基本一致。

本章小结

本章主要的内容，可归纳为以下几方面。

1. 阻抗和导纳

正弦稳态电路中，一个无源一端口网络可为一个阻抗或导纳。阻抗定义为

$$Z \overset{\text{def}}{=\!=} \frac{\dot{U}}{\dot{I}} = \frac{U\angle\phi_u}{I\angle\phi_i} = \frac{U}{I}\angle\phi_u - \phi_i = |Z|\angle\phi_Z$$

式中，$|Z| = \dfrac{U}{I}$ 称为阻抗模，$\phi_Z = \phi_u - \phi_i$ 称为阻抗角。若 $\phi_Z > 0$，端口电压超前电流，阻抗

Z 呈感性；若 $\phi_Z < 0$，电流超前电压，阻抗 Z 容性；若 $\phi_Z = 0$，电流与电压同相，一端口网络阻抗 Z 呈电阻性。

Z 的代数形式为

$$Z = R + \mathrm{j}X$$

式中，R 为 Z 的电阻部分，X 为 Z 的电抗部分。转换关系为

$$R = \mathrm{Re}[Z] = |Z|\cos\phi_Z$$

$$X = \mathrm{Im}[Z] = |Z|\sin\phi_Z$$

$$|Z| = \sqrt{R^2 + X^2}$$

$$\phi_Z = \arctan\frac{X}{R}$$

导纳定义为

$$Y = \frac{1}{Z} = \frac{\dot{I}}{\dot{U}} = \frac{I}{U}\angle\phi_i - \phi_u = |Y|\angle\phi_Y$$

式中，$|Y|$ 称为导纳模，ϕ_Y 称为导纳角。

Y 的代数形式为

$$Y = G + \mathrm{j}B$$

式中，G 是等效电导，B 是等效电纳。转换关系为

$$G = \mathrm{Re}[Y] = |Y|\cos\phi_Y \qquad B = \mathrm{Im}[Y] = |Y|\sin\phi_Y$$

$$|Y| = \sqrt{G^2 + B^2} \qquad \phi_Y = \arctan\frac{B}{G}$$

若 $\phi_Y < 0$，一端口网络呈感性；若 $\phi_Y > 0$，一端口网络呈容性；若 $\phi_Y = 0$，一端口网络呈电阻性。

2. 阻抗(导纳)的串联和并联

若有 n 个阻抗串联，其等效阻抗为

$$Z_{\mathrm{eq}} = Z_1 + Z_2 + \cdots + Z_n = \sum_{k=1}^{n} Z_k = \sum_{k=1}^{n}(R_k + \mathrm{j}X_k)$$

各个阻抗上的分压公式为

$$\dot{U}_k = \frac{Z_k}{Z_{\mathrm{eq}}}\dot{U} \qquad k = 1,2,3,\cdots,n$$

若有 n 个导纳(或阻抗)并联，其等效导纳为

$$Y_{\mathrm{eq}} = Y_1 + Y_2 + \cdots + Y_n = \sum_{k=1}^{n} Y_k = \sum_{k=1}^{n}(G_k + \mathrm{j}B_k)$$

各个阻抗的分流公式为

$$\dot{I}_k = \frac{Y_k}{Y_{\mathrm{eq}}}\dot{I} \qquad k = 1,2,3,\cdots,n$$

3. 正弦交流电路的计算

KCL、KVL 和元件的伏安关系(VCR)是分析电路的基本依据。对于正弦稳态电路，其相量形式为

$$\sum \dot{I}=0，\sum \dot{U}=0，\dot{U}=\dot{I}Z \text{ 或 } \dot{I}=Y\dot{U}$$

应用相量法对正弦稳态电路进行分析时，把电压和电流用相量表示，R、L、C 元件用阻抗或导纳表示。画出电路的相量模型，利用 KCL、KVL 和元件的 VCR 的相量形式以及由它们导出的各种分析方法、等效变换、定理列写复数方程，并解出所求响应的相量，最后按要求进行其他分析。

4. 正弦交流电路的功率

任意阻抗 Z 的平均功率(又称有功功率)为

$$P=UI\cos\varphi$$

无功功率为

$$Q=UI\sin\varphi$$

视在功率为

$$S=UI$$

式中，φ是阻抗角(φ_Z)，$\cos\varphi$ 称为功率因数，故φ也称为功率因数角。

有功功率 P、无功功率 Q、视在功率 S 之间满足

$$P=S\cos\varphi，Q=S\sin\varphi，S=\sqrt{P^2+Q^2}，\varphi=\arctan\left(\frac{Q}{P}\right)$$

复功率为

$$\overline{S}=P+\mathrm{j}Q=\sqrt{P^2+Q^2}\angle\arctan\frac{Q}{P}=S\angle\varphi$$

复功率与电压、电流的关系为

$$\overline{S}=\dot{U}\dot{I}^*$$

在一端口网络的参数一定(且 $U_{\mathrm{oc}}\neq 0$)，负载阻抗 Z 可调的情况下，负载获得最大功率的条件是

$$Z=R_{\mathrm{eq}}-\mathrm{j}X_{\mathrm{eq}}=Z_{\mathrm{eq}}{}^*$$

这个条件称为最佳匹配或共轭匹配，此时负载上获得的最大功率为 $P_{\max}=\dfrac{U_{\mathrm{oc}}{}^2}{4R_{\mathrm{eq}}}$。

5. 三相电路

对称三相正弦交流电源的特点是：一是振幅相等；二是频率相同；三是初相位相差 120°；四是瞬时值或相量之和等于零。

当对称三相电路Y连接时，电压和电流之间关系为

$U_1=\sqrt{3}U_{\mathrm{p}}$，线电压超前相电压 30°

$I_1=I_{\mathrm{p}}$

对称三相电路△连接时，电压和电流之间关系为

$U_1=U_{\mathrm{p}}$

$I_1=\sqrt{3}I_{\mathrm{p}}$，线电流滞后相电流 30°

对称三相电路的计算方法为：把给定的对称三相电路化为 Y-Y 系统，利用归结为一相的计算方法，求出一相的电压和电流，然后根据对称关系直接得到其他两相的电压和电流。

最后利用Y-△的等值变换，求出原电路的电压和电流，进行其他分析。

在不对称Y连接三相电路中，必须要有中线。中线所起的作用就是使不对称Y连接三相负载的端电压保持对称。这样，一相电路发生问题时不会波及另外两相。如果在不对称的Y连接三相电路中无中线，就会造成中点偏移现象，这种现象使得负载阻抗小的一相相电压过低、负载阻抗大的一相相电压过高，由此对电路产生不良后果。当不对称Y连接负载有中线情况下和不对称负载△连接情况下，都要对各相电路单独分析和计算。

无论三相负载是Y连接还是△连接，只要三相负载对称，三相电路的总有功功率为

$$P = 3U_{\mathrm{p}}I_{\mathrm{p}}\cos\varphi = \sqrt{3}U_{\mathrm{l}}I_{\mathrm{l}}\cos\varphi$$

无功功率为

$$Q = 3U_{\mathrm{p}}I_{\mathrm{p}}\sin\varphi = \sqrt{3}U_{\mathrm{l}}I_{\mathrm{l}}\sin\varphi$$

视在功率为

$$S = 3U_{\mathrm{p}}I_{\mathrm{p}} = \sqrt{3}U_{\mathrm{l}}I_{\mathrm{l}}$$

式中，U_{p}、I_{p}分别为相电压和相电流的有效值，U_{l}、I_{l}分别为线电压和线电流的有效值，φ为相电压与相电流的相位差(即负载阻抗角)。

如果三相电路不对称，通常三相电路要分别进行分析计算，即单独计算出各相的有功功率、无功功率或复功率后再进行叠加。

注意，无论三相电路对称与否，复功率满足$\overline{S} = \overline{S}_{\mathrm{A}} + \overline{S}_{\mathrm{B}} + \overline{S}_{\mathrm{C}}$，但$S \neq S_{\mathrm{A}} + S_{\mathrm{B}} + S_{\mathrm{C}}$。

对称三相电路的优越性能之一就是对称三相功率的瞬时功率等于三相电路吸收的平均功率即$p = p_{\mathrm{A}} + p_{\mathrm{B}} + p_{\mathrm{C}} = 3U_{\mathrm{p}}I_{\mathrm{p}}\cos\varphi$，是一个常量，习惯上把这一性能称为瞬时功率平衡。

三相三线制电路无论对称与否，都可以用两表法测量三相总有功功率，但不能用于有中线的三相四线制非对称电路。

习　　题

1. 求如图6-37所示电路的等效阻抗。

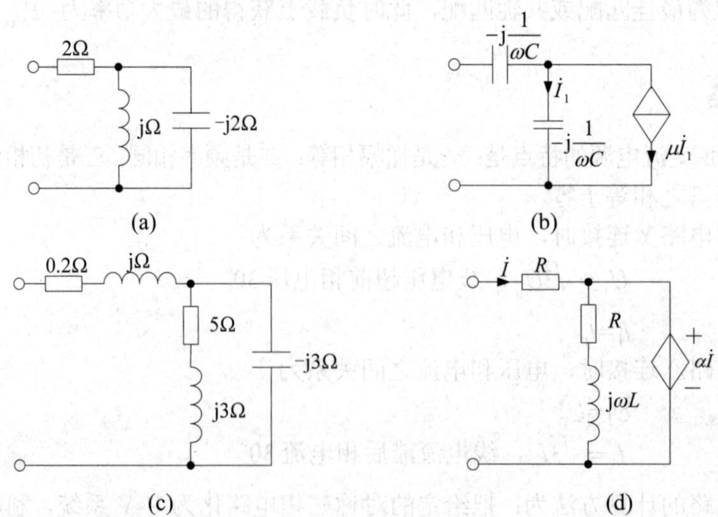

图6-37　习题1图

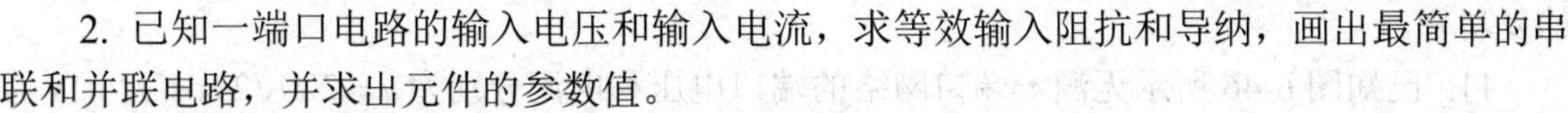

2. 已知一端口电路的输入电压和输入电流，求等效输入阻抗和导纳，画出最简单的串联和并联电路，并求出元件的参数值。

(1) $\begin{cases} u = 10\sqrt{2}\cos(314t + 45^\circ)\text{V} \\ i = 2\sqrt{2}\cos(314t)\text{A} \end{cases}$　　(2) $\begin{cases} u = 50\cos(314t + 30^\circ)\text{V} \\ i = 10\cos(314t + 60^\circ)\text{A} \end{cases}$

3. 电路如图 6-38 所示，已知 $R = 1\Omega$，$L = 1\,\text{H}$，$C = 0.25\text{F}$，$u_s = \sqrt{2}\cos 2t\text{V}$，用回路电流法求解 i_2。

4. 用节点电压法求解图 6-39 所示电流 $\dot{I}$。

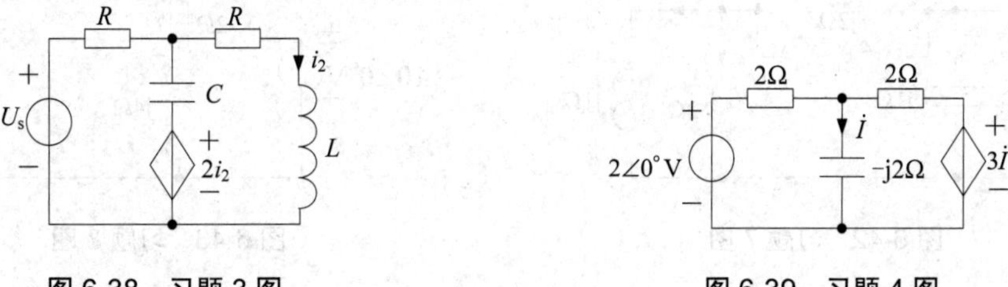

图 6-38　习题 3 图　　图 6-39　习题 4 图

5. 用节点电压法求解图 6-40 所示电压 $\dot{U}$。

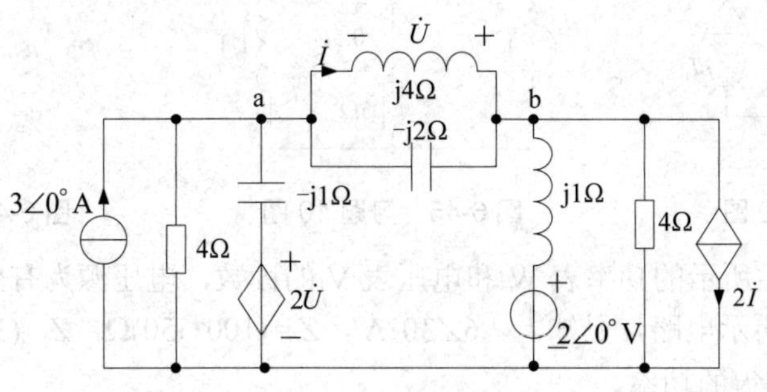

图 6-40　习题 5 图

6. 求图 6-41 所示电路的戴维南和诺顿等效电路。

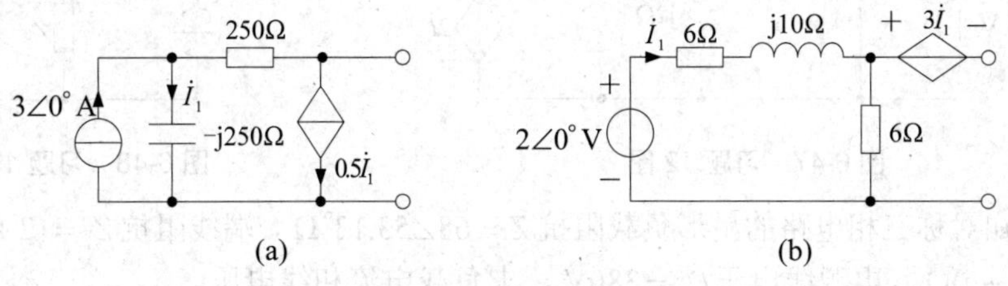

图 6-41　习题 6 图

7. 用戴维南定理求解图 6-42 所示电路中的电流 $\dot{I}$。

8. 图 6-43 所示电路中，若 Z_L 可调，若使 Z_L 获得最大功率，Z_L 应为何值，最大功率是多少？

9. 如图 6-44 所示电路，已知 Z=(10+j50)Ω，Z_1=(400+j1000)Ω。问 β 等于多少时，$\dot{I}_1$ 和 $\dot{U}_s$ 相差 90°？

10. 如图 6-45 所示电路中 $i_s = 2\cos 2t\text{A}$。(1)用回路电流法求各支路电流；(2)求 i_s 发出

的复功率。

11. 已知图 6-46 所示无源一端口网络的端口电压和电流分别为$u = 220\sqrt{2}\cos(314t)\text{V}$，$i = 5\sqrt{2}\cos(314t - 30^\circ)\text{A}$。

试求：(1) 该一端口网络的阻抗。

(2) 该一端口网络的 P、Q、λ。

(3) 为把电路的功率因数提高到 0.95(滞后)，应并联多大的电容。

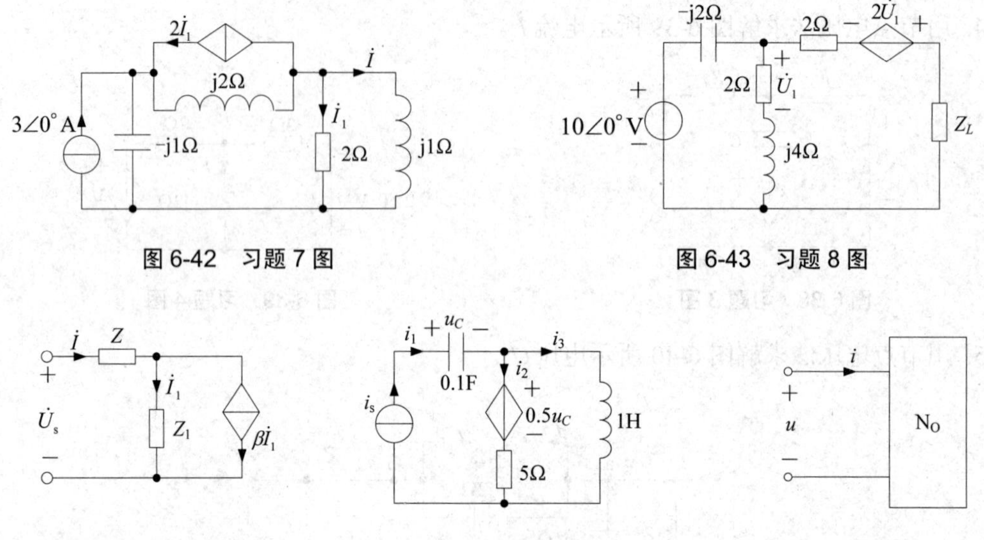

图 6-42 习题 7 图

图 6-43 习题 8 图

图 6-44 习题 9 图

图 6-45 习题 10 图

图 6-46 习题 11 图

12. 求图 6-47 中所示的功率表 W 和电压表 V 的读数，电压源为有效值相量。

13. 如图 6-48 所示电路，已知 $\dot{I}_s = 6\angle 30^\circ\text{A}$，$Z_0$=(100+j50)Ω，$Z_1$=(100+j50)Ω。求负载 Z 在共轭匹配时所获得的功率。

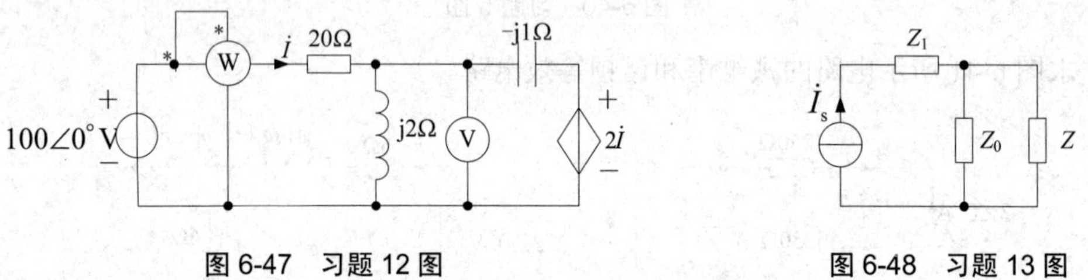

图 6-47 习题 12 图

图 6-48 习题 13 图

14. 已知对称三相电路的星形负载阻抗$Z = 68\angle 53.13^\circ\Omega$，端线阻抗$Z_1 = (2 + \text{j})\Omega$，中线阻抗$Z_\text{N} = (1 + \text{j})\Omega$，电源线电压$U_1 = 380\text{V}$，求负载电流和线电压。

15. 已知对称三相电路的电源线电压$U_1 = 380\text{V}$，三角形负载阻抗$Z = 20\angle 36.87^\circ\Omega$，端线阻抗$Z_1 = (1 + \text{j}2)\Omega$。求线电流、负载的相电流和负载端线电压。

16. 对称三相电路的线电压为$U_1 = 380\text{V}$，负载阻抗$Z = (12 + \text{j}16)\Omega$，无线路阻抗，试求：

(1) 当负载星形连接时的线电流及吸收的功率。

(2) 当负载三角形连接时的线电流、相电流和吸收的功率。

(3) 比较(1)和(2)的结果，能得到什么结论？

17. 如图 6-49 所示电路中，设对称三相电源的频率 f=50Hz，线电压 $\dot{U}_{AB} = 380\angle 0^\circ \text{V}$，试计算各相电流及中线电流。若无中线再计算各相电流。

18. 如图 6-50 所示对称三相电路中，已知负载端线电压 $\dot{U}_{A'B'} = 1143.16\angle 0^\circ \text{V}$，$Z = 30\angle 60^\circ \Omega$，$Z_1 = 2.236\angle 63.435^\circ \Omega$，试求：

(1) $\dot{I}_A$ 及 $\dot{U}_{AB}$。

(2) 三相负载吸收的功率。

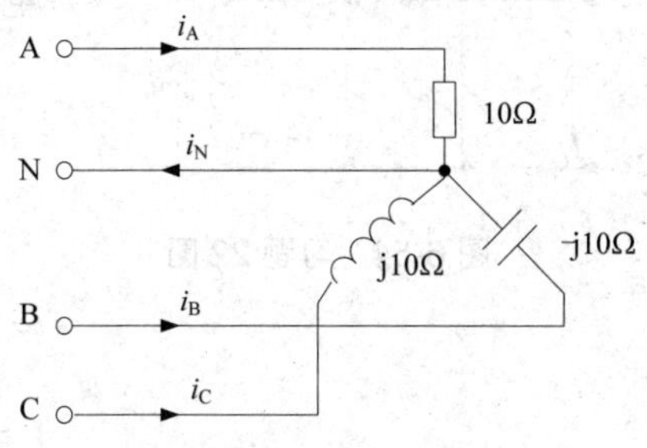

图 6-49 习题 17 图

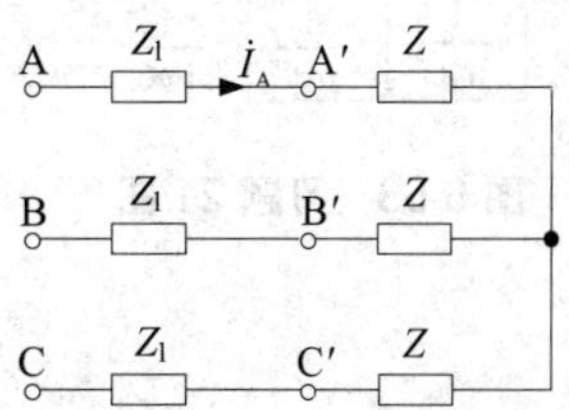

图 6-50 习题 18 图

19. 如图 6-51 所示对称三相电路中，已知电源相电压 220V，$Z = (30 + \text{j}20)\Omega$。试求：(1)电流表的读数；(2)三相负载吸收的功率；(3)如果 A 相负载阻抗等于零(其他不变)，再求(1)、(2)；(4)如果 A 相负载开路，再求(1)、(2)；(5)如果加接零阻抗中线，则(3)、(4)将发生怎样的变化。

20. 如图 6-52 所示对称三相电路，$U_1 = 380\text{V}$，三相负载吸收的功率 $P = 2\text{kW}$，功率因数为 0.707(滞后)。试求：

(1) 两功率表的读数。

(2) 求负载阻抗的参数 R 和 X。

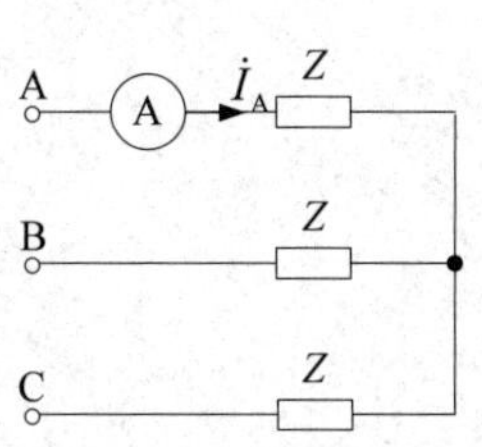

图 6-51 习题 19 图

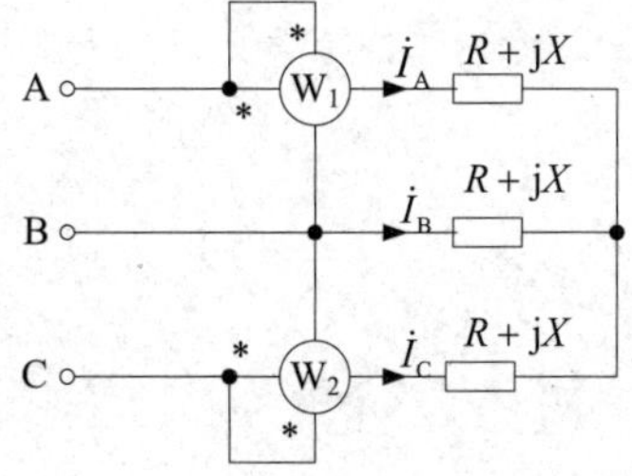

图 6-52 习题 20 图

21. 如图 6-53 所示对称三相电路中，线电压 380V，R=165Ω，负载吸收的无功功率为 $-1520\sqrt{3}\,\text{var}$。试求：

(1) 线电流 $\dot{I}_A$、$\dot{I}_B$、$\dot{I}_C$。

(2) 电源提供的复功率。

22. 如图 6-54 所示对称三相电路中，线电压为 380V，相电流 $I_{A'B'} = 2\text{A}$，求两功率表的读数及三相总功率 P。

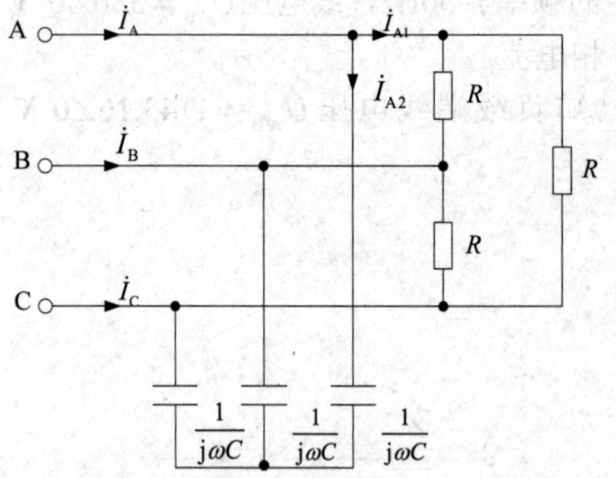

图 6-53　习题 21 图

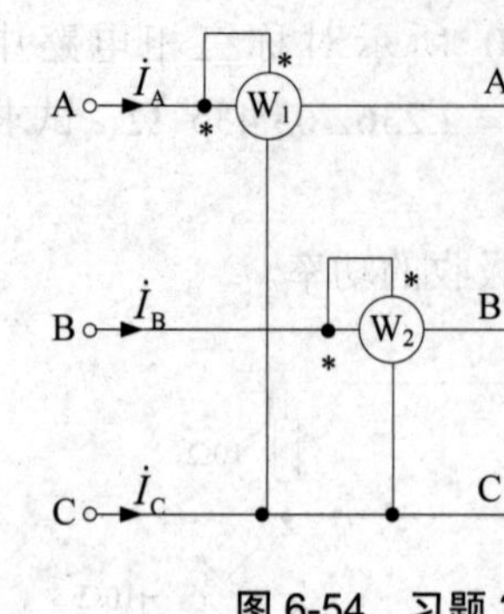

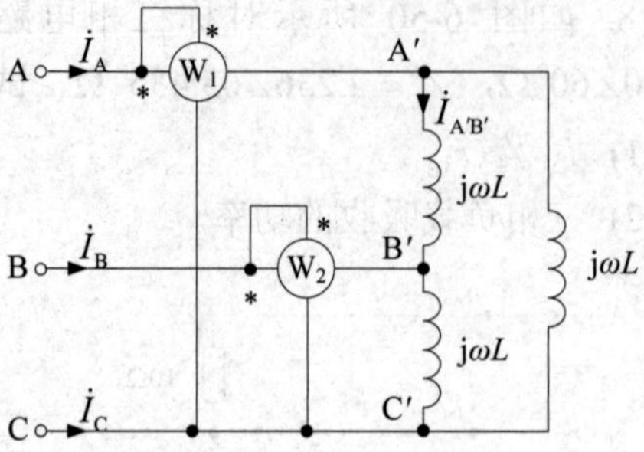

图 6-54　习题 22 图

第 7 章　耦合电感与理想变压器

教学目标

(1) 掌握耦合电感元件的伏安关系。

(2) 直接列写方程法和去耦等效法分析计算耦合电感电路。

(3) 理解反映阻抗的概念及其应用于分析空心变压器电路。

(4) 掌握含有理想变压器电路的分析计算。

7.1　互　感

两个有磁耦合的载流电感线圈如图 7-1(a)所示，其自感系数分别为 L_1 和 L_2，线圈匝数分别为 N_1 和 N_2，线圈中的电流 i_1 和 i_2 称为施感电流。根据右手螺旋法则可以确定出线圈中的磁通方向。其中线圈 1 中的电流 i_1 所产生的磁通 Φ_{11} 称为自感磁通，Φ_{11} 与线圈 1 的 N_1 匝交链，产生磁通链 ψ_{11} 称为自感磁通链；Φ_{11} 中的一部分或全部与线圈 2 交链，产生磁通链 ψ_{21} 称为互感磁通链。同样，线圈 2 中的电流 i_2 也产生自感磁通链 Ψ_{22} 和互感磁通链 ψ_{12}(图中未画出)，这就是两个电感线圈间的磁耦合情况。

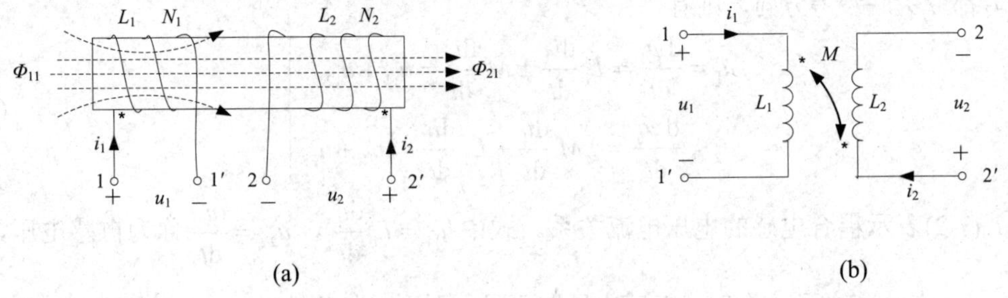

图 7-1　两个线圈的磁耦合

当线圈周围的介质为非铁磁材料时，其磁路为线性磁路，每一种磁链都与产生它的施感电流成正比，即有

$$\psi_{11} = L_1 i_1 \ ,\ \psi_{22} = L_2 i_2 \ ,\ \psi_{12} = M_{12} i_2 \ ,\ \psi_{21} = M_{21} i_1$$

式中，M_{12} 和 M_{21} 称为互感系数，简称互感，单位为 H。

理论上可以证明，$M_{12}=M_{21}$，所以当只有两个线圈耦合时，可以用 M 表示互感，不用标注下标。

由上述可知，每个耦合电感中的磁通链等于自感磁通链和互感通磁链两部分的代数和，线圈 1 和线圈 2 的磁通链分别用 ψ_1(与 ψ_{11} 同向)和 ψ_2(与 ψ_{22} 同向)表示，则有

$$\left.\begin{aligned} \psi_1 &= \psi_{11} \pm \psi_{12} = L_1 i_1 \pm M i_2 \\ \psi_2 &= \psi_{21} \pm \psi_{22} = \pm M i_1 + L_2 i_2 \end{aligned}\right\} \tag{7-1}$$

式(7-1)表明，耦合电感中的磁通链与施感电流呈线性关系，是各施感电流独立产生的磁通链叠加的结果。M 前的“±”号是说明磁耦合中，互感作用的两种可能性。“+”号表

示互感磁通链与自感磁通链方向一致，自感方向的磁场得到加强(增磁)，称为同向耦合。工程上将同向耦合状态下的一对施感电流(i_1，i_2)的入端(或出端)定义为耦合电感的同名端，并用同一符号标出这对端子，例如图 7-1(a)中用“*”号标出的一对端子(1，2′)，即为耦合电感的同名端(未标记的端子 1′，2 也为同名端)。当线圈的绕向无法确定时，同名端可用实验的方法判断。式中“-”号表示施感电流(i_1，i_2)的入端为异名端，互感磁通链总是与自感磁通链的方向相反，总有$\psi_1<\psi_{11}$，$\psi_2<\psi_{22}$，称为反向耦合，总是使自感方向的磁场削弱，有可能使耦合电感之一的合成磁场为零，甚至为负值，其绝对值有可能超过原自感磁场。耦合电感的耦合状态将随施感电流方向的变化而变化。引入同名端的概念后，可以用带有互感 M 和同名端标记的电感(元件)L_1 和 L_2 表示耦合电感，如图 7-1(b)所示，其中 M 表示互感。这样有

$$\begin{cases}\psi_1 = L_1 i_1 + M i_2 \\ \psi_2 = M i_1 + L_2 i_2\end{cases}$$

式中，含有 M 的项之前取“+”号，表示同向耦合。耦合电感可以看作是一个具有四个端子的二端口电路元件。

当有两个以上电感彼此之间存在耦合时，同名端应当一对一地加以标记，每一对宜用不同符号标记。每一个电感中的磁通链将等于自感磁通链与所有互感磁通链的代数和。同向耦合时，互感磁通链求和时取“+”号；反向耦合时，则取“-”号。

如果施感电流 i_1 和 i_2 随时间变化时，由式(7-1)可知，耦合电感中的磁通链将跟随电流变化。根据法拉第电磁感应定律，变化的磁通链将在耦合电感中产生感应电压。若 u_1 与 i_1、u_2 与 i_2 都取关联参考方向，则有

$$\left.\begin{aligned}u_1 &= \frac{\mathrm{d}\psi_1}{\mathrm{d}t} = L_1\frac{\mathrm{d}i_1}{\mathrm{d}t} \pm M\frac{\mathrm{d}i_2}{\mathrm{d}t} = u_{11} + u_{12} \\ u_2 &= \frac{\mathrm{d}\psi_2}{\mathrm{d}t} = \pm M\frac{\mathrm{d}i_1}{\mathrm{d}t} + L_2\frac{\mathrm{d}i_2}{\mathrm{d}t} = u_{21} + u_{22}\end{aligned}\right\} \tag{7-2}$$

式(7-2)表示耦合电感的电压电流关系。式中$u_{11} = L_1\frac{\mathrm{d}i_1}{\mathrm{d}t}$，$u_{22} = \frac{\mathrm{d}i_2}{\mathrm{d}t}$称为自感电压，当$u_1$与 i_1、u_2 与 i_2 取关联方向时，自感电压取正号；否则，取负号。$u_{12} = M\frac{\mathrm{d}i_2}{\mathrm{d}t}$，$u_{21} = M\frac{\mathrm{d}i_1}{\mathrm{d}t}$称为互感电压，其前的“+”或“-”号的正确取舍是写出耦合电感电压电流关系的关键，取舍的规则如下：根据耦合电感的耦合状态，当耦合电感同向耦合时，则互感电压在 KVL 方程中与自感电压同号；反向耦合时，与自感电压异号。按此规则，图 7-1(b)所示耦合电感的伏安关系为

$$\left.\begin{aligned}u_1 &= L_1\frac{\mathrm{d}i_1}{\mathrm{d}t} + M\frac{\mathrm{d}i_2}{\mathrm{d}t} \\ u_2 &= M\frac{\mathrm{d}i_1}{\mathrm{d}t} + L_2\frac{\mathrm{d}i_2}{\mathrm{d}t}\end{aligned}\right\} \tag{7-3}$$

【例 7-1】试写出如图 7-2 所示各耦合电感元件的伏安关系。

解：(a) $u_1 = L_1\frac{\mathrm{d}i_1}{\mathrm{d}t} - M\frac{\mathrm{d}i_2}{\mathrm{d}t}$，$u_2 = -M\frac{\mathrm{d}i_1}{\mathrm{d}t} + L_2\frac{\mathrm{d}i_2}{\mathrm{d}t}$

(b) $u_1 = L_1\frac{\mathrm{d}i_1}{\mathrm{d}t} - M\frac{\mathrm{d}i_2}{\mathrm{d}t}$，$u_2 = M\frac{\mathrm{d}i_1}{\mathrm{d}t} - L_2\frac{\mathrm{d}i_2}{\mathrm{d}t}$

(c) $u_1 = L_1 \dfrac{di_1}{dt} + M\dfrac{di_2}{dt}$，$u_2 = -M\dfrac{di_1}{dt} - L_2\dfrac{di_2}{dt}$

(d) $u_1 = -L_1 \dfrac{di_1}{dt} + M\dfrac{di_2}{dt}$，$u_2 = -M\dfrac{di_1}{dt} + L_2\dfrac{di_2}{dt}$

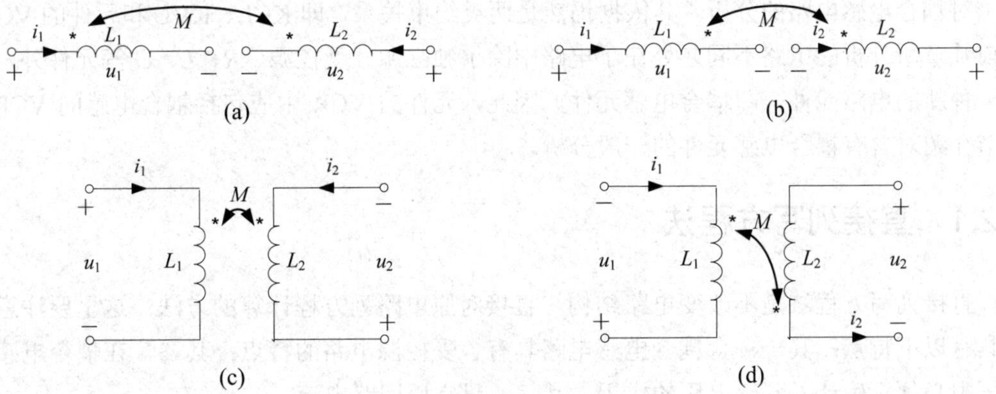

图 7-2　例 7-1 图

当施感电流为同频率的正弦量时，在正弦稳态情况下，式(7-3)可用相量表示为

$$\left.\begin{aligned}\dot{U}_1 &= \mathrm{j}\omega L_1\dot{I}_1 + \mathrm{j}\omega M\dot{I}_2 \\ \dot{U}_2 &= \mathrm{j}\omega M\dot{I}_1 + \mathrm{j}\omega L_2\dot{I}_1\end{aligned}\right\} \tag{7-4}$$

式中，$\mathrm{j}\omega M$ 称为互感阻抗，用 Z_M 表示；ωM 称为互感抗，单位为Ω。

用电流控制电压源表示图 7-1(b)所示耦合电感的电路模型，如图 7-3 所示。

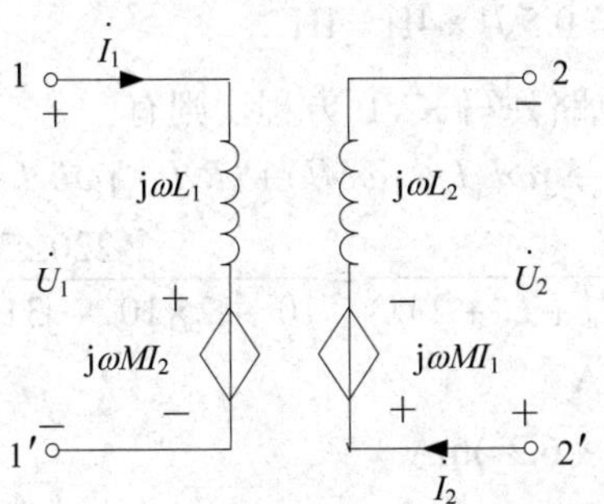

图 7-3　用受控源表示的耦合电感

工程上用耦合系数 k 定量反映两个耦合线圈磁耦合的紧密程度，其定义式为

$$k = \sqrt{\frac{\psi_{21}}{\psi_{11}} \times \frac{\psi_{12}}{\psi_{22}}} = \frac{M}{\sqrt{L_1 L_2}} \leqslant 1$$

$k \leqslant 1$ 是因为 ψ_{21} 是 ψ_{11} 的一部分或全部，ψ_{12} 是 ψ_{22} 的一部分或全部。当 $k=1$ 时，称为全耦合。两个线圈之间的耦合程度或耦合系数 k 的大小与线圈的结构、两线圈的相对位置、相对距离以及周围磁介质有关。如果两个线圈靠得很紧或紧密地缠绕在一起，则 k 值可能接近于 1。反之，如果它们相隔很远，或者虽然靠得很近，但它们的轴线互相垂直，则 k 值就很小，甚至接近于零。由此可见，改变耦合线圈的相互位置就可以改变耦合系数的大小。当 L_1 和 L_2 一定时，也就可以改变互感 M 的大小。

7.2 含有耦合电感电路的分析

对耦合电感电路的分析，其依据仍然是两类约束关系，即 KCL、KVL 和元件的 VCR。与前几章所分析的电路不同之处在于电路中除了独立源、受控源、R、L、C 等元件外，增加一种新的电路元件，即耦合电感元件。因此，元件的 VCR 中应包括耦合电感的 VCR。本节介绍对含有耦合电感元件的一般分析。

7.2.1 直接列写方程法

直接列写方程法是不改变电路结构，直接对原电路列方程计算的方法。这里要注意电路具有以下特点：其一，含耦合电感电路具有含受控源电路的特点；其二，在耦合电感的电压中必须正确计入互感电压的作用；其三，只宜用回路电流法，不宜采用节点电压法，这是因为耦合电感所在支路的复导纳未知。

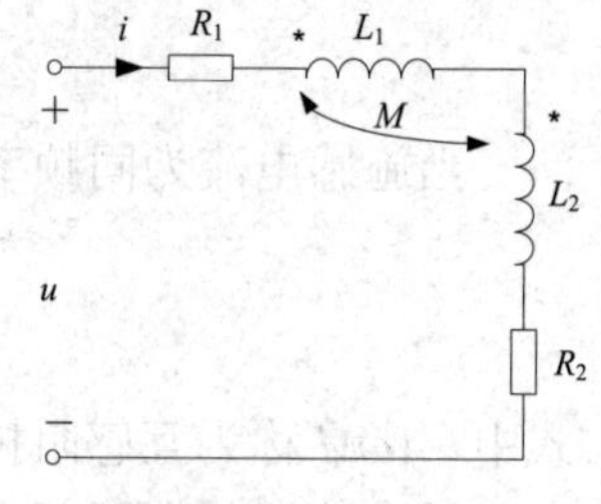

图 7-4 例 7-2 图

【例 7-2】如图 7-4 所示电路，已知 L_1=1H，L_2=4H，R_1=1kΩ，R_2=2kΩ，耦合系数 k=0.5，$u = 220\sqrt{3}\cos(314t + 30^\circ)\text{V}$，求电流 i。

解：先求互感系数，即

$$M = k\sqrt{L_1 L_2} = 0.5\sqrt{1\times 4}\text{H} = 1\text{H}$$

在正弦稳态情况下，对电路列写 KVL 方程，则有

$$\dot{U} = (R_1\dot{I} + \text{j}\omega L_1\dot{I} + \text{j}\omega M\dot{I}) + (R_2\dot{I} + \text{j}\omega L_2\dot{I} + \text{j}\omega M\dot{I})$$

$$\dot{I} = \frac{\dot{U}}{R_1 + R_2 + \text{j}\omega(L_1 + L_2 + 2M)} = \frac{220\angle 30^\circ}{10^3 + 2\times 10^3 + \text{j}314(1+4+2\times 1)}\text{mA}$$

$$\approx 59.2\angle -6.2^\circ\,\text{mA}$$

$$i = 59.22\cos(314t - 6.2^\circ)\text{mA}$$

7.2.2 去耦等效法

去耦等效法是先画出耦合电感电路的去耦等效电路。对所得的等效电路可按一般的 RL 电路对待。在正弦稳态情况下，可直接按一般交流电路处理。下面讨论两个耦合电感的串联、并联和 T 连接电路的去耦等效电路。

1. 耦合电感的串联及其去耦等效

如图 7-5(a)、(b)所示为两个耦合电感的串联。图 7-5(a)所示是将两个电感的异名端相连接，称为顺接连接，简称顺接；图 7-5(b)所示是将两个电感的同名端相连接，称为反接连接，简称反接。两个耦合电感串联的等效电路如图 7-5(c)所示。

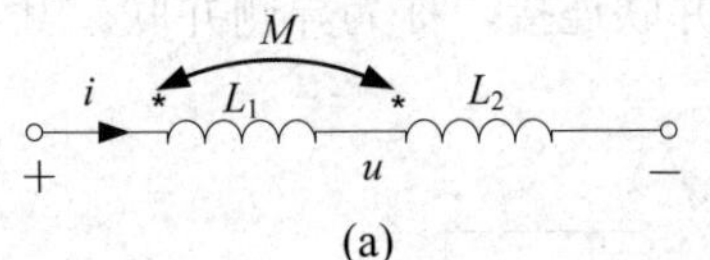

(a)

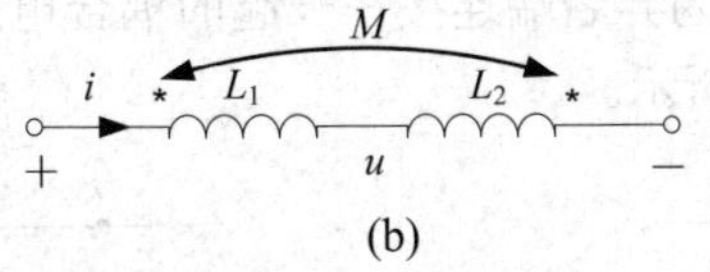

(b)

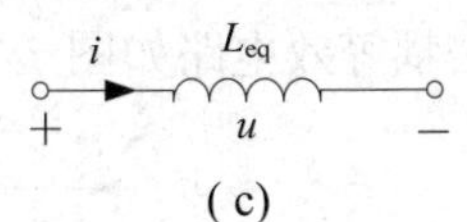

(c)

图 7-5 耦合电感的串联及其去耦等效

在图 7-5(a)所示电路中，在正弦稳态情况下，根据 KVL 及元件的 VCR，有

$$\dot{U} = (\mathrm{j}\omega L_1\dot{I} + \mathrm{j}\omega M\dot{I}) + (\mathrm{j}\omega L_2\dot{I} + \mathrm{j}\omega M\dot{I}) = \mathrm{j}\omega(L_1 + L_2 + 2M)\dot{I}$$

得到

$$\frac{\dot{U}}{\dot{I}} = \mathrm{j}\omega(L_1 + L_2 + 2M) = \mathrm{j}\omega L_{\mathrm{eq}}$$

从而可得两个耦合电感顺接的等效电感为

$$L_{\mathrm{eq}} = L_1 + L_2 + 2M \tag{7-5}$$

在图 7-5(b)所示电路中，同理根据 KVL 及元件的 VCR，有

$$\dot{U} = (\mathrm{j}\omega L_1\dot{I} - \mathrm{j}\omega M\dot{I}) + (\mathrm{j}\omega L_2\dot{I} - \mathrm{j}\omega M\dot{I}) = \mathrm{j}\omega(L_1 + L_2 - 2M)\dot{I}$$

得到

$$\frac{\dot{U}}{\dot{I}} = \mathrm{j}\omega(L_1 + L_2 - 2M) = \mathrm{j}\omega L_{\mathrm{eq}}$$

从而可得两个耦合电感反接的等效电感为

$$L_{\mathrm{eq}} = L_1 + L_2 - 2M \tag{7-6}$$

2. 耦合电感的并联及其去耦等效

图 7-6(a)所示为同名端连接在一起的耦合电感的并联连接，称为同侧并联。根据 KVL 及元件的 VCR，有

$$\left.\begin{aligned}\dot{U} &= (R_1 + \mathrm{j}\omega L_1)\dot{I}_1 + \mathrm{j}\omega M\dot{I}_2\\ \dot{U} &= \mathrm{j}\omega M\dot{I}_1 + (R_2 + \mathrm{j}\omega L_2)\dot{I}_2\\ \dot{I} &= \dot{I}_1 + \dot{I}_2\end{aligned}\right\} \tag{7-7}$$

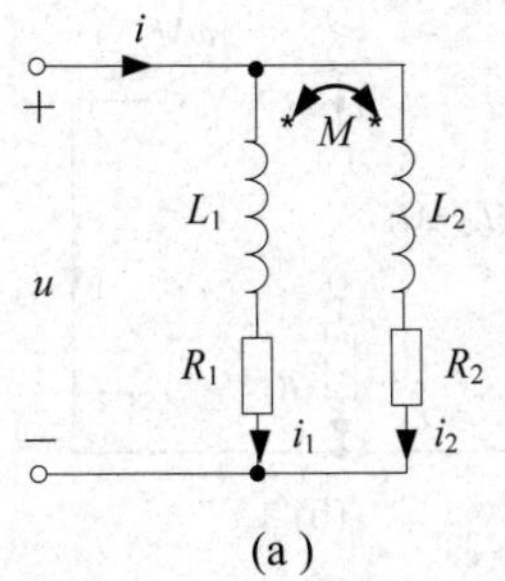

(a)

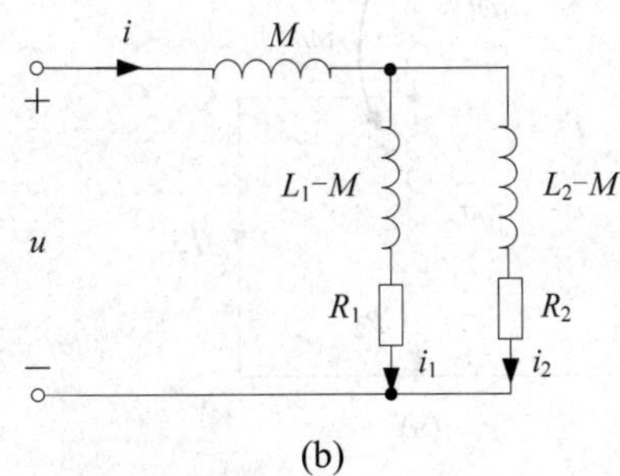

(b)

图 7-6 耦合电感的同侧并联及其去耦等效电路

将式(7-7)中第三式分别代入第一式和第二式分别消去 $\dot{I}_2$ 和 $\dot{I}_1$ 得

$$\left.\begin{aligned}\dot{U} &= R_1\dot{I}_1 + \mathrm{j}\omega(L_1 - M)\dot{I}_1 + \mathrm{j}\omega M\dot{I}\\ \dot{U} &= \mathrm{j}\omega M\dot{I} + R_2\dot{I}_2 + \mathrm{j}\omega(L_2 - M)\dot{I}_2\end{aligned}\right\} \tag{7-8}$$

由式(7-8)可以画出同侧并联的去耦等效电路如图 7-6(b)所示。

同理，图 7-7(a)所示为异名端连接在一起的耦合电感的并联连接，称为异侧并联。其去耦等效电路如图 7-7(b)所示。

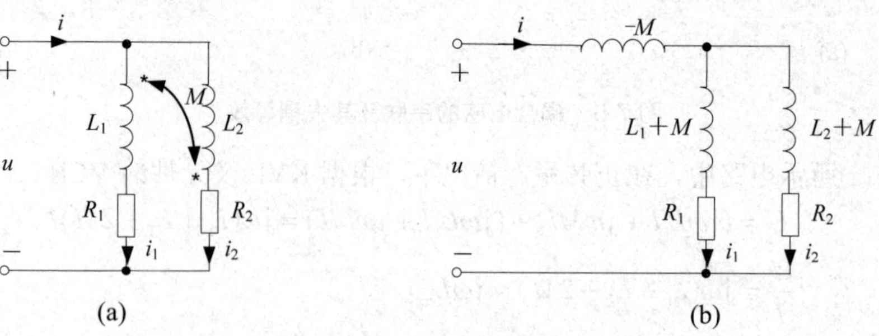

图 7-7　耦合电感异侧并联及其去耦等效电路

3. T 形耦合电感及其去耦等效

T 形耦合电感电路的去耦等效，实质上与并联耦合电感电路的去耦等效方法是一样的。可以归纳出如下的去耦方法：如果耦合电感的两条支路各有一端与第三支路形成一个仅含三条支路的共同节点，则可用三条无耦合的电感支路等效替代，三条支路的等效电感分别为

(1) 支路 3 电感 $L_3=\pm M$(同侧取“+”，异侧取“−”)。

(2) 支路 1 电感 $L_1' = L_1 \mp M$，支路 2 电感 $L_2' = L_2 \mp M$，M 前所取符号与 L_3 中的符号相反。等效电感与电流参考方向无关，这三条支路中的其他元件不变。

【例 7-3】电路如图 7-8(a)所示，已知 $R_1=4\Omega$，$R_2=6\Omega$，$\omega L_1=8\Omega$，$\omega L_2=13\Omega$，$\omega M=9\Omega$，电压 $u = 50\sqrt{2}\cos(\omega t + 60^\circ)\text{V}$，求各支路的电流及线圈 1、2 的复功率。

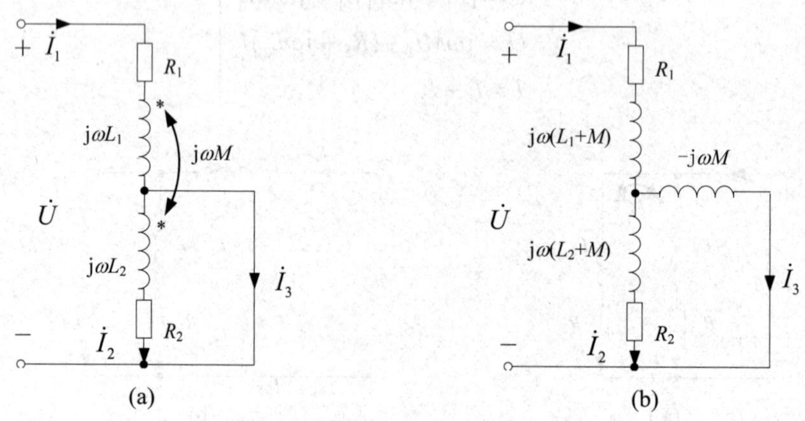

图 7-8　例 7-3 图

解：方法一，直接列写方程法。

如图 7-8(a)所示，由 KVL 得电路方程

$$\begin{cases} \dot{U} = R_1\dot{I}_1 + \text{j}\omega L_1\dot{I}_1 + \text{j}\omega M\dot{I}_2 \\ 0 = R_2\dot{I}_2 + \text{j}\omega L_2\dot{I}_2 + \text{j}\omega M\dot{I}_1 \end{cases}$$

解方程得

$$\dot{I}_1=\frac{\dot{U}}{R_1+\mathrm{j}\omega L_1-\dfrac{(\mathrm{j}\omega M)^2}{R_2+\mathrm{j}\omega L_2}}\approx 7.16\angle 35.80^\circ\ \mathrm{A}$$

$$\dot{I}_2=-\frac{\mathrm{j}\omega M}{R_2+\mathrm{j}\omega L_2}\approx 4.5\angle -119.43^\circ\ \mathrm{A}$$

$$\dot{I}_3=\dot{I}_1-\dot{I}_2=7.16\angle 35.80^\circ-4.5\angle 119.43^\circ\approx 3.61\angle 4.26^\circ\ \mathrm{A}$$

复功率计算

$$\begin{aligned}\overline{S}_1&=\dot{U}_1\dot{I}_1^*=(R_1\dot{I}_1+\mathrm{j}\omega L_1\dot{I}_1+\mathrm{j}\omega M\dot{I}_2)\dot{I}_1^*\\&=(R_1+\mathrm{j}\omega L_1)\dot{I}_1^2+\mathrm{j}\omega M\dot{I}_2\dot{I}_1^*\\&=(4+\mathrm{j}8)\times 7.16^2\ \mathrm{V\cdot A}+\mathrm{j}9\times 4.5\angle -119.43^\circ\times 7.16\angle -35.80^\circ\ \mathrm{V\cdot A}\\&\approx(326.51+\mathrm{j}146.76)\mathrm{V\cdot A}\end{aligned}$$

$$\begin{aligned}\overline{S}_2&=\dot{U}_2\dot{I}_2^*=(R_2\dot{I}_2+\mathrm{j}\omega L_2\dot{I}_2+\mathrm{j}\omega M\dot{I}_1)\dot{I}_2\\&=(R_2+\mathrm{j}\omega L_2)\dot{I}_2^2+j\omega M\dot{I}_2\dot{I}_2^*\\&=(6+\mathrm{j}13)\times 4.5^2+\mathrm{j}9\times 7.16\angle 35.80^\circ\times 4.5\angle 119.43^\circ\\&\approx 121.5+\mathrm{j}263.25+(-121.5-\mathrm{j}263.25)\\&=0\end{aligned}$$

$$\overline{S}=\dot{U}\dot{I}_1^*=50\angle 60^\circ\times 7.16\angle -35.80^\circ\ \mathrm{V\cdot A}\approx(326.49+\mathrm{j}146.74)\mathrm{V\cdot A}$$

$\overline{S}=\overline{S}_1+\overline{S}_2$，可见复功率平衡。

方法二，利用去耦等效法。

去耦等效电路如图 7-8(b)所示，按分析正弦稳态电路得

$$\dot{I}_1=\frac{\dot{U}}{R_1+\mathrm{j}\omega(L_1+M)+\left[R_2+\mathrm{j}\omega(L_2+M)\right]//(-\mathrm{j}\omega M)}\approx 7.16\angle 35.80^\circ\ \mathrm{A}$$

$$\dot{I}_2=\frac{\dot{U}-\left[R_1+\mathrm{j}\omega(L_1+M)\right]\dot{I}_1}{R_2+\mathrm{j}\omega(L_2+M)}\approx 4.5\angle -119.43^\circ\ \mathrm{A}$$

同理，可计算电流 $\dot{I}_3$ 及复功率，两种方法计算结果一致。

上述计算 $\overline{S}_2$ 中 $\mathrm{j}\omega M\dot{I}_1\dot{I}_2^*$ 表示通过线圈的耦合由线圈 2 传递给线圈 1 的复功率，其实部为-121.5W 表明线圈 1 实际向线圈 2 发送了 121.5W 的有功功率；其虚部为-263.25var 表明两线圈因“去磁”作用，使两线圈同时减少了 263.25var 的无功功率。$\overline{S}_2$ 等于零，是因为线圈 2 被短路。

7.3　空心变压器和理想变压器

7.3.1　空心变压器

变压器是电工、电子技术中常用的电气部件，是耦合电感在工程实际应用中的典型例子，它通常由两线圈之间通过耦合方式构成。所谓空心变压器是指线圈中无铁磁性材料铁芯的变压器。在空心变压器的两个线圈中，接电源的线圈称为初级线圈(一次绕组)，接负

载的线圈称为次级线圈(二次绕组)，如图 7-9 所示。在正弦稳态下，对一、二次回路应用 KVL 得方程

$$\begin{cases}(R_1+\mathrm{j}\omega L_1)\dot{I}_1+\mathrm{j}\omega M\dot{I}_2=\dot{U}_s\\(R_2+\mathrm{j}\omega L_2+Z_L)\dot{I}_2+\mathrm{j}\omega M\dot{I}_1=0\end{cases}$$

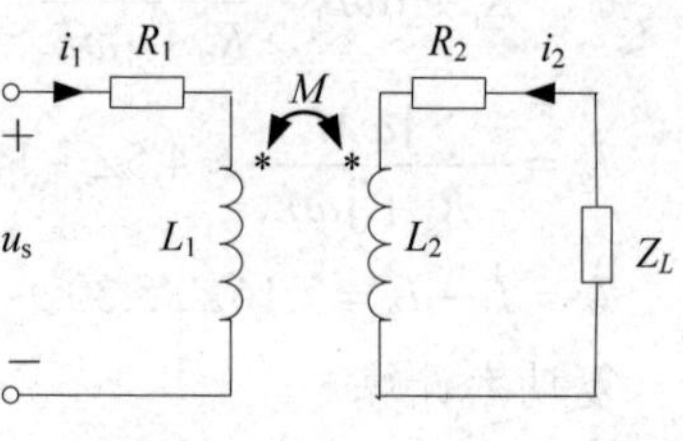

图 7-9　空心变压器电路

令 $Z_{11}=R_1+\mathrm{j}\omega L_1$ 称为一次回路自阻抗，$Z_{22}=R_2+\mathrm{j}\omega L_2+Z_L$ 称为二次回路自阻抗，则上式变为

$$\begin{cases}Z_{11}\dot{I}_1+\mathrm{j}\omega M\dot{I}_2=\dot{U}_s\\\mathrm{j}\omega M\dot{I}_1+Z_{22}\dot{I}_2=0\end{cases}$$

解方程得

$$\dot{I}_1=\frac{\dot{U}_s}{Z_{11}+\dfrac{(\omega M)^2}{Z_{22}}}=\frac{\dot{U}_s}{Z_{11}+Z'_{11}} \tag{7-9}$$

$$\dot{I}_2=\frac{-\mathrm{j}\omega M\dot{I}_1}{Z_{22}}=\frac{\dfrac{-\mathrm{j}\omega M\dot{U}_s}{Z_{11}}}{Z_{22}+\dfrac{(\omega M)^2}{Z_{11}}}=\frac{-\mathrm{j}\omega M\dot{I}_{10}}{Z_{22}+Z'_{22}} \tag{7-10}$$

上述两式中的 $Z'_{11}=\dfrac{(\omega M)^2}{Z_{22}}$ 和 $Z'_{22}=\dfrac{(\omega M)^2}{Z_{11}}$ 称为反映阻抗。Z'_{11} 是二次回路阻抗 Z_{22} 通过互感反映到一次侧的等效阻抗，它表明二次侧对一次侧的影响，Z'_{22} 是一次侧回路阻抗 Z_{11} 通过互感反映到一次侧的等效阻抗。显然，反映阻抗的性质与原阻抗(Z_{22} 或 Z_{11})的性质相反，即感性(容性)变为容性(感性)。Z'_{11} 在一次回路中吸收的有功功率就是二次回路吸收的有功功率。

由式(7-9)和式(7-10)可得到空心变压器一、二次等效电路，如图 7-10(a)、(b)所示。图 7-10(b)实质就是空心变压器一次侧向二次侧所作的戴维南等效电路。

通过上述分析可知，对含有空心变压器电路的分析既可以采用列 KVL 方程分析，也可采用一、二次等效电路来分析。

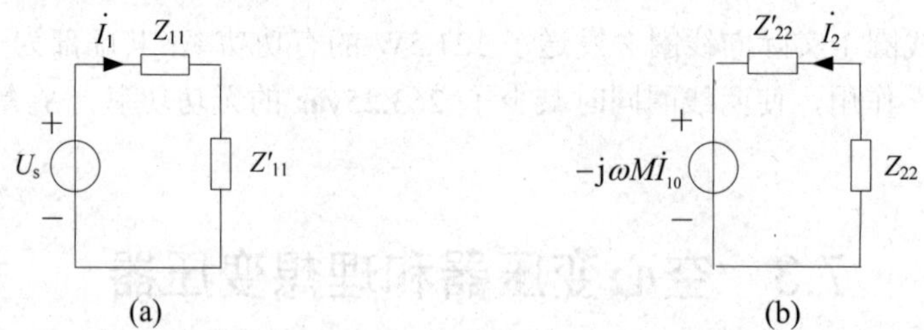

图 7-10　空心变压器等效电路

【例 7-4】如图 7-9 所示空心变压器电路，已知 L_1=3.6H，L_2=0.06H，M=0.465H，R_1=20Ω，R_2=0.08Ω，R_L=42Ω，ω=314rad/s，$\dot{U}_s=115\angle 0^\circ\,\mathrm{V}$，求一、二次电流。

解：作出空心变压器等效电路如图 7-10 所示。其中自阻抗为

$$Z_{11}=R_1+\mathrm{j}\omega L_1=(20+\mathrm{j}314\times 3.6)\Omega=(20+\mathrm{j}1130)\Omega=1130.2\angle 88.99^\circ\,\Omega$$

$$Z_{22}=R_2+\mathrm{j}\omega L_2+R_L=(42.08+\mathrm{j}314\times0.06)\Omega=(42.08+\mathrm{j}18.84)\Omega=46.1\angle24.1^\circ\Omega$$

反映阻抗为

$$Z'_{11}=\frac{(\omega M)^2}{Z_{22}}=\frac{(314\times0.465)^2}{46.1\angle24.1^\circ}\Omega=462.4\angle-24.1^\circ\Omega=(422-\mathrm{j}189)\Omega$$

$$Z'_{22}=\frac{(\omega M)^2}{Z_{11}}=\frac{(314\times0.465)^2}{1130.2\angle88.99^\circ}\Omega=18.86\angle-88.99^\circ\Omega=(17.85-\mathrm{j}18.85)\Omega$$

由一次等效电路求得一次电流，即

$$\dot{I}_1=\frac{\dot{U}_\mathrm{s}}{Z_{11}+Z'_{11}}=\frac{115\angle0^\circ}{442+\mathrm{j}941}\mathrm{A}=\frac{115\angle0^\circ}{1040\angle64.8^\circ}\mathrm{A}=0.11\angle-64.8^\circ\mathrm{A}$$

由二次等效电路求得二次电流，即

$$\dot{I}_2=\frac{\dfrac{-\mathrm{j}\omega M\dot{U}_\mathrm{s}}{Z_{11}}}{Z_{22}+Z'_{22}}=\frac{\dfrac{-\mathrm{j}314\times0.465\times115\angle0^\circ}{1130.2\angle88.99^\circ}}{42.08+\mathrm{j}18.84+17.85-\mathrm{j}18.85}\mathrm{A}=\frac{-14.86\angle1.1^\circ}{59.93}\mathrm{A}=-0.25\angle1.1^\circ\mathrm{A}$$

应该注意，图 7-10(b)中等效电源的极性与图 7-9 所示空心变压器两绕组的同名端情况相对应，当同名端不同于图 7-9 所示情况时，则图 7-10(b)中等效电源的极性与之相反。

在图 7-9 所示电路中，若将一、二次绕组的下端相连，则对电路的工作状态没有影响。由此可按耦合电感同侧连接得出空心变压器的 T 形去耦等效电路。在这种等效电路中，一、二次绕组存在电的联系，读者可按正弦稳态电路列回路方程求解。

7.3.2 理想变压器

理想变压器也是一种耦合元件，它是由实际变压器抽象出来的。理想变压器必须满足三个条件：①无损耗；②全耦合，即耦合系数 k=1；③自感系数 L_1、L_2 和互感系数 M 均为无穷大。下面分析理想变压器的一、二次侧间的电压关系、电流关系和阻抗变换性质。

空心变压器无损耗，即 $R_1=R_2=0$。

在全耦合情况下，$\phi_{11}=\phi_{21}$，$\phi_{22}=\phi_{12}$，则每个绕组中的磁通为

$$\phi_1=\phi_{11}+\phi_{12}=\phi_{11}+\phi_{22}=\phi$$
$$\phi_2=\phi_{22}+\phi_{21}=\phi_{22}+\phi_{11}=\phi$$

每个绕组的总磁链为

$$\psi_1=N_1\phi_1=N_1\phi$$
$$\psi_2=N_2\phi_2=N_2\phi$$

由电磁感应定律可知一、二次绕组电压为

$$u_1=\frac{\mathrm{d}\psi_1}{\mathrm{d}t}=N_1\frac{\mathrm{d}\phi}{\mathrm{d}t}$$
$$u_2=\frac{\mathrm{d}\psi_2}{\mathrm{d}t}=N_2\frac{\mathrm{d}\phi}{\mathrm{d}t}$$

由上面两式得

$$\frac{u_1}{u_2}=\frac{N_1}{N_2}=n \tag{7-11}$$

根据耦合线圈的伏安关系有

$$\begin{cases} u_1 = L_1 \dfrac{di_1}{dt} + M\dfrac{di_2}{dt} \\ u_2 = M\dfrac{di_1}{dt} + L_2\dfrac{di_2}{dt} \end{cases}$$

当 k=1，即全耦合时，$M=\sqrt{L_1L_2}$ 代入上式得

$$\begin{cases} u_1 = L_1 \dfrac{di_1}{dt} + \sqrt{L_1L_2}\dfrac{di_2}{dt} \\ u_2 = \sqrt{L_1L_2}\dfrac{di_1}{dt} + L_2\dfrac{di_2}{dt} \end{cases}$$

两式相比得

$$\sqrt{\frac{L_1}{L_2}} = \frac{u_1}{u_2} = n$$

又由耦合线圈的伏安关系得

$$i_1 = \frac{1}{L_1}\int u_1 dt - \frac{M}{L}\int \frac{di_2}{dt}dt = \frac{1}{L_1}\int u_1 dt - \sqrt{\frac{L_2}{L_1}}\int di_2$$

可见，当 L_1、L_2 均为无穷大时，而 $\sqrt{\dfrac{L_1}{L_2}}=n$ 保持不变，则得出

$$i_1 = -\frac{1}{n}i_2 \tag{7-12}$$

在工程实际中，铁芯变压器比较接近理想变压器。常通过提高构成磁路的铁磁材料的磁导率 μ，增加一、二次绕组的匝数，并尽量使一、二次绕组紧密耦合，可使耦合系数接近于 1，同时使自感系数 L_1、L_2 和互感系数 M 很大。

可见，理想变压器不再采用自感系数 L_1 和 L_2、互感系数 M、耦合系数 k 等参数，而是采用一、二次绕组匝数比 $n=\dfrac{N_1}{N_2}$(也称变比)作为电路模型参数。理想变压器电路模型如图 7-11 所示。

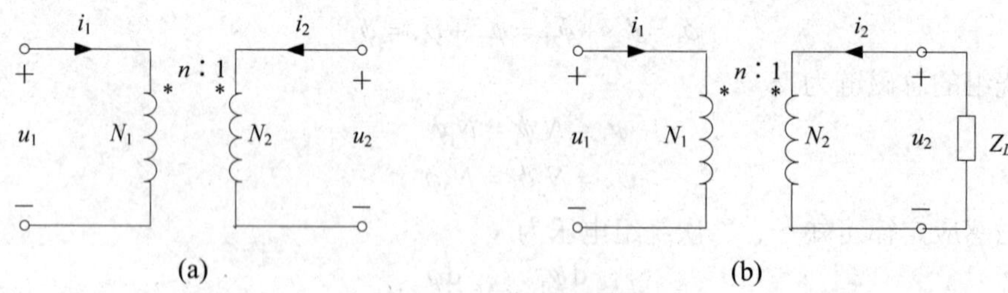

图 7-11　理想变压器电路

应该注意，式(7-11)和式(7-12)是对应于图 7-11(a)的同名端和电压、电流的参考方向而言。在图 7-11(a)中，如果同名端改变，则式(7-11)和式(7-12)的正、负号均改变；如果只改变其中一个电流的方向，那么电流表达式中的正、负号改变；如果只改变其中一个电压的方向，那么电压表达式中的正、负号改变。

若在理想变压器的二次侧接上负载 Z_L，如图 7-11(b)所示。那么，从一次绕组两端看进

去的等效阻抗为

$$Z_{\text{in}}=\frac{\dot{U}_1}{\dot{I}_1}=\frac{n\dot{U}_2}{-\frac{1}{n}\dot{I}_2}=n^2\left(\frac{\dot{U}_2}{-\dot{I}_2}\right)=n^2Z_L \tag{7-13}$$

可见，理想变压器的阻抗变换特性与同名端无关。在电子技术中利用理想变压器的阻抗变换特性来实现阻抗匹配达到最大功率传输。

【例 7-5】如图 7-12 所示理想变压器电路，已知 $u_s=10\sqrt{2}\cos(10t)\text{V}$，$R=1\Omega$，$R_L=100\Omega$。

(1) 当 $n=0.5$ 时，求 R_L 获得的功率。

(2) 当 $n=?$ 时，R_L 可获得最大功率，最大功率为多少？

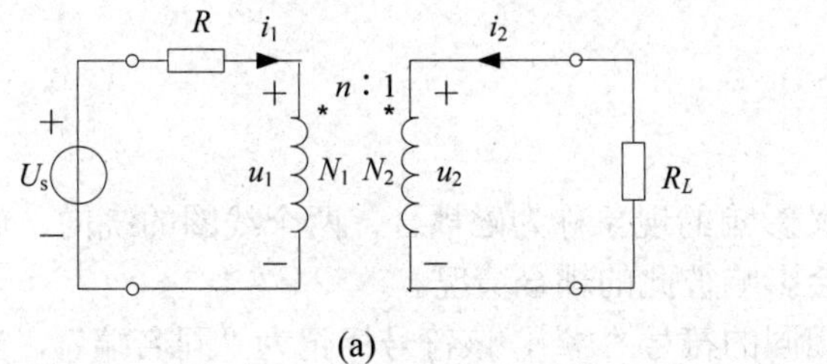

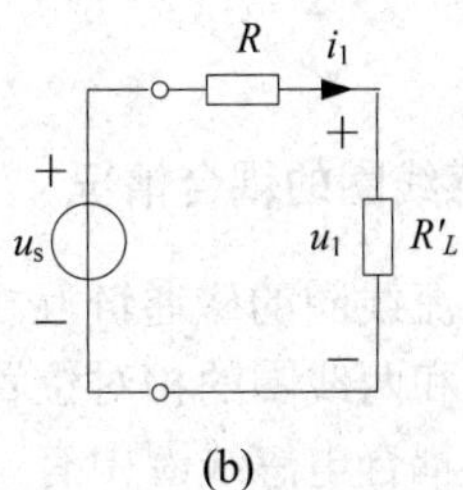

图 7-12　例 7-5 图

解：(1) 方法一

列写图 7-12(a)所示一次回路和二次回路的方程

$$u_s=Ri_1+u_1$$

$$u_2+R_Li_2=0$$

由理想变压器的特性有

$$u_1=nu_2=0.5u_2$$

$$i_1=-\frac{1}{n}i_2=-2i_2$$

联立上述四个方程可解出

$$i_2=-0.192\sqrt{2}\cos(10t)\text{A}$$

R_L 获得的功率为

$$P_L=R_LI_2^2=100\times0.192^2\approx3.70\text{W}$$

方法二

先将 R_L 等效到一次回路，如图 7-12(b)所示，则有

$$R_L'=n^2R_L=0.5^2\times100=25\Omega$$

$$i_1=\frac{u_s}{R+R_L'}=\frac{10\sqrt{2}\cos(10t)}{26}=0.385\sqrt{2}\cos(10t)\text{A}$$

$$i_2=-ni_1=-0.5\times0.385\sqrt{2}\cos(10t)=-0.192\sqrt{2}\cos(10t)\text{A}$$

R_L 获得的功率

$$P_L=R_LI_2^2=100\times0.192^2\approx3.70\text{W}$$

(2) 欲使 R_L 获得最大功率，则应使 $R_L' = n^2 R_L = R$，求出 $n = \sqrt{\dfrac{R}{R_L}} = 0.1$，此时，由图 7-12(b)得

$$i_1 = \frac{u_s}{R + R_L'} = \frac{10\sqrt{2}\cos(10t)}{2} = 5\sqrt{2}\cos(10t)\text{A}$$

$$i_2 = -ni_1 = -0.1 \times 5\sqrt{2}\cos(10t) = -0.5\sqrt{2}\cos(10t)\text{A}$$

R_L 获得的最大功率为

$$P_{L(\max)} = R_L I_2^2 = 100 \times 0.5^2 = 25\text{W}$$

本 章 小 结

1. 电感线圈的耦合情况

两个载流线圈的磁通链互相交叉影响的现象称为磁耦合，两个线圈的绕向、施感电流的参考方向和两线圈的相对位置都会影响彼此的耦合情况。

在两个耦合电感线圈中有一对相同的符号“*”，该符号标记为“同名端”，当一对施感电流 i_1 与 i_2 从同名端流入(或流出)各自的线圈时，互感磁通链与自感磁通链同向；反之，一个线圈的施感电流从同名端流入(或流出)而另一个施感电流从同名端流出(或流入)，互感磁通链与自感磁通链反向。

两个耦合电感的磁通链与电流的关系可表示为

$$\psi_1 = L_1 i_1 \pm M i_2,\quad \psi_2 = L_2 i_2 \pm M i_1$$

式中，正负号是由自感磁通链与互感磁通链的方向决定的，当两者的方向一致时，称为互感“增助”作用，取“+”号；当两者方向相反时，称为互感“削弱”作用，取“−”号。

2. 两个耦合电感伏安特性的时域形式

$$u_1 = \frac{\mathrm{d}\psi_1}{\mathrm{d}t} = L_1\frac{\mathrm{d}i_1}{\mathrm{d}t} \pm M\frac{\mathrm{d}i_2}{\mathrm{d}t},\quad u_2 = \frac{\mathrm{d}\psi_2}{\mathrm{d}t} = L_2\frac{\mathrm{d}i_2}{\mathrm{d}t} \pm M\frac{\mathrm{d}i_1}{\mathrm{d}t}$$

两个耦合电感伏安特性的相量形式

$$\dot{U}_1 = \mathrm{j}\omega L_1\dot{I}_1 \pm \mathrm{j}\omega M\dot{I}_2,\qquad \dot{U}_2 = \mathrm{j}\omega L_2\dot{I}_2 \pm \mathrm{j}\omega M\dot{I}_1$$

3. 耦合系数 k

k 是表征两个耦合电感线圈的耦合紧疏程度的参数，$k = \dfrac{M}{\sqrt{L_1 L_2}}$，$0 \leqslant k \leqslant 1$。当两个线圈的结构、周围磁介质一定时，与线圈的相互位置无关。

4. 含有耦合电感电路的计算

方法一　在不去耦的情况下，利用电路元件的 VCR、KCL、KVL 及回路电流法等建立方程求解。但慎用节点电压法。

方法二　在去耦的情况下，先作出去耦等效电路，再按交流电路分析计算。

注意，在不去耦的情况下，互感电压的正负号。

5. 空心变压器

方法一　按原图分别列一、二次回路电流方程求解电路。

方法二　利用反映阻抗，采用一次等效电路和二次等效电路，分别对一次回路、二次回路进行分析计算。

方法三　采用 T 形等效电路按一般交流电路分析计算。

6. 理想变压器

方法一　对于较简单的电路，可直接依据理想变压器的特性关系及 KCL、KVL 求解电路。

方法二　对于含有理想变压器的复杂电路可采用节点电压法加以分析计算。

习　题

1. 如图 7-13 所示电路中，$L_1 = 6\text{H}$，$L_2 = 3\text{H}$，$M = 4\text{H}$。试求从端子1-1′看进去的等效电感。

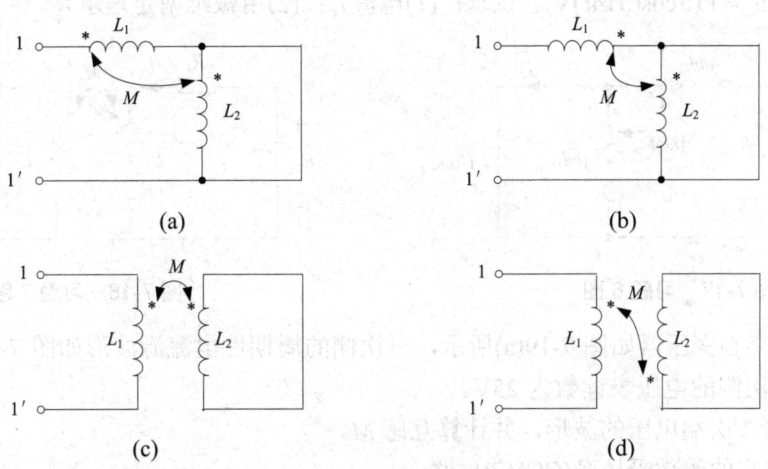

图 7-13　习题 1 图

2. 求如图 7-14 所示电路的输入阻抗 $Z(\omega = 1\text{rad/s})$ 。

3. 把两个线圈串联起来接到 50Hz/220V 的正弦电源上，顺接时得电流为 2.7A，吸收的功率为 218.7W；反接时电流为 7A。求互感 M。

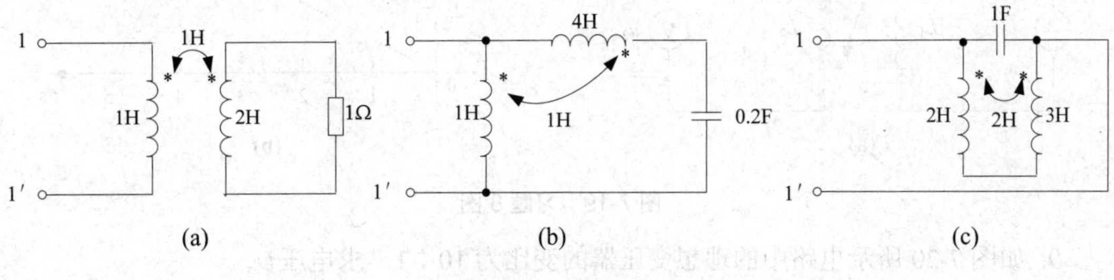

图 7-14　习题 2 图

4. 求如图 7-15 所示一端口电路的戴维南等效电路。已知 $\omega L_1 = \omega L_2 = 10\Omega$，$\omega M = 5\Omega$，$R_1 = R_2 = 6\Omega$，$U_1 = 60\text{V}$(正弦有效值)。

5. 如图 7-16 所示电路中 $R_1 = 1\Omega$，$\omega L_1 = 2\Omega, \omega L_2 = 32\Omega$，$\omega M = 8\Omega$，$1/\omega C = 32\Omega$。求电流 $\dot{I}_1$ 和电压 $\dot{U}_2$。

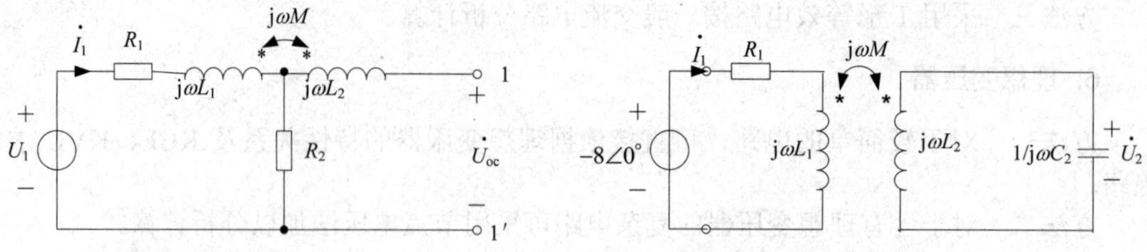

图 7-15　习题 4 图　　　　图 7-16　习题 5 图

6. 如图 7-17 所示电路中 $R_1 = 50\Omega$，$L_1 = 70\text{mH}$，$L_2 = 25\text{mH}$，$M = 25\text{mH}$，$C = 1\mu\text{F}$，正弦电源的电压 $\dot{U} = 500\angle 0^\circ V$，$\omega = 10^4\text{rad/s}$。求各支路电流。

7. 如图 7-18 所示电路中 $L_1 = 3.6\text{H}$，$L_2 = 0.06\text{H}$，$M = 0.465\text{H}$，$R_1 = 20\Omega$，$R_2 = 0.08\Omega$，$R_L = 42\Omega$，$u_s = 115\cos(314t)\text{V}$。试求：(1)电流 i_1；(2)用戴维南定理求 i_2。

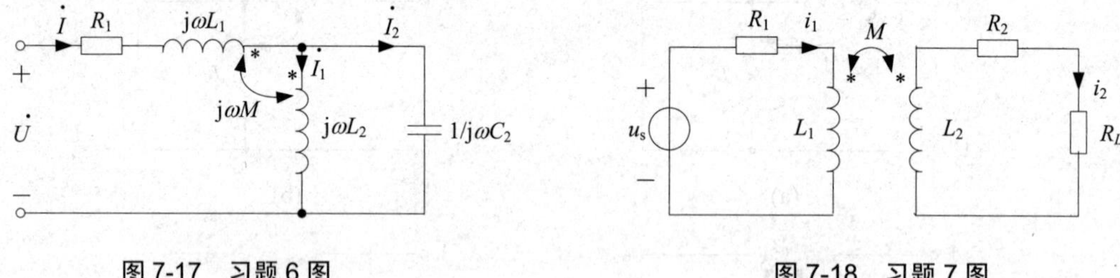

图 7-17　习题 6 图　　　　图 7-18　习题 7 图

8. 已知空心变压器如图 7-19(a)所示，一次侧的周期性电流源波形如图 7-19(b)所示(一个周期)，二次侧的电压表读数为 25V。

(1) 画出二次端电压的波形，并计算互感 M。

(2) 给出它的等效受控源(CCVS)电路。

(3) 如果同名端弄错，对(1)、(2)的结果有无影响？

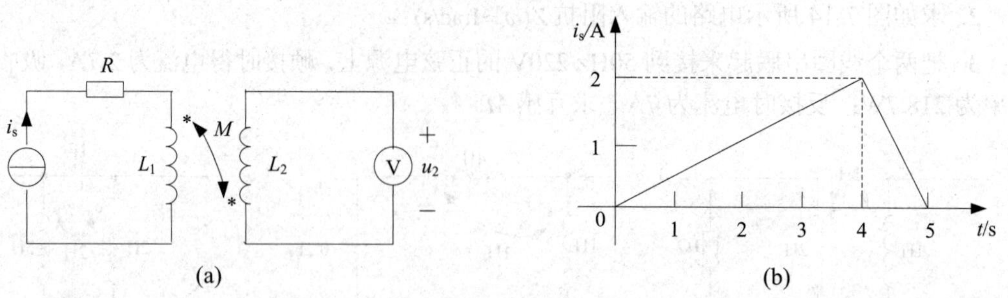

图 7-19　习题 8 图

9. 如图 7-20 所示电路中的理想变压器的变比为 10∶1。求电压 $\dot{U}_2$。

10. 求如图 7-21 所示电路中的阻抗 Z。已知电流表的读数为 10A，正弦电压 $U = 10\text{V}$。

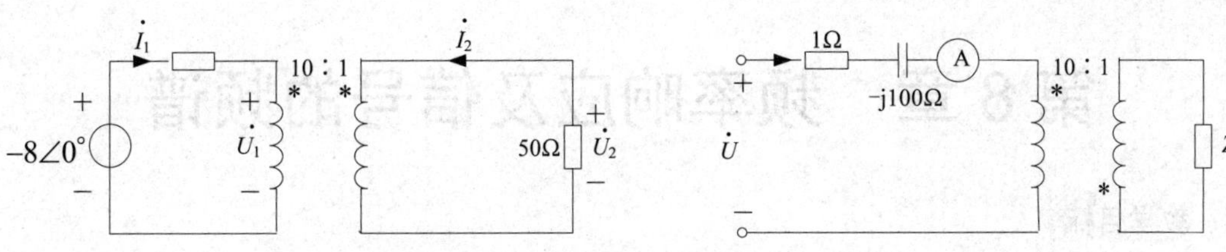

图 7-20 习题 9 图　　　图 7-21 习题 10 图

11. 如果使10Ω电阻能获得最大功率，试确定如图 7-22 所示电路中理想变压器的变比 n。

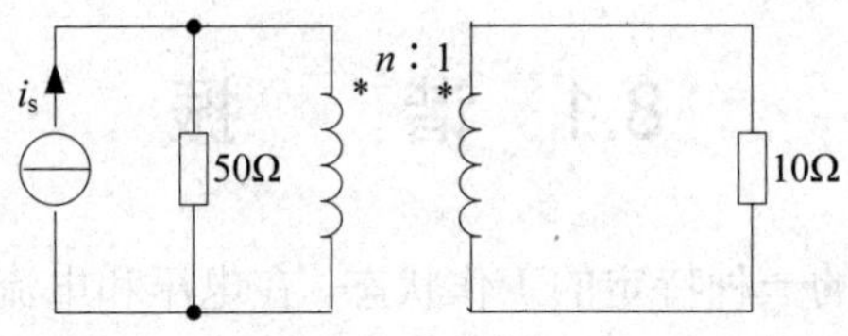

图 7-22 习题 11 图

第 8 章　频率响应及信号的频谱

教学目标

(1) 掌握 *RLC* 串、并联电路谐振的条件、固有频率及谐振时电路的性质。

(2) 掌握二阶电路中，不同对象作为响应时的电路幅频特性和相频特性的分析方法。

(3) 了解通频带的概念和滤波器的原理。

(4) 初步掌握非正弦稳态电路的分析方法。

8.1　谐　　振

谐振是正弦稳态电路的一种特定的工作状态。在电压和电流关联参考方向下，含电阻、电容和电感而不含独立源的一端口正弦稳态电路，其端口电压和电流的相位一般不同。适当调节电路参数或改变电源频率，若它们的相位相同，则此时称电路发生了谐振。谐振现象在工程上很受关注。在无线电、通信工程等弱电系统中常利用电路的谐振构成选频电路，而在强电系统中往往要避免谐振的发生。最常见的谐振电路为 *RLC* 串联谐振和 *RLC* 并联谐振。

8.1.1　*RLC* 串联谐振

图 8-1 为含有一个电阻、电感和电容的串联电路。

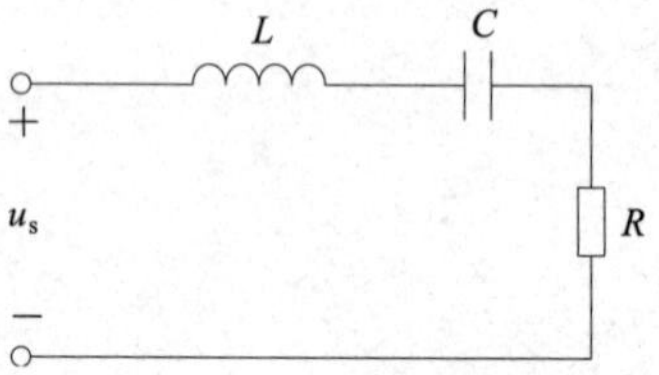

电路的输入阻抗 $Z(\mathrm{j}\omega)$ 表示为

$$Z(\mathrm{j}\omega)=R+\mathrm{j}\left(\omega L-\frac{1}{\omega C}\right) \tag{8-1}$$

可以表示为

$$Z(\mathrm{j}\omega)=\left|Z(\mathrm{j}\omega)\right|\angle\varphi(\omega)$$

图 8-1　*RLC* 串联电路

其中阻抗模为

$$\left|Z(\mathrm{j}\omega)\right|=\frac{\left|U(\mathrm{j}\omega)\right|}{\left|I(\mathrm{j}\omega)\right|}=\frac{R}{\cos[\varphi(\mathrm{j}\omega)]}$$

它相当于无源一端口的输入“总电阻”。阻抗角为

$$\varphi(\mathrm{j}\omega)=\arctan\left(\frac{\omega L-\dfrac{1}{\omega C}}{R}\right)$$

它反映的是这个无源一端口输入电压与电流的相位差。当激励源的角频率 ω 为某一特定值 ω_0 使得 $\varphi(\mathrm{j}\omega_0)=\arctan\left(\dfrac{\omega_0 L-\dfrac{1}{\omega_0 C}}{R}\right)=0$ 时，那么输入端的电压和电流不仅频率相同而

且相位也相同，输入阻抗呈阻性，工程上将电路的这种特殊状态称为谐振。由于输入阻抗是复数，可以写为一般式。因此谐振的条件也可以描述为输入阻抗的虚部为零，即

$$\mathrm{Im}[Z(\mathrm{j}\omega_0)] = X(\mathrm{j}\omega_0) = \omega_0 L - \frac{1}{\omega_0 C}$$

可以看出，感抗与角频率成正比，容抗与角频率成反比，电抗角相差 180°，因此感抗与容抗相减，必定存在一个ω_0使感抗和容抗相互抵消，电路输入阻抗呈电阻性。显然，串联谐振必然是电感和电容同时存在，且当电容和电感一定时只有唯一的角频率使得电路发生谐振。这时的角频率ω_0和频率f_0分别为

$$\omega_0 = \frac{1}{\sqrt{LC}}, \qquad f_0 = \frac{1}{2\pi\sqrt{LC}}$$

显然，当电路结构(这里是RLC串联电路)和电路参数(仅与L和C有关与R无关)确定时，电路发生谐振的频率就唯一确定，因此谐振频率也称为电路的固有频率。

如果激励源的角频率为某个已确定值，可以调节电路参数L或C使得电路发生谐振或者避免谐振。

根据以上分析可以得到串联谐振时的几个特点。

(1) 电路的阻抗呈阻性，阻抗值最小；电流有效值最大，消耗的平均功率最大。谐振时电路的阻抗和电流分别为

$$Z(\mathrm{j}\omega_0) = R, \quad I = \frac{U}{|Z|} = \frac{U}{R}$$

(2) 因为谐振频率$\omega_0 = \dfrac{1}{\sqrt{LC}}$,所以谐振频率仅与$L$和$C$有关，而与$R$和$U$无关。

(3) 谐振时$\dot{U}_L + \dot{U}_C = 0$(所以串联谐振也可以称为电压谐振)。即谐振时$\dot{U}_L$和$\dot{U}_C$大小相等方向相反。所以，对外$LC$串联部分可以用短路表示。

(4) 为了对谐振时电路作进一步的分析，引进品质因数Q的概念，Q值的定义为

$$Q = \frac{\omega_0 L}{R} = \frac{1}{\omega_0 CR} = \frac{1}{R}\sqrt{\frac{L}{C}} = \frac{\rho}{R}$$

品质因数是衡量谐振电路的性能的重要指标，也称谐振系数，反映电路的选择性能。其中$\rho = \omega_0 L = \dfrac{1}{\omega_0 C} = \sqrt{\dfrac{L}{C}}$称为特性阻抗。

谐振时电感和电容的电压用品质因数可以分别表示为

$$\left.\begin{aligned} \dot{U}_L &= \mathrm{j}\omega_0 L\dot{I} = \mathrm{j}\frac{\omega_0 L}{R}\dot{U} = \mathrm{j}Q\dot{U} \\ \dot{U}_C &= -\mathrm{j}\frac{1}{\omega_0 C}\dot{I} = -\mathrm{j}\frac{1}{\omega_0 CR}\dot{U} = -\mathrm{j}Q\dot{U} \end{aligned}\right\} \tag{8-2}$$

式(8-2)表明谐振时电感电压和电容电压的有效值相同，是总电压的Q倍且相位相反，显然当Q值远大于1时，发生谐振时电感和电容两端的电压远大于外加电压，这种情况称为过压现象，可能导致电气设备的击穿。虽然串联电阻的大小不影响串联谐振电路的固有频率，但影响Q值，因而起到调节谐振时电感或电容的电压。那么是否意味着在相同的条件下，发生谐振时，电感或者电容的电压就是最大值呢？$\dfrac{U_L(\omega)}{U}$或$\dfrac{U_C(\omega)}{U}$是否存在最大

值？是否在$\omega=\omega_0$处就是最大值？这些问题将在后面进行分析。

(5) 谐振时的电容电感能量。谐振时电压、电流同相，电路功率因数$\lambda=\cos\varphi=1$，平均功率$P=UI$，表明电源向电阻提供能量。无功功率为零，表明电源与电路之间无能量往返交换，但电感和电容间仍有着能量交换，因为$Q_L+Q_C=0$，即它们大小相等，互相补偿。

设 RLC 电路的端电压、电流分别为

$$u(t)=U_{\mathrm{m}}\sin\omega_0 t=\sqrt{2}U\sin\omega_0 t$$

$$i(t)=I_{\mathrm{m}}\sin\omega_0 t=\sqrt{2}I\sin\omega_0 t=\frac{U_{\mathrm{m}}}{R}\sin\omega_0 t$$

$$W_L=\frac{1}{2}Li^2=\frac{1}{2}LI_{\mathrm{m}}^2\sin^2\omega_0 t$$

因为电容电压滞后电流90°，所以有

$$u_C(t)=\left(\frac{1}{\omega_0 C}\right)I_{\mathrm{m}}\sin(\omega_0 t-90^\circ)=\frac{I_{\mathrm{m}}}{\omega_0 C}\cos\omega_0 t=U_{C\mathrm{m}}\cos\omega_0 t$$

$$W_C=\frac{1}{2}Cu^2=\frac{1}{2}CU_{\mathrm{m}}^2\cos^2\omega_0 t$$

能量总和为

$$W=W_L+W_C=\frac{1}{2}LI_{\mathrm{m}}^2\sin^2\omega_0 t+\frac{1}{2}CU_{\mathrm{m}}^2\cos^2\omega_0 t$$

因为 $$U_{C\mathrm{m}}=\frac{I_{\mathrm{m}}}{\omega_0 C},\quad \omega_0=\frac{1}{\sqrt{LC}}$$

所以 $$U_{C\mathrm{m}}=\sqrt{\frac{L}{C}}I_{\mathrm{m}}$$

可得

$$CU_{C\mathrm{m}}^2=LI_{\mathrm{m}}^2\qquad \frac{1}{2}CU_{C\mathrm{m}}^2=\frac{1}{2}LI_{\mathrm{m}}^2$$

$$W=\frac{1}{2}LI_{\mathrm{m}}^2(\sin^2\omega_0 t+\cos^2\omega_0 t)=\frac{1}{2}LI_{\mathrm{m}}^2=\frac{1}{2}CU_{C\mathrm{m}}^2=LI_{\mathrm{m}}^2=CU_{C\mathrm{m}}^2$$

图 8-2 为相应函数关系图。又因为电容电压是电源电压的 Q 倍，$W=CQ^2U^2=\frac{1}{2}CQ^2U_{\mathrm{m}}^2=$ 常量。

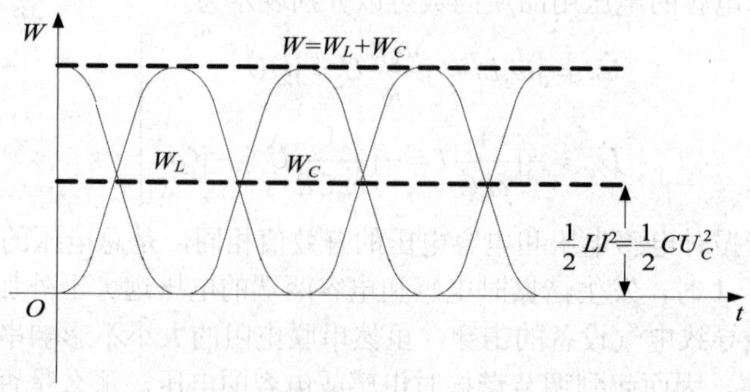

图 8-2 能量关系

谐振时，电路不从外部吸收无功功率，但电路内部的电感与电容周期性地进行能量交换。总能量与品质因数的平方成正比，Q 越大总能量越大，振荡就激烈。通常，要求发生谐振，可提高品质因数。

8.1.2　*RLC* 并联谐振

图 8-3 所示电路为一电阻、电感和电容并联的电路，与串联谐振条件相同，即将端口电压与电流同相时的电路状态称为谐振。因此可以得到并联谐振的条件为

$$\mathrm{Im}[Y(\mathrm{j}\omega_0)]=0$$

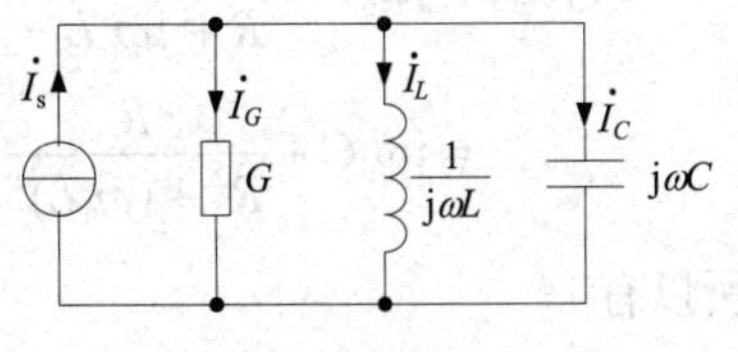

图 8-3　*RLC* 并联电路

而 $Y(\mathrm{j}\omega_0)=G+\mathrm{j}\left(\omega_0 C-\dfrac{1}{\omega_0 L}\right)$，可以得到谐振时的角频率 ω_0 和频率 f_0 分别为

$$\omega_0=\frac{1}{\sqrt{LC}}\quad \text{和}\ f_0=\frac{1}{2\pi\sqrt{LC}}$$

该频率称为电路的固有频率。

发生并联谐振时的输入导纳最小(阻抗最大)，谐振时的导纳为

$$Y(\mathrm{j}\omega_0)=G+\mathrm{j}\left(\omega_0 C-\frac{1}{\omega_0 L}\right)=G$$

即此时阻抗最大为 R 。当用电流源作为激励时，电压最大，当电路发生谐振时，由于阻抗最大，可使电路端电压得到很高的电压。由于端口电压与电流同相，所以电路呈阻性。

并联谐振时有 $\dot{I}_L+\dot{I}_C=0$，即电容电流和电感电流大小相等方向相反。和串联谐振类似，对于并联谐振也可以得到

$$\dot{I}_L(\omega_0)=-\mathrm{j}\frac{1}{\omega_0 L}\dot{U}=-\mathrm{j}\frac{1}{\omega_0 LG}=-\mathrm{j}Q\dot{I}_s$$

$$\dot{I}_C(\omega_0)=\mathrm{j}\omega_0 C\dot{U}=\mathrm{j}\frac{\omega_0 C}{G}=\mathrm{j}Q\dot{I}_s$$

式中，Q 为并联谐振电路的品质因数，有

$$Q=\frac{I_L(\omega_0)}{I_s}=\frac{I_C(\omega_0)}{I_s}=\frac{1}{\omega_0 LG}=\frac{\omega_0 C}{G}=\frac{1}{G}\sqrt{\frac{L}{C}}$$

如果 Q>>1，则谐振时在电感和电容中会出现过电流，但从 L 和 C 两端看进去的等效导纳等于零，即阻抗为无限大，相当于开路。

下面讨论谐振时的功率和能量特点。谐振时无功功率为

$$Q_L=\frac{1}{\omega_0 L}U^2\quad \text{和}\ Q_C=-\omega_0 CU^2$$

故有

$$Q_L+Q_C=0$$

和串联谐振一样，表明在谐振时，电感的磁场能量与电容的电场能量彼此相互交换，作周期性的振荡。能量的总和为

$$W(\omega_0)=W_L(\omega_0)+W_C(\omega_0)=LQ^2I_s^2=\text{常量}$$

而实际的并联谐振电路是由电感线圈与电容器并联构成的，如图 8-4 所示。

电路发生谐振时有

$$\text{Im}[Y(\text{j}\omega_0)]=0$$

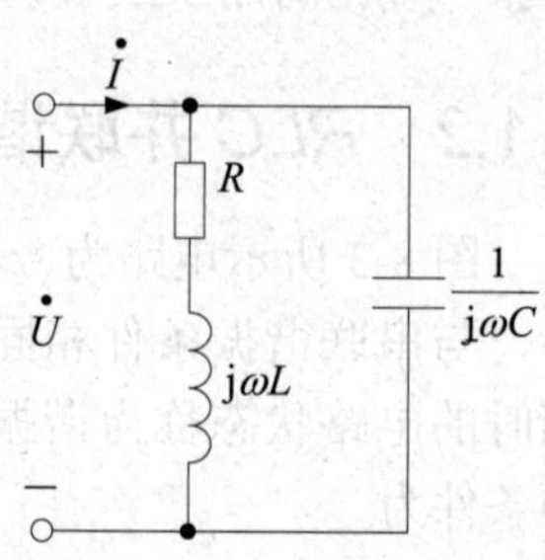

图 8-4　实际的并联谐振电路

又因为

$$\begin{aligned}Y(\text{j}\omega_0)&=\text{j}\omega_0C+\frac{1}{R+\text{j}\omega_0L}\\&=\text{j}\omega_0C+\frac{R}{R^2+(\omega_0L)^2}-\text{j}\frac{\omega_0L}{R^2+(\omega_0L)^2}\end{aligned}$$

所以有

$$\omega_0C-\frac{\omega_0L}{R^2+(\omega_0L)^2}=0$$

解得

$$\omega_0=\frac{1}{\sqrt{LC}}\sqrt{1-\frac{CR^2}{L}}$$

显然，只有当$1-\frac{CR^2}{L}>0$, 即当$R<\sqrt{\frac{L}{C}}$时, ω_0才是实数, 电路才能够发生谐振。而当$R>\sqrt{\frac{L}{C}}$时，电路不会发生谐振。

电路谐振时的输入导纳为

$$Y(\text{j}\omega_0)=\frac{R}{|Z(\text{j}\omega_0)|^2}=\frac{CR}{L}$$

应该注意的是，此时谐振电路的输入导纳不是最小值或者说输入阻抗不是最大值。

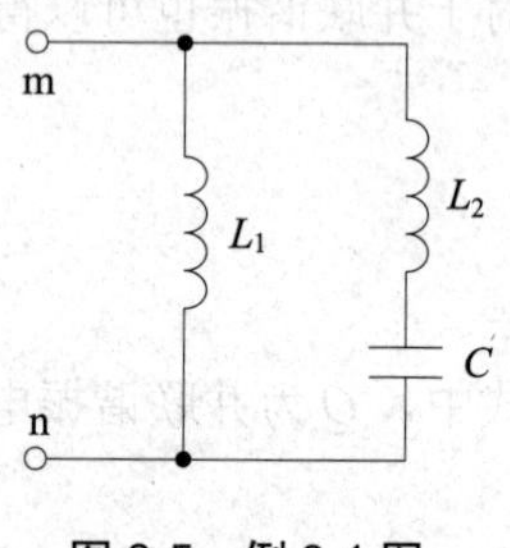

图 8-5　例 8-1 图

【例 8-1】 试判断如图 8-5 所示电路能否发生谐振。如能发生谐振，求出其谐振频率。

解：

$$Z_{\text{mn}}=\frac{\left(\text{j}\omega L_2+\frac{1}{\text{j}\omega C}\right)\text{j}\omega L_1}{\text{j}\omega L_2+\frac{1}{\text{j}\omega C}+\text{j}\omega L_1}=\frac{\omega L_1(1-\omega^2L_2C)}{\text{j}[\omega^2(L_1+L_2)C-1]}$$

当Z_{mn}的分子为零时，L_2C 支路的阻抗为零，该支路产生谐振，即串联谐振，此时有

$$\omega=\frac{1}{\sqrt{L_2C}}$$

当Z_{mn}的分母为零时，L_2C 支路和L_1支路并联的导纳为零，发生并联谐振，此时有

$$\omega=\frac{1}{\sqrt{(L_1+L_2)C}}$$

可见，在求谐振角频率时，若以阻抗 Z 为求解表达式，则当表达式分子为零时，可发

生串联谐振，有串联谐振角频率；当表达式分母为零时，可发生并联谐振，有并联谐振角频率。若以导纳 Y 为求解表达式，则当表达式分子为零时，可发生并联谐振，有并联谐振角频率；当表达式分母为零时，可发生串联谐振，有串联谐振角频率。

【例 8-2】一线圈与电容串联，线圈电阻 $R=16.2\Omega$ 、电感 $L=0.26\text{mH}$ ，当把电容调节到 100pF 时发生串联谐振。

(1) 求谐振频率及品质因数。

(2) 设外加电压为 $10\mu\text{V}$ 其频率等于电路的谐振频率，求电路中的电流及电容电压。

(3) 若外加电压仍为 $10\mu\text{V}$ ，但其频率比谐振频率高 10%，求电容电压。

解：(1)谐振频率及品质因数为

$$f_0=\frac{1}{2\pi\sqrt{LC}}=\frac{1}{2\pi\sqrt{0.26\times10^{-3}\times100\times10^{-12}}}\text{Hz}=990\times10^3\,\text{Hz}$$

$$Q=\frac{\omega_0 L}{R}=\frac{2\pi f_0 L}{R}=\frac{2\pi\times990\times10^3\times0.26\times10^{-3}}{16.2}=100$$

(2) 谐振时的电流及电容电压为

$$I_0=\frac{U}{R}=\frac{10\times10^{-6}}{16.2}\text{A}=0.617\times10^{-6}\,\text{A}=0.617\mu\text{A}$$

$$U_C=QU=100\times10\times10^{-6}\,\text{V}=10^{-3}\,\text{V}$$

也可以由 $X_C=\dfrac{1}{\omega_0 C}=\dfrac{1}{2\pi\times990\times10^3\times100\times10^{-12}}\Omega=1620\Omega$ ，得到

$$U_C=X_C I_0=1620\times0.617\times10^{-6}\,\text{V}=10^{-3}\,\text{V}$$

(3) 当电源频率比谐振频率提高 10%时，有

$$f'=(1+0.1)f_0=1089\times10^3\,\text{Hz}$$

$$X'_C=\frac{1}{\omega C}=\frac{1}{2\pi\times1089\times10^3\times100\times10^{-12}}\Omega=1460\Omega$$

$$X'_L=\omega L=2\pi\times1089\times10^3\times0.26\times10^{-3}\,\Omega=1780\Omega$$

$$|Z'|=\sqrt{R^2+(X_L-X_C)^2}=\sqrt{16.2^2+(1780-1460)^2}\,\Omega=320\Omega$$

$$U'_C=X'_C I'=X'_C\cdot\frac{U}{|Z'|}=1460\times\frac{10\times10^{-6}}{320}\text{V}=0.45\times10^{-3}\,\text{V}$$

当电源频率偏离电路的谐振频率时，电容电压显著下降，收音机就是利用这原理选择所需要收听的电台广播，抑制其他电台的干扰。

8.2 频率特性

8.1 节主要分析了 RLC 串联电路和 RLC 并联电路的谐振条件及谐振时电路的性质，是当激励源的角频率为电路的固有频率时的一种特殊情况。现在将讨论更加一般性的问题，即对某一研究对象建立角频率函数进行分析，得到电路的频率特性。由于这个函数一般为复数，所以可以分为幅频特性和相频特性。

8.2.1 幅频特性与幅频特性曲线

首先研究阻抗的幅频特性。如图 8-1 所示 *RLC* 串联电路，其输入阻抗角频率函数为

$$Z(\mathrm{j}\omega)=R+\mathrm{j}\left(\omega L-\frac{1}{\omega C}\right)=|Z(\mathrm{j}\omega)|\angle\varphi(\omega)$$

其中

$$|Z(\mathrm{j}\omega)|=\sqrt{R^2+\left(\omega L-\frac{1}{\omega C}\right)^2} \tag{8-3}$$

式(8-3)为阻抗的幅频特性方程，根据式(8-3)可画出幅频特性曲线如图 8-6 所示，图中 ω_0 为电路谐振时的固有频率。

从图 8-6 可以看到，当 $\omega<\omega_0$ 时阻抗呈容性，当 $\omega=\omega_0$ 时阻抗呈阻性，当 $\omega>\omega_0$ 时阻抗呈感性。

下面分别以电容电压、电感电压和电阻电压为响应，来分析输出响应与输入激励之间的关系。这里引入网络函数的概念。在单一激励源作用下，输出电压或电流相量与输入电压或电流相量之比，称为网络函数。

如图 8-7 所示电路，以电容电压为响应的网络函数为

$$H_C(\mathrm{j}\omega)=\frac{\dot{U}_C}{\dot{U}}=\frac{1/\mathrm{j}\omega C}{R+\mathrm{j}(\omega L-1/\omega C)}$$

$$=\frac{1}{(1-\omega^2LC)+\mathrm{j}\omega RC}$$

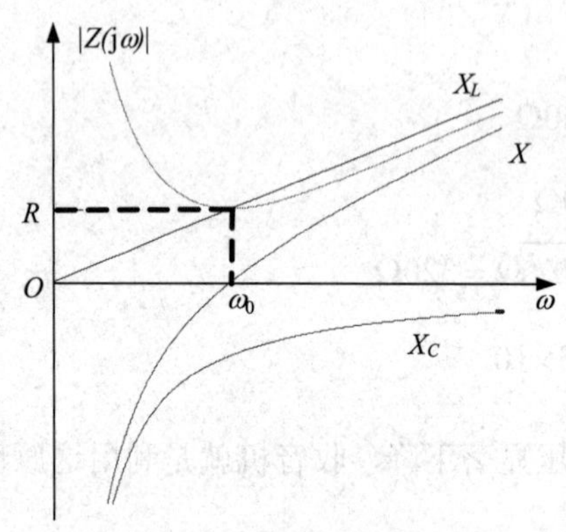

图 8-6 阻抗的幅度频率曲线

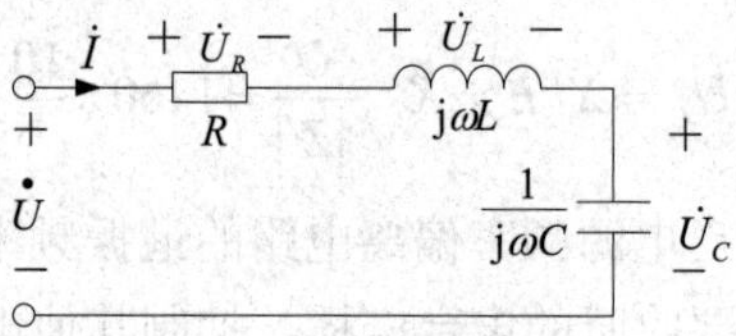

图 8-7 *RLC* 串联电路

由 $\omega_0=1/\sqrt{LC}$，$Q=\dfrac{\omega_0L}{R}=\dfrac{1}{R\omega_0C}=\dfrac{1}{R}\sqrt{\dfrac{L}{C}}$，可计算得到其幅度频率特性为

$$|H_C(\mathrm{j}\omega)|=\frac{1}{\sqrt{\left[1-\left(\dfrac{\omega}{\omega_0}\right)^2\right]^2+\dfrac{1}{Q^2}\left(\dfrac{\omega}{\omega_0}\right)^2}} \tag{8-4}$$

根据式(8-4)可画出幅频特性曲线，如图 8-8 所示。

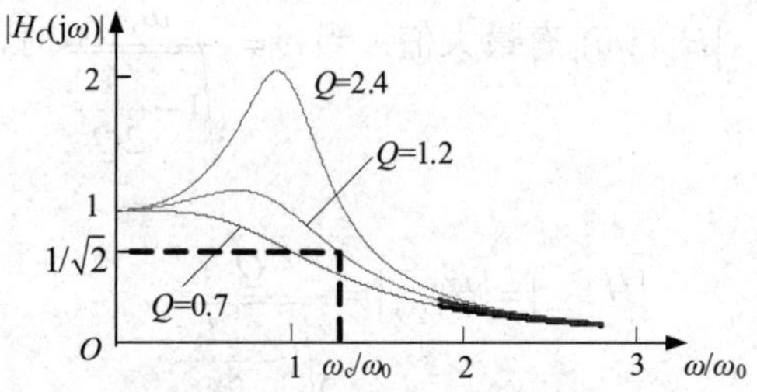

图 8-8　电容电压幅频特性曲线

从图 8-8 可知，当 $\omega=0$ 时 $|H_C(\mathrm{j}\omega)|=1$，当 $\omega=\omega_0$ 时 $|H_C(\mathrm{j}\omega)|=Q$，当 ω 为无穷大时，$|H_C(\mathrm{j}\omega)|=0$。因此 RLC 串联电路电容输出端对高频率电压有较大衰减，从而构成低通滤波电路。

如图 8-7 所示电路，以电感电压为响应的网络函数为

$$H_L(\mathrm{j}\omega)=\frac{\dot{U}_L}{\dot{U}}=\frac{\mathrm{j}\omega L}{R+\mathrm{j}(\omega L-1/\omega C)}$$

同样由 $\omega_0=1/\sqrt{LC}$，$Q=\dfrac{\omega_0 L}{R}=\dfrac{1}{R\omega_0 C}=\dfrac{1}{R}\sqrt{\dfrac{L}{C}}$，可得到

$$H_L(\mathrm{j}\omega)=\frac{1}{\left[1-\left(\dfrac{\omega_0}{\omega}\right)^2\right]-\mathrm{j}\dfrac{1}{Q}\left(\dfrac{\omega_0}{\omega}\right)}$$

其幅度频率特性为

$$|H_L(\mathrm{j}\omega)|=\frac{1}{\sqrt{\left[1-\left(\dfrac{\omega_0}{\omega}\right)^2\right]^2+\dfrac{1}{Q^2}\left(\dfrac{\omega_0}{\omega}\right)^2}} \tag{8-5}$$

根据式(8-5)可画出幅频特性曲线，如图 8-9 所示。

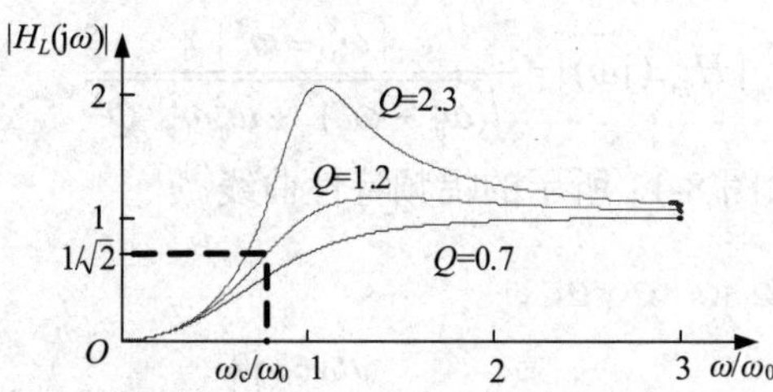

图 8-9　电感电压幅频特性曲线

从图 8-9 可知，当 $\omega=0$ 时 $|H_C(\mathrm{j}\omega)|=0$，当 $\omega=\omega_0$ 时 $|H_C(\mathrm{j}\omega)|=Q$，当 ω 为无穷大时 $|H_C(\mathrm{j}\omega)|=1$。因此 RLC 串联电路电感两端电压对低频率电压有较大衰减，而构成高通滤波电路。

前面已经提出，当输入电压(U)幅值一定时，其响应电压的最大值是否存在？如果存在，其极值是否为 QU？下面对此问题进行阐述。

对 $|H_C(\mathrm{j}\omega)|$ 或 $|H_L(\mathrm{j}\omega)|$ 求极值可以得到

当$\omega=\omega_0\sqrt{1-\dfrac{1}{2Q^2}}$时，$|H_L(\mathrm{j}\omega)|$有最大值；当$\omega=\dfrac{\omega_0}{\sqrt{1-\dfrac{1}{2Q^2}}}$时，$|H_C(\mathrm{j}\omega)|$存在最大值，所以可得到极值

$$|H_{C\max}|=|H_{L\max}|=\frac{Q}{\sqrt{1-\dfrac{1}{2Q^2}}}$$

显然前提条件应该使得$\sqrt{1-\dfrac{1}{2Q^2}}>0$，即$Q>\dfrac{1}{\sqrt{2}}$。还可以得出，$Q$越大，电容或电感的电压为最大值时的频率越靠近谐振频率。

如图 8-7 所示电路，以电阻电压为响应，其网络函数为

$$H_R(\mathrm{j}\omega)=\frac{\dot{U}_R}{\dot{U}}=\frac{R}{R+\mathrm{j}\left(\omega L-\dfrac{1}{\omega C}\right)}=\frac{1}{1+\mathrm{j}Q\left(\dfrac{\omega}{\omega_0}-\dfrac{\omega_0}{\omega}\right)}$$

其幅频特性函数为

$$|H_R(\mathrm{j}\omega)|=\frac{1}{\sqrt{1+Q^2\left(\dfrac{\omega}{\omega_0}-\dfrac{\omega_0}{\omega}\right)^2}} \tag{8-6}$$

根据式(8-6)可画出如图 8-10 所示的幅频特性曲线。

从图 8-10 可知，当$\omega=0$时$|H_C(\mathrm{j}\omega)|=0$，当$\omega=\omega_0$时$|H_C(\mathrm{j}\omega)|=1$为最大值，当$\omega$为无穷大时$|H_C(\mathrm{j}\omega)|=0$，所以串联电路的电阻电压具有带通滤波的性质。

当以电感电压和电容电压之和为响应时，其网络函数为

$$H_{LC}(\mathrm{j}\omega)=\frac{\dot{U}_L+\dot{U}_C}{\dot{U}}=\frac{\mathrm{j}\omega L+1/\mathrm{j}\omega C}{R+\mathrm{j}(\omega L-1/\omega C)}=\frac{\omega_0^2-\omega^2}{(\omega_0^2-\omega^2)+\mathrm{j}\omega_0\omega/Q}$$

其幅频特性为

$$|H_{LC}(\mathrm{j}\omega)|=\frac{|\omega_0^2-\omega^2|}{\sqrt{(\omega_0^2-\omega^2)^2+\omega_0^2\omega^2/Q^2}} \tag{8-7}$$

根据式(8-7)可画出如图 8-11 所示的幅频特性曲线。

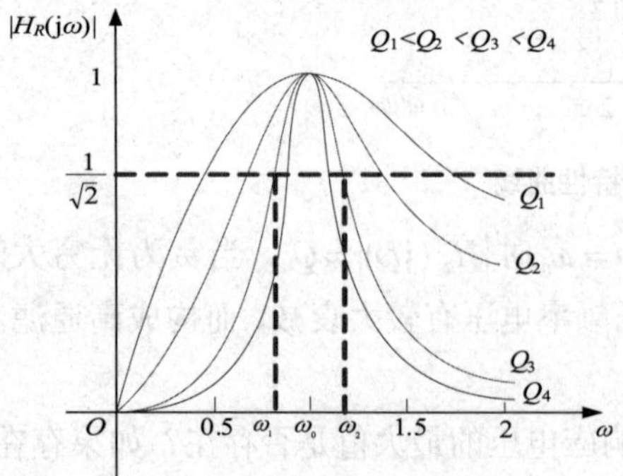

图 8-10　电阻电压幅频特性曲线

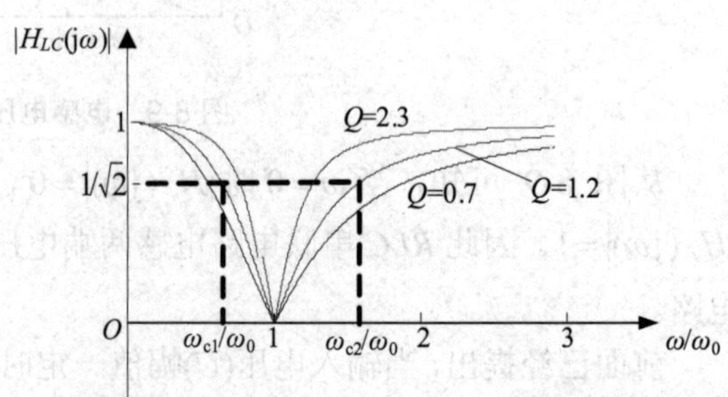

图 8-11　电感、电容电压幅频特性曲线

从图 8-12 中可以看到，当 $\omega=0$ 时 $|H_C(\mathrm{j}\omega)|=1$，当 $\omega=\omega_0$ 时 $|H_C(\mathrm{j}\omega)|=0$ 为最大值，当 ω 为无穷大时 $|H_C(\mathrm{j}\omega)|=1$，故其响应具有带阻滤波的性质。

8.2.2 相频特性与相频特性曲线

前面讨论不同对象响应的频率特性，下面对相频特性作简单分析。如图 8-1 所示输入阻抗的相频特性 $\varphi(\omega)$ 为

$$\varphi(\omega)=\arctan\frac{\omega L-\dfrac{1}{\omega C}}{R}$$

$\varphi(\omega)$表示输入端口电压相量与电流相量的相位差。输入阻抗的相频特性曲线如图 8-12 所示。

如图 8-8 所示电路，以电容电压为响应时，网络函数为

$$H_C(\mathrm{j}\omega)=\frac{\dot{U}_C}{\dot{U}}=\frac{1/\mathrm{j}\omega C}{R+\mathrm{j}(\omega L-1/\omega C)}$$

所以，其相频特性为

$$\varphi_C(\omega)=\arctan-\frac{\omega CR}{1-\omega^2 LC}$$

由 $\omega_0=1/\sqrt{LC}$，$Q=\dfrac{\omega_0 L}{R}=\dfrac{1}{R\omega_0 C}=\dfrac{1}{R}\sqrt{\dfrac{L}{C}}$，可得到

$$\varphi_C(\omega)=-\arctan\frac{1}{Q\left(\dfrac{\omega_0}{\omega}-\dfrac{\omega}{\omega_0}\right)} \tag{8-8}$$

其意义是电容电压与输入端口电压的相位差。根据式(8-8)可画出相频特性曲线如图 8-13 所示。

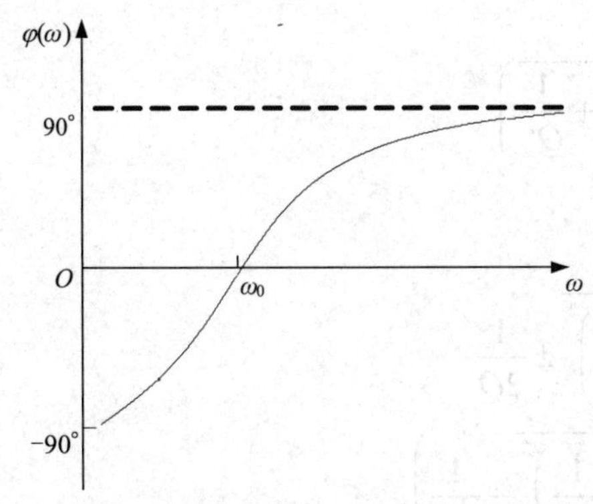

图 8-12 输入阻抗的相频特性曲线

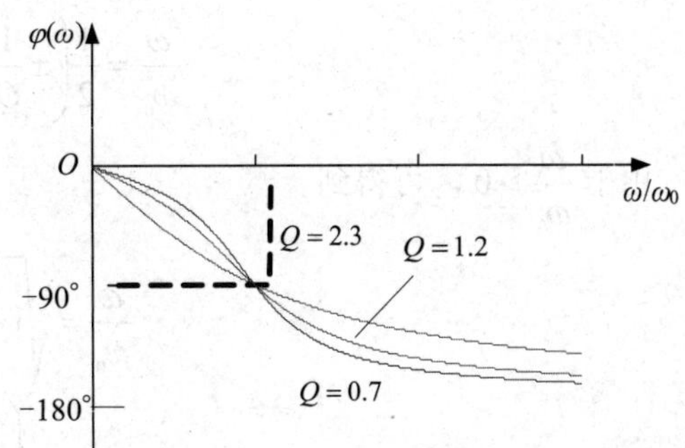

图 8-13 电容电压相频特性曲线

同理，可以得到以电感电压和电阻电压为响应时相频特性分别为

$$\varphi_L(\omega)=-\arctan\frac{-1}{Q\left(\dfrac{\omega}{\omega_0}-\dfrac{\omega_0}{\omega}\right)},\quad \varphi_R(\omega)=-\arctan Q\left(\frac{\omega}{\omega_0}-\frac{\omega_0}{\omega}\right)$$

其意义分别是电感电压、电阻电压与输入端口电压的相位差，其相频特性曲线分别如

图 8-14 和图 8-15 所示。

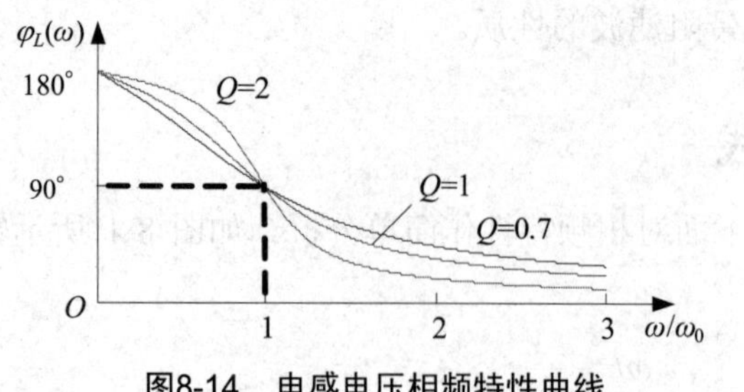

图8-14　电感电压相频特性曲线

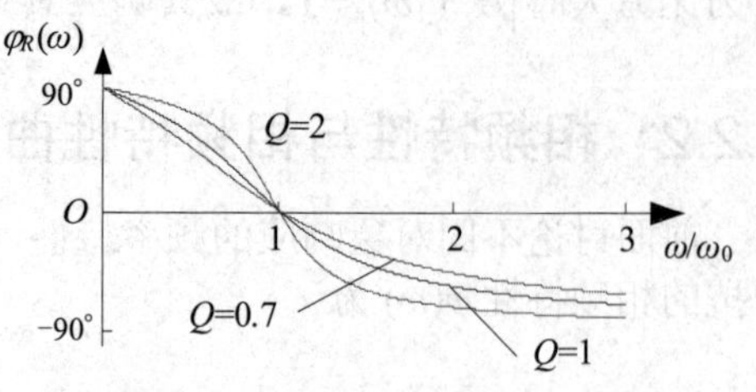

图8-15　电阻电压相频特性曲线

对于以电感和电容共同作为响应的相频曲线，可以类似得到，故不再赘述。

8.2.3　通频带

上述分析了不同对象的频率响应，其幅频响应依然覆盖了整个频率范围，如 *RLC* 串联电路中电容电压的响应虽然具有低通滤波的性质，但仍然有一些高频分量通过，并不像理想低通滤波器那样在某个频率陡然截止。在实际工程中，电子工程人员将网络函数的幅度降为最大值的 $\frac{1}{\sqrt{2}}=0.707$ 时的频率称为截止频率。显然，对于带通滤波器而言，会存在两个截止频率，将这两个截止频率所包含的范围称为通频带，其差值就是带通滤波器的带宽。

令网络函数 $|H_R(\mathrm{j}\omega)|=\dfrac{1}{\sqrt{1+Q^2\left(\dfrac{\omega}{\omega_0}-\dfrac{\omega_0}{\omega}\right)^2}}=\dfrac{1}{\sqrt{2}}$，可得

$$Q^2\left(\frac{\omega}{\omega_0}-\frac{\omega_0}{\omega}\right)^2=1$$

可得到

$$\frac{\omega}{\omega_0}=\frac{1}{2}\left(\pm\frac{1}{Q}\pm\sqrt{4+\frac{1}{Q^2}}\right)$$

由于 $\frac{\omega}{\omega_0}>0$，可得到

$$\frac{\omega}{\omega_0}=\sqrt{1+\left(\frac{1}{2Q}\right)^2}\pm\frac{1}{2Q}$$

即

$$\omega_1=\omega_0\left(\sqrt{1+\left(\frac{1}{2Q}\right)^2}-\frac{1}{2Q}\right)$$

$$\omega_2=\omega_0\left(\sqrt{1+\left(\frac{1}{2Q}\right)^2}+\frac{1}{2Q}\right)$$

所以，通频带宽为

$$BW=\omega_2-\omega_1=\frac{\omega_0}{Q}$$

可见，通频带宽与电路谐振时的品质因数成反比，Q 越大，带宽 BW 越小，谐振曲线的形状越尖锐，电路的选择性越好，如图 8-10 所示。

8.2.4　滤波器

通过前面的分析我们已经对滤波器有了一定的认识，实际上就是选频电路，允许或者阻止一部分频率通过电路。图 8-16 给出了理想滤波器的示意图。

实际的滤波器不可能像理想滤波器那样完全截止于某频率。在本节已经讨论过 RLC 串联电路电容电压的低通滤波特性、电感电压的高通滤波特性、电阻电压的带通滤波特性和电感、电容电压的阻带特性。显然低通滤波器和高通滤波器互为补充，对于一个特定电路，单独元件响应的网络函数之和为 1，从前面的分析很容易得到这一点。在这里通过一个实例来设计一阶滤波器。

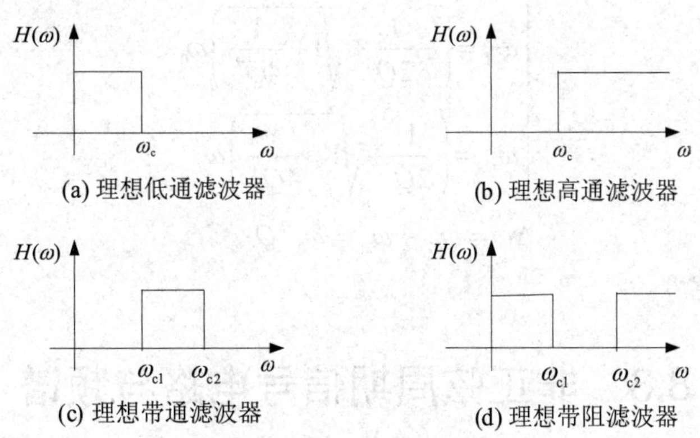

(a) 理想低通滤波器　(b) 理想高通滤波器

(c) 理想带通滤波器　(d) 理想带阻滤波器

图 8-16　理想滤波器

【例 8-3】 如图 8-17 为 RL 串联电路。

(1) 求网络函数。

(2) 求串联 RL 电路截止频率的表达式。

(3) 选择 R 和 L 的值，构成一个截止频率为 10Hz 的低通滤波器。

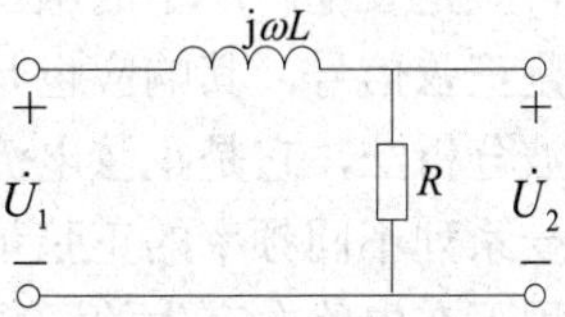

图 8-17　RL 串联电路

解：(1) 其网络函数为

$$H_R(\mathrm{j}\omega)=\frac{R}{R+\mathrm{j}\omega L}$$

(2) 由上式可得到

$$\left|H_R(\mathrm{j}\omega)\right|=\frac{R/L}{\sqrt{\omega^2+(R/L)^2}}$$

显然 $\left|H_R(\mathrm{j}0)\right|=1$，表明当 $\omega=0$ 时，输入电压完全传递到电阻两端，电感相当于短路。当角频率逐渐增加时，上式分子不变，分母变大，即 $\left|H_R(\mathrm{j}\omega)\right|$ 随角频率的增加而减少直到 0。显然是因为感抗的增加，使得电阻分压减少，当角频率无穷大时，电感相当于开路，电阻电压为 0。

令
$$\left|H_R(\mathrm{j}\omega)\right|=\frac{R/L}{\sqrt{\omega^2+(R/L)^2}}=\frac{1}{\sqrt{2}}$$

可解得
$$\omega=\omega_c=\frac{R}{L}$$

(3) 现在的问题是选择 R 和 L 的值构成低通滤波器，理论上可以任意选择，但电感的值相对较小，电阻大小几乎没有限制，这里选择电感值为 100mH，因为选择太小电感值就会增大电阻值，会影响其灵敏度。

因为 $\omega_c=2\pi\times10$，所以 $R=\omega_c L=2\pi\times10\times100\times10^{-3}\Omega=6\Omega$。显然如果以电感作为响应，就是高通滤波器，且截止频率仍然是 $\omega_c=\dfrac{R}{L}$。

另外对于前面讨论的阻带滤波器，也可以得到其截止频率。

截止频率 ω_c 应该使得 $\dfrac{|\omega_0^2-\omega^2|}{\sqrt{(\omega_0^2-\omega^2)^2+\omega_0^2\omega^2/Q^2}}=\dfrac{1}{\sqrt{2}}$，可解得

$$\begin{cases}\omega_{c1}=\left(-\dfrac{1}{2Q}+\sqrt{1+\dfrac{1}{4Q^2}}\right)\omega_0\\[2ex]\omega_{c2}=\left(\dfrac{1}{2Q}+\sqrt{1+\dfrac{1}{4Q^2}}\right)\omega_0\end{cases}$$

$$\Delta\omega=\omega_{c2}-\omega_{c1}=\omega_0/Q$$

式中，$\Delta\omega$ 为阻带宽度。

8.3 非正弦周期信号电路与频谱

8.2 节讨论分析了在正弦周期信号激励下，电路的频率特性。但在实际应用中，电信工程中传输的各种信号大多数是按非正弦规律变动的。产生非正弦周期信号的原因一般有两种，一是发电厂产生的电压不是标准的正弦电压；二是电路中存在非线性元件，即使激励源是正弦信号，其响应也是非正弦信号。本节主要介绍非正弦周期电路的一种分析方法即谐波分析法，它是正弦电流电路的推广。此方法是利用傅立叶级数将非正弦周期信号分解为一系列不同频率的正弦量之和，然后根据线性电路的叠加性质分别计算各个正弦量单独作用下在电路中产生的同频正弦电流或电压分量，把所得的分量按时域形式叠加。

8.3.1 正弦稳态的叠加

下面通过一个实例来了解正弦稳态的叠加。

【例 8-4】 如图 8-18 所示电路，已知 $u_s=(2+2\cos t+3\sin 2t)$V，求稳态电压 u。

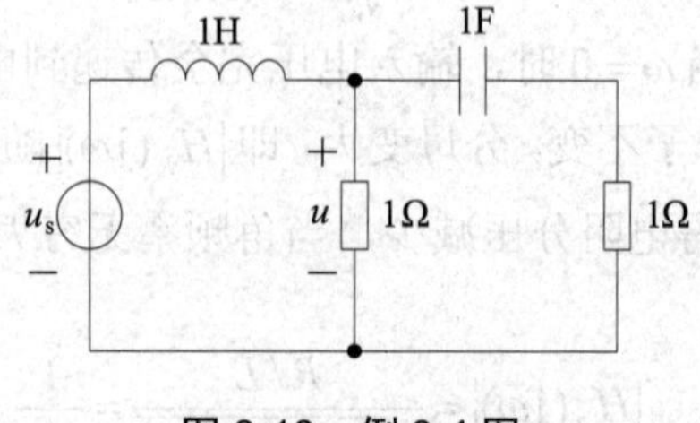

图 8-18 例 8-4 图

解：网络函数为

$$H(\mathrm{j}\omega)=\frac{U(\mathrm{j}\omega)}{U_{\mathrm{s}}(\mathrm{j}\omega)}=\frac{1\times\left(\frac{1}{\mathrm{j}\omega}+1\right)/\left(\frac{1}{\mathrm{j}\omega}+2\right)}{1\times\left(\frac{1}{\mathrm{j}\omega}+1\right)/\left(\frac{1}{\mathrm{j}\omega}+2\right)+\mathrm{j}\omega}=\frac{\mathrm{j}\omega+1}{2(\mathrm{j}\omega)^2+2\mathrm{j}\omega+1}$$

应用叠加定理，分别求出每个激励分量作用时的响应。

(1) 当直流电压 $u_{\mathrm{s}}=2\mathrm{V}$ 单独作用时，电感等效为短路，电容等效为开路，可求得对应电压为 $u_0=2\mathrm{V}$。

(2) 当电源 $2\cos t$ 单独作用时，激励频率 $\omega=1$，激励相量为 $2\angle 0^\circ\mathrm{V}$，响应电压相量为 $\dot{U}(\mathrm{j}1)=H(\mathrm{j}1)\dot{U}_{\mathrm{s}}(\mathrm{j}1)=\frac{\mathrm{j}1+1}{2(\mathrm{j}1)^2+2\mathrm{j}+1}\times 2\mathrm{V}=1.26\angle-71.57^\circ\mathrm{V}$，对应电压为 $u_1=1.26\cos(t-71.57^\circ)\mathrm{V}$。

(3) 当电源 $3\sin 2t$ 单独作用时，激励频率 $\omega=2$，激励相量为 $3\angle-90^\circ$，响应电压相量为 $\dot{U}(\mathrm{j}2)=H(\mathrm{j}2)\dot{U}_{\mathrm{s}}(\mathrm{j}2)=\frac{\mathrm{j}2+1}{2(\mathrm{j}2)^2+2(\mathrm{j}2)+1}\times 3\angle-90^\circ\mathrm{V}=0.83\angle-176.82^\circ\mathrm{V}$ 得到 $u_2=0.83\cos(2t-176.82^\circ)\mathrm{V}$。

因此，电路响应稳态电压就是将上述分量叠加得

$$u=u_0+u_1+u_2=[2+1.26\cos(t-71.57^\circ)+0.83\cos(2t-176.82^\circ)]\mathrm{V}$$

因此，对于非正弦周期信号电路的分析，可以采用傅里叶级数展开把它分解为一系列不同频率的正弦量，然后用正弦交流电路相量分析方法，分别对不同频率的正弦量单独作用下的电路进行计算，再由线性电路的叠加定理，将各个分量叠加，得到非正弦周期信号下的响应。

8.3.2 非正弦周期函数的傅里叶分解与信号的频谱

对于一个周期性的电流、电压或其他信号可以用一个周期函数表示，即

$$f(t)=f(t+kT)$$

式中，T 为周期函数 $f(t)$ 的周期，$k=0,1,2,\cdots$。

如果 $f(t)$ 满足狄里赫利条件(即在每个周期上 $f(t)$ 满足：连续或者具有有限个第一类间断点；具有有限个最大值和最小值；函数绝对可积)，便可展开成傅里叶级数。

$$\begin{aligned}f(t)&=a_0+(a_1\cos\omega t+b_1\sin\omega t)+(a_2\cos 2\omega t+b_2\sin 2\omega t)+\cdots+(a_k\cos k\omega t+b_k\sin k\omega t)\\&=a_0+\sum_{k=1}^{\infty}(a_k\cos k\omega t+b_k\sin k\omega t)\end{aligned}\tag{8-9}$$

式(8-9)中各个系数满足以下关系：

$$a_0=\frac{1}{T}\int_0^T f(t)\mathrm{d}t$$

$$a_k=\frac{2}{T}\int_0^T f(t)\cos k\omega t\mathrm{d}t$$

$$b_k=\frac{2}{T}\int_0^T f(t)\sin k\omega t\mathrm{d}t$$

式中，T 为 $f(t)$ 的周期，$\omega=\dfrac{2\pi}{T}$ 为 $f(t)$ 的角频率，$k=1,2,3,\cdots$。

若将其中的同频正弦项和余弦项合并可得出另一种表达式，即

$$\begin{aligned}f(t)&=c_0+c_1\cos(\omega_1 t+\varphi_1)+c_2\cos(2\omega_1 t+\varphi_2)+\cdots+c_k\cos(\omega_k t+\varphi_k)\\&=c_0+\sum_{k=1}^{\infty}c_k\cos(k\omega t+\varphi_k)\end{aligned}$$

显然有

$$c_0=a_0$$

$$c_k=\sqrt{{a_k}^2+{b_k}^2}$$

$$\varphi_k=\arctan\frac{-b_k}{a_k}$$

傅里叶级数是个无穷的三角级数，c_0 称为周期函数 $f(t)$ 的直流分量；$c_1\cos(\omega_1 t+\varphi_1)$ 称为一次谐波(或基波分量)，其周期或频率与原周期函数 $f(t)$ 相同，其他各项称为高次谐波，即二次谐波、三次谐波等。这种将周期函数展开为一系列谐波之和的傅里叶级数称为谐波分析。实际上，在工程中所用到的非正弦周期量，一般都满足狄里赫利条件，所以都可以使用谐波分析法。

实际上根据原周期函数 $f(t)$ 的特点可将傅里叶级数化简。

如果 $f(t)$ 为偶函数，即

$$f(t)=f(-t)$$

$$a_0=\frac{2}{T}\int_0^{T/2}f(t)\mathrm{d}t$$

$$a_k=\frac{4}{T}\int_0^{T/2}f(t)\cos k\omega t\mathrm{d}t$$

$$b_k=0$$

即在偶函数的傅里叶级数中不含正弦项，只有直流项和余弦项。

如果 $f(t)$ 为奇函数，则有

$$a_0=0$$

$$a_k=0$$

$$b_k=\frac{4}{T}\int_0^{T/2}f(t)\sin k\omega t\mathrm{d}t$$

即在奇函数的傅里叶级数中只有正弦项，不含余弦项，也不含直流量。

如果函数 $f(t)$的波形沿横轴平移半个周期并相对于横轴上下翻转后，波形不发生变化，即

$$f(t)=-f(t\pm T/2)$$

$$a_0=0$$

$$a_k=0\qquad b_k=0\qquad (k\text{为偶数})$$

$$a_k=\frac{4}{T}\int_0^{T/2}f(t)\cos k\omega t\mathrm{d}t\qquad (k\text{为奇数})$$

$$b_k=\frac{4}{T}\int_0^{T/2}f(t)\sin k\omega t\mathrm{d}t\qquad (k\text{为奇数})$$

所以，在半波对称周期函数的傅里叶级数中，只含有基波和奇次谐波的正弦项和余弦项，而不含偶次谐波项。

【例 8-5】 将图 8-19 所示的方波分解成傅里叶级数。

解： 如图 8-19 所示的波形，由于其既对称于纵轴，又具有半波对称性质，所以它是兼有奇谐波函数性质的偶函数。其傅里叶级数中必定只含有余弦的奇次谐波项，计算 a_k 为

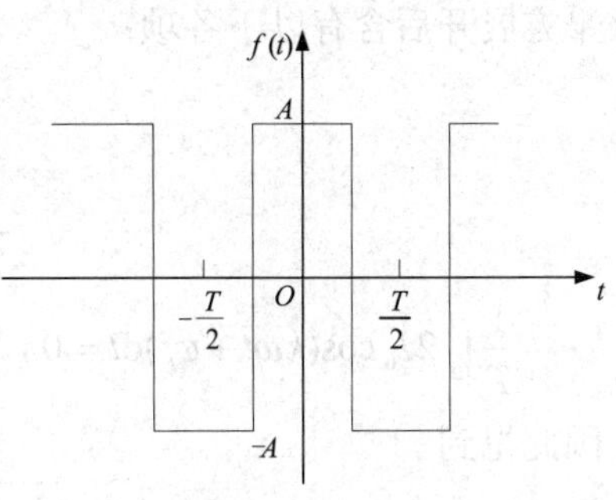

图 8-19　例 8-5 图

$$a_k = \frac{4}{T}\int_0^{T/2} f(t)\cos k\omega t\mathrm{d}t$$

对图 8-19 所示波形可以写出

$$f(t) = \begin{cases} A & 0 \leqslant t < \dfrac{T}{4} \\ -A & \dfrac{T}{4} < t \leqslant \dfrac{T}{2} \end{cases}$$

将 a_k 代入可得

$$\begin{aligned} a_k &= \frac{4}{T}\left(\int_0^{T/4} A\cos k\omega t\mathrm{d}t - \int_{T/4}^{T/2} A\cos k\omega t\mathrm{d}t\right) \\ &= \frac{4A}{T}\int_0^{T/4}\cos k\omega t\mathrm{d}t - \frac{4A}{T}\int_{T/4}^{T/2}\cos k\omega t\mathrm{d}t \\ &= \frac{4A}{Tk\omega}\left[(\sin k\omega t)\Big|_0^{T/4} - (\sin k\omega)\Big|_{T/4}^{T/2}\right] \\ &= \begin{cases} \dfrac{4A}{k\pi} & k = 1,5,9,\cdots \\ -\dfrac{4A}{k\pi} & k = 3,7,11,\cdots \end{cases} \end{aligned}$$

即可得到，傅里叶级数为

$$f(t) = \frac{4A}{\pi}\left(\cos\omega t - \frac{1}{3}\cos 3\omega t + \frac{1}{5}\cos 5\omega t - \frac{1}{7}\cos 7\omega t + \cdots\right)$$

8.3.3　非正弦周期函数的有效值与平均功率

对于任一周期电流(包括非正弦周期和正弦周期电流) i 的有效值 I 的定义为

$$I = \sqrt{\frac{1}{T}\int_0^T i^2(t)\mathrm{d}t}$$

假设一非正弦周期电流可以分解为傅里叶级数，即

$$i(t) = I_0 + \sum_{k=1}^{\infty} I_k\cos(k\omega t + \varphi_k)$$

那么

$$I = \sqrt{\frac{1}{T}\int_0^T i^2(t)\mathrm{d}t} = \sqrt{\frac{1}{T}\int_0^T [I_0 + \sum_{k=1}^{\infty} I_k\cos(k\omega t + \varphi_k)]^2\mathrm{d}t}$$

平方展开后含有以下各项：

$$\frac{1}{T}\int_0^T {I_0}^2 \mathrm{d}t = {I_0}^2$$

$$\frac{1}{T}\int_0^T I_k^2 \cos^2(k\omega t+\varphi_k)\mathrm{d}t = I_k^2$$

$$\frac{1}{T}\int_0^T 2I_0\cos(k\omega t+\varphi_k)\mathrm{d}t = 0\,，\quad \frac{1}{T}\int_0^T 2I_k I_{k'}\cos(k\omega t+\varphi_k)\cos(k'\omega t+\varphi_{k'})\mathrm{d}t = 0 \qquad (k \neq k')$$

因此得到

$$I = \sqrt{\frac{1}{T}\int_0^T i^2(t)\mathrm{d}t} = \sqrt{I_0^2 + \sum_{k=1}^{\infty}\frac{1}{2}I_k^2} = \sqrt{I_0^2 + I_1^2 + I_2^2 + \cdots} \tag{8-10}$$

式(8-10)中I_1、I_2、…分别为基波、二次谐波、…的有效值，即非正弦周期电流的有效值等于直流分量的平方与各次谐波有效值的平方之和的平方根。当然，对于周期电压也是完全一样。

对于一个一端口电路，如果端口电压u和端口电流i取一致参考方向，且均为非正弦周期量，即

$$u = U_0 + \sum_{k=1}^{\infty}\sqrt{2}U_k\cos(k\omega t+\varphi_{uk})$$

$$i = I_0 + \sum_{k=1}^{\infty}\sqrt{2}I_k\cos(k\omega t+\varphi_{ik})$$

那么瞬时功率为

$$p = ui = [U_0 + \sum_{k=1}^{\infty}\sqrt{2}U_k\cos(k\omega t+\varphi_{uk})][I_0 + \sum_{k=1}^{\infty}\sqrt{2}I_k\cos(k\omega t+\varphi_{ik})]$$

平均功率为

$$\begin{aligned}P &= \frac{1}{T}\int_0^T p\mathrm{d}t = \frac{1}{T}\int_0^T U_0 I_0\mathrm{d}t \\ &+ \frac{1}{T}\int_0^T \sum_{k=1}^{\infty}\sqrt{2}U_k\cos(k\omega t+\varphi_{uk})\sqrt{2}I_k\cos(k\omega t+\varphi_{ik})\mathrm{d}t \\ &+ \frac{1}{T}\int_0^T I_0\sum_{k=1}^{\infty}\sqrt{2}U_k\cos(k\omega t+\varphi_{uk})\mathrm{d}t + \frac{1}{T}\int_0^T U_0\sum_{k=1}^{\infty}\sqrt{2}I_k\cos(k\omega t+\varphi_{ik})\mathrm{d}t \\ &+ \frac{1}{T}\int_0^T \sum_{\substack{k=1\\(k\neq k')}}^{\infty}\sum_{k'=1}^{\infty}\sqrt{2}U_k\cos(k\omega t+\varphi_{uk})\sqrt{2}I_{k'}\cos(k'\omega t+\varphi_{ik'})\mathrm{d}t\end{aligned}$$

由三角函数的正交性可知上式第三项、第四项、第五项积分为零。因此平均功率为

$$P = U_0 I_0 + \sum_{k=1}^{\infty}U_k I_k\cos\varphi_k \tag{8-11}$$

即平均功率等于直流分量的功率和各次谐波平均功率的代数和。

【例 8-6】 已知$u(t) = [10 + 100\cos(100t + 30^\circ) + 40\cos(200t + 15^\circ)]\mathrm{V}$，

$i(t) = [2 + 10\sin(100t + 60^\circ) + 5\sin(300t + 45^\circ)]\mathrm{A}$，求其平均功率。

解：由式(8-11)得

$$P = 10\times 2\mathrm{W} + \frac{100\times 10}{2}\cos[(30^\circ - (-30^\circ)]\mathrm{W} = 270\mathrm{W}$$

应当注意，各次谐波平均功率计算时电压与电流的频率要一一对应且频率相同。

8.3.4　频谱

为了表示一个周期函数分解为傅里叶级数后，包含哪些频率分量以及各分量所占的“比重”，常用各次谐波振幅大小相对应的线段，按频率的高低顺序排列起来，就是信号的幅度频谱，表征非正弦周期波形的各次谐波的振幅与频率关系。表征非正弦周期波形的各次谐波的相位与频率关系就是相位频谱。振幅频谱和相位频谱统称信号的频谱，它与傅里叶级数完全对应。

【例 8-7】作出图 8-20 所示方波的振幅频谱和相位频谱。

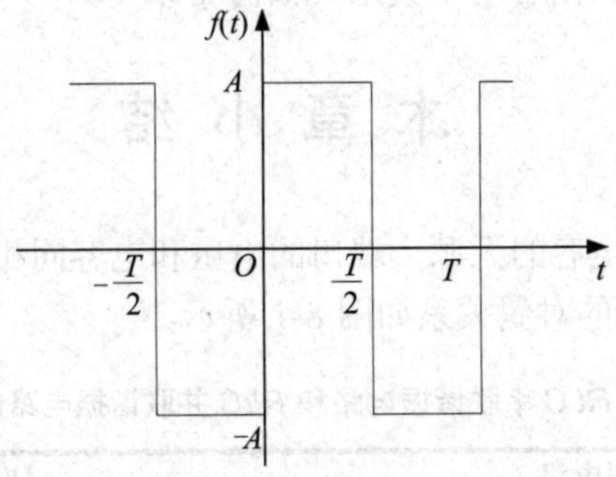

图 8-20　例 8-7 图

解：方波的傅里叶级数的系数为

$$c_k = \frac{4}{T}\int_0^{T/2} A\sin k\omega t\mathrm{d}t = -\frac{4A}{Tk\omega}(\cos k\omega t)\Big|_0^{T/2}$$

$$= \frac{4A}{k\pi} \quad k = 1,3,5,7,\cdots$$

可得到傅里叶级数展开式为

$$f(t) = \frac{8A}{\pi^2}\left(\sin\omega t - \frac{1}{3^2}\sin 3\omega t + \frac{1}{5^2}\sin 5\omega t - \frac{1}{7^2}\sin 7\omega t + \cdots\right)$$

方波的频谱如图 8-21 所示。

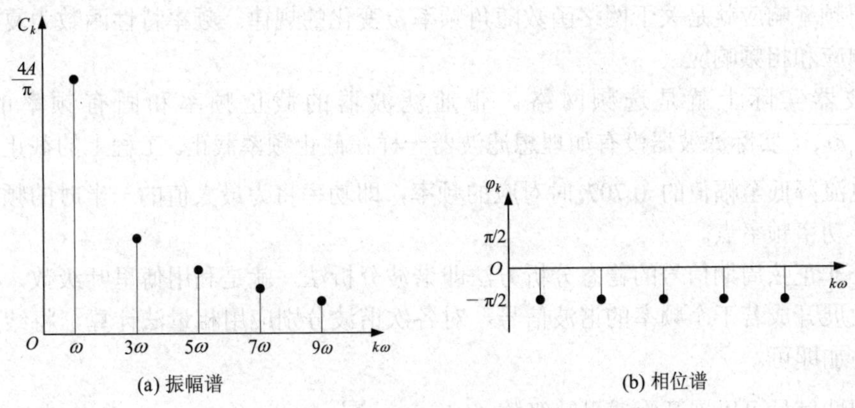

(a) 振幅谱　　(b) 相位谱

图 8-21　方波的频谱

说明及思考：对于两个函数 $\begin{cases} f(t)=\begin{cases} A & 0\leqslant t<\dfrac{T}{2} \\ -A & \dfrac{T}{2}<t\leqslant T \end{cases} \\ f(t)=f(t+T) \end{cases}$ 及其傅里叶展开式 $f(t)=\dfrac{8A}{\pi^2}\left(\sin\omega t-\dfrac{1}{3^2}\sin 3\omega t+\dfrac{1}{5^2}\sin 5\omega t-\dfrac{1}{7^2}\sin 7\omega t+\cdots\right)$，它们都代表同一波形即方波。如果只取傅里叶级数的前四项或者将方波信号通过截止频率为 7ω 的理想低通滤波器得到的波形和原方波有多少差异、两者功率关系又如何呢？

本章小结

谐振就是包含电感和电容的无源一端口的电压和电容同相的电路状况。*RLC* 串联谐振电路和 *RLC* 并联谐振电路的对偶关系如图 8-1 所示。

表 8-1　*RLC* 串联谐振电路和 *RLC* 并联谐振电路的对偶关系

RLC 串联谐振电路	*RLC* 并联谐振电路
$\omega_0=\dfrac{1}{\sqrt{LC}},f_0=\dfrac{1}{2\pi\sqrt{LC}}$	$\omega_0=\dfrac{1}{\sqrt{LC}},f_0=\dfrac{1}{2\pi\sqrt{LC}}$
$Z(\mathrm{j}\omega_0)=R+\mathrm{j}\left(\omega_0 L-\dfrac{1}{\omega_0 C}\right)=R$	$Y(\mathrm{j}\omega_0)=G+\mathrm{j}\left(\omega_0 C-\dfrac{1}{\omega_0 L}\right)=G$
$Q=\dfrac{\omega_0 L}{R}=\dfrac{1}{\omega_0 CR}$	$Q=\dfrac{\omega_0 C}{G}=\dfrac{1}{\omega_0 LG}$
阻抗最小；电流最大；电路呈阻性；电感电压与电容电压大小相等方向相反且为总电压的 Q 倍	导纳最小，阻抗最大；电路呈阻性；电感电流与电容电流大小相等方向相反为总电流的 Q 倍

正弦稳态电路的网络函数定义为响应相量与激励相量之比，即

$$\text{网络函数}H(\mathrm{j}\omega)=\frac{\text{响应相量}\dot{Y}}{\text{激励相量}\dot{X}}$$

所谓频率响应就是关于网络函数随角频率 ω 变化的规律。频率特性函数为复数，可分为幅频响应和相频响应。

滤波器实际上就是选频网络。带通滤波器的截止频率和固有频率的关系为 $\omega_0=\sqrt{\omega_{c1}\omega_{c2}}$，实际滤波器没有如理想滤波器一样在截止频率截止。工程上的截止频率选取电压或电流降低至幅值的 0.707 时对应的频率，即功率将为最大值的一半时的频率，所以也称为半功率频率点。

对于非正弦周期信号的稳态分析方法即谐波分析法，就是利用傅里叶级数，将非正弦周期函数展开成若干个频率的谐波信号，对各次谐波分别应用相量法计算，将结果转换为瞬时值叠加即可。

周期性信号可以展开为傅里叶级数 $f(t)=a_0+\sum\limits_{k=1}^{\infty}(a_k\cos k\omega t+b_k\sin k\omega t)$ 或

$f(t)=c_0+\sum_{k=1}^{\infty}c_k\cos(k\omega t+\varphi_k)$；$c_0=a_0$；　$c_k=\sqrt{a_k{}^2+b_k{}^2}$；$\varphi_k=\arctan\dfrac{-b_k}{a_k}$。$c_0$ 称为周期函数 $f(t)$ 的直流分量；$c_1\cos(\omega_1 t+\varphi_1)$ 称为一次谐波(或基波分量)，其他各项称为高次谐波。

非正弦周期电流的有效值等于直流分量的平方与各次谐波有效值的平方之和的平方根。

平均功率等于直流分量构成的功率和各次谐波平均功率的代数和。

信号的频谱就是各次谐波的振幅和相位与所对应的频率关系图。周期性信号的频谱是离散谱。

习　题

1. 求如图 8-22 所示电路发生短路或开路时的角频率。

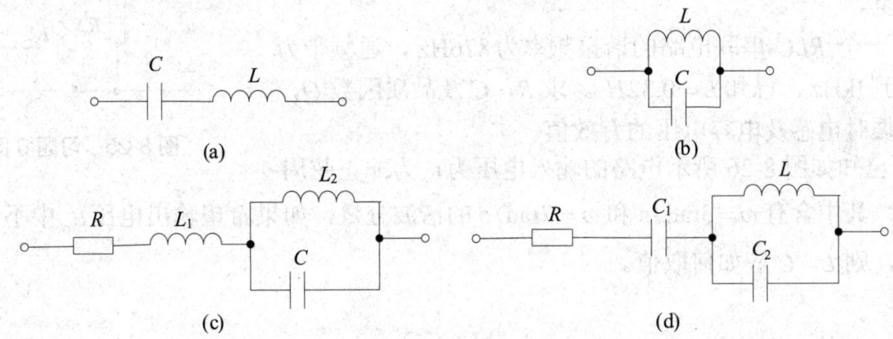

图 8-22　习题 1 图

2. 如图 8-23 所示电路。

(1) 试求它的并联谐振角频率表达式，并说明电路各参数间应满足什么条件才能实现并联谐振。

(2) 当 $R_1=R_2=\sqrt{\dfrac{L}{C}}$ 时，试问电路将出现什么样的情况？

3. 如图 8-24 所示电路中，电源电压 $U=1\text{V}$，角频率 $\omega=1000\text{rad/s}$。调节电容 C 使电路达到谐振，谐振电流 $I_0=100\text{mA}$，谐振电容电压 $U_{C0}=100\text{V}$。试求 R、L、C 之值及回路的品质因数 Q。

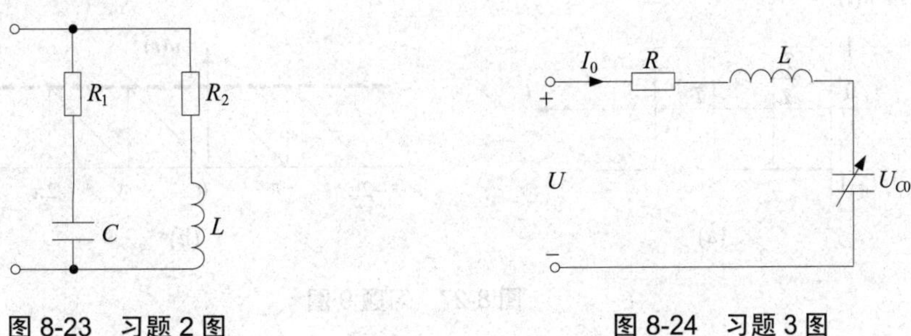

图 8-23　习题 2 图　　图 8-24　习题 3 图

4. RLC 串联电路中，$R=50\Omega, L=9\text{mH}, C=0.1\mu\text{F}$。试求：

(1) 输入阻抗与角频率的关系。

(2) 画出阻抗的频率响应。

(3) 谐振角频率。

(4) 谐振电路的品质因数。

(5) 通频带的带宽。

5. RLC 串联电路中，$R=4\Omega$，$L=25\text{mH}$。试求：

(1) 若品质因数 $Q=50$，计算电容 C。

(2) 求谐振角频率 ω_0、半功率点频率 ω_1、ω_2 和带宽 BW。

(3) 求 $\omega=\omega_0,\omega_1,\omega_2$ 时电路的平均功率，电源电压峰值 $U_\text{m}=100\text{V}$。

6. 如图 8-25 所示的 RLC 并联电路中，$R=30\text{k}\Omega$, $L=10\text{mH}, C=100\text{pF}$。试求谐振角频率、截止频率、品质因数及带宽。

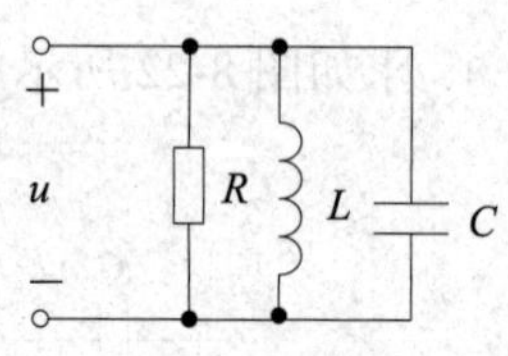

图 8-25　习题 6 图

7. 一个 RLC 串联电路的谐振频率为 876Hz，通频带为 750Hz 到 1kHz，已知 $L=0.32H$。求 R，C 及品质因数 Q，并求谐振时电感及电容电压的有效值。

8. 已知如图 8-26 所示电路的输入电压为 u_i 为非正弦周期信号，其中含有 $\omega=3\text{rad/s}$ 和 $\omega=7\text{rad/s}$ 的谐波分量，如果希望输出电压 u_o 中不含这两个分量，则 L，C 应如何取值。

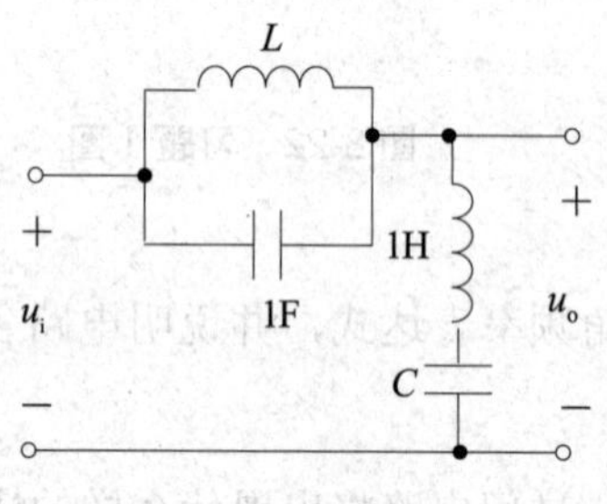

图 8-26　习题 8 图

9. 分别求出如图 8-27 所示周期性电压的傅里叶级数。

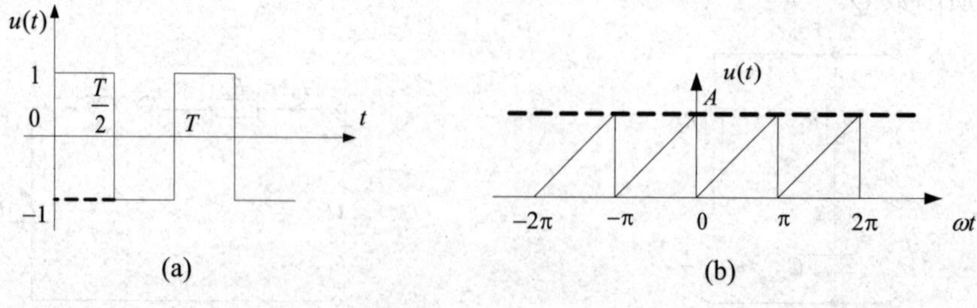

图 8-27　习题 9 图

10. 如图 8-28 表示一个全波整流波形，即

$$\begin{cases} i(t) = I_m \sin\dfrac{\pi}{T}t & 0 < t < T \\ i(t+T) = i(t) \end{cases}$$

试求 $i(t)$ 的傅里叶级数。

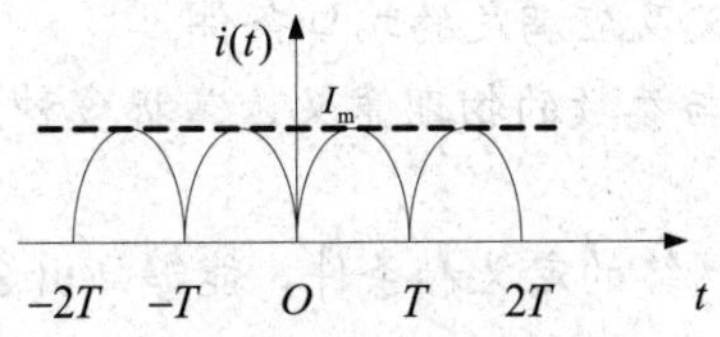

图 8-28　习题 10 图

11. 已知一周期性电流的傅里叶级数式为

$$i(t) = [20\sin(314t) + 14.1\sin(3\times 314t) + 70.7\sin(5\times 314t) + \cdots]\ \mathrm{A}$$

试由此电流的前三个谐波分量绘出其近似波形，并求出其有效值。

12. RLC 串联电路，总电压和总电流分别为 $u(t) = [100\cos\omega t + 50\cos(3\omega t - 30^\circ)]\mathrm{V}$，$i(t) = [10\cos\omega t + 1.755\cos(3\omega t - \theta_3)]\mathrm{A}$，$u$和$i$ 为关联参考方向，$\omega = 314\mathrm{rad/s}$，试求 R、L、C 及 θ_3 的值。

13. 电感两端电压加上有效值为 10V 的正弦电压信号时，其电流有效值为 1A。当电压中含三次谐波分量且电压有效值为 10V 时，电流有效值为 0.8A，试求该电压基波和三次谐波电压的有效值。

14. 一非正弦电路，已知 $u(t) = \left[50 + \sqrt{240}\sin(\omega t + 30^\circ) + \sqrt{260}\sin(2\omega t + 10^\circ)\right]\mathrm{V}$，$i(t) = \left[1 + \sqrt{20.5}\sin(\omega t - 20^\circ) + \sqrt{20.3}\sin(2\omega t + 50^\circ)\right]\mathrm{A}$，试求此非正弦电路电压有效值 U 和电流有效值 I 及有功功率 P。

15. 如图 8-29 所示电路，电源电压 $u(t) = [30 + 50\sin 314t + \sin 628t + 8\sin 1570t)\mathrm{V}$，已知 $R_1 = R_2 = 100\Omega, L_1 = 10\mathrm{mA}, L_2 = 100\mathrm{mA}, C = 100\mathrm{pF}$。

试求电流瞬时值 $i(t)$、电流 $i(t)$ 和电压 $u(t)$ 的有效值及电源发出的平均功率。

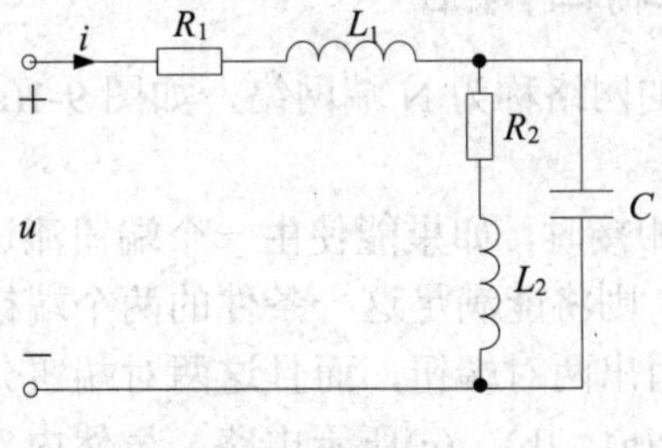

图 8-29　习题 15 图

16. 已知一端口电路的电压和电流分别为

$u(t) = [10 + 10\cos 10t + 10\cos 30t + 10\cos 50t]\mathrm{V}$

$i(t) = [2 + 1.96\cos(10t - 14^\circ) + 1.44\cos(50t + 32^\circ)]\mathrm{A}$

试求其平均功率。

第 9 章　二端口网络

教学目标

(1) 了解二端口网络的定义及应满足的端口条件。

(2) 理解二端口网络方程与参数的物理意义，掌握多种方法求解二端口网络的参数，并能写出网络方程。

(3) 了解二端口网络等效网络的定义和条件，能够画出 Z、Y 参数的等效网络，并能熟练应用。

(4) 深刻理解二端口网络函数的定义，并能用参数表示转移函数。

(5) 了解二端口网络的连接方式及其参数计算公式，了解典型的二端口元件模型的定义、端口伏安关系、性质及应用。

9.1 概　述

前面几章内容是从网络结构、元件参数与给定输入的条件下来分析和计算支路的电压和电流。在工程上，还经常会遇到需要研究网络的两对端钮之间电压和电流的关系，而对于两对端钮以外的网络结构及元件属性并不知道。例如，一些大型复杂的网络，对于应用者来说，其内部结构及元件的特性是无法完全知道或难以确定，而感兴趣的是该网络的端口电压、电流及伏安方程所描述的特性，即外特性。研究这类输入端钮与输出端钮之间的电压、电流关系，对于分析和测试集成电路的性能有着重要意义。

所以，本章主要对二端口网络端口进行分析和研究。本章主要包括二端口网络的参数和方程、二端口网络的等效电路、具有端接的二端口网络及具有典型二端口的元件模型的特性与应用等内容。对于二端口网络这些问题的分析方法和思路很容易推广到一般的多端口网络。

9.1.1　N 端网络与 N 端口网络

具有 N 个端钮对外连接的网络称为 N 端网络，如图 9-1(a)所示，N 端网络每一端钮处都有一电流，端钮间有一电压。

当 N 端网络与外部电路相接时，如果能使由一个端钮流进的电流等于从另一个端钮流出的电流，如图 9-1(b)所示，则将能满足这一条件的两个端钮称为一个“端口”，简称一端口。如果电路或网络向外引出两对端钮，而且这两对端钮分别构成两个一端口，则这样的网络称为二端口，如图 9-2(a)、(b)、(c)所示电路。虽然内部结构不同，但是都有四个端钮，而且都可以把两对端钮之间的电路囊括到一个方框中，如图 9-2(d)所示。其中，一对端子(1-1′)通常是输入端子，另一对(2-2′)是输出端子。

如果一个端钮流入的电流，等于该端口的另一端钮流出的电流，如图 9-2(d)所示，从 1 端钮流入的电流等于从 1′端钮流出的电流，2-2′端口也一样，则就称这种电路为二端口网络。同理，具有 N 个端口的网络称为 N 端口网络。这里注意，N 端网络和 N 端口网络的区

别，二端口网络一定是四端网络，但是四端网络不一定是二端口网络。

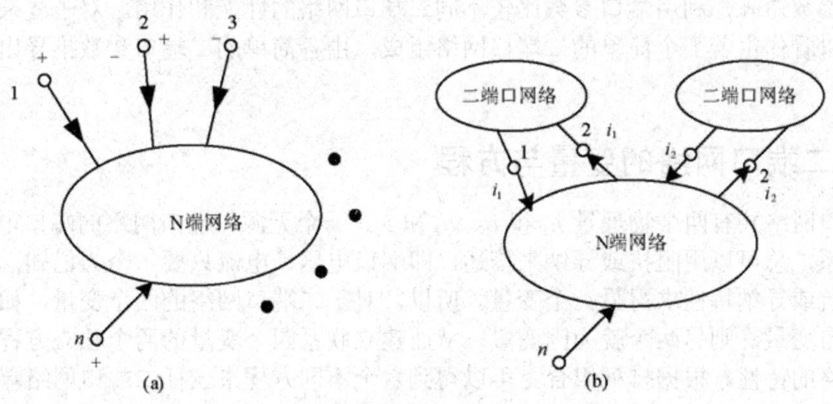

图 9-1　N 端网络

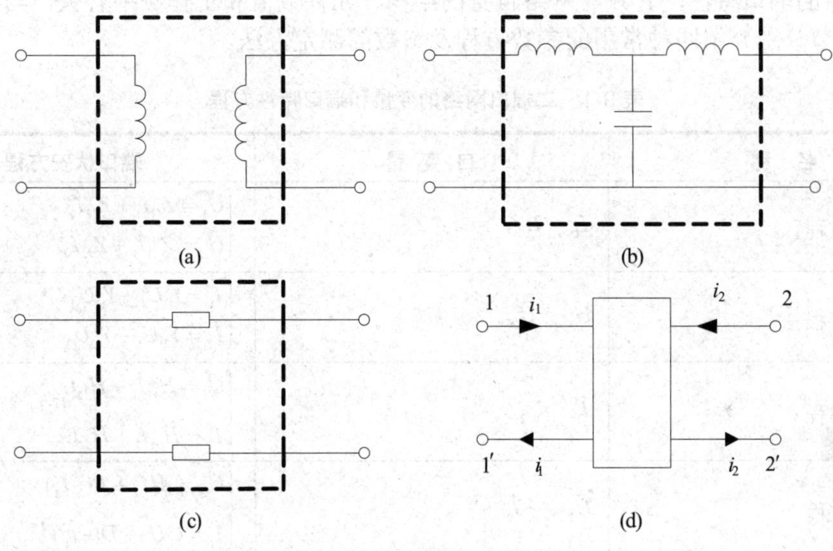

图 9-2　二端口网络

9.1.2　研究对象的特性

当网络的端口确定以后，从端口出发分析问题，与从端钮出发的变量相比数目大为减少，在 N 端网络中最常见的是三端网络和四端网络，三端网络只有两个电压和电流是独立的，因而可以用一个二端口来表示。一个四端网络，若满足端口条件，也可以表示成一个二端口网络。因此，研究二端口网络具有重要意义。

根据二端口网络内部是否含有独立源，将其分为有源二端口网络和无源二端口网络。本章研究的二端口网络限于不含独立源且为线性元件组成的线性二端口网络。其具有的特性为：①电阻、电感、电容、互感和受控源均为线性元件；②不含独立源；③应用运算法分析电路时，规定独立初始条件为零，即不存在附件电源，电路的任何响应均指零状态响应；④约定端口电压电流为关联参考方向。

在满足上述条件下，对二端口网络进行分析，就是要确定端口处电压、电流之间的关系，写出参数矩阵，利用端口参数比较不同二端口网络的性能和作用。对于复杂的二端口网络，可以看作由若干个简单的二端口网络组成，由各简单的二端口参数推导出复杂的二端口参数。

9.1.3 二端口网络的变量与方程

二端口网络共有四个物理量 u_1 和 i_1、u_2 和 i_2。一个无源二端口网络的端口电压和电流之间的关系，总可以用阻抗或导纳来描述，即端口电压、电流只要一个为已知，就可以根据端口阻抗或导纳特性求得另一个变量。所以，对于二端口网络的四个变量，如果任选其中两个为自变量，则另两个就为因变量，从而建立联系四个变量的两个独立方程，来描述二端口网络的特性。根据排列组合，可以得到六个不同方程来表征二端口网络端口的伏安关系。描述二端口网络端口上 u_1 和 i_1、u_2 和 i_2 各个量之间关系的方程，称为二端口网络的方程。表 9-1 列出四种不同系数下的方程。方程中的系数称为二端口网络参数。网络参数描述了网络的端口特性，它只与网络自身的结构、元件数值和工作频率有关，与外部电路无关。9.2 节分别介绍四种常用的参数方程及参数的测定方法。

表 9-1 二端口网络的变量和端口特性方程

名 称	自 变 量	端口伏安方程
阻抗参数方程	$\dot{I}_1$、$\dot{I}_2$	$\begin{cases}\dot{U}_1 = Z_{11}\dot{I}_1 + Z_{12}\dot{I}_2 \\ \dot{U}_2 = Z_{21}\dot{I}_1 + Z_{22}\dot{I}_2\end{cases}$
导纳参数方程	$\dot{U}_1$、$\dot{U}_2$	$\begin{cases}\dot{I}_1 = Y_{11}\dot{U}_1 + Y_{12}\dot{U}_2 \\ \dot{I}_2 = Y_{21}\dot{U}_1 + Y_{22}\dot{U}_2\end{cases}$
混合参数方程	$\dot{I}_1$、$\dot{U}_2$	$\begin{cases}\dot{U}_1 = H_{11}\dot{I}_1 + H_{12}\dot{U}_2 \\ \dot{I}_2 = H_{21}\dot{I}_1 + H_{22}\dot{U}_2\end{cases}$
传输参数方程	$\dot{U}_2$、$-\dot{I}_1$	$\begin{cases}\dot{U}_2 = A\dot{U}_2 + B(-\dot{I}_2) \\ \dot{I}_1 = C\dot{U}_2 + D(-\dot{I}_2)\end{cases}$

9.2 二端口参数及方程

9.2.1 流控型参数——开路阻抗参数 Z

1. Z 参数方程

如图 9-3(a)所示为线性二端口网络，若 $\dot{I}_1$ 和 $\dot{I}_2$ 已知，则可用替代定理把 $\dot{I}_1$ 和 $\dot{I}_2$ 看作是外加电流源的电流，如图 9-3(b)所示。由叠加定理，可得

$$\left.\begin{aligned}\dot{U}_1 = Z_{11}\dot{I}_1 + Z_{12}\dot{I}_2 \\ \dot{U}_2 = Z_{21}\dot{I}_1 + Z_{22}\dot{I}_2\end{aligned}\right\} \tag{9-1}$$

用矩阵形式表示，即

$$\begin{bmatrix}\dot{U}_1\\ \dot{U}_2\end{bmatrix}=\begin{bmatrix}Z_{11} & Z_{12}\\ Z_{21} & Z_{22}\end{bmatrix}\begin{bmatrix}\dot{I}_1\\ \dot{I}_2\end{bmatrix}=Z\begin{bmatrix}\dot{I}_1\\ \dot{I}_2\end{bmatrix}$$

其中

$$Z \overset{\text{def}}{=\!=} \begin{bmatrix}Z_{11} & Z_{12}\\ Z_{21} & Z_{22}\end{bmatrix}$$

式(9-1)称为二端口网络 Z 参数方程，该方程是以两端口电流 $\dot{I}_1$ 和 $\dot{I}_2$ 为自变量的方程。Z 称为二端口的 Z 参数矩阵，其中 Z_{11}、Z_{12}、Z_{21}、Z_{22} 称为二端口网络的 Z 参数，具有阻抗性质。

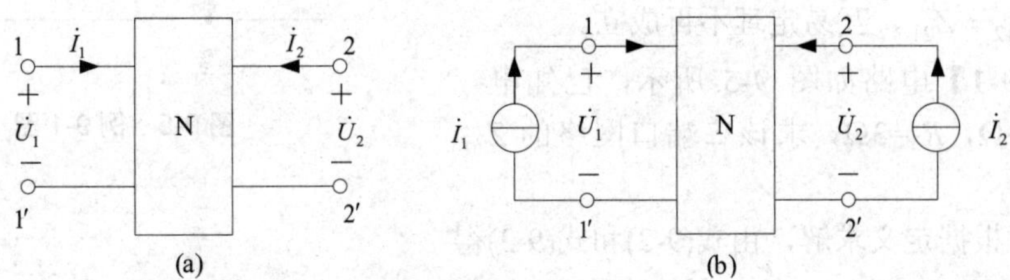

图 9-3　线性二端口的电压电流关系

2. Z 参数的物理意义及其测定与计算

如图 9-4(a)所示，令 $\dot{I}_1=0$，即端口 1-1′开路，在 2-2′加电流源 $\dot{I}_2$，由式(9-1)可求得 Z_{12} 和 Z_{22}，即

$$Z_{12}=\frac{\dot{U}_1}{\dot{I}_2}\bigg|_{\dot{I}_1=0},\quad Z_{22}=\frac{\dot{U}_2}{\dot{I}_2}\bigg|_{\dot{I}_1=0} \tag{9-2}$$

式中，是端口 1-1′开路时，在端口 1-1′与端口 2-2′之间的开路转移阻抗；Z_{22} 是端口 1-1′开路时端口 2-2′的开路输入阻抗。

同理，令 $\dot{I}_2=0$，即端口 2-2′开路，在 1-1′加电流源 $\dot{I}_1$，如图 9-4(b)所示，可求得 Z_{11} 和 Z_{21}，即

$$Z_{11}=\frac{\dot{U}_1}{\dot{I}_1}\bigg|_{\dot{I}_2=0},\quad Z_{21}=\frac{\dot{U}_2}{\dot{I}_1}\bigg|_{\dot{I}_2=0} \tag{9-3}$$

式中，Z_{11} 是端口 2-2′开路时端口 1-1′的开路输入阻抗；Z_{21} 为端口 2-2′开路时端口 1-1′与端口 2-2′之间的开路转移阻抗。

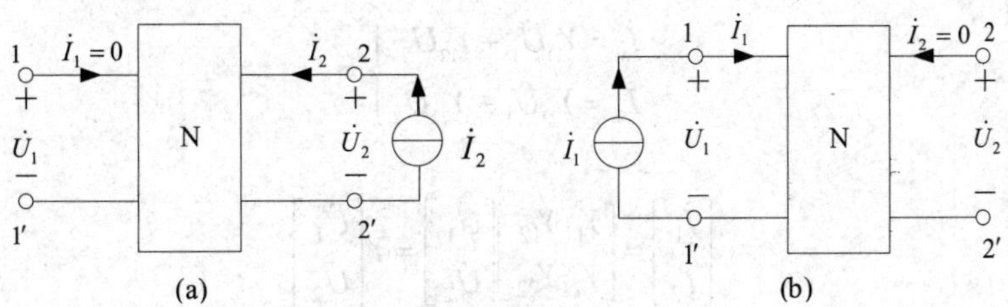

图 9-4　开路阻抗参数的测定

3. Z 参数特点

由于 Z 参数是在一个端口开路的情况下计算或测试得到，所以又称开路阻抗参数。Z 参数数值仅由内部参数及连接关系决定，它具有以下特点。

(1) 无源线性二端口(线性 R、$L(M)$、C 元件构成)满足互易定理条件，可得到 $Z_{12}=Z_{21}$，Z 参数只有三个是独立的。

(2) 对称二端口(即连接方式和元件性质及其参数的大小均具有对称性)，则 $Z_{11}=Z_{22}$，$Z_{12}=Z_{21}$，Z 参数只有两个是独立的。

(3) 含有受控源的线性二端口，$Y_{12}\neq Y_{21}, Z_{12}\neq Z_{21}$，互易定理不再成立。

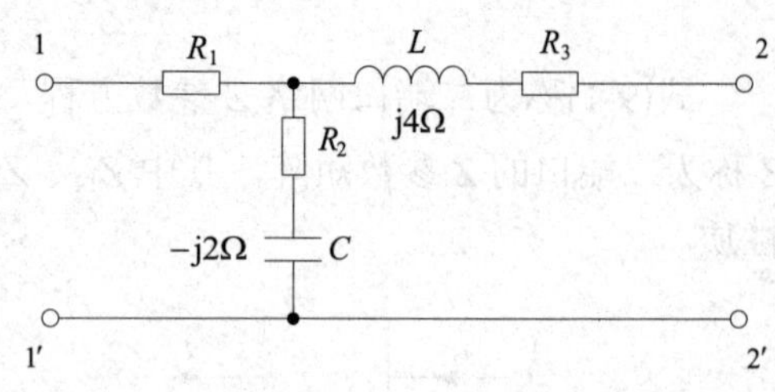

图 9-5　例 9-1 图

【**例 9-1**】电路如图 9-5 所示，已知电阻 R_1=R_2=1Ω，R_3=3Ω，求该二端口网络的 Z 参数。

解：可根据定义求解，由式(9-2)和式(9-3)得

$$Z_{11}=\frac{\dot{U}_1}{\dot{I}_1}\Big|_{\dot{I}_2=0}=(1+1-\text{j}2)\ \Omega=(2-\text{j}2)\ \Omega$$

$$Z_{21}=Z_{12}=\frac{\dot{U}_1}{\dot{I}_2}\Big|_{\dot{I}_1=0}=\frac{(1-\text{j}2)\dot{I}_1}{\dot{I}_1}=(1-\text{j}2)\ \Omega$$

$$Z_{22}=\frac{\dot{U}_2}{\dot{I}_2}\Big|_{\dot{I}_1=0}=(1-\text{j}2)\ \Omega+(3+\text{j}4)\ \Omega=(4+\text{j}2)\ \Omega$$

Z 参数矩阵为

$$\boldsymbol{Z}=\begin{bmatrix}2-\text{j}2 & 1-\text{j}2\\ 1-\text{j}2 & 4+\text{j}2\end{bmatrix}\Omega$$

本例还可用网孔电流法求解，请读者自行求解。

9.2.2　压控型参数——短路导纳参数 Y

1. Y 参数方程

在图 9-3(a)中，如果在两个端口各施加一个电压源，电压分别 $\dot{U}_1$ 和 $\dot{U}_2$，那么依叠加定理，可以得

$$\left.\begin{aligned}\dot{I}_1&=Y_{11}\dot{U}_1+Y_{12}\dot{U}_2\\ \dot{I}_2&=Y_{21}\dot{U}_1+Y_{22}\dot{U}_2\end{aligned}\right\}\tag{9-4}$$

或

$$\begin{bmatrix}\dot{I}_1\\ \dot{I}_2\end{bmatrix}=\begin{bmatrix}Y_{11} & Y_{12}\\ Y_{21} & Y_{22}\end{bmatrix}\begin{bmatrix}\dot{U}_1\\ \dot{U}_2\end{bmatrix}=Y\begin{bmatrix}\dot{U}_1\\ \dot{U}_2\end{bmatrix}$$

式(9-4)称为二端口网络的 Y 参数方程，该方程是以两端口电压 $\dot{U}_1$ 和 $\dot{U}_2$ 为自变量的方程。其中 Y_{11}、Y_{12}、Y_{21}、Y_{22} 称为二端口网络的 Y 参数，具有导纳性质。

Y 参数矩阵为

$$\boldsymbol{Y} \stackrel{\text{def}}{=} \begin{bmatrix} Y_{11} & Y_{12} \\ Y_{21} & Y_{22} \end{bmatrix}$$

2. Y 参数的物理意义及其测定与计算

如在端口 1-1′ 上施加电压 $\dot{U}_1$，而将端口 2-2′ 短路，如图 9-6(a)所示，由式(9-4)有

$$Y_{11} = \frac{\dot{I}_1}{\dot{U}_1}\Big|_{\dot{U}_2=0} \qquad Y_{21} = \frac{\dot{I}_2}{\dot{U}_1}\Big|_{\dot{U}_2=0} \tag{9-5}$$

Y_{11} 为 2-2″ 端口短路时，端口 1-1′ 的输入导纳或驱动点导纳；Y_{21} 为 2-2′ 端口短路时，端口 2-2′ 和 1-1′ 之间的转移导纳，它表示了一个端口的电流与另一个端口的电压之间的关系。

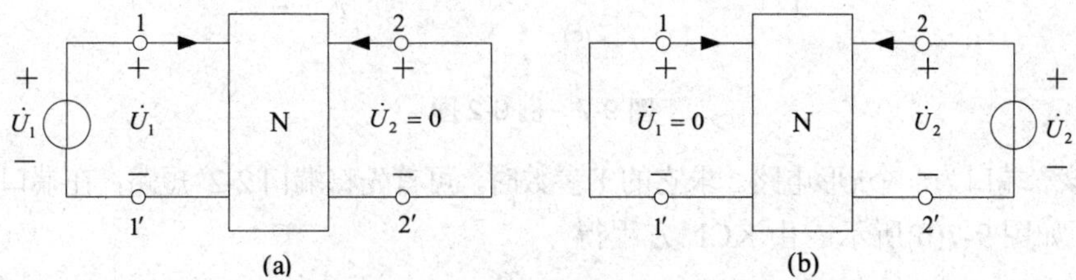

图 9-6 导纳参数的测定

同理，如果在端口 2-2′ 加一电压 $\dot{U}_2$，同时把端口 1-1′ 短路($\dot{U}_1$=0)，如图 9-6(b)所示，由式(9-4)可得

$$Y_{12} = \frac{\dot{I}_1}{\dot{U}_2}\Big|_{\dot{U}_1=0} \qquad Y_{22} = \frac{\dot{I}_2}{\dot{U}_2}\Big|_{\dot{U}_1=0} \tag{9-6}$$

Y_{12} 为端口 1-1′ 短路时，端口 1-1′ 与端口 2-2′ 的转移导纳；Y_{22} 为端口 1-1′ 短路时，端口 2-2′ 的输入导纳。

3. Y 参数特点

由于 Y 参数是在一个端口短路时计算或测试得到，所以又称为短路导纳参数。Y 参数数值仅由内部参数及连接关系决定，它具有以下特点。

(1) 根据互易定理，由线性 R、$L(M)$、C 构成的任何无源二端口，$Y_{12}=Y_{21}$，故一个无源线性二端口只要三个独立的参数足以表征其性能。

(2) 对于对称二端口，则 $Y_{11}=Y_{22}$，端口 1-1′ 和 2-2′ 互换位置后，其外部特性不会有任何变化，Y 参数中只有两个是独立的。

(3) $Z=Y^{-1}$，$Y=Z^{-1}$，即 Z 参数矩阵和 Y 参数矩阵互为逆矩阵。

【例 9-2】电路如图 9-7(a)所示，求二端口网络的 Y 参数。

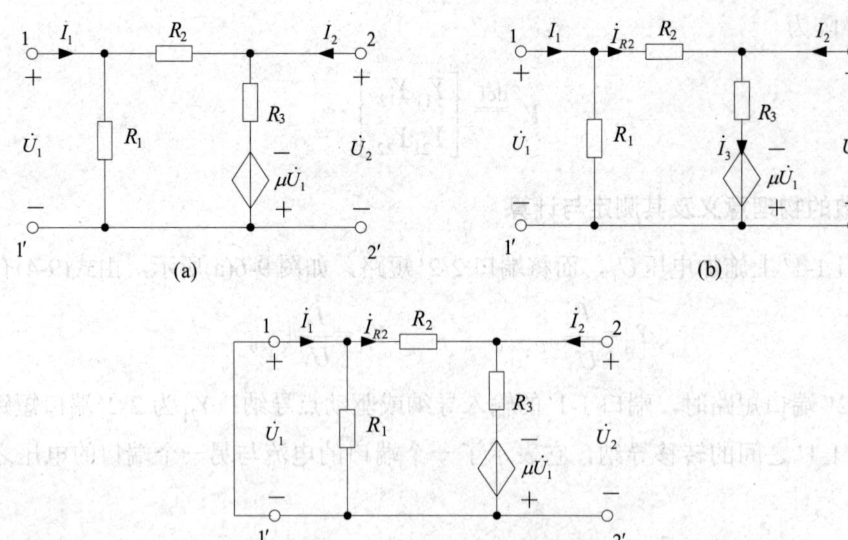

图 9-7　例 9-2 图

解：该二端口为一个π形电路。求它的 Y 参数时，可首先将端口 2-2′ 短路，在端口 1-1′ 加电压源 $\dot{U}_1$，如图 9-7(b)所示。由 KCL 方程得

$$\dot{I}_1 = \frac{\dot{U}_1}{R_1} + \frac{\dot{U}_1}{R_2}，\quad \dot{I}_2 = \dot{I}_3 - \dot{I}_{R2} = \frac{\mu\dot{U}_1}{R_3} - \frac{\dot{U}_1}{R_2}$$

根据定义可求得

$$Y_{11} = \frac{\dot{I}_1}{\dot{U}_1}\Big|_{\dot{U}_2=0} = \frac{1}{R_1} + \frac{1}{R_2}$$

$$Y_{21} = \frac{\dot{I}_2}{\dot{U}_1}\Big|_{\dot{U}_2=0} = \frac{\mu}{R_3} - \frac{1}{R_2}$$

同样，将端口 1-1′ 短路，并在端口 2-2′ 加电压源 $\dot{U}_2$，如图 9-7(c)所示，由于 $\dot{U}_1=0$，故受控电压源电压为零值，则可求得

$$Y_{12} = \frac{\dot{I}_1}{\dot{U}_2}\Big|_{\dot{U}_1=0} = -\frac{1}{R_2}$$

$$Y_{22} = \frac{\dot{I}_2}{\dot{U}_2}\Big|_{\dot{U}_1=0} = \frac{1}{R_2} + \frac{1}{R_3}$$

9.2.3　混合型参数 *H*

1. *H* 参数方程

在图 9-3(a)中，如果在其两个端口分别施加一个电流源和一个电压源，则依叠加定理，可得

$$\left.\begin{aligned}\dot{U}_1 &= H_{11}\dot{I}_1 + H_{12}\dot{U}_2\\ \dot{I}_2 &= H_{21}\dot{I}_1 + H_{22}\dot{U}_2\end{aligned}\right\} \tag{9-7}$$

或

$$\begin{bmatrix}\dot{U}_1\\ \dot{I}_2\end{bmatrix}=\begin{bmatrix}H_{11} & H_{12}\\ H_{21} & H_{22}\end{bmatrix}\begin{bmatrix}\dot{I}_1\\ \dot{U}_2\end{bmatrix}=H\begin{bmatrix}\dot{I}_1\\ \dot{U}_2\end{bmatrix}$$

式(9-7)称为 H 参数方程，该方程以 $\dot{I}_1$ 和 $\dot{U}_2$ 作为自变量。其中 H_{11}、H_{12}、H_{21}、H_{22} 称为二端口网络的 H 参数，H 参数矩阵为

$$\boldsymbol{H}\stackrel{\text{def}}{=}\begin{bmatrix}H_{11} & H_{12}\\ H_{21} & H_{22}\end{bmatrix}$$

2. H 参数的物理意义及其测定与计算

当端口 2-2′ 短路时，如图 9-8(a)所示，可求得

$$H_{11}=\frac{\dot{U}_1}{\dot{I}_1}\Big|_{\dot{U}_2=0}，\quad H_{21}=\frac{\dot{I}_2}{\dot{I}_1}\Big|_{\dot{U}_2=0} \tag{9-8}$$

H_{11} 表示当端口 2-2′ 短路时，端口 1-1′ 的输入阻抗；H_{21} 表示当端口 2-2′ 短路时，端口 2-2′ 对端口 1-1′ 的电流增益。

当端口 1-1′ 开路时，如图 9-8(b)所示，可求得

$$H_{12}=\frac{\dot{U}_1}{\dot{U}_2}\Big|_{\dot{I}_1=0}，\quad H_{22}=\frac{\dot{I}_2}{\dot{U}_2}\Big|_{\dot{I}_1=0} \tag{9-9}$$

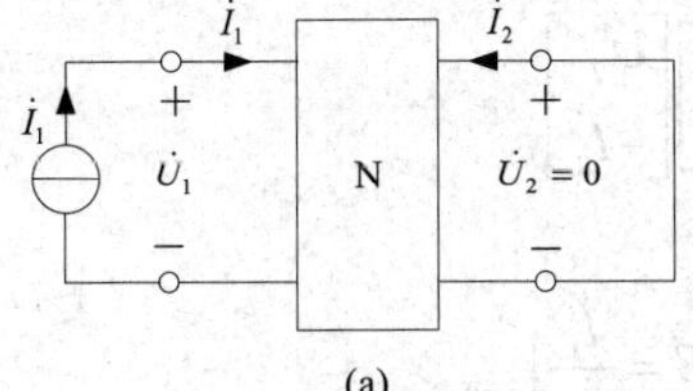

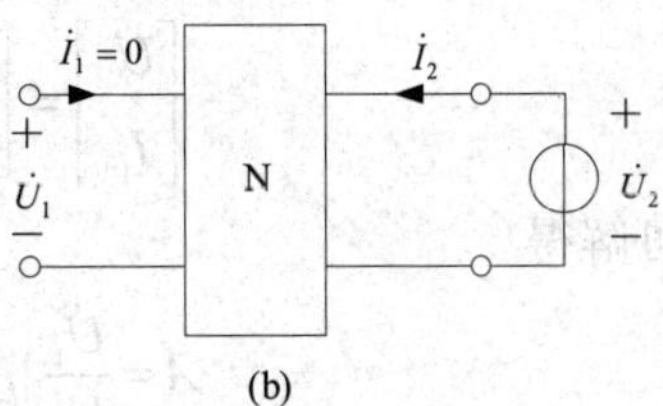

图 9-8　混合参数的测定

H_{12} 表示当端口 1-1′ 开路时，端口 1-1′ 对端口 2-2′ 的电压增益；H_{22} 表示当端口 1-1′ 开路时，端口 2-2′ 的输出导纳。

可见，H_{11}、H_{12}、H_{21}、H_{22} 四个参数的量纲均不一样，因此 H 参数又称为混合参数。

3. H 参数特点

(1) 对于无源线性二端口，H 参数中只有三个是独立的，因 $H_{21}=-H_{12}$。

(2) 对于当 $H_{11}H_{22}-H_{12}H_{21}=1$，即 $Y_{11}=Y_{22}$ 或 $Z_{11}=Z_{22}$，则为对称二端口。

(3) 电子线路中，广泛应用混合参数，Y 参数多用于高频电路中。

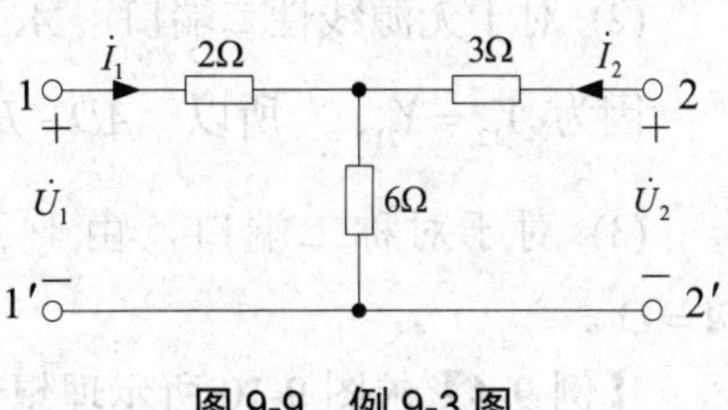

图 9-9　例 9-3 图

【例 9-3】电路如图 9-9 所示，求网络的 H 参数。

解：将端口 2 短路，根据式(9-8)有

$$H_{11}=\frac{\dot{U}_1}{\dot{I}_1}\Big|_{\dot{U}_2=0}=(6//3+2)\Omega=4\Omega$$

$$H_{21}=\frac{\dot{I}_2}{\dot{I}_1}\Big|_{\dot{U}_2=0}=\frac{-\frac{6}{3+6}\dot{I}_1}{\dot{I}_1}=-\frac{2}{3}$$

将端口 1 开路，根据式(9-9)有

$$H_{12}=\frac{\dot{U}_1}{\dot{U}_2}\Big|_{\dot{I}_1=0}=\frac{\frac{6}{3+6}\dot{U}_2}{\dot{U}_2}=\frac{2}{3}$$

$$H_{22}=\frac{\dot{I}_2}{\dot{U}_2}\Big|_{\dot{I}_1=0}=\frac{1}{3+6}\text{S}=\frac{1}{9}\text{S}$$

9.2.4 传输型参数 *T*

Z、*Y*、*H* 这三个参数的参数方程自变量分别位于两个端口，若只知道一个端口的电流电压，而要求另一个端口的量，则需引入传输参数的概念。若假设$-\dot{I}_2$，$\dot{U}_2$为已知量，可得传输参数方程为

$$\left.\begin{aligned}\dot{U}_1=A\dot{U}_2+B(-\dot{I}_2)\\ \dot{I}_1=C\dot{U}_2+D(-\dot{I}_2)\end{aligned}\right\}$$

或

$$\begin{bmatrix}\dot{U}_1\\ \dot{I}_1\end{bmatrix}=\begin{bmatrix}A & B\\ C & D\end{bmatrix}\begin{bmatrix}\dot{U}_2\\ -\dot{I}_2\end{bmatrix} \tag{9-10}$$

令$\dot{I}_2$=0 可解得

$$A=\frac{\dot{U}_1}{\dot{U}_2}\Big|_{\dot{I}_2=0}，\quad C=\frac{\dot{I}_1}{\dot{U}_2}\Big|_{\dot{I}_2=0}$$

令$\dot{U}_2$=0 可解得

$$B=\frac{\dot{U}_1}{-\dot{I}_2}\Big|_{\dot{U}_2=0}，\quad D=\frac{\dot{I}_1}{-\dot{I}_2}\Big|_{\dot{U}_2=0}$$

A 是两个电压的比值，无量纲；*B* 是短路转移阻抗；*C* 是开路转移导纳；*D* 是两个电流的比值，无量纲。*T* 参数具有以下特点。

(1) *T* 参数矩阵为$\boldsymbol{T}\overset{\text{def}}{=\!=}\begin{bmatrix}A & B\\ C & D\end{bmatrix}$，其中 *A*、*B*、*C*、*D* 都具有转移函数性质。

(2) 对于无源线性二端口，*A*、*B*、*C*、*D* 四个参数中只有三个是独立的。

因为 $Y_{12}=Y_{21}$， 所以 $AD-BC=\frac{Y_{11}Y_{22}}{Y_{21}^2}+\frac{Y_{12}Y_{21}-Y_{11}Y_{22}}{Y_{21}^2}=\frac{Y_{12}}{Y_{21}}=1$。

(3) 对于对称二端口，由于 $Y_{11}=Y_{22}$，还将有 $A=D$。

【例 9-4】求图 9-10 所示理想变压器的 *T* 参数。

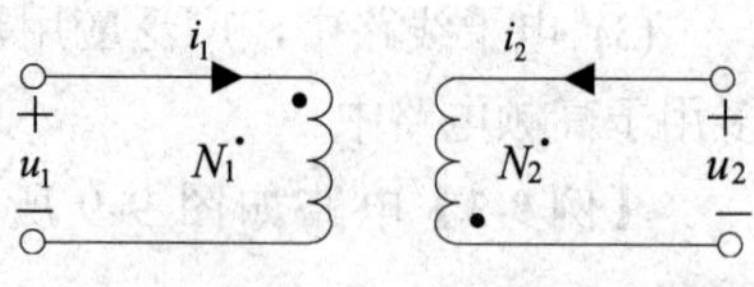

图 9-10 例 9-4 图

解：由前面章节可知，图 9-10 所示理想变压器的关系式为

$$\frac{\dot{U}_1}{-\dot{U}_2}=\frac{N_1}{N_2}\ ,\qquad \frac{\dot{I}_1}{\dot{I}_2}=\frac{N_2}{N_1}$$

写成 T 参数方程形式为

$$\begin{cases}\dot{U}_1=-\dfrac{N_1}{N_2}\dot{U}_2+0(-\dot{I}_2)\\ \dot{I}_1=0\dot{U}_2-\dfrac{N_2}{N_1}(-\dot{I}_2)\end{cases}$$

利用对应项系数相等的方法得

$$A=-\frac{N_1}{N_2},\ B=C=0,\ D=-\frac{N_2}{N_1}$$

根据上述分析，可以总结出确定二端口网络参数的常用方法。

(1) 直接利用二端口网络参数物理定义求解。如果二端口网络是封闭的，只能采用此方法求其参数。

(2) 已知二端口网络的结构，可以利用网络的网孔方程、回路方程或节点方程，消去方程中的非端口变量得到二端口网络的参数方程，与二端口网络参数方程对比则得到网络参数。

(3) 先求出一种易于求取的二端口网络参数，再利用二端口网络参数之间的变换关系求得所要求的参数。

但是，应该注意，一个二端口网络不一定都存在四种参数，读者要具体分析。如理想变压器端口仅有 T 参数，不存在 Y 参数，也无 Z 参数。

9.3 二端口参数之间的关系

上述介绍了二端口网络的四种参数，另外还有 G 和 T'两个参数，这两个参数与 H 和 T 参数类似，只是将电路方程等号两边的端口变换而已，这里不再详述。二端口网络的各种参数，是从不同的角度对同一二端口网络外部特性的描述，二端口网络的四组参数不一定会同时都存在，但存在的参数之间是有关系的。例如，Z 与 Y，T 与 T'，H 和 G 之间具有互逆关系，其余关系也可以通过数学运算获得。可以将一组参数描述的方程，经过适当的整理、变换、消元运算，变为另一组参数描述的方程，这样就建立了两种参数之间的关系。下面介绍两种参数之间转换的方法。

9.3.1 参数之间的转换方法一

一种方法是采用变量代换法，即先写出参数的网络方程，然后将其经过适当的代换、消元运算后，使之成为所求参数对应的网络方程形式，再将系数进行比较，得到不同参数间的转换关系。比如 Z 参数转换成 Y 参数，可通过 Z 参数方程求解 $\dot{I}_1$ 和 $\dot{I}_2$ 得到 Y 参数方程，然后应用对应项系数相等得到 Y 参数矩阵。

已知 Z 参数方程为

$$\left.\begin{aligned}\dot{U}_1=Z_{11}\dot{I}_1+Z_{12}\dot{I}_2\\ \dot{U}_2=Z_{21}\dot{I}_1+Z_{22}\dot{I}_2\end{aligned}\right\}\tag{9-11}$$

以$\dot{I}_1$和$\dot{I}_2$为未知量，对其求解，利用克莱姆法则，可得

$$\left.\begin{aligned}\dot{I}_1 &= \frac{Z_{22}}{\Delta_Z}\dot{U}_1 - \frac{Z_{12}}{\Delta_Z}\dot{U}_2 \\ \dot{I}_2 &= \frac{-Z_{21}}{\Delta_Z}\dot{U}_1 + \frac{Z_{11}}{\Delta_Z}\dot{U}_2\end{aligned}\right\} \tag{9-12}$$

其中，$\Delta_Z = Z_{11}Z_{22} - Z_{12}Z_{21}$，比较式(9-4)和式(9-12)可得出$Y$参数与$Z$参数的关系为

$$\left.\begin{aligned}Y_{11} &= \frac{Z_{22}}{\Delta_Z} \\ Y_{12} &= \frac{-Z_{12}}{\Delta_Z} \\ Y_{21} &= \frac{-Z_{21}}{\Delta_Z} \\ Y_{22} &= \frac{Z_{11}}{\Delta_Z}\end{aligned}\right\} \tag{9-13}$$

从式(9-13)看出，给定Z参数要使Y参数存在，Δ_Z必须不为零。

同理，在给定Y参数的情况下，可求出Z参数，其关系为

$$\left.\begin{aligned}Z_{11} &= \frac{Y_{22}}{\Delta_Y} \\ Z_{12} &= \frac{-Y_{12}}{\Delta_Y} \\ Z_{21} &= \frac{-Y_{21}}{\Delta_Y} \\ Z_{22} &= \frac{Y_{11}}{\Delta_Y}\end{aligned}\right\} \tag{9-14}$$

其中，$\Delta_Y = Y_{11}Y_{22} - Y_{12}Y_{21}$，由式(9-14)看出，由$Y$参数能转换为$Z$参数的条件是$\Delta_Y \neq 0$。

采用同样的方法可得各种参数之间的转换关系，表9-2列出了四种参数之间的关系。

9.3.2 参数之间的转换方法二

根据参数之间的特殊关系或相互转换表，直接进行转换。例如，开路阻抗矩阵$\boldsymbol{Z}$和短路导纳矩阵$\boldsymbol{Y}$之间存在着互为逆矩阵的关系，即$\boldsymbol{Z} = \boldsymbol{Y}^{-1}$或$\boldsymbol{Y} = \boldsymbol{Z}^{-1}$。如果一个端口的$\boldsymbol{Y}$参数已经确定，一般可以采用数学关系(求其逆的方法)得到$\boldsymbol{Z}$参数。

此外，还可以采用查表法直接进行参数间的转换。需要注意的是，表9-2中给出的参数转换关系仅限于无源线性二端口。对应某些具体的二端口网络，这些互换关系不一定都成立。

表9-2 各参数之间的关系

	Z参数	Y参数	H参数	T参数
Z参数	$\begin{matrix} Z_{11} & Z_{12} \\ Z_{21} & Z_{22}\end{matrix}$	$\begin{matrix} \frac{Y_{22}}{\Delta_Y} & -\frac{Y_{12}}{\Delta_Y} \\ -\frac{Y_{21}}{\Delta_Y} & \frac{Y_{11}}{\Delta_Y}\end{matrix}$	$\begin{matrix} \frac{\Delta_H}{H_{12}} & \frac{H_{12}}{H_{22}} \\ -\frac{H_{21}}{H_{22}} & \frac{1}{H_{22}}\end{matrix}$	$\begin{matrix} \frac{A}{C} & \frac{\Delta_T}{C} \\ \frac{1}{C} & \frac{D}{C}\end{matrix}$

续表

	Z 参数	Y 参数	H 参数	T 参数
Y 参数	$\begin{matrix} \frac{Z_{22}}{\Delta_Z} & -\frac{Z_{12}}{\Delta_Z} \\ -\frac{Z_{21}}{\Delta_Z} & \frac{Z_{11}}{\Delta_Z} \end{matrix}$	$\begin{matrix} Y_{11} & Y_{12} \\ Y_{21} & Y_{22} \end{matrix}$	$\begin{matrix} \frac{1}{H_{11}} & -\frac{H_{12}}{H_{11}} \\ \frac{H_{21}}{H_{11}} & \frac{\Delta_H}{H_{11}} \end{matrix}$	$\begin{matrix} \frac{D}{B} & -\frac{\Delta_T}{B} \\ -\frac{1}{B} & \frac{A}{B} \end{matrix}$
H 参数	$\begin{matrix} \frac{\Delta_Z}{Z_{22}} & \frac{Z_{12}}{Z_{22}} \\ -\frac{Z_{21}}{Z_{22}} & \frac{1}{Z_{22}} \end{matrix}$	$\begin{matrix} \frac{1}{Y_{11}} & -\frac{Y_{12}}{Y_{11}} \\ \frac{Y_{21}}{Y_{11}} & \frac{\Delta_Y}{Y_{11}} \end{matrix}$	$\begin{matrix} H_{11} & H_{12} \\ H_{22} & H_{21} \end{matrix}$	$\begin{matrix} \frac{D}{B} & \frac{\Delta_T}{D} \\ -\frac{1}{D} & \frac{C}{D} \end{matrix}$
T 参数	$\begin{matrix} \frac{Z_{11}}{Z_{21}} & \frac{\Delta_Z}{Z_{21}} \\ \frac{1}{Z_{21}} & \frac{Z_{22}}{Z_{21}} \end{matrix}$	$\begin{matrix} -\frac{Y_{22}}{Y_{21}} & -\frac{1}{Y_{21}} \\ -\frac{\Delta_Y}{Y_{21}} & -\frac{Y_{11}}{Y_{21}} \end{matrix}$	$\begin{matrix} -\frac{\Delta_H}{H_{21}} & -\frac{H_{11}}{H_{21}} \\ -\frac{H_{22}}{H_{21}} & -\frac{1}{H_{21}} \end{matrix}$	$\begin{matrix} A & B \\ C & D \end{matrix}$

注：$\Delta_Z = \begin{vmatrix} Z_{11} & Z_{12} \\ Z_{21} & Z_{22} \end{vmatrix}$，$\Delta_Y = \begin{vmatrix} Y_{11} & Y_{12} \\ Y_{21} & Y_{22} \end{vmatrix}$，$\Delta_H = \begin{vmatrix} H_{11} & H_{12} \\ H_{21} & H_{22} \end{vmatrix}$，$\Delta_T = \begin{vmatrix} A & B \\ C & D \end{vmatrix}$

【例 9-5】求图 9-11 所示电路的 Z 参数，并由 Z 参数转换为 Y 参数。

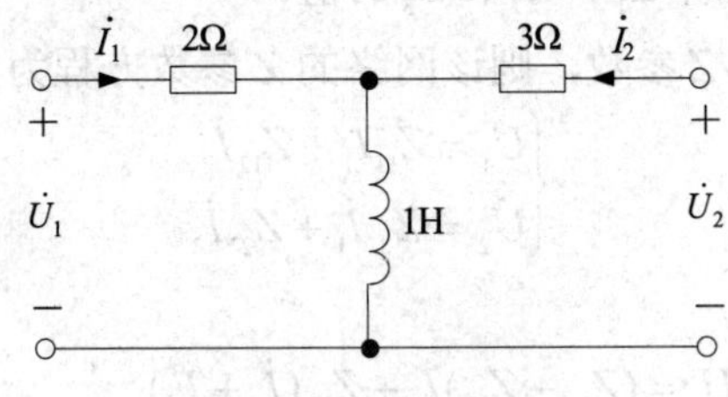

图 9-11　例 9-5 图

解：由 Z 参数定义可得

$$Z_{11} = \frac{\dot{U}_1}{\dot{I}_1}\Big|_{\dot{I}_2=0} = 2 + j\omega$$

$$Z_{12} = \frac{\dot{U}_1}{\dot{I}_2}\Big|_{\dot{I}_1=0} = j\omega = Z_{21}$$

$$Z_{22} = \frac{\dot{U}_2}{\dot{I}_2}\Big|_{\dot{I}_1=0} = 3 + j\omega$$

又
$$\Delta_Z = Z_{11}Z_{22} - Z_{12}Z_{21} = (2 + j\omega)\ (3 + j\omega) - (j\omega)^2 = 5j\omega + 6$$

所以
$$Y_{11} = \frac{Z_{22}}{\Delta_Z} = \frac{3 + j\omega}{6 - 5j\omega}$$

$$Y_{12} = Y_{21} = \frac{-Z_{12}}{\Delta_Z} = \frac{-j\omega}{6 + 5j\omega}$$

$$Y_{22} = \frac{Z_{11}}{\Delta_Z} = \frac{2 + j\omega}{6 + 5j\omega}$$

二端口网络可以用六种参数来表征，其中最常用的是 Z 参数、Y 参数、T 参数和 H 参

数。从理论上讲，采用哪种参数来表征某一个二端口网络都是可以的，只要这种参数存在。但是，根据不同的具体情况，可以选用一种更为合适的参数。Z 参数和 Y 参数是最基本的参数，可以认为是单口网络输入阻抗和输入导纳的延伸，常用于理论的探讨和基本定理的推导中。H 参数广泛用于低频晶体管电路的分析，对晶体管来讲，H 参数最易测量，且物理意义明确。在传输线中，多用传输参数分析端口电压、电流的关系。

9.4 二端口网络的等效电路

等效变换是网络分析的最主要方法之一。若两个二端口网络的方程相同，或参数全同，则称这两个二端口网络互为等效网络。任何一个线性无源一端口网络，总可以用一个阻抗或导纳来等效替代。同理，对于一个线性无源的二端口网络，也可以寻找一个最简单的线性无源二端口网络模型来等效替代，而不改变外电路的性能。

二端口网络的等效电路常用 Z 参数和 Y 参数构成，即 T 形等效电路和∏形等效电路。

9.4.1 T 形等效电路

首先研究二端口的 Z 参数等效电路。如果给定二端口的 Z 参数，下面分析如何确定图 9-12(b)所示 T 形等效电路中 Z_1、Z_2 和 Z_3 的值。

已知一个二端口网络的 Z 参数，则该网络的 Z 参数方程为

$$\begin{cases} \dot{U}_1 = Z_{11}\dot{I}_1 + Z_{12}\dot{I}_2 \\ \dot{U}_2 = Z_{21}\dot{I}_1 + Z_{22}\dot{I}_2 \end{cases}$$

经过整理，变换为

$$\left.\begin{aligned} \dot{U}_1 &= (Z_{11} - Z_{12})\dot{I}_1 + Z_{12}(\dot{I}_1 + \dot{I}_2) \\ \dot{U}_2 &= (Z_{21} - Z_{12})\dot{I}_1 + (Z_{22} - Z_{12})\dot{I}_2 + Z_{12}(\dot{I}_1 + \dot{I}_2) \end{aligned}\right\} \tag{9-15}$$

根据式(9-15)可得到如图 9-12(a)所示的等效电路。

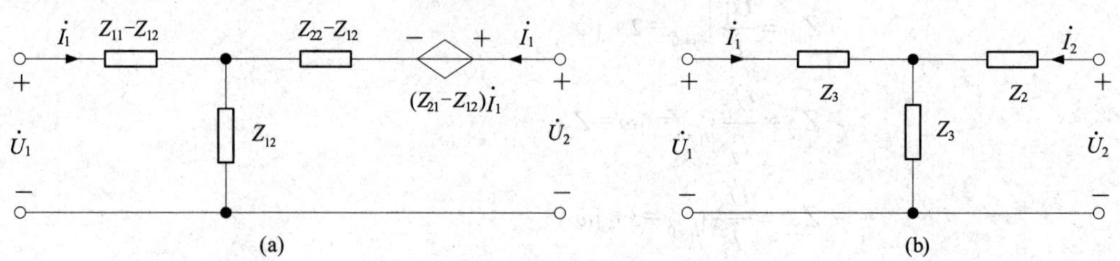

图 9-12 二端口网络的 Z 参数等效电路

若该网络为线性无源网络，则有 $Z_{12} = Z_{21}$，图 9-12(a)可进一步简化为图 9-12(b)所示的 T 形网络。其中

$$\left.\begin{aligned} Z_1 &= Z_{11} - Z_{12} \\ Z_2 &= Z_{22} - Z_{12} \\ Z_3 &= Z_{12} = Z_{21} \end{aligned}\right\} \tag{9-16}$$

可见，如果已知二端口网络的 Z 参数，则其 T 形等效网络的三个元件的参数就可以确定。

当 $Z_{11}=Z_{22}$，则 $Z_1=Z_2$，即二端口网络对称时，其 T 形等效网络也是对称的。

对于图 9-12(b)所示 T 形网络，也可以直接列写其 KVL 方程，从而得到 Z 参数和 T 形网络参数之间的关系。请读者自己分析。

9.4.2　Π形等效电路

二端口的 Y 参数等效电路，可用Π形电路来等效。如果已知一个二端口网络的 Y 参数，其 Y 参数方程为

$$\left.\begin{aligned}\dot{I}_1&=Y_{11}\dot{U}_1+Y_{12}\dot{U}_2\\ \dot{I}_2&=Y_{21}\dot{U}_1+Y_{22}\dot{U}_2\end{aligned}\right\}$$

将方程改写为

$$\left.\begin{aligned}\dot{I}_1&=(Y_{11}+Y_{12})\dot{U}_1-Y_{12}(\dot{U}_1-\dot{U}_2)\\ \dot{I}_2&=(Y_{21}-Y_{12})\dot{U}_1+(Y_{12}+Y_{22})\dot{U}_2-Y_{12}(\dot{U}_2-\dot{U}_1)\end{aligned}\right\}\tag{9-17}$$

根据方程(9-17)可得图 9-13(a)所示的等效电路

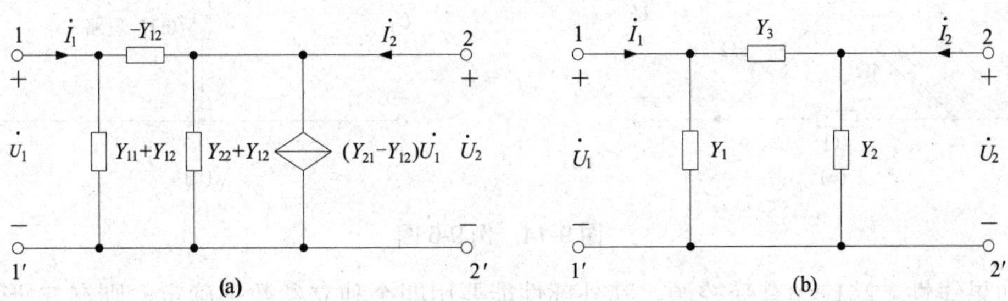

图 9-13　二端口网络的 Y 参数等效电路

当 $Y_{12}=Y_{21}$ 时，可得图 9-13(b)所示的Π形等效电路。

将图 9-13(a)、(b)对照，可得

$$\left.\begin{aligned}Y_1&=Y_{11}+Y_{12}\\ Y_2&=Y_{22}+Y_{12}\\ Y_3&=-Y_{12}=-Y_{21}\end{aligned}\right\}\tag{9-18}$$

可见，如果已知二端口网络的 Y 参数，则其Π形等效网络的三个元件的参数就可以确定。当 $Y_{11}=Y_{12}$ 时，即二端口网络对称时，其Π形等效网络也是对称的。

一般情况下，如果求二端口的Π形等效电路,先求该二端口的 Y 参数，从而确定Π形等效电路中的导纳；如果求二端口的 T 形等效电路，先求二端口的 Z 参数，从而确定 T 形等效电路中的阻抗；如果参数方程可以等效变换，则总存在相应的 T 形或Π形等效电路。

【例 9-6】 求图 9-14 所示电路的 T 形等效电路。

解： 先求此二端口网络的 Z 参数方程。由 Z 参数定义求其参数值。

(1) 令 $\dot{I}_2$=0，则有

$$\begin{cases}\dot{U}_1=[(4+2)//(4+2)]\times\dot{I}_1=3\dot{I}_1\\ \dot{U}_2=\dfrac{4}{6}\dot{U}_1-\dfrac{4}{6}\dot{U}_1=0\cdot\dot{U}_1\end{cases}\quad 解得\begin{cases}Z_{11}=3\Omega\\ Z_{21}=0\end{cases}$$

(2) 令 $\dot{I}_1=0$，则有

$$\begin{cases}\dot{U}_2=[(2+2)//(4+4)]\times\dot{I}_2=\dfrac{8}{3}\dot{I}_2\\ \dot{U}_1=\dfrac{1}{2}\dot{U}_2-\dfrac{1}{2}\dot{U}_2=0\cdot\dot{U}_2\end{cases}\quad 解得\begin{cases}Z_{12}=0\\ Z_{22}=\dfrac{8}{3}\Omega\end{cases}$$

由式(9-16)得

$$\begin{cases}Z_1=Z_{11}-Z_{12}=3\Omega-0\Omega=3\Omega\\ Z_2=Z_{22}-Z_{12}=\dfrac{8}{3}\Omega-0\Omega=\dfrac{8}{3}\Omega\\ Z_3=Z_{12}=Z_{21}=0\Omega\end{cases}$$

则 T 形等效电路如图 9-14(b)所示。

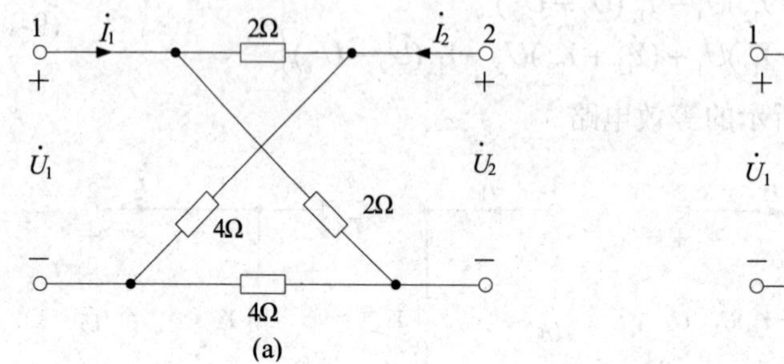

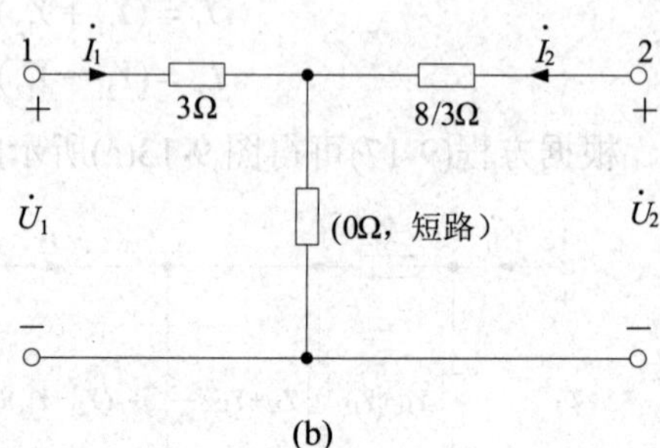

图 9-14　例 9-6 图

如果线性二端口含有受控源，其外部性能要用四个独立参数来确定，则在 T 形或Π形等效电路中将包含一个受控源来表示，如图 9-12(a)和图 9-13(a)所示。

9.5　含二端口网络的电路分析

通常分析一个电路时必须知道电路的内部结构和元件参数，但是，在了解其端口特性时，应用网络参数就能分析得出相同的结果，而不需了解网络的内部结构。本节从线性二端口网络的角度，研究网络接入电源和负载后的重要特性。

9.5.1　涉及的概念

对于线性无源二端口网络，它的响应相量与激励相量之间的关系称为网络函数。当网络函数的响应相量与激励相量属于同一个端口，称为策动点函数。如果网络函数的响应相量与激励相量不属于同一端口，则称为传递函数或转移函数。其中，两个重要的策动点函数就是输入阻抗和输出阻抗。

1. 输入阻抗

如图 9-15(a)所示，当二端口网络 N 接入负载 Z_L 后，则输入阻抗定义为

$$Z_{\mathrm{i}}=\frac{\dot{U}_1}{\dot{I}_1}$$

设网络的 T 参数为已知，由于 $\begin{cases}\dot{U}_1 = A\dot{U}_2 + B(-\dot{I}_2) \\ \dot{I}_1 = C\dot{U}_2 + DP(-\dot{I}_2)\end{cases}$，且 $Z_L = -\dfrac{\dot{U}_2}{\dot{I}_2}$，所以有

$$Z_i = \frac{\dot{U}_1}{\dot{I}_1} = \frac{AZ_L + B}{CZ_L + D} \tag{9-19}$$

式(9-19)说明，二端口网络的输入阻抗与网络参数和负载有关。若 $Z_L = 0$，则输入阻抗 $Z_{io} = \dfrac{B}{D}$；若 $Z_L = \infty$，则输入阻抗 $Z_{i\infty} = \dfrac{A}{C}$。

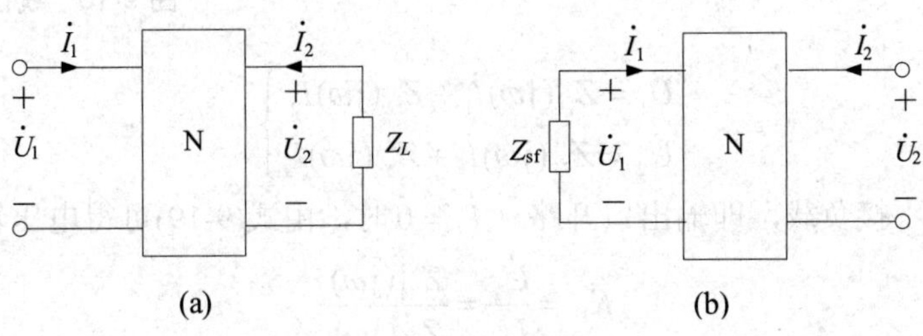

图 9-15 输入阻抗和输出阻抗

2. 输出阻抗

当网络入口信号源为零，保留内阻抗 Z_s，如图 9-15(b)所示，从输出端口看进去的输出阻抗定义为

$$Z_o = \frac{\dot{U}_2}{\dot{I}_2}\bigg|_{\dot{U}_s = 0}$$

将 $\dot{U}_1 = -Z_s\dot{I}_1$ 代入 T 参数方程，可得到输出阻抗

$$Z_o = \frac{DZ_s + B}{CZ_s + A}$$

若 $Z_s = 0$，则此时输出阻抗 $Z_{o0} = \dfrac{B}{A}$；若 $Z_s = \infty$，则此时输出阻抗为 $Z_{o\infty} = \dfrac{D}{C}$。

3. 转移函数

根据二端口网络的输出口响应相量与输入口激励相量之比，可以定义四种转移函数。

电压转移函数　　$K_U = \dfrac{\dot{U}_2}{\dot{U}_1}$

电流转移函数　　$K_I = \dfrac{\dot{I}_2}{\dot{I}_1}$

阻抗转移函数　　$Z = \dfrac{\dot{U}_2}{\dot{I}_1}$

导纳转移函数　　$Y = \dfrac{\dot{I}_2}{\dot{U}_1}$

上述网络函数均可用网络的参数表示。

9.5.2 二端口网络的转移函数

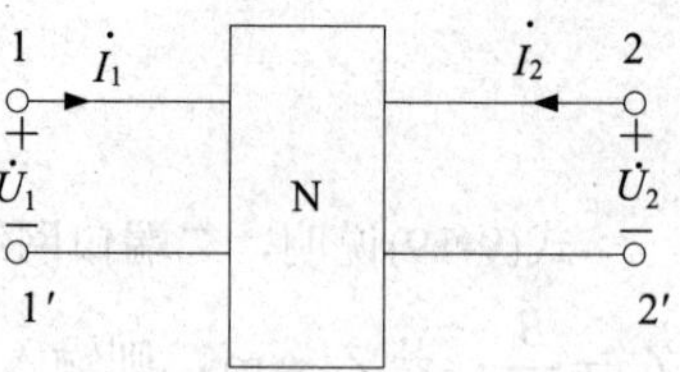

图 9-16 线性二端口网络

当二端口网络不接负载，且外加电源为理想电源(内阻抗为零)，称为无端接的二端口，下面来讨论无端接二端口的转移函数。

图 9-16 为一线性二端口网络，假设 $\dot{I}_1$ 和 $\dot{I}_2$ 为已知，利用替代定理把 $\dot{I}_1$ 和 $\dot{I}_2$ 看作是外施电流源的电流，由叠加定理可知

$$\left.\begin{aligned}\dot{U}_1 = Z_{11}(\mathrm{j}\omega)\dot{I}_1 + Z_{12}(\mathrm{j}\omega)\dot{I}_2 \\ \dot{U}_2 = Z_{21}(\mathrm{j}\omega)\dot{I}_1 + Z_{22}(\mathrm{j}\omega)\dot{I}_2\end{aligned}\right\} \tag{9-20}$$

当网络端口不接负载，即输出口开路，$\dot{I}_2 = 0$ 时，由式(9-19)可得电压转移函数为

$$K_U = \frac{\dot{U}_2}{\dot{U}_1} = \frac{Z_{11}(\mathrm{j}\omega)}{Z_{12}(\mathrm{j}\omega)}$$

同理，可得电流转移函数为

$$K_I = \frac{\dot{I}_2}{\dot{I}_1} = -\frac{Z_{21}(\mathrm{j}\omega)}{Z_{22}(\mathrm{j}\omega)}\bigg|_{\dot{U}_2=0}$$

转移阻抗为
$$Z = \frac{\dot{U}_2}{\dot{I}_1} = Z_{21}(\mathrm{j}\omega)\Big|_{\dot{I}_2=0}$$

转移导纳为
$$Y = \frac{\dot{I}_2}{\dot{U}_1} = Y_{21}(\mathrm{j}\omega)\Big|_{\dot{U}_2=0}$$

当端口网络接上负载，且外加电源内阻抗等于零时，称此二端口为有端接二端口或有载二端口。下面分两种情况来讨论其转移函数。

1. 输出端具有负载阻抗 Z_L 的二端口的转移函数

图 9-17 为一个输出接有电阻的二端口，但电源内阻为零，对此二端口有

$$\begin{cases}\dot{I}_2 = Y_{21}(\mathrm{j}\omega)\dot{U}_2 + Y_{22}(\mathrm{j}\omega)\dot{U}_2 \\ \dot{U}_2 = -Z_L(\mathrm{j}\omega)\dot{I}_2\end{cases}$$

所以，可计算出转移导纳为

$$\frac{\dot{I}_2}{\dot{U}_1} = \frac{Y_{21}(\mathrm{j}\omega)/Z_L(\mathrm{j}\omega)}{Y_{22}(\mathrm{j}\omega) + 1/Z_L(\mathrm{j}\omega)}$$

用类似的方法可以得到其他形式的转移函数，这里不再详述。

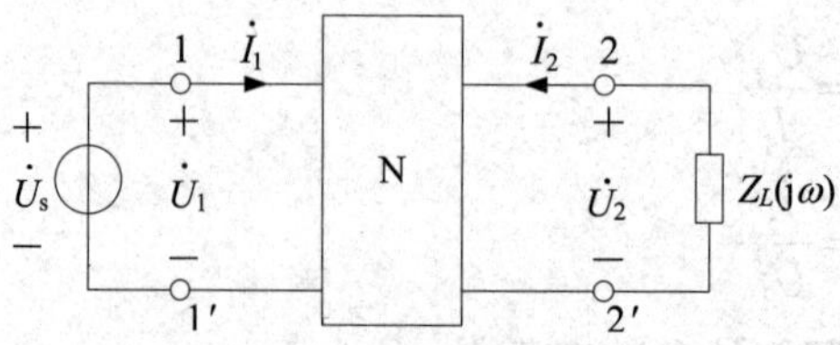

图 9-17 具有端接电阻的二端口

2. 两个端口都接有阻抗的二端口的转移函数

负载阻抗和电源阻抗均考虑的情况，称为双端接的二端口，如图 9-18 所示电路，$Z_0(\mathrm{j}\omega)$为电源内阻抗，$Z_L(\mathrm{j}\omega)$为负载阻抗，$\dot{U}_\mathrm{S}$为输入激励。

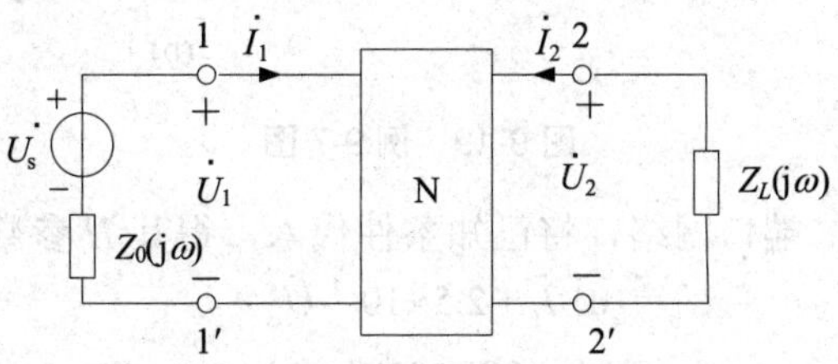

图 9-18　具有双端接的二端口

由图 9-18 可得

$$\begin{cases}\dot{U}_1=\dot{U}_\mathrm{s}-Z_0(\mathrm{j}\omega)\dot{I}_1\\ \dot{U}_2=-Z_L(\mathrm{j}\omega)\dot{I}_2\end{cases}$$

又已知 Z 参数方程为

$$\begin{cases}\dot{U}_1=Z_{11}(\mathrm{j}\omega)\dot{I}_1+Z_{12}(\mathrm{j}\omega)\dot{I}_2\\ \dot{U}_2=Z_{21}(\mathrm{j}\omega)\dot{I}_1+Z_{22}(\mathrm{j}\omega)\dot{I}_2\end{cases}$$

联立两个方程组，解得

$$\dot{I}_2=\frac{-Z_{21}(\mathrm{j}\omega)\dot{U}_\mathrm{s}}{[Z_0(\mathrm{j}\omega)+Z_{11}(\mathrm{j}\omega)][Z_L(\mathrm{j}\omega)+Z_{22}(\mathrm{j}\omega)]-Z_{12}(\mathrm{j}\omega)Z_{21}(\mathrm{j}\omega)}$$

所以有

$$\frac{\dot{U}_2}{\dot{U}_\mathrm{s}}=\frac{-Z_L(\mathrm{j}\omega)\dot{I}_2}{\dot{U}_\mathrm{s}}=\frac{Z_{21}(\mathrm{j}\omega)Z_L(\mathrm{j}\omega)}{[Z_0(\mathrm{j}\omega)+Z_{11}(\mathrm{j}\omega)][Z_L(\mathrm{j}\omega)+Z_{22}(\mathrm{j}\omega)]-Z_{12}(\mathrm{j}\omega)Z_{21}(\mathrm{j}\omega)}$$

对于有端接的二端口，其转移函数不仅与其本身的参数有关，还与端接阻抗有关。二端口的转移函数属网络函数，只是响应和激励不是同一端口变量而已。若二端口内部的结构和元件值已知，不必先求出端口的参数，可直接用前面章节介绍求网络函数的方法进行求解。

【例 9-7】晶体管是最基本的电子器件，如图 9-19(a) 所示，常用 H 参数方程来描述其特性，其 H 参数方程为

$$\begin{cases}\dot{U}_\mathrm{b}=h_\mathrm{ie}\dot{I}_\mathrm{b}+h_\mathrm{re}\dot{U}_\mathrm{c}\\ \dot{I}_\mathrm{c}=h_\mathrm{fe}\dot{I}_\mathrm{b}+h_\mathrm{oe}\dot{U}_\mathrm{c}\end{cases}$$

在图 9-19(b)所示的应用电路中，晶体管 T 对有内阻 R_s 的信号源进行信号放大，并从负载 R_L 上输出，已知晶体管的参数 $h_\mathrm{ie}=1\mathrm{k}\Omega$，$h_\mathrm{re}=2.5\times10^{-4}$，$h_\mathrm{fe}=50$，$h_\mathrm{oe}=20\mu\mathrm{s}$。试求该放大电路的电压转移比、电流转移比和输入阻抗。

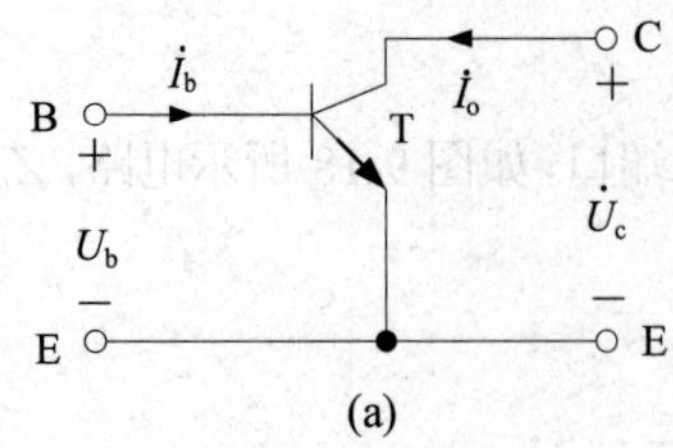

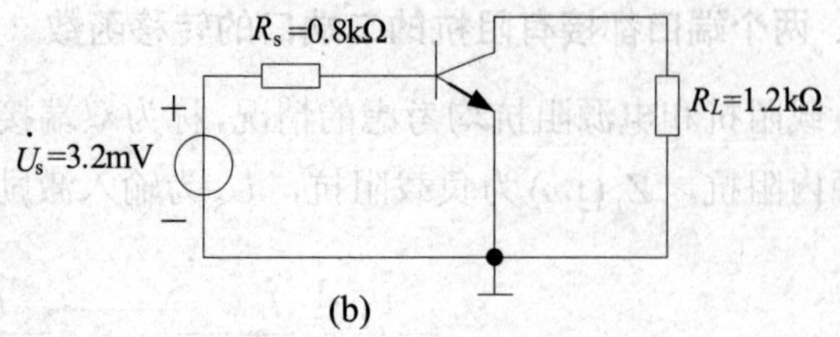

图 9-19 例 9-7 图

解：将晶体管视为二端口网络，将已知条件代入，得其 H 参数方程为

$$\dot U_b = 10^3\ \dot I_b + 2.5\times10^{-4}\ \dot U_o \tag{9-21}$$

$$\dot I_o = 50\ \dot I_b + 20\times10^{-6}\ \dot U_o \tag{9-22}$$

图 9-19(b)所示电路为有端接的二端口网络，其网络特性方程为

$$\dot U_b = \dot U_s - R_s\ \dot I_b = 3.2\times10^{-3} - 800\ \dot I_b \tag{9-23}$$

$$\dot U_o = -R_L\ \dot I_o = -1.2\times10^{-3}\ \dot I_o \tag{9-24}$$

将式(9-24)代入(9-22)，消去$\dot U_o$，得电流转移比

$$A_I = \frac{-\dot I_o}{\dot I_b} = \frac{-50}{1+20\times10^{-6}\times1.2\times10^{-3}} = -48.83$$

由式(9-24)和 A_I 表达式可得

$$\dot I_b = \frac{-\dot I_o}{A_I} = \frac{1}{A_I}\times\frac{\dot U_o}{1.2\times10^3} = -1.707\times10^{-5}\dot U_o$$

将 $\dot I_b$ 代入式(9-21)得

$$\dot U_b = 10^3\times(-1.707\times10^{-5}\dot U_o) + 2.5\times10^{-4}\dot U_o = (-1.707\times10^{-2} + 2.5\times10^{-4})\dot U_o$$

所以，可得电压转移比

$$A_U = \frac{\dot U_o}{\dot U_b} = \frac{1}{-1.707\times10^{-2} + 2.5\times10^{-4}} = -59.45$$

由式(9-23)和 $\dot I_b$ 表达式得

$$\dot U_b = 3.2\times10^{-3} - 800\times(-1.707\times10^{-5}\dot U_o) = \frac{\dot U_o}{A_U}$$

即 $3.2\times10^{-3} + 1.3656\times10^{-2}\dot U_o = -1.6821\times10^{-2}\dot U_o$

$\dot U_o = -0.105\ \text{V} = 0.105\angle180^\circ\ \text{V}$

所以，输入阻抗为

$$Z_i = \frac{\dot U_b}{\dot I_b} = \frac{\dot U_o}{A_I(-1.707\times10^{-5}\dot U_o)} = 985.4\Omega$$

9.6 二端口网络的连接

在电路分析中，一个结构复杂的二端口网络，要直接求出其参数，是十分困难的。但是，一些简单的二端口网络的参数较易求得，甚至可以直接写出。如果把一个复杂的二端

口看成是由若干个简单的二端口按某种方式连接而成，这将使电路分析得到简化。另一方面也可以把简单的二端口按一定方式连接成具有所需特性的复杂二端口。二端口可按多种不同方式相互连接，如级联(链连)、串联、并联、串并联及并串联。这里主要介绍三种基本连接方式：级联(链连)、串联、并联。

如果一个二端口网络的输出端口与下一个二端口网络的输入端口相连接，则称这两个二端口网络为级联，如图 9-20 所示电路。设二端口 P_1 和 P_2 的 T 参数矩阵(对于二端口网络的级联，采用 T 参数分析比较方便)分别为

$$\boldsymbol{T}'=\begin{bmatrix} A' & B' \\ C' & D' \end{bmatrix},\ \boldsymbol{T}''=\begin{bmatrix} A'' & B'' \\ C'' & D'' \end{bmatrix}$$

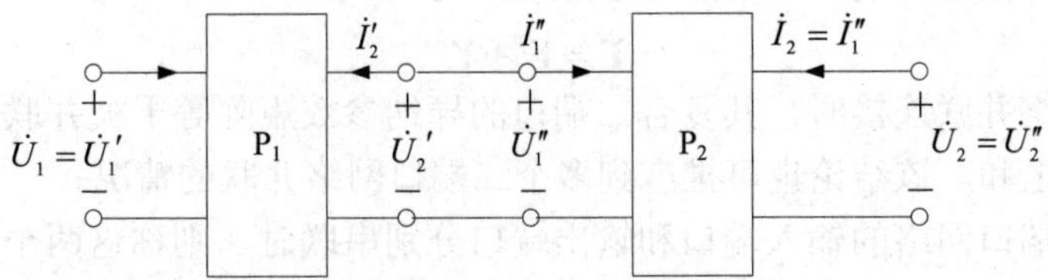

图 9-20　二端口的级联

对二端口 P_1 和 P_2 分别有

$$\begin{bmatrix} \dot{U}'_1 \\ \dot{I}'_1 \end{bmatrix}=\boldsymbol{T}'\begin{bmatrix} \dot{U}'_2 \\ -\dot{I}'_2 \end{bmatrix},\quad \begin{bmatrix} \dot{U}''_1 \\ \dot{I}''_1 \end{bmatrix}=\boldsymbol{T}''\begin{bmatrix} \dot{U}''_2 \\ -\dot{I}''_2 \end{bmatrix}$$

从图 9-20 可看出 $\dot{U}_1=\dot{U}'_1$，$\dot{U}''_2=\dot{U}_2, \dot{I}_1=\dot{I}'_1$，$\dot{I}'_2=-\dot{I}''_1$ 及 $\dot{I}''_2=\dot{I}_2$，于是有

$$\begin{bmatrix} \dot{U}_1 \\ \dot{I}_1 \end{bmatrix}=\begin{bmatrix} \dot{U}'_1 \\ \dot{I}'_1 \end{bmatrix}=\boldsymbol{T}'\begin{bmatrix} \dot{U}'_2 \\ -\dot{I}'_2 \end{bmatrix}=\boldsymbol{T}''\begin{bmatrix} \dot{U}''_1 \\ \dot{I}''_1 \end{bmatrix}=\boldsymbol{T}'\boldsymbol{T}''\begin{bmatrix} \dot{U}''_2 \\ -\dot{I}''_2 \end{bmatrix}=\boldsymbol{T}'\boldsymbol{T}''\begin{bmatrix} \dot{U}_2 \\ -\dot{I}_2 \end{bmatrix}=\boldsymbol{T}\begin{bmatrix} \dot{U}_2 \\ -\dot{I}_2 \end{bmatrix}$$

式中，$\boldsymbol{T}$ 为复合二端口的参数矩阵，它与二端口 P_1 和 P_2 的 T 参数矩阵的关系为

$$\boldsymbol{T}=\boldsymbol{T}'\boldsymbol{T}''$$

即

$$\boldsymbol{T}=\begin{bmatrix} A'A''+B'C'' & A'B''+B'D'' \\ C'A''+D'C'' & C'B''+D'D'' \end{bmatrix}$$

可见，两个二端口网络级联时，级联后复合二端口网络的传输参数矩阵等于被级联的两个二端口网络传输参数矩阵之积。这个结论可以推广到多个二端口网络级联的情况。

当两个二端口的输入端口和输出端口分别并联时，称这两个二端口网络为并联。如图 9-21 所示，二端口 N_1 和 N_2 按并联方式连接，且已知 N_1 和 N_2 的 Y 参数矩阵分别为 $\boldsymbol{Y}'$ 和 $\boldsymbol{Y}''$。

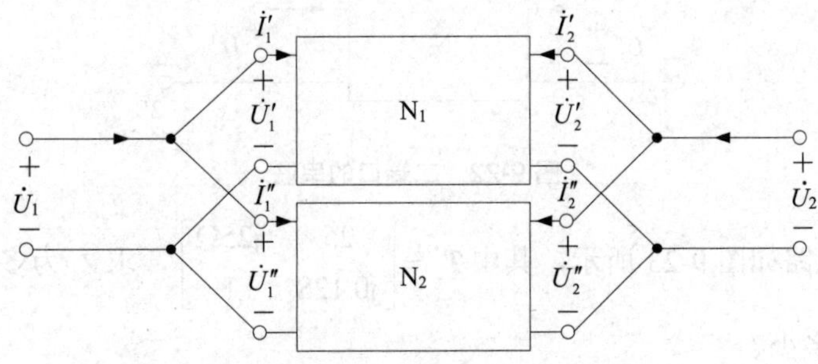

图 9-21　二端口的并联

由于二端口 N_1 和 N_2 并联，因此两个二端口的输入电压与输出电压相同，即 $\dot{U}'_1=\dot{U}''_1=\dot{U}_1, \dot{U}'_2=\dot{U}''_2=\dot{U}_2$。根据二端口的端口条件(即端口上流入一个端子的电流等于留出另一个端子的电流)，则复合二端口的端口总电流应为

$$\dot{I}_1=\dot{I}'_1+\dot{I}''_1, \dot{I}_2=\dot{I}'_2+\dot{I}''_2$$

又
$$\begin{bmatrix}\dot{I}'_1\\ \dot{I}'_2\end{bmatrix}=\boldsymbol{Y}'\begin{bmatrix}\dot{U}'_1\\ \dot{U}'_2\end{bmatrix}=\boldsymbol{Y}'\begin{bmatrix}\dot{U}_1\\ \dot{U}_2\end{bmatrix}, \quad \begin{bmatrix}\dot{I}''_1\\ \dot{I}''_2\end{bmatrix}=\boldsymbol{Y}''\begin{bmatrix}\dot{U}''_1\\ \dot{U}''_2\end{bmatrix}=\boldsymbol{Y}''\begin{bmatrix}\dot{U}_1\\ \dot{U}_2\end{bmatrix}$$

所以有
$$\begin{bmatrix}\dot{I}_1\\ \dot{I}_2\end{bmatrix}=\begin{bmatrix}\dot{I}'_1\\ \dot{I}'_2\end{bmatrix}+\begin{bmatrix}\dot{I}''_1\\ \dot{I}''_2\end{bmatrix}=\boldsymbol{Y}'\begin{bmatrix}\dot{U}'_1\\ \dot{U}'_2\end{bmatrix}+\boldsymbol{Y}''\begin{bmatrix}\dot{U}''_1\\ \dot{U}''_2\end{bmatrix}=(\boldsymbol{Y}'+\boldsymbol{Y}'')\begin{bmatrix}\dot{U}_1\\ \dot{U}_2\end{bmatrix}=\boldsymbol{Y}\begin{bmatrix}\dot{U}_1\\ \dot{U}_2\end{bmatrix}$$

可见，并联后复合二端口网络的 Y 参数矩阵为

$$\boldsymbol{Y}=\boldsymbol{Y}'+\boldsymbol{Y}''$$

即两个二端口网络并联连接时，其复合二端口的导纳参数矩阵等于被并联的两个二端口网络导纳参数矩阵之和。该结论也可推广到多个二端口网络并联的情况。

如果两个二端口网络的输入端口和输出端口分别串联时，则称这两个二端口网络为串联。如图 9-22 所示，P_1 和 P_2 按串联方式连接时，原来构成端口的端子仍为端口(即原端口条件不变)，则有

$$\left.\begin{aligned}\dot{I}'_1=\dot{I}''_1=\dot{I}_1\\ \dot{I}'_2=\dot{I}''_2=\dot{I}_2\end{aligned}\right\}$$

又
$$\begin{bmatrix}\dot{U}'_1\\ \dot{U}'_2\end{bmatrix}=\boldsymbol{Z}'\begin{bmatrix}\dot{I}'_1\\ \dot{I}'_2\end{bmatrix}, \quad \begin{bmatrix}\dot{U}''_1\\ \dot{U}''_2\end{bmatrix}=\boldsymbol{Z}''\begin{bmatrix}\dot{I}''_1\\ \dot{I}''_2\end{bmatrix}$$

因此有
$$\begin{bmatrix}\dot{U}_1\\ \dot{U}_2\end{bmatrix}=\begin{bmatrix}\dot{U}'_1\\ \dot{U}'_2\end{bmatrix}+\begin{bmatrix}\dot{U}''_1\\ \dot{U}''_2\end{bmatrix}=\boldsymbol{Z}'\begin{bmatrix}\dot{I}'_1\\ \dot{I}'_2\end{bmatrix}+\boldsymbol{Z}''\begin{bmatrix}\dot{I}''_1\\ \dot{I}''_2\end{bmatrix}=(\boldsymbol{Z}'+\boldsymbol{Z}'')\begin{bmatrix}\dot{I}_1\\ \dot{I}_2\end{bmatrix}$$

可见，串联连接后复合二端口网络的 $\boldsymbol{Z}$ 参数矩阵为

$$\boldsymbol{Z}=\boldsymbol{Z}'+\boldsymbol{Z}''$$

即如果两个二端口网络串联连接时，其复合二端口网络的阻抗参数矩阵等于被串联的两个二端口网络阻抗参数矩阵之和。这个结论也可推广到多个二端口网络串联的情况。

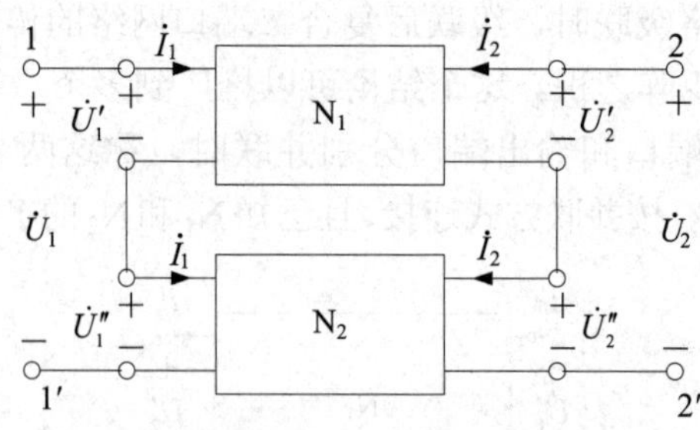

图 9-22 二端口的串联

【例 9-8】电路如图 9-23 所示，其中 $\boldsymbol{T}^*=\begin{bmatrix}25 & \text{j}25\Omega\\ \text{j}0.12\text{S} & 1\end{bmatrix}$，求 Z_L 为多少时可获最大功率，最大功率为多少？

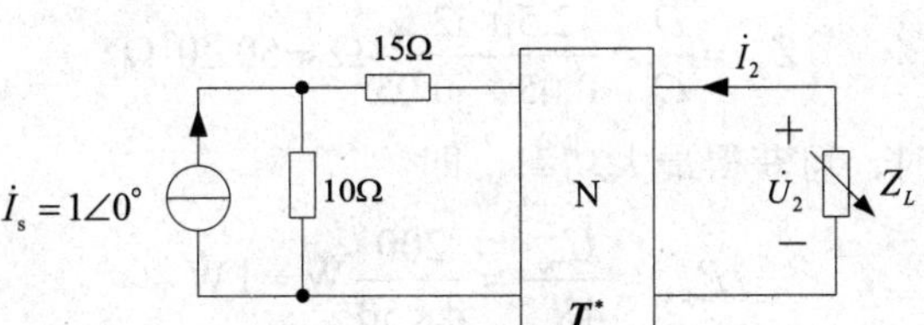

图 9-23 例 9-8 图

分析：可将除 Z_L 以外的电路用戴维南等效电路等效。左边两个电阻可看成一个二端口，如图 9-24(a)所示。另外还有一个二端口网络 N，所以，可以将该电路看作两个二端口级联，只需求出新二端口的 T 参数，就可求题解。

由 T 参数方程可得

$$\dot{I}_s=\dot{I}_1=C\dot{U}_2+D(-\dot{I}_2)$$

当 $-\dot{I}_2$=0 时，则有

$$\dot{U}_2=U_{oc}=\frac{\dot{I}_1}{C}=\frac{1}{C}\dot{I}_s$$

当 $\dot{U}_2$=0 时，则有

$$-\dot{I}_2=\dot{I}_{sc}=\frac{\dot{I}_1}{D}=\frac{1}{D}\dot{I}_s$$

所以戴维南等效阻抗为

$Z_{eq}=\dfrac{\dot{U}_{oc}}{\dot{I}_{sc}}=\dfrac{D}{C}$（$\dot{U}_{oc}$ 为开路电压，$\dot{I}_{sc}$ 为短路电流）。

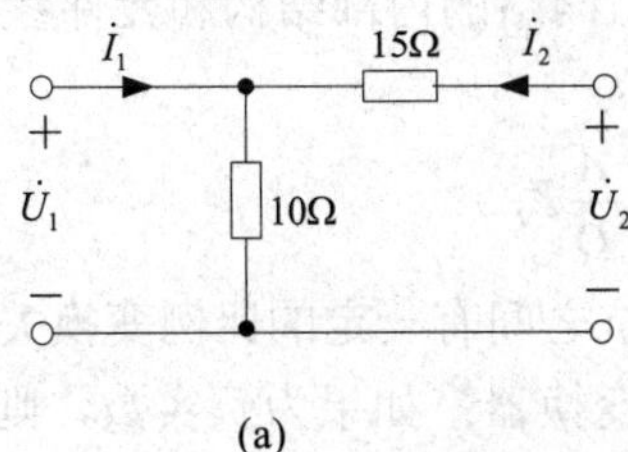

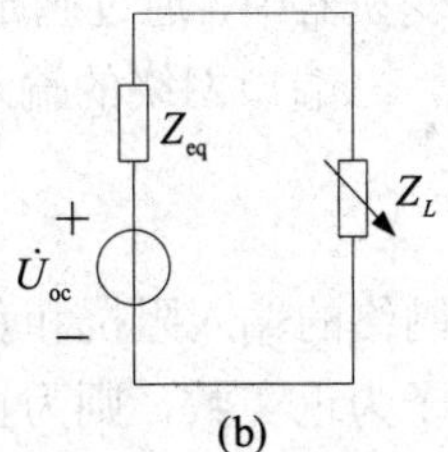

图 9-24 例 9-8 图

解：如图 9-24(a)所示，由于 $\dot{U}_1=15(-\dot{I}_2)+\dot{U}_2=\dot{U}_2+15(-\dot{I}_2)$

$$\dot{I}_1=\frac{\dot{U}_1}{10}-\dot{I}_2=0.1\dot{U}_2+2.5(-\dot{I}_2)$$

所以，其传输参数为

$$\boldsymbol{T}_1=\begin{bmatrix}1 & 15\Omega\\ 0.1\text{S} & 2.5\text{S}\end{bmatrix}$$

所以，有 $\boldsymbol{T}=\boldsymbol{T}_1\boldsymbol{T}^*=\begin{bmatrix}1 & 15\\ 0.1 & 2.5\end{bmatrix}\begin{bmatrix}0.5 & \text{j}25\\ \text{j}0.02 & 1\end{bmatrix}=\begin{bmatrix}A & B\\ 0.05+\text{j}0.05 & 2.5+\text{j}2.5\end{bmatrix}$

$$\dot{U}_{oc}=\frac{1}{C}\dot{I}_s=\frac{1\angle0^\circ}{0.05\angle45^\circ\times\sqrt{2}}\text{A}=10\sqrt{2}\angle-45^\circ\ \text{V}$$

$$Z_{eq}=\frac{D}{C}=\frac{2.5+j2.5}{0.05+j0.05}\Omega=50\angle 0^{\circ}\Omega$$

当$Z_L=Z_{eq}^*=50\Omega$时，可获得最大功率，即

$$P_{max}=\frac{U_{oc}^2}{4R_{eq}}=\frac{200}{4\times 50}\text{W}=1\,\text{W}$$

9.7　典型二端口元件模型

具有两个外接端口的元件称为二端口元件。阻抗变换器和回转器均为内部电路包含晶体管或放大器的复杂二端口网络，但端口特性简单，通常将它们作为二端口元件来应用。

9.7.1　正阻抗变换器

阻抗变换器是使输入端口的输入阻抗与输出端口所接负载阻抗形成一定关系的二端口网络，阻抗变换器可分为广义的阻抗变换器和广义的阻抗倒量器两种。本小节主要讨论广义的阻抗变换器，广义的阻抗变换器又分为正阻抗变换器和负阻抗变换器。对于图 9-25 所示的阻抗变换器，可建立 T 参数方程，即

$$\left.\begin{aligned}\dot{U}_1&=A\dot{U}_2+B(-\dot{I}_2)\\ \dot{I}_1&=C\dot{U}_2+D(-\dot{I}_2)\end{aligned}\right\}$$

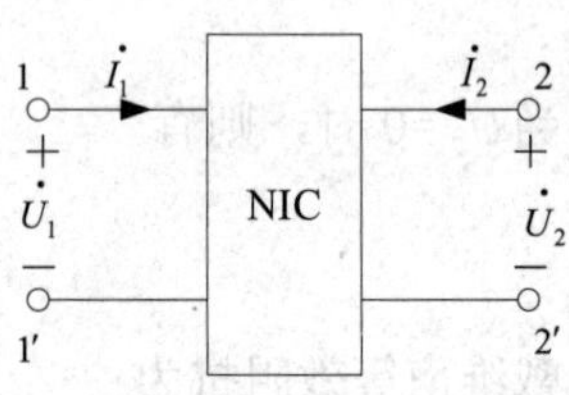

图 9-25　阻抗变换器

在广义的阻抗变换器中，通过确定二端口网络的内部结构和元件参数，使得$B=C=0$，但A，$D\neq 0$，此时，二端口网络的输入阻抗为

$$Z_i=\frac{A}{D}Z_L$$

因此，二端口网络的输入阻抗和负载阻抗之间有一定的比例变换关系。称 A/D 为变换因子。如果变换因子为正实数，则为正阻抗变换器；如果为负实数，则为负阻抗变换器。正阻抗变换器的 T 参数矩阵可表示为

$$\boldsymbol{T}=\begin{bmatrix}1&0\\0&k\end{bmatrix}\text{或}\boldsymbol{T}=\begin{bmatrix}k&0\\0&1\end{bmatrix}$$

实际上，前面所学的理想变压器就为正阻抗变换器。读者可以自行分析。

9.7.2　负阻抗变换器

负阻抗变换器(简称 NIC)的变换因子是负实数，所以能够实现阻抗符号的改变。负阻抗变换器的 T 参数矩阵可以表示为

$$\boldsymbol{T}=\begin{bmatrix}1&0\\0&-k\end{bmatrix}\text{或}\boldsymbol{T}=\begin{bmatrix}-k&0\\0&1\end{bmatrix}$$

负阻抗变换器可分为两类，即电压反向型负阻抗变换器和电流反向型负阻抗变换器。电路符号如图 9-26 所示。

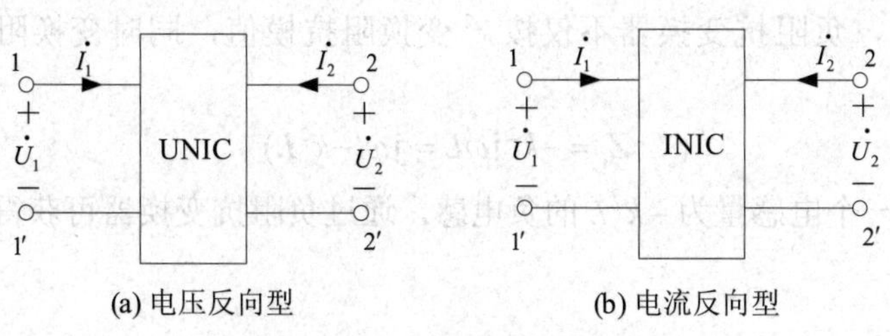

(a) 电压反向型　　(b) 电流反向型

图 9-26　负阻抗变换器的电路符号

电压反向型的 T 参数矩阵为

$$\boldsymbol{T}=\begin{bmatrix}-k & 0\\ 0 & 1\end{bmatrix}$$

所以，电压反向型的参数方程为

$$\begin{cases}\dot{U}_1=-k\dot{U}_2\\ \dot{I}_1=-\dot{I}_2\end{cases}$$

方程的矩阵形式为

$$\begin{bmatrix}\dot{U}_1\\ \dot{I}_1\end{bmatrix}=\begin{bmatrix}-k & 0\\ 0 & 1\end{bmatrix}\begin{bmatrix}\dot{U}_2\\ -\dot{I}_2\end{bmatrix} \tag{9-25}$$

电流反向型的 T 参数矩阵为

$$\boldsymbol{T}=\begin{bmatrix}1 & 0\\ 0 & -k\end{bmatrix}$$

所以，电流反向型的参数方程为

$$\begin{cases}\dot{U}_1=\dot{U}_2\\ \dot{I}_1=k\dot{I}_2\end{cases}$$

方程的矩阵形式为

$$\begin{bmatrix}\dot{U}_1\\ \dot{I}_1\end{bmatrix}=\begin{bmatrix}1 & 0\\ 0 & -k\end{bmatrix}\begin{bmatrix}\dot{U}_2\\ -\dot{I}_2\end{bmatrix} \tag{9-26}$$

式(9-25)表明，$\dot{U}_1$ 和 $\dot{I}_1$ 经 NIC 传输后，$\dot{U}_2$ 与 $\dot{U}_1$ 方向一致，而 $\dot{I}_2$ 与 $\dot{I}_1$ 方向相反；式(9-26)表明，$\dot{U}_1$ 和 $\dot{I}_1$ 经 NIC 传输后，$\dot{U}_2$ 与 $\dot{U}_1$ 方向相反，$\dot{I}_2$ 与 $\dot{I}_1$ 方向一致。

负阻抗变换器具有非互易性与无源、无耗能性。若在负阻抗变换器输出端口接负载，如图 9-27 所示，则输入阻抗为

$$Z_{\mathrm{i}}=\frac{\dot{U}_1}{\dot{I}_1}=\frac{\pm k\dot{U}_2}{\dfrac{1}{\pm k}\dot{I}_2}=-k^2Z \tag{9-27}$$

图 9-27　接负载的负阻抗变换器

式(9-27)表明，负阻抗变换器不仅按 k^2 变换阻抗模值，同时变换阻抗符号。特别当 $Z = \mathrm{j}\omega L$ 时有

$$Z_{\mathrm{i}} = -k^2 \mathrm{j}\omega L = \mathrm{j}\omega(-k^2 L)$$

即将电感 L 变成一个电感量为 $-k^2 L$ 的负电感，通过负阻抗变换器可获得负值的 R、L、C 元件。

9.7.3　回转器

回转器是一种广义的阻抗倒量器，可以用含晶体管或运算放大器的电路来实现。电路符号如图 9-28 所示。它的 T 参数为 $A = D = 0$，$B = r$，$C = \dfrac{1}{r}$，其中 r 是正实数，称为回转电阻。所以 T 参数矩阵为

$$\boldsymbol{T} = \begin{bmatrix} 0 & r \\ 1/r & 0 \end{bmatrix}$$

回转器的倒量转换因子为 $\dfrac{B}{C} = r^2$。当回转器的输出端口接一个电容 C，则回转器的输入端口阻抗为

$$Z_{\mathrm{i}} = \frac{B}{C} \times \frac{1}{Z_1} = \mathrm{j}r^2\omega C$$

还可将 T 参数矩阵转换为 Z 参数矩阵或 Y 参数矩阵为

$$\boldsymbol{Z} = \begin{bmatrix} 0 & -r \\ r & 0 \end{bmatrix}，\text{或}\boldsymbol{Y} = \begin{bmatrix} 0 & g \\ -g & 0 \end{bmatrix}$$

所以，回转器端口电压、电流关系可用下列方程表示为

$$\left.\begin{aligned} u_1 &= -ri_2 \\ u_2 &= ri_1 \end{aligned}\right\} \tag{9-28}$$

或

$$\left.\begin{aligned} i_1 &= gu_2 \\ i_2 &= -gu_1 \end{aligned}\right\} \tag{9-29}$$

式中，r 为回转电阻；g 为回转电导。

同负阻抗变换器一样，回转器也是一种非互易的线性无源元件，且任意时刻吸收的功率 $P_{\text{吸}} = u_1 i_1 + u_2 i_2 = -ri_1 i_2 + ri_1 i_2 = 0$。

若在回转器输出端口接上负载，如图 9-29 所示，则输入阻抗为

$$Z_{\mathrm{i}} = \frac{\dot{U}_1}{\dot{I}_1} = \frac{-(1/g)\dot{I}_2}{g\dot{U}_2} = \frac{1}{g^2 Z} = \frac{r^2}{Z} \tag{9-30}$$

式(9-30)表明，回转器的输入阻抗与负载阻抗成反比，具有阻抗逆变性质。特别是当 $Z = \dfrac{1}{\mathrm{j}\omega C}$ 时，由式(9-30)得 $Z_{\mathrm{i}} = r^2 \mathrm{j}\omega C = \mathrm{j}\omega L$。

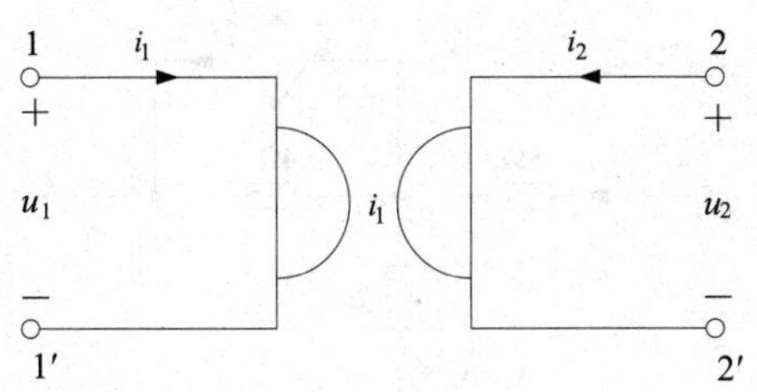

图 9-28 回转器

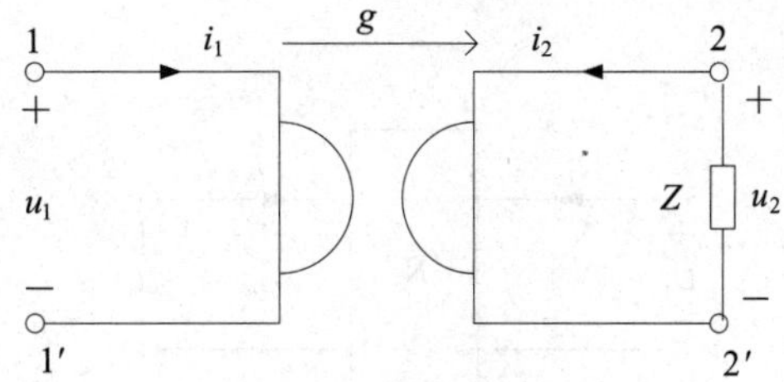

图 9-29 带负载的回转器

也就是说，回转器将电容逆变成了电感，输入端口相当于一个$L=r^2C$的电感元件。在集成电路设计中，利用回转器，通过电容来获得微小晶体上不易制造的电感。

本 章 小 结

学习本章，首先理解二端口网络是四端网络一种特殊情况，必须满足端口条件，即在二端口网络的任一端口上，由一个端钮处流入的电流必等于从另一端钮流出的电流；由于在二端口网络入口电压、电流和出口电压、电流四个量中，任选其中两个为子变量，另外两个为因变量，共有六种情况，因此，二端口网络有六种参数方程。主要掌握 Z 参数、Y 参数、T 参数及 H 参数四种参数方程及相互转换关系。

其中，Z 是开路阻抗参数，Y 是短路导纳参数，H 参数是混合参数，T 是传输参数，参数之间的转换关系如表 9-2 所示。

掌握二端口网络的等效变换电路，任一线性二端口网络，只要知道其网络参数，就可以等效为简单的 T 形或∏形等效电路。

线性无源二端口网络，其响应相量和激励相量之比称为网络函数。网络函数是在输入端口接信号源、输出端口接负载条件下，用来描述响应与激励之间传输特性的函数。网络函数根据激励和响应所在端口不同，分为策动点函数(激励与响应在同一端口)和转移函数(激励与响应不在同一端口)。

二端口网络的连接，按端口的串、并联方式，大致分为级联、串联、并联、串并联和并串联几种情况。当若干个简单二端口网络组成一个复杂二端口网络时，只有保证各个简单二端口网络的端口条件不变时，才能应用相关公式来计算。

最后，介绍了具有典型的二端口网络元件模型，正、负阻抗变换器和回转器的定义、性质和应用。

习 题

1. 已知在如图 9-30 所示电阻二端口网络中，当U_1=6V，I_2=0 时，U_2=3V，I_1=1A 当U_2=5V，I_1=0 时，I_2=1A。求当I_1=2A，I_2=3A 时，求U_1和U_2的值。

2. 求如图 9-31 所示二端口网络的 Z 参数和 Y 参数矩阵。

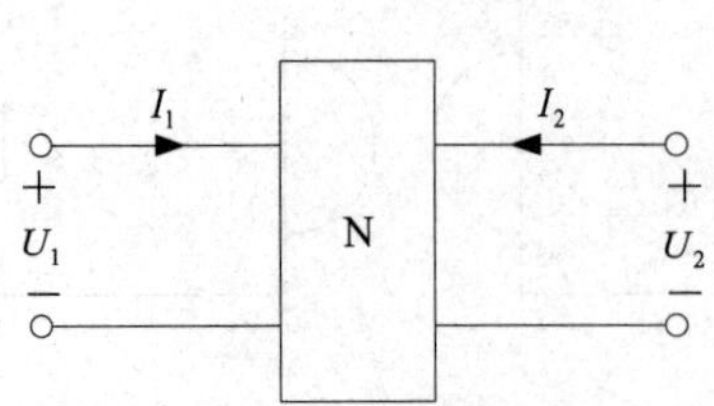

图 9-30　习题 1 图

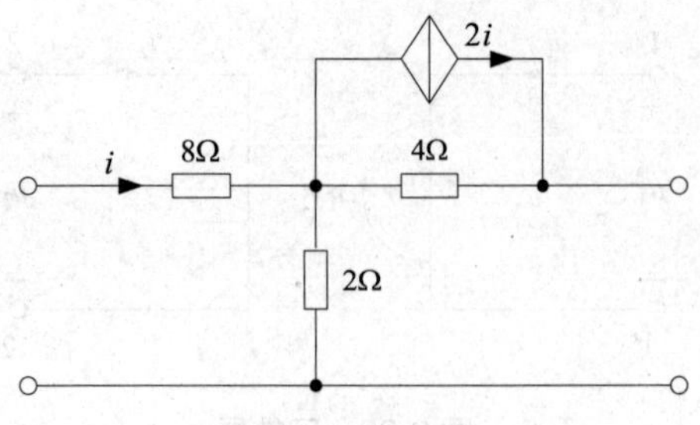

图 9-31　习题 2 图

3. 求如图 9-32 所示二端口网络的 Y 参数矩阵。

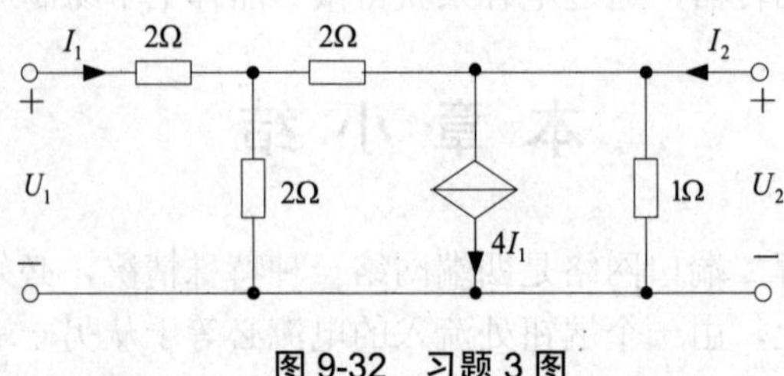

图 9-32　习题 3 图

4. 二端口网络如图 9-33 所示，已知 $\dot{U}_s=500\text{V}$，$Z_s=500\Omega$，$Z_L=5\text{k}\Omega$，及二端口的 Z 参数为 $Z_{11}=110\ \text{k}\Omega$，$Z_{12}=-500\Omega$，$Z_{21}=1\text{k}\Omega$，$Z_{22}=11\text{k}\Omega$。试求：

(1) 负载的功率。

(2) 输入端口的功率。

(3) 获得最大功率时的负载阻抗和负载获得的最大功率。

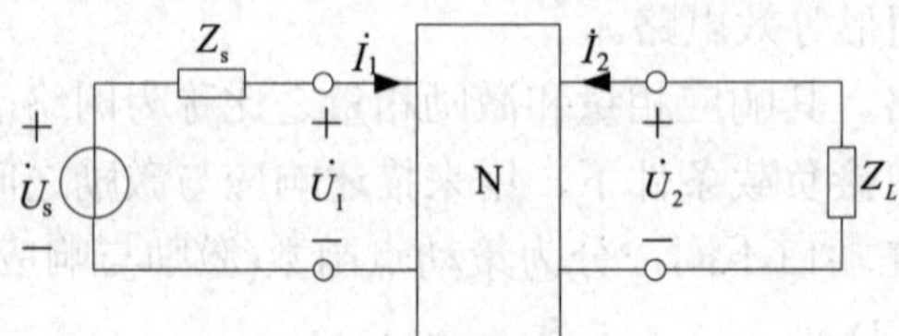

图 9-33　习题 4 图

5. 已知二端口参数矩阵为

$$(a)\ \boldsymbol{Z}=\begin{bmatrix}\frac{60}{9} & \frac{40}{9}\\ \frac{40}{9} & \frac{100}{9}\end{bmatrix}\Omega;\ (b)\ \boldsymbol{Y}=\begin{bmatrix}5 & -2\\ 0 & 3\end{bmatrix}\text{S}。$$

试问二端口是否有受控源，并求它们的∏形等效电路。

6. 试证明两个回转器级联(如图 9-34 所示)后，可等效为一个理想变压器，并求出变比 n 与两个回转器的回转电导 g_1 和 g_2 的关系。

7. 求图 9-35 所示二端口的混合(s)参数矩阵。

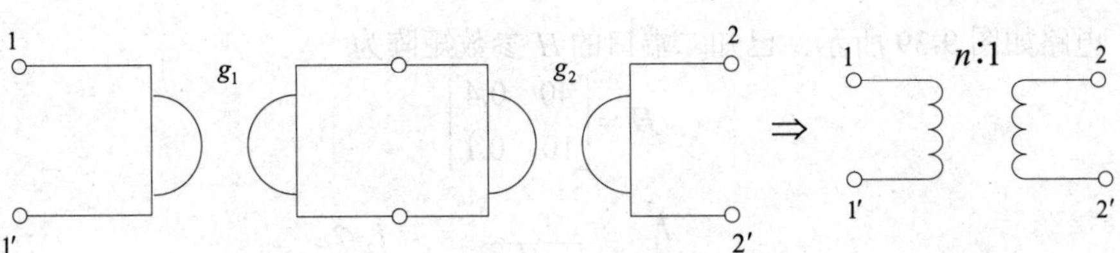

图 9-34　习题 6 图

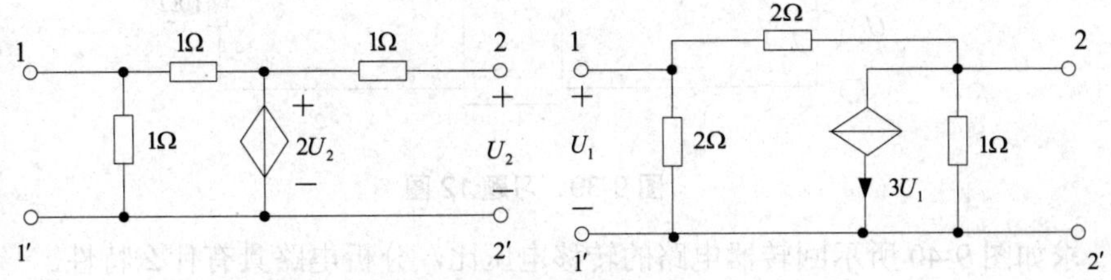

图 9-35　习题 7 图

8. 已知图 9-36 所示二端口的 Z 参数矩阵为

$$\boldsymbol{Z}=\begin{bmatrix}10 & 8\\ 5 & 10\end{bmatrix}\Omega$$

求 R_1、R_2、R_3 和 r 的值。

9. 求如图 9-37 所示回转器电路的转移电压比，并分析电路具有什么特性。

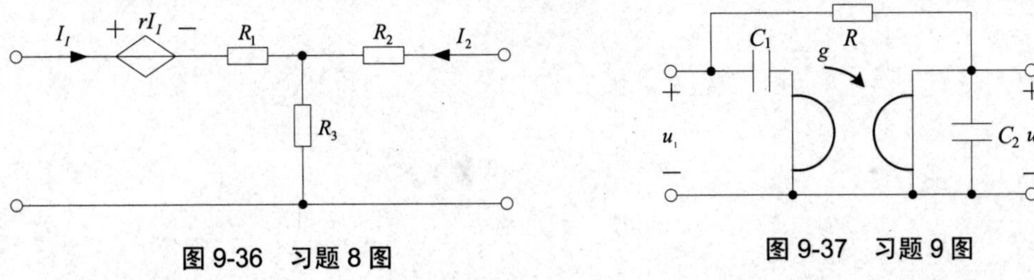

图 9-36　习题 8 图

图 9-37　习题 9 图

10. 计算图 9-38(a)所示电路的转移电压比[提示：INIC 的相量模型如图 9-38(b)所示]。

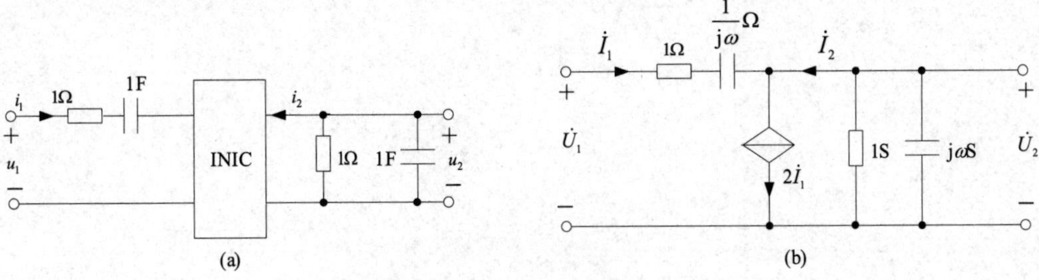

图 9-38　习题 10 图

11. 已知二端口的 Y 参数矩阵为

$$\boldsymbol{Y}=\begin{bmatrix}105 & -1.2\\ -1.2 & 1.8\end{bmatrix}\text{S}$$

求 H 参数矩阵，并说明该二端口中是否有受控源。

12. 电路如图 9-39 所示，已知二端口的 H 参数矩阵为

$$\boldsymbol{H}=\begin{bmatrix}40 & 0.4\\ 10 & 0.1\end{bmatrix}$$

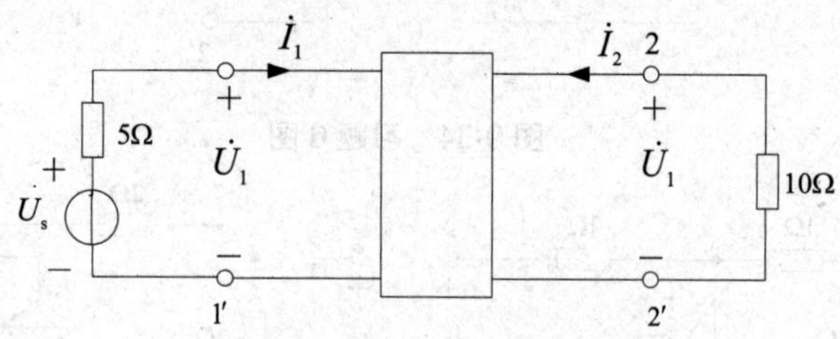

图 9-39 习题 12 图

13. 求如图 9-40 所示回转器电路的转移电压比，分析电路具有什么特性。

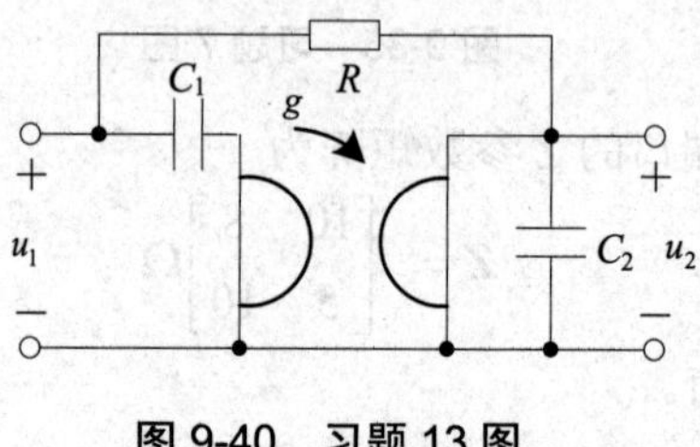

图 9-40 习题 13 图

第 10 章　线性动态电路的时域分析

教学目标

(1) 掌握动态电路的方程的建立方法，及其初始条件的确定。

(2) 理解一阶电路响应经典分析法，熟练掌握三要素法求解一阶电路的响应。

(3) 初步掌握二阶电路响应的求解过程。

(4) 理解电路的阶跃响应和冲激响应及求解方法。

10.1　动态电路分析的经典方法

电感和电容的电压与电流约束关系(VCR)是通过对时间 t 的导数(或积分)来表达，所以称为动态元件。含有动态元件的电路称为动态电路。动态元件的 VCR 是对时间变量 t 的微分或积分关系，因此分析动态电路时，根据 KCL、KVL 和元件的 VCR 所建立的电路方程是以电流、电压为变量的微分方程或微分-积分方程；本章将在时间域中分析电路，故称为时域分析法，也称为经典法。

分析动态电路，首先要建立描述电路的方程。与分析电阻电路类似，动态电路方程的建立包括两部分内容：一是应用基尔霍夫定律；二是应用电感和电容的微分或积分的基本特性关系式。

例如，设 RC 串联电路如图 10-1 所示，t=0 时将开关闭合，现讨论 $t \geqslant 0$ 时电容的电压 $u_C(t)$。根据 KVL 列出回路方程为

$$Ri+u_C(t)=u_s(t) \tag{10-1}$$

由于电容的 VCR 为

$$i = C\frac{du_C}{dt} \tag{10-2}$$

从式(10-1)、式(10-2)中消去电流得到以电容电压为变量的电路方程

$$RC\frac{du_C}{dt} + u_C = u_s(t) \tag{10-3}$$

又如图 10-2 所示的 RL 串联电路，根据 KVL 列出回路方程为

$$Ri + u_L = u_s(t) \tag{10-4}$$

由于电感的 VCR 为

$$u_L = L\frac{di}{dt} \tag{10-5}$$

从式(10-4)、式(10-5)中消去电感电压得以电流为变量的电路方程

$$Ri + L\frac{di}{dt} = u_s(t) \tag{10-6}$$

式(10-3)和式(10-6)均为一阶线性常微分方程，故图 10-1、图 10-2 所示的 RC 电路和 RL 电路称为一阶电路，而两电路中都是只含有一个动态元件的线性电路。

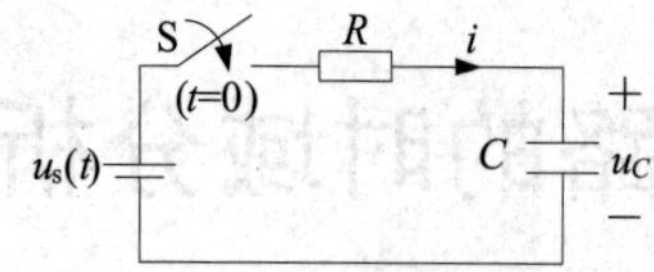

图 10-1　*RC* 串联电路

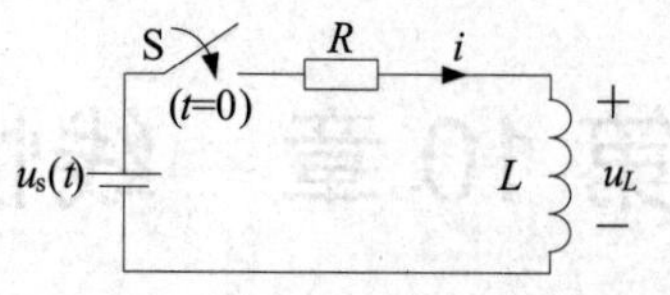

图 10-2　*RL* 串联电路

对图 10-3 所示的 *RLC* 串联电路，根据 KVL 得

$$Ri + u_L + u_C = u_s(t)$$

电容、电感的 VCR 为

$$i = C\frac{du_C}{dt}，\quad u_L = L\frac{di}{dt} = LC\frac{d^2u_C}{dt^2}$$

整理以上各式得到以电容电压为变量的二阶微分方程

$$LC\frac{d^2u_C}{dt^2} + RC\frac{du_C}{dt} + u_C = u_s(t) \tag{10-7}$$

可见，含有两个动态元件的线性电路，其电路方程为二阶线性常微分方程，称为二阶电路。

一般而言，若电路中含 n 个独立的动态元件，那么描述该电路的微分方程就是 n 阶，称为 n 阶电路。

求解所得的微分方程，就可以得出电压和电流的表达式。

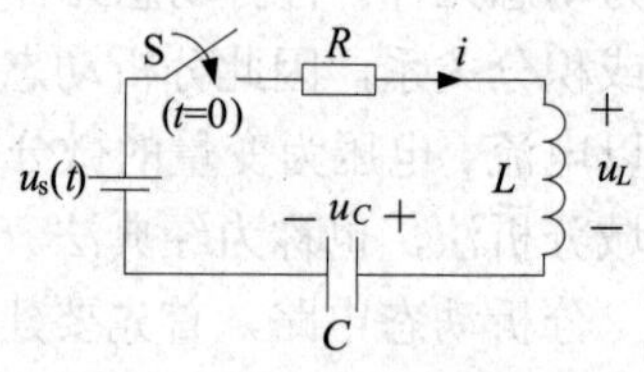

图 10-3　*RLC* 串联电路

微分方程通解中的积分常数需要根据初始条件来确定。由于电路中常以电容电压或电感电流作为变量，因此，相应的微分方程的初始条件为电容电压或电感电流的初始值。下面讨论如何从电路中确定电流、电压的初始值。

10.2　电路的初始条件

10.2.1　几个概念

由于动态元件是储能元件，其 VCR 是对时间变量 t 的微分和积分关系，因此动态电路的一个重要特征是当电路的结构或元件的参数发生改变时(如电源或无源元件的断开或接入，信号的突然注入等)，可能使电路改变原来的工作状态，需要经历一个变化过程才能达到新的稳定状态。这个变化过程在工程上称为电路的过渡过程。

电路结构或参数变化引起的电路变化统称为“换路”。若把电路发生换路的时刻记为 $t=0$ 时刻，换路前一瞬间记为 0_-，换路后一瞬间记为 0_+，则换路经历的时间为 $0_-\sim 0_+$。

设描述电路动态过程的微分方程为 n 阶，所谓初始条件就是指电路所求的变量(电压或电流)及其一阶至$(n-1)$阶导数在 $t=0_+$时的值，也称初始值。电容电压 $u_C(0_+)$和电感电流 $i_L(0_+)$称为独立的初始条件，其余的称为非独立的初始条件。

10.2.2 换路计算的规律

1. 电容的初始条件

对于线性电容，在任意时刻 t 时，它的电荷 q、电压 u_C 与电流 i_C 关系为

$$\begin{cases} q(t)=q(t_0)+\int_{t_0}^{t} i_C(\xi)\mathrm{d}\xi \\ u_C(t)=u_C(t_0)+\dfrac{1}{C}\int_{t_0}^{t} i_C(\xi)\mathrm{d}\xi \end{cases}$$

取 $t_0=0_-$，$t=0_+$，则有

$$\left.\begin{aligned} q(0_+)&=q(0_-)+\int_{0_-}^{0_+} i_C(\xi)\mathrm{d}\xi \\ u_C(0_+)&=u_C(0_-)+\frac{1}{C}\int_{0_-}^{0_+} i_C(\xi)\mathrm{d}\xi \end{aligned}\right\} \tag{10-8}$$

从式(10-8)可以看出，由于电流 i_C 为有限值，则 $\int_{0_-}^{0_+} i_C(\xi)\mathrm{d}\xi=0$，得

$$\left.\begin{aligned} q_C(0_+)&=q_C(0_-) \\ u_C(0_+)&=u_C(0_-) \end{aligned}\right\} \tag{10-9}$$

可见，换路瞬间，若电容电流保持为有限值，则电容电压(电荷)换路前后保持不变。这是电荷守恒定律的体现。

因此，若 $t=0_-$ 时，$q(0_-)=q_0$，$u_C(0_-)=U_0$，则有 $q(0_+)=q_0$，$u_C(0_+)=U_0$，故换路瞬间，电容相当于电压值为 U_0 的电压源；同理，若 $t=0_-$ 时，$q(0_-)=0$，$u_C(0_-)=0$，则应有 $q(0_+)=0$，$u_C(0_+)=0$，则换路瞬间，电容相当于短路。

2. 电感的初始条件

对于线性电感，在任意时刻 t 时，它的磁通链 ψ_L 、电流 i_L 与电压 u_L 关系为

$$\begin{cases} \psi_L(t)=\psi_L(t_0)+\int_{t_0}^{t} u_L(\xi)\mathrm{d}\xi \\ i_L(t)=i_L(t_0)+\dfrac{1}{L}\int_{t_0}^{t} u_L(\xi)\mathrm{d}\xi \end{cases}$$

取 $t_0=0_-$，$t=0_+$，则有

$$\left.\begin{aligned} \psi_L(0_+)&=\psi_L(0_-)+\int_{0_-}^{0_+} u_L(\xi)\mathrm{d}\xi \\ i_L(0_+)&=i_L(0_-)+\frac{1}{L}\int_{0_-}^{0_+} u_L(\xi)\mathrm{d}\xi \end{aligned}\right\} \tag{10-10}$$

从式(10-10)可以看出，由于 u_L 为有限值，则 $\int_{0_-}^{0_+} u_L(\xi)\mathrm{d}\xi=0$，得

$$\left.\begin{aligned} \psi_L(0_+)&=\psi_L(0_-) \\ i_L(0_+)&=i_L(0_-) \end{aligned}\right\} \tag{10-11}$$

可见，换路瞬间，若电感电压保持为有限值，则电感电流(磁链)换路前后保持不变。这是磁链守恒的体现。

因此，若 $t=0_-$ 时，$\psi_L(0_-)=\psi_0$，$i_L(0_-)=I_0$，则有 $\psi_L(0_+)=\psi_0$，$i_L(0_+)=I_0$，故换路瞬间，电感相当于电流值为 I_0 的电流源；若 $t=0_-$ 时，$\psi_L(0_-)=0$，$i_L(0_-)=0$，则应有 $\psi_L(0_+)=0$，$i_L(0_+)=0$，则换路瞬间，电感相当于开路。

式(10-9)和式(10-11)分别说明，在换路前后电容电流和电感电压保持为有限值的条件下，换路前后瞬间，电容电压和电感电流不能跃变，这种关系又称为换路定则。

根据换路定则，一个动态电路的独立初始条件 $u_C(0_+)$ 和 $i_L(0_+)$ 可以由 $t=0_-$ 时的 $u_C(0_-)$ 和 $i_L(0_-)$ 确定。该电路的非独立初始条件(电阻电压或电流、电容电流、电感电压)需要通过已知的初始条件求得。

求初始值的一般步骤如下。

(1) 由换路前 $t=0_-$ 时刻的电路(一般为稳定状态)求 $u_C(0_-)$ 和 $i_L(0_-)$。

(2) 由换路定律得 $u_C(0_+)$ 和 $i_L(0_+)$。

(3) 画 $t=0_+$ 时刻的等效电路，电容用电压源替代，电感用电流源替代(取 0_+ 时刻值，方向与原假定的电容电压、电感电流方向相同)。

(4) 由 $t=0_+$ 电路求所需各变量的 0_+ 值。

【**例 10-1**】如图 10-4(a)所示电路，已知 $I_s=6\text{A}$，$R=2\Omega$。在 $t<0$ 时处于稳态，$t=0$ 时闭合开关，求电阻电流 $i_R(0_+)$、电感电压 $u_L(0_+)$ 和电容电流 $i_C(0_+)$。

解：(1) 电路在 $t<0$ 时处于稳态，相当于直流电路，此时视电容为开路，电感为短路。于是把图 10-4(a)电路中的电感短路，电容开路，得 $t=0_-$ 时刻的电路，如图 10-4(b)所示，则有

$$i_L(0_-)=I_s=6\text{A}，\quad i_R(0_-)=I_s=6\text{A}，\quad u_C(0_-)=u_R(0_-)=i_R(0_-)R=12\text{V}$$

(2) 由换路定律得

$$i_L(0_+)=i_L(0_-)=6\text{A} \qquad u_C(0_+)=u_C(0_-)=12\text{V}$$

(3) $t=0$ 时闭合开关，画出 $t=0_+$ 等效电路如图 10-4 (c)所示，电感用 6A 的电流源替代，电容用 12V 的电压源替代，由图 10-4 (c)解得

$$i_R(0_+)=\frac{u_C(0_+)}{R}=6\text{A}$$

$$i_C(0_+)=i_L(0_+)-i_R(0_+)=6\text{A}-6\text{A}=0\text{A}$$

$$u_L(0_+)=-u_C(0_-)=-12\text{V}$$

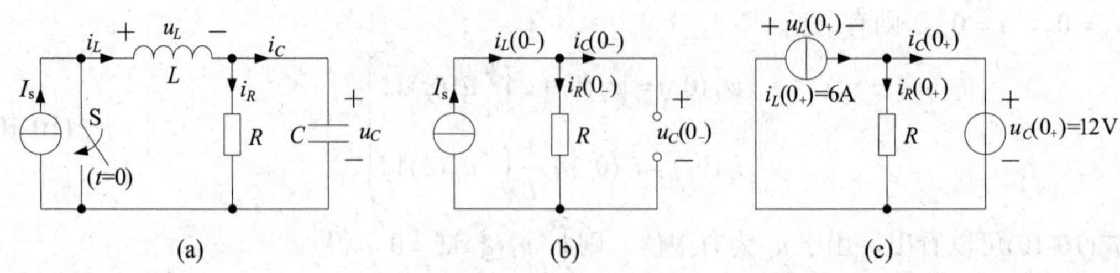

图 10-4　例 10-1 图

可见，电感电压在换路瞬间发生了跃变，即 $u_L(0_-)=0\text{V}\neq u_L(0_+)$，电阻的电流也发生了跃变。

10.3　一阶电路的响应

10.3.1　一阶电路的零输入响应

仅含有一个动态元件(电容或电感)的电路称为一阶电路。当动态电路发生换路时，如果动态元件含有初始储能，即使电路中没有外加激励电源，由于动态元件的储能会通过电路放电，电路中也将会产生电压和电流。我们把换路后外加激励为零，仅由动态元件初始储能所产生的电压和电流，称为动态电路的零输入响应。

下面分别对 *RC* 电路和 *RL* 电路来讨论一阶电路的零输入响应。

1. *RC* 电路的零输入响应

如图 10-5 所示的一阶 *RC* 电路，开关在 t=0 时闭合。已知电容在开关闭合前已充电，其电压 $u_C(0_-)=U_0$ 。开关闭合后，根据换路定则有 $u_C(0_+)=u_C(0_-)=U_0$，换路瞬间电容电压保持不变，随后电容储存的能量通过电阻 R 放电，电路中形成电流 i。随着时间的推移，电容的储能逐渐被电阻消耗掉，电容电压和放电电流逐渐变小，最后电容储能全部被电阻消耗掉，电路中的电流和电压也趋于零。可见，t>0 时电路中的响应仅由电容的初始储能所产生，故为零输入响应。下面通过定量的数学分析，来获得电容通过电阻放电的规律。

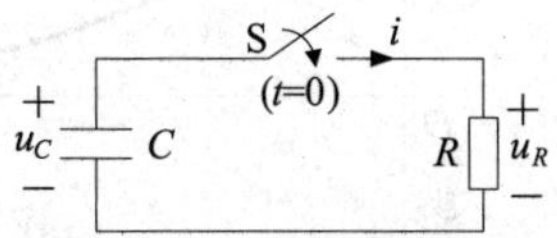

图 10-5　*RC* 一阶电路的零输入响应

当 $t\geqslant 0$时，根据 KVL 可得 $-u_R+u_C=0$，由于$i=-C\dfrac{\mathrm{d}u_C}{\mathrm{d}t}$，$u_R=Ri$，得

$$RC\frac{\mathrm{d}u_C}{\mathrm{d}t}+u_C=0 \tag{10-12}$$

这是个线性常微分方程，令其通解$u_C=A\mathrm{e}^{pt}$，可得$u_C'=Ap\mathrm{e}^{pt}$，代入式(10-12)得微分方程，有

$$RCAp\mathrm{e}^{pt}+Ap\mathrm{e}^{pt}=0$$

$$A\mathrm{e}^{pt}(RCp+1)=0$$

对应的特征方程为$RCp+1=0$，　特征根为$p=-\dfrac{1}{RC}$。于是有

$$u_C=A\mathrm{e}^{pt}=A\mathrm{e}^{-\frac{1}{RC}t} \tag{10-13}$$

将初始条件$t=0_+$、$u_C(0_+)=U_0$代入式(10-13)有$U_0=A\mathrm{e}^{-\frac{0_+}{RC}}$，求得

$$A=u_C(0_+)=U_0$$

这样，求得满足初始条件的微分方程的解为

$$u_C=u_C(0_+)\mathrm{e}^{-\frac{t}{RC}}=U_0\mathrm{e}^{-\frac{t}{RC}}\quad t\geqslant 0 \tag{10-14}$$

式(10-14)就是放电过程中电容电压的表达式。

放电电流为

$$i=\frac{u_C}{R}=\frac{U_0}{R}\mathrm{e}^{-\frac{t}{RC}} \quad t\geqslant 0 \tag{10-15}$$

或根据电容的 VCR 计算有

$$i=-C\frac{\mathrm{d}u_C}{\mathrm{d}t}=-CU_0\mathrm{e}^{-\frac{t}{RC}}\left(-\frac{1}{RC}\right)=\frac{U_0}{R}\mathrm{e}^{-\frac{t}{RC}} \quad t\geqslant 0$$

电阻上的电压为

$$u_R=u_C=U_0\mathrm{e}^{-\frac{t}{RC}} \quad t\geqslant 0$$

从以上表达式可以看出，电压 u_C、u_R 和电流 i 都是随时间按照同一指数规律衰减的。u_C 和 i 的波形如图 10-6 所示。

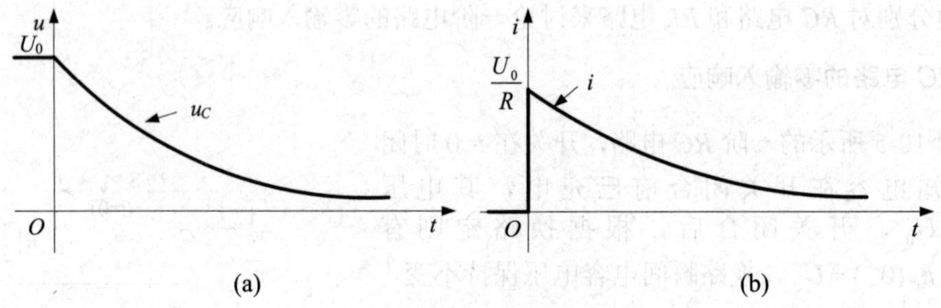

图 10-6　u_C 和 i 的波形图

在 t=0 换路瞬间，u_C 保持不变，而电流 i 发生跃变，$i(0_-)=0$，$i(0_+)=\frac{U_0}{R}$。从波形的整个时序看，电路经历了三个工作状态：当 $t<0$ 时，电路处于原稳态 $u_C(0_-)=U_0$，$i(0_-)=0$；当 $0_+<t<\infty$ 时，电路进入暂态(过渡过程)，$u_C=U_0\mathrm{e}^{-\frac{t}{RC}}$，$i=\frac{U_0}{R}\mathrm{e}^{-\frac{t}{RC}}$；当 $t\to\infty$ 时，各量衰减至零，电路达到新稳态，$u_C(\infty)=0$，$i(\infty)=0$。

在过渡过程中，电压和电流衰减的快慢取决于指数中 $\frac{1}{RC}$ 的大小。当 R 的单位为 Ω，C 的单位为 F 时，乘积 RC 的单位为 s(秒)。定义

$$\tau=RC \tag{10-16}$$

称 τ 为 RC 电路的时间常数，可见 τ 仅取决于电路的结构和元件的参数。

引入 τ 后，电容电压 u_C 和电流 i 可以表示为

$$u_C=U_0\mathrm{e}^{-\frac{t}{RC}}=U_0\mathrm{e}^{-\frac{t}{\tau}} \quad t\geqslant 0 \tag{10-17}$$

$$i=\frac{U_0}{R}\mathrm{e}^{-\frac{t}{\tau}} \quad t\geqslant 0 \tag{10-18}$$

时间常数 τ 反映了电路过渡过程的进展速度，τ 越大，过渡过程的进展就越慢；τ 越小，过渡过程的进展就越快，如图 10-7 所示。

从物理概念上讲，如果 C 一定，若电阻 R 越大，则放电电流的起始值就越小，放电就越慢，所需时间就越长；如果 R 一定，若 C 越大，电容的初始能量就越多，放电需要的时间就越长。下面以 u_C 来说明时间常数 τ 的意义。

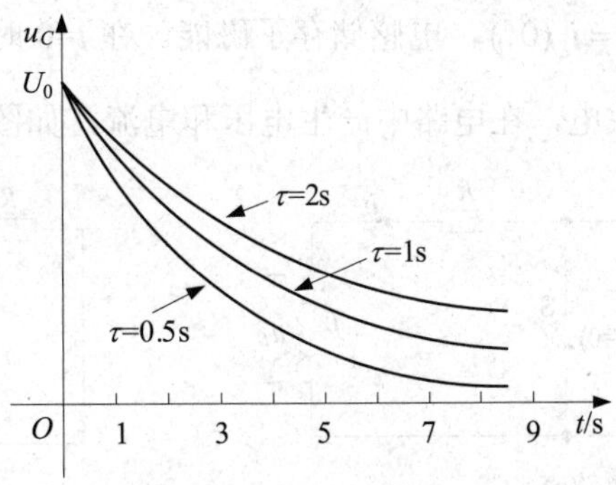

图 10-7　不同 τ 对应的 u_C 波形

当 $t=\tau$ 时，$u_C(\tau)=U_0\mathrm{e}^{-1}=0.368\,U_0$，即 $u_C(t)$ 下降到初始值的 36.8%。因此，τ 也可认为是电路零输入响应衰减到初始值的 36.8%所需要的时间，如图 10-8(a)所示。

当 $t=\infty$ 时，$u_C(\infty)=U_0\mathrm{e}^{-\infty}=0$，即从理论上，需要经过无限长的时间 u_C 衰减至零。

但实际上，一开始 u_C 会衰减很快，随着时间 t 的增加，u_C 衰减得越来越慢，当 $t=4\tau$ 时，$u_C(4\tau)=U_0\mathrm{e}^{-4}=0.0184\,U_0$，即 $u_C(t)$ 下降到初始值的 1.84%，已可以忽略不计了。

工程上通常认为经过 3τ～5τ 时间，动态电路的过渡过程结束，从而进入稳定的工作状态。

零输入响应在任一时刻 t_0 的值，经过一个时间常数 τ 可以表示为

$$u_C(t_0+\tau)=U_0\mathrm{e}^{-\frac{(t_0+\tau)}{\tau}}=\mathrm{e}^{-1}U_0\mathrm{e}^{-\frac{t_0}{\tau}}=0.368u_C(t_0) \tag{10-19}$$

可见时间常数 τ 表示任意时刻衰减到原来值的 36.8%所需要的时间，如图 10-8(b)所示。

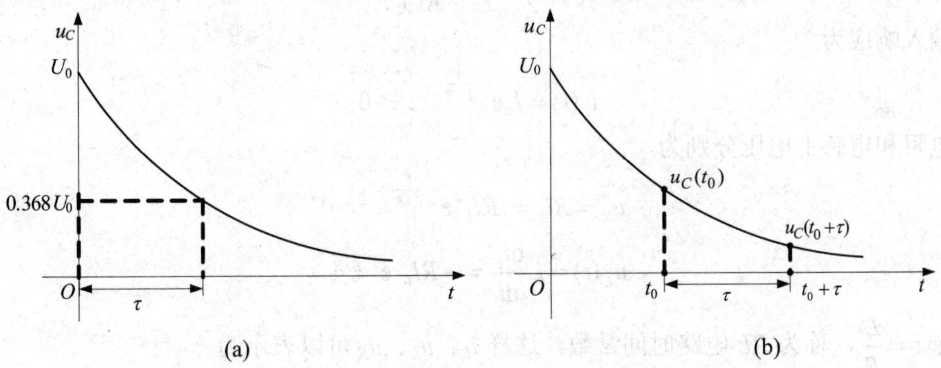

图 10-8　时间常数 τ 的几何意义

在整个过渡过程中电阻 R 消耗的能量为

$$W_R=\int_0^{\infty}i^2R\mathrm{d}t=\int_0^{\infty}\left(\frac{U_0}{R}\mathrm{e}^{-\frac{t}{RC}}\right)^2R\mathrm{d}t=\frac{U_0^2}{R}\int_0^{\infty}\mathrm{e}^{-\frac{2t}{RC}}\mathrm{d}t=\frac{U_0^2}{R}\left(-\frac{RC}{2}\mathrm{e}^{-\frac{2t}{RC}}\right)\Big|_0^{\infty}=\frac{1}{2}CU_0^{\ 2} \tag{10-20}$$

可见在放电过程中，电容不断放出能量，电阻不断消耗能量，最后，原来储存在电容的电场能量全部为电阻吸收并转换为热能。

2. *RL* 电路的零输入响应

如图 10-9(a)所示的电路为一阶 RL 电路。在 $t<0$ 时，开关 S 断开，电路处于稳态；流

过电感 L 的电流 $I_0=\dfrac{U_s}{R_1+R}=i_L(0_-)$，电感储存了磁能。在 t=0 时，开关 S 闭合，这时电感储存的能量将通过电阻 R 放电，在电路中产生电压和电流，如图 10-9(b)所示。

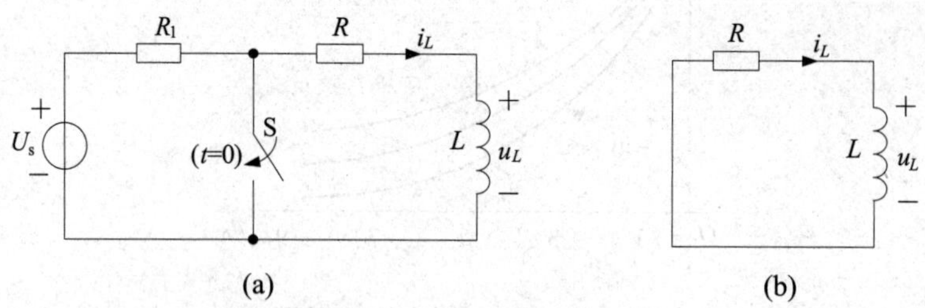

图 10-9　*RL* 电路的零输入响应

由此可见，RL 放电回路中的电压和电流是由电感的初始储能产生的，故为零输入响应。当 $t\geqslant 0$ 时，根据 KVL 可得 $u_R+u_L=0$，由于 $u_L=L\dfrac{\mathrm{d}i_L}{\mathrm{d}t}$，$u_R=R\,i_L$，得

$$L\frac{\mathrm{d}i_L}{\mathrm{d}t}+Ri_L=0 \tag{10-21}$$

这是一个线性常微分方程，令其通解 $i_L=A\mathrm{e}^{pt}$，可以得到特征方程为 $Lp+R=0$，特征根为 $p=-\dfrac{R}{L}$，则方程的通解写为

$$i_L(t)=A\mathrm{e}^{pt}=A\mathrm{e}^{-\frac{R}{L}t}=A\mathrm{e}^{-\frac{t}{L/R}} \tag{10-22}$$

根据换路定则，得初始条件 $i_L(0_+)=i_L(0_-)=\dfrac{U_s}{R_1+R}=I_0$，代入式(10-22)得 $A=i_L(0_+)=I_0$，则零输入响应为

$$i_L(t)=I_0\mathrm{e}^{-\frac{t}{L/R}}\quad t\geqslant 0$$

电阻和电感上电压分别为

$$u_R=Ri_L=RI_0\,\mathrm{e}^{-\frac{t}{L/R}}$$

$$u_L(t)=L\frac{\mathrm{d}i_L}{\mathrm{d}t}=-RI_0\,\mathrm{e}^{-\frac{t}{L/R}}$$

令 $\tau=\dfrac{L}{R}$，称为 RL 电路时间常数。这样 i_L、u_L、u_R 可以表示为

$$i_L(t)=I_0\mathrm{e}^{-\frac{t}{\tau}} \tag{10-23}$$

$$u_L(t)=-RI_0\,\mathrm{e}^{-\frac{t}{\tau}} \tag{10-24}$$

$$u_R=RI_0\,\mathrm{e}^{-\frac{t}{\tau}} \tag{10-25}$$

可见，与 RC 零输入电路类似，RL 零输入电路的响应也是随时间呈指数衰减，最终为零，如图 10-10 所示。衰减的快慢也用 τ 来衡量，τ 大，过渡过程时间长；τ 小，过渡过程时间就短。RL 电路的时间常数 τ 的描述与 RC 电路的完全类似，这里不再重复。

3. 求解一阶电路的零输入响应的一般公式

由于一阶电路的零输入响应是由动态元件的初始储能所产生的，随着时间的推移，动态元件的初始储能逐渐被电阻 R 所消耗，因此零输入响应都是由初始值衰减为零的指数衰减函数。令 $f(t)$ 表示零输入响应，$f(0_+)$ 表示其初始值，那么零输入响应一般表达式可以写为

$$f(t)=f(0_+)\mathrm{e}^{-\frac{t}{\tau}}\qquad t\geqslant 0\qquad\qquad(10\text{-}26)$$

求时间常数τ时，关键是要明确 R 是与动态元件相连的一端口电路的等效电阻。

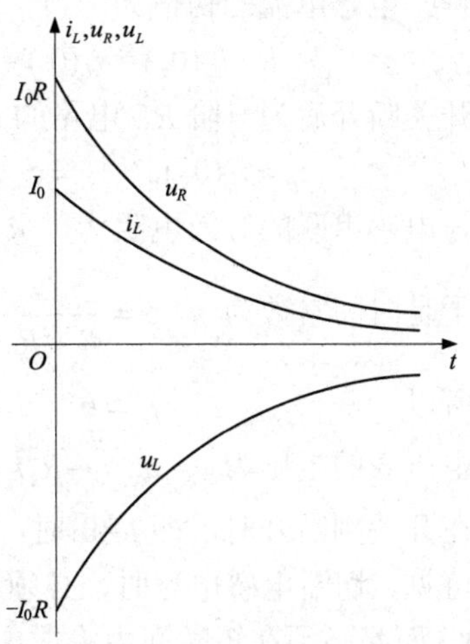

图 10-10　*RL* 电路零输入响应曲线

【例 10-2】 如图 10-11(a)所示电路，电容原本充有 24V 电压，求开关闭合后，电容电压和各支路电流随时间变化的规律。

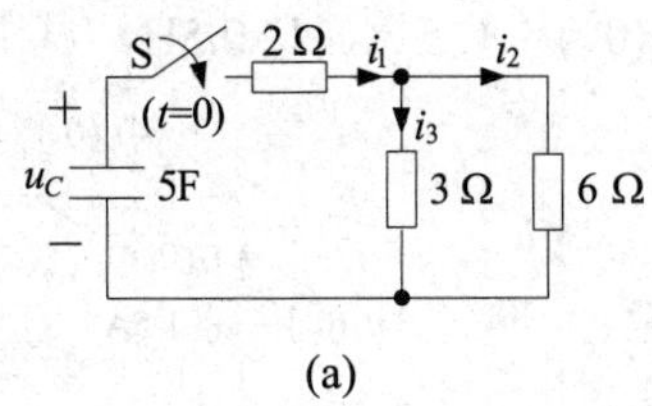

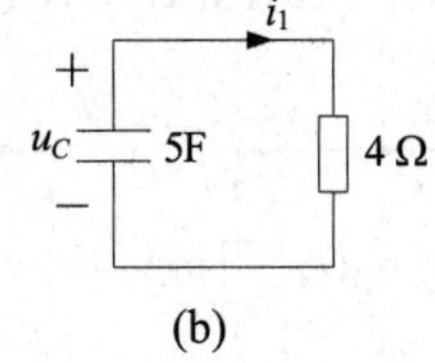

图 10-11　例 10-2 图

解： 这是一个求一阶 RC 零输入响应问题。

由题意知，电容电压初始值为

$$u_C(0_+)=U_0=24\,\mathrm{V}$$

与电容相连的一端口电路的等效电阻为

$$R_{\mathrm{eq}}=2\Omega+\frac{3\times 6}{3+6}\Omega=4\Omega$$

则原电路可等效为图 10-11(b)所示电路，则有

$$R=R_{\mathrm{eq}}=4\Omega,\quad \tau=RC=4\times 5\mathrm{s}=20\mathrm{s}$$

所以

$$u_C=U_0\mathrm{e}^{-\frac{t}{RC}}=24\mathrm{e}^{-\frac{t}{20}}\mathrm{V}\qquad t\geqslant 0$$

$$i_1=u_C/4=6\mathrm{e}^{-\frac{t}{20}}\mathrm{A}$$

或

$$i_1=-C\frac{\mathrm{d}u_C}{\mathrm{d}t}=-5\times 24\mathrm{e}^{-\frac{t}{20}}\times\left(-\frac{1}{20}\right)=6\mathrm{e}^{-\frac{t}{20}}\qquad t\geqslant 0$$

由分流公式得

$$i_2=\frac{6}{3+6}i_1=4\mathrm{e}^{-\frac{t}{20}}\mathrm{A}\quad,\quad i_3=\frac{3}{3+6}i_1=2\mathrm{e}^{-\frac{t}{20}}\mathrm{A}$$

【例 10-3】 图 10-12 所示电路原来处于稳态，t=0 时断开开关，求 t>0 后电压表的电压随时间变化的规律。已知 R=10Ω，L=4H，电压表内阻为 R_{V}=10kΩ，电压表量程为 50V。

解：电感电流的初值为

$$i_L(0_+) = i_L(0_-) = 1\text{ A}$$

开关断开后为一阶 RL 电路的零输入响应问题，因此有

$$i_L = i_L(0_+)\mathrm{e}^{-t/\tau} = \mathrm{e}^{-t/\tau} \quad t \geqslant 0$$

与电感串联的等效电阻为 $R_{\mathrm{eq}} = R + R_{\mathrm{V}}$

于是时间常数为 $\tau = \dfrac{L}{R+R_{\mathrm{V}}} \approx \dfrac{4}{10000}\mathrm{s} = 4\times10^{-4}\mathrm{s}$

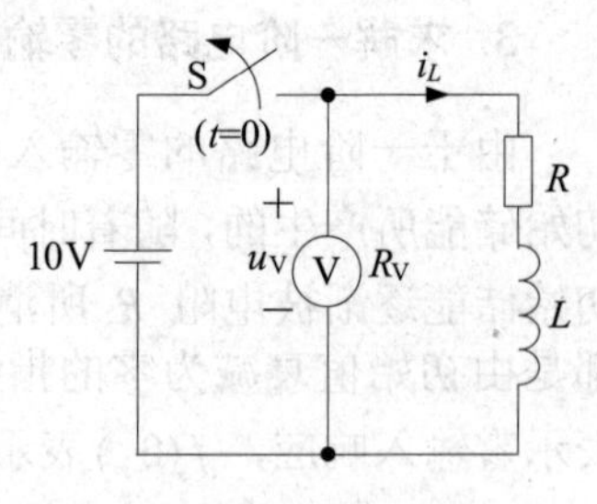

图 10-12　例 10-3 图

所以 $i_L = \mathrm{e}^{-t/\tau} = \mathrm{e}^{-2500t} \quad t \geqslant 0$

电压表的电压为 $u_{\mathrm{V}} = -R_{\mathrm{V}}i_L = -10000\mathrm{e}^{-2500t} \quad t \geqslant 0$

在开关刚断开时，即 $t=0_+$时，电压达最大值 $u_{\mathrm{V}}(0_+)=-10000\mathrm{V}$，会造成电压表的损坏。由此可见，切断电感电流时，必须考虑磁场能量的释放，如果磁场能量较大(电感中的电流很大)，而又必须在短时间内完成电流的切断，则必须考虑到电感元件感应出的大电压，这大电压加在开关处会激穿开关处的空气，从而产生电弧，因此必须采取灭弧措施，避免造成设备的损坏。

【**例 10-4**】如图 10-13(a)所示电路，已知 $i_L(0_-) = 1.5\text{ A}$，L=0.5H，试求 $i_1(t)$和 $u_L(t)$。

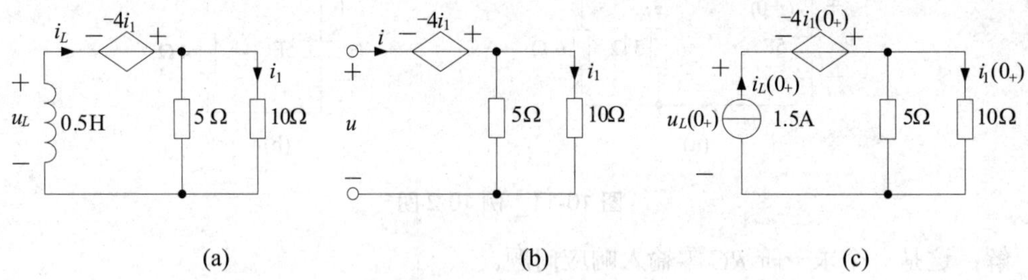

图 10-13　例 10-4 图

解：(1) 根据题意，由换路定则得电感电流的初值为

$$i_L(0_+) = i_L(0_-) = 1.5\text{A}$$

(2) 采用加压求流法求与电感相连的一端口电路的等效电阻，由图 10-13(b)得

$$\begin{cases} u = -4i_1 + 10i_1 = 6i_1 \\ i_1 = \dfrac{5}{10+5}i = \dfrac{1}{3}i \end{cases}$$

解之得 $u = 2i$，即 $R_{\mathrm{eq}} = \dfrac{u}{i} = 2\Omega$

时间常数为 $\tau = \dfrac{L}{R_{\mathrm{eq}}} = \dfrac{0.5}{2}\mathrm{s} = 0.25\mathrm{s}$

则有

$$i_L(t) = i_L(0_+)\mathrm{e}^{-t/\tau} = 1.5\mathrm{e}^{-4t}\mathrm{A} \quad t \geqslant 0$$

(3) 由原电路可求得

$$u_L(t) = -L\frac{\mathrm{d}i_L(t)}{\mathrm{d}t} = 3\mathrm{e}^{-4t}\mathrm{V} \quad t \geqslant 0$$

$$i_1(t) = \frac{5}{10+5}i_L(t) = 0.5\mathrm{e}^{-4t}\mathrm{A} \quad t \geqslant 0$$

或者画出 $t=0_+$ 时的初始值电路，如图 10-13(c)所示，求解 $i_1(0_+)$ 和 $u_L(0_+)$。

$$\begin{cases} i_1(0_+)=\dfrac{5}{10+5}\times 1.5\text{A}=0.5\text{A} \\ u_L(0_+)=-4i_1(0_+)+10i_1(0_+)=3\text{V} \end{cases}$$

求得

$$u_L(t)=u_L(0_+)\mathrm{e}^{-t/\tau}=3\mathrm{e}^{-4t}\text{V} \quad t\geqslant 0$$

$$i_1(t)=i_1(0_+)\mathrm{e}^{-t/\tau}=0.5\mathrm{e}^{-4t}\text{A} \quad t\geqslant 0$$

10.3.2　一阶电路的零状态响应

如果电路中储能元件在换路前瞬间无初始能量储存，即初始状态为零[如电容的初始电压 $u_C(0_-)=0$，电感的电流 $i_L(0_-)=0$]，又称电路处于零状态，此时电路的响应是在外加电源激励下产生的。因此，把在零初始状态下，由外加激励引起的响应称为零状态响应。

用经典法求零状态响应的步骤与求零输入响应的步骤相似，所不同的是零状态响应的方程是非齐次的。

1. 一阶 *RC* 电路的零状态响应

如图 10-14 所示的一阶 *RC* 电路，直流电压源的电压为 U_s。$t<0$ 时，开关 S 断开，且电容的初始储能为零，即电容电压 $u_C(0_-)=0$。当 $t=0$ 时，开关 S 闭合，根据换路定则，有 $u_C(0_+)=u_C(0_-)=0$，因此当 $t=0_+$ 时，由于 $u_C(0_+)=0$，电容相当于短路线(即在 $t=0_+$ 等效电路中为 0 值电压源)。电路中的电流 $i(0_+)=\dfrac{U_s}{R}$ 对电容器充电。

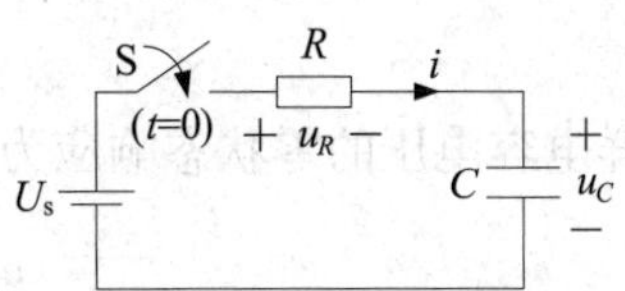

图 10-14　*RC* 电路的零状态响应

随着充电的进行，电容电压 $u_C(t)$ 逐渐升高，充电电流 $i(t)=\dfrac{U_s-u_C(t)}{R}$ 逐渐减小。直到 $u_C=U_s$，$i=0$，充电结束，电容相当于开路，电路进入新的稳态。可见，电路中的初始能量为零，$t>0$ 时的响应是由激励 U_s 所产生，为零状态响应。

由图 10-14 可见，开关闭合后，根据 KVL 可得

$$u_R+u_C=U_s \tag{10-27}$$

又 $i=C\dfrac{\mathrm{d}u_C}{\mathrm{d}t}$，$u_R=Ri=RC\dfrac{\mathrm{d}u_C}{\mathrm{d}t}$，代入式(10-27)，得电路的微分方程

$$RC\frac{\mathrm{d}u_C}{\mathrm{d}t}+u_C=U_s \qquad t\geqslant 0 \tag{10-28}$$

此方程为一阶线性非齐次方程，方程的解由非齐次方程的特解 u_C' 和对应的齐次方程通解 u_C'' 两个分量组成，即

$$u_C=u_C'+u_C'' \tag{10-29}$$

对应齐次方程 $RC\dfrac{\mathrm{d}u_C}{\mathrm{d}t}+u_C=0$ 的通解为

$$u_C''=A\mathrm{e}^{-\frac{1}{RC}t}=A\mathrm{e}^{-\frac{t}{\tau}} \tag{10-30}$$

非齐次方程的特解由外加激励强制建立，通常与外激励有相同的函数形式，电路中常见的激励函数形式及其相应的特解如表 10-1 所示。(注：表中 K，K，K_{n-1}，…，K_0 均为待定常数)

当激励为直流时，其特解可设为常量，设 $u_C'=K$ 代入式(10-28)，可得

$$RC\frac{\mathrm{d}K}{\mathrm{d}t}+K=U_\mathrm{s}$$

故特解为

$$u_C'=K=U_\mathrm{s}$$

表 10-1　电路中常见的激励函数形式及其相应的特解

激　励	特　解
直流	K
t^n	$K_nt^n+K_{n-1}t^{n-1}+\cdots+K_0$
e^{at}	$K\mathrm{e}^{at}$
$U_\mathrm{m}\cos\omega t$	$K\cos(\omega t+\varphi)$

于是方程(10-28)的全解为

$$u_C=u_C'+u_C''=U_\mathrm{s}+A\mathrm{e}^{-\frac{t}{\tau}}\qquad t\geqslant 0 \tag{10-31}$$

将 $t=0_+$ 时初始条件 $u_C(0_+)=0$ 代入式(10-31)有 $0=U_\mathrm{s}+A\mathrm{e}^{-\frac{0_+}{RC}}$，求得

$$A=-U_\mathrm{s}$$

这样电容电压的零状态响应为

$$u_C=U_\mathrm{s}-U_\mathrm{s}\mathrm{e}^{-\frac{t}{\tau}}=U_\mathrm{s}(1-\mathrm{e}^{-\frac{t}{\tau}})\qquad t\geqslant 0 \tag{10-32}$$

电流为

$$i=C\frac{\mathrm{d}u_C}{\mathrm{d}t}=\frac{U_\mathrm{s}}{R}\mathrm{e}^{-\frac{t}{RC}} \tag{10-33}$$

电压、电流变化规律如图 10-15 所示。

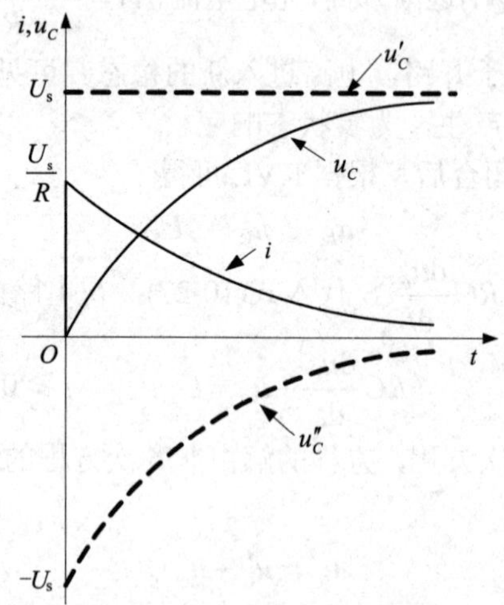

图 10-15　u_C 和 i 的波形图

当 $t=\infty$ 时，$u_C(\infty)=U_\mathrm{s}=u_C'$，即 u_C 以指数形式趋近于它的最终恒定值 U_s，到达该值后，电路进入稳定状态，因此称 $u_C(\infty)$ 为稳态值，特解 $u_C'(=U_\mathrm{s})$ 称为稳态分量。同时可以看出 u_C' 与外施激励的变化规律有关，所以又称强制分量。齐次方程的通解 u_C'' 则由于其变化

规律取决于特征根而与外施激励无关，所以称为自由分量。自由分量按指数规律衰减，最终趋于零，所以又称为暂态分量。理论上$t\to\infty$时，u_C才能充电到U_s，但在工程上，通常认为经过$3\tau\sim5\tau$时间，电路充电结束，从而进入稳定的工作状态。τ越大，充电越快，过渡过程越短。

因此，式(10-32)可写为

$$u_C=U_s-U_s e^{-\frac{t}{\tau}}=u_C(\infty)(1-e^{-\frac{t}{\tau}}) \tag{10-34}$$

式(10-34)可作为求解一阶电路电容电压u_C的零状态响应的一般公式。注意这一公式只能用于求解u_C。在求解稳态值$u_C(\infty)$时，可根据$t\to\infty$时电路所处的状态，由原电路直接求解。例如，在图 10-14 中，$t=\infty$时，电路已为直流稳态电路，这时电容C相当于开路，电流i=0。电容电压$u_C=U_s-Ri=U_s$，故求得$u_C(\infty)=U_s$。

当电路不是由一个单独电阻和电容组成的串联电路时，如图 10-16 所示，这时可以根据$t>0$时的电路，从动态元件电容C两端看过去，将C以外的电路用戴维南定理等效为开路电压u_{oc}，与等效电阻R_{eq}的串联组合电路。此时$u_C(\infty)=u_{oc}$，$\tau=R_{eq}C$。

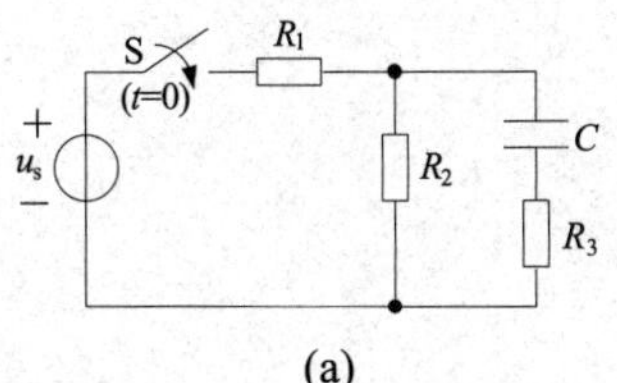

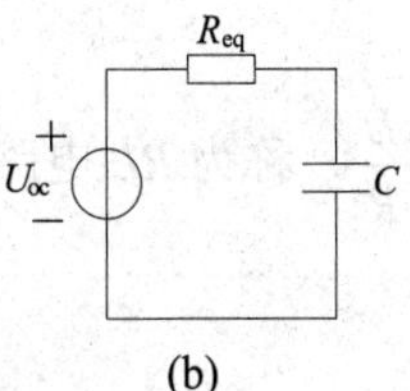

图 10-16　多个电阻和电容组成的 *RC* 串联电路及其等效电路

RC 电路接通直流电源的过程也即电源通过电阻对电容的充电过程。在充电过程中，电源发出的能量一部分转换成为电场能存储于电容，一部分被电阻转换成热能消耗。充电过程中电源提供的能量为

$$W=\int_0^{\infty}U_s i\mathrm{d}t=U_s q=CU_s^2 \tag{10-35}$$

电容最终储存能量为

$$W_C=\frac{1}{2}CU_s^2 \tag{10-36}$$

电阻消耗的能量为

$$W_R=\int_0^{\infty}i^2R\,\mathrm{d}t=\int_0^{\infty}\left(\frac{U_s}{R}e^{-\frac{t}{RC}}\right)^2R\,\mathrm{d}t=\frac{1}{2}CU_s^2 \tag{10-37}$$

可见，不论电路中电容C和电阻R的数值为多少，在充电过程中，电源提供的能量总是一半消耗在电阻上，另一半转换成电场能量储存在电容中，即充电效率只有 50%。

2. *RL* 电路的零状态响应

用类似方法分析图 10-17 所示的一阶 *RL* 电路。电路在开关闭合前处于零初始状态，即电感电流$i_L(0_-)=0$，t=0 时闭合开关，直流电源U_s接入电路。

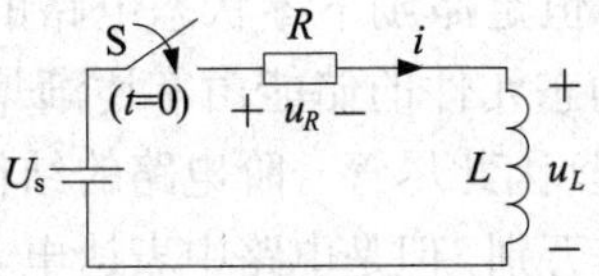

图 10-17　*RL* 电路的零状态响应

由换路定则得

$$i_L(0_+) = i_L(0_-) = 0$$

根据 KVL，有

$$Ri_L + u_L = U_s \tag{10-38}$$

因为$u_L = L\dfrac{\mathrm{d}i_L}{\mathrm{d}t}$，代入式(10-38)，得微分方程

$$Ri_L + L\frac{\mathrm{d}i_L}{\mathrm{d}t} = U_s$$

设一阶非齐次线性微分方程的解答形式为

$$i_L = i_L' + i_L''$$

不难求得特解为

$$i_L' = \frac{U_s}{R}$$

对应齐次微分方程的通解为

$$i_L'' = A\mathrm{e}^{-\frac{R}{L}t} = A\mathrm{e}^{-\frac{t}{\tau}}$$

其中$\tau = \dfrac{L}{R}$，称为 RL 电路时间常数，于是有

$$i_L = i_L' + i_L'' = \frac{U_s}{R} A\mathrm{e}^{-\frac{t}{\tau}}$$

由初始条件$i_L(0_+) = 0$求得积分常数为$A = -\dfrac{U_s}{R}$

所以有

$$i_L = \frac{U_s}{R}(1 - \mathrm{e}^{-\frac{t}{\tau}})$$

当 $t = \infty$ 时，$i_L(\infty) = \dfrac{U_s}{R}$，电感相当于短路，于是得求解$i_L$的一般公式为

$$i_L = i_L(\infty)(1 - \mathrm{e}^{-\frac{t}{\tau}}) \tag{10-39}$$

若要求其他响应，可根据它们与i_L的关系求得，如$u_L = L\dfrac{\mathrm{d}i_L}{\mathrm{d}t} = U_s\mathrm{e}^{-\frac{R}{L}t}$。

i_L和u_L的波形如图 10-18 所示。

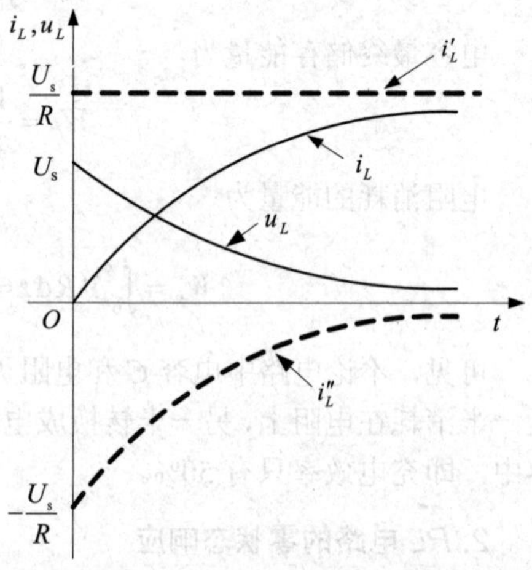

图 10-18 u_L和 i 的波形图

有关其他的分析与 RC 零状态响应完全类似，这里不再赘述。

3. 求解一阶电路的零状态响应的一般公式

恒定激励下零状态电路的过渡过程实际上是动态元件的储能由零逐渐增长到某一定值的过程。因此尽管一阶电路的结构和元件参数可以千差万别，但是电路中表达电容和电感的储能状态的变量u_C或i_L都是从零值按指数规律逐渐增长到稳态值。令$f(t)$表示为$t \geqslant 0$后任一瞬时电容电压$u_C(t)$或电感电流$i_L(t)$，$f(\infty)$表示其

稳态值，那么 u_C 或 i_L 的零状态响应一般表达式可以表示为

$$f(t)=f(\infty)\mathrm{e}^{-\frac{t}{\tau}} \qquad t\geqslant 0 \tag{10-40}$$

稳态值 $f(\infty)$ 可以从 $t=\infty$ 时电容相当于开路、电感相当于短路的等效电路来求取，此电路称为终值电路。

电路的时间常数 $\tau=R_{\mathrm{eq}}C$ 或 $\tau=\dfrac{L}{R_{\mathrm{eq}}}$，$R_{\mathrm{eq}}$ 为与动态元件相连的一端口电路的戴维南等效电阻。

【例 10-5】在图 10-19(a)所示电路中，$t=0$ 时，开关 S 闭合，求 $i_L(t)$ 和 $i(t)$。

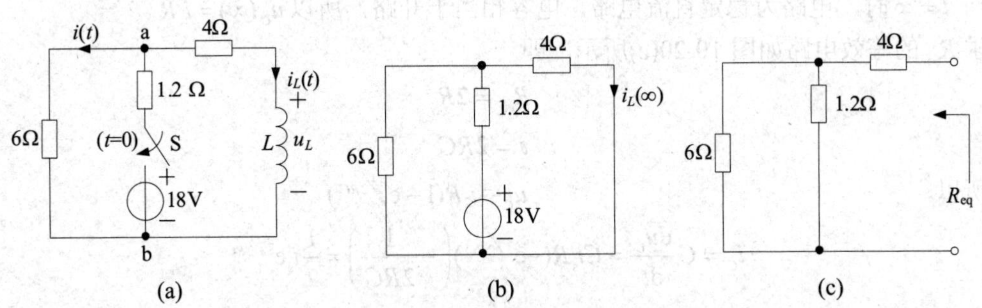

图 10-19　例 10-5 图

解：开关 S 闭合时，　$i_L(0_+)=i_L(0_-)=0\mathrm{A}$，电路显然为零状态响应电路。

于是有

$$i_L=i_L(\infty)(1-\mathrm{e}^{-\frac{t}{\tau}})$$

当 $t=\infty$ 时，电路为稳定直流电路，电感相当于短路，得终值电路如图 10-19(b)所示。

所以

$$i_L(\infty)=\frac{18}{1.2+6//4}\times\frac{6}{6+4}\mathrm{A}=3\mathrm{A}$$

求 R_{eq} 的等效电路如图 10-19(c)所示，即

$$R_{\mathrm{eq}}=(1.2//6)+4\Omega=5\Omega$$

则有

$$\tau=\frac{L}{R_{\mathrm{eq}}}=\frac{10}{5}\mathrm{s}=2\mathrm{s}$$

于是有

$$\begin{cases} i_L(t)=3(1-\mathrm{e}^{-\frac{t}{2}})\ \mathrm{A} & t\geqslant 0 \\ u_L(t)=L\dfrac{\mathrm{d}i_L(t)}{\mathrm{d}t}=\dfrac{3}{2}\mathrm{e}^{-\frac{t}{2}}\ \mathrm{V} & t\geqslant 0 \end{cases}$$

a、b 两点间的电压为

$$u_{\mathrm{ab}}=4\,i_L+u_L=12(1-\mathrm{e}^{-\frac{t}{2}})+\frac{3}{2}\mathrm{e}^{-\frac{t}{2}}=12-\frac{21}{2}\mathrm{e}^{-\frac{t}{2}}\mathrm{V} \qquad t\geqslant 0$$

则有

$$i(t)=\frac{u_{\mathrm{ab}}}{6}=2-\frac{7}{4}\mathrm{e}^{-\frac{t}{2}}\mathrm{V} \qquad t\geqslant 0$$

【例 10-6】图 10-20 电路中开关 S 断开以前电路已处于稳态，t=0 时开关 S 断开。试求：(1) 在 $t\geqslant 0$ 时的 $u_C(t)$；(2)电流源发出的功率。

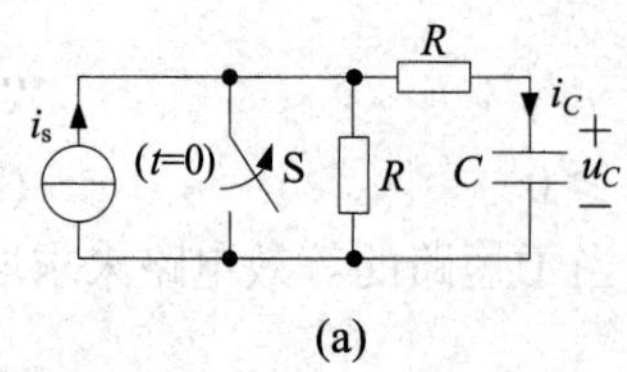

(a)

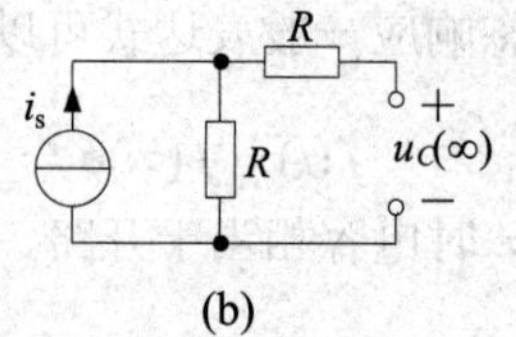

(b)

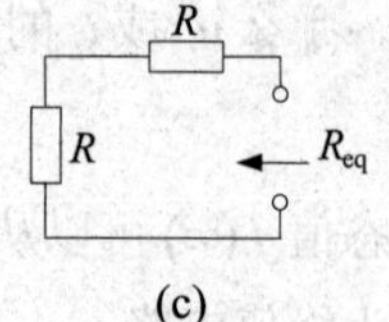

(c)

图 10-20　例 10-6 图

解：开关S闭合时，$u_C(0_+)=u_C(0_-)=0\text{V}$，电路显然为零状态响应电路。

于是有

$$u_C=u_C(\infty)(1-\mathrm{e}^{-\frac{t}{\tau}})$$

当 $t=\infty$ 时，电路为稳定直流电路，电容相当于开路，所以 $u_C(\infty)=i_sR$。

求 R_{eq} 的等效电路如图 10-20(c)所示，即

$$R_{eq}=2R$$

$$\tau=2RC$$

所以

$$u_C=i_sR(1-\mathrm{e}^{-t/2RC})$$

$$i_C=C\frac{\mathrm{d}u_C}{\mathrm{d}t}=Ci_sR(-\mathrm{e}^{-t/2RC})\left(-\frac{1}{2RC}\right)=\frac{1}{2}i_s\mathrm{e}^{-t/2RC}$$

电流源发出的功率为

$$p_s=i_s(Ri_C+u_C)=i_s\left[\frac{1}{2}i_sR\mathrm{e}^{-t/2RC}+i_sR(1-\mathrm{e}^{-t/2RC})\right]$$

$$=i_s^2R\left(1-\frac{1}{2}\mathrm{e}^{-t/2RC}\right)$$

10.3.3　一阶电路的全响应

电路的全响应是指换路后电路的初始状态不为零，同时又有外加激励源作用时电路中产生的响应。从换路后的能量来源可以看出，电路的全响应必定是其零输入响应和零状态响应的叠加。

以 RC 电路为例，电路如图 10-21 所示，开关 S 未闭合前，电容的初始状态 $u_C(0_-)=U_0$。t=0 时开关闭合，电路与直流电源接通。

$t\geqslant0$ 后，由换路定则可知 $u_C(0_+)=u_C(0_-)=U_0$，电路微分方程为 $RC\frac{\mathrm{d}u_C}{\mathrm{d}t}+u_C=U_s$，方程的通解为

图 10-21　一阶 RC 电路的全响应

$$u_C=u_C'+u_C''$$

取换路后达到稳定状态的电容电压为特解，则有

$$u_C'=U_s$$

u_C'' 为对应齐次方程 $RC\frac{\mathrm{d}u_C}{\mathrm{d}t}+u_C=0$ 的通解，即

$$u_C''=A\mathrm{e}^{-\frac{1}{RC}t}=A\mathrm{e}^{-\frac{t}{\tau}}$$

因此得
$$u_C = U_s + Ae^{\frac{-t}{\tau}}$$

由初始值 $u_C(0_+) = u_C(0_-) = U_0$，得积分常数 $A = U_0 - U_s$。

所以电容电压为

$$u_C = U_s + Ae^{-\frac{t}{\tau}} = U_s + (U_0 - U_s)e^{-\frac{t}{\tau}} \quad t \geqslant 0 \tag{10-41}$$

电容充电电流为

$$i = C\frac{du_C}{dt} = \frac{U_s - U_0}{R}e^{-\frac{t}{\tau}} \tag{10-42}$$

这就是一阶 RC 电路在 $t \geqslant 0$ 时的全响应。图 10-22 分别描述了 U_s 和 U_0 均大于零时，在 $U_s > U_0$、$U_s = U_0$ 和 $U_s < U_0$ 三种情况下 u_C 与 i 的波形。

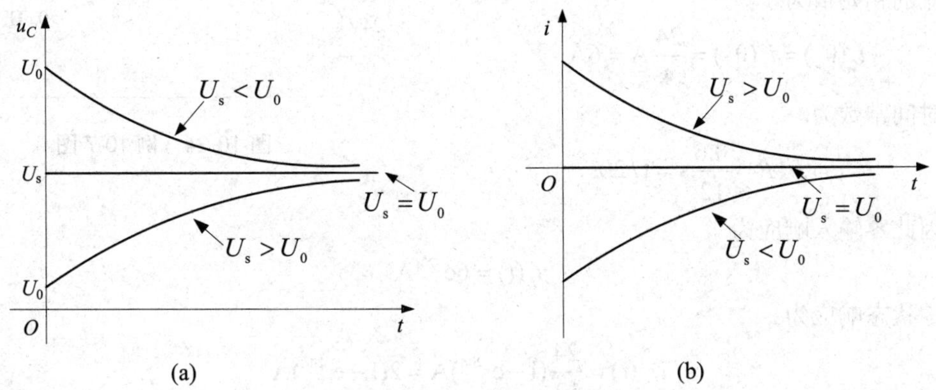

图 10-22　u_C 和 i 的波形图

从式(10-41)可以看出，该式子右边第一项是电路微分方程的特解，其变化规律与外加激励相同，因此称为强制分量，当 $t \to \infty$ 时，这一分量不随时间变化，所以又称稳态分量；式子右边第二项是对应齐次方程的通解，按指数规律变化，是由电路自身特性所决定的，因此称为自由分量，当 $t \to \infty$ 时，这一分量将衰减至零，所以又称为暂态分量。

因此，按电路的响应形式来分，全响应可解为

全响应 = 强制分量+自由分量

按电路的响应特性来分，全响应可解为

全响应 =稳态分量+暂态分量

全响应可根据微分方程特解的形式和特性不同作出分解，也可以按其响应的能量来源不同进行如下分解。

将式(10-41)重新整理，可表示为

$$u_C = U_0 e^{-\frac{t}{\tau}} + U_s(1 - e^{-\frac{t}{\tau}}) \quad (t \geqslant 0) \tag{10-43}$$

显然第一项是电路的零输入响应，第二项是电路的零状态响应，因此一阶电路的全响应也可以看成是零输入响应和零状态响应的叠加，即

全响应=零输入响应+零状态响应

这种分解方式便于叠加计算，如图 10-23 所示。

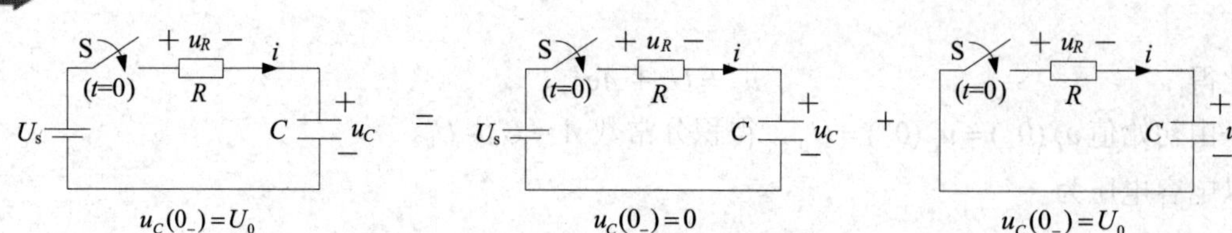

图 10-23　全响应的叠加法分解

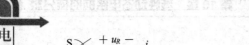

【例 10-7】 图 10-24 所示电路原已处于稳定状态，t=0 时断开开关 S，求 t>0 后的电感电流 i_L 和电压 u_L。

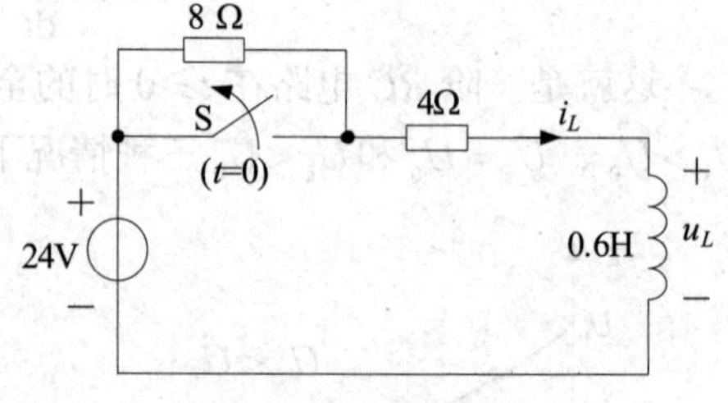

图 10-24　例 10-7 图

解： 这是一个一阶 RL 电路全响应问题，电感电流的初始值为

$$i_L(0_+)=i_L(0_-)=\frac{24}{4}\text{A}=6\text{A}$$

时间常数为

$$\tau=L/R=\frac{0.6}{12}\text{s}=1/20\text{s}$$

因此零输入响应为

$$i_L'(t)=6\text{e}^{-20t}\text{A}$$

零状态响应为

$$i_L''(t)=\frac{24}{12}(1-\text{e}^{-20t})\text{A}=2(1-\text{e}^{-20t})\text{A}$$

全响应为

$$i_L(t)=6\text{e}^{-20t}\text{A}+2(1-\text{e}^{-20t})\text{A}=(2+4\text{e}^{-20t})\text{A}$$

在实际电路中，正弦电源也是最常见的。一阶电路在正弦电压激励下的响应分析，请读者参考有关资料。

10.3.4　三要素法

由于全响应 =零输入响应+零状态响应，因此当初始值为零时，全响应便是零状态响应；当稳态值(输入)为零时，全响应便是零输入响应。于是零输入响应和零状态响应可看成为全响应的特例。

而且，一阶电路响应都可由稳态分量(或特解)和暂态分量(或对应齐次方程的通解)两部分相加得到，如写成一般式子，则可表示为

$$f(t)=f'(t)+f''(t)=f'(t)+A\text{e}^{-\frac{t}{\tau}} \tag{10-44}$$

式中，$f(t)$ 为待求响应，τ 为时间常数。

在直流电源激励下，若初始值为 $f(0_+)$，稳态值为 $f(\infty)$，则 $f'(t)=f(\infty)$，$A=f(0_+)-f(\infty)$。于是有

$$f(t)=f(\infty)+[f(0_+)-f(\infty)]\text{e}^{-\frac{t}{\tau}} \tag{10-45}$$

这就是直流电源激励下，一阶线性电路任一响应的公式。只要求得 $f(0_+)$、$f(\infty)$ 和 τ 这三个“要素”，就能写出电路的响应(电压或电流)，因此，这种方法称为三要素法。

【例 10-8】图 10-25(a)电路中开关 S 断开以前电路已处于稳态，t=0 时开关 S 断开。用三要素法求在 $t\geqslant 0$ 时的 $u_C(t)$ 和 $i_C(t)$。

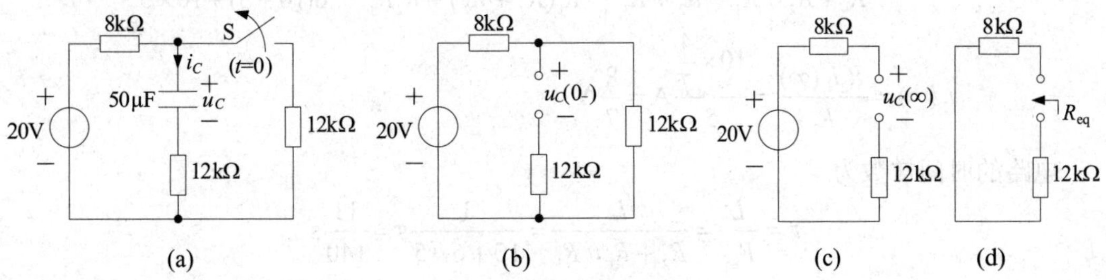

图 10-25　例 10-8 图

解：(1) 求初始状态 $u_C(0_-)$。开关 S 断开以前电路已处于稳态，电容相当于开路，如图 10-25(b)所示。于是有

$$u_C(0_-)=20\times\frac{12}{12+8}\text{V}=12\text{V}$$

(2) 求初始值 $u_C(0_+)$。开关 S 断开后，根据换路定则得

$$u_C(0_+)=u_C(0_-)=12\text{V}$$

(3) 求稳态值 $u_C(\infty)$。当 $t=\infty$ 时，电路再次进入直流稳定状态，电容相当于开路，如图 10-25(c)所示。于是有

$$u_C(\infty)=20\text{V}$$

(4) 求时间常数 τ。求 R_{eq} 的等效电路如图 10-25(d)所示，由图得

$$R_{eq}=(8+12)\text{k}\Omega=20\text{k}\Omega$$

$$\tau=R_{eq}C=20\times10^3\times50\times10^{-6}\text{s}=1\text{s}$$

(5) 求电容电压 $u_C(t)$。由三要素公式(10-45)得

$$\begin{aligned}u_C(t)&=u_C(\infty)+[u_C(0+)-u_C(\infty)]\text{e}^{-\frac{t}{\tau}}\\&=20+(12-20)\text{e}^{-t}=(20-8\text{e}^{-t})\text{V}\qquad t\geqslant 0\end{aligned}$$

电流为

$$i_C(t)=C\frac{\text{d}u_C}{\text{d}t}=0.4\text{e}^{-t}\text{mA}\qquad t\geqslant 0$$

【例 10-9】在图 10-26(a)所示电路中，$U_s=16\text{V}$，$R_1=6\Omega$，$R_2=10\Omega$，$R_3=5\Omega$，$L=1\text{H}$，开关 S 在 $t=0$ 时闭合，求 i_L 及 i_3。设开关 S 闭合前电路已处于稳态。

解：由题意可求出

$$i_L(0_+)=i_L(0_-)=\frac{U_s}{R_1+R_2}=\frac{16}{6+10}\text{A}=1\text{A}$$

在 $t=0_+$ 时，对图 10-26(c)所示电路应用 KVL，有

$$U_s=R_1[i_L(0_+)+i_3(0_+)]+R_3i_3(0_+)$$

由上式求出

$$i_3(0_+)=\frac{U_s-R_1i_L(0_+)}{R_1+R_3}=\frac{16-6\times1}{6+5}\text{A}=\frac{10}{11}\text{A}$$

电路达到稳态时，如图 10-26(d)所示，有

$$i_L(\infty)=\frac{U_s}{R_1+R_2//R_3}\times\frac{R_3}{R_2+R_3}=\frac{R_3U_s}{R_1(R_2+R_3)+R_2R_3}=\frac{5\times16}{6(10+5)+10\times5}\text{A}=\frac{4}{7}\text{A}$$

$$i_3(\infty)=\frac{R_2i_L(\infty)}{R_3}=\frac{10\times\frac{4}{7}}{5}\text{A}=\frac{8}{7}\text{A}$$

电路的时间常数为

$$\tau=\frac{L}{R_{eq}}=\frac{L}{R_2+R_1//R_3}=\frac{1}{10+6//5}\text{s}=\frac{11}{140}\text{s}$$

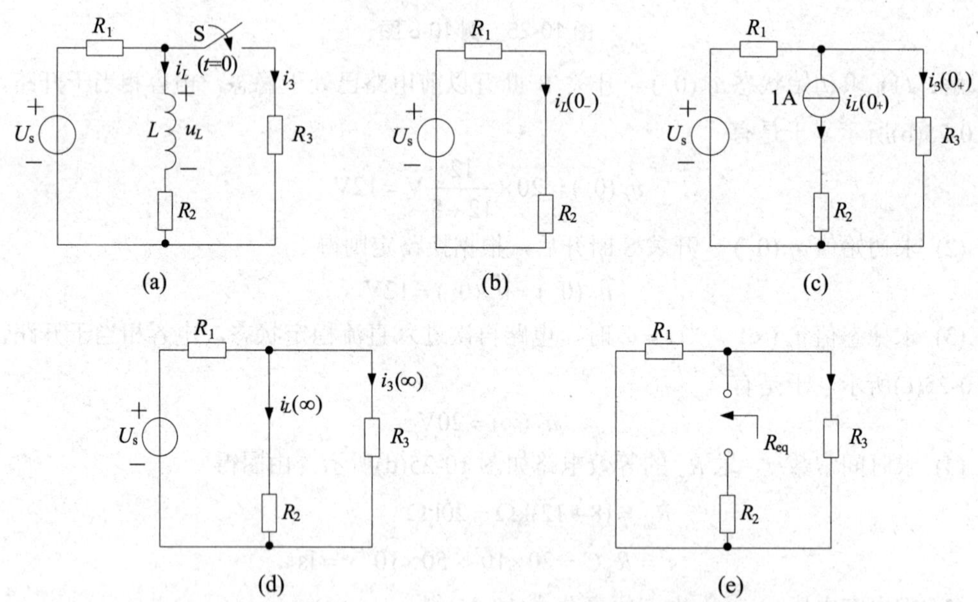

图 10-26　例 10-9 图

由三要素公式得

$$i_L=i_L(\infty)+[i_L(0_+)-i_L(\infty)]\,\mathrm{e}^{-\frac{t}{\tau}}=\left[\frac{4}{7}+\left(1-\frac{4}{7}\right)\mathrm{e}^{-\frac{140}{11}t}\right]\text{A}=\left(\frac{4}{7}+\frac{3}{7}\mathrm{e}^{-12.727t}\right)\text{A}$$

$$i_3=i_3(\infty)+[i_3(0_+)-i_3(\infty)]\,\mathrm{e}^{-\frac{t}{\tau}}=\left[\frac{8}{7}+\left(\frac{10}{11}-\frac{8}{7}\right)\mathrm{e}^{-\frac{140}{11}t}\right]\text{A}=\left(\frac{8}{7}-\frac{18}{77}\mathrm{e}^{-12.727t}\right)\text{A}$$

也可这样求解 i_3

$$u_L=\frac{\mathrm{d}i_L}{\mathrm{d}t}=-\frac{60}{11}\mathrm{e}^{-12.727t}\text{V}$$

$$i_3=\frac{u_L+i_LR_2}{R_3}=\left(\frac{8}{7}-\frac{18}{77}\mathrm{e}^{-12.727t}\right)\text{A}$$

10.4　阶跃函数与阶跃响应

10.4.1　阶跃函数

在动态电路分析中，广泛应用阶跃函数来描述电路的激励和响应。

单位阶跃函数是一分段函数，用 $\varepsilon(t)$ 表示，定义为

$$\varepsilon(t)=\begin{cases}0 & (t<0)\\ 1 & (t>0)\end{cases} \tag{10-46}$$

其波形如图 10-27(a)所示，函数在 t=0 时发生了阶跃，由 0 值跳跃到 1，所以称为单位阶跃函数。在突跳点 t=0 处，函数值未定义。

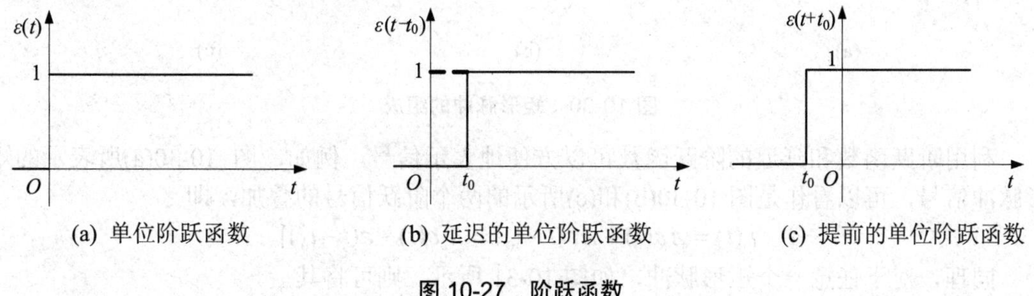

(a) 单位阶跃函数　(b) 延迟的单位阶跃函数　(c) 提前的单位阶跃函数

图 10-27　阶跃函数

若突跳点 t=t_0 处，则称其为延迟的单位阶跃函数，表示为 $\varepsilon(t-t_0)=\begin{cases}0 & (t<t_0)\\ 1 & (t>t_0)\end{cases}$，波形如图 10-27(b)、(c)所示。

单位阶跃函数本身无量纲，当它用来表示电压或电流时量纲分别为 V 和 A。在动态电路分析中，单位阶跃函数可以用来描述开关的动作。例如，用单位阶跃电压源作激励，相当于在 t=0 时接入 1V 的直流电压源，如图 10-28(a)、(b)所示，两者是等效的。端口电压可表示为 $u(t)=\varepsilon(t)\,\text{V}$。

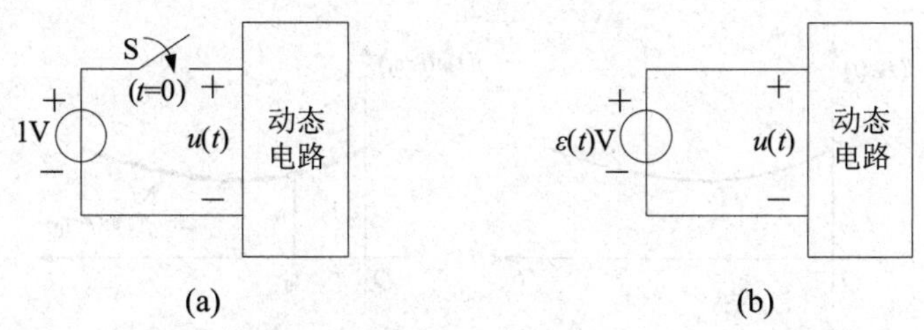

(a)　(b)

图 10-28　t=0 的阶跃函数等效

类似图 10-29(a)、(b)也是等效的。相当于在 t=t_0 时接入 1A 的直流电流源。端口电流可表示为 $i(t)=\varepsilon(t-t_0)\,\text{A}$。

如果在 t=0 时接入电路的电源幅度为 A 时，那么可以用 $A\varepsilon(t)$ 表示，称为阶跃函数，如图 10-30(b)所示。

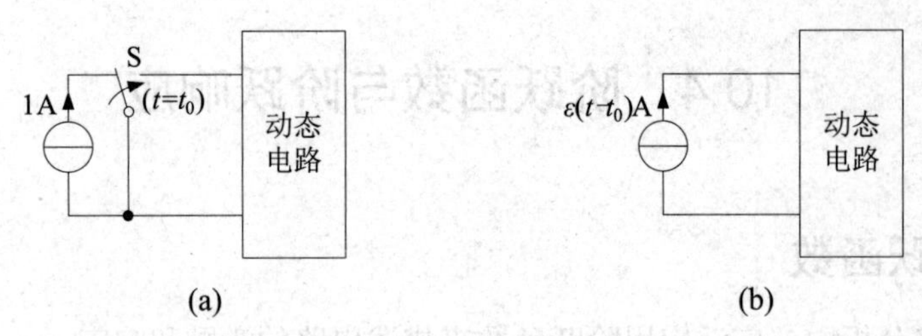

图 10-29　$t=t_0$ 的阶跃函数等效

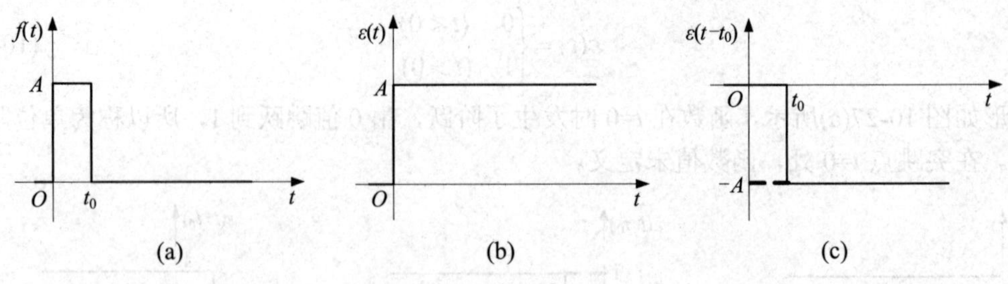

图 10-30　矩形脉冲的组成

利用阶跃函数和延迟的阶跃函数可以方便地表示信号。例如，图 10-30(a)所表示的矩形脉冲信号，可以看作是图 10-30(b)和(c)所示的两个阶跃信号的叠加，即

$$f(t)=A\varepsilon(t)-A\varepsilon(t-t_0)=A[\varepsilon(t)-\varepsilon(t-t_0)]$$

同理，对于任意一个矩形脉冲，如图 10-31 所示，则可将其表达式写为

$$f(t)=A\varepsilon(t-t_1)-A\varepsilon(t-t_2)=A[\varepsilon(t-t_1)-\varepsilon(t-t_2)]$$

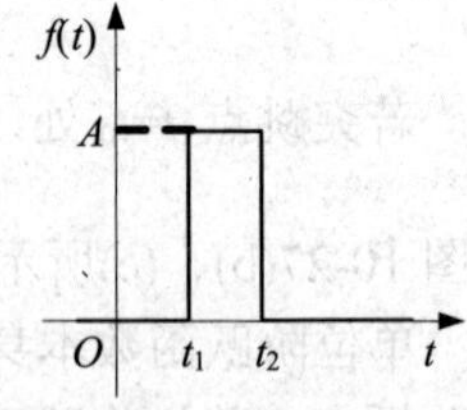

图 10-31　任意矩形脉冲

单位阶跃函数还可以用来“起始”任意一个函数 $f(t)$。设 $f(t)$ 是对所有 t 都有定义的一个任意函数，则有

$$f(t)\varepsilon(t-t_0)=\begin{cases}f(t) & t>t_0\\ 0 & t<t_0\end{cases}$$

如果要使 $f(t)$ 在 $t<0$ 时为零，可以把它乘以 $\varepsilon(t)$，如图 10-32(a)所示；如果要使 $f(t)$ 在 $t<t_0$ 时为零，可以把它乘以 $\varepsilon(t-t_0)$，如图 10-32(b)所示。

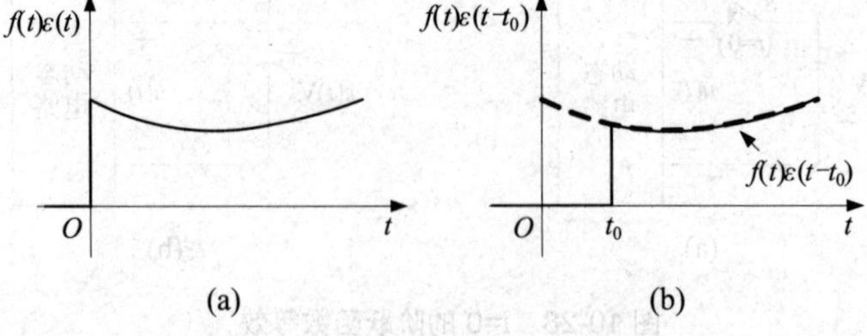

图 10-32　单位阶跃函数的起始作用

10.4.2　单位阶跃响应

如前所述，当单位阶跃 $\varepsilon(t)$ V 或 $\varepsilon(t)$ A 作用于电路，相当于 1V 或 1A 的直流源在 t=0

时接入电路，电路的零状态响应即为单位阶跃响应，简称阶跃响应，用 $s(t)$表示。对于一阶电路，可用三要素法求解。

若已知电路的 $s(t)$，如果该电路的恒定激励为 $u_s = U_0\varepsilon(t)$ V [或 $i_s = I_0\varepsilon(t)$ A]，则由线性电路的齐次性可知，电路的零状态响应为 $U_0 s(t)$ [或 $I_0 s(t)$]。

下面以图 10-33(a)所示 RC 电路受直流阶跃激励为例加以说明。

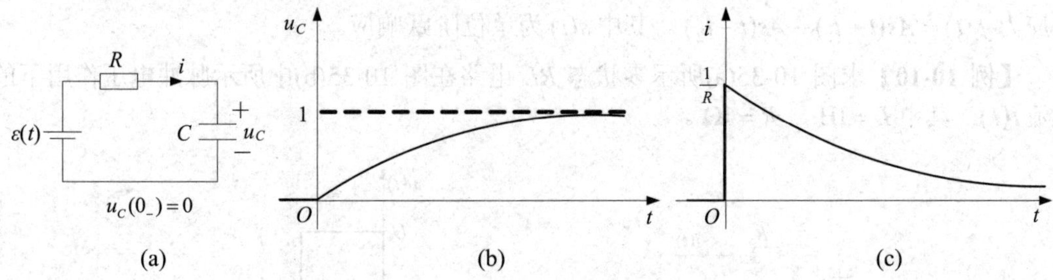

图 10-33 RC 电路的阶跃响应及 u_C 和 i 的波形图

根据阶跃函数的性质得

$$u_C(0_+) = u_C(0_-) = 0, \quad u_C(\infty) = 1\text{V}$$

利用三要素公式可得阶跃响应为

$$u_C(t) = (1 - \mathrm{e}^{-\frac{t}{RC}})\varepsilon(t), \quad i(t) = \frac{1}{R}\mathrm{e}^{-\frac{t}{RC}}\varepsilon(t)$$

上面式子中乘以 $\varepsilon(t)$ 表示 $t<0$ 时 $s(t)=0$，即响应的初值为零。

线性电路具有两个重要特性，就是齐次性和叠加性。若以 $b(t)$ 表示激励，$f(t)$ 表示电路的零状态响应，为了表示方便，激励和响应之间的对应关系用下列符号表示

$$b(t) \leftrightarrow f(t)$$

齐次性可表示为

$$Ab(t) \leftrightarrow Af(t)$$

即如果激励增加 A 倍，则零状态响应也增加 A 倍。

叠加性可表示为：若 $b_1(t) \leftrightarrow f_1(t)$，$b_2(t) \leftrightarrow f_2(t)$，则有

$$b_1(t) + b_2(t) \leftrightarrow f_1(t) + f_2(t)$$

即如果电路中同时几个激励作用时，电路的零状态响应等于各激励源单独作用产生的零状态响应之和。

如果电路既满足叠加性又满足齐次性，则有

$$A_1 b_1(t) + A_2 b_2(t) \leftrightarrow A_1 f_1(t) + A_2 f_2(t)$$

式中，A_1 和 A_2 均为常数。

如果电路为时不变电路，这时电路的零状态响应的函数与激励接入电路的时间无关，即若 $b(t) \leftrightarrow f(t)$，则有 $b(t-t_0) \leftrightarrow f(t-t_0)$。

也就是说若激励 $b(t)$ 延迟了 t_0 时间，那么，零状态响应的波形不会变，只是在时间上也同样延迟了 t_0 时间。这是时不变电路特性的体现。

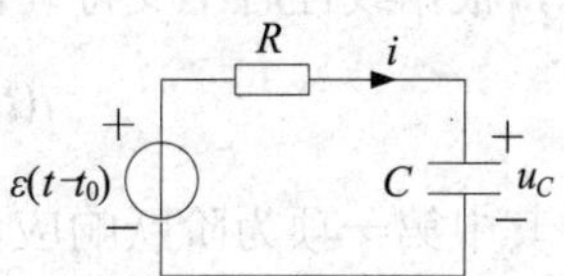

图 10-34 RC 电路 $t=t_0$ 的阶跃响应

若激励在 $t = t_0$ 时加入，如图 10-34 所示，则响应从 $t = t_0$ 开始，即

$$u_C(t)=(1-\mathrm{e}^{-\frac{t-t_0}{RC}})\varepsilon(t-t_0)，\ i(t)=\frac{1}{R}\mathrm{e}^{-\frac{t-t_0}{RC}}\varepsilon(t-t_0) \tag{10-47}$$

注意，式(10-47)为延迟的阶跃响应，不要写为$u_C(t)=(1-\mathrm{e}^{-\frac{t}{RC}})\varepsilon(t-t_0)$。

电路的线性时不变特性，将给电路的计算带来许多方便。例如，若电路的激励为图 10-30 所示的矩形脉冲，即$b(t)=A\varepsilon(t-t_1)-A\varepsilon(t-t_2)$，根据线性时不变特性，则该电路的零状态响应为$f(t)=As(t-t_1)-As(t-t_2)$。其中$s(t)$为单位阶跃响应。

【例 10-10】求图 10-35(a)所示零状态 *RL* 电路在图 10-35(b)中所示脉冲电压作用下的电流$i(t)$，其中$L=1\mathrm{H}$，$R=1\Omega$。

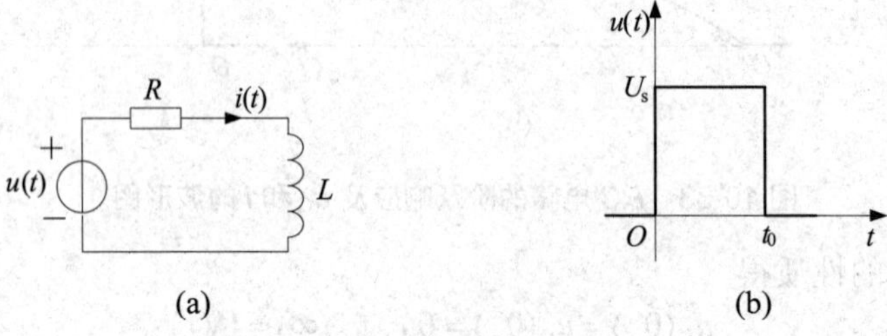

图 10-35　例 10-10 图

解：此题可用两种方法求解。

解法一：按照物理意义分段求解。

在$0\leqslant t\leqslant t_0$时，激励为恒定量$U_s$，此时电感电流$i$为零状态响应，其表达式为

$$i(t)=i(\infty)(1-\mathrm{e}^{-\frac{t}{\tau}})=\frac{U_s}{R}(1-\mathrm{e}^{-\frac{t}{\tau}})=\frac{U_s}{R}(1-\mathrm{e}^{-t})，\ \tau=\frac{L}{R}=1\mathrm{s}$$

在$t_0\leqslant t<\infty$时，外加激励为零，所以这时电感电流i为零输入响应，其初始值为

$$i(t_{0+})=i(t_{0-})=\frac{U_s}{R}(1-\mathrm{e}^{-t_0})$$

于是有

$$i(t)=i(t_0)\mathrm{e}^{-\frac{t-t_0}{\tau}}=\frac{U_s}{R}(1-\mathrm{e}^{-t_0})\mathrm{e}^{-(t-t_0)}$$

解法二：把输入激励用阶跃函数表示，根据图 10-35(b)所示电压波形，其表达式可写为

$$u(t)=U_s\varepsilon(t)-U_s\varepsilon(t-t_0)$$

RL 电路的单位阶跃响应为

$$s(t)=i(\infty)(1-\mathrm{e}^{-\frac{t}{\tau}})\varepsilon(t)=\frac{1}{R}(1-\mathrm{e}^{-t})\varepsilon(t)$$

所以，根据线性时不变特性得

$$i(t)=\frac{U_s}{R}(1-\mathrm{e}^{-t})\varepsilon(t)-\frac{U_s}{R}[1-\mathrm{e}^{-(t-t_0)}]\varepsilon(t-t_0)$$

其中第一项为阶跃响应，其波形如图 10-36(a)所示。第二项为延迟的阶跃响应，其波形如图 10-36(b)所示。$i(t)$为两者相叠加，波形如图 10-36(c)所示。

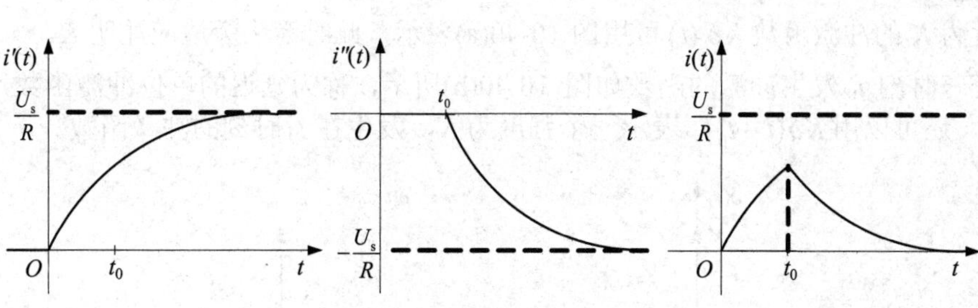

图 10-36　例 10-10 i 的阶跃响应曲线

10.5　冲激函数与冲激响应

10.5.1　冲激函数

单位冲激函数 $\delta(t)$ 是一种奇异函数，又称为狄拉克(Dirac)函数，如图 10-37 所示。函数在 t=0 处发生冲激，在其余处为零，可定义为

$$\left.\begin{array}{ll}\delta(t)=0 & (\text{当 } t\neq 0)\\ \int_{-\infty}^{\infty}\delta(t)\mathrm{d}t=1 & \end{array}\right\} \tag{10-48}$$

单位冲激函数 $\delta(t)$ 可看作是单位脉冲函数的极限情况。如图 10-38 所示的单位脉冲函数 $p(t)$ 的波形，可以表示为

$$p(t)=\begin{cases}0 & t<-\dfrac{\varDelta}{2}\ \text{或}\ t>\dfrac{\varDelta}{2}\\ \dfrac{1}{\varDelta} & -\dfrac{\varDelta}{2}<t<\dfrac{\varDelta}{2}\end{cases}$$

它的幅度为 $\dfrac{1}{\varDelta}$，宽为 $\varDelta$，在保持矩形面积为 $\varDelta\ \dfrac{1}{\varDelta}$=1 不变的情况下，当它的宽度越来越窄时，幅度越来越大，如图 10-39 所示。当 $\varDelta\to 0$ 时，脉冲幅度 $\dfrac{1}{\varDelta}\to\infty$，在这种极限情况下，可以得到一个宽度趋于零，幅度趋于无限大，但其面积仍为 1 的脉冲，这就是单位冲激函数 $\delta(t)$，可记为 $\lim\limits_{\Delta\to 0}p(t)=\delta(t)$。

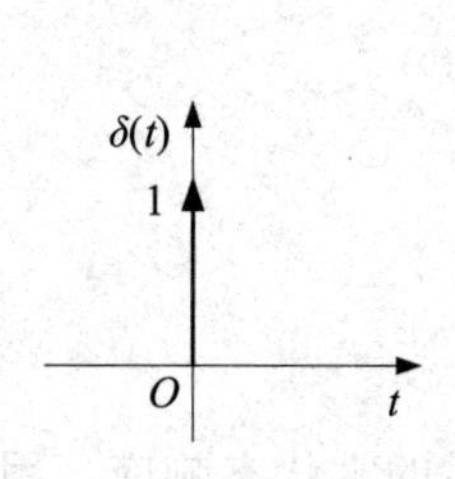

图 10-37　单位冲激函数

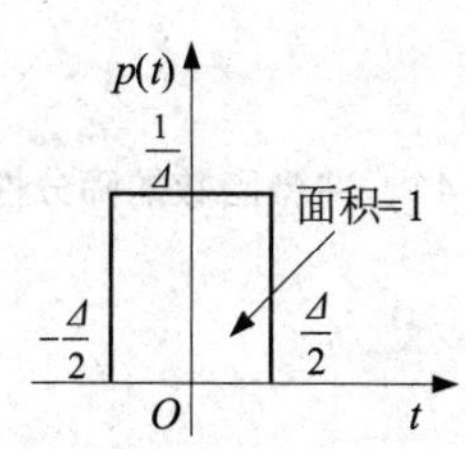

图 10-38　$p(t)$ 的波形

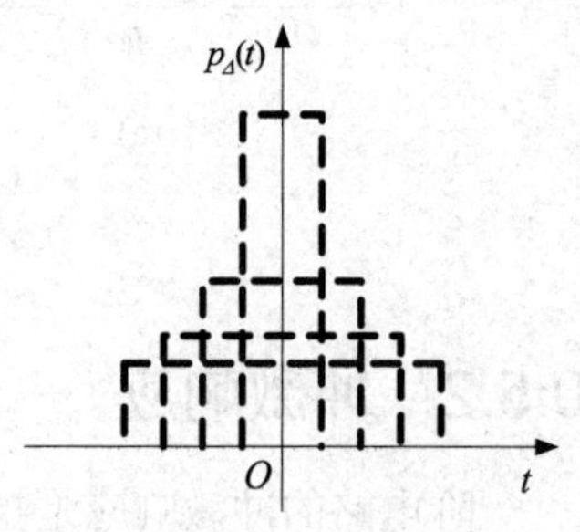

图 10-39　$p_{\varDelta}(t)$ 的幅度

强度为 K 的冲激函数 $K\delta(t)$ 可用图 10-40(a)表示，此时箭头旁边应注明 K。

在任一时刻 t_0 发生冲激的函数如图 10-40(b)所示，称为延迟的单位冲激函数，可记为 $\delta(t-t_0)$，还可以用 $K\delta(t-t_0)$ 表示一个强度为 K，发生在 t_0 时刻的冲激函数。

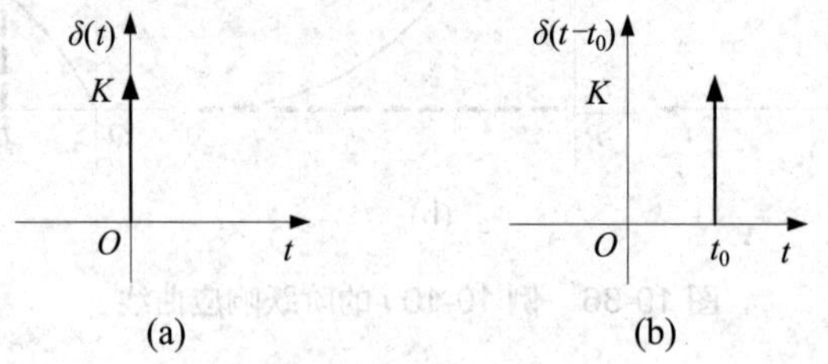

图 10-40　冲激函数

冲激函数有两个主要性质：

(1) 单位冲激函数 $\delta(t)$ 对时间的积分等于单位阶跃函数 $\varepsilon(t)$，即

$$\int_{-\infty}^{t}\delta(t)\mathrm{d}t=\begin{cases}0 & t<0_-\\ 1 & t>0_+\end{cases}=\varepsilon(t) \tag{10-49}$$

反之，单位阶跃函数 $\varepsilon(t)$ 对时间的一阶导数等于冲激函数 $\delta(t)$，即

$$\frac{\mathrm{d}\varepsilon(t)}{\mathrm{d}t}=\delta(t) \tag{10-50}$$

(2) 单位冲激函数的“筛分”性质。因为 $t\neq 0$ 时，$\delta(t)=0$，所以对任意在时间 $t=0$ 连续的函数 $f(t)$，将有

$$f(t)\delta(t)=f(0)\delta(t)$$

因此 $$\int_{-\infty}^{\infty}f(t)\delta(t)\mathrm{d}t=\int_{-\infty}^{\infty}f(0)\delta(t)\mathrm{d}t=f(0)\int_{-\infty}^{\infty}\delta(t)\mathrm{d}t=f(0)$$

同理，对任意在时间 $t=t_0$ 连续的函数 $f(t)$，将有

$$\int_{-\infty}^{\infty}f(t)\delta(t-t_0)\mathrm{d}t=f(t_0) \tag{10-51}$$

说明冲激函数有把一个函数在某一时刻的值“筛”出来的本领，称为筛分性质或取样性质，如图 10-41 所示。

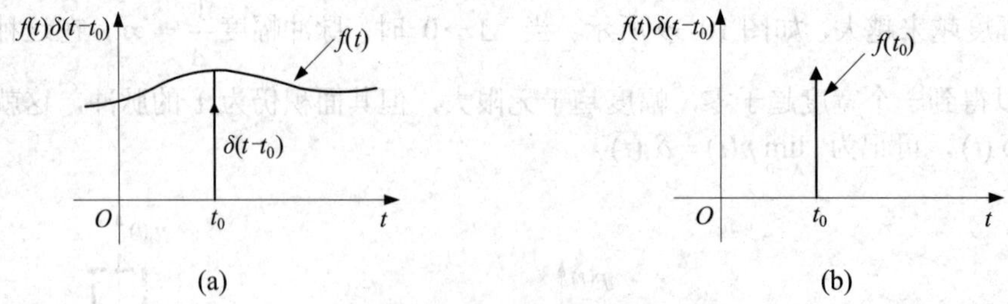

图 10-41　冲激函数的筛分性质

10.5.2　冲激响应

一阶电路的冲激响应是指激励为单位冲激函数时，电路中产生的零状态响应，用 $h(t)$ 表示。

我们先讨论在冲激函数下电容电压和电感电流的初始值问题。

当 $t=0$ 时，给电容加一个单位冲激电流 $\delta_i(t)$ A，根据电容的 VCR，即

$$u_C(t)=u_C(t_0)+\frac{1}{C}\int_{t_0}^{t} i\mathrm{d}\xi$$

可得 $$u_C(0_+)=u_C(0_-)+\frac{1}{C}\int_{0_-}^{0_+} i\mathrm{d}t=u_C(0_-)+\frac{1}{C}\int_{0_-}^{0_+}\delta_i(t)\mathrm{d}t=u_C(0_-)+\frac{1}{C} \tag{10-52}$$

可见，在冲激电流下，电容电压会突变。

若冲激电流为 $K\delta_i(t)$ 流经电容，则有

$$u_C(0_+)=u_C(0_-)+\frac{K}{C} \tag{10-53}$$

这相当于冲激电流瞬时把电荷转移到电容上，使电容的电压跃变了 $\frac{K}{C}$。

同样，对于电感，若在 $t=0$ 时，施加了单位冲激电压为 $\delta_u(t)$ V，则根据电感的 VCR $i_L(t)=i_L(t_0)+\frac{1}{L}\int_{t_0}^{t} u\mathrm{d}\xi\int_{t_0}^{t}$ ，可得

$$i_L(0_+)=i_L(0_-)+\frac{1}{L}\int_{0_-}^{0_+} u\mathrm{d}t=i_L(0_-)+\frac{1}{L}\int_{0_-}^{0_+}\delta_u(t)\mathrm{d}t=i_L(0_-)+\frac{1}{L} \tag{10-54}$$

可见，在冲激电压下，电感电流会突变。

若冲激电压为 $\psi\delta_u(t)$，则有

$$i_L(0_+)=i_L(0_-)+\frac{\psi}{L} \tag{10-55}$$

这相当于冲激电压瞬时在电感内建立了 $\frac{\psi}{L}$ 的电流，使电感的电流跃变了 $\frac{\psi}{L}$。

因此，当冲激函数作用于零状态的一阶 *RC* 或 *RL* 电路，在 $t=0_-$ 到 0_+ 的区间内使电容电压或电感电流发生了跃变。当 $t\geqslant 0_+$ 时，冲激函数为零，但 $u_C(0_+)$ 或 $i_L(0_+)$ 不为零，电路中将产生相当于初始状态引起的零输入响应。因此，一阶电路冲激响应的求解，关键在于计算在冲激函数作用下的 $u_C(0_+)$ 或 $i_L(0_+)$ 的值。

当冲激电源作用于电路的瞬间(如 t=0)，因为电感储能 $W_L=\frac{1}{2}L\,i_L{}^2$ 为有限值，电感电流应为有限值，故电感之中不应出现冲激电流，所以不论电感原来是否有电流，电感应看成开路；同样对于电容，因其储能 $W_C=\frac{1}{2}C\,u_C^2$ 为有限值，电容电压应为有限值，故电容两端不应出现冲激电压，所以不论电容原来是否有电压，都应看成短路。

图 10-42(a)为在一个冲激电流 $\delta_i(t)$ A 激励下的 *RC* 电路，可以用下述方法求得该电路的冲激响应。

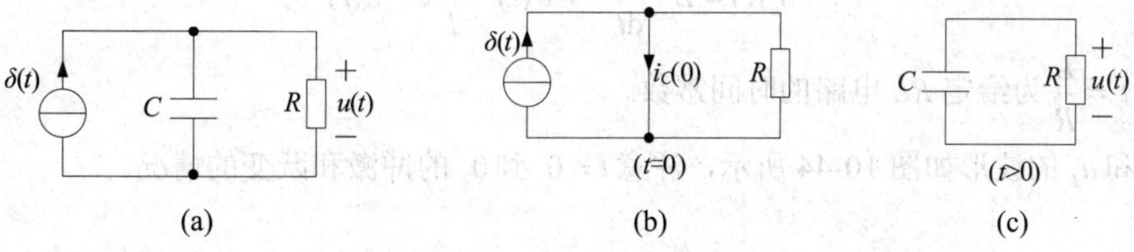

图 10-42　*RC* 电路的冲激响应

当冲激电源作用于电路的瞬间 ($t=0$)，将电容看作短路，冲激电流 $\delta_i(t)$ 全部加于电容，如图 10-42(b)所示。根据式(10-40)得

$$u_C(0_+)=u_C(0_-)+\frac{1}{C}$$

因为有

$$u_C(0_-)=0$$

所以有

$$u(0_+)=\frac{1}{C}$$

$$h(t)=u(0_+)\ \mathrm{e}^{-\frac{t}{\tau}}=\frac{1}{C}\ \mathrm{e}^{-\frac{t}{\tau}} \qquad t>0$$

或

$$h(t)=\frac{1}{C}\ \mathrm{e}^{-\frac{t}{\tau}}\varepsilon\ (t)$$

式中，$\tau=RC$，为给定 RC 电路的时间常数。

用同样的方法，可求得图 10-43(a)所示 RL 电路中电感电流和电压在单位冲激电压为 $\delta_u(t)$ V 作用下的冲激响应。

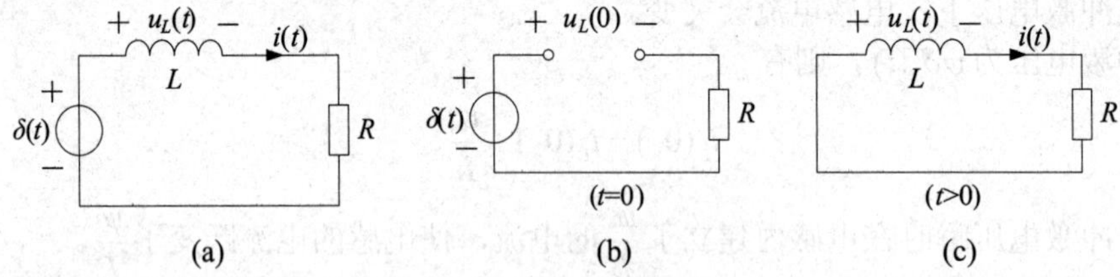

图 10-43 *RL* 电路的冲激响应

当冲激电源作用于电路的瞬间，把电感开路 ($t=0$)，冲激电压全部出现于电感两端。因为有

$$i_L(0_+)=i_L(0_-)+\frac{1}{L}\quad 且\quad i_L(0_-)=0$$

所以

$$i(0_+)=\frac{1}{L}$$

于是

$$h_i(t)=\frac{1}{L}\mathrm{e}^{-\frac{t}{\tau}}\varepsilon\ (t)$$

$$h_u(t)=L\frac{\mathrm{d}h_i(t)}{\mathrm{d}t}=\delta(t)-\frac{R}{L}\mathrm{e}^{-\frac{t}{\tau}}\varepsilon(t)$$

式中，$\tau=\dfrac{L}{R}$ 为给定 RL 电路的时间常数。

i_L 和 u_L 的波形如图 10-44 所示，注意 $t=0_-$ 到 0_+ 的冲激和跃变的情况。

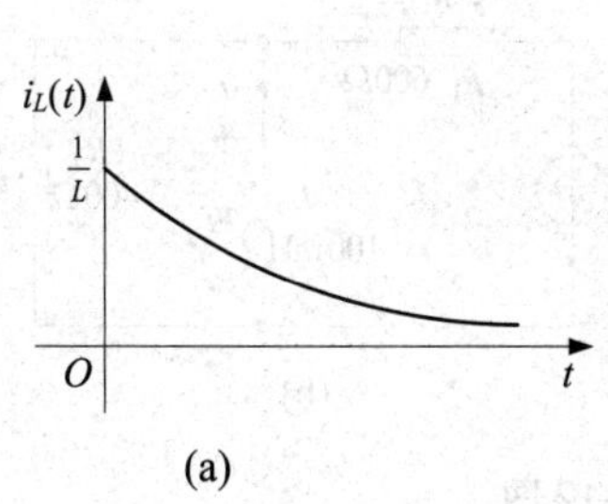

(a)

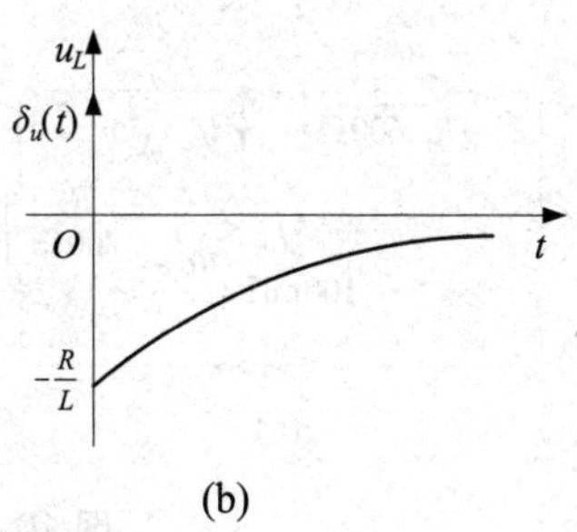

(b)

图 10-44　i_L 和 u_L 的波形图

【例 10-11】试确定图 10-45 所示电路的电感电流及电压的冲激响应。

图 10-45　例 10-11 图

解：(1) $t=0$ 时，电感看作开路，则有

$$u_1(0)=\frac{R_1}{R_1+R_2}\delta(t)=0.6\delta(t)$$

$$u_2(0)=\frac{R_2}{R_1+R_2}\delta(t)=0.4\delta(t)$$

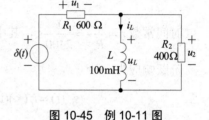

(2) 冲激电压 $u_2(0)$ 出现在电感两端，使电感电流发生跃变，即(其中 K_2=0.4)

$$i_L(0_+)=\frac{K_2}{L}=4\ \mathrm{A}$$

(3) $t>0$ 时，R_1 与 R_2 并联，$R_{\mathrm{eq}}=R_1 // R_2=240\Omega$，$\tau=\frac{L}{R_{\mathrm{eq}}}=\frac{1}{2400}\mathrm{s}$

所以电感电流及电压的冲激响应分别为

$$h_i(t)=i_L(0_+)\mathrm{e}^{-\frac{t}{\tau}}=4\mathrm{e}^{-2400t}\varepsilon(t)\ \mathrm{A}$$

$$h_u(t)=L\frac{\mathrm{d}h_i(t)}{\mathrm{d}t}=\left[0.4\delta(t)-960\mathrm{e}^{-2400t}\varepsilon(t)\right]\mathrm{V}$$

由于冲激函数与阶跃函数之间的关系满足 $\delta(t)=\frac{\mathrm{d}\varepsilon(t)}{\mathrm{d}t}$，因此在线性电路中，冲激响应 $h(t)$与阶跃响应 $s(t)$之间也具有一个重要关系：

$$h(t)=\frac{\mathrm{d}}{\mathrm{d}t}s(t)$$

即冲激响应是它们的阶跃响应的导数，或

$$s(t)=\int h(t)\,\mathrm{d}t$$

对于一个线性电路，描述电路性状的微分方程是线性常系数方程。对于这种电路，如设激励 $e(t)$时的响应为 $r(t)$，则当所加激励换为 $e(t)$的导数或积分时，所得的响应必相应地为 $r(t)$的导数或积分。冲激激励是阶跃激励的一阶导数，因此冲激响应可以按阶跃响应的一阶导数求得。

【例 10-12】利用冲激响应是阶跃响应的导数性质，试确定图 10-46(a)所示电路的电感电流及电压的冲激响应。

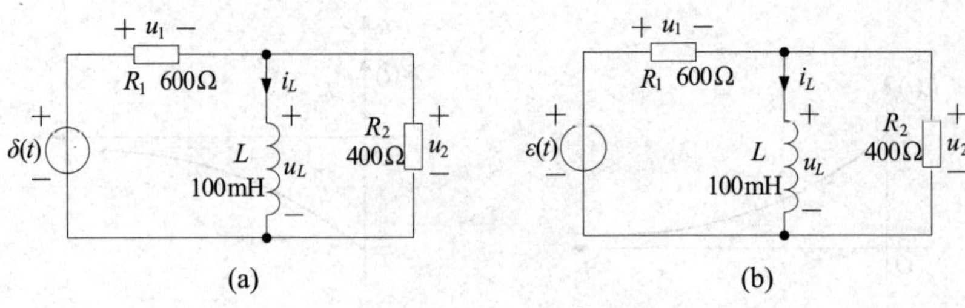

图 10-46　例 10-12 图

解：(1) 把电路中的冲激激励 $\delta(t)$ 换成阶跃激励 $\varepsilon(t)$。如图 10-46(b)所示，则有

$$i_L(\infty)=\frac{1}{600}\mathrm{A}$$

时间常数 $\tau=\dfrac{L}{R_{\mathrm{eq}}}=\dfrac{1}{2400}\mathrm{s}$，其中 $R_{\mathrm{eq}}=R_1 // R_2=240\Omega$。

阶跃响应为

$$s_{i_L}(t)=i_L(\infty)(1-\mathrm{e}^{-\frac{t}{\tau}})\varepsilon(t)=\frac{1}{600}(1-\mathrm{e}^{-2400t})\ \varepsilon(t)\mathrm{A}$$

(2) 冲激响应为

$$i_L(t)=\frac{\mathrm{d}s_{i_L}(t)}{\mathrm{d}t}=\frac{1}{600}\times(-\mathrm{e}^{-2400t})\times(-\ 2400)\varepsilon(t)=4\mathrm{e}^{-2400t}\ \varepsilon(t)\mathrm{A}$$

$$u_L(t)=L\frac{\mathrm{d}i_L(t)}{\mathrm{d}t}=0.1\times(-2400)\times 4\mathrm{e}^{-2400t}\varepsilon(t)+4\mathrm{e}^{-2400t}\delta(t)=\left[0.4\delta(t)-960\ \mathrm{e}^{-2400t}\varepsilon\ (t)\right]\mathrm{V}$$

求得的结果与例 10-11 相同。

10.6　二阶电路的零输入响应

由二阶微分方程描述的电路称为二阶电路。分析二阶电路的方法仍然是建立二阶微分方程，并利用初始条件求解得到电路的响应。*RLC* 串联电路和 *GLC* 并联电路为最简单的二阶电路。下面主要通过分析 *RLC* 串联电路来说明二阶电路零输入响应。

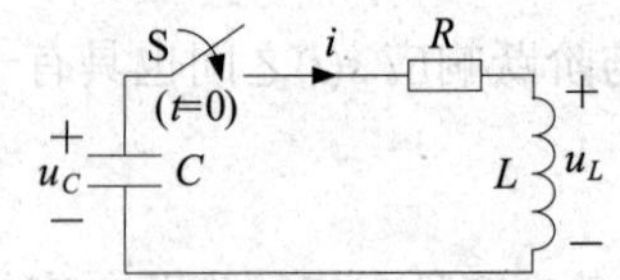

图 10-47　*RLC* 串联电路的零输入响应

图 10-47 所示的 *RLC* 串联电路，假设电容原已充有电，其电压 $u_C(0_+)=U_0$，电感中的初始电流的 $i_L(0_+)=I_0$。在 t=0 时刻闭合开关 S，该电路放电过程引起的响应即是二阶电路的零输入响应。

10.6.1　二阶电路中的能量振荡

为说明简便，先令。开关 S 闭合后，电容将通过 R、L 放电。由于电路中有耗能元件 R，且无外激励补充能量，可以想象，电容的初始能量将被电阻耗尽，最后电路各电压、电流趋于零。但这与 RC 一阶电路的零输入响应不同，原因是电路中有储能元件 L，电容在放电过程中释放的能量除供电阻消耗外，部分电场能量将随着放电电流流经电感而转换成为磁场能量存储在电感中。同样电感的磁场能量除供电阻消耗外，也可能再次转换为电容的电场能量，从而形成电场和磁场能量的交换。这种能量的交换视 R、L、C 参数的相对大小不同可能反复多次，也可能构不成能量的反复交换。当时，放电过程的能量振荡情况也一样，在储能元件能量被电阻消耗的同时，也可能存在两储能元件间的能量反复交换。

下面对二阶电路的零输入响应进行定性的数学分析。

10.6.2　二阶电路微分方程求解

为了得到图 10-47 所示 RLC 串联电路的微分方程，先列出 KVL 方程，即

$$u_R + u_L - u_C = 0 \qquad t>0 \tag{10-56}$$

将元件的 VCR 关系 $i = -C\dfrac{\mathrm{d}u_C}{\mathrm{d}t}$，$u_R = Ri = -RC\dfrac{\mathrm{d}u_C}{\mathrm{d}t}$，$u_L = L\dfrac{\mathrm{d}i}{\mathrm{d}t} = -LC\dfrac{\mathrm{d}^2u_C}{\mathrm{d}t}$ 代入式(10-56)，可得

$$LC\frac{\mathrm{d}^2u_C}{\mathrm{d}t} + RC\frac{\mathrm{d}u_C}{\mathrm{d}t} + u_C = 0 \tag{10-57}$$

式(10-44)就是以 u_C 为变量的 RLC 串联电路放电过程的微分方程。

式(10-57)是一个线性常系数二阶齐次微分方程。求解这类方程时，仍然先设 $u_C = A\mathrm{e}^{pt}$，然后再确定其中的 p 和 A。

将 $u_C = A\mathrm{e}^{pt}$ 代入式(10-57)，可得特征方程 $LCp^2 + RCp + 1 = 0$，解出特征根为

$$\left.\begin{aligned} p_1 &= -\frac{R}{2L} + \sqrt{\left(\frac{R}{2L}\right)^2 - \frac{1}{LC}} \\ p_2 &= -\frac{R}{2L} + \sqrt{\left(\frac{R}{2L}\right)^2 - \frac{1}{LC}} \end{aligned}\right\} \tag{10-58}$$

式(10-58)表明特征根仅与电路参数和结构有关，而与激励和初始储能无关。把特征根称为电路的固有频率。

当 $p_1 \neq p_2$ 时，为了兼顾这两个值，则电压 u_C 为

$$u_C(t) = A_1\mathrm{e}^{p_1 t} + A_2\mathrm{e}^{p_2 t} \tag{10-59}$$

若 $p_1 = p_2 = p$，则电压 u_C 为

$$u_C(t) = (A_1 + A_2 t)\mathrm{e}^{pt} \tag{10-60}$$

积分常数 A_1 和 A_2 取决于 u_C 的初始条件 $u_C(0_+)$ 和 $\left.\dfrac{\mathrm{d}u_C}{\mathrm{d}t}\right|_{0_+}$。

现给定得初始条件为 $u_C(0_+) = u_C(0_-) = U_0$ 和 $i(0_+) = i(0_-) = I_0$。

由于 $i = -C\dfrac{\mathrm{d}u_C}{\mathrm{d}t}$，因此有 $\left.\dfrac{\mathrm{d}u_C}{\mathrm{d}t}\right|_{0_+} = -\dfrac{I_0}{C}$。

当 $p_1 \neq p_2$ 时，根据这两个初始条件和式(10-59)得

$$\begin{cases} A_1 + A_2 = U_0 \\ p_1A_1 + p_2A_2 = -\dfrac{I_0}{C} \end{cases}$$

所以有
$$A_1=\frac{p_2U_0+\dfrac{I_0}{C}}{p_2-p_1},A_2=\frac{p_1U_0+\dfrac{I_0}{C}}{p_1-p_2} \tag{10-61}$$

将解得的 A_1、A_2 代入式中(10-59)就可以得到 RLC 串联电路二阶电路零输入响应的表达式。

10.6.3 二阶电路特征根讨论

由于电路中 R、L、C 的参数不同，特征根可能出现三种情况。为了简化讨论中的计算，又不失一般性，令 $U_0\neq 0$ 而 $I_0=0$。

1. $R>2\sqrt{\dfrac{L}{C}}$，非振荡衰减放电过程(过阻尼情况)

当 $R>2\sqrt{\dfrac{L}{C}}$ 时，特征根 p_1 和 p_2 是两个不相等的负实数。

$$\begin{cases}p_1=-\dfrac{R}{2L}+\sqrt{(\dfrac{R}{2L})^2-\dfrac{1}{LC}}\\ p_2=-\dfrac{R}{2L}-\sqrt{(\dfrac{R}{2L})^2-\dfrac{1}{LC}}\end{cases}\qquad p_1\,p_2=\frac{1}{LC}$$

又由式(10-61)有
$$\begin{cases}A_1=\dfrac{p_2U_0}{p_2-p_1}\\ A_2=-\dfrac{p_1U_0}{p_2-p_1}\end{cases}$$

于是得到电容上的电压为
$$u_C=A_1\mathrm{e}^{p_1t}+A_2\mathrm{e}^{p_2t}=\frac{U_0}{p_2-p_1}(p_2\mathrm{e}^{p_1t}-p_1\mathrm{e}^{p_2t}) \tag{10-62}$$

电流为
$$i=-C\frac{\mathrm{d}u_C}{\mathrm{d}t}=-\frac{p_1\,p_2CU_0}{p_2-p_1}(\mathrm{e}^{p_1t}-\mathrm{e}^{p_2t})=-\frac{U_0}{L(p_2-p_1)}(\mathrm{e}^{p_1t}-\mathrm{e}^{p_2t})$$

电感电压为
$$u_L=L\frac{\mathrm{d}i}{\mathrm{d}t}=\frac{-U_0}{p_2-p_1}(p_1\mathrm{e}^{p_1t}-p_2\mathrm{e}^{p_2t})$$

图 10-48 给出了电容电压 u_C、电流 i 和电感电压 u_L 随时间变化的波形，从图中可以看出，u_C 和 i 始终不改变方向，而且 $u_C\geqslant 0$，$i\geqslant 0$，两者最终衰减至零，说明电容在整个过程中一直在释放能量，因此称非振荡放电，又称过阻尼放电。当 t=0₊时 $i(0_+)=0$，当 $t\to\infty$ 时 $i(\infty)=0$，所以在放电过程中电流必然要经历从小到大再趋于 0 的变化。通过令

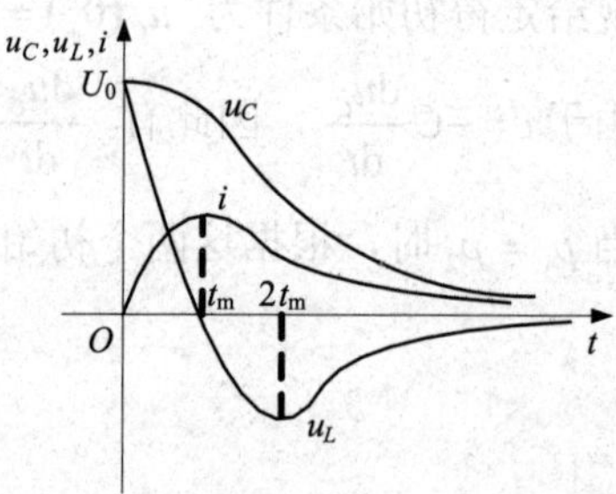

图 10-48 过阻尼放电过程中 u_C、i、u_L 的波形

$\dfrac{\mathrm{d}i}{\mathrm{d}t}=0$，可求得电流达到最大值的时刻 t_{m}。求得

$$t_{\mathrm{m}}=\frac{\ln\dfrac{p_2}{p_1}}{p_1-p_2} \tag{10-63}$$

当 $t<t_{\mathrm{m}}$ 时，电感吸收能量($u_L\,i>0$)，建立磁场；当 $t=t_{\mathrm{m}}$ 时，$u_L=0$，电感储能达最大值；当 $t>t_{\mathrm{m}}$ 时电感释放能量($u_L\,i<0$)，磁场逐渐衰减，趋向消失。

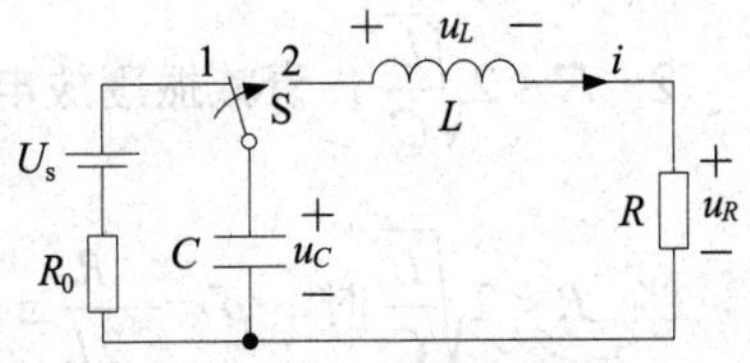

【例 10-13】如图 10-49 所示电路，$U_{\mathrm{s}}=10\mathrm{V}$，$C=1\mu\mathrm{F}$，$R=4\mathrm{k}\Omega$，$L=1\,\mathrm{H}$，开关 S 原来闭合在触点 1 处，$t=0$ 时，开关 S 由触点 1 接至触点 2 处，求：(1) u_C、u_R、i 和 u_L；(2) $i_{\max}$。

图 10-49　例 10-13 图

解：由题意可知电感初始电流为零。

(1) 求 u_C、u_R、i 和 u_L，有

特征根　$$p_1=-\frac{R}{2L}+\sqrt{\left(\frac{R}{2L}\right)^2-\frac{1}{LC}}=-268$$

$$p_2=-\frac{R}{2L}-\sqrt{\left(\frac{R}{2L}\right)^2-\frac{1}{LC}}=-3732$$

又 $u_C(0_+)=U_0=U_{\mathrm{s}}=10\,\mathrm{V}$，根据式(10-62)得

$$u_C=(10.77\mathrm{e}^{-268\,t}-0.773\mathrm{e}^{-3732\,t})\,\mathrm{V}$$

$$i=2.89\,(\mathrm{e}^{-268\,t}-\mathrm{e}^{-3732\,t})\ \mathrm{mA}$$

$$u_R=R\,i=11.56(\mathrm{e}^{-268\,t}-\mathrm{e}^{-3732\,t})\mathrm{V}$$

$$u_L=L\frac{\mathrm{d}i}{\mathrm{d}t}=(10.77\mathrm{e}^{-3732\,t}-0.773\mathrm{e}^{-268\,t})\mathrm{V}$$

(2) 求 $i_{\max}$，有

$$t_{\mathrm{m}}=\frac{1}{p_1-p_2}\ln\frac{p_2}{p_1}=7.6\times10^{-4}\mathrm{s}=760\mu\mathrm{s}$$

$$i_{\max}=i\big|_{t=t_{\mathrm{m}}}=2.89(\mathrm{e}^{-268\,t}-\mathrm{e}^{-3732\,t})\big|_{t=t_{\mathrm{m}}}=2.19\mathrm{mA}$$

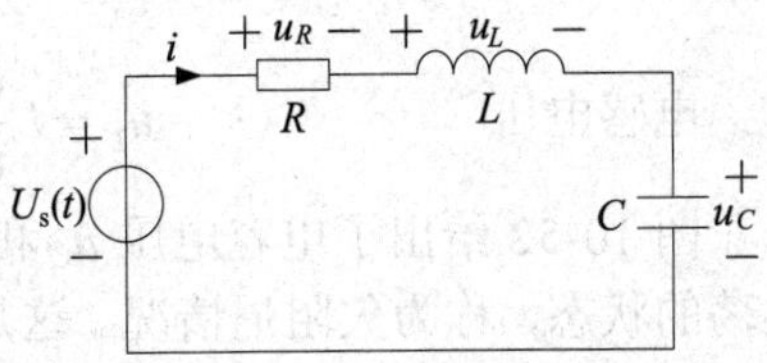

【例 10-14】如图 10-50 所示电路中，$C=\dfrac{1}{4}\mathrm{F}$，$L=\dfrac{1}{2}\mathrm{H}$，$R=3\Omega$，$u_C(0)=2\mathrm{V}$，$i_L(0)=1\mathrm{A}$，$t\geqslant0$ 时，$u_{\mathrm{s}}(t)=0$，试求 $t\geqslant0$ 时 $u_C(t)$ 及 $i_L(t)$。

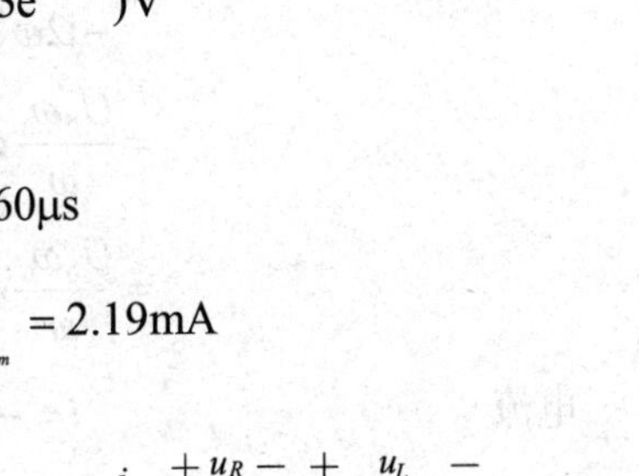

图 10-50　例 10-14 图

解：根据前述结果，可知特征根 $p_{1,2}=-\dfrac{R}{2L}\pm\sqrt{\left(\dfrac{R}{2L}\right)^2-\dfrac{1}{LC}}=-3\pm1$，即

$$p_1=-2,\quad p_2=-4$$

根据初始值得 $\begin{cases} u_C(0) = A_1 + A_2 = 2 \\ u_C'(0) = A_1 p_1 + A_2 p_2 = \dfrac{i_L(0)}{C} = 4 \end{cases} \Rightarrow \begin{cases} A_1 = 6 \\ A_2 = -4 \end{cases}$

于是 $u_C(t) = (6\mathrm{e}^{-2t} - 4\mathrm{e}^{-4t})\mathrm{V} \qquad t \geqslant 0$

$$i_L(t) = C\frac{\mathrm{d}u_C}{\mathrm{d}t} = (4\mathrm{e}^{-4t} - 3\mathrm{e}^{-2t}\mathrm{A}) \qquad t \geqslant 0$$

2. $R < 2\sqrt{\dfrac{L}{C}}$，衰减振荡放电过程(欠阻尼情况)

当 $R < 2\sqrt{\dfrac{L}{C}}$ 时，$p = -\dfrac{R}{2L} \pm \sqrt{\left(\dfrac{R}{2L}\right)^2 - \dfrac{1}{LC}} = -\dfrac{R}{2L} \pm \mathrm{j}\sqrt{\dfrac{1}{LC} - \left(\dfrac{R}{2L}\right)^2}$

令 $\delta = \dfrac{R}{2L}$，$\omega = \sqrt{\dfrac{1}{LC} - \left(\dfrac{R}{2L}\right)^2}$，则 $p_1 = -\delta + \mathrm{j}\omega$，$p_2 = -\delta - \mathrm{j}\omega$。

可见，特征根 p_1 和 p_2 为一对共轭复数。

再令 $\omega_0 = \sqrt{\omega^2 + \delta^2} = \dfrac{1}{\sqrt{LC}}$，$\beta = \arctan\dfrac{\omega}{\delta}$ (其关系见图 10-51)，根据欧拉公式 $\mathrm{e}^{\mathrm{j}\beta} = \cos\beta + \mathrm{j}\sin\beta$，$\mathrm{e}^{-\mathrm{j}\beta} = \cos\beta - \mathrm{j}\sin\beta$，得

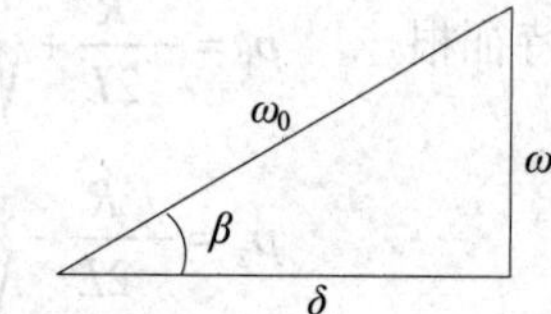

图 10-51　β、δ、ω、ω_0 之间的关系

$$p_1 = -\omega_0 \mathrm{e}^{-\mathrm{j}\beta}, \quad p_2 = -\omega_0 \mathrm{e}^{\mathrm{j}\beta}$$

于是有

$$\begin{aligned} u_C &= \frac{U_0}{p_2 - p_1}(p_2 \mathrm{e}^{p_1 t} - p_1 \mathrm{e}^{p_2 t}) \\ &= \frac{U_0}{-\mathrm{j}2\omega}[-\omega_0 \mathrm{e}^{\mathrm{j}\beta} \mathrm{e}^{(-\delta + \mathrm{j}\omega)t} + \omega_0 \mathrm{e}^{-\mathrm{j}\beta} \mathrm{e}^{(-\delta - \mathrm{j}\omega)t}] \\ &= \frac{U_0 \omega_0}{\omega} \mathrm{e}^{-\delta t} \left(\frac{\mathrm{e}^{\mathrm{j}(\omega t + \beta)} - \mathrm{e}^{-\mathrm{j}(\omega t + \beta)}}{\mathrm{j}2} \right) \\ &= \frac{U_0 \omega_0}{\omega} \mathrm{e}^{-\delta t} \sin(\omega t + \beta) \end{aligned} \tag{10-64}$$

电流 $i = -C\dfrac{\mathrm{d}u_C}{\mathrm{d}t} = \dfrac{U_0}{\omega L} \mathrm{e}^{-\delta t} \sin\omega t$

电感电压 $u_L = L\dfrac{\mathrm{d}i}{\mathrm{d}t} = -\dfrac{U_0 \omega_0}{\omega} \mathrm{e}^{-\delta t} \sin(\omega t - \beta)$

图 10-52 给出了电容电压 u_C 和电流 i 随时间变化的波形。由图可以看出，波形呈衰减振荡的状态，称为欠阻尼情况。这是由于电阻 R 较小，电容放电时，被 R 消耗的能量较少，大部分电能转换成为储能存储于电感中。当 u_C 为零时，电容储能为零，电感开始放电，电容被反向充电。当 i 为零时，电感储能为零，这时电容又放电，于是在电路中的电流、电压形成振荡情况。由于每振荡一次，电阻 R 都会消耗一部分能量，故为衰减振荡。响应的振荡幅度按指数规律衰减。振荡幅度衰减的快慢取决于 δ，称 δ 为衰减系数。衰减振荡又按周期规律变化，振荡周期为 $T = \dfrac{2\pi}{\omega_0}$。

若电阻 R=0，则有 $\delta=0$，$\omega=\omega_0=\dfrac{1}{\sqrt{LC}}$，$\beta=\dfrac{\pi}{2}$，这时各电压、电流的表达式为

$$u_C=U_0\sin\left(\omega t+\frac{\pi}{2}\right)$$

$$i=\frac{U_0}{\omega_0 L}\mathrm{e}^{-\delta t}\sin\omega_0 t=\frac{U_0}{\sqrt{\frac{L}{C}}}\sin\omega_0 t=U_0\sqrt{\frac{C}{L}}\sin\omega_0 t$$

$$u_L=-U_0\sin\left(\omega_0 t-\frac{\pi}{2}\right)=U_0\sin\left(\omega_0 t+\frac{\pi}{2}\right)=u_C$$

由上面式子可知，电容电压 u_C 和电流 i 为等幅振荡。这时由于电阻 R=0，电路中只有 L、C 构成，在振荡过程中不再有能量消耗，电感和电容之间不断进行能量的交换。该振荡由电路的初始能量引起，一经形成，就将一直持续下去，又称为自由振荡。

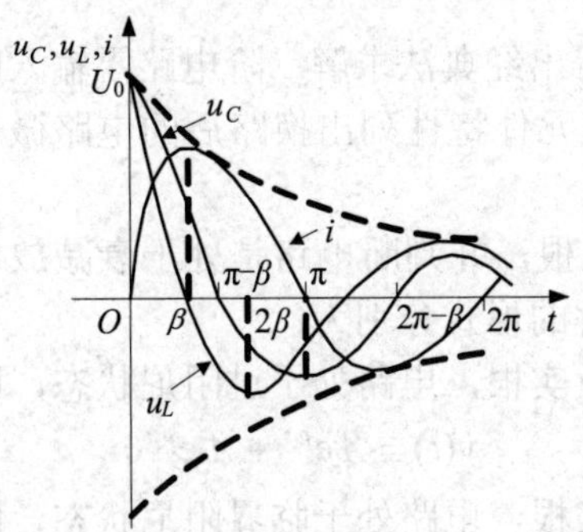

图 10-52　欠阻尼情况下 u_C、i、u_L 的波形

由此可见，u_C、i、u_L 各量都是正弦函数，随时推移其振幅并不衰减。其波形如图 10-53 所示。

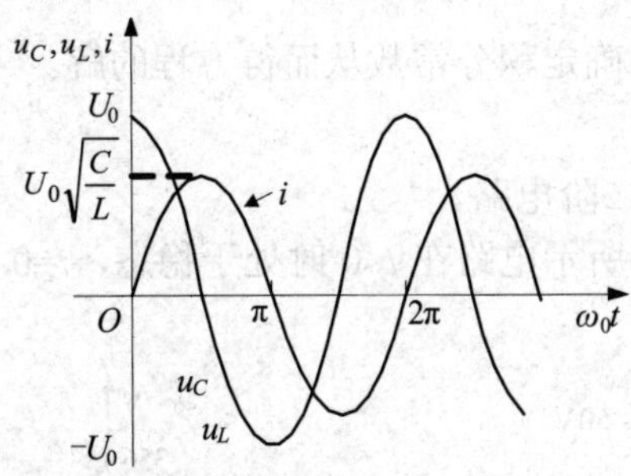

图 10-53　LC 零输入电路无阻尼时 u_C、i、u_L 波形

3. $R=2\sqrt{\dfrac{L}{C}}$，临界情况(临界阻尼情况)

当 $R=2\sqrt{\dfrac{L}{C}}$ 时，$p_1=p_2=-\dfrac{R}{2L}=-\delta$，特征根为两相等的负实数。

微分方程的通解为

$$u_C(t)=A_1\mathrm{e}^{p_1 t}+A_2 t\mathrm{e}^{p_2 t}$$

根据初始条件可得

$$\begin{cases} A_1 = U_0 \\ A_2 = U_0 \delta \end{cases}$$

所以

$$u_C = A_1 \mathrm{e}^{-\delta t} + A_2 t \mathrm{e}^{-\delta t} = U_0 (1 + \delta t) \mathrm{e}^{-\delta t} \tag{10-65}$$

$$i = -C \frac{\mathrm{d}u_C}{\mathrm{d}t} = \frac{U_0}{L} t \mathrm{e}^{-\delta t}$$

$$u_L = L \frac{\mathrm{d}i}{\mathrm{d}t} = U_0 \mathrm{e}^{-\delta t} (1 - \delta t)$$

可以看出，u_C、i 和 u_L 不作振荡变化，即具有非振荡性质，其波形与图 10-48 相似。然而这种过程是振荡和非振荡过程的分界线，所以 $R = 2\sqrt{\dfrac{L}{C}}$ 时的过渡过程称为临界非振荡过程，这时的电阻称为临界电阻，并称电阻大于临界电阻的电路为过阻尼电路，电阻小于临界电阻的电路为欠阻尼电路。

根据以上分析过程，可得出经典法求解二阶电路零输入响应的一般步骤。

(1) 根据基尔霍夫定律和元件特性列出换路后的电路微分方程，该方程为二阶线性齐次常微分方程。

(2) 由特征方程求出特征根，并判断电路是处于衰减放电还是振荡放电还是临界放电状态，三种情况下微分方程解的形式分别为：

特征根为两个不相等的负实根，电路处于过阻尼状态，即

$$y(t) = A_1 \mathrm{e}^{p_1 t} + A_2 \mathrm{e}^{p_2 t} \tag{10-66}$$

特征根为两个相等的负实根，电路处于临界阻尼状态，即

$$y(t) = A_1 \mathrm{e}^{-\delta t} + A_2 t \mathrm{e}^{-\delta t} \tag{10-67}$$

特征根为共轭复根，电路处于衰减振荡状态，即

$$y(t) = A \mathrm{e}^{-\delta t} \sin(\omega t + \beta) \tag{10-68}$$

(3) 根据初始值 $\begin{cases} y(0_+) \\ \dfrac{\mathrm{d}y}{\mathrm{d}t}(0_+) \end{cases}$ 确定积分常数从而得方程的解。

以上步骤可应用于一般二阶电路。

【例 10-15】图 10-54(a)所示电路在 $t<0$ 时处于稳态，$t=0$ 时断开开关，求电容电压 u_C 并画出其变化曲线。

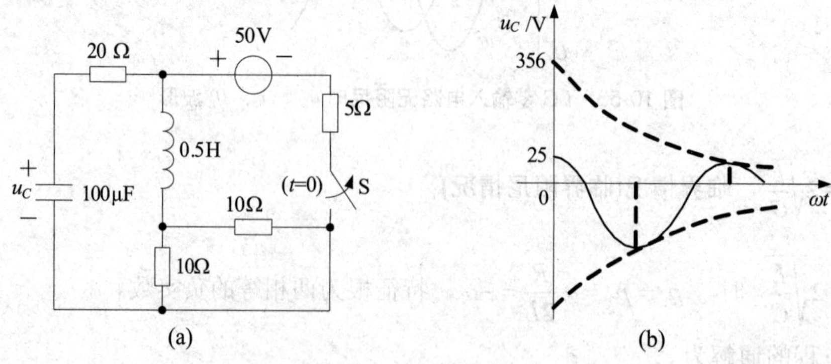

图 10-54　例 10-15 图

解：求解分三步。

(1) 首先确定电路的初始值。

由 $t<0$ 时是稳态电路，即把电感短路，电容断路，得初值 $i_L(0_-)=5\text{A}$，$u_C(0_-)=25\text{V}$。

(2) 开关断开，电路为 *RLC* 串联零输入响应问题，以电容电压为变量的微分方程为

$$LC\frac{\mathrm{d}^2u_C}{\mathrm{d}t}+RC\frac{\mathrm{d}u_C}{\mathrm{d}t}+u_C=0$$

代入参数得特征方程为

$$50p^2+2500p+106=0$$

解得特征根

$$p=-25\pm \mathrm{j}139$$

由于特征根为一对共轭复根，所以电路处于振荡放电过程，解的形式为

$$u_C=A\mathrm{e}^{-25t}\sin(139t+\beta)$$

(3) 确定常数，根据初始条件 $\begin{cases}u_C(0_+)=25\\ C\dfrac{\mathrm{d}u_C}{\mathrm{d}t}\Big|_{0_+}=-5\end{cases}$

得 $\begin{cases}A\sin\beta=25\\ A(139\cos\beta-25\sin\beta)=\dfrac{-5}{10^{-4}}\end{cases}$

解得 $A=356$，$\beta=176^\circ$

所以 $u_C=356\mathrm{e}^{-25t}\sin(139t+176^\circ)\text{V}$

u_C 变化曲线如图 10-54(b)所示。

10.7　二阶电路的零状态响应和全响应

二阶电路的初始储能为零(即电容两端电压和电感中电流都为零)，仅由外施激励引起的响应称为二阶电路的零状态响应。

如图 10-55 所示 *RLC* 串联电路，设 $u_C(0_-)=u_C(0_+)=0$，$i_L(0_-)=i_L(0_+)=0$。$t>0$ 后，根据 KVL 有

$$u_R+u_L+u_C=u_\text{s}$$

以 u_C 为待求变量，可得

$$LC\frac{\mathrm{d}^2u_C}{\mathrm{d}t^2}+RC\frac{\mathrm{d}u_C}{\mathrm{d}t}+u_C=u_\text{s}\quad(t\geqslant 0) \tag{10-69}$$

这是二阶线性非齐次微分方程，它的解为微分方程的特解与对应齐次微分方程的通解之和，即 $u_C=u_C'+u_C''$。如果 u_s 为直流激励或正弦激励，则取稳态解 u_C' 为特解，而通解 u_C'' 与零输入响应的形式相同，再根据初始条件确定积分常数，从而得到全解。

如果二阶电路具有初始储能，又接入外施激励，则电路的响应称为二阶电路的全响应。全响应是零状态响应和零输入响应的叠加，可以通过求解二阶线性非齐次微分方程的方法求得全响应。

有关 *GLC* 并联电路的分析与 *RLC* 串联电路的类似。

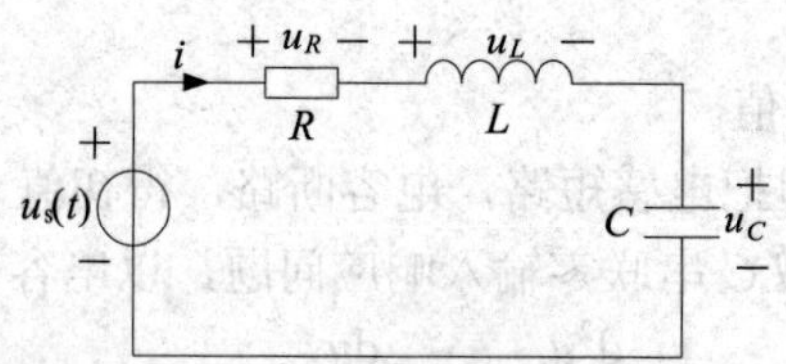

图 10-55　*RLC* 串联电路的零状态响应

【例 10-16】在图 10-56 所示的 *GLC* 并联电路中，$u_C(0_-)=0$，$i_L(0_-)=0$，$G=2\times10^{-3}\text{S}$，$C=1\mu\text{F}$，$L=1\text{H}$，$i_s=1\text{A}$。*t*=0 时，把开关 S 断开，试求响应 i_L、u_C 和 i_C。

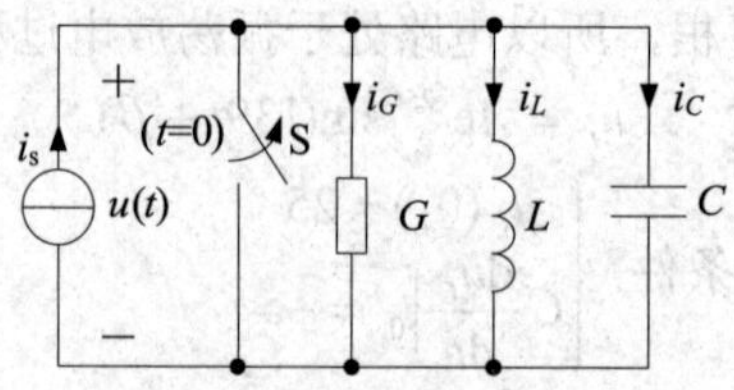

图 10-56　*GLC* 并联电路

解：*t*=0 时，开关 S 断开，根据 KCL 和元件的 VCR 有

$$i_G+i_L+i_C=i_s,\quad i_C=C\frac{\mathrm{d}u_C}{\mathrm{d}t}=LC\frac{\mathrm{d}^2 i_L}{\mathrm{d}t^2},\quad i_G=Gu=GL\frac{\mathrm{d}i_L}{\mathrm{d}t}$$

可得以 i_L 为变量的电路微分方程，即

$$LC\frac{\mathrm{d}^2 i_L}{\mathrm{d}t^2}+GL\frac{\mathrm{d}i_L}{\mathrm{d}t}+i_L=i_s$$

特征方程

$$p^2+\frac{G}{C}p+\frac{1}{LC}=0$$

代入数据后求得特征根为

$$p_1=p_2=p=-10^3$$

设微分方程的通解为

$$i_L=i_L'+i_L''$$

式中，i_L' 为特解(强制分量)，$i_L'=1\text{A}$；i_L'' 为对应齐次方程的解，由于 $p_1=p_2$，则设为 $i_L''=(A_1+A_2\ t)\ \mathrm{e}^{pt}$。

所以通解为

$$i_L=1+(A_1+A_2\ t)\ \mathrm{e}^{-10^3 t}$$

t=0_+时的初始值为

$$\begin{cases}i_L(0_+)=i_L(0_-)=0\\ (\dfrac{\mathrm{d}i_L}{\mathrm{d}t})_{0_+}=\dfrac{1}{L}u_L(0_+)=\dfrac{1}{L}u_C(0_+)=\dfrac{1}{L}u_C(0_-)=0\end{cases}$$

代入初始条件得

$$\begin{cases}1+A_1+0=0\\ -10^3A_1+A_2=0\end{cases}$$

解之得
$$\begin{cases} A_1 = \dfrac{-p_2}{p_2 - p_1} \\ A_2 = \dfrac{p_1}{p_2 - p_1} \end{cases}$$

所以
$$i_L = [1-(1+10^3 t)\,\mathrm{e}^{-10^3 t}]\ \mathrm{A}$$
$$u_C = u_L = L\frac{\mathrm{d}i_L}{\mathrm{d}t} = 10^6 t\mathrm{e}^{-10^3 t}\,\mathrm{V}$$
$$i_C = C\frac{\mathrm{d}u_C}{\mathrm{d}t} = (1-10^3\ t)\mathrm{e}^{-10^3 t}\mathrm{A}$$

电路的过渡过程属临界阻尼情况，属非振荡性质，i_L、u_C 和 i_C 的波形如图 10-57 所示。

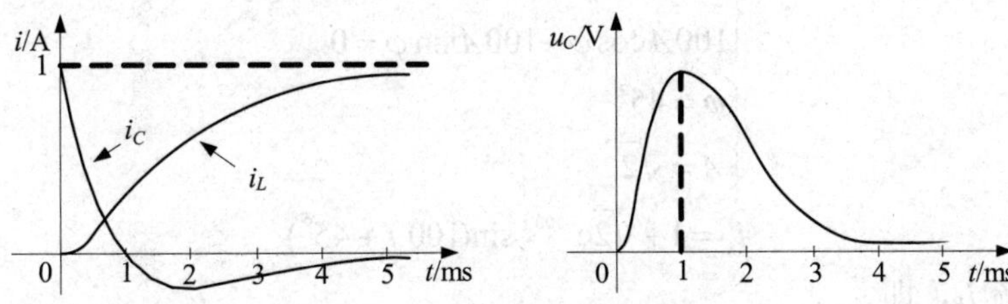

图 10-57　u_L、i_L 和 u_C 的波形图

【例 10-17】 图 10-58 所示电路在 $t<0$ 时处于稳态，$t=0$ 时闭合开关，已知：$i_L(0_-)=2\mathrm{A}$，$u_C(0_-)=0$，求电流 i_L 和 i_R 。

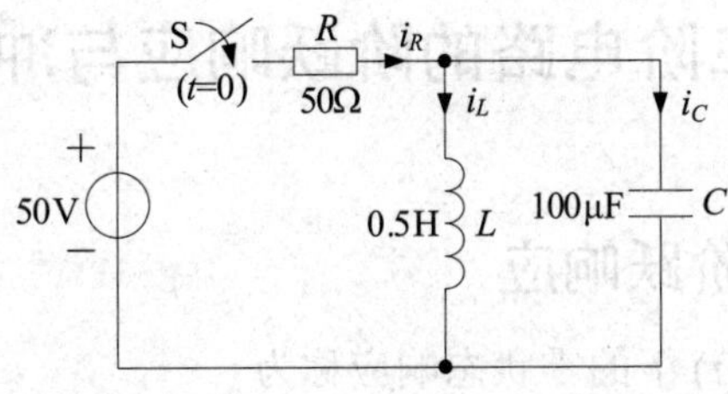

图 10-58　例 10-17 图

解： 由题意可知，电感的初始电流不为零，$t=0$ 时又接入 50V 的直流激励，所以开关闭合后的响应为全响应。

(1) 列出开关闭合后电路的微分方程，应用 KCL 得
$$\frac{L\dfrac{\mathrm{d}i_L}{\mathrm{d}t} - 50}{R} + i_L + LC\frac{\mathrm{d}^2 i_L}{\mathrm{d}t^2} = 0$$

整理有
$$RLC\frac{\mathrm{d}^2 i_L}{\mathrm{d}t^2} + L\frac{\mathrm{d}i_L}{\mathrm{d}t} + R\,i_L = 50$$

代入参数得
$$\frac{\mathrm{d}^2 i_L}{\mathrm{d}t^2} + 200\frac{\mathrm{d}i_L}{\mathrm{d}t} + 20000\,i_L = 20000$$

设微分方程的通解为　$i_L = i_L' + i_L''$

(2) 令对时间的导数为零，即稳态下求得特解　$i_L' = 1\mathrm{A}$ 。

(3) 求通解 i_L''。特征方程为

$$p^2+200p+20000=0$$

求得特征根为 $p=-100\pm \mathrm{j}100$

由于特征根为一对共轭复根，可设 $i''_L = A\mathrm{e}^{-100t}\sin(100t+\beta)$

所以全响应为

$$i_L = 1 + A\mathrm{e}^{-100t}\sin(100t+\varphi)$$

(4) 定常数，根据初始条件

$$\begin{cases} i_L(0_+)=i_L(0_-)=2 \\ \left.\dfrac{\mathrm{d}i_L}{\mathrm{d}t}\right|_{0+} = \dfrac{u_L(0_+)}{L} = \dfrac{u_C(0_+)}{L} = 0 \end{cases}$$

所以得

$$\begin{cases} 1+A\sin\varphi = 2 \\ 100A\cos\varphi - 100A\sin\varphi = 0 \end{cases}$$

解得

$$\begin{cases} \varphi = 45^\circ \\ A=\sqrt{2} \end{cases}$$

所以 $i_L = 1+\sqrt{2}\mathrm{e}^{-100t}\sin(100t+45^\circ)$

(5) 求电流 i_R，即

$$i_R = i_L + i_C = i_L + LC\frac{\mathrm{d}^2 i_L}{\mathrm{d}t^2} = 1 + 2\mathrm{e}^{-100t}\sin 100t$$

可见，电路的过渡过程为欠阻尼性质。响应的波形请读者自行试画。

10.8 二阶电路的阶跃响应与冲激响应

10.8.1 二阶电路的阶跃响应

二阶电路在阶跃激励 $\varepsilon(t)$ 下的零状态响应称为二阶电路的阶跃响应。阶跃响应和零状态响应的求解方法相同。

图 10-59 所示 RLC 串联电路，已知 $u_s=\varepsilon(t)$，$u_C(0_-)=u_C(0_+)=0$，$i_L(0_-)=i_L(0_+)=0$、当 $t>0$ 时，根据 KVL 有 $u_R+u_L+u_C=u_s$

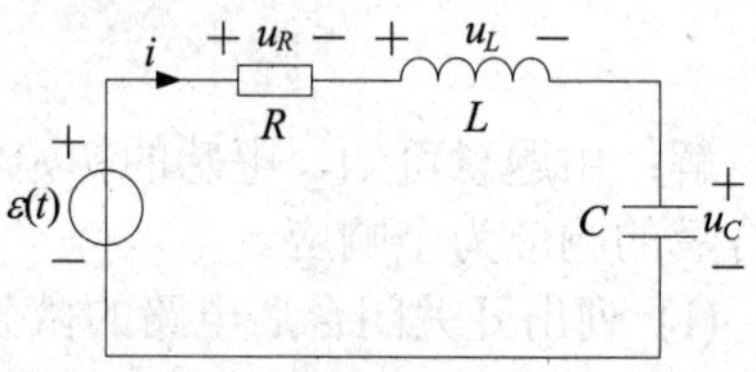

图 10-59 RLC 串联电路的阶跃响应

以 u_C 为待求变量，可得

$$LC\frac{\mathrm{d}^2u_C}{\mathrm{d}t^2} + RC\frac{\mathrm{d}u_C}{\mathrm{d}t} + u_C = \varepsilon(t) \qquad (10\text{-}70)$$

令 $\delta = \dfrac{R}{2L}$，$\omega_0 = \dfrac{1}{\sqrt{LC}}$，式(10-70)写为

$$\frac{\mathrm{d}^2u_C}{\mathrm{d}t^2} + 2\delta\frac{\mathrm{d}u_C}{\mathrm{d}t} + \omega_0^2 u_C = \omega_0^2\varepsilon(t)$$

其解为 $s(t) = u_C = u'_C + u''_C$

由于 $t>0$ 时 $\varepsilon(t)=1\mathrm{V}$，并令 u_C 对时间的导数为零，所以特解 $u'_C=1$。

特征方程为 $$p^2+2\delta p+\omega_0^2=0$$

若以特征根 p_1、p_2 为不相等的负实数为例，其阶跃响应为

$$s(t)=A_1\mathrm{e}^{p_1t}+A_2\mathrm{e}^{p_2t}+1$$

由初始条件得到

$$\begin{cases}1+A_1+A_2=0\\ \left.\dfrac{\mathrm{d}s}{\mathrm{d}t}\right|_{t=0}=\left.\dfrac{\mathrm{d}u_C}{\mathrm{d}t}\right|_{t=0}=A_1p_1+A_2p_2=0\end{cases}\Rightarrow\begin{cases}A_1=-\dfrac{p_2}{p_2-p_1}\\ A_2=\dfrac{p_1}{p_2-p_1}\end{cases}$$

所以 $$s(t)=\left[1-\frac{1}{p_2-p_1}(p_2\mathrm{e}^{p_1t}-p_1\mathrm{e}^{p_2t})\right]\varepsilon(t)$$

类似可得，若特征根 $p_1=-\delta+\mathrm{j}\omega$，$p_2=-\delta-\mathrm{j}\omega$，欠阻尼时，则有

$$s(t)=\left[1-\frac{\omega_0}{\omega}\mathrm{e}^{-\delta t}\sin(\omega t+\beta)\right]\varepsilon(t)$$

若 $p_1=p_2=-\delta$，临界阻尼时，则有

$$s(t)=\left[1-(1+\delta)\mathrm{e}^{-\delta t}\right]\varepsilon(t)$$

10.8.2 二阶电路的冲激响应

零状态的二阶电路在冲激函数 $\delta(t)$ 激励下的响应称为二阶电路的冲激响应。注意电路在冲激激励下初始值发生了跃变。现以图 10-60 所示 *RLC* 串联电路为例说明求解方法。

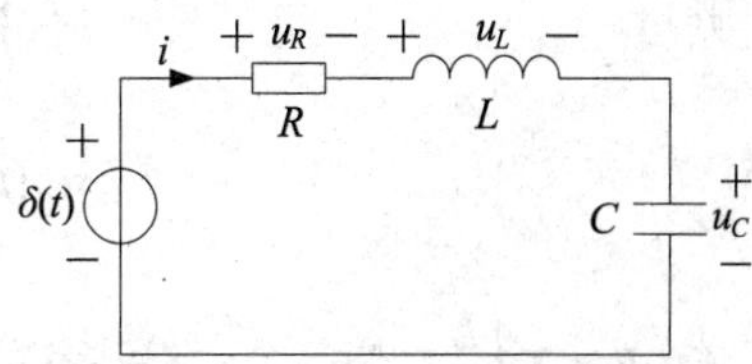

图 10-60 *RLC* 串联电路的冲激响应

图 10-60 所示电路中 $u_C(0_-)=0$，$i(0_-)=0$，激励为冲激电压，因此 t=0 时电路受冲激电压激励获得一定的能量。根据 KVL 和元件的 VCR 可得以电容电压 u_C 为变量的电路微分方程为

$$LC\frac{\mathrm{d}^2u_C}{\mathrm{d}t^2}+RC\frac{\mathrm{d}u_C}{\mathrm{d}t}+u_C=\delta(t)\qquad t\geqslant 0 \tag{10-71}$$

把式(10-71)在 t=0₋到 0₊区间积分并考虑冲激函数的性质，得

$$\int_{0_-}^{0_+}LC\frac{\mathrm{d}^2u_C}{\mathrm{d}t^2}\mathrm{d}t+\int_{0_-}^{0_+}RC\frac{\mathrm{d}u_C}{\mathrm{d}t}\mathrm{d}t+\int_{0_-}^{0_+}u_C\mathrm{d}t=\int_{0_-}^{0_+}\delta(t)\mathrm{d}t$$

$$LC\left(\left.\frac{\mathrm{d}u_C}{\mathrm{d}t}\right|_{t=0_+}-\left.\frac{\mathrm{d}u_C}{\mathrm{d}t}\right|_{t=0_-}\right)+RC[u_C(0_+)-u_C(0_-)]+\int_{0_-}^{0_+}u_C\mathrm{d}t=1 \tag{10-72}$$

为保证式(10-72)成立，u_C 不能跃变，仅 $\dfrac{\mathrm{d}u_C}{\mathrm{d}t}$ 才可能发生跃变，因此，等式左边第二和第三项积分为零，式子变为

$$LC\left(\left.\frac{\mathrm{d}u_C}{\mathrm{d}t}\right|_{t=0_+}-\left.\frac{\mathrm{d}u_C}{\mathrm{d}t}\right|_{t=0_-}\right)=1$$

又由于 $\left.\dfrac{\mathrm{d}u_C}{\mathrm{d}t}\right|_{t=0_-}=i(0_-)=0$，得

$$LC\left.\frac{\mathrm{d}u_C}{\mathrm{d}t}\right|_{t=0_+}=1 \quad \Rightarrow \left.\frac{\mathrm{d}u_C}{\mathrm{d}t}\right|_{t=0_+}=\frac{1}{LC}$$

即

$$i(0_+)=C\frac{\mathrm{d}u_C}{\mathrm{d}t}\Big|_{t=0+}=\frac{1}{L} \tag{10-73}$$

式(10-73)说明冲激电压 $\delta(t)$ 在 $t=0_-$ 到 0_+ 间隔内使电感电流跃变，电感中储存了磁场能量，而冲激响应就是该磁场能量引起的变化过程。$t>0_+$后，冲激电压消失，电路为零输入响应问题。

$t>0_+$后的电路方程为 $LC\dfrac{\mathrm{d}^2u_C}{\mathrm{d}t^2}+RC\dfrac{\mathrm{d}u_C}{\mathrm{d}t}+u_C=0$，解答方法与求解二阶电路的零输入响应的方法相同。

如果 $R>2\sqrt{\dfrac{L}{C}}$，则有

$$u_C=A_1\mathrm{e}^{p_1t}+A_2\mathrm{e}^{p_2t}$$

初始条件为

$$\begin{cases}u_C(0_+)=A_1+A_2=0\\ \left.\dfrac{\mathrm{d}u_C}{\mathrm{d}t}\right|_{t=0_+}=A_1p_1+A_2p_2=\dfrac{1}{LC}\end{cases}$$

解得

$$A_1=-A_2=-\frac{1}{LC(p_2-p_1)}p$$

$$u_C(t)=-\frac{1}{LC(p_2-p_1)}(\mathrm{e}^{p_1t}-\mathrm{e}^{p_2t})$$

若 $R<2\sqrt{\dfrac{L}{C}}$，$p_{1,2}=-\delta\pm\mathrm{j}\omega$，则电路为周期振荡衰减放电，冲激响应为

$$u_C(t)=\frac{1}{\omega LC}\mathrm{e}^{-\delta t}\sin\omega t$$

同理，求解二阶电路的冲激响应与求解一阶电路的冲激响应一样，也可以首先求出电路的单位阶跃响应，再对时间求导数就能得到单位冲激响应。

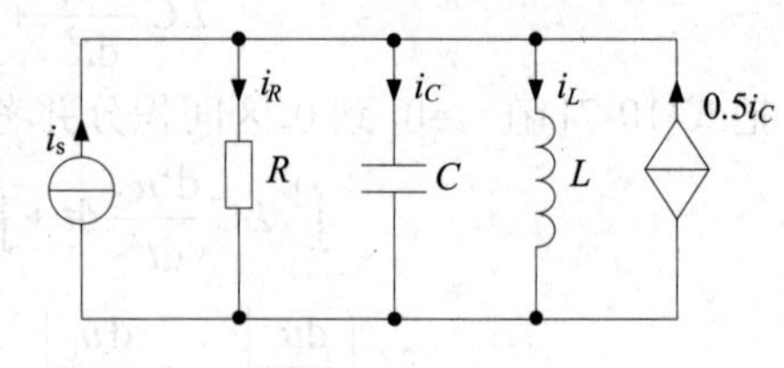

图 10-61　例 10-18 图

【例 10-18】在图 10-61 所示电路中，$u_C(0_-)=0$，$i_L(0_-)=0$，$R=0.2\Omega$，$C=2\,\mathrm{F}$，$L=0.25\mathrm{H}$。试求：(1) $i_s=\varepsilon(t)$A 时，单位阶跃响应 $i_L(t)$；(2) $i_s=\delta(t)$A 时，单位冲激响应 $i_L(t)$。

解：(1) $i_s=\varepsilon(t)$A 时，根据 KCL 有

$$i_R+i_C+i_L-0.5i_C=i_s$$

即

$$i_R+0.5i_C+i_L=\varepsilon(t)$$

又由于 $i_C=C\dfrac{\mathrm{d}u_C}{\mathrm{d}t}=LC\dfrac{\mathrm{d}^2i_L}{\mathrm{d}t^2}$，$i_R=\dfrac{u_R}{R}=\dfrac{L}{R}\dfrac{\mathrm{d}i_L}{\mathrm{d}t}$，代入上式可得

$$0.25\frac{\mathrm{d}^2 i_L}{\mathrm{d}t^2}+1.25\frac{\mathrm{d}i_L}{\mathrm{d}t}+i_L=\varepsilon(t) \quad \Rightarrow \quad \frac{\mathrm{d}^2 i_L}{\mathrm{d}t^2}+5\frac{\mathrm{d}i_L}{\mathrm{d}t}+4i_L=4\varepsilon(t)$$

这是以 i_L 为变量的二阶线性非齐次方程，其解为

$$i_L = i_L' + i_L''$$

其中特解　　$i_L' = 1$

对应齐次方程的解为

$$i_L'' = A_1\mathrm{e}^{p_1 t} + A_2\mathrm{e}^{p_2 t}$$

特征方程为

$$p^2+5p+4=0$$

解得特征根为

$$p_1=-1，\quad p_2=-4$$

所以通解为

$$i_L = 1 + A_1\mathrm{e}^{-t} + A_2\mathrm{e}^{-4t}$$

$t=0_+$时的初始值为

$$\begin{cases} i_L(0_+)=i_L(0_-)=0 \\ \left(\dfrac{\mathrm{d}i_L}{\mathrm{d}t}\right)_{0_+}=\dfrac{1}{L}u_L(0_+)=\dfrac{1}{L}u_C(0_+)=\dfrac{1}{L}u_L(0_-)=0 \end{cases}$$

代入初始条件得

$$\begin{cases} 1+A_1+A_2=0 \\ -A_1-4A_2=0 \end{cases}$$

解之得

$$\begin{cases} A_1=-\dfrac{4}{3} \\ A_2=-\dfrac{1}{3} \end{cases}$$

所以阶跃响应为　　$i_L(t)=s(t)=\left(1-\dfrac{4}{3}\mathrm{e}^{-t}+\dfrac{1}{3}\mathrm{e}^{-4t}\right)\ \varepsilon(t)$ A

(2) 根据阶跃响应和冲激响应的关系，可求得冲激响应为

$$i_L(t)=h(t)=\frac{\mathrm{d}s(t)}{\mathrm{d}t}=\left[\delta(t)\left(1-\frac{4}{3}\mathrm{e}^{-t}+\frac{1}{3}\mathrm{e}^{-4t}\right)+\left(\frac{4}{3}\mathrm{e}^{-t}-\frac{4}{3}\mathrm{e}^{-4t}\right)\varepsilon(t)\right]\ \mathrm{A}$$

结果中的第一项由于 $\delta(t)$ 在 $t\geqslant 0_+$时为零，所以冲激响应在 $t\geqslant 0_+$时有

$$h(t)=\left(\frac{4}{3}\mathrm{e}^{-t}-\frac{4}{3}\mathrm{e}^{-4t}\right)\ \mathrm{A}$$

本 章 小 结

本章要掌握的主要内容，可归纳为如下几方面：

描述动态电路的方程是微分方程。利用 KCL、KVL 和元件的 VCR 可列写出待求响应的微分方程。利用换路定则和 0_+的等效电路，可求出动态电路各电流、电压的初始值。

零输入响应是激励为零、由电路的初始储能产生的响应，它是齐次微分方程满足初始

条件的解。零状态响应是电路的初始状态为零、由激励产生的响应，它是非齐次微分方程满足初始条件的解，包含特解和对应齐次方程解两部分。若电路的初始状态不为零，又有外加激励作用，这时电路的响应为全响应，它等于零输入响应与零状态响应之和。动态电路的全响应也可分为强制分量和自由分量。对于稳定电路，强制分量为稳态分量，与激励具有相同的函数形式；自由分量为暂态分量，它随时间的推移逐渐衰减到零。

利用三要素公式可以简便地求解一阶电路在直流电源或阶跃信号下的电路响应。

对于二阶电路，只要了解由于特征根 p_1 和 p_2 的取值有三种不同的情况，其响应可分为过阻尼、临界阻尼和欠阻尼。

单位阶跃响应 $s(t)$为在 $\varepsilon(t)$ 作用下的零状态响应。

单位冲激响应 $h(t)$为在 $\delta(t)$ 作用下的零状态响应。

习　题

1. 图 10-62 所示电路原已稳定，开关 S 在 t=0 时动作，试求电路在 $t=0_+$ 时刻图中所标电压、电流的初始值。

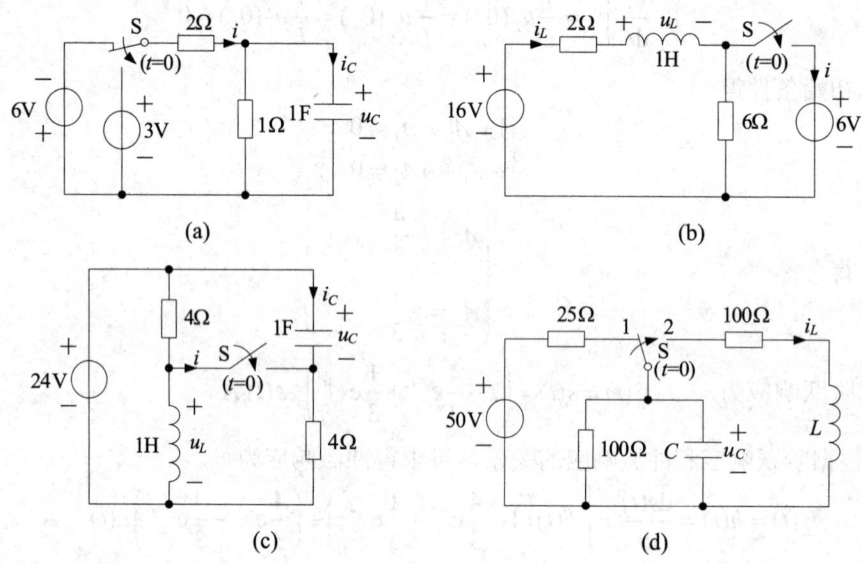

图 10-62　习题 1 图

2. 在图 10-63 所示电路中，开关 S 原来闭合，电路处于稳态。在 t=0 时将开关 S 断开，试求电路在 $t=0_+$ 时的 $i_C(0_+)$、$u_1(0_+)$、$\left.\dfrac{\mathrm{d}u_C}{\mathrm{d}t}\right|_{0_+}$。

3. 图 10-64 所示 RC 放电电路，已知 $u_C=20\mathrm{e}^{-2t}\mathrm{V}$，$i=0.1\mathrm{e}^{-2t}\mathrm{A}$。试求：

(1) R 和 C 的参数值。

(2) 时间常数 τ。

(3) 电容的初始储能。

(4) 电容储能下降到初始储能 50%所需要的时间。

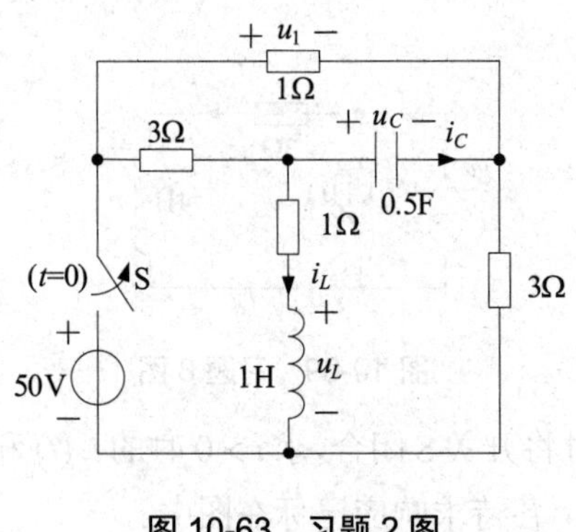

图 10-63　习题 2 图

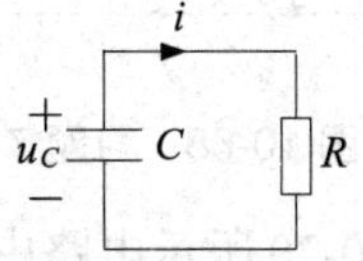

图 10-64　习题 3 图

4. 在图 10-65(a)、(b)所示电路中，$t<0$ 时开关 S 断开，电路处于稳定状态，$t=0$ 时开关 S 闭合，求 $t>0$ 时的 $u(t)$ 和 $i(t)$。

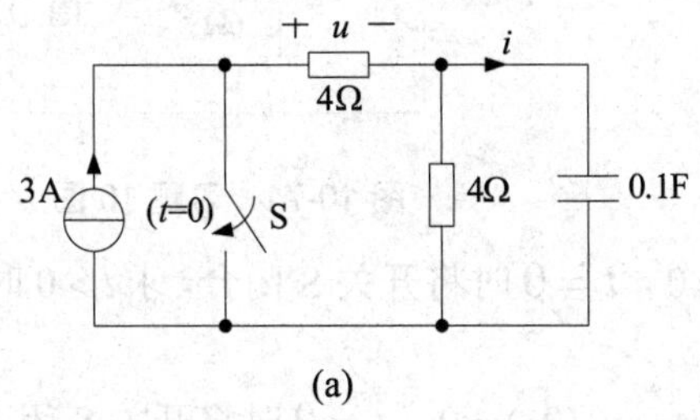

(a)

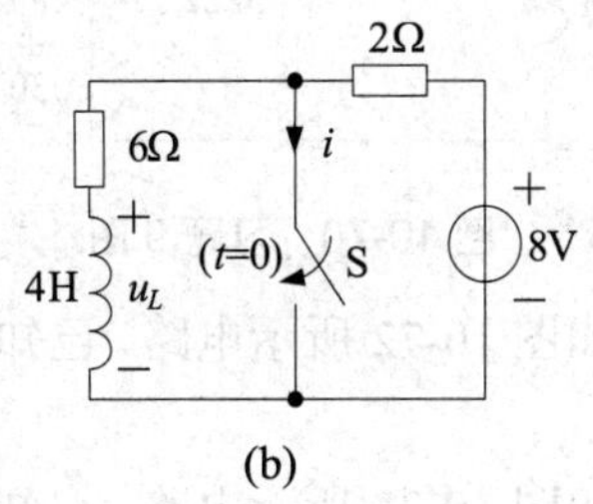

(b)

图 10-65　习题 4 图

5. 在图 10-66 所示电路中，电路原已处于稳定状态，$t=0$ 时将开关 S 由“1”倒向“2”，试求 $t>0$ 时的 $u_C(t)$ 和 $i_R(t)$。

6. 在图 10-67 所示电路中，$t<0$ 时开关 S 断开，电路处于稳定状态，$t=0$ 时开关 S 闭合，求 $t\geqslant 0$ 时的 $i_L(t)$、$i_R(t)$ 和 $i(t)$。

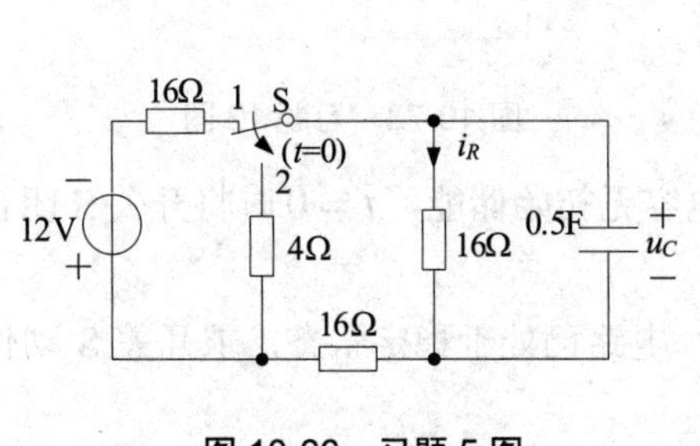

图 10-66　习题 5 图

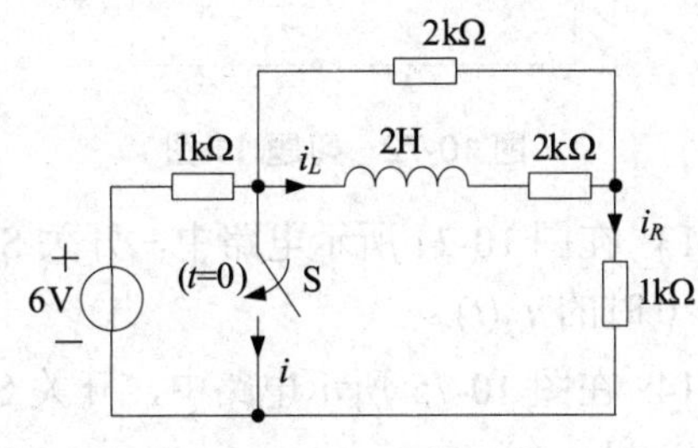

图 10-67　习题 6 图

7. 在图 10-68 所示电路中，$t<0$ 时开关 S 断开，电路处于稳定状态，$t=0$ 时开关 S 闭合，求 $t\geqslant 0$ 时的 $i_L(t)$。

8. 在图 10-69 所示含受控源电路中，转移电导 $g=0.5\text{S}$，$i_L(0_-)=2\text{A}$，求 $t>0$ 时的 i_L。

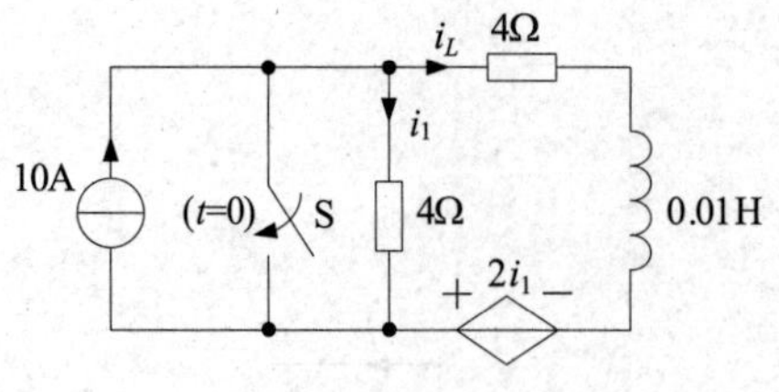

图 10-68　习题 7 图

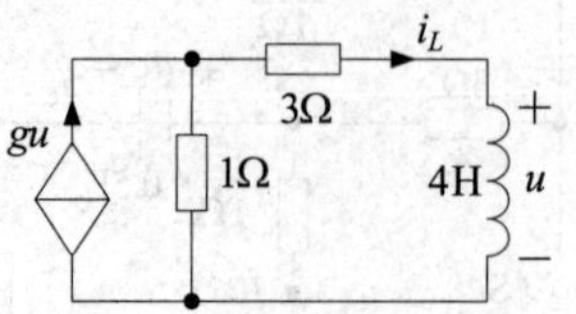

图 10-69　习题 8 图

9. 在图 10-70 所示电路中，$i_L(0_-)=0\text{A}$，$t=0$ 时将开关 S 闭合，求 $t>0$ 时的 $i_L(t)$ 和 $i(t)$。

10. 分别求出图 10-71 所示电路的零状态响应，各待求响应已标在图中。

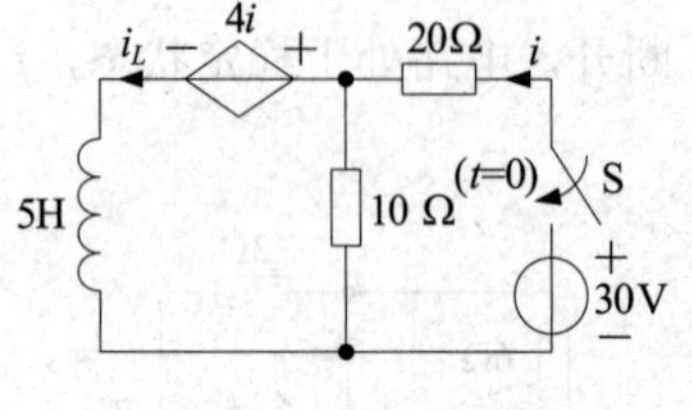

图 10-70　习题 9 图

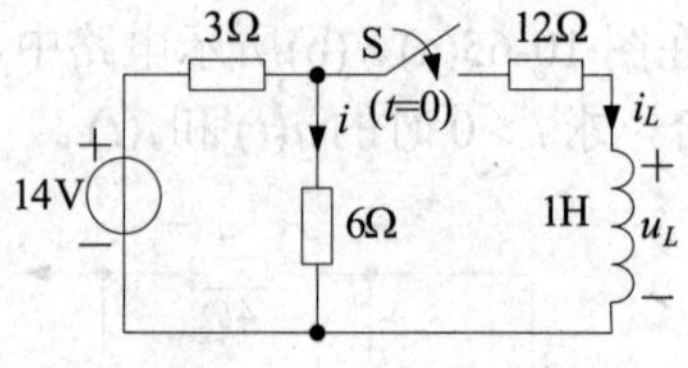

图 10-71　习题 10 图

11. 如图 10-72 所示电路，已知 $u_C(0_-)=0$，$t=0$ 时将开关 S 闭合，求 $t>0$ 时的 $i_C(t)$ 和 $u_R(t)$。

12. 如图 10-73 所示电路，已知 $i_L(0_-)=0$，$u_C(0_-)=0$，$t=0$ 时将开关 S 闭合，求 $t>0$ 时的 $i_C(t)$ 和 $i_L(t)$。

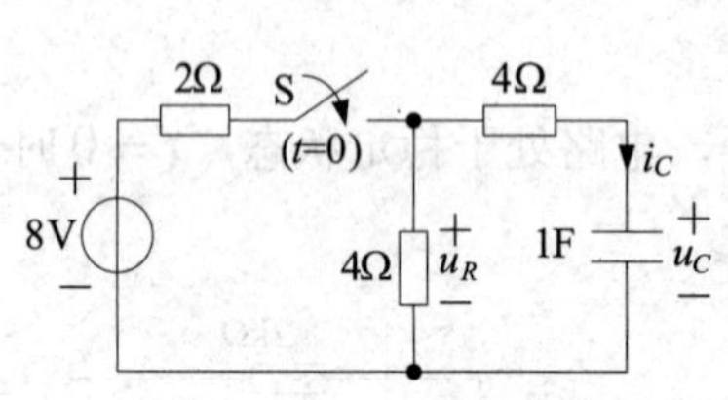

图 10-72　习题 11 图

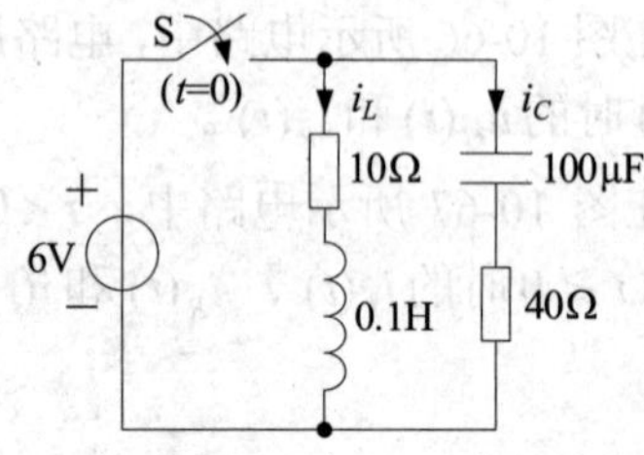

图 10-73　习题 12 图

13. 在图 10-74 所示电路中，开关 S 闭合前电容无初始储能，$t=0$ 时将开关 S 闭合，求 $t>0$ 时的 $u_C(t)$。

14. 在图 10-75 所示电路中，开关 S 动作前，电路已处于稳定状态，求开关 S 动作后的 $i_C(t)$ 和 $u_C(t)$。

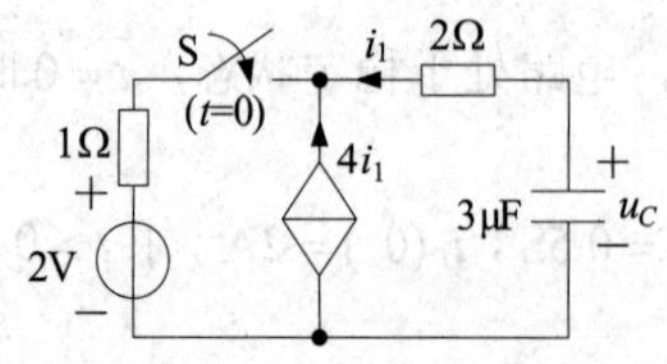

图 10-74　习题 13 图

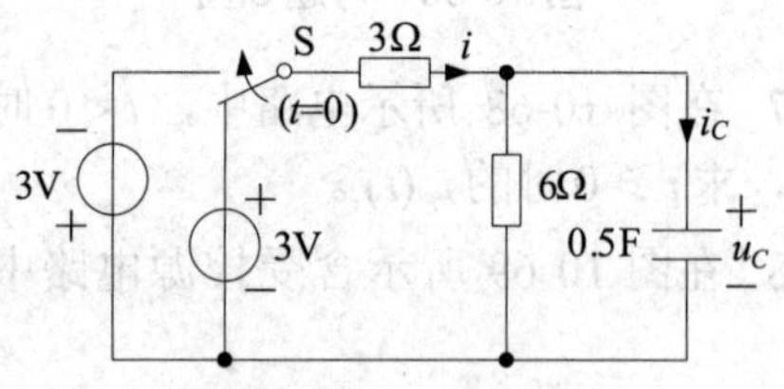

图 10-75　习题 14 图

15. 在图 10-76 所示电路中，电路原已处于稳定状态，$t=0$ 时将开关 S 闭合，试求 $i_L(t)$ 的全响应、零输入响应、零状态响应、暂态响应和稳态响应，并画出其波形。

16. 图 10-77 所示电路原已处于稳定状态，$t=0$ 时将开关 S 闭合，求 $t>0$ 时的 $i_L(t)$。

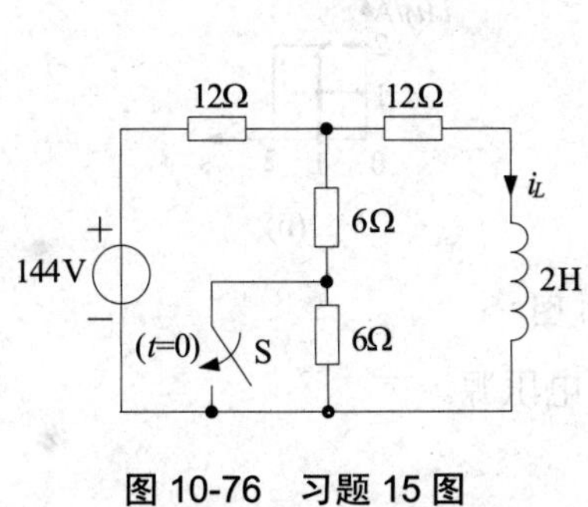

图 10-76　习题 15 图

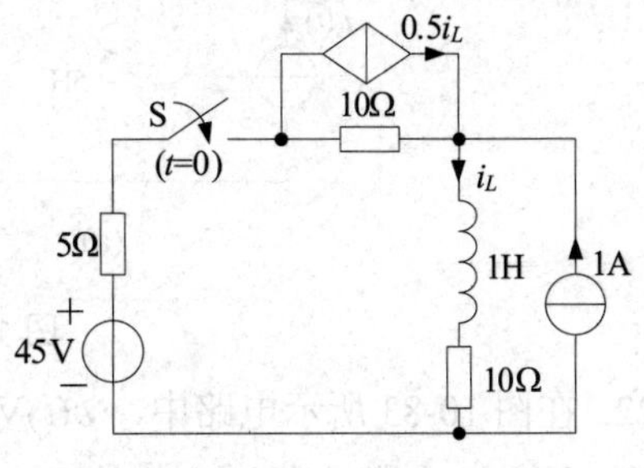

图 10-77　习题 16 图

17. 图 10-78 所示电路原已处于稳定状态，$t=0$ 时将开关 S 断开，求 $t>0$ 时的 $i_L(t)$。

18. 在图 10-79 所示电路中，电路原已处于稳定状态，$t=0$ 时将开关 S 由“1”倒向“2”，试求 $t>0$ 时的 $u_C(t)$，并画出其波形。

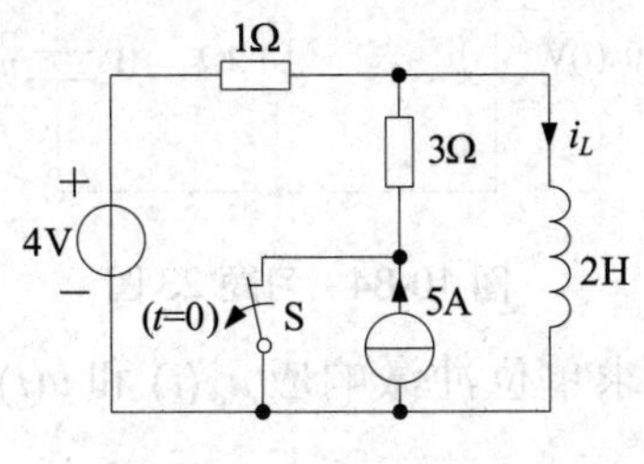

图 10-78　习题 17 图

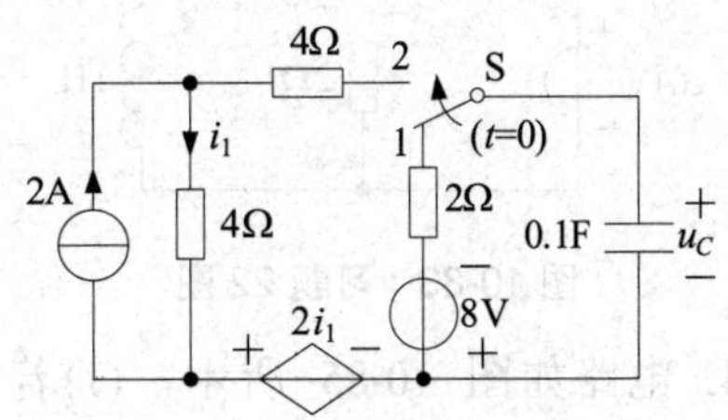

图 10-79　习题 18 图

19. 电路如图 10-80 所示，已知当 $i_s(t)=\varepsilon(t)\mathrm{A}$，$u_s(t)=0$ 时，$u_C(t)=\left(\dfrac{1}{2}\mathrm{e}^{-t}+2\right)\mathrm{V}$，$t\geqslant 0$；当 $i_s(t)=0$，$u_s(t)=\varepsilon(t)\mathrm{V}$ 时，$u_C(t)=\left(2\mathrm{e}^{-t}+\dfrac{1}{2}\right)\mathrm{V}$，$t\geqslant 0$。试求：

(1) R_1、R_2 和 C。

(2) 当 $i_s(t)=\varepsilon(t)\mathrm{A}$，$u_s(t)=\varepsilon(t)\mathrm{V}$ 时，$u_C(t)$ 的全响应。

20. 电路如图 10-81 所示，已知电容无初始储能，求当 i_s 给定为下列情况时的 $u_C(t)$ 和 $i_C(t)$：

(1) $i_s(t)=25\varepsilon(t)\mathrm{A}$。

(2) $i_s(t)=\delta(t)\mathrm{A}$。

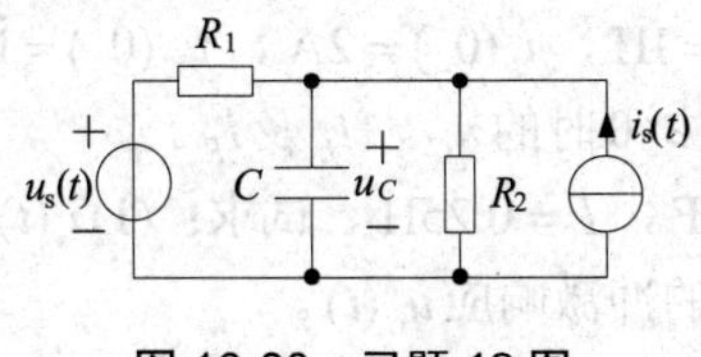

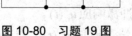

图 10-80　习题 19 图

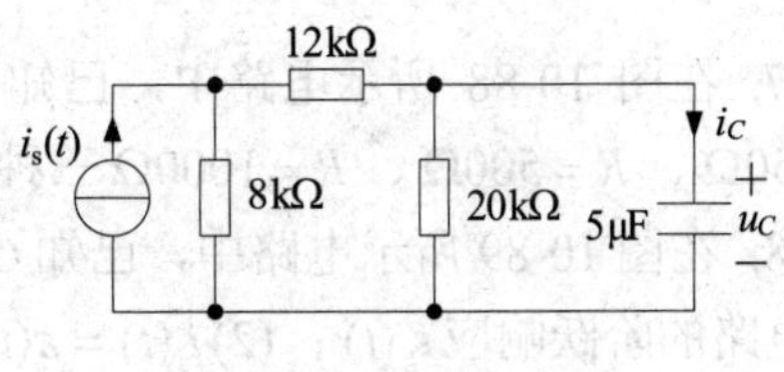

图 10-81　习题 20 图

21. 在图 10-82(a)所示电路中，电流源 $i_s(t)$ 的波形如图 10-82(b)所示。试求零状态响应 $u(t)$，并画出其波形。

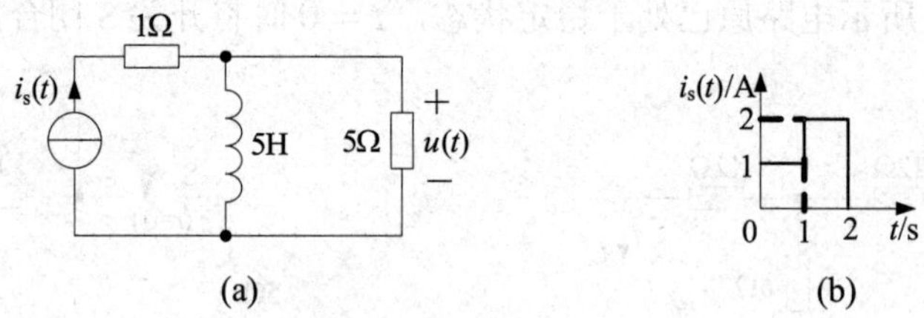

图 10-82　习题 21 图

22. 在图 10-83 所示电路中，$\varepsilon(t)$V 为单位阶跃电压源。

(1) $i_L(0_-)=0$ 时，求 $i_L(t)$ 及 $i(t)$；

(2) $i_L(0_-)=2\text{A}$ 时，求 $i_L(t)$ 及 $i(t)$。

23. 在图 10-84 所示电路中，在(1) $u_C(0_-)=0$；(2) $u_C(0_-)=5\text{V}$ 两种情况下，求响应 u_C。

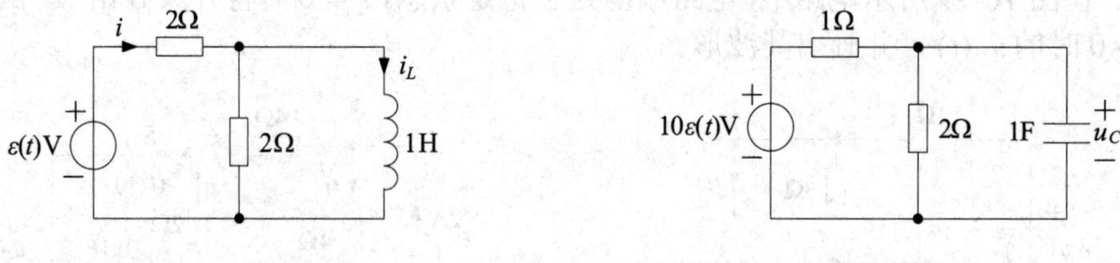

图 10-83　习题 22 图　　　　图 10-84　习题 23 图

24. 电路如图 10-85 所示，(1)若 $u_C(0_-)=0$，求单位冲激响应 $u_C(t)$ 和 $u(t)$。(2)若 $u_C(0_-)=2\text{V}$，再求 $u_C(t)$ 和 $u(t)$。

25. 电路如图 10-86 所示，若 $i_L(0_-)=0$，$u_s=[50\varepsilon(t)+2\delta(t)]\text{V}$，求 $t>0$ 时电感支路的电流 $i(t)$。

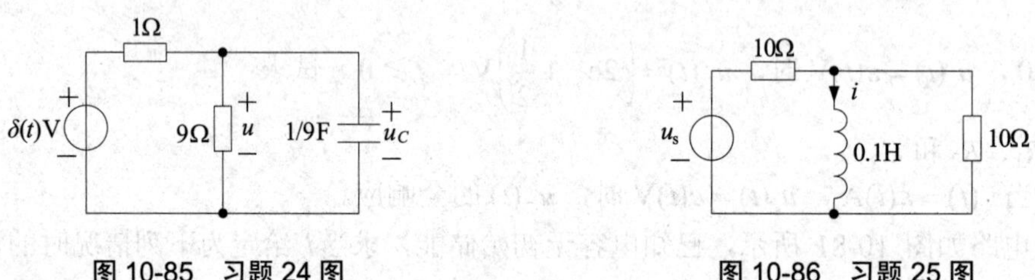

图 10-85　习题 24 图　　　　图 10-86　习题 25 图

26. 在图 10-87 所示电路中，已知 $C=1\mu\text{F}$，$L=1\text{H}$，$u_C(0_-)=10\text{V}$，$i_L(0_-)=2\text{A}$，开关 S 在 $t=0$ 时闭合。在 $R=4000\Omega$、$R=2000\Omega$、$R=1000\Omega$ 三种情况下，求 $t\geqslant 0$ 时的 u_C、i 及 u_L。

27. 在图 10-88 所示电路中，已知 $C=1\mu\text{F}$，$L=1\text{H}$，$i_L(0_-)=2\text{A}$，$u_C(0_-)=10\text{V}$。在 $R=250\Omega$、$R=500\Omega$、$R=1000\Omega$ 三种情况下，求 $t\geqslant 0$ 时的 u_C、i_L 及 i_R。

28. 在图 10-89 所示电路中，已知 $G=5\text{S}$，$C=1\text{F}$，$L=0.25\text{H}$、试求：(1) $i_s(t)=\varepsilon(t)\text{A}$ 时，电路的阶跃响应 $i_L(t)$；(2) $i_s(t)=\varepsilon(t)\text{A}$ 时，电路的冲激响应 $u_C(t)$。

29. 电路如图 10-90 所示，求当 u_s 给定为下列情况时的 $u_C(t)$。(1) $u_s=10\varepsilon(t)\text{V}$；

(2) $u_s = 10\delta(t)\text{V}$。

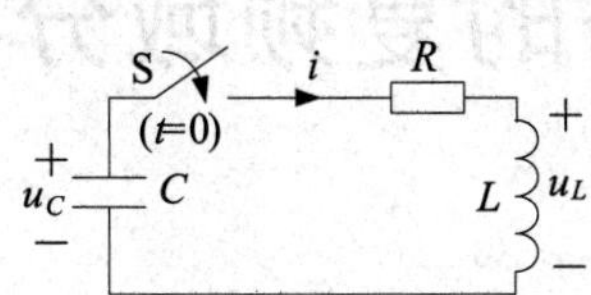

图 10-87　习题 26 图

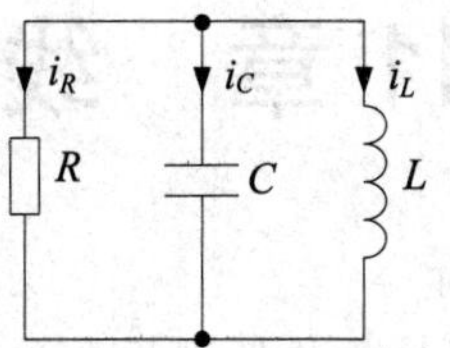

图 10-88　习题 27 图

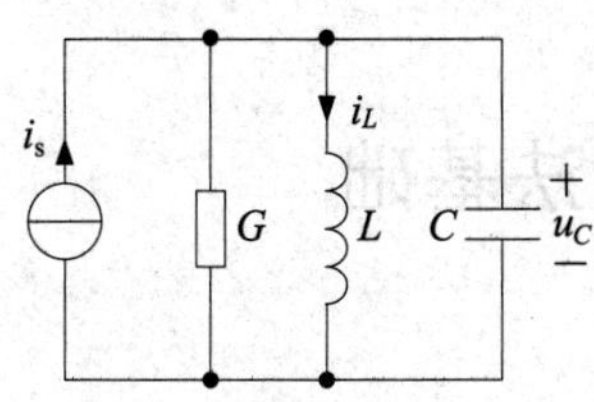

图 10-89　习题 28 图

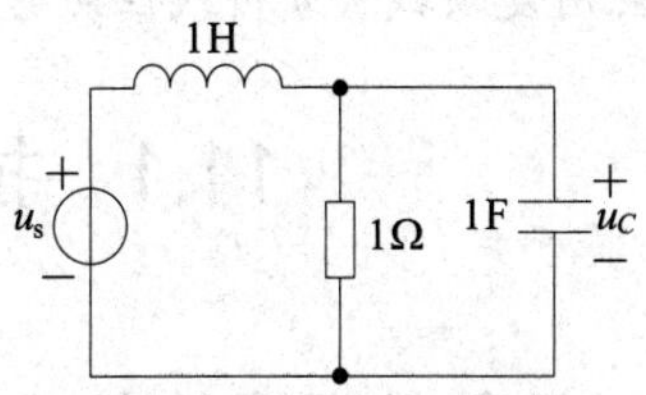

图 10-90　习题 29 图

第 11 章　线性动态电路的复频域分析

教学目标

(1) 了解拉普拉斯变换及反变换的定义、基本性质。

(2) 掌握电路元件的复频域模型及电路定律的复频域形式。

(3) 会用复频域法分析线性动态电路。

11.1　拉普拉斯变换法基础

11.1.1　拉普拉斯变换的定义

一个定义在区间［0，∞)内的函数 $f(t)$，如果满足下面两个条件：①满足狄利克雷条件(一般电子技术中遇到的函数都满足这个条件)；② $\left|f(t)\right| \leqslant M\mathrm{e}^{\sigma_0 t}$，式中 M，σ_0 为两个正的有限值常数。那么 $f(t)$拉普拉斯变换式总存在，且其定义为

$$F(s)=\int_{0_-}^{\infty} f(t)\mathrm{e}^{-st}\mathrm{d}t \tag{11-1}$$

式中，$s=\alpha+\mathrm{j}\omega$ 是一复数，称为复频率，$F(s)$ 称为 $f(t)$ 的象函数，$f(t)$ 称为 $F(s)$ 的原函数。

拉普拉斯变换简称为拉氏变换。式(11-1)记作 $\mathcal{L}[f(t)]=F(s)$，式中，$\mathcal{L}[\ ]$ 表示对方括号里的时域函数作拉氏正变换。

式(11-1)表明拉氏变换是一种积分变换。它是把原函数与 e^{-st} 的乘积从 $t=0_-$ 到 ∞ 对 t 进行积分，积分的结果不再是时间 t 的函数，而变成了复变量 s 的函数。所以拉氏正变换是把一个时间域内的函数 $f(t)$ 变换到复频域(s 域)内的复变函数 $F(s)$。正因为如此，用拉氏变换对电路进行分析的方法称为电路的复频域分析法，又称为运算法。

式(11-1)中积分下限 0_-，可以计及 $t=0$ 时 $f(t)$包含的冲激，从而给计算存在冲激函数电压和电流的电路带来方便。

如果象函数 $F(s)$ 为已知，则其对应的原函数为

$$f(t)=\frac{1}{2\pi\mathrm{j}}\int_{c-\mathrm{j}\infty}^{c+\mathrm{j}\infty} F(s)\mathrm{e}^{st}\mathrm{d}s \tag{11-2}$$

式中，c 为正的有限常数。式(11-2)记作 $\mathcal{L}^{-1}[F(s)]=f(t)$，式中，$\mathcal{L}^{-1}[\ ]$ 表示对方括号里的复变函数作拉氏反变换。

应用式(11-1)，可推导出几种常用函数的拉氏变换式。

(1) 单位阶跃函数 $\varepsilon(t)$，即

$$\begin{aligned}F(s)=\mathcal{L}[\varepsilon(t)]&=\int_{0_-}^{\infty}\varepsilon(t)\mathrm{e}^{-st}\mathrm{d}t=\int_{0_-}^{0_+}\varepsilon(t)\mathrm{e}^{-s\cdot 0}\mathrm{d}t+\int_{0_+}^{\infty}1\times\mathrm{e}^{-st}\mathrm{d}t\\&=\left(\frac{1}{-s}\mathrm{e}^{-st}\right)\Bigg|_{0_+}^{\infty}=\frac{1}{s}\end{aligned}$$

(2) 单位冲激函数 $\delta(t)$，即

$$F(s)=\mathbf{L}\,[\delta(t)]=\int_{0_-}^{\infty}\delta(t)\mathrm{e}^{-st}\mathrm{d}t=\int_{0_-}^{0_+}\delta(t)\mathrm{e}^{-s\cdot 0}\mathrm{d}t+\int_{0_+}^{\infty}0\times\mathrm{e}^{-st}\mathrm{d}t$$

$$=\int_{0_-}^{0_+}\delta(t)\mathrm{d}t=1$$

(3) 指数函数 $\mathrm{e}^{-\alpha t}$，即

$$F(s)=\mathbf{L}\left[\mathrm{e}^{-\alpha t}\right]=\int_{0_-}^{\infty}\mathrm{e}^{-\alpha t}\mathrm{e}^{-st}\mathrm{d}t=\int_{0_-}^{\infty}\mathrm{d}^{-(s-\alpha)t}\mathrm{d}t=\frac{1}{-(s-\alpha)}\mathrm{e}^{-(s-\alpha)t}\Bigg|_{0_-}^{\infty}$$

$$=\frac{1}{s-\alpha}$$

式中，α 可为实数、复数或虚数。其他常用函数的象函数将在下面结合拉普拉斯变换的性质求出。

11.1.2 拉普拉斯变换的基本性质

拉普拉斯变换的基本性质是电路的 s 域分析的重要基础。虽然，由定义式(11-1)可求出函数 $f(t)$的象函数，但实际应用中较为简便的方法是在掌握了一些常用函数的拉普拉斯变换对的基础上，再利用拉普拉斯变换的基本性质求出更为复杂函数的变换式。下面介绍拉普拉斯变换常用的一些基本性质。

1. 线性性质

若 $\mathbf{L}\,[f_1(t)]=F_1(s)$，$\mathbf{L}\,[f_2(t)]=F_2(s)$，则有

$$\mathbf{L}\,[Af_1(t)\pm Bf_2(t)]=AF_1(s)\pm BF_2(s) \tag{11-3}$$

式中，A、B 为任意常数。

证明： $\mathbf{L}\,[Af_1(t)\pm Bf_2(t)]=\int_{0_-}^{\infty}[Af_1(t)\pm Bf_2(t)]\mathrm{e}^{-st}\mathrm{d}t$

$$=\int_{0_-}^{\infty}Af_1(t)\mathrm{e}^{-st}\mathrm{d}t\pm\int_{0_-}^{\infty}Bf_2(t)\mathrm{e}^{-st}\mathrm{d}t=AF_1(s)\pm BF_2(s)$$

利用线性性质可以求出一些常用函数的象函数。

【例 11-1】 若下列函数定义域为［0，∞)，求它们的象函数。

(1) $f(t)=\sin(\omega t)$。

(2) $f(t)=\cos(\omega t)$。

(3) $f(t)=K(1-\mathrm{e}^{-\alpha t})$。

解： 根据欧拉公式

$$\sin(\omega t)=\frac{\mathrm{e}^{\mathrm{j}\omega t}-\mathrm{e}^{-\mathrm{j}\omega t}}{2\mathrm{j}}$$

$$\cos(\omega t)=\frac{\mathrm{e}^{\mathrm{j}\omega t}+\mathrm{e}^{-\mathrm{j}\omega t}}{2}$$

利用线性性质可得

(1) $\mathbf{L}\,[\sin(\omega t)]=\mathbf{L}\left[\frac{1}{2\mathrm{j}}(\mathrm{e}^{\mathrm{j}\omega t}-\mathrm{e}^{-\mathrm{j}\omega t})\right]=\frac{1}{2\mathrm{j}}\left(\frac{1}{s-\mathrm{j}\omega}-\frac{1}{s+\mathrm{j}\omega}\right)=\frac{\omega}{s^2+\omega^2}$

(2) $\mathbf{L}\,[\cos(\omega t)]=\mathbf{L}\left[\frac{1}{2}(\mathrm{e}^{\mathrm{j}\omega t}+\mathrm{e}^{-\mathrm{j}\omega t})\right]=\frac{1}{2\mathrm{j}}\left(\frac{1}{s-\mathrm{j}\omega}+\frac{1}{s+\mathrm{j}\omega}\right)=\frac{s}{s^2-\omega^2}$

(3) $\mathcal{L}\,[K(1-\mathrm{e}^{-\alpha t})]=\mathcal{L}\,[K]-\mathcal{L}\,[K\mathrm{e}^{-\alpha t}]=\dfrac{K}{s}-\dfrac{K}{s+\alpha}=\dfrac{K\alpha}{s(s+\alpha)}$

2. 微分性质

若$\mathcal{L}\left[f(t)\right]=F(s)$，则有

$$\mathcal{L}\left[\frac{\mathrm{d}f(t)}{\mathrm{d}t}\right]=sF(s)-f(0_-) \tag{11-4}$$

式中，$f(0_-)$为$f(t)$在$t=0_-$的初始值。若$f(t)$在$t=0$处不连续，则$f(0_-)\neq f(0_+)$。

证明：应用分部积分法，有

$$\begin{aligned}\mathcal{L}\left[\frac{\mathrm{d}f(t)}{\mathrm{d}t}\right]&=\int_{0_-}^{\infty}\frac{\mathrm{d}f(t)}{\mathrm{d}t}\mathrm{e}^{-st}\mathrm{d}t\\&=f(t)\mathrm{e}^{-st}\Big|_{0-}^{\infty}-\int_{0_-}^{\infty}f(t)(-s)\mathrm{e}^{-st}\mathrm{d}t\\&=f(\infty)\mathrm{e}^{-s\cdot\infty}-f(0_-)+s\int_{0_-}^{\infty}f(t)\mathrm{e}^{-st}\mathrm{d}t\\&=sF(s)-f(0_-)\end{aligned}$$

同理，有

$$\mathcal{L}\left[\frac{\mathrm{d}f^2(t)}{\mathrm{d}t^2}\right]=\mathcal{L}\left[\frac{\mathrm{d}f'(t)}{\mathrm{d}t}\right]=sF'(s)-f'(0_-)$$

式中，$f'(0_-)=\dfrac{\mathrm{d}f(t)}{\mathrm{d}t}\Big|_{0_-}$，$F'(s)=\mathcal{L}\left[\dfrac{\mathrm{d}f(t)}{\mathrm{d}t}\right]=sF(s)-f(0_-)$。

以此类推，可导出$f(t)$的n阶导数的象函数为

$$\mathcal{L}\left[\frac{\mathrm{d}f^n(t)}{\mathrm{d}t^n}\right]=s^nF(s)-\sum_{m=0}^{n-1}s^{n-m-1}f^m(0_-) \tag{11-5}$$

式中，$f^m(0_-)=\dfrac{\mathrm{d}f^m(t)}{\mathrm{d}t^m}\Big|_{0_-}$。

【例 11-2】应用微分性质求下列函数的象函数：

(1) $f(t)=\cos(\omega t)$。

(2) $f(t)=\delta(t)$。

解：(1) 由于 $\dfrac{\mathrm{d}\sin(\omega t)}{\mathrm{d}t}=\omega\cos(\omega t)$，$\cos(\omega t)=\dfrac{1}{\omega}\dfrac{\mathrm{d}\sin(\omega t)}{\mathrm{d}t}$，而$\mathcal{L}\,[\sin(\omega t)]=\dfrac{\omega}{s^2+\omega^2}$(例 11-1 中已求得)，所以有

$$\begin{aligned}\mathcal{L}\,[\cos(\omega t)]&=\mathcal{L}\left[\frac{1}{\omega}\frac{\mathrm{d}}{\mathrm{d}t}\sin(\omega t)\right]=\frac{1}{\omega}\left(s\frac{\omega}{s^2+\omega^2}-0\right)\\&=\frac{s}{s^2+\omega^2}\end{aligned}$$

(2) 由于$\delta(t)=\dfrac{\mathrm{d}}{\mathrm{d}t}\varepsilon(t)$，而$\mathcal{L}\,[\varepsilon(t)]=\dfrac{1}{s}$，所以有

$$\mathcal{L}\,[\varepsilon(t)]=\mathcal{L}\left[\frac{\mathrm{d}}{\mathrm{d}t}\varepsilon(t)\right]=s\cdot\frac{1}{s}-0=1$$

此结果与用定义变换所得结果完全相同。

3. 积分性质

若**L** $[f(t)]=F(s)$，则有

$$\mathbf{L}\left[\int_{0_-}^{t} f(\tau)\mathrm{d}\tau\right]=\frac{F(s)}{s} \tag{11-6}$$

证明：应用分部积分法，有

$$\begin{aligned}\mathbf{L}\left[\int_{0_-}^{t} f(\tau)\mathrm{d}\tau\right] &= \int_{0_-}^{\infty}\left[\int_{0_-}^{t} f(\tau)\mathrm{d}\tau\right]\mathrm{e}^{-st}\mathrm{d}t \\ &= \frac{\mathrm{e}^{-st}}{-s}\left[\int_{0_-}^{t} f(\tau)\mathrm{d}\tau\right]\Bigg|_{0_-}^{\infty} - \int_{0_-}^{\infty} f(t)\frac{\mathrm{e}^{-st}}{-s}\mathrm{d}t \\ &= \frac{\mathrm{e}^{-s\cdot\infty}}{-s}\int_{0_-}^{t} f(\tau)\mathrm{d}\tau + \frac{1}{s}\int_{0_-}^{\infty} f(t)\mathrm{e}^{-st}\mathrm{d}t \\ &= \frac{F(s)}{s} + \frac{\mathrm{e}^{-s\cdot\infty}}{-s}\left[\int_{0_-}^{t} f(\tau)\mathrm{d}\tau\right]\end{aligned}$$

只要 s 的实部为正值且足够大，则 $\dfrac{\mathrm{e}^{-s\cdot\infty}}{-s}\left[\int_{0_-}^{t} f(\tau)f\mathrm{d}\tau\right]=0$，所以有

$$\mathbf{L}\left[\int_{0-}^{t} f(\tau)\mathrm{d}\tau\right]=\frac{F(s)}{s}$$

【例 11-3】利用积分性质求下列函数的象函数：

(1) $f(t)=t$。

(2) $f(t)=\dfrac{1}{2}t^2$。

解：

(1) 由于 $f(t)=t=\int_{0_-}^{t}\varepsilon(\tau)\mathrm{d}\tau$，而**L** $[\varepsilon(t)]=\dfrac{1}{s}$，所以有

$$\mathbf{L}[t]=\mathbf{L}\left[\int_{0_-}^{t}\varepsilon(\tau)\mathrm{d}\tau\right]=\frac{1}{s}\frac{1}{s}=\frac{1}{s^2}$$

(2) 由于 $f(t)=\dfrac{1}{2}t^2=\int_{0_-}^{t}\tau\mathrm{d}\tau$，而**L** $[t]=\dfrac{1}{s^2}$，所以有

$$\mathbf{L}\left[\frac{1}{2}t^2\right]=\mathbf{L}\left[\int_{0_-}^{t}\tau\mathrm{d}\tau\right]=\frac{1}{s^2}\frac{1}{s}=\frac{1}{s^3}$$

4. 延迟性质

若**L** $[f(s)]=F(s)$，则有

$$\mathbf{L}[f(t-t_0)\varepsilon(t-t_0)]=\mathrm{e}^{-st_0}F(s) \tag{11-7}$$

证明：

$$\begin{aligned}\mathbf{L}[f(t-t_0)] &= \int_{0_-}^{\infty} f(t-t_0)\mathrm{e}^{-st}\,\mathrm{d}t \\ &= \int_{-t_0}^{\infty} f(\tau)\mathrm{e}^{-s(\tau+t_0)}\mathrm{d}\tau \\ &= \int_{-t_0}^{0_-} f(\tau)\mathrm{e}^{-s(\tau+t_0)}\mathrm{d}\tau + \mathrm{e}^{-st_0}\int_{0-}^{\infty} f(\tau)\mathrm{e}^{-s\tau}\mathrm{d}\tau \\ &= \mathrm{e}^{-st_0}F(s)\end{aligned}$$

【例 11-4】求图 11-1 所示矩形脉冲的象函数。

解：图 11-1 所示矩形脉冲可表示为

$$f(t)=A[\varepsilon(t-\tau_1)-\varepsilon(t-\tau_2)]$$

则

$$\mathbf{L}[f(t)]=\mathbf{L}\{A[\varepsilon(t-\tau_1)-\varepsilon(t-\tau_2)]\}$$

$$=A\mathrm{e}^{-s\tau_1}\frac{1}{s}-A\mathrm{e}^{-s\tau_2}\frac{1}{s}$$

$$=\frac{A}{s}(\mathrm{e}^{-s\tau_1}-\mathrm{e}^{-s\tau_2})$$

【例 11-5】已知电压 $u(t)$的波形如图 11-2 所示，求 $u(t)$的拉普拉斯象函数 $U(s)$。

解：根据图 11-2，写出 $u(t)$的函数式为

$$u(t)=U_0\varepsilon(t)-2U_0\varepsilon(t-\tau)+U_0\varepsilon(t-2\tau)$$

对上式进行拉普拉斯变换，并应用线性性质与延迟性质，得

$$\mathbf{L}[u(t)]=U_0\mathbf{L}[\varepsilon(t)]-2U_0\mathbf{L}[\varepsilon(t)]\mathrm{e}^{-s\tau}\mathbf{L}+U_0\mathbf{L}[\varepsilon(t)]\mathrm{e}^{-s2\tau}$$

因而

$$U(s)=U_0\cdot\frac{1}{s}-2U_0\mathrm{e}^{-s\tau}\frac{1}{s}+U_0\mathrm{e}^{-2s\tau}\frac{1}{s}=\frac{U_0}{s}(1-2\mathrm{e}^{-s\tau}+\mathrm{e}^{-2s\tau})$$

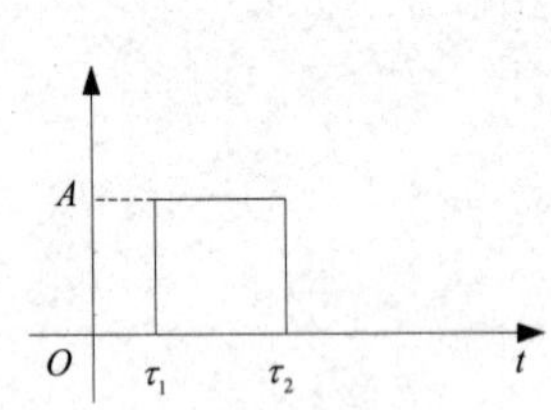

图 11-1 例 11-4 图

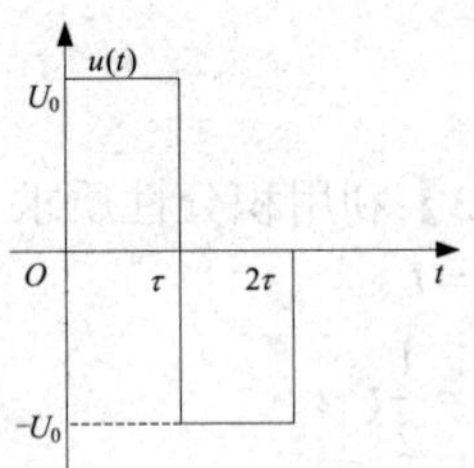

图 11-2 例 11-5 图

根据上述拉普拉斯变换的定义和性质，可以方便地求出一些常用时间函数的象函数，如表 11-1 所示。

表 11-1 常用函数的拉普拉斯变换表

原函数 $f(t)$	象函数 $F(s)$	原函数 $f(t)$	象函数 $F(s)$
$\varepsilon(t)$	$\frac{1}{s}$	A	$\frac{A}{s}$
t	$\frac{1}{s^2}$	t^n (n 为正整数)	$\frac{n!}{s^{n+1}}$
$\delta(t)$	1	$1-\mathrm{e}^{-\alpha t}$	$\frac{\alpha}{s(s+\alpha)}$
$\mathrm{e}^{-\alpha t}$	$\frac{1}{s+\alpha}$	$(1-\alpha t)\mathrm{e}^{-\alpha t}$	$\frac{s}{(s+\alpha)^2}$
$t\mathrm{e}^{-\alpha t}$	$\frac{1}{(s+\alpha)^2}$	$\frac{1}{n!}t^n\mathrm{e}^{-\alpha t}$	$\frac{1}{(s+\alpha)^{n+1}}$

续表

原函数 $f(t)$	象函数 $F(s)$	原函数 $f(t)$	象函数 $F(s)$
$\sin(\omega t)$	$\dfrac{\omega}{s^2+\omega^2}$	$\cos(\omega t)$	$\dfrac{s}{s^2+\omega^2}$
$e^{-\alpha t}\sin(\omega t)$	$\dfrac{\omega}{(s+\alpha)^2+\omega^2}$	$e^{-\alpha t}\cos(\omega t)$	$\dfrac{s+\alpha}{(s+\alpha)^2+\omega^2}$
$\sin(\omega t+\phi)$	$\dfrac{s\sin\phi+\omega\cos\phi}{s^2+\omega^2}$	$\cos(\omega t+\phi)$	$\dfrac{s\cos\phi-\omega\sin\phi}{s^2+\omega^2}$

11.1.3　拉普拉斯反变换的计算

应用复频域分析方法求解线性线路的时域时，应首先把时域电路变换到复频域中，在复频域中可以求出响应的象函数，然后将响应的象函数经过拉普拉斯反变换变换为时域函数。拉普拉斯反变换可用其定义式(11-2)求得，但需要计算一个复变函数的积分，一般比较复杂，在求解线性线路时此方法不太实用，为此应寻求一种简便而实用的方法。对于比较简单的象函数，可从表 11-1 中查出其原函数。对于不能从表 11-1 中查到的情况，就需要设法把复杂象函数分解为若干项较简单的象函数之和，每项简单的象函数能够从表 11-1 中查到，这样就可以查出各项对应的原函数，而它们之和即为所求象函数所对应的原函数。这种方法称为部分分式展开法，或称为分解定理。线性电路响应的象函数通常可以表示为两个实系数为 s 的多项式之比，即 s 的一个有理分式

$$F(s)=\frac{N(s)}{D(s)}=\frac{a_0s^m+a_1s^{m-1}+\cdots+a_m}{b_0s^n+b_1s^{n-1}+\cdots+b_n} \tag{11-8}$$

式中，m 和 n 为正整数，且 $n\geqslant m$。

用部分分式展开法分解有理分式 $F(s)$时，若 $F(s)$不是真分式，则需要把 $F(s)$化为真分式。若 $n>m$，则 $F(s)$为真分式。若 $n=m$，则有

$$F(s)=A+\frac{N_0(s)}{D(s)}$$

式中，$\dfrac{N_0(s)}{D(s)}$是真分式，A 是一个常数，其对应的原函数(时间函数)为冲激函数 $A\delta(t)$。

用部分分式展开真分式时，需要对分母多项式作因式分解，这需要先求出 $D(s)=0$ 的根。$D(s)=0$ 的根可能是单根、共轭复根和重根几种情况。

1. $D(s)=0$ 具有 n 个单根的情况

设 n 个单根分别用 p_1、p_2、…、p_n 表示，则 $F(s)$可以展开为

$$F(s)=\frac{K_1}{s-p_1}+\frac{K_2}{s-p_2}+\cdots+\frac{K_n}{s-p_n} \tag{11-9}$$

式中，K_1、K_2、…、K_n 是待定系数。

将式(11-9)两边同乘以$(s-p_1)$，得

$$(s-p_1)F(s)=K_1+(s-p_1)\left(\frac{K_2}{s-p_2}+\cdots+\frac{K_n}{s-p_n}\right)$$

令 $s=p_1$，则等号右边除第一项外都变为零，于是求得

$$K_1=[(s-p_1)F(s)]\Big|_{s=p_1}$$

同理，可求得 K_2、…、K_n 为

$$K_2=[(s-p_2)F(s)]\Big|_{s=p_2}$$

$$\vdots$$

$$K_n=[(s-p_n)F(s)]\Big|_{s=p_n}$$

所以式(11-9)中各待定系数的计算公式为

$$K_i=[(s-p_i)F(s)]\Big|_{s=p_i}\qquad i=1，2，\cdots，n \tag{11-10}$$

若将 $F(s)=\dfrac{N(s)}{D(s)}$ 代入式(11-10)中，当 $s=p_i$ 时，式(11-10)将为 $\dfrac{0}{0}$ 的不定式，可用求极根的方法确定 K_i 的值，即

$$K_i=\lim_{s\to p_i}\frac{(s-p_i)N(s)}{D(s)}=\lim_{s\to p_i}\frac{(s-p_i)N'(s)+N(s)}{D'(s)}=\frac{N(p_i)}{D'(p_i)} \tag{11-11}$$

可见，式(11-11)为确定式(11-9)中各系数的另一种计算公式，即

$$K_i=\frac{N(s)}{D'(s)}\Big|_{s=p_i}\qquad i=1，2，\cdots，n \tag{11-12}$$

当求出各待定系数后，查表 11-1 即可求出相应的原函数为

$$\begin{aligned}f(t)=\mathbf{L}^{-1}[F(s)]&=\mathbf{L}^{-1}\left[\frac{K_1}{s-p_1}+\frac{K_2}{s-p_2}+\cdots+\frac{K_n}{s-p_n}\right]\\&=\sum_{i=1}^{n}K_i\mathrm{e}^{p_it}\\&=\sum_{i=1}^{n}\frac{N(p_i)}{D'(p_i)}\mathrm{e}^{p_it}\qquad i=1，2，\cdots，n\end{aligned} \tag{11-13}$$

【例 11-6】求 $F(s)=\dfrac{s+48}{s^3+14s^2+48s}$ 的原函数 $f(t)$。

解：因为 $F(s)=\dfrac{s+48}{s^3+14s^2+48s}=\dfrac{s+48}{s(s+6)(s+8)}=\dfrac{K_1}{s}+\dfrac{K_2}{s+6}+\dfrac{K_3}{s+8}$，所以 $D(s)=0$ 的根为

$$p_1=0,\quad p_2=-6,\quad p_3=-8$$

根据式(11-10)可求出各待定系数为

$$K_1=[sF(s)]\Big|_0=\frac{s+48}{(s+6)(s+8)}\Big|_0=1$$

$$K_2=[(s+6)F(s)]\Big|_{s=-6}=\frac{s+48}{s(s+8)}\Big|_{s=-6}=-3.5$$

$$K_3=[(s+8)F(s)]\Big|_{s=-8}=\frac{s+48}{s(s+6)}\Big|_{s=-8}=2.5$$

或者根据式(11-12)求出各待定系数为

$$K_1=\frac{N(s)}{D'(s)}\Big|_{s=0}=\frac{s+48}{3s^2+28s+48}\Big|_{s=0}=1$$

$$K_2=\frac{N(s)}{D'(s)}\Big|_{s=-6}=\frac{s+48}{3s^2+28s+48}\Big|_{s=-6}=-3.5$$

$$K_3=\frac{N(s)}{D'(s)}\Big|_{s=-8}=\frac{s+48}{3s^2+28s+48}\Big|_{s=-8}=2.5$$

则有

$$F(s)=\frac{1}{s}+\frac{-3.5}{s+6}+\frac{2.5}{s+8}$$

查表 11-1 可得出

$$f(t)=\mathcal{L}^{-1}[F(s)]=1-3.5\mathrm{e}^{-6t}+2.5\mathrm{e}^{-8t}$$

2. $D(s)=0$ 具有共轭复根 $p_1=\alpha+\mathrm{j}\omega$， $p_1=\alpha-\mathrm{j}\omega$ 的情况

其待定系数为

$$K_1=[(s-\alpha-\mathrm{j}\omega)F(s)]\Big|_{s=\alpha+\mathrm{j}\omega}=\frac{N(s)}{D'(s)}\Big|_{s=\alpha+\mathrm{j}\omega}$$

$$K_2=[(s-\alpha+\mathrm{j}\omega)F(s)]\Big|_{s=\alpha-\mathrm{j}\omega}=\frac{N(s)}{D'(s)}\Big|_{s=\alpha-\mathrm{j}\omega}$$

由于 $F(s)=\dfrac{N(s)}{D(s)}$ 是关于 s 的实系数多项式之比，故 K_1、K_2 为共轭复数。设 $K_1=|K_1|\mathrm{e}^{\mathrm{j}\theta_1}$，$K_2=|K_1|\mathrm{e}^{-\mathrm{j}\theta_1}$，则有

$$\begin{aligned}f(t)&=K_1\mathrm{e}^{(\alpha+\mathrm{j}\omega)t}+K_2\mathrm{e}^{(\alpha-\mathrm{j}\omega)t}\\&=|K_1|\mathrm{e}^{\mathrm{j}\theta_1}\mathrm{e}^{(\alpha+\mathrm{j}\omega)t}+|K_1|\mathrm{e}^{-\mathrm{j}\theta_1}\mathrm{e}^{(\alpha-\mathrm{j}\omega)t}\\&=|K_1|\mathrm{e}^{\alpha t}\mathrm{e}^{\mathrm{j}(\omega t+\theta_1)t}+\mathrm{e}^{-\mathrm{j}(\omega t+\theta_1)}\\&=2|K_1|\mathrm{e}^{\alpha t}\cos(\omega t+\theta_1)\end{aligned}\tag{11-14}$$

【例 11-7】 求 $F(s)=\dfrac{s}{s^2+2s+5}$ 的原函数。

解： 令 $D(s)=0$，求得其根为 $p_1=-1+\mathrm{j}2$， $p_1=-1-\mathrm{j}2$ 。

$$\begin{aligned}K_1&=\frac{N(s)}{D'(s)}\Big|_{s=p_1}=\frac{s}{2s+2}\Big|_{s=p_1}=\frac{-1+\mathrm{j}2}{\mathrm{j}4}\\&=\frac{1}{4}(2+\mathrm{j})=0.5+\mathrm{j}0.25=0.559-\angle 26.57^\circ\\K_2&=K_1=0.559\angle-26.57^\circ\end{aligned}$$

根据式(11-14)得

$$f(t)=2\times0.559\mathrm{e}^{-t}\cos(2t+26.57^{\circ})=1.1\mathrm{e}^{-t}\cos(2t+26.57^{\circ})$$

3. $D(s)=0$ 具有重根的情况

此时 $D(s)$应含 $(s-p_1)^n$ 的因式。设 $D(s)$中含有 $(s-p_1)^3$ 的因式，p_1 为 $D(s)=0$ 的三重根，其余为单根，$F(s)$可分解为

$$F(s)=\frac{K_{13}}{s-p_1}+\frac{K_{12}}{(s-p_1)^2}+\frac{K_{11}}{(s-p_1)^3}+\left(\frac{K_2}{s-p_2}+\frac{K_3}{s-p_3}+\cdots\right) \tag{11-15}$$

对于单根的待定系数 K_2、K_3、…，可采用 $K_i=\left.\frac{N(s)}{D'(s)}\right|_{s=p_i}$ 或 $K_i=\left.[(s-p_i)F(s)]\right|_{s=p_i}$ 公式计算。K_{11}、K_{12}、K_{13} 的确定方法如下：

在式(11-15)两边同乘以 $(s-p_1)^3$，则 K_{11} 被分离出来，即

$$(s-p_1)^3F(s)=(s-p_1)^2K_{13}+(s-p_1)K_{12}+K_{11}+(s-p_1)^3\left(\frac{K_2}{s-p_2}+\frac{K_3}{s-p_3}+\cdots\right)$$

则有

$$K_{11}=\left.\left[(s-p_1)^3F(s)\right]\right|_{s=p_1} \tag{11-16}$$

再对式(11-16)两边求导一次，K_{12} 被分离出来，得

$$\frac{\mathrm{d}\left[(s-p_1)^3F(s)\right]}{\mathrm{d}s}=2(s-p_1)K_{13}+K_{12}+\frac{\mathrm{d}}{\mathrm{d}s}\left[(s-p_1)^3\left(\frac{K_2}{s-p_2}+\frac{K_3}{s-p_3}+\cdots\right)\right]$$

$$K_{12}=\left.\frac{\mathrm{d}}{\mathrm{d}s}\left[(s-p1)^3F(s)\right]\right|_{s=p_1}$$

用同样的方法，得

$$\frac{\mathrm{d}^2}{\mathrm{d}s_2}\left[(s-p_1)^3F(s)\right]=2K_{13}+\frac{\mathrm{d}^2}{\mathrm{d}s^2}\left[(s-p_1)^3\left(\frac{K_2}{s-p_2}+\frac{K_{\downarrow}}{s-p_3}+\cdots\right)\right]$$

则

$$K_{13}=\left.\frac{1}{2}\frac{\mathrm{d}^2}{\mathrm{d}s^2}\left[(s-p_1)^3F(s)\right]\right|_{s=p_1}$$

从以上分析过程可以推论得出当 $D(s)=0$ 具有 q 阶重根，其余为单根时 $F(s)$的分解式为

$$F(s)=\frac{K_{1q}}{s-p_1}+\frac{K_{1(q-1)}}{(s-p_1)^2}+\cdots+\frac{K_{11}}{(s-p_1)^q}+\left(\frac{K_2}{s-p_2}+\frac{K_3}{s-p_3}+\cdots\right)$$

式中各待定系数为

$$K_{11}=\left.\left[(s-p_1)^qF(s)\right]\right|_{s=p_1}$$

$$K_{12}=\left.\frac{\mathrm{d}}{\mathrm{d}s}\left[(s-p_1)^qF(s)\right]\right|_{s=p_1}$$

$$K_{13}=\left.\frac{1}{2}\frac{\mathrm{d}^2}{\mathrm{d}s^2}\left[(s-p_1)^qF(s)\right]\right|_{s=p_1}$$

$$\vdots$$

$$K_{1q}=\frac{1}{(q-1)!}\frac{\mathrm{d}^{q-1}}{\mathrm{d}s^{q-1}}\left[(s-p_1)^q F(s)\right]\Big|_{s=p_1} \tag{11-17}$$

$$K_2=[(s-p_2)F(s)]\Big|_{s=p_2}=\frac{N(s)}{D'(s)}\Big|_{s=p_2}$$

$$K_3=[(s-p_3)F(s)]\Big|_{s=p_3}=\frac{N(s)}{D'(s)}\Big|_{s=p_3}$$

【例 11-8】已知$F(s)=\dfrac{s+4}{(s+2)^3(s+1)}$，求它的原函数$f(t)$。

解：令$D(s)=(s+2)^3(s+1)=0$，有$p_1=-2$，$q=3$，即有一个$p_1=-2$的三个重根，$p_2=-1$为单根。于是$F(s)$可分解为

$$F(s)=\frac{K_{11}}{(s+2)^3}+\frac{K_{12}}{(s+2)^2}+\frac{K_{13}}{s+2}+\frac{K_2}{s+1}$$

根据式(11-17)，可得到

$$K_{11}=\left[(s+2)^3F(s)\right]\Big|_{s=-2}=\frac{s+4}{s+1}\Big|_{s=-2}=-2$$

$$K_{12}=\frac{\mathrm{d}}{\mathrm{d}s}\left[(s+2)^3F(s)\right]\Big|_{s=-2}=\frac{-3}{(s+1)^2}\Big|_{s=-2}=-3$$

$$K_{13}=\frac{1}{2}\frac{\mathrm{d}^2}{\mathrm{d}s^2}\left[(s+2)^3F(s)\right]\Big|_{s=-2}=\frac{3}{(s+1)^3}\Big|_{s=-2}=-3$$

根据式(11-10)，可得

$$K_2=[(s+2)F(s)]\Big|_{s=-1}=\frac{s+4}{(s+2)^3}\Big|_{s=-1}=3$$

所以

$$F(s)=\frac{-2}{(s+2)^3}+\frac{-3}{(s+2)^2}+\frac{-3}{s+2}+\frac{3}{s+1}$$

查表 11-1 可得出相应的原函数为

$$f(t)=-3\mathrm{e}^{-2t}-3t\mathrm{e}^{-2t}-2t^2\mathrm{e}^{-2t}+3\mathrm{e}^{-t}$$

值得注意的是，如果$D(s)=0$有多个重根时，则应对每个重根的待定系数分别用式(11-17)求出。

【例 11-9】求$F(s)=\dfrac{1}{(s+1)^3(s+2)s^2}$的原函数$f(t)$。

解：令$D(s)=(s+1)^3(s+2)s^2=0$，有$p_1=-1$为三重根，$p_2=0$为二重根，$p_3=-2$为单根，所以$F(s)$可分解为

$$F(s)=\frac{K_{13}}{s+1}+\frac{K_{12}}{(s+1)^2}+\frac{K_{11}}{(s+1)^3}+\frac{K_{22}}{s}+\frac{K_{21}}{s^2}+\frac{K_3}{s+2}$$

各待定系数求解：

$$K_{11}=\left[(s+1)^3F(s)\right]\Big|_{s=-1}=\frac{1}{(s+2)s^2}\Big|_{s=-1}=1$$

$$K_{12}=\frac{\mathrm{d}}{\mathrm{d}s}\left[(s+1)^3F(s)\right]\bigg|_{s=-1}=\frac{\mathrm{d}}{\mathrm{d}s}\left[\frac{1}{(s+2)s^2}\right]\bigg|_{s=-1}$$

$$=\left[\frac{-s^2-2s(s+2)}{(s+2)^2s^4}\right]\bigg|_{s=-1}$$

$$=\left[\frac{-3s-4}{(s+2)^2s^3}\right]\bigg|_{s=-1}=1$$

$$K_{13}=\frac{1}{2}\frac{\mathrm{d}^2}{\mathrm{d}s^2}\left[(s+1)^3F(s)\right]\bigg|_{s=-1}=\frac{1}{2}\frac{\mathrm{d}}{\mathrm{d}s}\left[\frac{1}{(s+2)^2s^3}\right]\bigg|_{s=-1}=2$$

$$K_{21}=\left[s^2F(s)\right]\bigg|_{s=0}=\frac{1}{(s+2)^3(s+2)}\bigg|_{s=0}=0.5$$

$$K_{22}=\frac{\mathrm{d}}{\mathrm{d}s}\left[s^2F(s)\right]\bigg|_{s=0}=\frac{\mathrm{d}}{\mathrm{d}s}\left[\frac{1}{(s+1)^3(s+2)}\right]\bigg|_{s=0}=-1.75$$

$$K_3=[(s+2)F(s)]\bigg|_{s=-2}=\left[\frac{1}{(s+1)^3s^2}\right]\bigg|_{s=-2}=-0.25$$

所以

$$F(s)=\frac{2}{s+1}+\frac{1}{(s+1)^2}+\frac{1}{(s+1)^3}-\frac{1.75}{s}+\frac{0.5}{s^2}-\frac{0.25}{s+2}$$

查表 11-1 可得出相应的原函数为

$$f(t)=2\mathrm{e}^{-t}+t\mathrm{e}^{-t}+\frac{1}{2}t^2\mathrm{e}^{-t}-1.75+0.5t-0.25\mathrm{e}^{-2t}$$

11.2 应用拉普拉斯变换分析线性电路

【例 11-10】图 11-3 为一个典型的二阶电路，已知 $R=800\,\Omega$，$L=200\mathrm{H}$，$C=1000\mu\mathrm{F}$，$u_s(t)=\varepsilon(t)$，$u_C(0_-)=1\mathrm{V}$，$i(0_-)=2\mathrm{mA}$。求 $u_C(t)(t\geqslant 0_+)$。

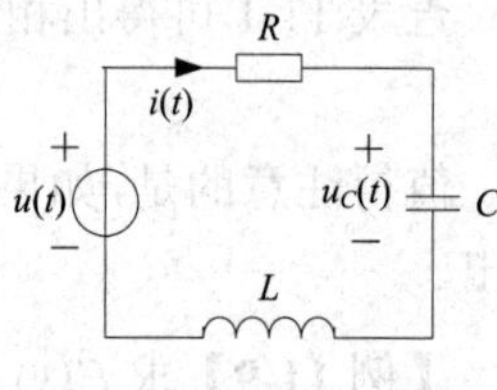

图 11-3　例 11-10 图

解：应用 KVL 和各元件的 VCR，得出电路的微分方程

$$Ri+L\frac{\mathrm{d}i}{\mathrm{d}t}+u_C=u(t)$$

由于

$$i=C\frac{\mathrm{d}u_C}{\mathrm{d}t}$$

故有

$$RC\frac{\mathrm{d}u_C}{\mathrm{d}t}+LC\frac{\mathrm{d}^2u_C}{\mathrm{d}t^2}+u_C=u(t)$$

即

$$\frac{R}{L}\frac{\mathrm{d}u_C}{\mathrm{d}t}+\frac{\mathrm{d}^2u_C}{\mathrm{d}t^2}+\frac{1}{LC}u_C=\frac{1}{LC}u(t)$$

代入已知的各元件参数和激励函数，得

$$4\frac{\mathrm{d}u_C}{\mathrm{d}t}+\frac{\mathrm{d}^2u_C}{\mathrm{d}t^2}+5u_C=5\varepsilon(t)$$

电容电压及其一阶导数 $t=0_-$ 时的初始值为

$$\begin{cases} u_C(0_-)=1\text{V} \\ u'_C(0_-)=\dfrac{1}{C}i(0_-)=\dfrac{1}{10^{-3}}\times 2\times 10^{-3}=2\text{V} \end{cases}$$

对电路的微分方程进行拉普拉斯变换，设

$$\mathcal{L}\,[u_C(t)]=U_C(s)$$

得 $$[s^2U_C(s)-su_C(0_-)-u'_C(0_-)]+4[sU_C(s)-u_C(0_-)]+5U_C(s)=\frac{5}{s}$$

把所给的初始值代入上式，经整理后得

$$(s^2+4s+5)U_C(s)=\frac{5}{s}+s+6$$

待求电容电压的象函数为

$$U_C(s)=\frac{s^2+6s+5}{s(s^2+4s+5)}$$

不难判断 $s^2+4s+5=0$ 的根是一对共轭复根，于是将 $U_C(s)$ 展开为

$$U_C(s)=\frac{s^2+6s+5}{s(s^2+4s+5)}=\frac{1}{s}+\frac{2}{(s+2)^2+1}$$

所以 $$u_C(t)=\mathcal{L}^{-1}[U_C(s)]=(1+2\mathrm{e}^{-2t}\sin t)\text{V}$$

可见，应用拉普拉斯变换求解线性动态电路的一种途径，就是在时域电路模型下建立微分方程，再把微分方程变换为复频域(s 域)函数的代数方程，并将复频域的计算结果逆变换得到动态电路的时域响应。本节将讨论简化用拉普拉斯变换分析线性动态电路的过程，即不用列写时域微分方程，而直接根据电路的复频域模型列写复频域函数的代数方程。为此，首先导出电路基本约束关系的复频域形式，并以此建立电路的复频域模型。

11.2.1 基尔霍夫定律的复频域形式

基尔霍夫电流定律的时域域形式为：对任何一节点 $\sum i(t)=0$ 。

根据拉普拉斯变换的线性性质可得：对任何一节点 $\sum I(s)=0$ 。

这就是基尔霍夫电流定律的复频域形式，即在电路的任何一个节点上，流出(或流入)此节点的电流象函数的代数和恒等于零。

基尔霍夫电压定律的时域域形式为：对任何一回路 $\sum u(t)=0$ 。

根据拉普拉斯变换的线性性质可得：对任何一节点 $\sum U(s)=0$ 。

这就是基尔霍夫电压定律的复频域形式，即在电路的任何一个回路中，沿着任意选定的回路参考方向，各支路的电压象函数的代数和恒等于零。

11.2.2 电路元件的复频域模型——运算电路模型

1. 电阻元件的运算模型

电阻元件的时域模型如图 11-4(a)所示。其电压电流关系为 $u_R=Ri_R$ ，两边取拉普拉斯

变换，得到 s 域的运算关系：

$$U_R(s)=RI_R(s) \tag{11-18}$$

式(11-18)就是电阻元件 VCR 的运算形式，可构成电阻元件 s 域的运算模型，如图 11-4(b)所示。

$i_R(t)$ R $+$ $u_R(t)$ $-$ $I_R(s)$ R $+$ $U_R(s)$ $-$

(a) 时域模型　　(b) s 域模型

图 11-4　电阻元件的运算模型

2. 电容元件的运算模型

电容元件的时域模型如图 11-5(a)所示。其电压电流的时域关系为 $i_C=C\dfrac{\mathrm{d}u_C}{\mathrm{d}t}$，两边取拉普拉斯变换并根据微分性质，得

$$I_C(s)=sCU_C(s)-Cu_C(0_-) \tag{11-19a}$$

式中，sC 称为电容的运算导纳；$Cu_C(0_-)$ 为初始值产生的附加电流源。等效运算电路的并联模型如图 11-5(b)所示。若将式(11-19a)改写为

$$U_C(s)=\frac{1}{sC}I_C(s)+\frac{u_C(0_-)}{s} \tag{11-19b}$$

式中，$\frac{1}{s}C$ 称为电容的运算阻抗，$\dfrac{u_C(0_-)}{s}$ 为初始值产生的附加电压源。等效运算电路的串联模型如图 11-5(c)所示。

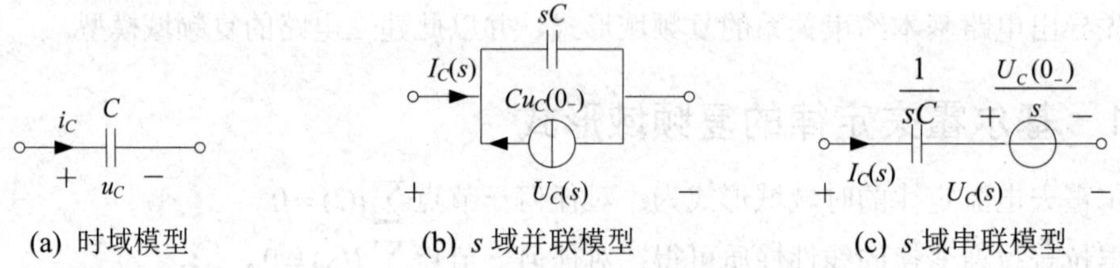

图 11-5　电容元件运算模型

3. 电感元件的运算模型

类似上述推导，图 11-6(a)所示电感元件的电压电流时域关系为 $u_L=L\dfrac{\mathrm{d}i_L}{\mathrm{d}t}$，可得其 s 域的运算关系为

$$U_L(s)=sLI_L(s)-Li_L(0_-) \tag{11-20a}$$

式中，sL 称为电感的运算阻抗，$Li_L(0_-)$为电流电感初始值产生的附加电压源。运算电路的 s 域串联模型如图 11-6(b)所示。同理，它的另一种表达式为

$$I_L(s)=\frac{1}{sL}U_L(s)+\frac{i_L(0_-)}{s} \tag{11-20b}$$

式中，$\frac{1}{sL}$ 称为电感的运算导纳，$\frac{i_L(0_-)}{s}$ 为电流电感初始值产生的附加电流源。运算电路的 s 域并联模型如图 11-6(c)所示。

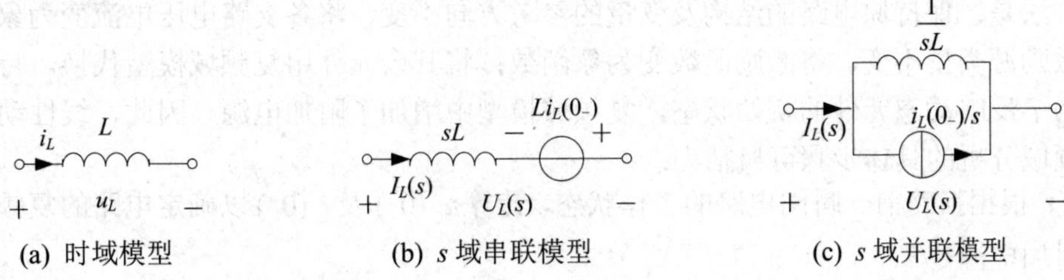

图 11-6　电感元件的运算模型

4. 耦合电感元件的运算模型

两个耦合电感的时域模型如图 11-7(a)所示。

由时域方程

$$u_1 = L_1\frac{\mathrm{d}i_1}{\mathrm{d}t} + M\frac{\mathrm{d}i_2}{\mathrm{d}t}$$

$$u_2 = L_2\frac{\mathrm{d}i_2}{\mathrm{d}t} + M\frac{\mathrm{d}i_1}{\mathrm{d}t}$$

经拉普拉斯变换得

$$\left.\begin{aligned}U_1(s) = sL_1I_1(s) - L_1i_1(0_-) + sMI_2(s) - Mi_2(0_-)\\ U_2(s) = sL_2I_2(s) - L_2i_2(0_-) + sMI_1(s) - Mi_1(0_-)\end{aligned}\right\} \tag{11-21}$$

式中，sM 称为互感运算阻抗。运算电路模型如图 11-8(b)所示，其中包括由耦合产生的附加电压源 $Mi_1(0_-)$ 和 $Mi_2(0_-)$，附加电压源的方向与电流 i_1 和 i_2 的参考方向有关。

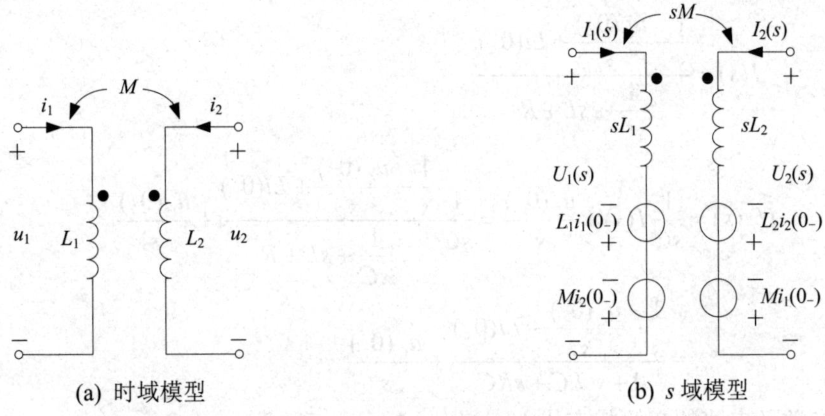

图 11-7　耦合元件的运算模型

由上所述加以推广，不难得到其他元件时域与复频域的对应关系。例如：

独立电压源　　$u_s(t) \leftrightarrow U_s(s)$

独立电流源　　$i_s(t) \leftrightarrow I_s(s)$

电压控制电压源　　$u_s(t) = \alpha u_1(t) \leftrightarrow U_2(s) = \alpha U_1(s)$

11.2.3 线性动态电路的复频域分析

由上述所得各元件的复频域模型(运算模型)不难构造出给定时域电路的复频域模型。具体做法是：保持原电路的结构及变量的参考方向不变，将各支路电压电流变为象函数；保持激励源类型不变，将激励函数变为象函数；将其余元件用复频域模型代换。特别要注意，为了反映动态元件的初始状态，复频域模型中增加了附加电源。因此，线性动态电路的复频域分析的具体步骤可概括为：

(1) 根据换路前一瞬间电路的工作状态，计算 $u_C(0_-)$ 及 $i_L(0_-)$ 以确定电路的复频域模型中的附加电源。

(2) 将各个元件转换为复频域模型，画出电路的运算电路(复频域模型)。

(3) 根据一般的电路分析方法，如节点电压法、回路电流法、戴维南-诺顿等效简化电路法等各种分析方法对运算电路进行分析，求出响应的象函数。

(4) 利用部分分式展开法及拉普拉斯变换表，将响应的象函数进行反变换，求出时域响应。

【例 11-11】画出图 11-3 所示电路的复频域模型，利用电路复频域模型重解例 11-10。

解：画出图 11-3 的复频域模型如图 11-8 所示。图中各元件的原始参数为 $R=800\Omega$，L=200H，$C=1000\mu\text{F}$。已知电路的初始状态为 $u_C(0_-)$=1V，$i(0_-)=2\times10^{-3}$A。

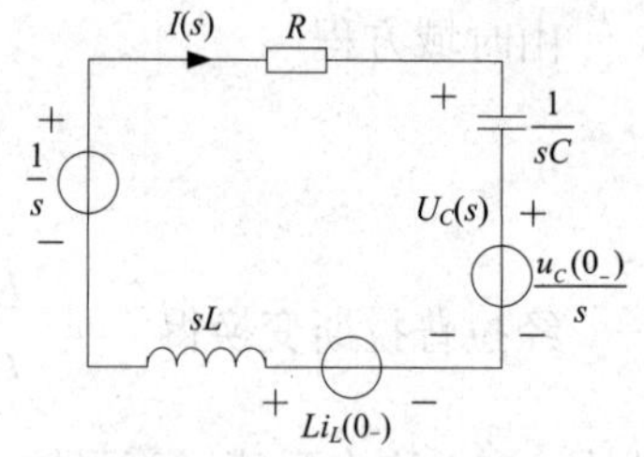

图 11-8 例 11-11 图

按图 11-8 利用基尔霍夫定律的复频域形式及元件电压电流关系的复频域形式，可求得电流象函数 $I(s)$，从而计算电容电压象函数 $U_C(s)$。

$$I(s)=\frac{\dfrac{1}{s}-\dfrac{u_C(0_-)}{s}+Li(0_-)}{\dfrac{1}{sC}+sL+R}$$

$$U_C(s)=\frac{1}{sC}I(s)+\frac{u_C(0_-)}{s}=\frac{1}{sC}\frac{\dfrac{1}{s}-\dfrac{u_C(0_-)}{s}+Li(0_-)}{\dfrac{1}{sC}+sL+R}+\frac{u_C(0_-)}{s}$$

$$=\frac{\dfrac{1}{s}-\dfrac{u_C(0_-)}{s}+Li(0_-)}{1+s^2LC+sRC}+\frac{u_C(0_-)}{s}$$

将各元件参数及电路的初始状态代入，得

$$U_C(s)=\frac{0.4}{0.2s^2+0.8s+1}+\frac{1}{s}=\frac{s^2+6s+5}{s(s^2+2s+5)}$$

上式与例 11-10 中求得的结果相同，从而可求得电容电压(求解步骤详见例 11-10)

$$u_C(t)=\mathcal{L}^{-1}[U_C(s)]=(1+2\text{e}^{-2t}\sin t)\text{V} \qquad t\geqslant 0_+$$

【例 11-12】求图 11-9(a)所示电路中的 $u_o(t)$，设电路为零初始条件。

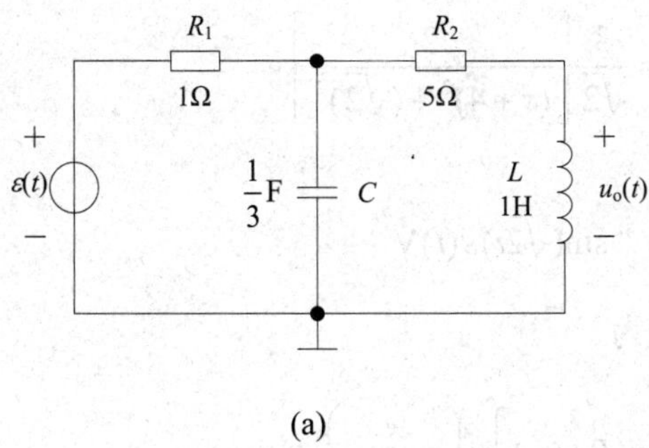

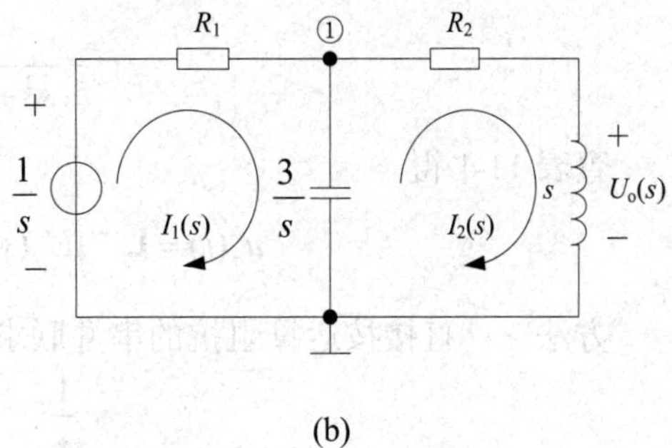

图 11-9　例 11-12 图

解：首先将电路由时域模型转换成 s 域模型，如图 11-9(b)所示为运算电路。

方法一 ：回路电流法。

对图 11-9(b)选网孔作为独立回路，可列出回路电流方程为

$$\begin{cases}\left(R_1+\dfrac{3}{s}\right)I_1(s)-\dfrac{3}{s}I_2(s)=\dfrac{1}{s}\\ -\dfrac{1}{3}I_1(s)+\left(R_2+s+\dfrac{3}{s}\right)I_2(s)=0\end{cases}$$

代入已知条件，得

$$\begin{cases}\left(1+\dfrac{3}{s}\right)I_1(s)-\dfrac{3}{s}I_2(s)=\dfrac{1}{s}\\ -\dfrac{1}{3}I_1(s)+\left(5+s+\dfrac{3}{s}\right)I_2(s)=0\end{cases}$$

解方程得

$$I_2(s)=\frac{3}{s^3+8s^2+18s}$$

$$U_o(s)=sI_2(s)=\frac{3}{s^2+8s+18}=\frac{3}{\sqrt{2}}\left[\frac{\sqrt{2}}{(s+4)^2+(\sqrt{2})^2}\right]$$

查表 11-1 得

$$u_o(t)=\mathbf{L}^{-1}[U_o(s)]=\frac{3}{\sqrt{2}}\mathrm{e}^{-4t}\sin(\sqrt{2}t)\varepsilon(t)\mathrm{V}$$

方法二：节点电压法。利用节点电压法可知

$$U_{n1}(s)\left(\frac{1}{R_1}+\frac{s}{3}+\frac{1}{R_2+s}\right)=\frac{1/s}{R_1}$$

代入已知条件，得

$$U_{n1}(s)=\frac{1/s}{1+\dfrac{s}{3}+\dfrac{1}{5+s}}$$

$$U_o(s)=\frac{U_{n1}(s)}{R_2+s}s=\frac{1}{5+s+\dfrac{s}{3}(5+s)+1}$$

$$=\frac{3}{s^2+8s+18}=\frac{3}{\sqrt{2}}\left[\frac{2}{(s+4)^2+(\sqrt{2})^2}\right]$$

查表 11-1 得

$$u_o(t)=\mathcal{L}^{-1}[U_o(s)]=\frac{3}{\sqrt{2}}e^{-4t}\sin(\sqrt{2}t)\varepsilon(t)\text{V}$$

方法三：直接按运算阻抗的串并联求出 $U_o(s)$为

$$U_o(s)=\frac{\frac{1}{s}}{R_1+\frac{3}{s}//(R_2+s)}\times\left[\frac{3}{s}//(R_2+s)\right]\times\left(\frac{s}{R_2+s}\right)$$

$$=\frac{\frac{1}{s}}{R_1+\frac{(3/s)(R_2+s)}{\frac{3}{s}+R_2+s}}\times\frac{\frac{3}{s}(R_2+s)}{\frac{3}{s}+R_2+s}\times\frac{s}{R_2+s}$$

$$=\frac{\frac{3}{s}}{R_1\left(\frac{3}{s}+R_2+s\right)+\frac{3}{s}\times(R_2+s)}$$

$$=\frac{3}{R_1(3+R_2s+s^2)+3R_2+3s}$$

$$=\frac{3}{s^2+8s+18}=\frac{3}{\sqrt{2}}\left[\frac{2}{(s+4)^2+(\sqrt{2})^2}\right]$$

查表 11-1 得

$$u_o(t)=\mathcal{L}^{-1}[U_o(s)]=\frac{3}{\sqrt{2}}e^{-4t}\sin(\sqrt{2}t)\varepsilon(t)\text{V}$$

【例 11-13】电路如图 11-10(a)所示，开关 S 原来闭合，求断开 S 后电路中的电流及电感元件的电压。

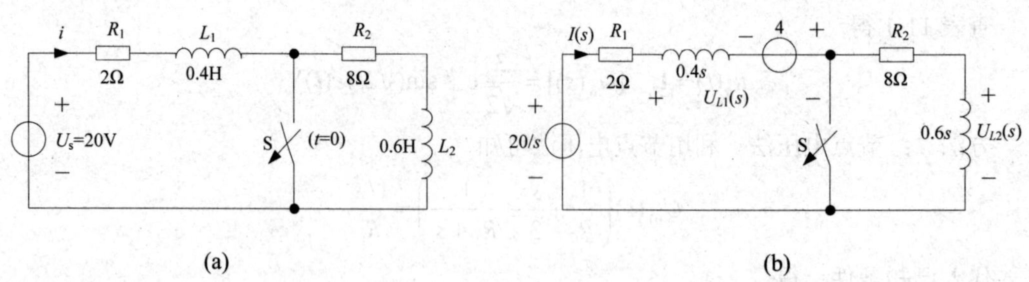

图 11-10 例 11-13 图

解：L_1 中的初始电流为$i(0_-)=\frac{U_s}{R_1}=\frac{20}{2}\text{A}=10\text{A}$，S 断开后的运算电路如图 11-10(b)所示。由此可求出

$$I(s)=\frac{\frac{20}{s}+4}{R_1+0.4s+R_2+0.6s}=\frac{4s+20}{s(s+10)}$$
$$=\frac{K_1}{s}+\frac{K_2}{s+10}$$

式中

$$K_1=[sI(s)]\Big|_{s=0}=\frac{4s+20}{s+10}\Big|_{s=0}=2$$
$$K_2=[(s+10)I(s)]\Big|_{s=-10}=\frac{4s+20}{s}\Big|_{s=-10}=2$$

所以

$$I(s)=\frac{2}{s}+\frac{2}{s+10}$$

查表 11-1 得

$$i(t)=\mathcal{L}^{-1}[I(s)]=(2+2\mathrm{e}^{-10t})\mathrm{A}$$

由图 11-10(b)所示运算电路，可求出电感两端的电压

$$U_{L_1}(s)=0.4sI(s)-4$$
$$=\frac{0.4s\times 2}{s}+\frac{0.4s\times 2}{s+10}-4$$
$$=\frac{-8}{s+10}-2.4$$
$$U_{L_2}(s)=0.6sI(s)$$
$$=\frac{0.6sI\times 2}{s}+\frac{0.6s\times 2}{s+10}$$
$$=\frac{-12}{s+10}+2.4$$

查表 11-1 得

$$u_{L_1}(t)=\mathcal{L}^{-1}\left[u_{L_1}(s)\right]=\left[-8\mathrm{e}^{-10t}\varepsilon(t)-2.4\delta(t)\right]\mathrm{V}$$
$$u_{L_2}(t)=\mathcal{L}^{-1}\left[u_{L_2}(s)\right]=\left[-12\mathrm{e}^{-10t}\varepsilon(t)+2.4\delta(t)\right]\mathrm{V}$$
$$u_{L_1}(t)+u_{L_2}(t)=-20\mathrm{e}^{-10t}\varepsilon(t)\mathrm{V}$$

本题中 L_1 原来有电流 10A，L_2 中没有电流，但开关断开后，L_1 和 L_2 的电流在 $t=0_+$时都被强制为同一电流，其大小为 $i(0_+)=4\mathrm{A}$。可见两个电感的电流都发生了跃变。由于电流的跃变，$u_{L_1}(t)$和$u_{L_2}(t)$ 中出现了冲激函数$-2.4\delta(t)\mathrm{V}$ 和 $2.4\delta(t)\mathrm{V}$，由于冲激函数一正、一负，故$u_{L_1}(t)+u_{L_2}(t)$ 中并无冲激函数出现，这保证了整个回路满足 KVL。

从这个实例中可以看出，由于拉普拉斯变换式中下限取 0_-，故自动地把冲激函数考虑进去，因此无须先求 0_+时的跃变值。

【例 11-14】在图 11-11(a)所示电路中，$R=3\Omega$，L=1H，$C=\frac{1}{2}\mathrm{F}$，i_s=1A，$u_s=\mathrm{e}^{-3t}\varepsilon(t)\ \mathrm{V}$，求电流 $i_C(t)$。

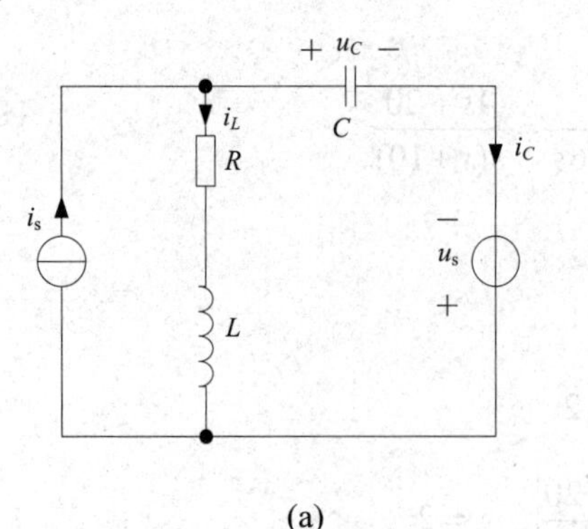

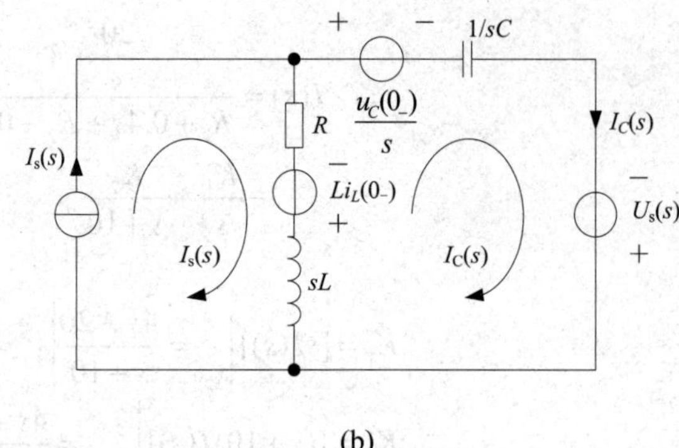

图 11-11　例 11-14 图

解：由题意知，电流源早已作用于电路，电压源 u_s 在 t=0 时加入电路，t=0₋时电路为稳态。电感中电流的初始值为

$$i_L(0_-) = i_s = 1\text{A}$$

电容电压的初始值为

$$u_C(0_-) = Ri_s = 3\times 1\text{V} = 3\text{V}$$

对 u_s 及 i_s 求拉普拉斯变换，有

$$U_s(s) = \mathbf{L}\left[\mathrm{e}^{-3t}\times 1(t)\right] = \frac{1}{s+3}$$

$$I_s(s) = \mathbf{L}\left[i_s(t)\right] = \frac{1}{s}$$

换路后的运算电路如图 11-11(b)所示。

用回路电流法求响应的象函数 $I_C(s)$。对 $I_C(s)$网孔有

$$\left(R + \frac{1}{sC} + sL\right)I_C(s) - (R+sL)I_s(s) = U_s(s) - Li_L(0_-) - \frac{u_C(0_-)}{s}$$

代入已知数据并化简，得

$$I_C(s) = \frac{s}{(s+1)(s+2)(s+3)} = \frac{-0.5}{s+1} + \frac{2}{s+2} - \frac{1.5}{s+3}$$

对上式求反变换(查表 11-1)，得

$$i_C(t) = \mathbf{L}^{-1}\left[I_C(s)\right] = (-0.5\mathrm{e}^{-t} + 2\mathrm{e}^{-2t} - 1.5\mathrm{e}^{-3t})\varepsilon(t)\text{A}$$

【例 11-15】在图 11-12(a)所示电路中，$t=0$ 时 S 断开，在此之前处于稳态。求 t>0 时的 $i_1(t)$。

解：这是含有耦合电感的电路。在 t<0 时 S 闭合，电路处于稳态，可知

$$i_{L_1}(0_-) = i_{L_2}(0_-) = 10\text{A}$$

由于耦合电感元件一端连在一起，可用消耦法将耦合电感元件用 T 形电路等效。于是可得出运算电路如图 11-12(b)所示，其中附加电压源为

$$(L-M)i_{L_1}(0_-)\text{V} = 20\text{V}，\quad M\left[i_{L_1}(0_-) + i_{L_2}(0_-)\right]\text{V} = 40\text{V}$$

根据 KVL，建立回路电压方程

$$(6+4s)I_1(s) = 60 + \frac{100}{s}$$

$$I_1(s)=\frac{15s+25}{s\left(s+\frac{3}{2}\right)}=\frac{50}{3}\times\frac{1}{s}-\frac{5}{3}\times\frac{1}{\left(s+\frac{3}{2}\right)}$$

取拉普拉斯反变换(查表 11-1)，得

$$i_1(t)=\mathcal{L}^{-1}[I_1(s)]=\left(\frac{50}{3}-\frac{5}{3}\mathrm{e}^{-\frac{3}{2}t}\right)\varepsilon(t)\mathrm{A}$$

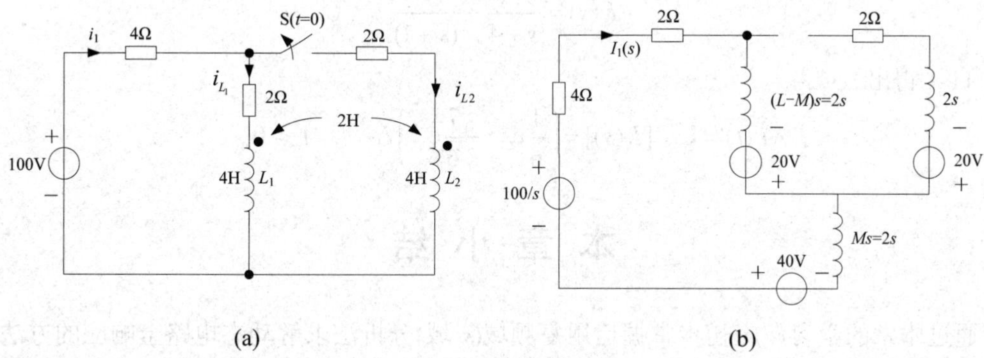

图 11-12　例 11-15 图

【例 11-16】在图 11-13(a)所示含有受控源的电路中，$R_1=2\Omega$，$R_2=0.5\Omega$，$L=2\,\mathrm{H}$，$C=0.5\,\mathrm{F}$，$r_\mathrm{m}=-0.5\Omega$，$u_C(0_-)=1\mathrm{V}$，$i_L(0_-)=-2\mathrm{A}$。求电流 $i_1(t)$。

解：画出图 11-13(a)所示电路的复频域模型，并将电阻 R_1 与电流源并联等效变换为电压源模型，如图 11-13(b)所示。

设两回路电流的象函数分别为 $I_1(s)$和 $I_2(s)$，用回路电流法可得方程

$$\begin{cases}\left(2+2s+\dfrac{2}{s}\right)I_1(s)-\dfrac{2}{s}I_2(s)=2-4-\dfrac{1}{s}\\[2ex]-\dfrac{2}{s}I_1(s)+\left(\dfrac{2}{s}+\dfrac{1}{2}\right)I_2(s)=\dfrac{1}{s}-\left[-\dfrac{1}{2}I_1(s)\right]\end{cases}$$

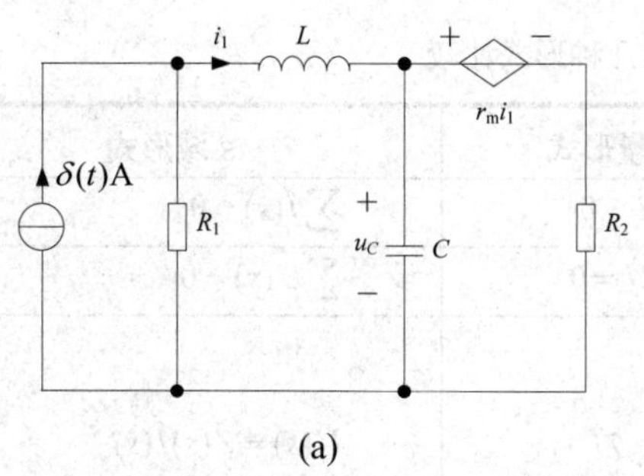

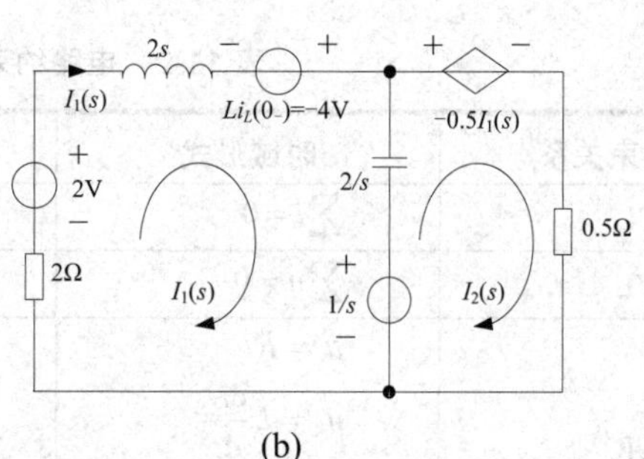

图 11-13　例 11-16 图

经整理得

$$\begin{cases}\left(2+2s+\dfrac{2}{s}\right)I_1(s)-\dfrac{2}{s}I_2(s)=-\left(2+\dfrac{1}{s}\right)\\[2ex]-\left(\dfrac{1}{2}+\dfrac{2}{s}\right)I_1(s)+\left(\dfrac{1}{2}+\dfrac{2}{s}\right)I_2(s)=\dfrac{1}{s}\end{cases}$$

解方程组得

$$I_1(s)=\frac{-\frac{9}{2s}-1}{\frac{4}{s}+s+5}=\frac{-\left(s+\frac{9}{2}\right)}{s^2+5s+4}=\frac{-\left(s+\frac{9}{2}\right)}{(s+4)(s+1)}$$

将上式展开为部分分式，则有

$$I_1(s)=\frac{1/6}{s+4}-\frac{7/6}{(s+1)}$$

查表 11-1 得出

$$i_1(t)=\mathbf{L}^{-1}[I_1(s)]=\left(\frac{1}{6}\mathrm{e}^{-4t}-\frac{7}{6}\mathrm{e}^{-t}\right)\mathrm{A}\qquad t\geqslant 0_+$$

本 章 小 结

通过本章的学习，应初步掌握运用复频域(s 域)分析法求解动态电路全响应的方法。其求解过程与相量法类似，这是因为相量法和复频域分析法同属电路分析的基本方法之一——变换方法。但相量法只适用于求解正弦稳态电路的稳态响应，而复频域分析法用途更为广泛些，在信号与系统课程里复频域分析法也是一个主要内容，因此，可在后续课程学习中进一步深入。本章的主要知识和复频域分析法归纳如下：

时域中的一个信号 $f(t)$，可以通过式(11-1)变换到 s 域，因为电路问题的信号为有始信号，所以积分限取 $0_+\sim\infty$，在考虑冲激函数时取 $0_-\sim\infty$。电路问题常用信号的拉普拉斯变换式 $F(s)$ 可由表 11-1 查得，同样在求得 $F(s)$ 后，可由表 11-1 查出 $f(t)$，如有进一步需要就要查数学手册。

用 s 域分析法分析电路问题的依据仍然是电路的两类约束关系，只不过是 s 域形式。如表 11-2 所示。

表 11-2　电路约束关系几种形式比较

约束关系	时域形式	相量形式	s 域形式
KCL	$\sum i=0$	$\sum \dot{I}=0$	$\sum I(s)=0$
KVL	$\sum u=0$	$\sum \dot{U}=0$	$\sum U(s)=0$
VCR	$u=Ri$ $u_L=L\frac{\mathrm{d}i_L}{\mathrm{d}t}$ $i_C=C\frac{\mathrm{d}u_C}{\mathrm{d}t}$	$\dot{U}=Z\dot{I}$	$U(s)=Z(s)I(s)$

用 s 域分析法求解电路，需要画出电路的 s 域模型(运算电路)，它与相量模型的差别在于包含了动态元件的初始状态，如表 11-3 所示。

分别将电路元件用 s 域模型替换，激励与响应信号用 s 域变换式替换，就得到求解该电路的 s 域模型(运算电路)。这样就可以像纯电阻电路和相量模型一样对待电路的 s 域模型，

用回路电流法、节点电压法和各种等效化简方法建立电路方程，求得响应的 s 域变换式 $F(s)$ 。

表 11-3 电路元件几种模型比较

电路元件	时域模型	相量模型	s 域模型
电阻	R	R	R
电容	C + −	$\frac{1}{\mathrm{j}\omega C}$	$\frac{1}{sC}$ $\frac{u_C(0_-)}{s}$ + −
电感	L	$\mathrm{j}\omega L$	sL $Li_L(0_-)$ − +

通过部分分式展开法，将计算结果 $F(s)$ 分解为若干典型函数的拉普拉斯变换式之和，然后查找表 11-1 完成反变换而求得待求响应的时域形式 $f(t)$ 。值得提出的是，能熟练进行因式分解，是完成反变换的关键。

习　题

1. 求下列各函数的像函数：

(1) $f(t)=1-\mathrm{e}^{-at}$　(2) $f(t)=\mathrm{e}^{-at}(1-at)$　(3) $f(t)=\frac{1}{a}(1-\mathrm{e}^{-at})$

(4) $f(t)=t^2$　(5) $f(t)=t+2+3\delta(t)$

2. 求下列各函数的原函数：

(1) $\frac{(s+1)(s+3)}{s(s+2)(s+4)}$　(2) $\frac{2s^2+9s+9}{s^2+3s+2}$　(3) $\frac{1}{(s+1)(s+2)^2}$

(4) $\frac{s^2+6s+5}{s(s^2+4s+5)}$　(5) $\frac{s}{(s^2+1)^2}$

3. 图 11-14 所示电路原处于零状态，$t=0$ 时合上开关 S，试求电流 i_L 。

4. 电路如图 11-15 所示，已知 $i_L(0_-)=0\mathrm{A}$ ，$t=0$ 时将开关 S 闭合，求 $t>0$ 时的 $u_L(t)$ 。

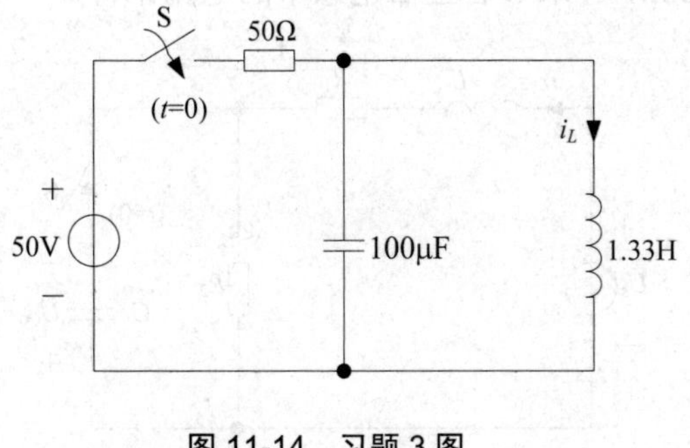

图 11-14　习题 3 图

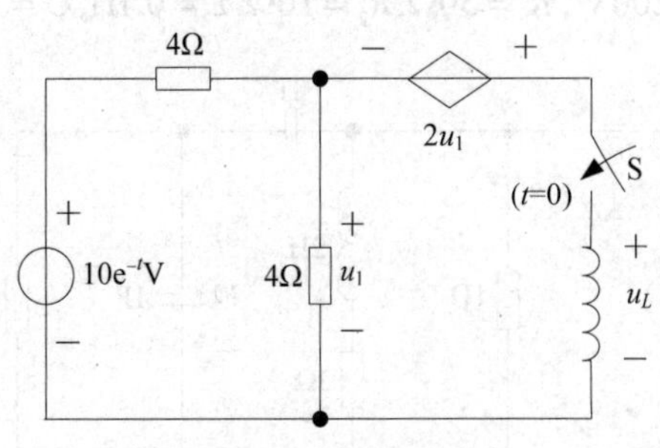

图 11-15　习题 4 图

5. 图 11-16 所示电路中 $u_s(t)$ 为直流电压原，电路原已达稳定状态。$t=0$ 时开关断开，求开关断开后总电流i和电容上电压u_{C1}和u_{C2}。已知$u_s(t)=30V$，$C_1=0.2\mu F$，$C_2=\frac{1}{2}C_1$，$R_1=100\Omega, R_2=2R_1$。

6. 图 11-17 所示电路中的电感原无磁场能量，$t=0$时，合上开关 S，用运算法求电感中的电流。

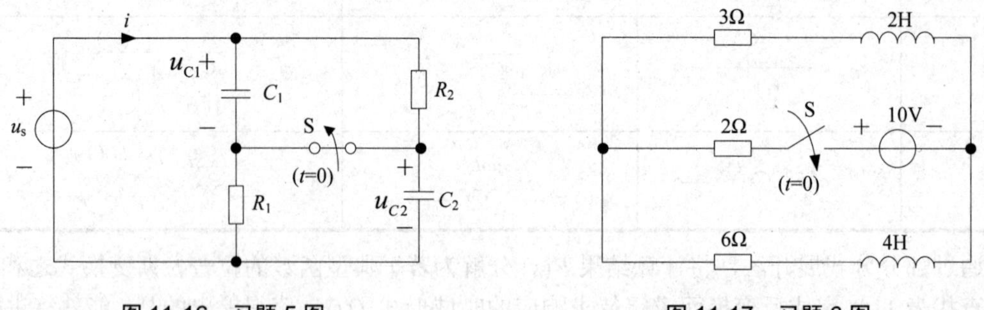

图 11-16　习题 5 图　　图 11-17　习题 6 图

7. 图 11-18 所示电路中开关 S 闭合前电路已处于稳定状态，电容初始储能为零，在 $t=0$ 时闭合开关 S，求$t>0$时电流$i_1(t)$。

8. 图 11-19 所示电路中$I_1=1H, L_2=4H, M=2H, R_1=R_2=1\Omega, U_s=1V$。电感中原无磁场能。$t=0$时合上开关 S，用运算法求$i_1, i_2$。

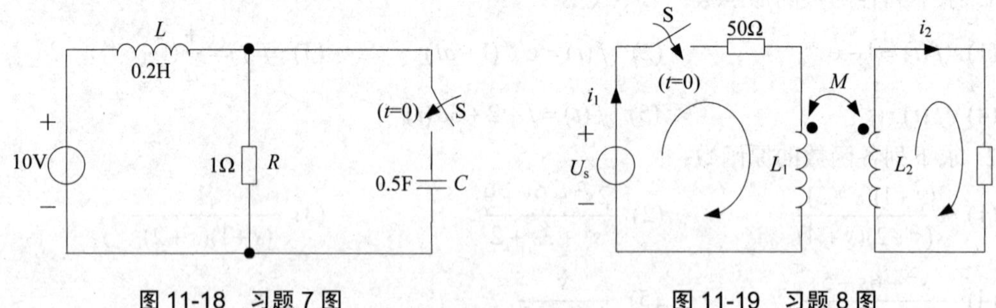

图 11-18　习题 7 图　　图 11-19　习题 8 图

9. 图 11-20 所示电路中$i_s=2e^{-t}\varepsilon(t)A$，用运算法求$U_2(s)$。

10. 电路如图 11-21 所示，设电容上原有电压$U_{C0}=100V$，电源电压$U_s=200V, R_1=30\Omega, R_2=10\Omega, L=0.1H, C=1000\mu F$。求 S 合上后电感中的电流$i_L(t)$。

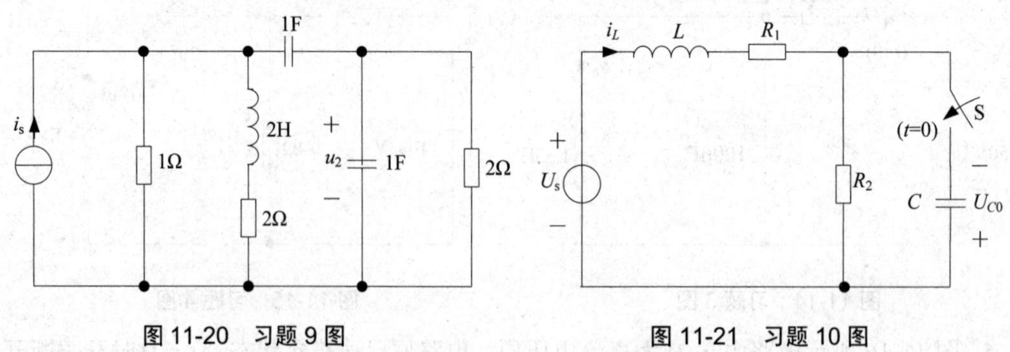

图 11-20　习题 9 图　　图 11-21　习题 10 图

11. 图 11-22 所示各电路在$t=0$时合上开关 S，用运算法求$i(t)$及$u_C(t)$。

12. 已知图 11-23 所示电路中 $R=1\Omega$，电容电压 $C=0.5\text{F}$，$L=1\text{H}$，电容电压 $U_C(0_-)=2\text{V}, i_L(0_-)=1\text{A}, i_s(t)=\delta(t)\text{A}$。试求 RLC 并联电路的响应 $u_C(t)$。

13. 电路如图 11-24 所示，已知 $u_{s1}(t)=\varepsilon(t)\text{V}$，$u_{s2}(t)=\delta(t)\text{V}$，试求 $u_1(t)$和$u_2(t)$。

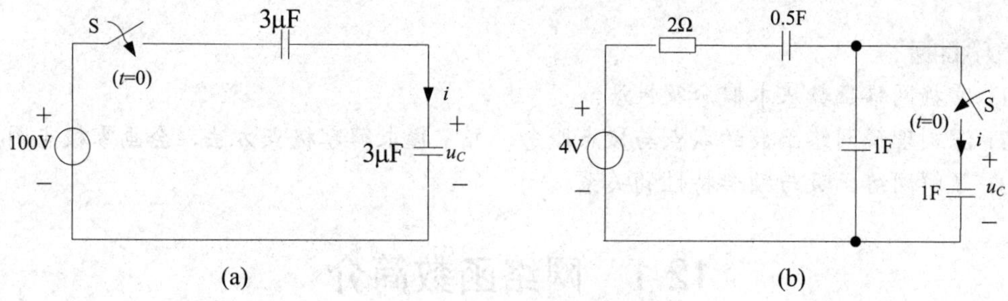

图 11-22　习题 11 图

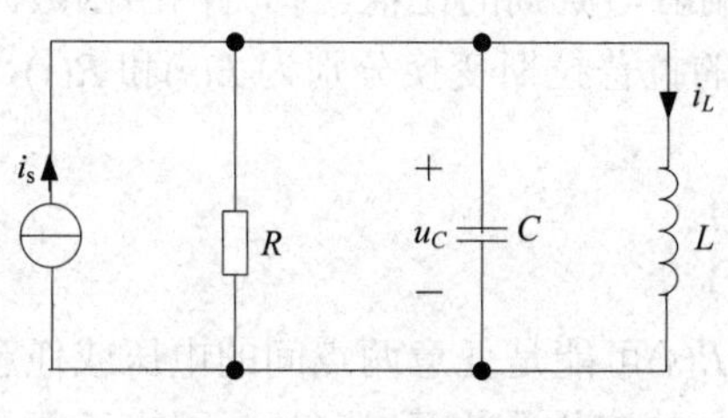

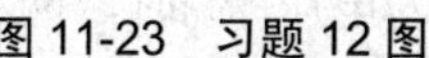
图 11-23　习题 12 图

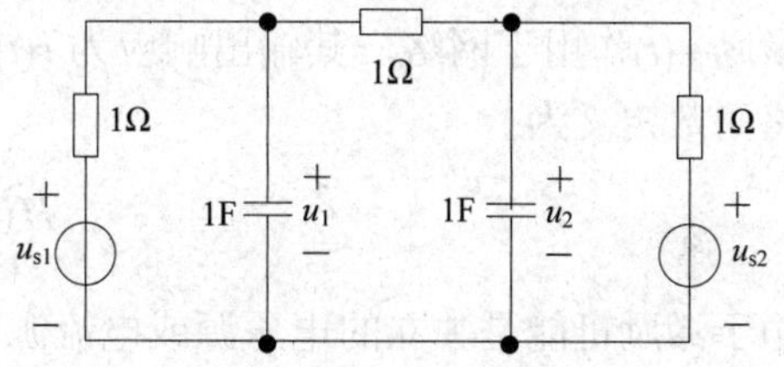

图 11-24　习题 13 图

14. 电路如图 11-25 所示，已知 $u_s(t)=[\varepsilon(t)+\varepsilon(t-1)-2\varepsilon(t-2)]\text{V}$，求 $i_L(t)$。

15.电路如图 11-26 所示，开关 S 原是闭合的，电路处于稳态。若 S 在 t=0 时断开，已知 $U_s=2\text{V}, L_1=L_2=1\text{H}, R_1=R_2=1\Omega$。试求 $t\geqslant 0$时的 $i_1(t)$ 和 $u_{L2}(t)$。

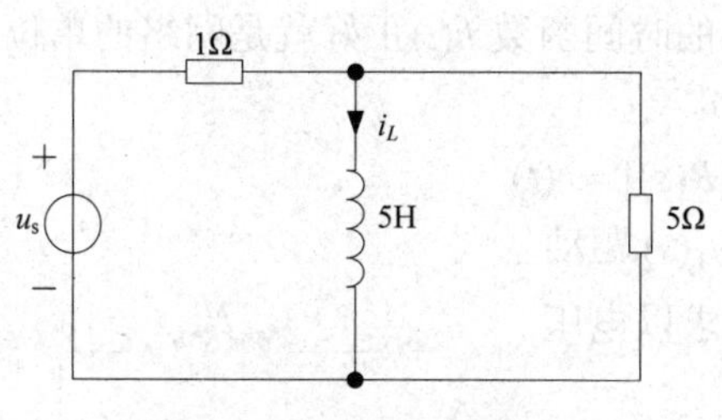

图 11-25　习题 14 图

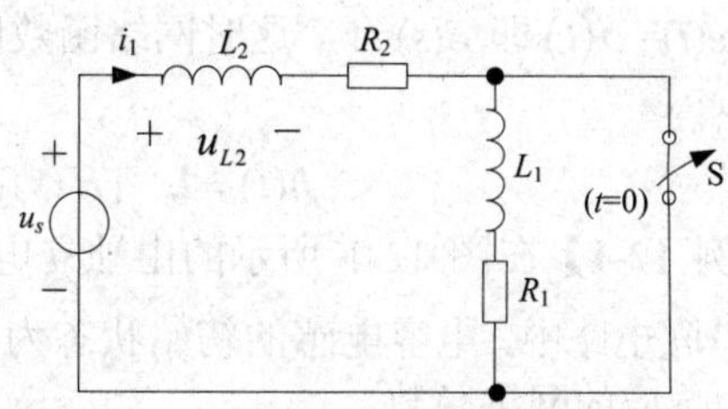

图 11-26　习题 15 图

16. 在图 11-27 所示电路中，$i_s=2\sin(1000t)\text{A}$，$R_1=R_2=20\Omega, C=1000\mu\text{F}, t=0$时合上开关，用运算法求 $u_C(t)$。

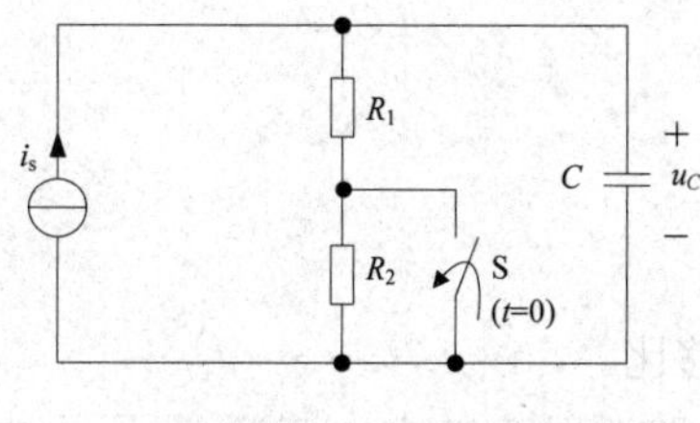

图 11-27　习题 16 图

第 12 章　网 络 函 数

教学目标

(1) 掌握网络函数基本概念及性质。

(2) 深刻理解网络函数的零点与极点概念，并掌握求解零极点方法，会画零极点图。

(3) 了解网络函数与频率特性的关系。

12.1　网络函数简介

电路在独立源的激励下，网络所引起的零状态响应与激励的比值，称为网络函数。若输入激励 $e(t)$作用于网络，其输出响应为 $r(t)$，它们的拉普拉斯变换分别为 $E(s)$和 $R(s)$，则该网络函数定义为

$$H(s)=\frac{R(s)}{E(s)} \tag{12-1}$$

由于激励可能是独立的电压源或电流源，响应 $R(s)$可能是任意两点间的电压或任意一条支路的电流，于是网络函数有四种类型：①激励与响应均为电压(流)时，网络函数是转移电压(流)比。②激励是电压、响应是电流时，网络函数称为转移导纳。③激励是电流、响应是电压时，网络函数称为转移阻抗。④激励电压(电流)和响应电流(电压)同在一个端口时，网络函数称为驱动点阻抗 (导纳)，又称驱动点函数。对网络函数性质的研究是电网络理论中有重要意义的课题。

若 $e(t)=\delta(t)$ 即 $E(s)=1$，这时网络函数所对应的时间函数 $h(t)$正好就是网络的单位冲激响应，即

$$h(t)=\mathbf{L}^{-1}[H(s)]=\mathbf{L}^{-1}[R(s)]=r(t) \tag{12-2}$$

【例 12-1】在图 12-1 所示的由独立电压源 $U_1(s)$ 驱动的 LC 串联电路中，电容电感的初始状态为零，试求以电压 $U_2(s)$ 为响应的网络函数。

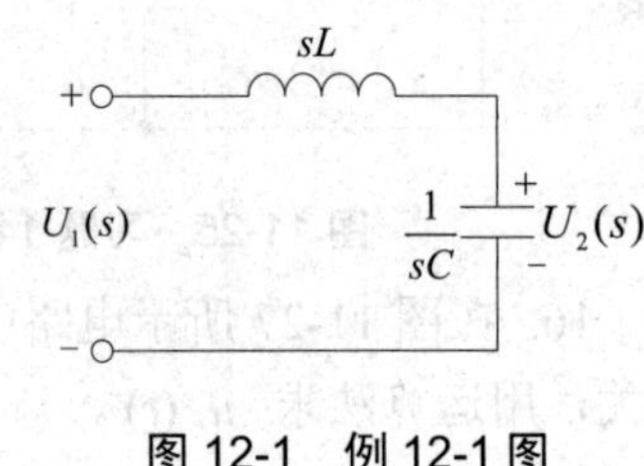

图 12-1　例 12-1 图

解：由题意可得输入输出电压关系为

$$H(s)=\frac{U_2(s)}{U_1(s)}=\frac{\frac{1}{sC}}{sL+\frac{1}{sC}}=\frac{1}{s^2LC+1}=\frac{\frac{1}{LC}}{s^2+\frac{1}{LC}}$$

$$U_2(s)=\frac{\frac{1}{sC}}{sL+\frac{1}{sC}}U_1(s)$$

所求的网络函数为电压转移比。

【例 12-2】如图 12-2 中电路激励为独立电流源 $i(t)$，设电容的初始状态为零，求电容电压 $u_C(t)$ 为响应的网络函数。

解：由于此激励响应为电路端电压，与激励电流源属于同一端口，因此网络函数为驱动点阻抗，因为 RC 并联电路的驱动点阻抗为 $\dfrac{1}{G+sC}$。

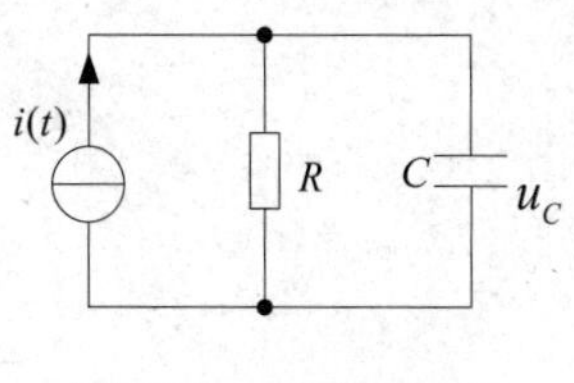

图 12-2 例 12-2 图

即
$$H(s)=\frac{U(s)}{I(s)}=\frac{1}{G+sC}$$

12.2 网络函数的零点与极点

12.2.1 零点和极点的定义

由于网络函数 $H(s)$为拉普拉斯变换形式，分母及分子都是 s 的多项式，故可以写成如下的一般形式：

$$H(s)=\frac{A(s)}{B(s)}=\frac{a_0s^m+a_1s^{m-1}+\cdots+a_{m-1}s+a_m}{b_0s^n+b_1s^{n-1}+\cdots+b_{n-1}s+b_n}=H_0\frac{\prod_{i=1}^{m}(s-z_i)}{\prod_{j=1}^{n}(s-p_j)} \tag{12-3}$$

网络函数分子 $A(s)=0$ 的根 z_1、z_2、…、z_m 称为网络函数的零点。分母 $B(s)=0$ 时网络函数趋于无穷大，根 p_1、p_2、…、p_n 称为网络函数的极点。此处根可以为实数也可以为复数，H_0 为常数。

12.2.2 零极点图

在式(12-3)中的分子 $A(s)$和分母 $B(s)$所对应的根分别称为网络函数的零点和极点，零点和极点可以是实数、虚数和复数，如果分子和分母的根为重根则称为多重零点和多重极点。

网络函数以复频率 s 的实部 σ 为横轴，虚部 $\mathrm{j}\omega$ 为纵轴的坐标平面称为复频面，或者称 s 平面。复平面上用×和○分别表示网络函数极点和零点的位置，这样就得到网络函数的零极点图。

【例 12-3】 绘出网络函数 $H(s)=\dfrac{2s^2-6s+4}{s^3+5s^2+12s+8}$ 的零极点图。

解：网络函数 $H(s)$ 的分子 $2s^2-6s+4=2(s-1)(s-2)$，分母 $s^3+5s^2+12s+8=(s+1)(s^2+4s+8)=(s+1)(s+2+2\mathrm{j})(s+2-2\mathrm{j})$。

所以函数 $H(s)$有两个零点，即 $z_1=1$，$z_2=2$；有三个极点，即 $p_1=-1, p_2=-2-2\mathrm{j}, p_3=-2+2\mathrm{j}$。其零极点图如图 12-3 所示。

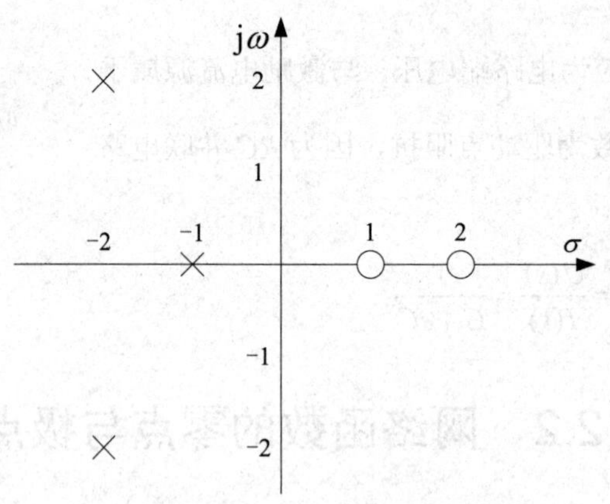

图 12-3　例 12-3 零极点图

12.3　极点与冲激响应

电路的零输入响应与激励无关，仅取决于电路的自身特点。一个电路的冲激响应与电路的零状态响应的变化规律是相同的。因为网络函数中包含极点的项是自由分量，而一般情况下该自由分量的特性就是时域 $h(t)$的特性。当网络函数为真分式且其分母为单根时，则冲激响应为

$$h(t)=\mathbf{L}^{-1}[H(s)]=\mathbf{L}^{-1}\left[\sum_{j=1}^{n}\frac{k_j}{s-p_j}\right]=\sum_{j=1}^{n}k_j\mathrm{e}^{p_j t} \tag{12-4}$$

其中，p_j 为网络函数的极点，网络函数的极点在复频率面上的位置决定了网络函数中网络冲激响应的性质。极点在复平面上的位置与冲激响应的关系为

(1) 极点 p_j 为正实数，冲激响应按指数规律增长，p_j 越大增长越快，这种电路不稳定。

(2) 极点 p_j 为负实数，冲激响应按指数规律衰减，$|p_j|$ 越大衰减越快，这种电路是稳定的。

(3) 极点 p_j 为共轭复数且实部为零时，冲激响应按正弦规律变化，$|p_j|$ 越大振荡频率越高。

(4) 极点 p_j 为共轭复数，且实部大于零、虚部不等于零时，冲激响应振幅按指数规律增长的自由振荡。实部越大增长越快，虚部越大振荡频率越高。

(5) 极点 p_j 为共轭复数，且实部小于零、且虚部不等于零时，冲激响应振幅按指数规律减小的自由振荡。实部越大衰减越快，虚部越大振荡频率越高。

网络冲激响应与网络函数极点的关系如图 12-4 所示。可见，只要极点位于左半平面，则 $h(t)$必随时间增长而衰减，故电路是稳定的。一个实际的线性电路，其网络函数的极点一定位于左半平面。

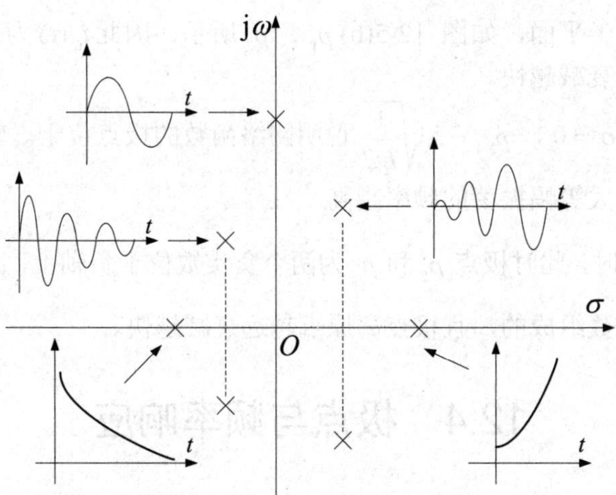

图 12-4 极点与冲激响应的关系

【例 12-4】*RLC* 串联电路外接冲激电压源，如图 12-5 所示。求以电流为待求量的网络函数，画出零极点分布图，并分析其时域响应 $i_C(t)$ 变化规律。

解：电路图如图 12-5(a)所示，其网络函数为

$$H(s)=\frac{I(s)}{U(s)}=\frac{1}{R+sL+\dfrac{1}{sC}}=\frac{s}{L\left(s^2+\dfrac{R}{L}s+\dfrac{1}{LC}\right)}$$

$$=\frac{s}{L}\frac{1}{\left(s+\dfrac{R}{2L}+\sqrt{\left(\dfrac{R}{2L}\right)^2-\dfrac{1}{LC}}\right)\left(s+\dfrac{R}{2L}-\sqrt{\left(\dfrac{R}{2L}\right)^2-\dfrac{1}{LC}}\right)}$$

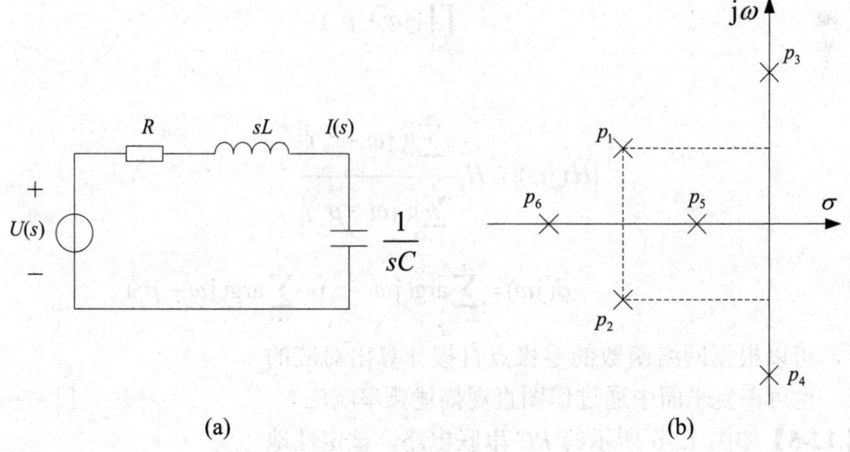

图 12-5 例 12-4 图

(1) 当 $0<R<2\sqrt{\dfrac{L}{C}}$ 时，$p_{1,2}=-\sigma\pm\mathrm{j}\omega_0$，其中

$$\sigma=\frac{R}{2L},\quad \omega_0=\sqrt{\left(\frac{R}{2L}\right)^2-\frac{1}{LC}}$$

这时极点位于左半平面，如图 12-5(b) p_1、p_2 所示，因此 $i_C(t)$ 为衰减的正弦振荡。极点离虚轴越远，振荡衰减越快。

(2) 当 R=0 时，$\sigma=0$，$p_{3,4}=\pm \mathrm{j}\sqrt{\dfrac{1}{LC}}$ 说明网络函数的极点位于虚轴上，因此 $i_C(t)$ 为等幅振荡，且绝对值越大等幅振荡的频率越高。

(3) 当 $R>2\sqrt{\dfrac{L}{C}}$ 时，此时极点 p_5 和 p_6 为两个负实数位于负轴上，因此 $i_C(t)$ 是由两个衰减速度不同的指数函数组成的，且极点离原点越远衰减越快。

12.4 极点与频率响应

12.4.1 频率响应

网络函数 $H(s)$ 中令 s 为 $\mathrm{j}\omega$，研究网络函数随着 ω 的变化情况，可以得到相应电路变量的正弦稳态响应随着频率 ω 变化规律，也就是频率响应。$H(\mathrm{j}\omega)$ 通常是一个复数，可以表示为 $H(\mathrm{j}\omega)=|H(\mathrm{j}\omega)|\mathrm{e}^{\mathrm{j}\phi}=|H(\mathrm{j}\omega)|\angle\phi(\mathrm{j}\omega)$。通常将 $|H(\mathrm{j}\omega)|$ 随着 ω 变化的关系称为幅值频率特性，简称幅频特性，而将 $\phi(\mathrm{j}\omega)$ 随着 ω 变化的关系称为相位频率特性，简称相频特性。

12.4.2 极点与频率响应

由式(12-3)得

$$H(\mathrm{j}\omega)=H_0\frac{\prod_{i=1}^{m}(\mathrm{j}\omega-z_i)}{\prod_{j=1}^{n}(\mathrm{j}\omega-p_j)}$$

于是得

$$|H(\mathrm{j}\omega)|=H_0\frac{\sum_{i=1}^{m}|(\mathrm{j}\omega-z_i)|}{\sum_{j=1}^{n}|(\mathrm{j}\omega-p_j)|}$$

$$\phi(\mathrm{j}\omega)=\sum_{i=1}^{m}\arg(\mathrm{j}\omega-z_i)-\sum_{j=1}^{n}\arg(\mathrm{j}\omega-p_j) \tag{12-5}$$

这样，可以根据网络函数的零极点直接计算出对应的频率响应，也可在复平面中通过作图直观描述频率响应。

【例 12-5】如图 12-6 所示的 RC 串联电路，试定性地分析输出电压 u_2 时该电路的频率响应。

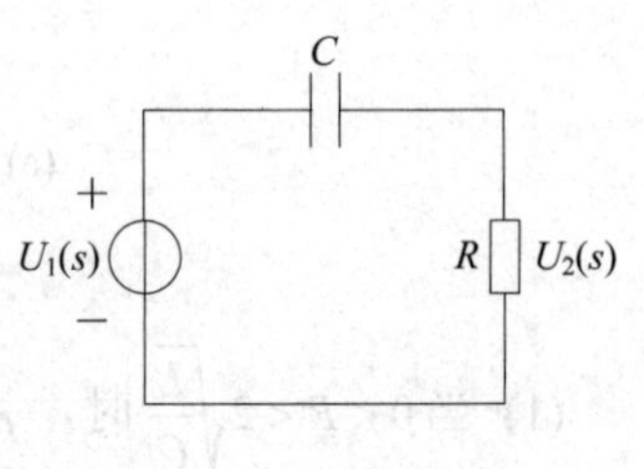

图 12-6 例 12-5 图

解：以 u_2 为电路变量的网络函数为

$$H(s)=\frac{U_2(s)}{U_1(s)}=\frac{R}{R+\dfrac{1}{sC}}=\frac{s}{s+\dfrac{1}{RC}}$$

极点 $p_1=-\dfrac{1}{RC}$，零点 $z_1=0$，如图 12-7(a)所示。将 $H(s)$ 中 s 用 $\mathrm{j}\omega$ 代替得 $H(\mathrm{j}\omega)=\dfrac{\mathrm{j}\omega}{\mathrm{j}\omega+1/RC}$，由此可以得到

$$\begin{cases}|H(\mathrm{j}\omega)|=\dfrac{\omega}{\sqrt{\omega^2+\left(\dfrac{1}{RC}\right)^2}}\\ \theta=\dfrac{\pi}{2}-\arctan(RC\omega)\end{cases}\tag{12-6}$$

由式(12-6)可以看出，随着 ω 的增大，$|H(\mathrm{j}\omega)|$ 将单调地增加，在直流情况下，$H(0)=0$。在高频情况下 $|H(\mathrm{j}\omega)|\approx 1$，当 $\omega=\dfrac{1}{RC}$ 时 $|H(\mathrm{j}\omega)|\approx 0.707$，称为高通滤波器的截止频率。随着 ω 的增大，θ 将单调地减小，当 $\omega\to\infty$ 时，$\theta\to 0$。RC 串联电路频率响应曲线如图 12-7(b)所示。

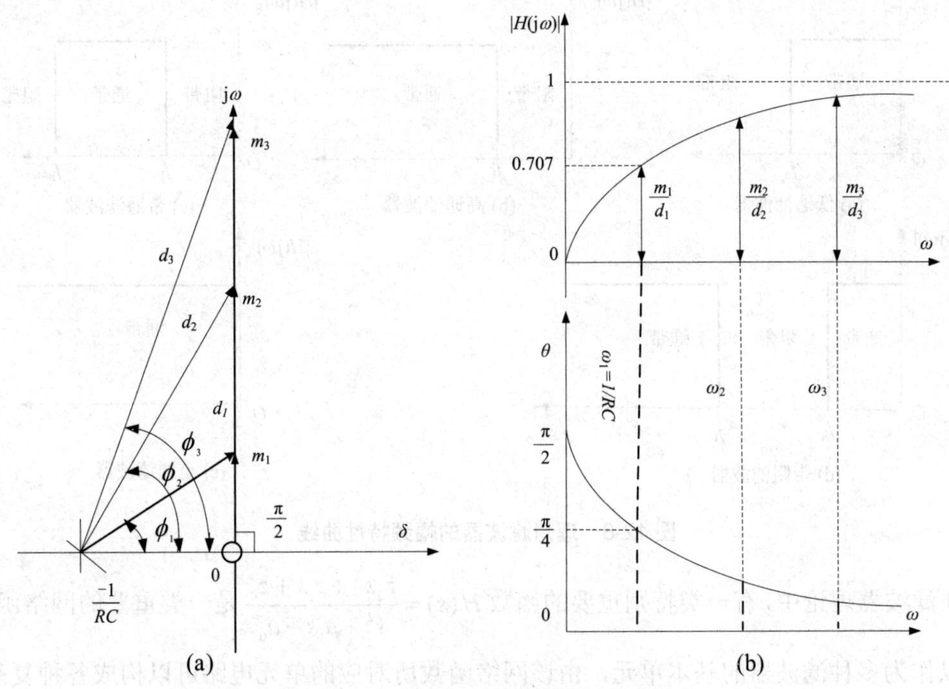

图 12-7　*RC* 串联电路的频率响应曲线

在零极点的复平面图上，如图 12-7(a)所示，零点位于原点，复数 $\mathrm{j}\omega$ 代表一个相量，起点在原点处。因此 $m=\omega$ 代表这个相量的长度，相位角等于 $\dfrac{\pi}{2}$。极点位于实轴上的 $-\dfrac{1}{RC}$ 处，复数 $\mathrm{j}\omega-\left(-\dfrac{1}{RC}\right)$ 代表一个相量，起点在极点处。因此 $d=\sqrt{\omega^2+\left(\dfrac{1}{RC}\right)^2}$ 代表相量的长度，而 $\phi=\arctan(RC\omega)$ 代表该相量与实轴正方向之间的夹角。由式(12-6)得 $|H(\mathrm{j}\omega)|=\dfrac{m}{d}$ 和 $\theta=\dfrac{\pi}{2}-\phi$。

12.5 从网络函数看滤波器分析简介

滤波器是一种对信号频率具有选择性的电路。它的功能是使需要的频率信号通过，而阻止其他频率的信号通过。滤波器在科学研究与工程实践领域得到广泛的应用。

由电感、电容、电阻等无源元件组成的滤波器称为无源滤波器，而由晶体管、运算放大器等组成的滤波器称为有源滤波器。通常将滤波器允许通过的频带称为通带，将阻止通过的频率范围称为阻带。由滤波器的工作频带将滤波器分为低通滤波器(允许低频信号通过)、高通滤波器(允许高频信号通过)、带通滤波器(处于该频带里的信号可以通过)、带阻滤波器(处于该带阻频带里的信号被衰减掉)、全通滤波器(对于频率从零到无穷大的信号均能通过，但会产生不同的相移)。理想滤波器的幅频特性曲线如图 12-8 所示。

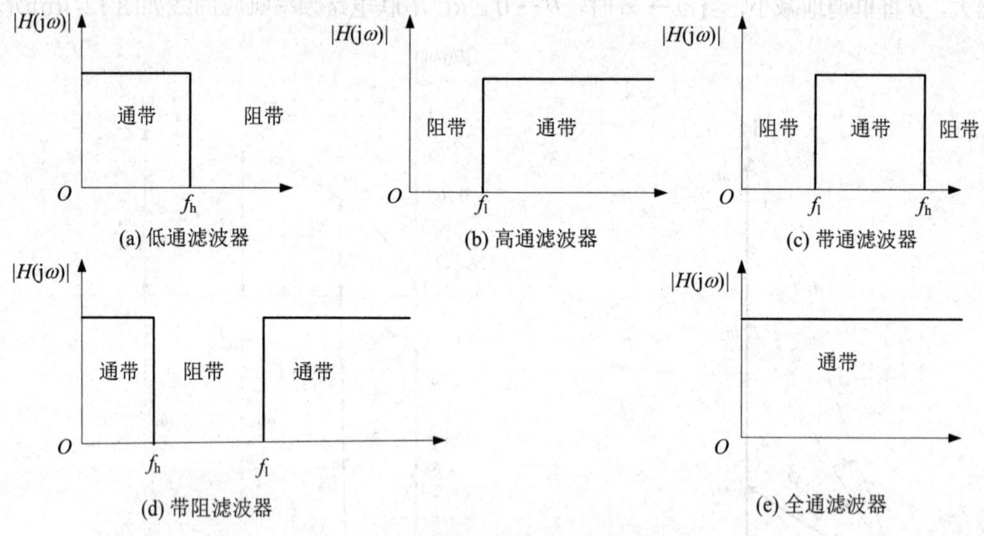

图 12-8 理想滤波器的幅频特性曲线

在滤波器理论中，有一类特别重要的函数 $H(s)=\dfrac{z_2s^2+z_1s+z_0}{s^2+a_1s+a_0}$ 是一类重要的网络函数。它可以作为多种滤波器的基本单元，由该网络函数所对应的单元电路可以构成各种复杂的滤波电路。

(1) 当 $z_2=z_1=0$ 时，$H(s)=\dfrac{z_0}{s^2+a_1s+a_0}$，若极点位于复平面的左半平面时，则为二阶低通滤波器特性。

(2) 当 $z_0=z_1=0$ 时，$H(s)=\dfrac{z_2s^2}{s^2+a_1s+a_0}$，若极点位于复平面的左半平面且零点位于原点的重零点时，则为二阶高通滤波器特性。

(3) 当 $z_0=z_2=0$ 时，$H(s)=\dfrac{z_1s}{s^2+a_1s+a_0}$，若极点位于复平面的左半平面且零点位于原点，则为二阶带通滤波器特性。

本 章 小 结

网络函数的定义：网络在独立源激励下，网络的零状态响应 $r(t)$与激励 $e(t)$之间的关系，用拉普拉斯变换形式表示为 $H(s)=\dfrac{R(s)}{E(s)}$ 。

网络函数分子的根为网络函数的零点，分母的根为网络函数的极点，有时候零极点可以为共轭复数或者重零极点，在复平面(s 平面)上分别用○和×表示。

极点在复平面上的位置与冲激响应的关系为：当极点位于复平面的左半平面时，该电路是稳定的；当极点位于复平面的右半平面时，该电路是不稳定的；当极点位于虚轴上，该电路按正弦规律变化；当极点位于正负实轴上时，该电路按指数规律增长或衰减。

电路的正弦稳态响应即网络函数 $H(\mathrm{j}\omega)$ 随着 ω 的变化规律，也就是频率响应。通常将 $|H(\mathrm{j}\omega)|$ 随着 ω 变化的关系称为幅值频率特性，简称幅频特性，而将 $\varphi(\mathrm{j}\omega)$ 随着 ω 变化的关系称为相位频率特性，简称相频特性。通过网络函数的零极点可以分析出网络函数的频率响应。

对于网络函数形如 $H(s)=\dfrac{z_2s^2+z_1s+z_0}{s^2+a_1s+a_0}$ 的滤波电路。当 $z_2=z_1=0$ 时，极点位于左半平面，电路为二阶低通特性；当 $z_0=z_1=0$ 时，极点位于左半平面，电路为二阶高通特性；当 $z_0=z_2=0$ 时，极点位于左半平面，电路为二阶带通特性。

习　　题

1. 如图 12-9 所示，已知 $R=1\Omega, L=0.5\mathrm{H}, C=0.5\mathrm{F}$。试求出各电路的驱动点阻抗 $Z(s)$ 的表达式，并在 s 平面上绘制出零极点图。

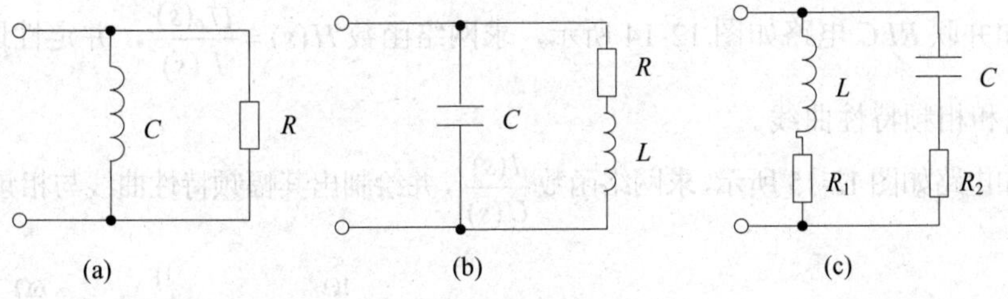

图 12-9　习题 1 图

2. 求如图 12-10 电路的驱动点阻抗 $Z(s)$ 的表达式，并在 s 平面上绘制出零点和极点。

3. 求如图 12-11 电路的转移阻抗 $Z_C(s)=\dfrac{U_C(s)}{I_s(s)}$，并在 s 平面上绘制出零极点图。

4. 求如图 12-12 电路的转移电压比 $\dfrac{U_o(s)}{U_i(s)}$。

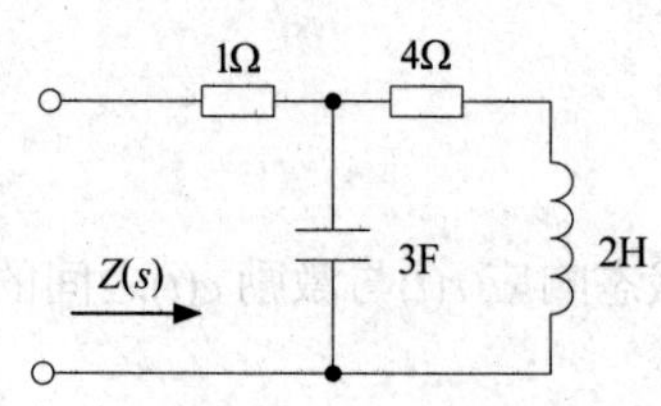

图 12-10 习题 2 图

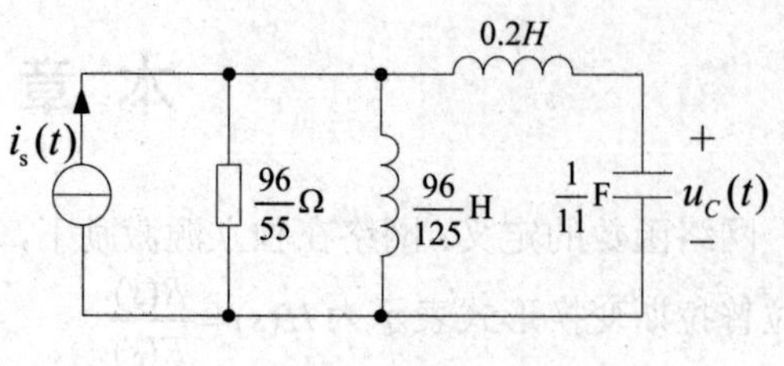

图 12-11 习题 3 图

5. 已知网络函数如下：

(1) $H(s)=\dfrac{3}{s-2}$

(2) $H(s)=\dfrac{4}{s^2+90}$

(3) $H(s)=\dfrac{s-5}{s^2-10s+125}$

试定性地绘出单位冲激响应的波形。

6. 已知线性电路的冲激响应为$h(t)=\mathrm{e}^{-t}+2\mathrm{e}^{-2t}$，求相应的网络函数，并绘制出零极点图。

7. 已知电路图如图 12-13 所示，求网络函数$\dfrac{U_1(s)}{U_s(s)}$，并定性画出幅频特性曲线和相频特性曲线示意图。

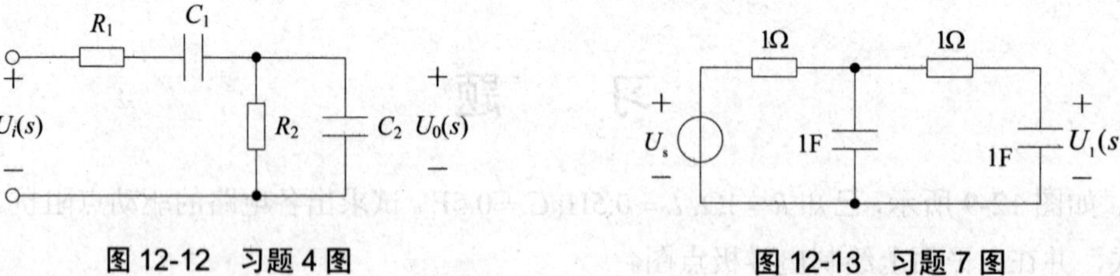

图 12-12 习题 4 图

图 12-13 习题 7 图

8. 已知并联 RLC 电路如图 12-14 所示，求网络函数$H(s)=\dfrac{U_0(s)}{I_s(s)}$，并定性地绘出其幅频特性曲线和相频特性曲线。

9. 已知电路如图 12-15 所示，求网络函数$\dfrac{I(s)}{U(s)}$，并绘制出其幅频特性曲线与相频特性曲线。

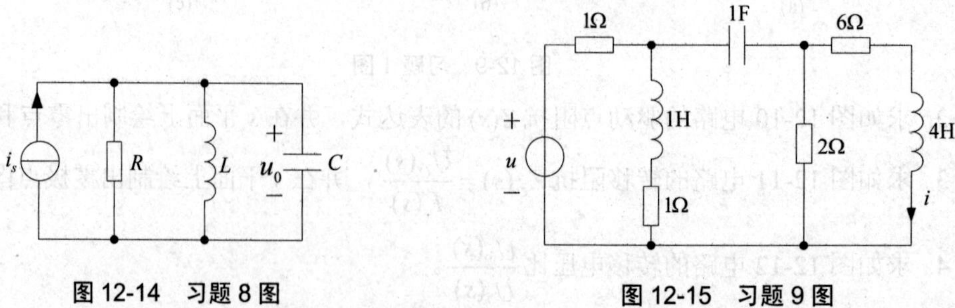

图 12-14 习题 8 图

图 12-15 习题 9 图

10. LC 滤波器如图 12-16 所示，其中$C_1=1.73\text{F}$，$C_2=C_3=0.27\text{F}$，L=1H，$R=1\Omega$，

试求：

(1) 网络函数 $H(s)=\dfrac{U_1(s)}{I_1(s)}$。

(2) 绘出网络函数的极点和零点。

(3) 绘出 $|H(\mathrm{j}\omega)|-\omega$ 和 $\arg H(\mathrm{j}\omega)-\omega$ 的图形。

(4) 滤波器的冲激响应。

(5) 滤波器的阶跃响应。

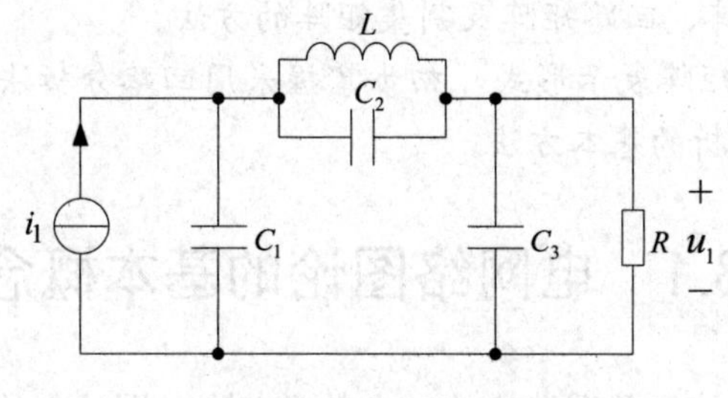

图 12-16　习题 10 图

第 13 章　大规模电路分析方法基础

教学目标

(1) 理解网络的图的基本定义和概念。

(2) 理解回路与基本回路、割集与基本割集的基本概念。

(3) 掌握列写关联矩阵、回路矩阵及割集矩阵的方法。

(4) 掌握支路方程的矩阵表示形式，初步掌握采用回路分析法、节点分析法及割集分析法对大规模电路进行分析的基本方法。

13.1　电网络图论的基本概念

图论是研究离散对象二元关系结构的一个数学分支，图论中的元素是点和线。点用以表示不同的对象，点间的线段表示两种对象间的某种关联关系，这种抽象提炼可适用于很多不同的领域。电网络图论是图论在网络理论中的应用。因为现代大规模电路网络的分析计算，都需要借助计算机进行，把网络结构信息输入计算机要借助图论的知识。

13.1.1　网络的图

在集总参数电路中，基尔霍夫定律方程与元件特性无关，只考虑元件之间的连接情况。将网络中的每一个元件用一条线段代替称为支路。一个元件的端点或若干个元件相连接的点称为节点。这样得到一个点、线的集合称为网络的图，用符号 G 表示。如图 13-1(b)和(c)所示。

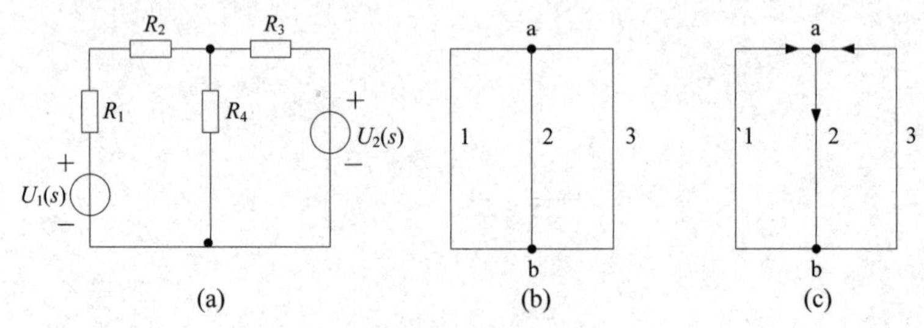

图 13-1　网络的图

图 13-1(b)中所有支路没有标明参考方向，称为无向图，图 13-1(c)中标明了电流或电压的方向称为有向图。

如果图中任何两个节点之间存在至少一条路径相通，则称为连通图，否则称为非连通图。

从图中某一点出发，经过若干支路和节点(均只许经过一次)又回到出发节点，所形成的闭合路径称为回路。在图 13-1 中，1 与 2 支路、2 与 3 支路、1 与 3 支路分别构成一个回路，共有三个回路。

13.1.2 树及其基本回路和基本割集

1. 树

连通图 G 中引入了树 T 的概念有助于寻找一个图的独立回路组，树 T 是属于图 G 的一个子图，符合以下三个条件。

(1) 该子图也是一个连通图。

(2) 该子图中包含了连通图G的全部节点。

(3) 该子图中不包含任何回路。

例如图 13-2(a)中连通图，符合上述定义的树有很多，图 13-2 (b)、(c)、(d)为绘出的其中三个树。而图 13-2(e)、(f)不是该图的树。

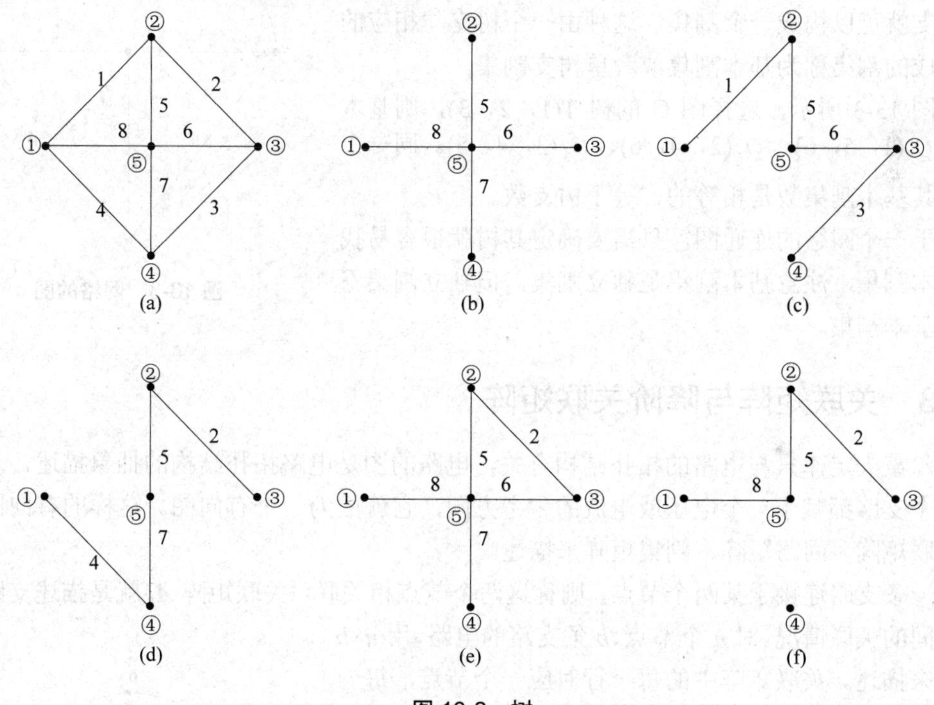

图 13-2 树

一个图 G 有很多个树，组成树的支路称为树支，属于图 G 但不属于树 T 的支路称为连支。一个具有 n 个节点、b 条支路的连通图，其任何一个树的树支数等于$(n-1)$，连支数等于$(b-n+1)$。

2. 基本回路

一个图 G 有很多个回路，如何确定它是一个独立回路是关键，由独立回路列写的 KVL 方程为独立方程组。

一个连通图 G 的树连接着所有的节点但又不形成回路，因此，对于图 G 的任意一个树，加入一条连支后，就形成一个回路，这种回路称为基本回路，也称单连支回路。基本回路

是一组独立回路。

可见，一个 n 个节点、b 条支路的连通图 G 因选定的树不同，其对应的基本回路也不一样，列写的独立方程组一定不同，但独立方程数一定等于$(b-n+1)$，由独立方程组求解的电路参数也一定相同。

3. 基本割集

割集是一组支路的集合。如果将这组支路移开后，原连通图分为两个不连通部分，如果这组支路中少移一条支路，原图仍是连通的，则这样一组支路便构成一个割集。一个图包含多个割集，将这些割集一一找出来是没必要的。在运用割集电压法时必须涉及独立割集，因此依然借助树 T 来确定独立割集。

对于一个连通图，如果任选一个树，则与树对应的连支集合不能构成一个割集，如果选择该树的一个树支与相应的连支就可以构成一个割集。这种由一个树支与相应的连支构成的割集称为基本割集或者单树支割集。

如图 13-3 所示，选择图 G 的树 T(1，2，3)，则基本割集为Q_1(1，5，6)、Q_2(2，4，6)、Q_3(3，4，5)。同一个连通图其基本割集数是相等的，等于树支数。

对于一个网络的连通图，只需要确定其树就很容易找到其基本割集，注意基本割集是独立割集，但独立割集不一定是基本割集。

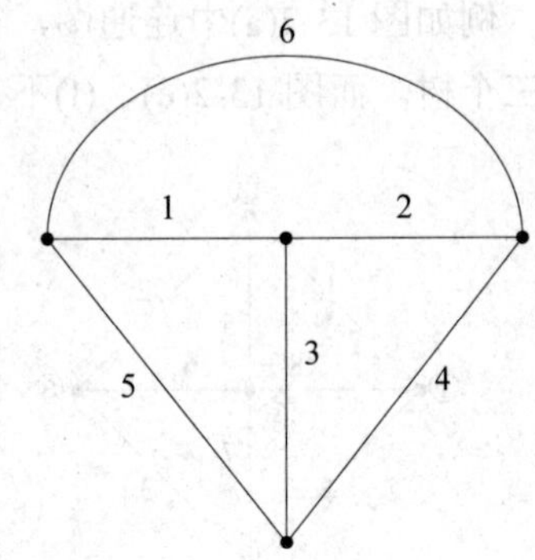

图 13-3　网络的图

13.1.3　关联矩阵与降阶关联矩阵

基尔霍夫定律只与电路的拓扑结构有关，电路的图是电路拓扑结构的抽象描述，若图中每一个支路都赋予一个电压或电流的参考方向，它就成为一个有向图。这样的有向图可以用关联矩阵、回路矩阵、割集矩阵来描述。

若一条支路连接于某两个节点，则称这两个节点相关联。关联矩阵 $\boldsymbol{A}_{\mathbf{a}}$ 就是描述支路与节点之间的关联情况。对 n 个节点、b 条支路的电路，用 $n\times b$ 阶矩阵来描述。关联矩阵中的每一行对应一个节点，每一列对应一条支路。矩阵中的任一个元素 a_{ij} 定义为：

(1) $a_{ij}=+1$，表示支路 j 与节点 i 关联，且支路 j 的方向离开节点 i。

(2) $a_{ij}=0$，表示支路 j 与节点 i 不关联。

(3) $a_{ij}=-1$，表示支路 j 与节点 i 关联，且支路 j 的方向指向节点 i。

以图 13-4 为例，其关联矩阵形式为

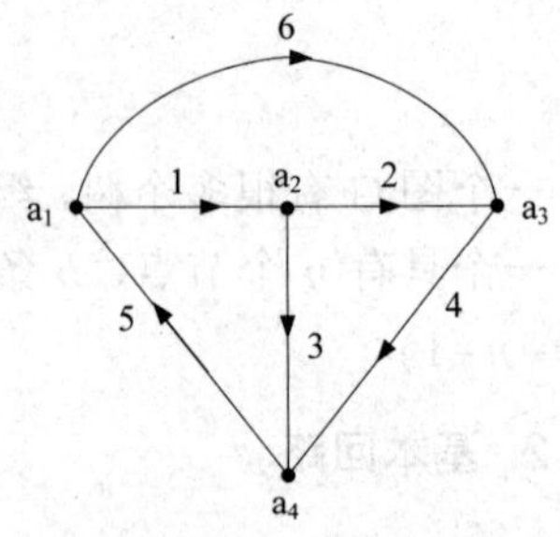

图 13-4　有向图

$$
A_a = \begin{matrix} & \begin{matrix} 1 & 2 & 3 & 4 & 5 & 6 \end{matrix} \\ \begin{matrix} a_1 \\ a_2 \\ a_3 \\ a_4 \end{matrix} & \begin{bmatrix} 1 & 0 & 0 & 0 & -1 & 1 \\ -1 & 1 & 1 & 0 & 0 & 0 \\ 0 & -1 & 0 & 1 & 0 & -1 \\ 0 & 0 & -1 & -1 & 1 & 0 \end{bmatrix} \end{matrix}
$$

关联矩阵 $\boldsymbol{A}_a$ 每列只有两个非零元素，且一个 1，另一个是-1，这是因为一条支路连接着两个节点，若离开一个节点必指向另一个节点。当把所有的行元素按列相加就得到一行全为零的元素，所以 $\boldsymbol{A}_a$ 的行不是彼此独立的。

如将关联矩阵 $\boldsymbol{A}_a$ 的任一行划去，剩下的 $[(n-1)\times b]$ 矩阵用 $\boldsymbol{A}$ 表示，并称为降阶关联矩阵。例如把图 13-4 中的关联矩阵 $\boldsymbol{A}_a$ 的第四行划去，得

$$
\boldsymbol{A} = \begin{bmatrix} 1 & 0 & 0 & 0 & -1 & 1 \\ -1 & 1 & 1 & 0 & 0 & 0 \\ 0 & -1 & 0 & 1 & 0 & -1 \end{bmatrix}
$$

意味着被划去对应行的节点可以当作参考节点。设电路中的 j 条支路电流用一个 j 阶列向量 $\boldsymbol{i}_j$ 来表示称为支路电流列向量，例如图 13-4 有

$$
\boldsymbol{i}_j = \begin{bmatrix} i_1 \\ i_2 \\ i_3 \\ i_4 \\ i_5 \\ i_6 \end{bmatrix}，\quad \boldsymbol{A}\boldsymbol{i}_j = \begin{bmatrix} i_1 - i_5 + i_6 \\ -i_1 + i_2 + i_3 \\ -i_2 + i_4 - i_6 \end{bmatrix} = \begin{bmatrix} 0 \\ 0 \\ 0 \end{bmatrix}
$$

即 $\boldsymbol{A}\boldsymbol{i}_j = 0$，该式即为 KCL 的矩阵形式。

13.1.4　回路矩阵和割集矩阵

1. 回路矩阵

回路矩阵式描述支路与回路的关联关系，设一个回路由某些支路组成，则称回路与支路关联。设有向图的独立回路数为 l、支路数为 b，则所有独立回路和支路构成该有向图的 $(l\times b)$ 阶独立回路矩阵，简称回路矩阵用 $\boldsymbol{B}$ 表示。$\boldsymbol{B}$ 的行对应回路，列对应支路，该矩阵任一元素 b_{ij} 定义为：

(1) $b_{ij} = +1$，表示支路 j 与回路 i 关联，且它们的方向一致。

(2) $b_{ij} = 0$，表示支路 j 与回路 i 无关联。

(3) $b_{ij} = -1$，表示支路 j 与回路 i 关联，且它们的方向相反。

例如，对于图 13-5(a)所示的有向图，独立回路数为 3，选取的独立回路如图 13-5(b)所示，则独立回路矩阵为

$$\boldsymbol{B}=\begin{matrix} & \begin{matrix}1 & 2 & 3 & 4 & 5 & 6\end{matrix} \\ \begin{matrix}1\\2\\3\end{matrix} & \begin{bmatrix}1 & 0 & 0 & 0 & 1 & 1\\ 0 & 1 & 0 & 1 & 0 & -1\\ -1 & -1 & 1 & 0 & 0 & 0\end{bmatrix}\end{matrix}$$

如果所选的独立回路矩阵中只包含一个连支，其他都是树支，则这种回路矩阵就称为基本回路矩阵，用 $\boldsymbol{B}_\text{f}$ 表示。每个回路对应 $\boldsymbol{B}_\text{f}$ 的一行，每条支路对应 $\boldsymbol{B}_\text{f}$ 的一列。基本回路矩阵的编号原则是支路编号按先连支后树支，回路方向与构成单连支方向一致，矩阵行的编号与连支号一致。

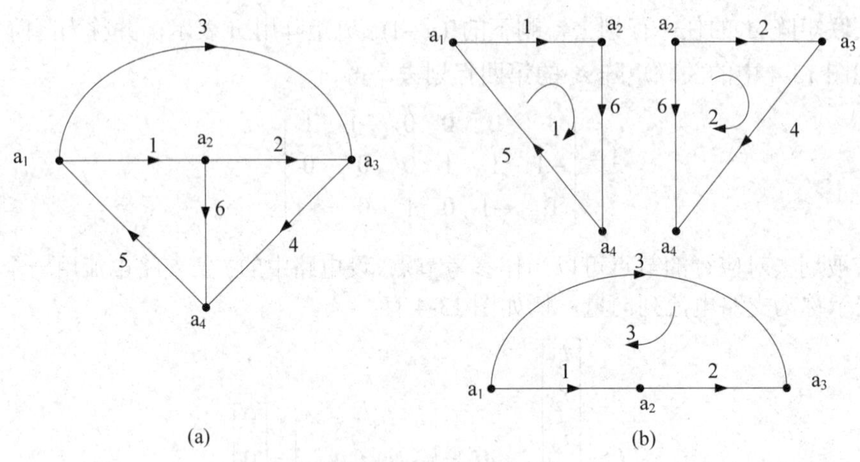

图 13-5　回路与支路的关联关系

如图 13-5(a)所示的连通图，如果选取 4、5、6 为树，则可得到三个基本回路为 $l_1(1,5,6)$、$l_2(2,4,6)$、$l_3(3,4,5)$，基本回路矩阵可写为

$$\boldsymbol{B}_\text{f}=\begin{matrix} & \begin{matrix}1 & 2 & 3 & 4 & 5 & 6\end{matrix} \\ \begin{matrix}1\\2\\3\end{matrix} & \begin{bmatrix}1 & 0 & 0 & 0 & 1 & 1\\ 0 & 1 & 0 & 1 & 0 & -1\\ 0 & 0 & 1 & 1 & 1 & 0\end{bmatrix}\end{matrix}$$

如果将网络的 b 条支路电压用一个 b 阶的列向量 $\boldsymbol{u}$ 来表示，将基本回路矩阵 $\boldsymbol{B}_\text{f}$ 乘以列向量电压 $\boldsymbol{u}$。根据 KVL 一个回路的电压代数和为零，则有

$$\boldsymbol{B}_\text{f}\boldsymbol{u}=0$$

该式即为 KVL 的矩阵形式。

2. 割集矩阵

如果一个割集由一些支路构成则称这些支路与该割集关联。割集矩阵就是用来描述支路与割集之间的关联情况。对于 n 个节点、b 条支路的电路，该图的独立割集数为$(n-1)$用$(n-1)\times b$ 阶矩阵来描述，用 $\boldsymbol{Q}$ 表示。$\boldsymbol{Q}$ 中的一行对应一个独立割集，一列对应一条支路。

其中第$(i,\ j)$个元素 q_{ij} 定义为：

(1) $q_{ij}=1$，表示支路 j 与割集 i 关联并且方向一致。

(2) $q_{ij}=0$，表示支路 j 与割集 i 无关联。

(3) $q_{ij}=-1$，表示支路 j 与割集 i 关联并且方向相反。

例如对于图 13-6 所示的有向图，独立割集数等于 3，若有独立割集如图所示，则其对应的割集矩阵为

$$\boldsymbol{Q}=\begin{matrix} \\ 1 \\ 2 \\ 3\end{matrix}\begin{matrix}\begin{matrix}1 & 2 & 3 & 4 & 5 & 6\end{matrix} \\ \begin{bmatrix}-1 & -1 & 1 & 0 & 0 & 0 \\ 1 & 0 & 0 & 1 & 1 & 0 \\ -1 & -1 & 0 & -1 & 0 & 1\end{bmatrix}\end{matrix}$$

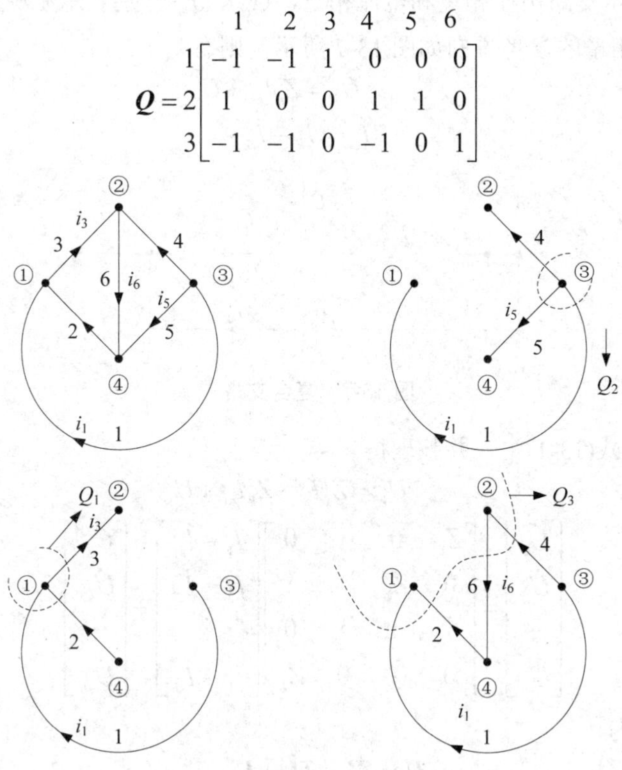

图 13-6　割集与支路的关联关系

如果选一组单树支割集为一组独立割集，这种割集矩阵为基本割集矩阵，把支路按先树支后连支或者先连支后树支的次序编号，则总可以把基本割集矩阵写为

$$\boldsymbol{Q}_{\mathrm{f}}=[1_{\mathrm{t}}\,|\,Q_{\mathrm{l}}]$$

矩阵的左边表示树支部分，右边表示连支部分。

例如图 13-6 所示，以 3、5、6 支路为树 T，则单树支割集组为 Q_1(3，1，2)，Q_2(5，1，4)，Q_3(6，1，2，4)，并以树支方向为割方向，那么基本割集形式为

$$\boldsymbol{Q}_{\mathrm{f}}=\begin{matrix} \\ 1 \\ 2 \\ 3\end{matrix}\begin{matrix}\begin{matrix}3 & 5 & 6 & 1 & 2 & 4\end{matrix} \\ \begin{bmatrix}1 & 0 & 0 & -1 & -1 & 0 \\ 0 & 1 & 0 & 1 & 0 & 1 \\ 0 & 0 & 1 & -1 & -1 & -1\end{bmatrix}\end{matrix}$$

13.2　支路方程的矩阵形式

在列写支路矩阵方程时，首先构建一个复合支路，设复合支路模型如图 13-7 所示。图中 k 表示第 k 条支路，其中 Z_k 为支路阻抗，且规定它只可能是单一的电阻、电感或

电容，而不能是它们的组合，$\dot{U}_{sk}$、$\dot{I}_{sk}$分别表示支路独立电压源和独立电流源。总之，复合支路的定义规定了一条支路最多可以包含的不同元件数及其连接方式，但要注意，不是说每条支路都必须包含这几种元件。

$\dot{U}_k$、$\dot{I}_k$分别表示支路电压相量和电流相量，$\dot{U}_{ek}$、$\dot{I}_{ek}$分别表示无源元件两端的电压相量和电流相量，各相量的参考方向如图 13-7 所示。则有

$$\dot{U}_k = Z_k \dot{I}_{ek} + \dot{U}_{sk} \tag{13-1}$$

$$\dot{I}_{ek} = \dot{I}_k - \dot{I}_{sk} \tag{13-2}$$

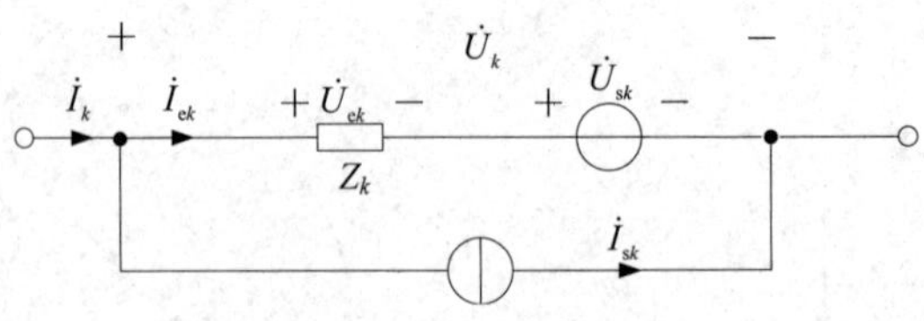

图 13-7　复合支路

将式(13-2)代入式(13-1)中，并整理得

$$\dot{U}_k = Z_k \dot{I}_k - Z_k \dot{I}_{sk} + \dot{U}_{sk} \tag{13-3}$$

即
$$\begin{bmatrix} \dot{U}_1 \\ \dot{U}_2 \\ \vdots \\ \dot{U}_b \end{bmatrix} = \begin{bmatrix} Z_1 & 0 & \cdots & 0 \\ 0 & Z_2 & \ddots & \vdots \\ \vdots & \ddots & \ddots & 0 \\ 0 & \cdots & 0 & Z_b \end{bmatrix} \begin{bmatrix} \dot{I}_1 - \dot{I}_{s1} \\ \dot{I}_2 - \dot{I}_{s2} \\ \vdots \\ \dot{I}_b - \dot{I}_{sb} \end{bmatrix} + \begin{bmatrix} \dot{U}_{s1} \\ \dot{U}_{s2} \\ \vdots \\ \dot{U}_{sb} \end{bmatrix}$$

写成矩阵形式为

$$\dot{\boldsymbol{U}} = \boldsymbol{Z}\dot{\boldsymbol{I}} - \boldsymbol{Z}\dot{\boldsymbol{I}}_s + \dot{\boldsymbol{U}}_s \tag{13-4}$$

式中 $\dot{\boldsymbol{U}} = \begin{bmatrix} \dot{U}_1 & \dot{U}_2 & \cdots & \dot{U}_b \end{bmatrix}^T$ 支路电压列向量；

$\dot{\boldsymbol{I}} = \begin{bmatrix} \dot{I}_1 & \dot{I}_2 & \cdots & \dot{I}_b \end{bmatrix}^T$ 支路电流列向量；

$\dot{\boldsymbol{U}}_s = \begin{bmatrix} \dot{U}_{s1} & \dot{U}_{s2} & \cdots & \dot{U}_{sb} \end{bmatrix}^T$ 支路独立电压源列向量；

$\dot{\boldsymbol{I}}_s = \begin{bmatrix} \dot{I}_{s1} & \dot{I}_{s2} & \cdots & \dot{I}_{sb} \end{bmatrix}^T$ 支路独立电流源列向量。

$\boldsymbol{Z} = \text{diag}[Z_1 \quad Z_2 \quad \cdots \quad Z_b]$为支路阻抗矩阵，“diag”表示对角矩阵。式(13-4)左乘阻抗矩阵$\boldsymbol{Z}^{-1}$，则有

$$\boldsymbol{Z}^{-1}\dot{\boldsymbol{U}} = \boldsymbol{Z}^{-1}\boldsymbol{Z}\dot{\boldsymbol{I}} - \boldsymbol{Z}^{-1}\boldsymbol{Z}\dot{\boldsymbol{I}}_s + \boldsymbol{Z}^{-1}\dot{\boldsymbol{U}}_s$$

即
$$\boldsymbol{Z}^{-1}\dot{\boldsymbol{U}} = \dot{\boldsymbol{I}} - \dot{\boldsymbol{I}}_s + \boldsymbol{Z}^{-1}\dot{\boldsymbol{U}}_s \tag{13-5}$$

令$\boldsymbol{Y} = \boldsymbol{Z}^{-1}$为支路导纳矩阵，则得到用支路导纳矩阵表示的支路电压电流关系

即
$$\dot{\boldsymbol{I}} = -\boldsymbol{Y}\dot{\boldsymbol{U}}_s + \dot{\boldsymbol{I}}_s + \boldsymbol{Y}\dot{\boldsymbol{U}} \tag{13-6}$$

式(13-4)和式(13-6)是典型支路的支路电压和支路电流的矩阵形式。

【例 13-1】电路如图 13-8(a)所示，图中下标代表支路编号，图 13-8(b)为电路的有向图。设$\dot{I}_{d2} = g_{21}\dot{U}_1$，$\dot{I}_{d2} = \beta_{36}\dot{I}_6$，写出支路方程的矩阵形式。

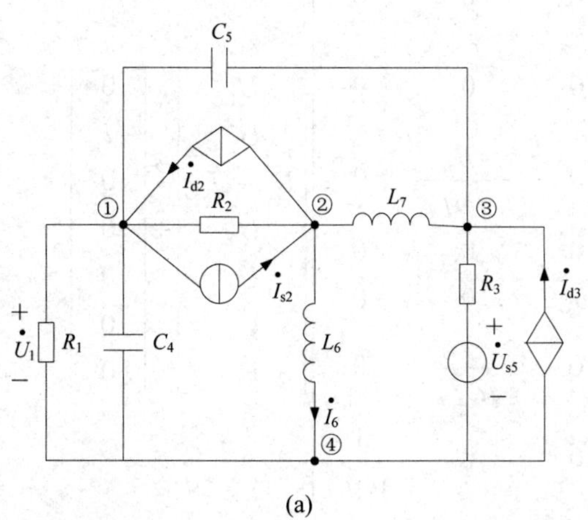

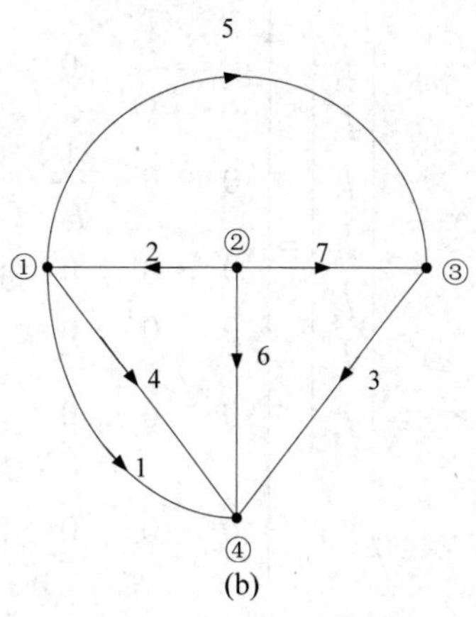

图 13-8　例 13-1 图

解：支路导纳矩阵(注意 g_{21} 和 β_{31} 出现的位置及其+、-号)

$$
\boldsymbol{Y}=\begin{bmatrix}
\dfrac{1}{R_1} & 0 & 0 & 0 & 0 & 0 & 0\\
g_{21} & \dfrac{1}{R_2} & 0 & 0 & 0 & 0 & 0\\
0 & 0 & \dfrac{1}{R_3} & 0 & 0 & -\dfrac{\beta_{36}}{\mathrm{j}\omega L_6} & 0\\
0 & 0 & 0 & \mathrm{j}\omega C_4 & 0 & 0 & 0\\
0 & 0 & 0 & 0 & \mathrm{j}\omega C_5 & 0 & 0\\
0 & 0 & 0 & 0 & 0 & \dfrac{1}{\mathrm{j}\omega L_6} & 0\\
0 & 0 & 0 & 0 & 0 & 0 & \dfrac{1}{\mathrm{j}\omega L_7}
\end{bmatrix}
$$

电流源电流列向量与电压源电压列向量分别为

$$\dot{\boldsymbol{I}}_{\mathrm{s}}=\begin{bmatrix}0 & -\dot{I}_{s2} & 0 & 0 & 0 & 0 & 0\end{bmatrix}^{\mathrm{T}}$$

$$\dot{\boldsymbol{U}}_{\mathrm{s}}=\begin{bmatrix}0 & 0 & \dot{U}_{s3} & 0 & 0 & 0 & 0\end{bmatrix}^{\mathrm{T}}$$

于是得支路方程的矩阵形式为

$$
\begin{bmatrix} \dot{I}_1 \\ \dot{I}_2 \\ \dot{I}_3 \\ \dot{I}_4 \\ \dot{I}_5 \\ \dot{I}_6 \\ \dot{I}_7 \end{bmatrix} = \begin{bmatrix} \frac{1}{R_1} & 0 & 0 & 0 & 0 & 0 & 0 \\ g_{21} & \frac{1}{R_2} & 0 & 0 & 0 & 0 & 0 \\ 0 & 0 & \frac{1}{R_3} & 0 & 0 & -\frac{\beta_{36}}{\mathrm{j}\omega L_6} & 0 \\ 0 & 0 & 0 & \mathrm{j}\omega C_4 & 0 & 0 & 0 \\ 0 & 0 & 0 & 0 & \mathrm{j}\omega C_5 & 0 & 0 \\ 0 & 0 & 0 & 0 & 0 & \frac{1}{\mathrm{j}\omega L_6} & 0 \\ 0 & 0 & 0 & 0 & 0 & 0 & \frac{1}{\mathrm{j}\omega L_7} \end{bmatrix} \begin{bmatrix} \dot{U}_1 \\ \dot{U}_2 \\ \dot{U}_3 - \dot{U}_{s3} \\ \dot{U}_4 \\ \dot{U}_5 \\ \dot{U}_6 \\ \dot{U}_7 \end{bmatrix} + \begin{bmatrix} 0 \\ -\dot{I}_{s2} \\ 0 \\ 0 \\ 0 \\ 0 \\ 0 \end{bmatrix}
$$

13.3 节点分析法

节点电压法以节点电压为电路的独立变量，并用 KCL 列出足够的独立方程。设节点电压列向量为

$$\boldsymbol{u}_n = [u_{\mathrm{n}1} \quad u_{\mathrm{n}1} \quad \cdots \quad u_{\mathrm{n}(n-1)}]^{\mathrm{T}}$$

因为支路电压为该支路的两个节点的电压之差，$\boldsymbol{A}$ 是描述支路与节点关联性质的矩阵，所以支路电压向量 $\boldsymbol{u}$ 与节点电压列向量 $\boldsymbol{u}_n$ 的关系可表示为

$$\boldsymbol{u}=\boldsymbol{A}^{\mathrm{T}}\boldsymbol{u}_n$$

上述 KVL 方程表示了 $\boldsymbol{u}_{\mathrm{n}}$ 与支路电压列向量 $\boldsymbol{u}$ 的关系，在用关联矩阵 $\boldsymbol{A}$ 表示的 KCL，即

$$\boldsymbol{Ai} = 0$$

作为导出节点电压方程的依据，式中 $\boldsymbol{i}$ 表示支路电流的列向量。

在列写矩阵方程时，首先构建一个复合支路，该复合支路如图 13-9 所示，k 表示第 k 条支路，其中 Z_k (或 Y_k)为支路阻抗(或导纳)(规定如前面所述)，$\dot{U}_{\mathrm{s}k}$ 、$\dot{I}_{\mathrm{s}k}$ 分别表示支路独立电压源和独立电流源，$\dot{U}_k$ 、$\dot{I}_k$ 分别表示支路电压和电流向量，方向如图 13-9 所示。

当电路中含有受控电流源时，假设设第 k 支路中有受控电流源电流大小为 $\dot{I}_{\mathrm{d}k}$ 并受第 j 支路中无源元件上的电流 $\dot{I}_{\mathrm{e}j}$ 控制，如图 13-9 所示，$\dot{I}_{\mathrm{d}k} = \beta_{kj}\dot{I}_{\mathrm{e}j}$ 。

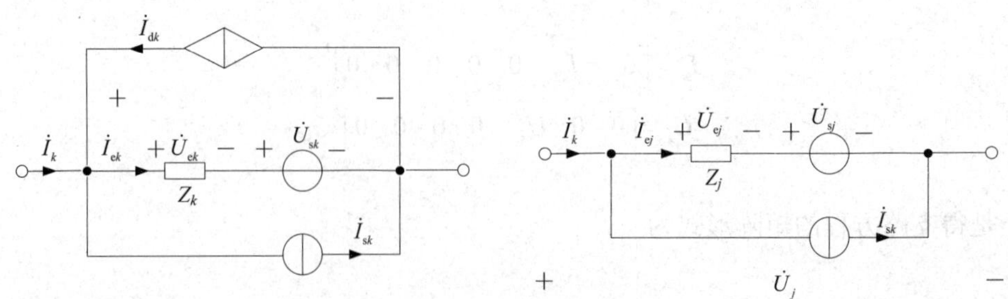

图 13-9　复合支路

此时，对第 k 支路有

$$\dot{I}_k = Y_k \dot{U}_{ek} - \dot{I}_{dk} + \dot{I}_{sk} \tag{13-7}$$

$$\dot{U}_{ek} = \dot{U}_k - \dot{U}_{sk} \tag{13-8}$$

在 CCCS 的情况下，$\dot{I}_{dk} = \beta_{kj} Y_j (\dot{U}_j - \dot{U}_{sj})$。

于是有

$$\begin{bmatrix} \dot{I}_1 \\ \dot{I}_2 \\ \vdots \\ \dot{I}_j \\ \vdots \\ \dot{I}_k \\ \vdots \\ \dot{I}_b \end{bmatrix} = \begin{bmatrix} Y_1 & 0 & \cdots & 0 & \cdots & 0 & \cdots & 0 \\ 0 & Y_2 & & \vdots & & \vdots & & \vdots \\ \vdots & \vdots & 0 & 0 & \cdots & 0 & \cdots & 0 \\ 0 & 0 & \cdots & Y_j & & \vdots & & \vdots \\ \vdots & \vdots & & \vdots & 0 & 0 & \cdots & 0 \\ 0 & 0 & \cdots & Y_{kj} & \cdots & Y_k & & \vdots \\ \vdots & \vdots & & \vdots & & \vdots & 0 & 0 \\ 0 & 0 & \cdots & 0 & \cdots & 0 & \cdots & Y_b \end{bmatrix} \begin{bmatrix} \dot{U}_1 - \dot{U}_{s1} \\ \dot{U}_2 - \dot{U}_{s2} \\ \vdots \\ \dot{U}_j - \dot{U}_{sj} \\ \vdots \\ \dot{U}_k - \dot{U}_{sk} \\ \vdots \\ \dot{U}_b - \dot{U}_{sb} \end{bmatrix} + \begin{bmatrix} \dot{I}_{s1} \\ \dot{I}_{s2} \\ \vdots \\ \dot{I}_{sj} \\ \vdots \\ \dot{I}_{sk} \\ \vdots \\ \dot{I}_{sb} \end{bmatrix}$$

式中 $Y_{kj} = \beta_{ki} Y_j$。

即

$$\boldsymbol{\dot{I}} = \boldsymbol{Y}(\boldsymbol{\dot{U}} - \boldsymbol{\dot{U}}_s) + \boldsymbol{\dot{I}}_s \tag{13-9}$$

由于 $\boldsymbol{A\dot{I}} = 0$ 代入式(13-9)得

$$\boldsymbol{A}\left[\boldsymbol{Y}(\boldsymbol{\dot{U}} - \boldsymbol{\dot{U}}_s) + \boldsymbol{\dot{I}}_s\right] = 0 \tag{13-10}$$

$\boldsymbol{\dot{U}} = \boldsymbol{A}^T \boldsymbol{\dot{U}}_n$ 代入式(13-10)可得到

$$\boldsymbol{AYA}^T \boldsymbol{\dot{U}}_n = -\boldsymbol{A\dot{I}}_s + \boldsymbol{AY\dot{U}}_s \tag{13-11}$$

如设　$\boldsymbol{Y}_n = \boldsymbol{AYA}^T$，$\boldsymbol{\dot{J}}_s = -\boldsymbol{A\dot{I}}_s + \boldsymbol{AY\dot{U}}_s$，则式(13-11)可写为

$$\boldsymbol{Y}_n \boldsymbol{\dot{U}}_n = \boldsymbol{\dot{J}}_n$$

式(13-11)即节点电压方程的矩阵形式。$\boldsymbol{Y}_n$ 称为节点导纳矩阵，$\boldsymbol{\dot{J}}_n$ 为由独立电源引起的节点电流列向量。

【例 13-2】电路如图 13-10(a)所示，图中元件的数字下标代表支路编号。试列出电路的节点电压方程的矩阵形式。

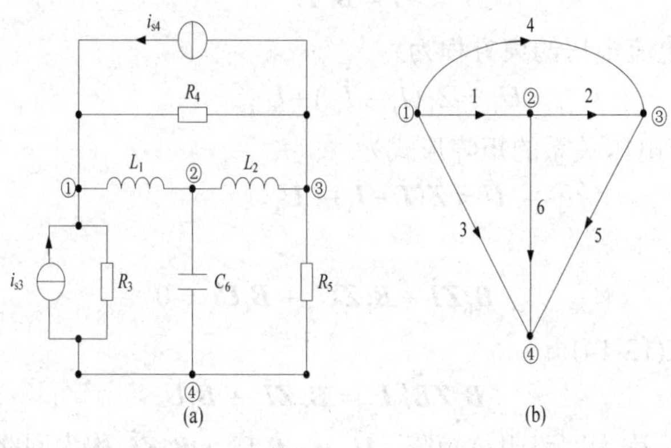

图 13-10　例 13-2 图

解： 电路的有向图如图 13-10(b)所示。若选节点④为参考点，则关联矩阵为

$$A=\begin{bmatrix}1 & 0 & 1 & 1 & 0 & 0\\ -1 & 1 & 0 & 0 & 0 & 1\\ 0 & -1 & 0 & -1 & 1 & 0\end{bmatrix}$$

电压源列向量$\dot{\boldsymbol{U}}_{\mathrm{s}}=0$，电流源列向量为

$$\dot{\boldsymbol{I}}_{\mathrm{s}}=\begin{bmatrix}0 & 0 & -\dot{I}_{\mathrm{s3}} & -\dot{I}_{\mathrm{s4}} & 0 & 0\end{bmatrix}^{\mathrm{T}}$$

支路导纳矩阵为

$$\boldsymbol{Y}=\mathrm{diag}\begin{bmatrix}\dfrac{1}{\mathrm{j}\omega L_1}, & \dfrac{1}{\mathrm{j}\omega L_2}, & \dfrac{1}{R_3}, & \dfrac{1}{R_4}, & \dfrac{1}{R_5}, & \mathrm{j}\omega C_6\end{bmatrix}$$

将上述几个矩阵代入节点电压方程

$$\boldsymbol{AYA}^{\mathrm{T}}\dot{\boldsymbol{U}}_{\mathrm{n}}=-\boldsymbol{A}\dot{\boldsymbol{I}}_{\mathrm{s}}+\boldsymbol{AY}\dot{\boldsymbol{U}}_{\mathrm{s}}$$

经矩阵化简得

$$\begin{bmatrix}\dfrac{1}{R_3}+\dfrac{1}{R_4}+\dfrac{1}{\mathrm{j}\omega L_1} & -\dfrac{1}{\mathrm{j}\omega L_1} & -\dfrac{1}{R_4}\\ -\dfrac{1}{\mathrm{j}\omega L_1} & \dfrac{1}{\mathrm{j}\omega L_1}+\dfrac{1}{\mathrm{j}\omega L_2}+\mathrm{j}\omega C_6 & -\dfrac{1}{\mathrm{j}\omega L_2}\\ -\dfrac{1}{R_4} & -\dfrac{1}{\mathrm{j}\omega L_2} & \dfrac{1}{R_4}+\dfrac{1}{R_5}+\dfrac{1}{\mathrm{j}\omega L_2}\end{bmatrix}\begin{bmatrix}\dot{U}_{\mathrm{n1}}\\ \dot{I}_{\mathrm{n2}}\\ \dot{I}_{\mathrm{n3}}\end{bmatrix}=\begin{bmatrix}\dot{I}_{\mathrm{s3}}+\dot{I}_{\mathrm{s4}}\\ 0\\ -\dot{I}_{\mathrm{s4}}\end{bmatrix}$$

13.4 回路分析法

一个网络有许多不同的回路，每一个回路都可以列写一个 KVL 方程，一个具有 n 个节点和 b 条支路的有向图有一组独立回路或基本回路，其回路矩阵为 $\boldsymbol{B}$ 或 $\boldsymbol{B}_{\mathrm{f}}$ 。

回路的电压方程(KVL)可表示为

$$\boldsymbol{B}_{\mathrm{f}}\dot{\boldsymbol{U}}=0 \tag{13-12}$$

支路电流与回路电流的关系表示为

$$\dot{\boldsymbol{I}}=\boldsymbol{B}_{\mathrm{f}}^{\mathrm{T}}\dot{\boldsymbol{I}}_L \tag{13-13}$$

对于图 13-7 支路电流电压约束方程为

$$\dot{U}_k=Z_k(\dot{I}_k-\dot{I}_{\mathrm{s}k})+\dot{U}_{\mathrm{s}k}$$

一个网络支路电流电压关系的矩阵形式为

$$\dot{\boldsymbol{U}}=\boldsymbol{Z}(\dot{\boldsymbol{I}}-\dot{\boldsymbol{I}}_{\mathrm{s}})+\dot{\boldsymbol{U}}_{\mathrm{s}}$$

代入式(13-12)得

$$\boldsymbol{B}_{\mathrm{f}}\boldsymbol{Z}\dot{\boldsymbol{I}}-\boldsymbol{B}_{\mathrm{f}}\boldsymbol{Z}\dot{\boldsymbol{U}}_{\mathrm{s}}+\boldsymbol{B}_{\mathrm{f}}\dot{\boldsymbol{U}}_{\mathrm{s}}=0 \tag{13-14}$$

将式(13-13)代入式(13-14)得

$$\boldsymbol{B}_{\mathrm{f}}\boldsymbol{Z}\boldsymbol{B}_{\mathrm{f}}^{T}\dot{\boldsymbol{I}}_L=\boldsymbol{B}_{\mathrm{f}}\boldsymbol{Z}\dot{\boldsymbol{I}}_{\mathrm{s}}+\boldsymbol{B}_{\mathrm{f}}\dot{\boldsymbol{U}}_{\mathrm{s}} \tag{13-15}$$

令 $\boldsymbol{Z}_L=\boldsymbol{B}_{\mathrm{f}}\boldsymbol{Z}\boldsymbol{B}_{\mathrm{f}}^{\mathrm{T}}$，$\boldsymbol{Z}_L$ 称为回路阻抗矩阵，$\dot{\boldsymbol{U}}_L=-\boldsymbol{B}_{\mathrm{f}}\dot{\boldsymbol{U}}_{\mathrm{s}}+\boldsymbol{B}_{\mathrm{f}}\boldsymbol{Z}\dot{\boldsymbol{I}}_{\mathrm{s}}$ 称为回路等效电压源向量，则回路电流方程的矩阵形式简化为

$$Z_L \dot{I}_L = \dot{U}_L \tag{13-16}$$

【例 13-3】电路如图 13-11 所示。试列出回路电流方程的矩阵形式。

解：作出有向图，选支路 1、2、5 为树支，则基本回路矩阵为

$$\boldsymbol{B}_\mathrm{f} = \begin{matrix} & \begin{matrix} 1 & 2 & 3 & 4 & 5 \end{matrix} \\ \begin{matrix} 1 \\ 2 \end{matrix} & \begin{bmatrix} -1 & 0 & 1 & 0 & 1 \\ 0 & 1 & 0 & 1 & -1 \end{bmatrix} \end{matrix}$$

支路阻抗矩阵为

$$\boldsymbol{Z} = \mathrm{diag}\left[R_1 \quad R_2 \quad \mathrm{j}\omega L_3 \quad \mathrm{j}\omega L_4 \quad \frac{1}{\mathrm{j}\omega C_5} \right]$$

又因为

$$\dot{\boldsymbol{U}}_\mathrm{s} = \begin{bmatrix} 0 & \dot{U}_{\mathrm{s}2} & 0 & 0 & 0 \end{bmatrix}^\mathrm{T}$$

$$\dot{\boldsymbol{I}}_\mathrm{s} = \begin{bmatrix} -\dot{I}_{\mathrm{s}1} & 0 & 0 & 0 & 0 \end{bmatrix}^\mathrm{T}$$

把上述各矩阵代入回路电流方程的矩阵形式

$$\boldsymbol{B}_\mathrm{f} \boldsymbol{Z} \boldsymbol{B}_\mathrm{f}^\mathrm{T} \dot{\boldsymbol{I}}_L = \boldsymbol{B}_\mathrm{f} \boldsymbol{Z} \dot{\boldsymbol{I}}_\mathrm{s} - \boldsymbol{B}_\mathrm{f} \dot{\boldsymbol{U}}_\mathrm{s}$$

经整理得到

$$\begin{bmatrix} R_1 + \mathrm{j}\omega L_3 + \dfrac{1}{\mathrm{j}\omega C_5} & -\dfrac{1}{\mathrm{j}\omega C_5} \\ -\dfrac{1}{\mathrm{j}\omega C_5} & R_2 + \mathrm{j}\omega L_4 + \dfrac{1}{\mathrm{j}\omega C_5} \end{bmatrix} \begin{bmatrix} \dot{I}_{11} \\ \dot{I}_{12} \end{bmatrix} = \begin{bmatrix} R_1 \dot{I}_{\mathrm{s}1} \\ -\dot{U}_{\mathrm{s}2} \end{bmatrix}$$

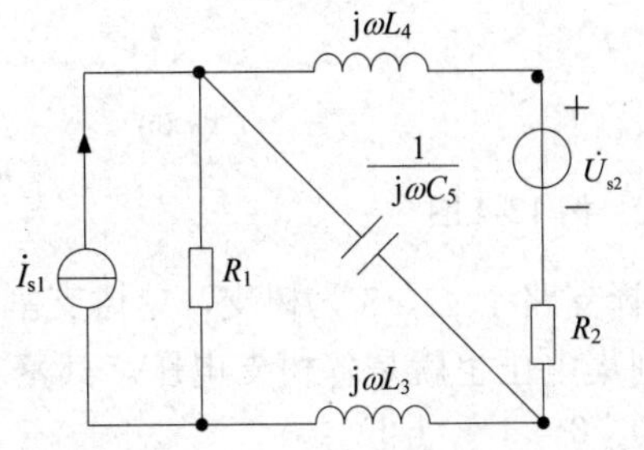

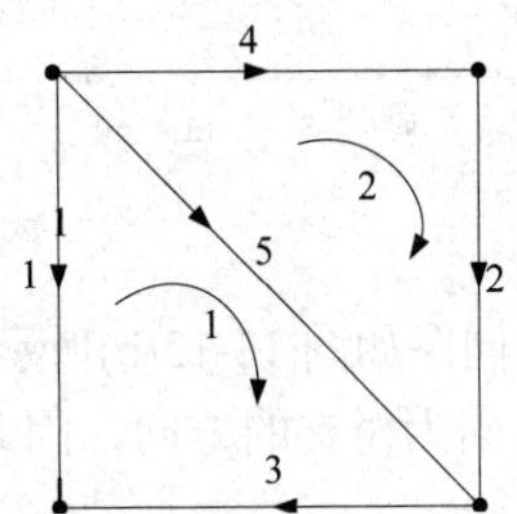

图 13-11　例 13-3 图

13.5　割集分析法

割集分析法以树支电压为电路变量的分析法称为割集电压分析法。对于具有 n 个节点的连通网络，选定树后，若各支路按先连支后树支的顺序编号，则可定义树支电压列向量矩阵为

$$\dot{\boldsymbol{U}}_\mathrm{t} = \begin{bmatrix} \dot{U}_{\mathrm{b-t+1}} & \dot{U}_{\mathrm{b-t+2}} & \cdots & \dot{U}_\mathrm{b} \end{bmatrix}^\mathrm{T}$$

由于 KVL 对割集形成的封闭面也适用，因此，支路电压 $\boldsymbol{U}_\mathrm{b}$ 和树支电压 $\boldsymbol{U}_\mathrm{t}$ 间的关系可表示为

$$\boldsymbol{U}_{\mathrm{b}}=\boldsymbol{Q}_{\mathrm{f}}^{\mathrm{T}}\boldsymbol{U}_{\mathrm{t}} \tag{13-17}$$

式(13-17)对应的向量形式为

$$\dot{\boldsymbol{U}}_{\mathrm{b}}=\boldsymbol{Q}_{\mathrm{f}}^{\mathrm{T}}\dot{\boldsymbol{U}}_{\mathrm{t}} \tag{13-18}$$

由于方程

$$\boldsymbol{Q}_{\mathrm{f}}\dot{\boldsymbol{I}}_{\mathrm{b}}=0 \tag{13-19}$$

对于图 13-7 中所有支路伏安关系的矩阵形式为

$$\dot{\boldsymbol{I}}_{\mathrm{b}}=-\boldsymbol{Y}\dot{\boldsymbol{U}}_{\mathrm{s}}+\dot{\boldsymbol{I}}_{\mathrm{s}}+\boldsymbol{Y}\dot{\boldsymbol{U}}_{\mathrm{b}} \tag{13-20}$$

所以由式(13-18)、式(13-19)和式(13-20)可得

$$\boldsymbol{Q}_{\mathrm{f}}\boldsymbol{Y}\boldsymbol{Q}_{\mathrm{f}}^{\mathrm{T}}\dot{\boldsymbol{U}}_{\mathrm{t}}=-\boldsymbol{Q}_{\mathrm{f}}\dot{\boldsymbol{I}}_{\mathrm{s}}+\boldsymbol{Q}_{\mathrm{f}}\boldsymbol{Y}\dot{\boldsymbol{U}}_{\mathrm{s}} \tag{13-21}$$

或写为

$$\boldsymbol{Y}_{\mathrm{t}}\dot{\boldsymbol{U}}_{\mathrm{t}}=\dot{\boldsymbol{J}}_{\mathrm{t}}$$

式中，$\boldsymbol{Y}_{\mathrm{t}}=\boldsymbol{Q}_{\mathrm{f}}\boldsymbol{Y}\boldsymbol{Q}_{\mathrm{f}}^{\mathrm{T}}$称为割集导纳矩阵，而$\dot{\boldsymbol{J}}_{\mathrm{t}}=-\boldsymbol{Q}_{\mathrm{f}}\dot{\boldsymbol{I}}_{\mathrm{s}}+\boldsymbol{Q}_{\mathrm{f}}\boldsymbol{Y}\dot{\boldsymbol{U}}_{\mathrm{s}}$称为割集电流源向量。

式(13-21)称为割集电压方程的矩阵形式。由割集电压方程可解出$\dot{U}_{\mathrm{t}}$，由式(13-18)和式(13-20)可得出$\dot{U}_{\mathrm{b}}$和$\dot{I}_{\mathrm{b}}$。

【例 13-4】列出如图 13-12(a)所示电路的割集电压矩阵方程。

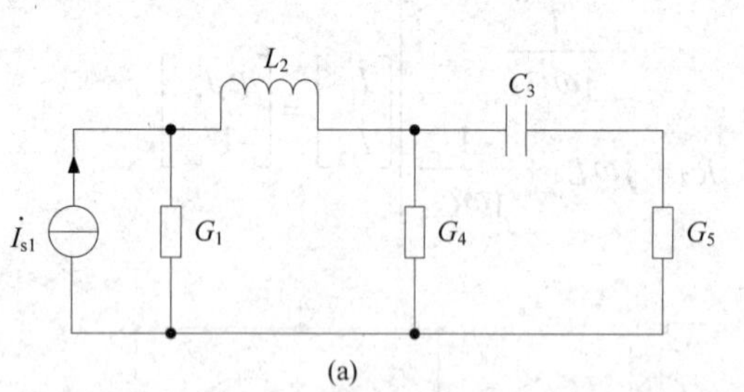

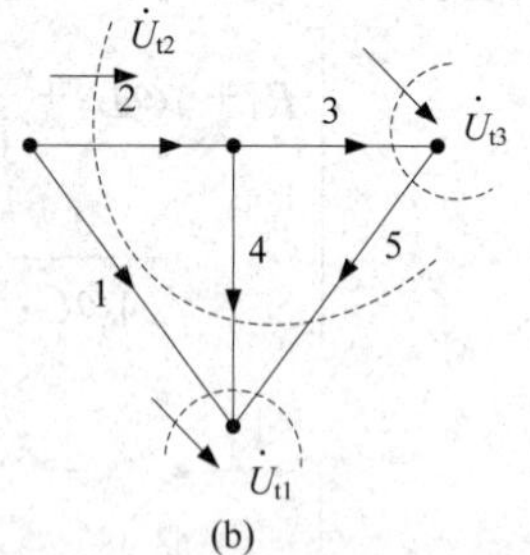

图 13-12　例 13-4 图

解：画出有向图如图 13-12(b)所示，选择支路 1、2、3 为树支，单树支割集如图虚线所示。各割集的方向为树支的方向，因此各割集电压也就是各树支电压。其基本割集矩阵为

$$\boldsymbol{Q}_{\mathrm{f}}=\begin{bmatrix}1&0&0&1&1\\0&1&0&-1&-1\\0&0&1&0&-1\end{bmatrix}$$

又

$$\dot{\boldsymbol{U}}_{\mathrm{s}}=0$$

$$\dot{\boldsymbol{I}}_{\mathrm{s}}=\begin{bmatrix}-\dot{I}_{\mathrm{s}}&0&0&0&0\end{bmatrix}^{\mathrm{T}}$$

支路导纳矩阵为

$$\boldsymbol{Y}=\mathrm{diag}\left[G_1,\ \frac{1}{\mathrm{j}\omega L_2},\ \mathrm{j}\omega C_3,\ G_4,\ G_5\right]$$

把以上各式代入式(13-21)，经整理可得割集电压矩阵方程为

$$\begin{bmatrix} G_1+G_4+G_5 & -G_4-G_5 & -G_5 \\ -G_4-G_5 & \dfrac{1}{\mathrm{j}\omega L_2}+G_4+G_5 & G_5 \\ -G_5 & G_5 & \mathrm{j}\omega G_3+G_5 \end{bmatrix}\begin{bmatrix} \dot{U}_{t1} \\ \dot{U}_{t2} \\ \dot{U}_{t3} \end{bmatrix}=\begin{bmatrix} \dot{I}_{s1} \\ 0 \\ 0 \end{bmatrix}$$

本 章 小 结

学习本章，一要理解拓扑图、连通图、树、回路等基本概念；二要掌握连通图割集支路符合的条件和连通子图中树的条件。

在这一章中，应用网络的图和电路相关定律，介绍了电路方程的矩阵形式：KCL 常表示为 $\boldsymbol{A}\boldsymbol{i}_b=0$ 或 $\boldsymbol{Q}\boldsymbol{i}_b=0$，KVL 常表示为 $\boldsymbol{B}_f\boldsymbol{U}_b=0$。讨论了电路的关联矩阵 $\boldsymbol{A}$、回路矩阵 $\boldsymbol{B}_f$ 和割集矩阵 $\boldsymbol{Q}_f$ 等矩阵的列写方法，此外讨论了回路电流方程、节点电压方程、割集电压方程的矩阵形式等。

习　　题

1. 连通图如图 13-13 所示，任选一树，确定对应树的基本回路和基本割集。

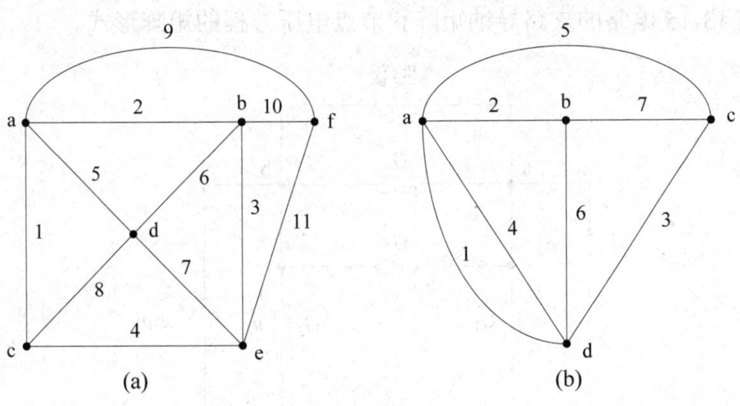

图 13-13　习题 1 图

2. 已知网络的节点，支路关联矩阵为

$$\boldsymbol{A}=\begin{bmatrix} 1 & -1 & 0 & 1 & 0 & 0 & -1 & 0 \\ 0 & 1 & 1 & 0 & 1 & 0 & 1 & 0 \\ -1 & 0 & -1 & 0 & 0 & -1 & 0 & 1 \end{bmatrix}$$

(1) 画出此网络的有向图。

(2) 选择一个树，使其与此树相关的基本割集矩阵 $\boldsymbol{Q}=\boldsymbol{A}$。

(3) 写出与此树相应的基本回路矩阵 $\boldsymbol{B}$。

3. 对于图 13-14 所示有向图，若选支路 1、2、3、7 为树，试写出基本割集矩阵和基本回路矩阵；另外以网孔作为回路写出回路矩阵。

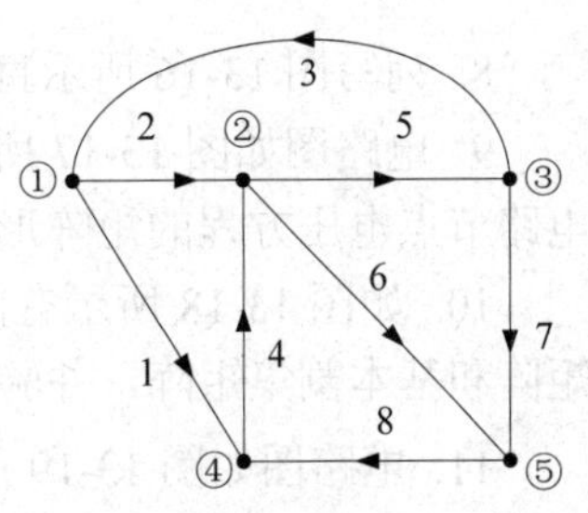

图 13-14　习题 3 图

4. 已知某连通图的基本回路矩阵 $\boldsymbol{B}_{\rm f}$ 为

$$\begin{array}{c} \quad\quad\; 1\;\;\; 2\;\;\; 3\;\;\; 4\;\;\; 5\;\;\; 6 \\ \boldsymbol{B}_{\rm f}=\begin{bmatrix} 1 & 0 & 0 & 1 & 0 & 0 \\ 0 & 1 & 0 & 0 & 1 & 0 \\ 0 & 0 & 1 & 0 & 0 & -1 \end{bmatrix} \end{array}$$

列写出对应于同一个树的基本割集矩阵 $\boldsymbol{Q}_{\rm f}$。

5. 已知连通图的关联矩阵 $\boldsymbol{A}$，画出其有向图，以支路 2、4、6 为树，列写对应的基本回路矩阵和基本割集矩阵。

$$\boldsymbol{A}=\begin{bmatrix} 1 & 1 & -1 & 1 & 0 & 0 & 0 \\ -1 & -1 & 0 & 0 & -1 & 0 & 1 \\ 0 & 0 & 1 & 0 & 0 & -1 & -1 \end{bmatrix}$$

6. 已知连通图的关联矩阵 $\boldsymbol{A}$，如果选择支路集合(1,3,4,5)为树，列写对应的基本回路矩阵和基本割集矩阵。

$$\boldsymbol{A}=\begin{bmatrix} 1 & 1 & 0 & 0 & 0 & 0 & 1 \\ -1 & -1 & 1 & 0 & 0 & 0 & 0 \\ 0 & 0 & -1 & 1 & 0 & 0 & 0 \\ 0 & 0 & 0 & -1 & -1 & -1 & 0 \end{bmatrix}$$

7. 列出图 13-15 电路的支路导纳矩阵和节点电压方程的矩阵形式。

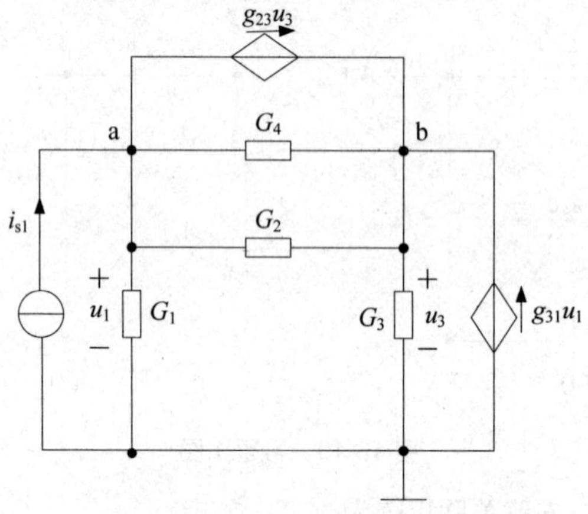

图 13-15　习题 7 图

8. 列写图 13-16 所示直流电阻电路矩阵形式的节点电压方程。

9. 电路图如图 13-17 所示，图中电源的角频率为 ω，试以节点 d 为参考节点，写出该电路节点电压方程的矩阵形式。

10. 如图 13-18 所示有向图，若选 1、2、4、5 为树，节点⑤为参考节点，试写出关联矩阵和基本割集矩阵，并验证 $\boldsymbol{B}_{\rm t}^{\rm T}=-\boldsymbol{A}_{\rm t}^{-1}\boldsymbol{A}_{\rm l}$。

11. 电路图如图 13-19 所示，写出电路网孔电流方程的矩阵形式。

12. 电路如图 13-20(a)所示，图 13-20(b)为其有向图。选取支路 1、2、6、7 为树，列写割集电压方程的矩阵形式。

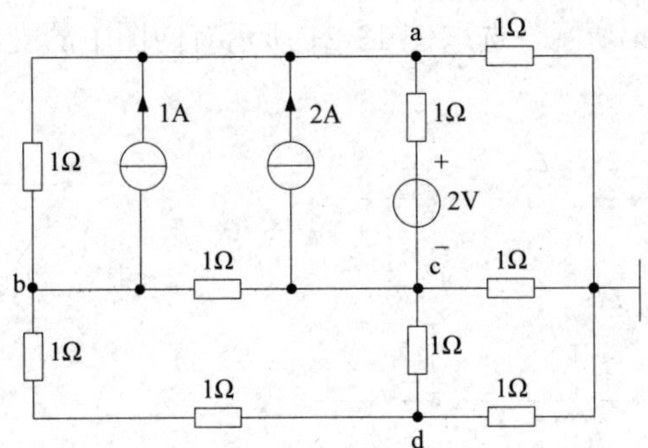

图 13-16　习题 8 图

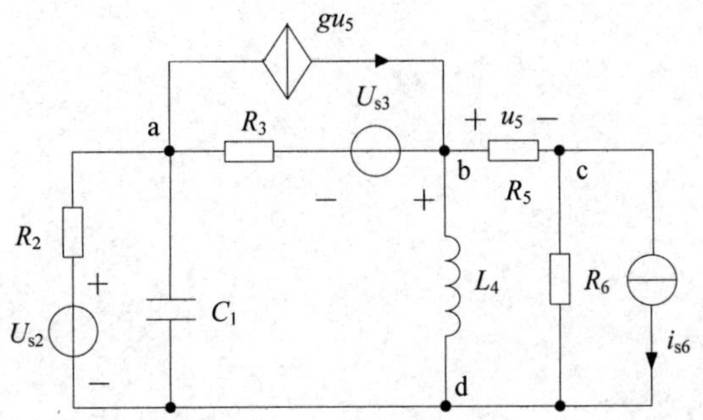

图 13-17　习题 9 图

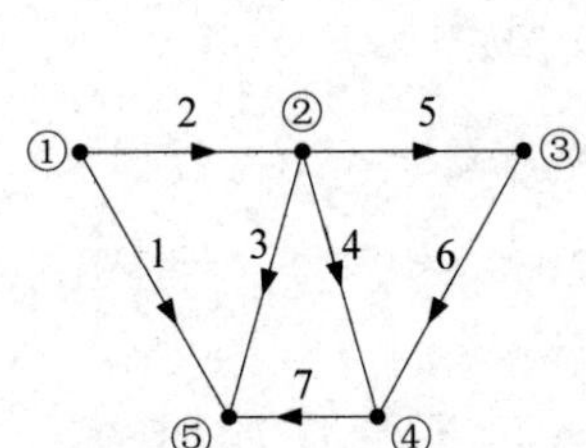

图 13-18　习题 10 图

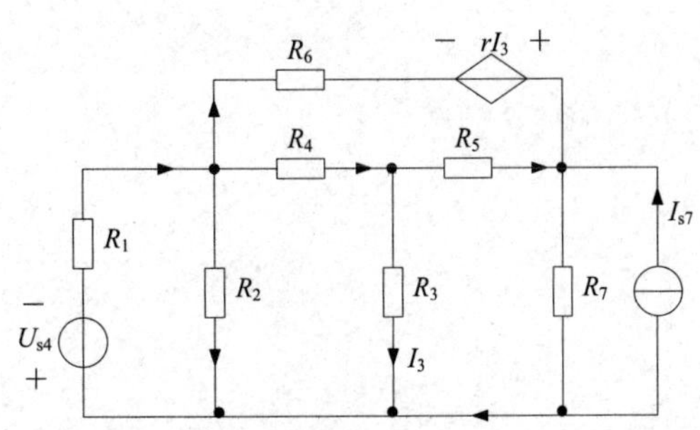

图 13-19　习题 11 图

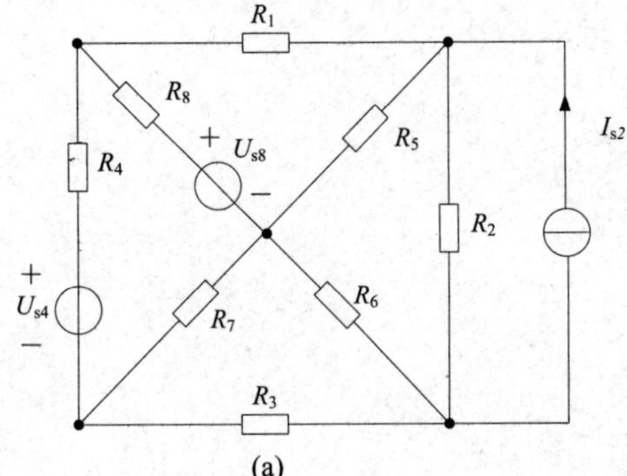

图 13-20　习题 12 图

13. 电路如图 13-21(a)所示，选取图 13-21 所示有向图中的支路 1、2、3 为树写出割集电压的矩阵形式。

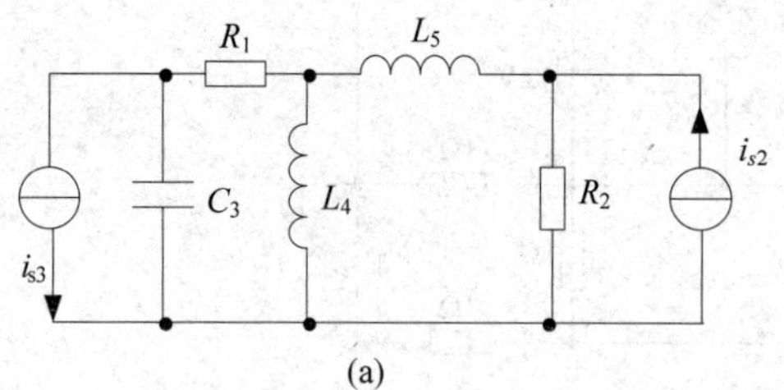

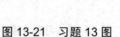

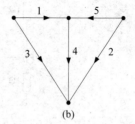

(a)

(b)

图 13-21　习题 13 图

第 14 章　非线性电阻电路

教学目标

(1) 理解非线性电阻元件的特性、类型及非线性电路元件的种类。

(2) 掌握非线性电阻电路常用分析方法。

14.1　非线性电阻元件

元件参数值随其上的电流、电压(或电荷或磁链)变化的，称为非线性元件。包含有非线性元件的电路称为非线性电路。若电阻电路中的非线性元件是非线性电阻，就构成了非线性电阻电路。大多数实际电路属于非线性电路，但在一定条件下，一些非线性电路可近似为线性电路，致使对这类问题的分析大为简化，而分析所得结果与这类实际电路的性能表现相吻合，这是人们所期望的。但并非所有的非线性电路都可以这样做，对于某些非线性电路的非线性特征突出，不容忽略，或者说近似为线性电路的条件不满足，对这类电路问题的分析必须采用非线性电路的分析方法。

在第 1 章中讲述电阻元件时对非线性电阻元件的定义、模型符号略作了介绍，这节专门对非线性电阻元件的电压电流关系即 VCR、类型作更深入的讨论。

14.1.1　压控型、流控型及单调型非线性电阻

非线性电阻上电压与电流之间的关系是非线性的函数关系，非线性电阻值是随其上的电压、电流变化。根据非线性电阻上电压、电流间的非线性函数关系情况，非线性电阻可分为压控型、流控型及单调型三种类型的非线性电阻。

图 14-1(a)为非线性电阻的模型，并设其上的电压、电流参考方向关联。

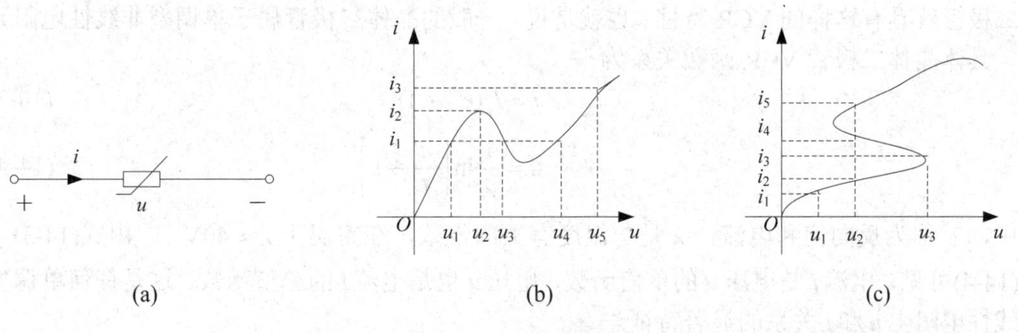

图 14-1　非线性电阻

若通过电阻的电流 i 是其端电压 u 的单值函数，则称为电压控制型非线性电阻，简称为压控非线性电阻。这类非线性电阻的 VCR 函数关系可表示为

$$i = G(u) \tag{14-1}$$

一种典型的压控型非线性电阻的 VCR 曲线如图 14-1(b)所示。由图可以看出：在 VCR

曲线上，对应于各电压值，有且仅有一个电流值与之对应，如u_1对应i_1，u_2对应i_2，……；而一个电流值，可能有多个电压值与之对应，如电流i_1有u_1、u_3、u_4三个电压值与之对应。实际中的隧道二极管就具有这样的 VCR 特性。也就是说，隧道二极管属于压控型非线性电阻元件。

若电阻两端的电压u是其上电流i的单值函数，则称为电流控制型非线性电阻，简称为流控型非线性电阻。此类非线性电阻的 VCR 函数关系可表示为

$$u = f(i) \tag{14-2}$$

一种典型的流控型非线性电阻的 VCR 曲线如图 14-1(c)所示。由图可以看出：在 VCR 曲线上，对应于各电流值，有且仅有一个电压值与之对应，如i_1对应u_1，i_2对应u_2，……；而一个电压值，可能有多个电流值与之对应，如电压u_2有i_2、i_4、i_5三个电流值与之对应。实际中的充气二极管就具有这样的 VCR 特性。也就是说，充气二极管属于流控非线性电阻元件。

若非线性电阻的 VCR 特性是单调增长或单调下降的，则称为单调型非线性电阻。它既是压控非线性电阻又是流控非线性电阻。单调型非线性电阻的 VCR 函数关系既可以用式(14-1)表达，又可以用式(14-2)表达。一种典型的单调型非线性电阻的 VCR 曲线如图 14-2(a)所示。

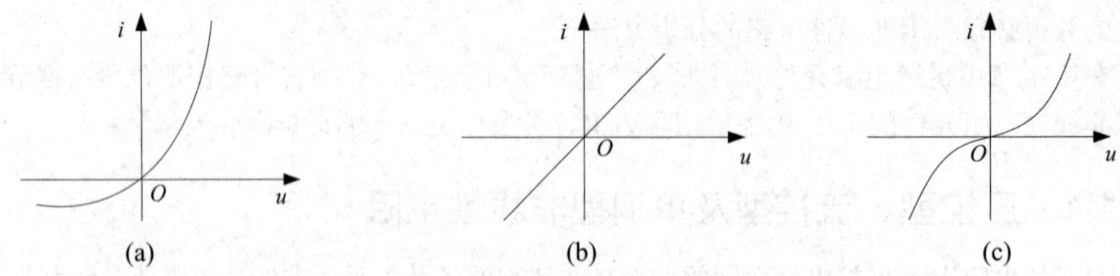

图 14-2　单调型与双向型非线性电阻的 VCR 曲线

由图可以看出：在 VCR 曲线上一个电流值仅对应一个电压值，一个电压值也仅对应一个电流值，或简说，单调型非线性电阻的 VCR 曲线上电压值、电流值一一对应。一般的晶体二极管就具有这样的 VCR 特性。也就是说，一般的晶体二极管属于单调型非线性电阻元件。具体晶体二极管 VCR 函数关系为

$$i = I_s(e^{\lambda u} - 1) \tag{14-3}$$

或

$$u = \frac{1}{\lambda}\ln\left(\frac{i}{I_s} + 1\right) \tag{14-4}$$

式中，I_s称为反向饱和电流，λ是与温度有关的常数，在室温下$\lambda \approx 40\text{V}^{-1}$。由式(14-3)、式(14-4)可见，电流$i$是电压$u$的单值函数，电压$u$也是电流$i$的单值函数，这是任何单调型非线性电阻上$u$和$i$关系的显著特征。

14.1.2　双向性、单向性电阻和静态、动态电阻

若其 VCR 特性曲线对称于u和i平面坐标原点的电阻，则称为双向性电阻。所有的线性电阻及某些非线性电阻属于双向性电阻，设u和i参考方向关联，它们的 VCR 特性如图 14-2(b)、(c)所示。

若 VCR 特性曲线非对称于 u 和 i 平面坐标原点的电阻，则称为单向性电阻。多数的非线性电阻都属于单向性电阻。如各种晶体二极管都是单向的非线性电阻，其 VCR 特性曲线如图 14-2(a)所示。

由于非线性电阻的 VCR 特性曲线不是过坐标原点的直线，所以不能像线性电阻那样用常数表示其电阻值及应用欧姆定律分析问题。通常引入静态电阻 R_Q 和动态电阻 R_d 的概念。如图 14-3(a)所示晶体二极管。

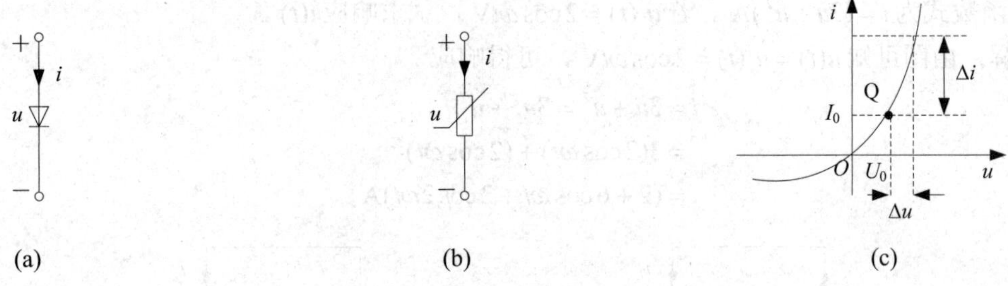

图 14-3　定义 R_Q 和 R_d 示意图

取二极管两端的电压 u 与电流 i 参考方向关联，它的非线性电阻模型符号及相应的 VCR 特性曲线分别如图 14-3(b)、(c)所示。二极管两端所加电压一般为

$$u = U_0 + \Delta u \tag{14-5}$$

相应的电流表示为

$$i = I_0 + \Delta i \tag{14-6}$$

式(14-5)中 U_0 与式(14-6)中 I_0 分别为电压、电流的直流分量，U_0 与 I_0 对应 VCR 曲线上的点 Q，称为静态工作点。静态电阻 R_Q 定义为 U_0 与 I_0 的比值，即

$$R_Q = \frac{U_0}{I_0} \tag{14-7}$$

式(14-5)中 Δu 与式(14-6)中 Δi 分别为电压增量与电流增量。动态电阻 R_d 定义为静态工作点 Q 附近的电压增量 Δu 与电流增量 Δi 之比的极限，即

$$R_d = \lim_{\Delta i \to 0} \frac{\Delta u}{\Delta i} = \frac{du}{di} \tag{14-8}$$

R_d 又称为增量电阻。从数学几何意义上看，R_d 即是 VCR 曲线在静态工作点(Q 点)切线斜率的倒数。由此可见，动态电阻 R_d 与 Q 点密切相关，工作点 Q 改变，R_d 也随之改变。

【例 14-1】 设某非线性电阻电路如图 14-4 所示。i_s 为电流激励源，非线性电阻的 VCR 特性函数为 $u = 5i + i^2$。

(1) 若 $i_s = i_{s1} = 1\text{A}$，求响应 u_1。

(2) 若 $i_s = i_{s2} = Ki_{s1} = K\text{A}$，求响应 u_2，回答是否 $u_2 = Ku_1$。

(3) 若 $i_s = i_{s3} = i_{s1} + i_{s2} = 1 + K\text{A}$，再求响应 u_3，再回答是否 $u_3 = u_1 + u_2$。

解： (1) 当 $i_s = i_{s1} = 1\text{A}$ 时，则有

$$u_1 = 5i_{s1} + i_{s1}^2 = 5 \times 1\text{A} + 1^2\text{A} = 6\text{A}$$

(2) 当 $i_s = i_{s2} = Ki_{s1} = K\text{A}$ 时，则有

$$u_2 = 5i_{s2} + i_{s2}^2 = 5K + K^2 = K(5 + K)$$

可见，当$K \neq 1$时，$u_2 \neq Ku_1$。

(3) 当$i_s = i_{s3} = i_{s1} + i_{s2} = 1 + K$时，则有

$$u_3 = 5i_{s3} + i_{s3}^2 = 5(1+K) + (1+K)^2$$
$$= K^2 + 7K + 6 = K(K+7) + 6$$

可明显看出，$u_3 \neq u_1 + u_2$。

【例 14-2】如图 14-5 所示简单的非线性电阻电路。$u_s(t)$为电压激励源，非线性电阻的 VCR 函数式为$i = (3u + u^2)\text{A}$。若$u_s(t) = 2\cos\omega t\text{V}$，试求响应$i(t)$。

解：由图可知$u(t) = u_s(t) = 2\cos\omega t\text{V}$，可得响应

$$i = 3u + u^2 = 3u_3 + u_s^2$$
$$= 3(2\cos\omega t) + (2\cos\omega t)^2$$
$$= (2 + 6\cos\omega t + 2\cos 2\omega t)\text{A}$$

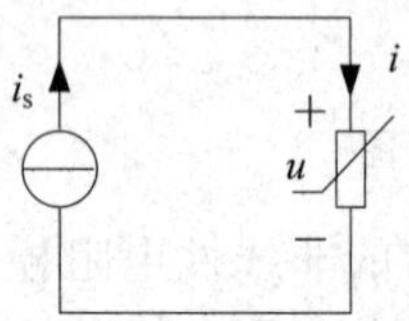

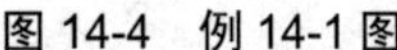
图 14-4　例 14-1 图

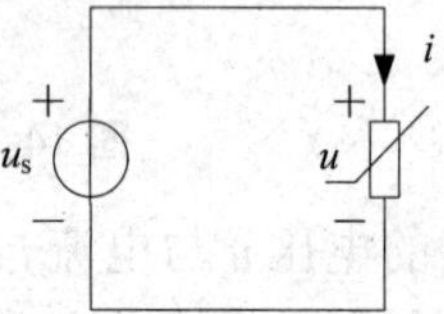

图 14-5　例 14-2 图

由例 14-1、例 14-2 两个简单非线性电阻电路的具体计算，可归纳总结出非线性电路问题分析中带有共性的几点结论。

(1) 对于非线性电阻，齐次性、叠加性均不成立，即它不具有线性性质。因此，前述各章中依据线性性质推得的定理(如叠加定理、戴维南定理、诺顿定理等)、方法(网孔法、节点法等)、结论都不适用于非线性电阻电路。

(2) 当激励是角频率为ω的正弦信号时，其响应除有角频率为ω的正弦分量外，还包含有直流分量、角频率为2ω的正弦分量等。究竟响应中包含多少个新的频率分量，视非线性电阻的 VCR 非线性函数关系形式而定。即非线性电阻电路，响应中可能包含激励信号中所没有的许多新频率分量。

14.2　非线性电阻的串联与并联等效

非线性电阻的串联、并联、混联电路的等效不像线性电阻的串联、并联、混联电路那样方便、容易，可直接利用求等效电阻的公式、分压分流公式等。但就等效的基本定义来看二者是一样的，电路等效前、后的两电路应具有相同的 VCR。非线性电阻的串、并联有它的特殊性，下面给予分析介绍。

14.2.1　非线性电阻的串联等效

图 14-6(a)是两个非线性电阻的串联电路，各电压、电流的参考方向如图所示。由 KCL 和 KVL，显然有

$$i = i_1 = i_2$$

$$u = u_1 + u_2$$

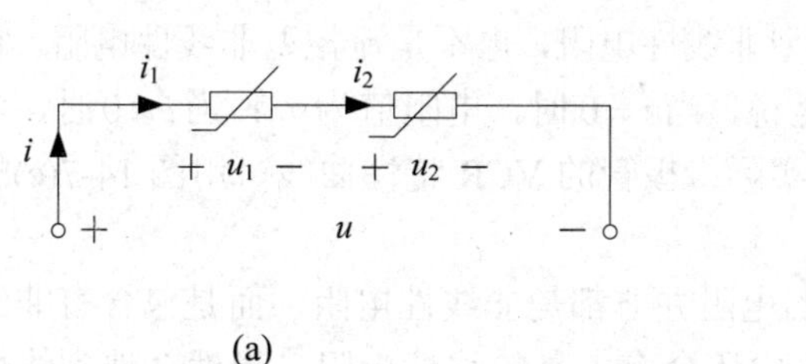

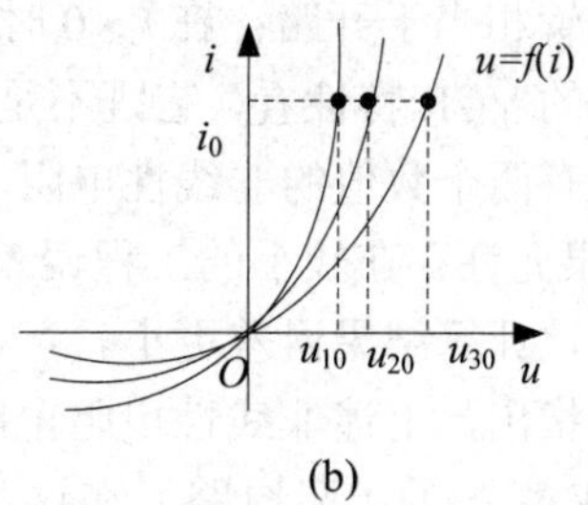

图 14-6　非线性电阻的串联

设相串联的两个非线性电阻均为流控型或单调型非线性电阻，它们的 VCR 关系式分别为$u_1 = f_1(i_1)$，$u_2 = f_2(i_2)$。于是得

$$u = u_1 + u_2 = f_1(i_1) + f_2(i_2) = f_1(i) + f_2(i)$$

根据两部分电路等效应具有相同的 VCR 条件，即有

$$f(i) = f_1(i) + f_2(i) \tag{14-9}$$

可见，两个流控型或单调型非线性电阻相串联，其等效电阻也为一个流控型或单调型非线性电阻。式(14-9)表述了等效的非线性电阻的 VCR 函数与相串联的两非线性电阻的 VCR 函数之间的关系。

对于大多数的非线性电阻，往往给出的是它们的 VCR 特性曲线，而有的曲线难以写出或无法写出具体的函数关系式，这就难以写出等效电阻的 VCR 函数表达式。因此，对于非线性电阻串联电路的分析，常用图解法。

设两流控型非线性电阻的 VCR 曲线如图 14-6(b)所示。将同一电流值所对应的电压u_1和u_2相加即得该电流值对应的等效电阻的电压u。例如，在$i_1 = i_2 = i = i_0$处，有$u_{10}(i_0) = f_1(i_0)$，$u_{20}(i_0) = f_2(i_0)$，则对应于i_0处的电压$u = u_0 = u_{10} + u_{20}$，取不同的$i$值，便可描迹得到两非线性电阻串联后等效非线性电阻的 VCR 特性曲线。

上述讨论都是假定相串联的两非线性电阻都是在流控型或单调型的条件下进行。若串联中有一个是压控型非线性电阻，解析形式的分析法不能使用，可使用图解法分析得到等效电阻的 VCR 特性。

用图解逐点描迹求等效非线性电阻的 VCR 特性比较麻烦。因此，在允许存在一定工程误差条件下，常对非线性电阻的 VCR 特性使用折线近似化处理，从而简化分析过程。例如，实际的晶体二极管，它的 VCR 特性曲线如图 14-7(a)所示。若允许存在较大误差条件下，可把晶体二极管视为理想二极管，其 VCR 特性曲线可近似为图 14-7(b)。

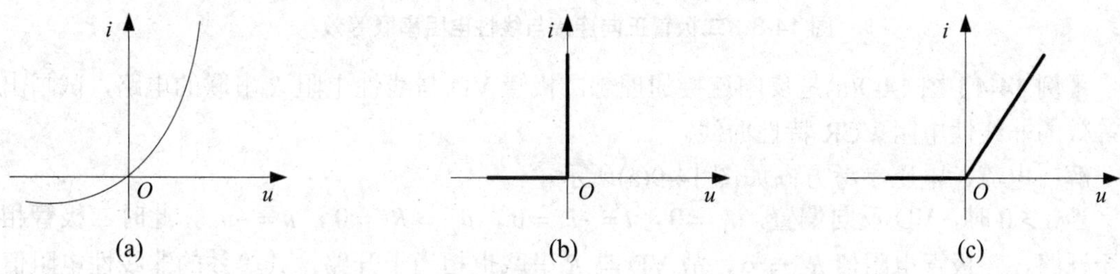

图 14-7　理想二极管 VCR 特性曲线的折线近似

可以看出，对于理想晶体二极管，在$u<0$时$i=0$，即当二极管加反向电压时，则截止，理想二极管相当于开路；在$i>0$时$u=0$，即当理想二极管导通时，则相当于短路。从理想二极管的 VCR 特性看，它既不是压控型非线性电阻，也不是流控型非线性电阻。它是分区段仅具有两个数值的非线性电阻，就是说，当$i=0$时，电阻值为∞；当$i<0$时，电阻值为 0。如果允许存在较小的工程误差，则实际二极管的 VCR 特性曲线可用图 14-7(c)的折线近似表示，计算结果误差更小。

应该指出，上述非线性电阻电路中的电阻并非都是非线性电阻，而是包含有非线性电阻(一个或多个)的电阻电路，在这类电路中还会有大量的线性电阻，当然会遇到线性电阻与非线性电阻的串联、并联问题。必须明确，线性电阻与非线性电阻串联，其等效电阻为一非线性电阻，从图解法分析中可知其正确性。

【例 14-3】图 14-8(a)是正向连接的理想二极管 VD 与线性电阻 R 相串联的电路，试画出其等效的非线性电阻 VCR 特性曲线。

解：画出理想二极管的 VCR 特性曲线如图 14-8(b)中粗实线所示，再画线性电阻 R 的 VCR 特性曲线如图 14-8(b)中过原点的虚线所示。因为电路是串联连接，所以有

$$i=i_{\mathrm{D}}$$
$$u=u_{\mathrm{D}}+u_{R}$$

当$u>0$时，$i>0$，$u_{\mathrm{D}}\approx 0$，理想二极管相当于短路，可认为此时二极管的电阻值$R_{\mathrm{D}}=0$，所以，在$i>0$的上半平面，只需将二者的 VCR 特性曲线上电压相加即可，$u=u_{\mathrm{D}}+u_{R}=0+u_{R}=u_{R}$；当$u<0$时，$i=i_{\mathrm{D}}=0$，二极管截止，相当于开路，可认为此时二极管的电阻值$R_{\mathrm{D}}=\infty$，这时两元件串联电路也开路，i恒等于零，$u_{R}=0$，$u=u_{\mathrm{D}}+u_{R}=u_{\mathrm{D}}+0=u_{\mathrm{D}}$。根据以上分析，可画得二极管正向连接与线性电阻串联等效非线性电阻的 VCR 特性曲线如图 14-8(c)所示。显然，它是只具有两个数值的非线性电阻，即当$u>0$时等效电阻值为 R，当$u<0$时等效电阻值为∞。

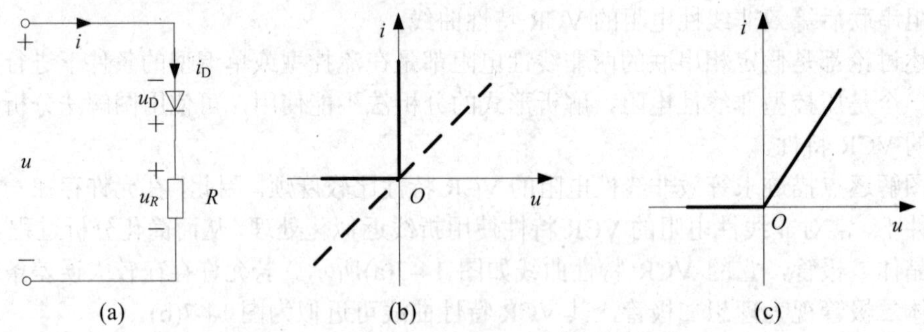

图 14-8　二极管正向连接与线性电阻串联等效

【例 14-4】图 14-9(a)是反向连接的理想二极管 VD 与线性电阻 R 串联的电路，试画出其等效的非线性电阻 VCR 特性曲线。

解：电流、电压参考方向如图 14-9(a)所示。

当$u>0$时，VD 反向偏置，$i_{\mathrm{D}}=0$，$i=-i_{\mathrm{D}}=0$，$u_{R}=Ri=0$，$u=-u_{\mathrm{D}}$，此时二极管相当于开路，二极管电阻值$R_{\mathrm{D}}=\infty$，故 VD 与 R 串联也相当于开路，其等效的非线性电阻值也为无穷大，所以i恒等于 0。当$u<0$时，VD 正向偏置，有$i_{\mathrm{D}}>0$，$u_{\mathrm{D}}\approx 0$，则$i=-i_{\mathrm{D}}<0$，

$u = -u_D + u_R = u_R$。此时二极管 VD 的电阻值为 0，故 VD 与 R 串联的等效非线性电阻值为 R。根据以上分析，可画出理想二极管 VD 的 VCR 特性曲线、线性电阻 R 的 VCR 特性曲线如图 14-9(b)所示及二者串联后等效的非线性电阻的 VCR 特性曲线如图 14-9(c)所示。

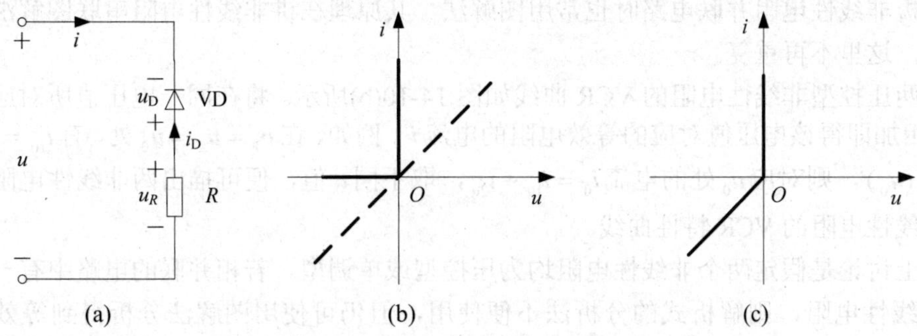

图 14-9　二极管反向连接与线性电阻串联等效

通过例 14-3 与例 14-4 的具体分析计算，可以看出，在分析非线性电路问题时，应特别注意电压、电流的参考方向，因为多数非线性电阻是单向性的，不同的接法，其结果也不相同。

14.2.2　非线性电阻的并联等效

图 14-10(a)是两个非线性电阻的并联电路。各电压、电流的参考方向如图中所示。由 KVL、KCL 可知

$$u = u_1 = u_2$$

$$i = i_1 + i_2$$

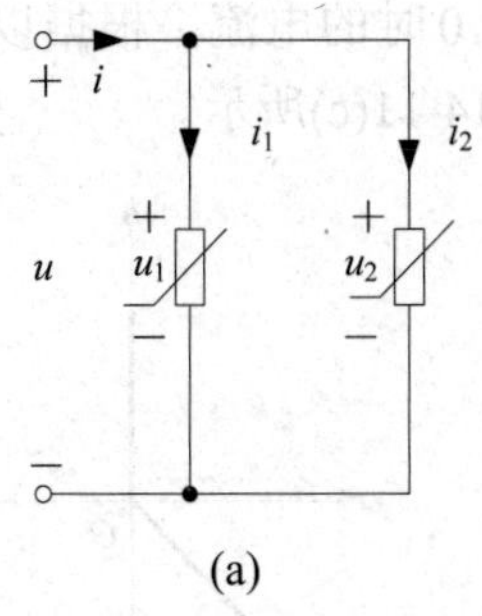

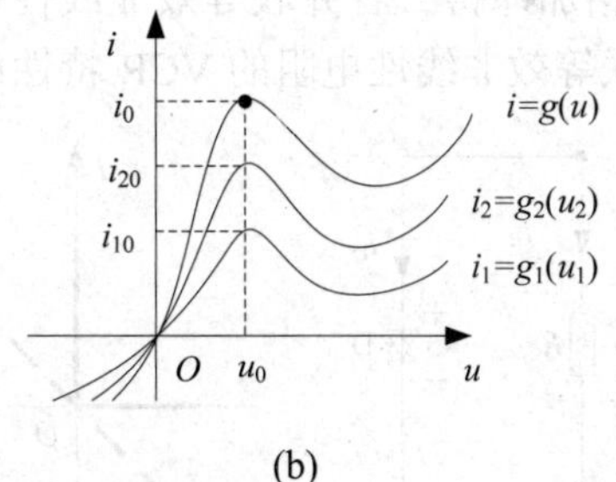

图 14-10　非线性电阻的并联

设两个非线性电阻均为压控或单调型非线性电阻，其 VCR 特性分别表示为 $i_1 = g_1(u_1)$ 和 $i_2 = g_2(u_2)$。于是得

$$i = i_1 + i_2 = g_1(u_1) + g_2(u_2) = g_1(u) + g_2(u)$$

可见，两个非线性电阻并联的等效电阻依然是压控型或单调型非线性电阻，其 VCR 特性函数为

$$i = g(u)$$

根据两部分电路等效应具有相同的 VCR 条件，有

$$g(u) = g_1(u) + g_2(u) \tag{14-10}$$

上述的讨论表明：两个压控型或单调型非线性电阻相并联，其等效电阻也为一个压控型或单调型非线性电阻。式(14-10)表达了等效的非线性电阻的 VCR 函数与相并联的两非线性电阻的 VCR 函数之间的关系。

分析非线性电阻并联电路时也常用图解法。其原理在讲非线性电阻串联图解法时已作了说明，这里不再重复。

设两压控型非线性电阻的 VCR 曲线如图 14-10(b)所示。将在同一电压值所对应的电流 i_1 和 i_2 相加即得该电压值对应的等效电阻的电流 i。例如，在 $u_1=u_2=u_0$ 处，有 $i_{10}=g_1(u_0)$，$i_{20}=g_2(u_0)$，则对应 u_0 处的电流 $i_0=i_{10}+i_{20}$，取不同 u 值，便可描出两非线性电阻并联后等效非线性电阻的 VCR 特性曲线。

以上讨论是假定两个非线性电阻均为压控型或单调型。若相并联的电路中有一个是流控型非线性电阻，则解析式的分析法不便使用，但仍可使用图解法分析得到等效电阻的 VCR 特性。

如同在非线性电阻串联电路讨论时说过的那样，在非线性电阻并联电路的问题讨论中也常将实际的非线性电阻的 VCR 曲线作折线近似处理，从而简化分析过程。若遇非线性电阻与线性电阻并联问题，其等效电阻也为一非线性电阻。

【例 14-5】图 14-11(a)是正向连接的理想二极管 VD 与一线性电阻相并联的电路，试画出其等效的非线性电阻 VCR 特性曲线。

解：画出理想二极管 VD 的 VCR 特性曲线及线性电阻 R 的 VCR 特性曲线如图 14-11(b)所示的实线与虚线。

当 $u>0$ 时，VD 正向偏置，相当于短路(VD 的正向电阻 $R_D=0$)，其端电压 $u=u_R=u_D$ 恒为 0，则 $i_R=0$，$i=i_D$；当 $u<0$ 时即 $u_D<0$，VD 反向偏置，$i_D=0$，相当于开路(VD 的反向电阻 $R_D=\infty$)，则 $i=i_R<0$，所以在 $u<0$ 的左半平面，只需将 VD 与 R 的 VCR 特性曲线上相应电流相加即得二者并联等效非线性电阻在 $u<0$ 时的电流。根据以上分析，画得 VD 与 R 相并联等效非线性电阻的 VCR 特性曲线如图 14-11(c)所示。

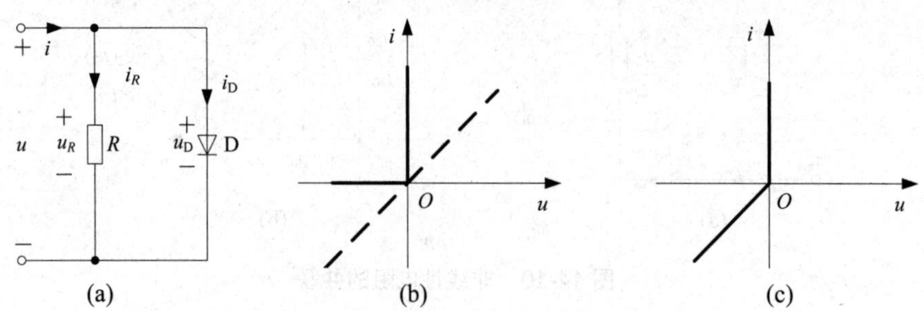

图 14-11　二极管正向连接与线性电阻并联等效

14.3　常用的非线性电阻电路分析法

分析非线性电阻电路的根本依据依然是 KCL、KVL 及元件的 VCR。由 KCL、KVL 所列写的拓扑方程同线性电阻电路时一样还是代数方程组，但由于非线性电阻的 VCR 是高次的函数关系，致使非线性电阻电路的分析方法有它的特殊性，不能沿用线性电阻电路的各种分析法。

下面介绍简单非线性电阻电路的几种最常使用的分析方法。

14.3.1 图解法

图 14-12(a)是一个包含非线性电阻的电路，U_s 为直流理想电压源，R 为线性电阻。设电压u、电流i的参考方向如图所示。根据图中虚线框的线性电路部分，依 KVL 写出u、i关系为

$$u = U_s - R_i \tag{14-11}$$

而非线性电阻上的u、i关系如图 14-12(b)中的曲线②所示，但不明确非线性关系的解析函数式，所以无法用解析法求解，但可以用图解法求解。

式(14-11)表述了线性电路部分u、i之间的关系，其函数图形在u、i平面上是一条直线，如图 14-12(b)中直线①所示。而非线性电阻上u、i之间的非线性函数关系图形是给定的，如图 14-12(b)中的曲线②。

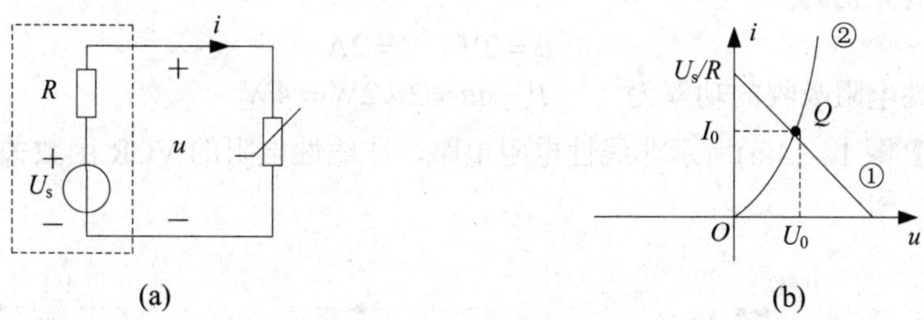

图 14-12 非线性电阻的并联

图 14-12(a)所示非线性电路中的电压u和电流i应既满足式(14-11)的关系，又要满足非线性电阻上的函数式$i = g(u)$。因此，其解应是图 14-14(b)中直线①与曲线②的交点 Q 所对应的电压、电流值，即

$$\begin{cases} i = I_0 \\ u = U_0 \end{cases}$$

在电子线路中，线性电阻R通常表示负载，如图 14-12(b)中的直线，习惯称为负载线。

若非线性电阻上 VCR 曲线特性不是已知的曲线，而是确定的函数式，而且函数式比较简单，则可通过解析法求解非线性方程；如果函数式比较复杂，非线性方程的求解是非常困难的。

若非线性电阻电路比较复杂，但仅含一个非线性电阻，这种电路可这样处理：把非线性电阻断开，所剩下的电路为一线性含源一端口电路，对它作戴维南等效，就得到与图 14-12(a)类似的单回路电路，再采用作图法或解析法求解出非线性电阻端子上的电流或电压。如果所要求的量不是非线性电阻上的电压或电流，也需先求出非线性电阻上的电压u或电流i，再根据置换定理，用数值为u的独立电压源或数值为i的独立电流源置换非线性电阻，置换后的电路为一线性电路，最后用线性电路的各种分析方法求出要求的量。

【例 14-6】图 14-13(a)电路中的非线性电阻的 VCR 特性曲线如图 14-13(b)中曲线②所示。求非线性电阻吸收的功率P_n。

解：自 ab 断开非线性电阻并设开路电压U_{oc}参考方向如图 14-13(a)所示。

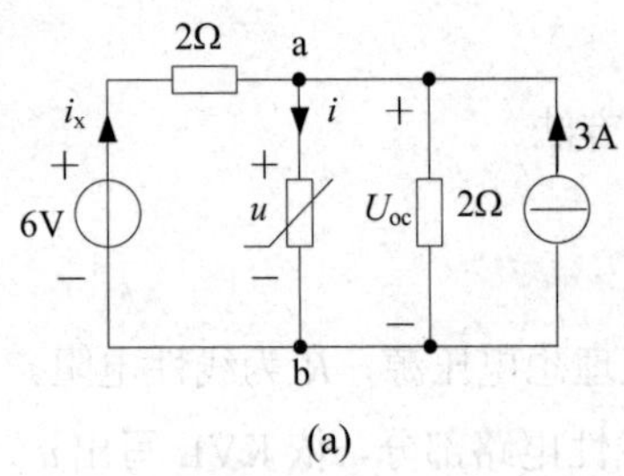

(a)

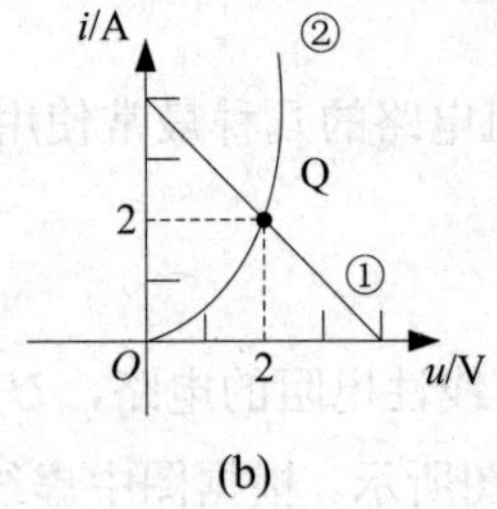

(b)

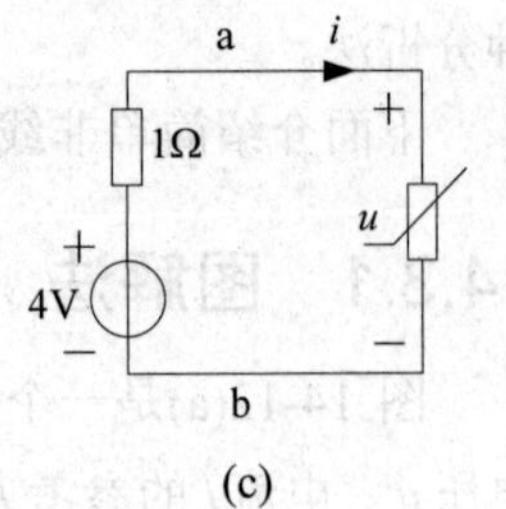

(c)

图 14-13　例 14-6 图

求得开路电压、等效内阻分别为

$$U_{oc}=4\text{V}，\quad R_0=1\Omega$$

画戴维南等效电路并接上非线性电阻如图 14-13(c)所示。显然

$$u=-i+4 \tag{14-12}$$

在图 14-13(b)中作式(14-12)表述的直线①与图中曲线②相交于 Q 点，对应横、纵坐标的电压、电流值分别为

$$u=2\text{V}，\quad i=2\text{A}$$

所以非线性电阻吸收的功率为　　$P_n=ui=2\times2\text{W}=4\text{W}$

【**例 14-7**】图 14-14(a)所示非线性电阻电路，非线性电阻的 VCR 函数关系为$i=2u^2$，求电流i_x。

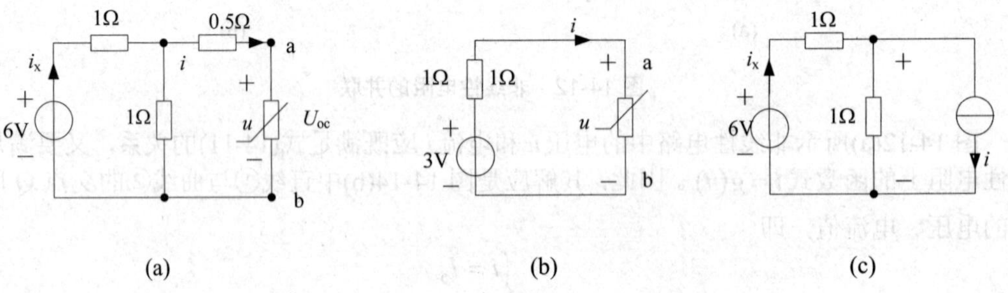

图 14-14　例 14-7 图

解：自 ab 断开非线性电阻，求得开路电压、等效内阻分别为

$$U_{oc}=3\text{V}，\quad R_0=1\Omega$$

画戴维南等效电路并接上非线性电阻如图 14-14(b)所示。由 KVL 得

$$u=-i+3$$

将$i=2u^2$代入上式并整理，得

$$2u^2+u-3=0$$

解二次方程得到两个解，即

$$u_1=1\text{V}，\quad u_2=-1.5\text{V}$$

将u_1和u_2代入$i=2u^2$，得电流i的两个解分别为

$$i_1=2\text{A}，\quad i_2=4.5\text{A}$$

根据置换定理，将非线性电阻用独立电流源i置换，如图 14-14(c)所示。置换后电路为线性电路，因此可列出网孔方程为

$$2i_x - i = 6$$

所以
$$i_x = \frac{6+i}{2}$$

当 $i = i_1 = 2\text{A}$ 时，有
$$i_{x1} = \frac{6+2}{2}\text{A} = 4\text{A}$$

当 $i = i_2 = 4.5\text{A}$ 时，有
$$i_{x2} = \frac{6+4.5}{2}\text{A} = 5.25\text{A}$$

通过这个例子的具体计算，可以看出，非线性电路求解可能存在多个解，这是求解非线性电路经常会遇到的，究竟解是两个还是三个或更多，取决于非线性电阻的 VCR 函数。

以上讨论的问题都是只包含一个非线性电阻的电路。对包含多个非线性电阻的电路分析，这里给出求解的基本思路。如图 14-15(a)所示电路，两个非线性电阻的 VCR 特性函数分别为 $i_1 = g_1(u_1)$ 和 $i_2 = g_2(u_2)$。

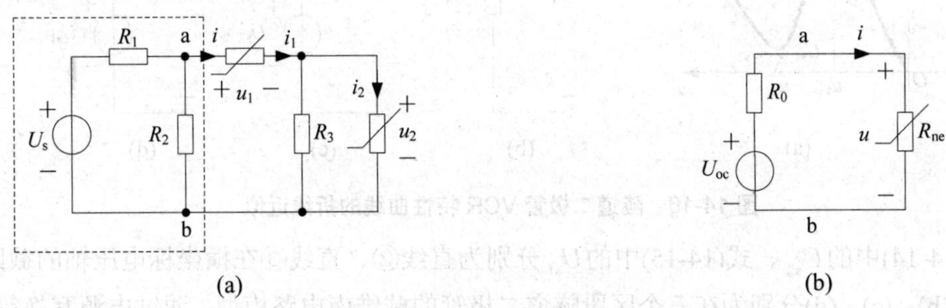

图 14-15　含多个非线性电阻电路的分析示意图

若求电流 i 和电压 u，可按这样的思路求解：将 ab 左边线性有源二端电路部分，用戴维南定理等效；将 ab 右边含有非线性电阻电路部分，应用非线性与线性电阻的串、并联等效，等效为一个非线性电阻 R_{ne}，如图 14-15(b)所示。此后按前述的方法求解即可。

14.3.2　分段线性化法

分段线性化法又称折线近似法，它的基本思想是：在一定允许工程误差情况下，将非线性电阻复杂的 VCR 特性曲线用若干直线段构成的折线近似表示，对应折线中各直线段的非线性电阻的模型用不同阻值的线性电阻与不同数值的独立电源的组合连接表示。就可将复杂的非线性电阻电路问题，简化为若干个线性电阻电路问题，使分析求解的过程方便易行。

例如，图 14-16(a)所示隧道二极管的特性曲线(粗实线)，可分为三段，用①、②、③三条直线段(细实线)来近似表示。

这些直线段都可以写为线性代数方程，对应地画出它们的线性电路模型。

在 $0 < u < u_1$ 区间，对应该段直线为过坐标原点的直线①，设它的斜率倒数为 R_1，则有

$$u = R_1 i \qquad 0 < u < u_1 \tag{14-13}$$

对应该区间隧道二极管的电路模型可用线性电阻 R_1 表示，如图 14-16(b)所示。

在 $u_1 < u < u_2$ 区间，对应该段直线为不过坐标原点且斜率为负的直线②，设它的斜率倒数为 R_2 (注意 R_2 为负电阻)，则有

$$u = R_2 i + U_{s2} \qquad u_1 < u < u_2 \tag{14-14}$$

对应该区间隧道二极管的电路模型为负值电阻 R_2 与独立电压源 U_{s2} 相串联表示，如图 14-16(c)所示。

在 $u > u_2$ 区间，对应该段直线为不过原点且斜率为正的直线③，设它的斜率倒数为 $R_3(R_3 > 0)$，则有

$$u = R_3 i + U_{s1} \tag{14-15}$$

对应该区间隧道二极管的电路模型为正电阻 R_3 与独立电压源 U_{s1} 相串联表示，如图 14-16(d)所示。

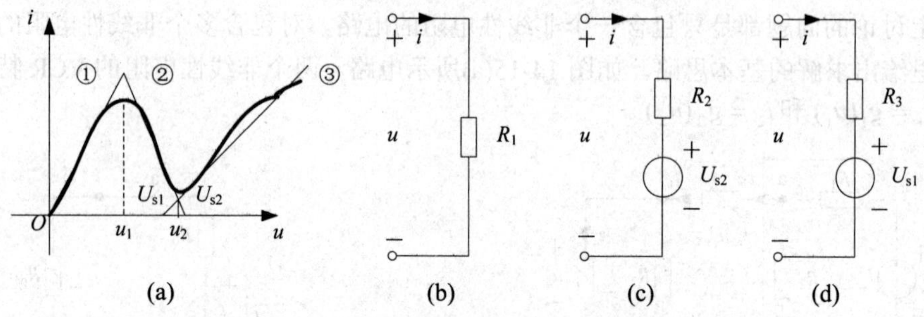

图 14-16 隧道二极管 VCR 特性曲线的折线近似

式(14-14)中的 U_{s2}、式(14-15)中的 U_{s1} 分别为直线②、直线③在横坐标电压轴的截距。图 14-16(b)、(c)、(d)分别为在三个区段隧道二极管的戴维南电路模型，通过电源互换等效，显然也可得到相应各区段的诺顿电路模型。

【例 14-8】如图 14-17(a)所示非线性电阻电路，非线性电阻的 VCR 特性曲线近似为折线表示如图 14-17(b)所示。

(1) 若 $U_s = 2\text{V}$，$R_0 = 2\Omega$，求电流 I。

(2) 若 $U_s = 2\text{V}$，$R_0 = 0.5\Omega$，求电流 I。

解：(1) 由图 14-17(a)，依 KVL 得

$$U = U_s - R_0 I \tag{14-16}$$

将 $U_s = 2\text{V}$，$R_0 = 2\Omega$ 代入式(14-16)，得 $U = 2 - 2I$。并作出负载线，如图 14-17(b)中虚线①。它与折线 OA 段的交点为 Q_1，Q_1 点对应的电流为

$$I = 0.5\text{A}$$

也可以写出折线 OA 段的方程为 $U = 2I$，并与式(14-16)联立求解可得 $I = 0.5\text{A}$。

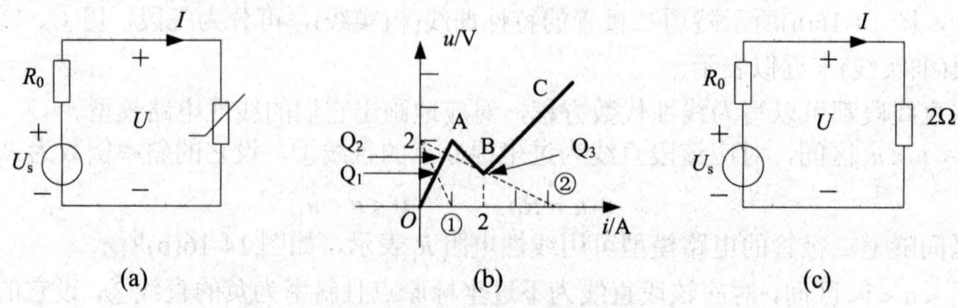

图 14-17 例 14-8 图

可见，此时非线性电阻的电路模型就相当于阻值为 2Ω 的线性电阻，如图 14-17(c)所示。因此可得

$$I=\frac{2}{2+2}\text{A}=0.5\text{A}$$

上述图解法与解析法求解所得结果相同，$I=0.5\text{A}$ 是该问题的唯一解。

(2) 将 $U_s=2\text{V}$，$R_0=0.5\Omega$ 代入式(14-16)，得

$$U=2-0.5I \tag{14-17}$$

画出负载线，如图 14-17(b)虚线②。它与折线 OA 段交点为 Q_2，与折线 AB 段和 BC 段的交点为 Q_3 (由图可知 Q_3 正处于折线 AB 段与折线 BC 段相交的拐点上)。按图解法，Q_2 对应电流坐标轴上的值为 0.8，即

$$I=I_2=0.8\text{A}$$

Q_3 对应电流坐标轴上的值为 2A，即

$$I=I_3=2\text{A}$$

可见，回路中的电流 I 存在两个有意义的解。

上述是用图解法求解，也可以用解析法求解。即分别写出线段 AB、BC 的方程，并分别与式(14-16)联立求解，再讨论解的意义。

14.3.3 小信号分析法

小信号分析法是电子线路中常用的一种重要分析法。一些实际的电子元器件，如晶体二极管、三极管、场效应管等，它们的 VCR 特性都属于非线性。应该说，分析含有半导体元件的电路都要用分析非线性电路的方法。但是，在外部条件的保障下，在限定输入信号大小的条件下，常把非线性电路的问题近似为线性电路来分析，使得分析的过程大为简化，而分析所得结果仍能满足工程设计要求。

因为各种实际的电子元器件在后续课程中才讲授，所以这里还是以非线性电阻电路为例来介绍小信号分析法的基本思想与过程。

图 14-18(a)是包含有非线性电阻的电路，U_s 为直流电压源(常称为偏置电源)；$u_s(t)$ 为时变电压源(设为正弦交流信号源)，R 为线性电阻。设非线性电阻为压控型，其 VCR 特性表示为 $i=g(u)$，曲线如图 14-18(b)所示。约定在所有时间 t 内，有 $|u_s(t)|<<U_s$。

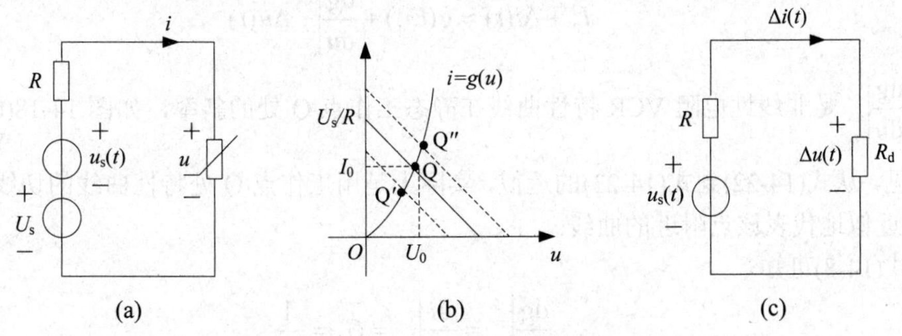

图 14-18　小信号分析法电路与曲线

设电压 u、电流 i 参考方向如图 14-18(a)所示，根据 KVL 列写回路方程为

$$Ri(t)+u(t)=U_s+u_s(t) \tag{14-18}$$

又

$$i(t)=g[u(t)] \tag{14-19}$$

必须指出，U_s 和 R 的数值配置要合适，它们是非线性器件正常工作保障需要的外部条件。

先设输入信号为零，即 $u_s(t)=0$，此时 $i(t)=I_0$，$u(t)=U_0$，则式(14-18)改写为

$$RI_0+U_0=U_s$$

在图 14-18(b)中画负载线，与 $i=g(u)$ 曲线相交于 Q 点，则 Q 点对应 u 轴、i 轴的数值分别为 U_0、I_0。通常称 Q 点为静态工作点。当非线性电阻的 VCR 特性曲线一定时，静态工作点 Q 就决定于 U_s、R 的数值，即是说，设计合适的 U_s、R 数值，才能保证工作点 Q 处于人们所期望的位置，这是电子线路工程设计中的一个重要问题。

当 $u_s(t)\neq 0$ 时，对任意时刻 t，满足式(14-18)的所有点 $[u(t),i(t)]$ 的轨迹都是平行于负载线的直线，如图 14-18(b)所示的虚线。由图可看出，当 $u_s(t)>0$ 时，负载线上移；反之，负载线下移。满足式(14-18)的所有点 $[u(t),i(t)]$ 的轨迹，仍然是该非线性电阻的特性曲线，它不随时间变化(约定非线性电阻为时不变的非线性电阻)。所以凡位于各直线与 $i=g(u)$ 曲线的交点(如 Q′、Q″)的值 $[u(t),i(t)]$，就是不同时刻由式(14-18)和式(14-19)构成的方程组的解。

随着时间 t 的变化，工作点(负载线与 $i=g(u)$ 特性曲线的交点)也变化，如 Q″、Q、Q′，如图 14-18(b)所示，Q″～Q′称工作点的变化范围，常称为动态范围。随时间 t 变化的工作点称为动态工作点。

由于约定 $u_s(t)$ 为足够小的信号，所以解 $[u(t),i(t)]$ 必定位于静态工作点 (U_0,I_0) 附近，也就是 Q′、Q″ 点均靠 Q 点非常近。把解 $u(t)$、$i(t)$ 分别写为直流分量与增量之和形式，即

$$u(t)=U_0+\Delta u(t) \tag{14-20}$$

$$i(t)=I_0+\Delta i(t) \tag{14-21}$$

式中，U_0、I_0 分别是静态工作点 Q 对应的电压和电流，分别是 $u(t)$ 和 $i(t)$ 的直流分量；而 $\Delta u(t)$、$\Delta i(t)$ 分别是在小信号 $u_s(t)$ 作用下所引起的电压增量与电流增量。将式(14-20)和式(14-21)代入式(14-19)，得

$$I_0+\Delta i(t)=g[U_0+\Delta u(t)] \tag{14-22}$$

由于 $\Delta u(t)$ 也足够小，将式(14-22)等号右端用泰勒级数展开，取其前两项得

$$I_0+\Delta i(t)\approx g(U_0)+\left.\frac{\mathrm{d}g}{\mathrm{d}u}\right|_{U_0}\Delta u(t) \tag{14-23}$$

式中，$\left.\frac{\mathrm{d}g}{\mathrm{d}u}\right|_{U_0}$ 是非线性电阻 VCR 特性曲线在静态工作点 Q 处的斜率，如图 14-18(b)所示。由此可见，从式(14-22)到式(14-23)的近似，实际上是用工作点 Q 处特性曲线的切线(显然它是直线)近似地代表该点附近的曲线。

由式(14-8)可知

$$\left.\frac{\mathrm{d}g}{\mathrm{d}u}\right|_{U_0}=\left.\frac{\mathrm{d}i}{\mathrm{d}u}\right|_{U_0}=G_d=\frac{1}{R_d} \tag{14-24}$$

这就是非线性电阻在工作点 Q 处的动态电导(动态电阻 R_d 之倒数)。于是，式(14-23)中

的 $\Delta i(t)$ 可写为

$$\Delta i(t) = G_d \Delta u(t) \tag{14-25}$$

或

$$\Delta u(t) = R_d \Delta i(t) \tag{14-26}$$

由于 $G_d = 1/R_d$ 是常数，所以式(14-26)表明，由小信号电压 $u_s(t)$ 引起的电压增量 $\Delta u(t)$ 与电流增量 $\Delta i(t)$ 之间是线性关系。将式(14-20)、式(14-21)代入式(14-18)得

$$R[I_0 + \Delta i(t)] + [U_0 + \Delta u(t)] = U_s + u_s(t) \tag{14-27}$$

整理式(14-27)有

$$R\Delta i(t) + \Delta u(t) = -RI_0 - U_0 + U_s + u_s(t) \tag{14-28}$$

因为 $U_s = RI_0 + U_0$，$\Delta u(t) = R_d \Delta i(t)$，所以式(14-28)改写为

$$R\Delta i(t) + R_d \Delta i(t) = u_s(t) \tag{14-29}$$

式(14-29)是一个线性代数方程，据此可以作非线性电阻在静态工作点 Q 处的小信号等效电路如图 14-18(c)所示，于是得

$$\Delta i(t) = \frac{u_s(t)}{R + R_d}$$

综上所述，小信号分析法的一般步骤如下。

(1) 根据直流偏置电源作用时的电路，求出电路直流工作点(U_Q，I_Q)。

(2) 根据非线性元件的伏安特性，求出工作点处的动态电导(或动态电阻)。

(3) 画出电路的小信号电路模型，求出待求量的小信号增量。

(4) 将直流分量与小信号分量叠加起来。

【例 14-9】如图 14-19(a)所示电路，已知非线性电阻 R_n 的 VCR 特性为

$$i = g(u) = \begin{cases} 0\text{A}, & u < 0 \\ 0.01u^{1.5}\text{A}, & u > 0 \end{cases}$$

其图形如图 14-19(b)所示。已知直流电压源 $U_s = 12\text{V}$，小信号正向电压源 $u_s(t) = \cos\omega t\text{V}$，$R = 100\Omega$，求电压 $u(t)$。

解：(1) 确定静态工作点。令 $u_s(t) = 0$，则由线性部分电路写方程为

$$u(t) = -Ri(t) + U_s$$

根据上式画出负载线，与非线性电阻的 VCR 曲线相交于 Q 即静态工作点，Q 点所对应的直流电压、电流值分别为

$$U_0 = 4\text{V}，I_0 = 0.08\text{A}$$

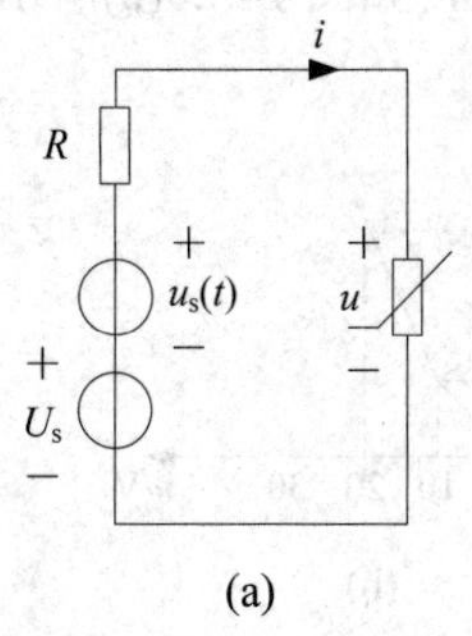

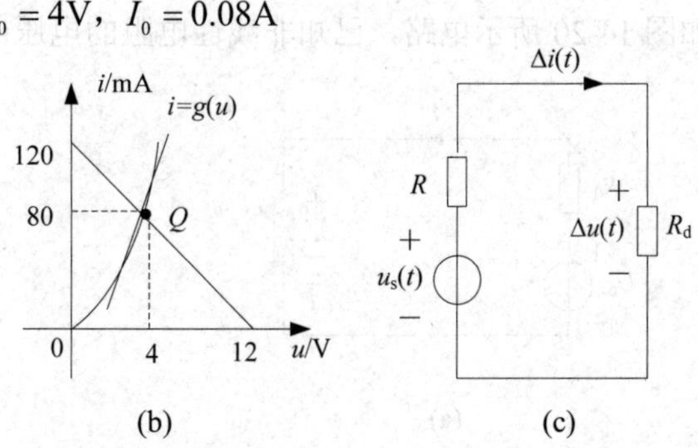

图 14-19 例 14-9 图

(2) 确定动态电导或电阻。由曲线作 Q 点得切线，如图 14-19(b)所示，求切线的斜率即得动态电导。若已知非线性电阻 VCR 的确切函数关系，也可通过 Q 点求得导数值而得出动态电导，即

$$G_{\mathrm{d}}=\left.\frac{\mathrm{d}i}{\mathrm{d}u}\right|_{U_0=4}=\left.\frac{\mathrm{d}}{\mathrm{d}u}(0.01u^{1.5})\right|_{U_0=4\mathrm{V}}=0.03\mathrm{S}$$

或

$$R_{\mathrm{d}}=\frac{1}{G_{\mathrm{d}}}=\frac{100}{3}\Omega$$

(3) 画出小信号等效电路，如图 14-19(c)所示。可求得

$$\Delta u(t)=\frac{R_{\mathrm{d}}}{R+R_{\mathrm{d}}}u_{\mathrm{s}}(t)=\frac{\frac{100}{3}}{100+\frac{100}{3}}\times\cos\omega t\mathrm{V}=0.25\cos\omega t\mathrm{V}$$

所以
$$u(t)=U_0+\Delta u(t)=(4+0.25\cos\omega t)\mathrm{V}$$

本章小结

非线性电阻的特性通常用电压电流特性曲线表示。

含非线性电阻的串联、并联和混联的电阻含源单口网络，其端口的 VCR 特性曲线可用曲线相加法求得。

对于仅含一个非线性电阻的电路，宜采用曲线相交图解法求解。此时，应先把非线性电阻以外的含源线性单口网络化为戴维南等效电路的电压电流特性与非线性电阻电压电流特性的交点的坐标值就是欲求的解。

小信号分析的实质是用通过直流工作点的切线代替曲线，用线性电阻(小信号增量电阻)代替非线性电阻对小信号增量电压、电流进行分析。

习 题

1. 与电压源 u_{s} 并联的非线性电阻的电压电流特性为 $i=7u+u^2$。试求 $u_{\mathrm{s}}=1\mathrm{V}$ 和 $u_{\mathrm{s}}=2\mathrm{V}$ 时的电流 i，并验证叠加定理是否适用于非线性电路。

2. 如图 14-20 所示电路，已知非线性电阻的电压电流关系，如图 14-20(b)所示。

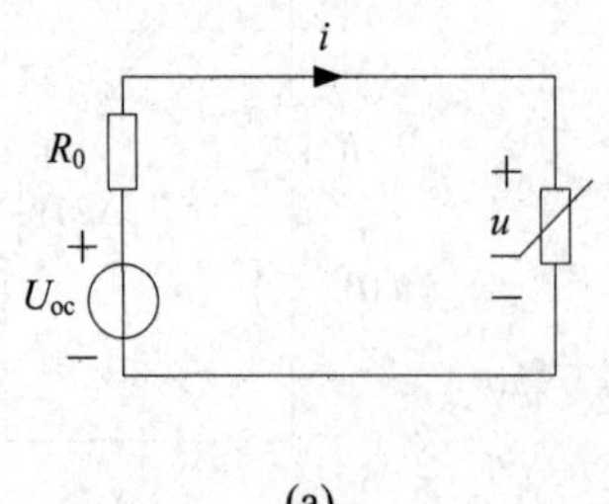

(a)

(b)

图 14-20 习题 2 图

(1) 若$u<10\text{V}$，求非线性电阻的电路模型。

(2) 若$u>10\text{V}$，求非线性电阻的电路模型。

(3) 若$U_{\text{oc}}=10\text{V}$，$R_0=5\text{k}\Omega$，求电压u和电流i。

(4) 若$U_{\text{oc}}=30\text{V}$，$R_0=5\text{k}\Omega$，求电压u和电流i。

3. 如图 14-21 所示电路，已知非线性电阻的电压电流特性为$i_1=1.5u+u^2$。试分别利用曲线相交图解法和解析法求u和i。

4. 如图 14-22 所示电路，已知非线性电阻的电压电流特性为$i=1.5u+u^2$。当(1)$i_s=3\text{A}$；(2)$i_s=0\text{A}$；(3)$i_s=-1\text{A}$时，试用解析法求u和i。

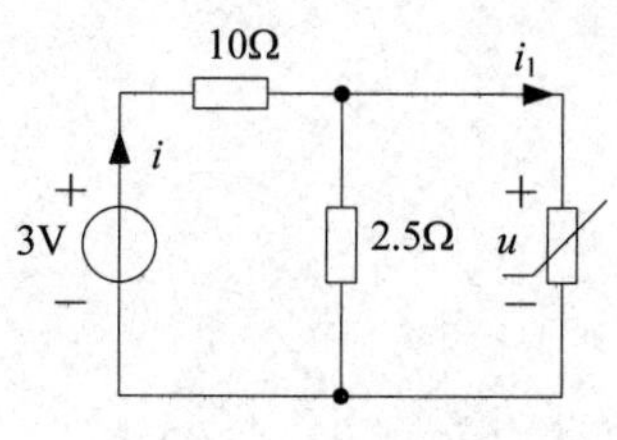

图 14-21　习题 3 图

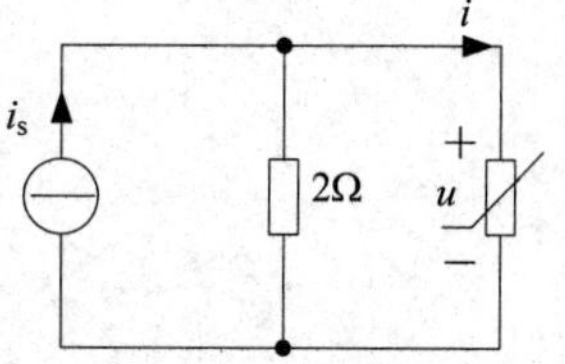

图 14-22　习题 4 图

5. 如图 14-23 所示电路，已知非线性电阻的电压电流特性为$i_1=-0.25u+0.25u^2$。试解析法求u和i。

6. 如图 14-24 所示电路，已知两个非线性电阻的 VCR 方程分别为$u_1=2i+i^2$ 和$u_2=3i^2$。试用曲线相交图解法和曲线相加法求i、u_1和u_2。

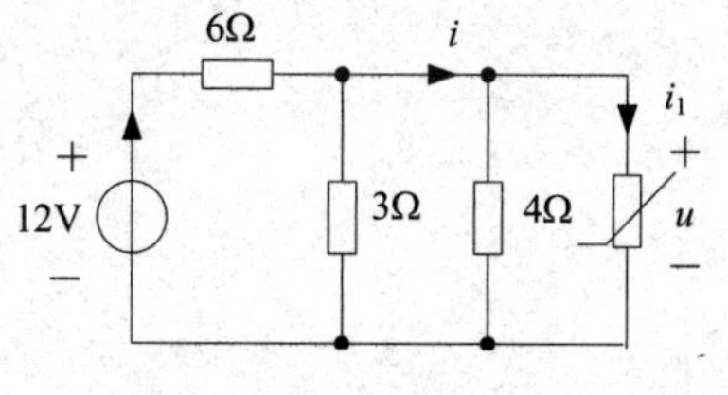

图 14-23　习题 5 图

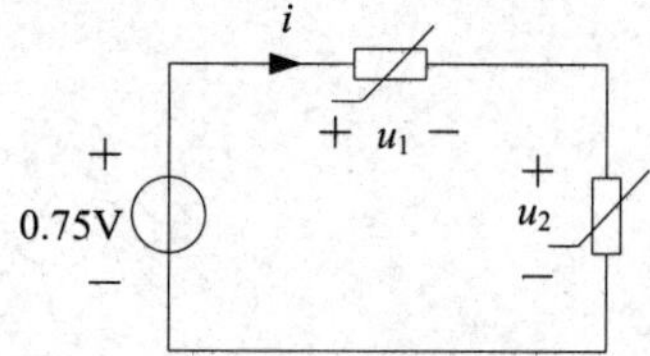

图 14-24　习题 6 图

7. 已知电路及非线性元件的特性曲线如图 14-25 所示，$i_{s1}=10\text{A}$，$i_{s2}=\sin t\text{A}$，$G=3\text{S}$。求电压u。

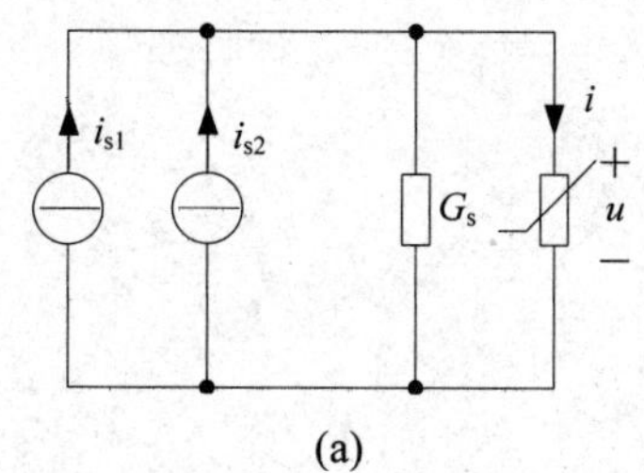

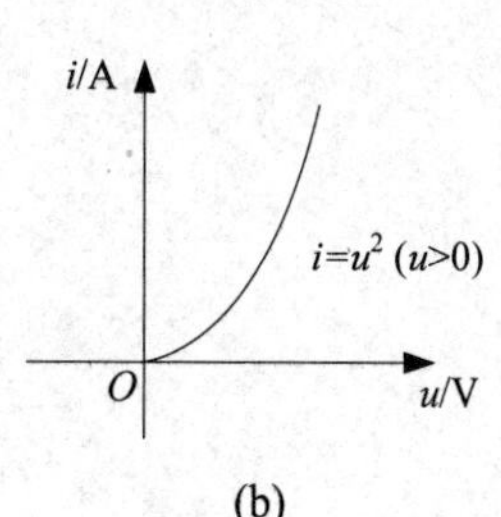

图 14-25　习题 7 图

8. 如图 14-26 所示电路，已知$U_s=2\text{V}$，$u_s(t)=0.2\cos(10^5t+30^\circ)\text{V}$，$R_i=0.5\Omega$，非线性电阻的电压电流特性为$i=5u+u^2$。试用小信号分析法求$u$和$i$。

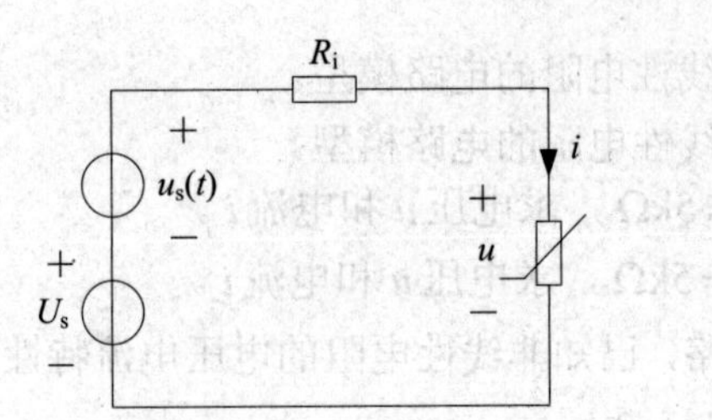

图 14-26　习题 8 图

附录A 均匀传输线

A.1 分布参数模型

在本书的第 1 章中就已指出，在研究电路问题时，常常认为电磁能量只存储或消耗在电路元件(如电容、电感、电阻)上，而各元件之间则用既无电阻又无电感的理想导线连接着，这些导线与电路其他部分之间的电容也都不加考虑，这就是所谓的集中参数电路，也称集总参数电路。在集总电路中，电路的尺寸无关紧要，每个元件只是空间中的一点，集中体现某一基本现象。例如，电阻元件是一种集总元件，它只表示消耗电能(转换成热能或其他形式的能量)的现象；电容元件只表示存储电场能的现象；而电感元件只表示存储磁场能量的现象。因此，流过元件的电流只是时间 t 的函数，却谈不上是空间尺度 x，y，z 的函数。在某一时刻从某元件一端流入的电流等于从另一端流出的电流，流经元件的电流在某一时刻具有完全确定的数值，这样才能提出支路电流的概念。同样，元件两端在某一时刻也有完全确定的电压值，于是又提出了支路电压的概念。因此，只有在集总电路中，才谈得上元件的伏安关系、KCL 和 KVL。

但实际情况并非如此。在求实际电路的模型时，采用上述的集总假设是有条件的。一方面，任何电路的参数都具有分布性。例如，任何导线的电阻都是分布在它的全部长度上的，不仅线圈的电感分布在它的每一匝上，即使一根导线也存在分布电感，两根导线之间不仅有分布电容，而且处处也有漏电导存在。另一方面，集总意味着把电路中的电场和磁场分隔开，电场只与电容元件相关，磁场只与电感元件相关。这样两种场就不存在相互作用，而电场与磁场的相互作用将产生电磁波，能量以波的形式传递。因此只有在部件和整个电路的尺寸远小于其正常工作频率所对应的波长，且波的传递现象可以忽略时，才可以采用集总的概念。

传输线是用来传送电能和信号的，最典型的传输线是两根平行的铜线。当传输线的尺寸 l 与工作频率对应的波长λ可相比拟时，即实际电路的最大外形尺寸已不再满足 $l \leqslant \lambda$时，传输线就不能用集总参数的概念来分析，这时必须考虑到电磁场有限的传播速度(接近于光速)。因而，当电压接到传输线的输入时，电压不能立即传遍全线。这就是说，传输线上来回两线间的电压不仅是时间 t 的函数，还是距离 x 的函数。传输线上的电流也是如此。从而使电路成为分布参数电路。一般而言，电力工程中的高压远距离输电线、有线通信中的电报与电话线、无线电技术中的馈电线等都是分布参数电路。

严格地说，有关传输线的问题要用电磁场理论才能加以分析解决，但是，由于传输线只是方向上具有很大的长度(与波长相比)，仍能近似地用“路”的观点来研究传输线，这样，便能建立起传输线的电路模型——分布参数模型。

在通信工程中，最常用的传输线是双导线和同轴线。双导线由两条直径相同，彼此平行布放的导线组成，同轴线由两个同心圆柱导体组成。这样的传输线，其参数在一段长度

内可看作是处处相同的，称为均匀传输线。本部分主要讨论均匀传输线。

A.2 均匀传输线电路模型及其方程

在研究传输线时，不仅考虑导线的电阻，还要考虑与导线有关的磁场，也要考虑导线的电感。除此之外，还要考虑导线间存在电场，导线间绝缘的不完善，还要考虑导线间的电容和电导。如果传输线的电阻和电感以及传输线间的电容和电导是均匀地沿线分布的，这种传输线称为均匀传输线。

均匀传输线的参数是以每单位长度的参数表示的，即单位长度线段上的电阻 R、单位长度线段上的电感 L、单位长度线段上的两导体间的漏电导 G 和电容 C。由于传输线导线上的电压和电流，在导线不同点上是不相同的，因此，传输线的模型应看成是由一系列的单元环节链接而成，每一环节代表着传输线上的一个无限小的长度元 $\mathrm{d}x$。

为了讨论传输线上电压和电流的变化，在传输线的 a 点处取很短一段 $\mathrm{d}x$，如图 A-1(a)所示。由于 $\mathrm{d}x$ 很短，故可忽视此段 $\mathrm{d}x$ 上参数的分布性，而可用图 A-1(b)中的集中参数电路表示，这样，整个均匀传输线就相当于由无数多个 $\mathrm{d}x$ 小段级联组成。假设每段无限小 $\mathrm{d}x$ 段有无限小的电阻 $R\mathrm{d}x$、无限小的电感 $L\mathrm{d}x$，两导线间有无限小的电容 $C\mathrm{d}x$ 和电导 $G\mathrm{d}x$。均匀传输线接电源的一端为始端，连接负载的一端称为终端。长度元 $\mathrm{d}x$ 距始端为 x，$\mathrm{d}x$ 左端的电压和电流为 u 和 i，$\mathrm{d}x$ 右端的电压和电流为 $u+\dfrac{\partial u}{\partial x}\mathrm{d}x$ 和 $i+\dfrac{\partial i}{\partial x}\mathrm{d}x$。这就是均匀传输线的集中参数电路模型。

根据 KVL 可得到 $\mathrm{d}x$ 段上的电压(差)为

$$u-\left(u+\frac{\partial u}{\partial x}\mathrm{d}x\right)=-\frac{\partial u}{\partial x}\mathrm{d}x$$

它就等于电流流过 $\mathrm{d}x$ 段时，在 $R\mathrm{d}x$ 和 $L\mathrm{d}x$ 上的电压，即

$$-\frac{\partial u}{\partial x}\mathrm{d}x=(R\mathrm{d}x)i+(L\mathrm{d}x)\frac{\partial i}{\partial t}$$

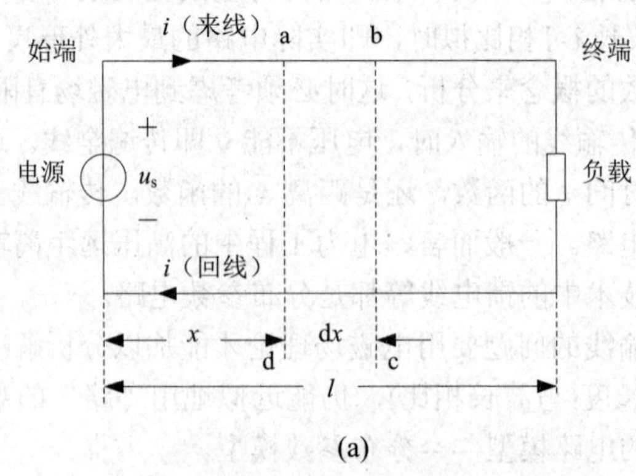

(a)

图 A-1 均匀传输线的集中参数电路模型

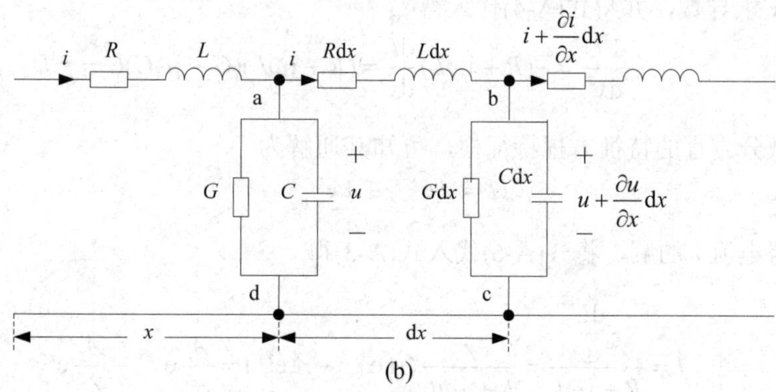

(b)

图 A-1　均匀传输线的集中参数电路模型(续)

同时消去 dx 得

$$-\frac{\partial u}{\partial x}=Ri+L\frac{\partial i}{\partial t} \tag{A-1}$$

同理，每过一个 dx 小段后电流减小为

$$-\frac{\partial i}{\partial x}\mathrm{d}x=i-\left(i+\frac{\partial i}{\partial x}\mathrm{d}x\right)$$

而这部分电流恰是 Gdx 和 Cdx 中流过的电流和，故

$$-\frac{\partial i}{\partial x}\mathrm{d}x=(G\mathrm{d}x)\left(u+\frac{\partial u}{\partial x}\mathrm{d}x\right)+(C\mathrm{d}x)\frac{\partial}{\partial t}\left(u+\frac{\partial u}{\partial x}\mathrm{d}x\right)$$

略去二阶无穷小$(\mathrm{d}x)^2$各项，并消去 dx 得

$$-\frac{\partial i}{\partial x}=Gu+C\frac{\partial u}{\partial t} \tag{A-2}$$

式(A-1)和式(A-2)称为均匀传输线方程，这是一组常系数线性偏微分方程。在给定初始条件和边界条件后，就可唯一地求得电压 u 和电流 i。从方程可以看出，电压 u 和电流 i 是 x 和 t 的函数，即电压、电流不仅随着时间变化，同时也随着距离变化。这是分布电路与集总电路的一个显著区别。

A.3　均匀传输线方程的正弦稳态解

假如传输线的始端施加角频率为ω的正弦电压，终端接上负载，则正弦稳态下传输线上各处的电压电流也都按正弦规律变动，因此，均匀传输线方程就可以为相量方程，即

$$R\dot{I}+\mathrm{j}\omega L\dot{I}=-\frac{\mathrm{d}\dot{U}}{\mathrm{d}x} \tag{A-3}$$

$$G\dot{U}+\mathrm{j}\omega C\dot{U}=-\frac{\mathrm{d}\dot{I}}{\mathrm{d}x} \tag{A-4}$$

原来的偏导数都改为全导数，是因为 $\dot{I}$ 和 $\dot{U}$ 已不再是时间的函数，而仅为距离的函数。

把式(A-3)对 x 求导数，并将式(A-4)代入得

$$\frac{\mathrm{d}^2\dot{U}}{\mathrm{d}x^2}=-(R+\mathrm{j}\omega L)\frac{\mathrm{d}\dot{I}}{\mathrm{d}x}=(R+\mathrm{j}\omega L)(G+\mathrm{j}\omega C)\dot{U}=\gamma^2\dot{U} \tag{A-5}$$

根据此微分方程的特征方程特征根，可知其通解为

$$\dot{U}=A_1\mathrm{e}^{-\gamma x}+A_2\mathrm{e}^{\gamma x} \tag{A-6}$$

为了求得电流 $\dot{I}$ 的解，将式(A-6)代入式(A-3)得

$$\dot{I}=\frac{-\frac{\mathrm{d}\dot{U}}{\mathrm{d}x}}{R+\mathrm{j}\omega L}=\frac{\gamma}{R+\mathrm{j}\omega L}(A_1\mathrm{e}^{-\gamma x}-A_2\mathrm{e}^{\gamma x})=\frac{A_1}{Z_C}\mathrm{e}^{-\gamma x}-\frac{A_2}{Z_C}\mathrm{e}^{\gamma x} \tag{A-7}$$

式中

$$\lambda=\sqrt{(R+\mathrm{j}\omega L)(G+\mathrm{j}\omega C)} \tag{A-8}$$

$$Z_C=\frac{R+\mathrm{j}\omega L}{\gamma}=\sqrt{\frac{R+\mathrm{j}\omega L}{G+\mathrm{j}\omega C}} \tag{A-9}$$

式中，γ 称为传输线上波的传播常数；Z_C 具有电阻量纲，称为传输线的波阻抗或特性阻抗。其中，传播常数 γ 为一个复数，其实部为衰减常数，表示入射波和反射波沿线的衰减特性；它其虚部称为相位常数，表示入射波和反射波沿线的相位变化的特性。特性阻抗 Z_C 为入射波(或反射波)电压、电阻相量的比值，单位为Ω。

传播常数 γ 和特性阻抗 Z_C 称为传输线的副参数，可以用它们来表征均匀传输线的主要特征。

根据边界条件(始端或终端的电压电流)可以确定积分常数 A_1 和 A_2。这可以分两种不同情况讨论。

若始端电压 $\dot{U}_1$ 和电流 $\dot{I}_1$ 为已知，以始端作为计算距离的起点，则 x=0，所以有 $\dot{U}=\dot{U}_1$ 和 $\dot{I}=\dot{I}_1$，将它们代入式(A-6)和式(A-7)

$$\left.\begin{aligned}A_1+A_2&=\dot{U}_1\\A_1-A_2&=Z_C\dot{I}_1\end{aligned}\right\} \tag{A-10}$$

解此方程得

$$\left.\begin{aligned}A_1&=\frac{1}{2}(\dot{U}_1+Z_C\dot{I}_1)\\A_2&=\frac{1}{2}(\dot{U}_1-Z_C\dot{I}_1)\end{aligned}\right\} \tag{A-11}$$

把 A_1、A_2 代入式(A-6)和式(A-7)得

$$\left.\begin{aligned}\dot{U}&=\frac{1}{2}(\dot{U}_1+Z_C\dot{I}_1)\mathrm{e}^{-\gamma x}+\frac{1}{2}(\dot{U}_1-Z_C\dot{I}_1)\mathrm{e}^{\gamma x}\\\dot{I}&=\frac{1}{2}\left(\frac{\dot{U}_1}{Z_C}+\dot{I}_1\right)\mathrm{e}^{-\gamma x}-\frac{1}{2}\left(\frac{\dot{U}_1}{Z_C}-\dot{I}_1\right)\mathrm{e}^{\gamma x}\end{aligned}\right\} \tag{A-12}$$

利用双曲线函数

$$\begin{cases}\cosh(\gamma x)=\dfrac{1}{2}(e^{\gamma x}+e^{-\gamma x})\\ \sinh(\gamma x)=\dfrac{1}{2}(e^{\gamma x}-e^{-\gamma x})\end{cases}$$

式(A-12)又可写作

$$\left.\begin{aligned}\dot{U}&=\dot{U}_1\cosh\gamma x-Z_C\dot{I}_1\sinh\gamma x\\ \dot{I}&=\dot{I}_1\cosh\gamma x-\frac{\dot{U}_1}{Z_C}\sinh\gamma x\end{aligned}\right\}\tag{A-13}$$

假若已知终端负载处(即 $x=l$ 处，l 为线长)的电压 $\dot{U}_2$ 和电流 $\dot{I}_2$，则 $x=l$ 时，有 $\dot{U}=\dot{U}_2$、$\dot{I}=\dot{I}_2$， 将它们代入式(A-6)和式(A-7)得

$$\begin{cases}\dot{U}_2=A_1e^{-\gamma l}+A_2e^{\gamma l}\\ \dot{I}_2=\dfrac{A_1}{Z_C}e^{-\gamma l}-\dfrac{A_2}{Z_C}e^{\gamma l}\end{cases}$$

解以上方程可得

$$\left.\begin{aligned}A_1&=\frac{1}{2}(\dot{U}_2+Z_C\dot{I}_2)e^{\gamma l}\\ A_2&=\frac{1}{2}(\dot{U}_2-Z_C\dot{I}_2)e^{-\gamma l}\end{aligned}\right\}\tag{A-14}$$

把 A_1、A_2 代到式(A-6)和式(A-7)得

$$\left.\begin{aligned}\dot{U}&=\frac{1}{2}(\dot{U}_2+Z_C\dot{I}_2)e^{\gamma(l-x)}+\frac{1}{2}(\dot{U}_2-Z_C\dot{I}_2)e^{-\gamma(l-x)}\\ \dot{I}&=\frac{1}{2}\left(\frac{\dot{U}_2}{Z_C}+\dot{I}_2\right)e^{\gamma(l-x)}-\frac{1}{2}\left(\frac{\dot{U}_2}{Z_C}-\dot{I}_2\right)e^{-\gamma(l-x)}\end{aligned}\right\}\tag{A-15}$$

在这种情况下，距离变量从终端算起比较方便，而$(l-x)$即为从终端算起的距离，若也用 x 标记，则式(A-15)变为

$$\left.\begin{aligned}\dot{U}&=\frac{1}{2}(\dot{U}_2+Z_C\dot{I}_2)e^{\gamma x}+\frac{1}{2}(\dot{U}_2-Z_C\dot{I}_2)e^{-\gamma x}\\ \dot{I}&=\frac{1}{2}\left(\frac{\dot{U}_2}{Z_C}+\dot{I}_2\right)e^{\gamma x}-\frac{1}{2}\left(\frac{\dot{U}_2}{Z_C}-\dot{I}_2\right)e^{-\gamma x}\end{aligned}\right\}\tag{A-16}$$

这里的 x 即为从终端算起的距离。

同样式(A-16)也可用双曲函数表示，得

$$\left.\begin{aligned}\dot{U}&=\dot{U}_2\cosh(\gamma x)+Z_C\dot{I}_2\sinh(\gamma x)\\ \dot{I}&=\dot{I}_2\cosh(\gamma x)+\frac{\dot{U}_2}{Z_C}\sinh(\gamma x)\end{aligned}\right\}\tag{A-17}$$

A.4 均匀传输线的参数和传播特性

传输线单位长度上的电阻 R、电感 L、电导 G、电容 C 称作传输线的原参数，而把传播常数γ和特性阻抗 Z_C 称为传输线的副参数。

据式(A-8)可知，传播常数γ是一个负数，表达式为

$$\gamma = \alpha + \mathrm{j}\beta = \sqrt{(R+\mathrm{j}\omega L)(G+\mathrm{j}\omega C)} \tag{A-18}$$

式中，γ 的实部α称为衰减常数，其数值表示行波每经过一单位长度后，其振幅将衰减为原振幅的 e^{α}分之一，其单位为 Np/m(奈贝/米)或 dB/m(分贝/米)。γ 的虚部β称为相移常数，它的数值代表在沿波的传播方向上相距一单位长度的前方处，波在相位上滞后的弧度数，其单位为 rad/m(弧度/米)。

把式(A-18)两边平方得

$$\alpha^2 + \mathrm{j}^2\alpha\beta - \beta^2 = (R+\mathrm{j}\omega L)(G+\mathrm{j}\omega C) = (RG-\omega^2 LG) + \mathrm{j}\omega(GL+RC)$$

令上式中等号两边实部虚部分相等，得

$$\begin{cases}\alpha^2 - \beta^2 = RG - \omega^2 LG \\ 2\alpha\beta = \omega(GL+RC)\end{cases}$$

联立求解方程，得

$$\alpha = \sqrt{\frac{1}{2}[(RG-\omega^2 LC) + \sqrt{(R^2+\omega^2 L^2)(G^2+\omega^2 C^2)})]} \tag{A-19}$$

$$\beta = \sqrt{\frac{1}{2}[(\omega^2 LC - RG) + \sqrt{(R^2+\omega^2 L^2)(G^2+\omega^2 C^2)})]} \tag{A-20}$$

为了减小信号在线路上传输的损耗，一般要求传输线的衰减常数越小越好。为此将式(A-19)中的α对任一分布参数求导数并令其为零，得到的最小衰减条件是

$$\frac{R}{L} = \frac{G}{C}$$

可见，传输线的最小衰减条件与不失真条件是一致的，将此条件代入式(A-19)和式(A-20)中，得到最小衰减和无畸变线的传播常数为

$$\alpha = \sqrt{GR} \tag{A-21}$$

$$\beta = \omega\sqrt{LC} \tag{A-22}$$

这就说明，当传输线的衰减常数α是与频率无关的常量时，在线上传输的宽频带信号的各频率分量将具有相同的传输衰减，因而在传输过程中各频率分量的振幅比例不会改变，故无幅度频率失真。

当信号频率很高，且满足$R \ll \omega L$和$G \ll \omega C$时，式(A-18)可改写为

$$\alpha + \mathrm{j}\beta = \sqrt{(R+\mathrm{j}\omega L)(G+\mathrm{j}\omega C)} = \mathrm{j}\omega\sqrt{LC}\left(1+\frac{R}{\mathrm{j}\omega L}\right)^{\frac{1}{2}}\left(1+\frac{G}{\mathrm{j}\omega C}\right)^{\frac{1}{2}}$$

用二项式定理展开，并略去各高次项得

$$\begin{aligned}\alpha+\mathrm{j}\beta &\approx \mathrm{j}\omega\sqrt{LC}\left(1+\frac{1}{2}\frac{R}{\mathrm{j}\omega L}\right)\left(1+\frac{1}{2}\frac{G}{\mathrm{j}\omega C}\right)\\ &\approx \mathrm{j}\omega\sqrt{LC}\left(1-\mathrm{j}\frac{R}{2\omega L}-\mathrm{j}\frac{G}{2\omega C}\right)\\ &\approx \frac{R}{2}\sqrt{\frac{C}{L}}+\frac{G}{2}\sqrt{\frac{L}{C}}+\mathrm{j}\omega\sqrt{LC}\end{aligned}$$

所以

$$\left.\begin{aligned}\alpha &= \frac{R}{2}\sqrt{\frac{C}{L}}+\frac{G}{2}\sqrt{\frac{L}{C}}\\ \beta &= \omega\sqrt{LC}\end{aligned}\right\} \tag{A-23}$$

考虑到高频时传输线的特性阻抗 $Z_C=\sqrt{\frac{L}{C}}$，故式(A-23)可写为

$$\left.\begin{aligned}\alpha &= \frac{R}{2Z_C}+\frac{GZ_C}{2}\\ \beta &= \omega\sqrt{LC}\end{aligned}\right\} \tag{A-24}$$

即高频传输线的衰减常数α是与频率无关的常量，而相移常数β则与频率成线性关系。它与不失真传输的条件一致。

由式(A-9)可知特性阻抗为

$$Z_C=\frac{(R+\mathrm{j}\omega L)}{\gamma}=\sqrt{\frac{(R+\mathrm{j}\omega L)}{(G+\mathrm{j}\omega C)}} \tag{A-25}$$

由于对同一频率的电源 Z_C 是由均匀传输线参数决定的，故称为特性阻抗。一般情况下，Z_C 是一个复数，它不仅与线路参数有关，而且还与信号频率有关。但当线路参数满足

$$\frac{R}{L}=\frac{G}{C} \tag{A-26}$$

时，特性阻抗变为纯阻抗

$$Z_C=\sqrt{\frac{L}{C}}\sqrt{\frac{\frac{R}{L}+\mathrm{j}\omega}{\frac{G}{C}+\mathrm{j}\omega}}=\sqrt{\frac{L}{C}} \tag{A-27}$$

通常，把条件式(A-26)称作传输线的不失真条件，满足此条件的传输线称为无畸变线。这种情况对均匀传输线在无线电技术的实际应用中是十分希望的。

如果传输线所传输的信号频率很高(称为高频线)，假若满足$R\ll\omega L$和$G\ll\omega C$条件则也可近似认为特性阻抗为一纯电阻，由式(A-9)得

$$Z_C\approx\sqrt{\frac{L}{C}} \tag{A-28}$$

可见，在高频情况下，传输线的特性阻抗为一纯电阻，它仅与传输线的形式、尺寸和介质的参数有关，而与频率无关。

A.5　均匀传输线上的行波和波的反射

根据均匀传输线方程的正弦稳态解可知，均匀传输线上任何一点的电压$\dot{U}$和电流$\dot{I}$都可看成是由两个分量组成，即

$$\begin{aligned}\dot{U} &= A_1 e^{-\gamma x} + A_2 e^{\gamma x} = \dot{U}_{in} + \dot{U}_{ref} \\ \dot{I} &= \frac{A_1}{Z_C} e^{-\gamma x} - \frac{A_2}{Z_C} e^{\gamma x} = \dot{I}_{in} - \dot{I}_{ref}\end{aligned} \tag{A-29}$$

式中，$\dot{U}_{in}$、$\dot{I}_{in}$称为入射波相量，$\dot{U}_{ref}$、$\dot{I}_{ref}$称为反射波相量。$\dot{I}_{ref}$之前的负号是因为$\dot{I}_{ref}$方向与$\dot{I}$方向相反。

先研究电压入射波相量$\dot{U}_{in} = A_1 e^{-\gamma x}$，式中$A_1$和$\gamma$均为复数，令

$$A_1 = a_1 e^{j\varphi 1} \tag{A-30}$$

$$\gamma = \sqrt{(R + j\omega L)(G + j\omega C)} = \alpha + j\beta \tag{A-31}$$

这样一来，电压相量$\dot{U}_{in}$的瞬时值表达式就可写为

$$\dot{U}_{in}(t,x) = I_{in}[\sqrt{2}\dot{U}_{in} e^{j\omega t}] = \sqrt{2} a_1 e^{-\alpha x} \sin(\omega t - \beta x + \varphi_1) \tag{A-32}$$

这是一个时间 t 和距离 x 的函数，在任意一个指定的地方(即 x 为定值)，它随时间按正弦规律变动；而在任意指定时刻 t(t 为定值)，它沿均匀传输线以衰减的正弦规律分布，如图 A-2 中实线的 $u_{in}(t, x)$所示。图 A-2 中 $u_{in}(t, x)$的幅值随 x 的增大而减小，是由于γ的实部α为正。这可以从式(A-31)看出，由于式中 R、G、L、C 均为正，所以传播系数γ的幅角就在 0°～90°之间，故其实部α和虚部β均为正。

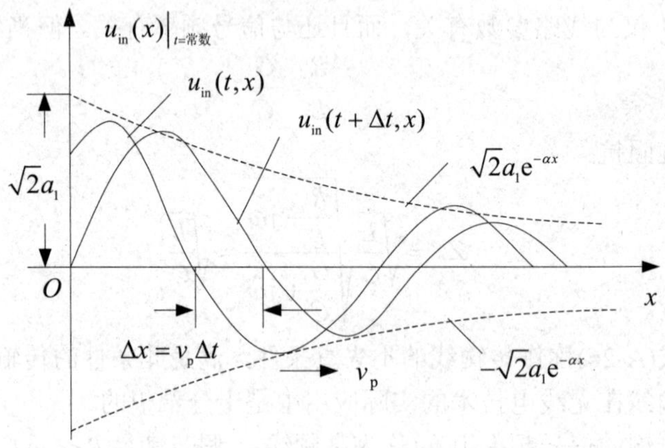

图 A-2　电压入射波沿线的传播

上面讨论的是同一时刻电压分量的 u_{in} 沿线分布的情况，这种分布随着时间的推移也将发生变化。为了确定 u_{in} 的传播速度，假定 $t=t_1$ 时，$x=x_1$，在这一点上电压 $u_{in}(t_1, x_1)$的相角为

$$\theta = \omega t_1 - \beta x_1 + \varphi_1$$

经过时间 Δt 后，即 $t_2=t_1+\Delta t$ 该点的相位角已不在是θ了，如果把相位角等于θ的点令为

$x=x_1+\Delta x=x_2$，则 x_2 点上电压 $u_{in}(t_2, x_2)$的相角为

$$\theta=\omega(t_1+\Delta t)-\beta(x_1+\Delta x)+\varphi_1$$

以上两式相减得

$$\omega\Delta t-\beta\Delta x=0$$

所以有

$$v_p=\lim\frac{\Delta x}{\Delta t}=\frac{\omega}{\beta} \tag{A-33}$$

$u_{in}(t, x)$在均匀传输线相位角恒等于θ的点的位置随时间增长而持续在 x 增长的方向上移动，v_p 就为该点的移动速度或传播速度。由于是同相位点的运动速度，故简称相速。如果把相邻各瞬间的电压分量 u_{in} 沿线分布的波形图画出来(见图 A-2)，就可以看出电压分布曲线随着时间的增长而不断向 x 增长的方向移动。而把这种时间增长而不断向一定方向运动的波，就称作行波。

在一个周期内行波所行进的距离称为行波的波长，用λ表示，即

$$\lambda=v_pT=\frac{v_p}{f}=\frac{2\pi}{\beta} \tag{A-34}$$

由于电压行波 u_{in} 的行进方向是从传输线的始端移向终端，即从电源端到负载端，故又称为入射波。

同理，可以说明式(A-29)中，电压反射波相量 $\dot{U}_{ref}=A_2e^{\gamma x}=a_2e^{j\varphi 2}e^{\varphi x}$ 的瞬时值为

$$u_{ref}(t,x)=\sqrt{2}a_2e^{\alpha x}\sin(\omega t+\beta x+\varphi_2) \tag{A-35}$$

它也是一个行波，如图 A-3 所示，其相速 v_p 和波长λ与入射波相同。但由于 u_{ref} 的相位角中与 x 相关的项是$+\beta x$，而不是$-\beta x$，所以这个行波行进的方向与入射波相反，是由传输线的终端移向始端，即由负载到电源，因而称其为反射波。u_{ref} 中所含衰减因子说明，随波的行进，即随 x 的减小，其振幅也逐渐减小。

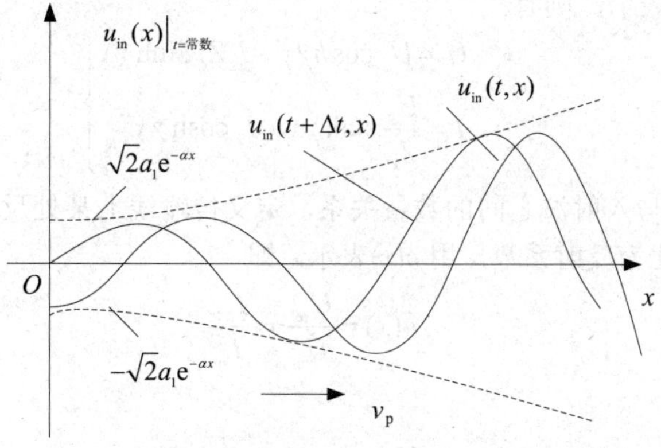

图 A-3 电压反射波沿线的传播

可见，传输线上各处的线间电压都可看成是两个向相反方向传输的波(入射波与反射波)相叠加的结果。同样，传输线上各处的电流也可看成由入射电流波和反射电流波组成。

A.6 终端接有负载的传输线

前面已经讨论了传输线上电压波和电流波的基本特性，本节将讨论传输线终端接有负载时，入射波与反射波、电压波与电流波之间的关系。在研究这些问题时，线上任意一点的位置从负载端算起比较方便，即从终端(负载端)到该点的距离设为 x。传输线上的入射波及反射波仍然不变，只是入射波在$-x$ 方向上传播，反射波却在 x 方向上传播，如图 A-4 所示。

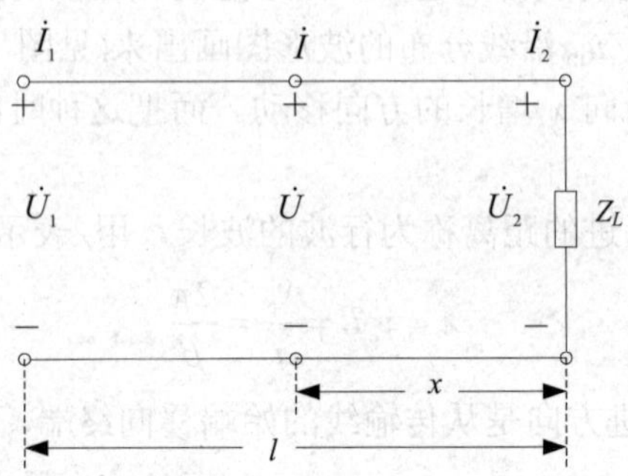

图 A-4 终端接有负载

这样，在 x 点传输线的电压和电流相量表达式即为

$$\left.\begin{aligned}\dot{U}&=\frac{1}{2}(\dot{U}_2+Z_C\dot{I}_2)\mathrm{e}^{\gamma x}+\frac{1}{2}(\dot{U}_2-Z_C\dot{I}_2)\mathrm{e}^{-\gamma x}=\dot{U}_{\mathrm{in}}+\dot{U}_{\mathrm{ref}}\\ \dot{I}&=\frac{1}{2Z_C}(\dot{U}_2+Z_C\dot{I}_2)\mathrm{e}^{\gamma x}-\frac{1}{2Z_C}(\dot{U}_2-Z_C\dot{I}_2)\mathrm{e}^{-\gamma x}=\dot{I}_{\mathrm{in}}-\dot{I}_{\mathrm{ref}}\end{aligned}\right\}\tag{A-36}$$

若用双曲线函数表示，则有：

$$\left.\begin{aligned}\dot{U}&=\dot{U}_2\cos h\gamma x+\dot{I}_2 Z_C\sinh\gamma x\\ \dot{I}&=\frac{\dot{U}_2}{Z_C}\sinh\gamma x+\dot{I}_2\cosh\gamma x\end{aligned}\right\}\tag{A-37}$$

为了描述反射波与入射波之间的数量关系，定义传输线上某处反射电压(或电流)与入射波电压(或电流)之比为反射系数，用 $n(x)$表示，即

$$n(x)=\frac{\dot{U}_{\mathrm{ref}}}{\dot{U}_{\mathrm{in}}}=\frac{\dot{I}_{\mathrm{ref}}}{\dot{I}_{\mathrm{in}}}\tag{A-38}$$

由式(A-36)可得

$$n(x)=\frac{\dot{U}_2-Z_C\dot{I}_2}{\dot{U}_2+Z_C\dot{I}_2}\mathrm{e}^{-2\gamma x}=\frac{\dfrac{\dot{U}_2}{\dot{I}_2}-Z_C}{\dfrac{\dot{U}_2}{\dot{I}_2}+Z_C}\mathrm{e}^{-2\gamma x}$$

又由于 $Z_L=\dfrac{\dot{U}_2}{\dot{I}_2}$，故上式又可写成

$$n(x)=\frac{Z_L-Z_C}{Z_L+Z_C}\mathrm{e}^{-2\gamma x} \tag{A-39}$$

由式(A-39)可知，传输线终端(负载端)，x=0，若用 n_2 表示终端反射系数，则有

$$n_2=\frac{Z_L-Z_C}{Z_L+Z_C} \tag{A-40}$$

可见，终端反射系数只与负载阻抗和传输线特性阻抗有关。Z_L 类型不同，则反射系数也不同，并使传输线的工作状态也不同。我们分以下几种情况进行讨论。

A.6.1 终端接有特性阻抗的传输线

终端接有特性阻抗的传输线，即 $Z_L=Z_C$ 。由式(A-40)可知，终端反射系数 n_2=0，表明反射波电压和电流均为零，使传输线上只有入射波。把传输线的这种工作状态称为反射状态或行波状态。

由式(A-36)有

$$\dot{U}=\dot{U}_2\mathrm{e}^{\gamma x},\quad \dot{I}=\dot{I}_2\mathrm{e}^{\gamma x}$$

可见，当终端接有负载 $Z_L=Z_C$，即接特性阻抗时，有

$$Z_{\text{in}}=\frac{\dot{U}}{\dot{I}}=\frac{\dot{U}_2}{\dot{I}_2}=\frac{\dot{U}_1}{\dot{I}_1}=Z_C$$

即沿线任何一点的电压相量 $\dot{U}$ 和电流相量 $\dot{I}$ 之比就等于特性阻抗。也就是从线上任何处向终端看的输入阻抗总等于 Z_C。

把传输线终端接特性阻抗为负载时，该传输线的功率称为自然功率。在始端从电源吸收的功率为

$$P_1=U_1I_1\cos\theta$$

在终端，负载获得的功率为

$$P_2=U_2I_2\cos\theta$$

式中，θ 是 Z_C 的辐角。

距终端 x 处的电压和电流为

$$\dot{U}=\dot{U}_2\mathrm{e}^{\gamma x}=\dot{U}_2\mathrm{e}^{\alpha x}\mathrm{e}^{\mathrm{j}\beta x}$$
$$\dot{I}=\dot{I}_2\mathrm{e}^{\gamma x}=\dot{I}_2\mathrm{e}^{\alpha x}\mathrm{e}^{\mathrm{j}\beta x}$$

始端(x=l)电压和电流为

$$\dot{U}_1=\dot{U}_2\mathrm{e}^{\gamma l}=\dot{U}_2\mathrm{e}^{\alpha l}\mathrm{e}^{\mathrm{j}\beta l}$$
$$\dot{I}_1=\dot{I}_2\mathrm{e}^{\gamma l}=\dot{I}_2\mathrm{e}^{\alpha l}\mathrm{e}^{\mathrm{j}\beta l}$$

始端功率 P_1 可写成(此时 x=l)

$$P_1=U_1I_1\cos\theta=U_2I_2\mathrm{e}^{2\alpha l}\cos\theta=P_2\mathrm{e}^{2\alpha l}$$

式中，l 为传输线长度。于是可得传输线的传输功率为

$$\eta=\frac{P_2}{P_1}=\mathrm{e}^{-2\alpha l}$$

由于终端所接负载 Z_L=Z_C，故传输线处于匹配状态下运行，无反射波，通过入射波传输到终端的功率全部为负载所吸收。可见，如负载不匹配时，入射波的一部分功率将会被反射

波带回给始端电源，即负载所得功率就比匹配时小，传输功率也低。

A.6.2　终端接任意负载阻抗的传输线

(1) 当 $Z_L=\infty$ (终端开路)时，$n_2=1$(全反射状态)。由于 $\dot{I}_2=0$，故可求得距终端 x 处的电压 $\dot{U}_{oc}$ 和电流 $\dot{I}_{oc}$

$$\left.\begin{aligned}\dot{U}_{oc}&=\dot{U}_2\cosh\gamma x\\ \dot{I}_{oc}&=\frac{\dot{U}_2}{Z_C\sinh x}\end{aligned}\right\}\tag{A-41}$$

由式(A-41)又可求得负载开路时在始端的输入阻抗为($x=l$)

$$Z_{oc}=\left.\frac{\dot{U}_{oc}}{\dot{I}_{oc}}\right|_{x=l}=Z_C\frac{\coth\gamma l}{\sinh\gamma l}=Z_C\coth\gamma l$$

当传输线的长度 l 改变时，输入阻抗也随之改变。

(2) 当 $Z_L=0$，$\dot{U}_2=0$ (终端短路)时，$\lambda=-1$(全反射状态)。由式(A-37)可得距终端 x 处的短路电压 $\dot{U}_{sc}$ 和短路电流 $\dot{I}_{sc}$ 为

$$\left.\begin{aligned}\dot{U}_{sc}&=Z_C\dot{I}_2\sinh\gamma x\\ \dot{I}_{sc}&=\dot{I}_2\cosh\gamma x\end{aligned}\right\}\tag{A-42}$$

由式(A-42)可求得终端短路时，始端的输入阻抗为

$$Z_{sc}=\frac{\dot{U}_{sc}}{\dot{I}_{sc}}=Z_C\tanh\gamma l$$

在终端负载 $Z_L=0$ 及 $Z_L=\infty$ 这两种情况下，入射波与反射波的幅值相等($|n_2=l|$)，故称为全反射状态。

(3) 当传输线终端接任意阻抗 $Z_L=Z_2$ 时，有 $\dot{U}_2=Z_2\dot{I}_2$，根据式(A-37)所示，距终端 x 处的电压和电流为

$$\begin{cases}\dot{U}=\dot{U}_2\cosh(\gamma x)+Z_C\dot{I}_2\sinh\gamma x\\ \dot{I}=\dot{I}_2\cosh(\gamma x)+\dfrac{\dot{U}_2}{Z_C}\sinh\gamma x\end{cases}$$

假设

$$\begin{cases}M\cosh\sigma=\dot{U}_2\\ N\cosh\sigma=\dfrac{\dot{U}_2}{Z_C}\end{cases}\qquad\begin{cases}M\sinh\sigma=Z_C\dot{I}_2\\ N\sinh\sigma=\dot{I}_2\end{cases}$$

其中 $\sigma=u=\mathrm{j}v$，代入上式后，可求得

$$\left.\begin{aligned}\dot{U}&=\frac{\dot{U}_2\cosh(\sigma+\gamma x)}{\cosh\sigma}\\ \dot{I}&=\frac{\dot{I}_2\sinh(\sigma+\gamma x)}{\sinh\sigma}\end{aligned}\right\}\tag{A-43}$$

终端接 Z_2 时，始端的输入阻抗为

$$Z_{\text{in}} = \frac{\dot{U}}{\dot{I}}\Big|_{x=l} = \frac{\dot{U}_2 \cosh \gamma l + Z_C \dot{I}_2 \sinh \gamma l}{\dfrac{\dot{U}_2}{Z_C} \sinh \gamma l + \dot{I}_2 \cosh \gamma l} = Z_C \frac{1 + \dfrac{Z_C}{Z_2} \tanh \gamma l}{\tanh \gamma l + \dfrac{Z_C}{Z_2}} \tag{A-44}$$

由于

$$\frac{Z_C \dot{I}_2}{\dot{U}_2} = \frac{M \sinh \sigma}{M \cosh \sigma} = \tanh \sigma$$

故

$$Z_{\text{in}} = Z_C \frac{1 + \tanh \sigma \tanh \gamma l}{\tanh \gamma l + \tanh \sigma} = Z_C \coth \sigma + \gamma l \tag{A-45}$$

一般地，在传输线上任一点的电压相量 $\dot{U}$ 与电流相量 $\dot{U}$ 之比定义为等效阻抗，即

$$Z_{\text{e}} = \frac{\dot{U}}{\dot{I}} \tag{A-46}$$

根据式(A-37)可求得

$$Z_{\text{e}} = \frac{\dot{U}_2 \cosh \gamma x + \dot{I}_2 Z_C \sinh \gamma x}{\dfrac{\dot{U}_2}{Z_C} \sinh \gamma x + \dot{I}_2 \cosh \gamma x} = \frac{\dfrac{\dot{U}_2}{\dot{I}_2} + Z_C \tanh \gamma x}{\dfrac{\dot{U}_2}{\dot{I}_2} \dfrac{1}{Z_C} \tanh \gamma x + 1}$$

考虑到负载阻抗 $Z_L = \dfrac{\dot{U}_2}{\dot{I}_2}$，代入上式得

$$Z_{\text{e}} = Z_C \frac{Z_L + Z_C \tanh \gamma x}{Z_C + Z_L \tanh \gamma x} \tag{A-47}$$

假若 $Z_L=Z_C$，$Z_{\text{e}}=Z_C$，显然与上述 Z_{in} 相等，即

$$Z_{\text{in}} = Z_{\text{e}} = Z_C$$

A.7 无损耗传输线

R=0 和 G=0 的均匀传输线称作无损耗传输线。在工程实际中，工作于高频率的传输线，一般均满足单位长度的电阻 $R \ll \omega L$ 和电导 $G \ll \omega C$，即 R、G 均可忽略。所以在研究高频率传输线上的电压和电流的分布时，都可近似地把它当作无损耗线。

当 R=0，G=0 时，无损耗线的特性阻抗

$$Z_C = \sqrt{\frac{L}{C}}$$

为纯电阻的，与频率无关。

传输常数为

$$\gamma = \alpha + \text{j}\beta = \sqrt{\text{j}\omega L \text{j}\omega C} = \text{j}\omega \sqrt{LC}$$

故得

$$\alpha = 0, \quad \beta = \omega \sqrt{LC}$$

即无损耗的衰减常数为零，而相移常数与频率成比例。

传播速度为

$$v_{\mathrm{p}}=\frac{\omega}{\beta}=\frac{1}{\sqrt{LC}}$$

可以证明：在架空线路中，波的相速与光在空气(真空)中的速度相同。

另外

$$v_{\mathrm{p}}=\lambda f=\frac{1}{\sqrt{LC}}$$

由此可得

$$\beta=\frac{\omega}{\lambda f}=\frac{2\pi}{\lambda} \tag{A-48}$$

应该指出，当传输线周围介质不同时，行波的传播速度也将不同，因此，同一信号频率下的波长也不同。这种情况下，称其为介质波长或传输线波长。

对于终端短路的无损耗线，即当 Z_2=0，$\dot{U}_2=0$，α=0 时，则由式(A-42)有距终端 x 处的电压和电流为

$$\begin{cases}\dot{U}_{\mathrm{sc}}=Z_C\dot{I}_2\sinh\gamma x=Z_C\dot{I}_2\dfrac{1}{2}(\mathrm{e}^{\mathrm{j}\beta x}-\mathrm{e}^{-\mathrm{j}\beta x})=\mathrm{j}Z_C\dot{I}_2\sin\beta x\\ \dot{I}_{\mathrm{sc}}=\dot{I}_2\cosh\gamma x=\dot{I}_2\dfrac{1}{2}(\mathrm{e}^{\mathrm{j}\beta x}+\mathrm{e}^{-\mathrm{j}\beta x})=\dot{I}_2\cos\beta x\end{cases}$$

根据式(A-48)有 $\beta=\dfrac{2\pi}{\lambda}$，如果设终端电流 $i_2=\sqrt{2}I_2\sin\omega t$，则由上式可得相应的时间函数为

$$\left.\begin{aligned}u_{\mathrm{sc}}(t,x)&=\sqrt{2}I_2\cos\beta x\sin\omega t=\sqrt{2}Z_CI_2\sin\beta x\cos\omega t=\sqrt{2}Z_CI_2\sin\left(\frac{2\pi}{\lambda}x\right)\cos\omega t\\ i_{\mathrm{sc}}(t,x)&=\sqrt{2}I_2\cos\beta x\sin\omega t=\sqrt{2}I_2\cos\left(\frac{2\pi}{\lambda}x\right)\sin\omega t\end{aligned}\right\} \tag{A-49}$$

由式(A-49)可以看出，与行波不同，式(A-49)中的电压和电流的相位角均与 x 无关。这就是说，随时间 t 的增长，电压和电流波形不沿 x 方向(或$-x$)移动，这种波形称之为驻波。

由式(A-49)可知，它们既要符合沿线 u_{sc} 按正弦律和 i_{sc} 按余弦律分布的要求，即在 x=0，$\dfrac{1}{2}\lambda$，λ，$\dfrac{n}{2}\lambda$，… (n 为正整数)处，电压的振幅(或有效值)为零，称为电压的波节；而电流的振幅(或有效值)为最大值，称为电流的波腹；在 $x=\dfrac{1}{4}\lambda$，$\dfrac{3}{4}\lambda$，…$\dfrac{(2n+1)}{4}\lambda$，…处，电压的振幅最大，是电压的波腹，而电流的振幅为零，是电流的波节；它们也必须符合在时域 u_{sc} 按余弦律，i_{sc} 按正弦律变化的要求，即在 $\omega t=\dfrac{\pi}{2}(2k+1)$ 时，u_{sc} 沿线处处为零，在 $\omega t=(2k+1)\pi$ 时，i_{sc} 沿线处处为零。图 A-5 中画出了 $3\omega t=2k\pi$，$k=0,1,2,\cdots$ 的波形。

由式(A-49)可得无损线上任意一点的等效阻抗为

$$Z_{\mathrm{sc}}=\frac{\dot{U}_{\mathrm{sc}}}{\dot{I}_{\mathrm{sc}}}=\mathrm{j}Z_C\tan\beta x=\mathrm{j}Z_C\tan\frac{2\pi}{\lambda}x=\mathrm{j}X_{\mathrm{sc}} \tag{A-50}$$

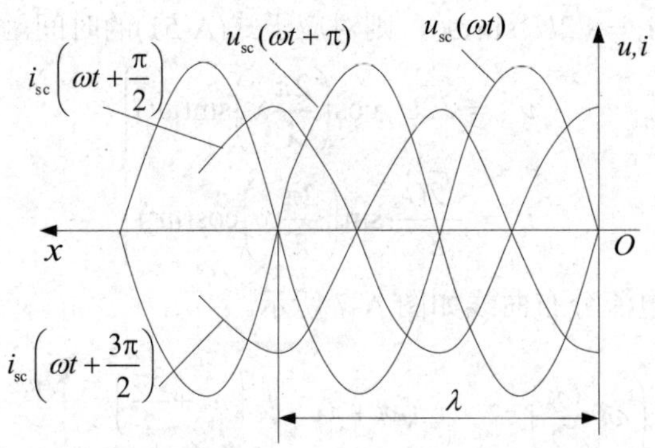

图 A-5 终端短路无损耗线的电压电流分布曲线

可见，无损线在终端短路情况下，线上任意一点的等效阻抗 Z_{sc} 为一纯电抗。在 $0<x<\frac{\lambda}{4}$ 的范围内，Z_{sc} 为感抗，这时各点的电压超前电流 $\frac{\pi}{2}$，在 $\frac{\lambda}{4}<x<\frac{\lambda}{2}$ 的范围内，Z_{sc} 为容抗，这时各点的电压滞后于电流 $\frac{\pi}{2}$。以后每隔 $\frac{\lambda}{4}$ 电抗性质就改变一次，而每隔 $\frac{\lambda}{2}$ 就重复以上的阻抗特性。图 A-6 给出了 Z_{sc} 的沿线分布。由图 A-6 中可以看出，在 x=0，$\frac{1}{2}\lambda$，λ，…各点，Z_{sc}=0，相当于 LC 串联谐振；在 $x=\frac{1}{4}\lambda$，$\frac{3}{4}\lambda$，…各点，Z_{sc}=∞，相当于 LC 并联谐振。

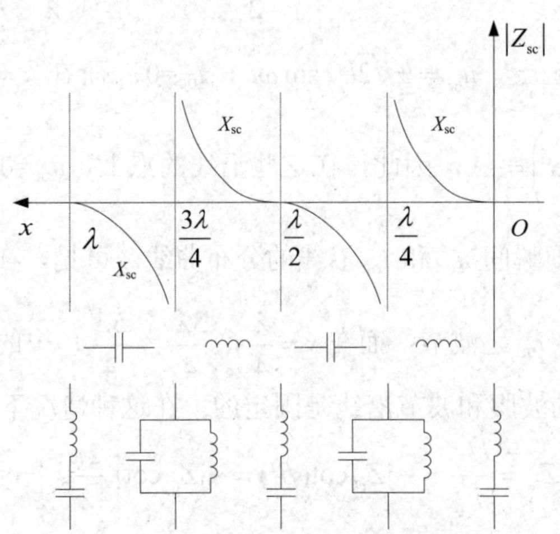

图 A-6 终端短路无损耗线的输入阻抗

对于终端开路的无损线，即 R=0，G=0，Z_L=∞，$\dot{I}_2=0$，则终端反射系数 n_2=1。把这些条件代入式(A-41)可得

$$\left.\begin{aligned}\dot{U}_{oc}&=\dot{U}_2\cos\beta x=\dot{U}_2\cos\frac{2\pi}{\lambda}x\\ \dot{I}_{oc}&=\mathrm{j}\frac{\dot{U}_2}{Z_C}\sin\beta x=\mathrm{j}\frac{\dot{U}_2}{Z_C}\sin\frac{2\pi}{\lambda}x\end{aligned}\right\}\tag{A-51}$$

如果假设终端电压$u_2=\sqrt{2}U_2\sin\omega t$，则对应于式(A-51)的时间函数为

$$\left.\begin{aligned}u_{oc}&=\sqrt{2}U_2\cos\left(\frac{2\pi}{\lambda}x\right)\sin(\omega t)\\ i_{oc}&=\frac{\sqrt{2}U_2}{Z_C}\sin\left(\frac{2\pi}{\lambda}x\right)\cos(\omega t)\end{aligned}\right\}\tag{A-52}$$

该函数相应的电压电流分布曲线如图 A-7 所示。

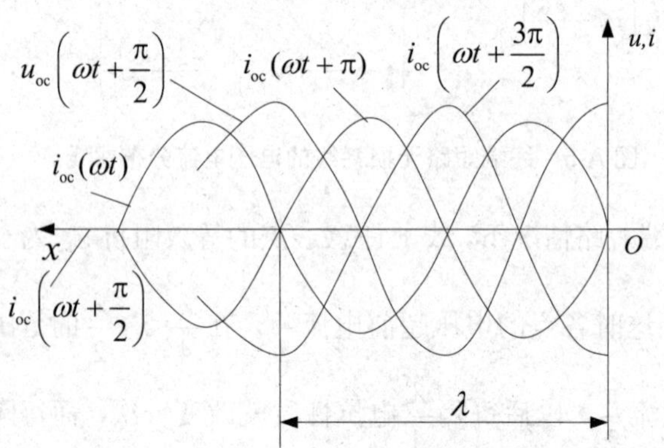

图 A-7　终端开路无损耗线的电压电流分布曲线

与短路时的情况相同，这里的 u_{oc} 和 i_{oc} 也是驻波，是振幅相同而不衰减($\alpha=0$)的入射波和反射波叠加的结果。同理，在 x=0，$\frac{\lambda}{2}$，λ，$\frac{3\lambda}{2}$，…处，$\cos\left(\frac{2\pi}{\lambda}x\right)=\pm1$，而$\sin\left(\frac{2\pi}{\lambda}x\right)=0$，因此，在这些沿线的点上，$u_{oc}=\pm\sqrt{2}U_2\sin\omega t$，$i_{oc}$=0；而在$x=\frac{\lambda}{4}$，$\frac{3\lambda}{4}$，$\frac{5\lambda}{4}$…处，$\cos\left(\frac{2\omega}{\lambda}x\right)=0$，$\sin\left(\frac{2\pi}{\lambda}x\right)=\pm1$，因此，在这些沿线的点上，$u_{oc}$=0，$i_{oc}=\pm\frac{\sqrt{2}U_2}{Z_C}\cos(\omega t)$。图 A-7 中画出了几个不同瞬间 u_{oc} 和 i_{oc} 沿线的分布曲线。可见，在 x=0，$\frac{\lambda}{2}$，λ，…点上为电压 u_{oc} 之波腹和电流 i_{oc} 之波节；而在$x=\frac{\lambda}{4}$，$\frac{3\lambda}{4}$，$\frac{5\lambda}{4}$，…的点上为电压的波节和电流的波腹。可见，驻波的波腹和波节沿线是固定的。在这种情况下，始端的输入阻抗为

$$Z_{oc}=Z_{in}=\frac{\dot{U}_{oc}}{\dot{I}_{oc}}=-\mathrm{j}Z_C\cot(\beta l)=-\mathrm{j}Z_C\cot\left(\frac{2\pi}{\lambda}l\right)=\mathrm{j}X_{oc}\tag{A-53}$$

可见，输入阻抗是一个纯电抗，并且，当 $0<l<\frac{\lambda}{4}$时，X_{oc} 为容抗；当$\frac{\lambda}{4}<l<\frac{\lambda}{2}$时，$X_{oc}$ 为感抗，以此类推。在$l=\frac{\lambda}{4}$，$\frac{3\lambda}{4}$，$\frac{5\lambda}{4}$，…处，即在电压的波节(电流的波腹)处，$Z_{oc}=0$，相当于发生了串联谐振；在$l=0$，$\frac{\lambda}{2}$，λ，$\frac{3\lambda}{2}$，…处，即在电压的波腹(电流的波节)处，$Z_{oc}=\infty$，相当于并联谐振。图 A-8 为终端开路的无损耗线的输入阻抗的沿线分布图。

无损线在终端开路及短路时，输入阻抗具有一定的特点，因而在高频技术中获得了一定的应用。

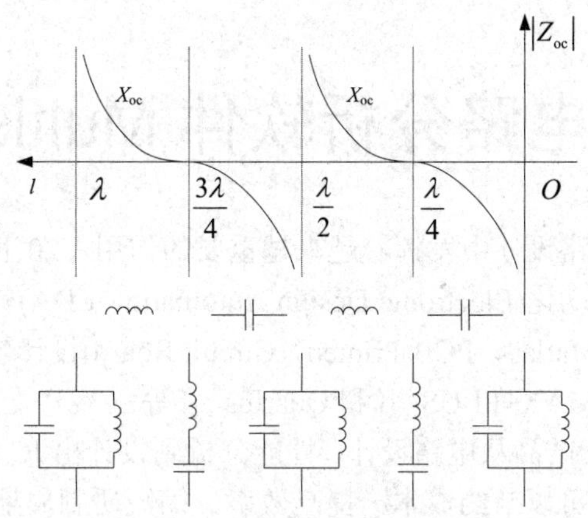

图 A-8 终端开路无损耗线的输入阻抗

例如，可用长度 $l<\frac{\lambda}{4}$ 的开路无损线代替电容，而用长度 $l<\frac{\lambda}{4}$ 的短路无损线代替电感。假如要代替容抗 X_C 和 X_L 为已知，即可用下述公式计算开路及短路无损线的长度 l，即

$$\begin{cases} X_C = \dfrac{1}{\omega C} = -Z_C \cot\left(\dfrac{2\pi}{\lambda} l\right) \\ X_L = \omega L = -Z_C \tan\left(\dfrac{2\pi}{\lambda} l\right) \end{cases}$$

长度为 $\frac{\lambda}{4}$ 的无损线可作为阻抗变换器接在传输线与负载之间。其工作原理如下：

设无损线的特性阻抗为 Z_{C1}，负载阻抗为 Z_2，设 $Z_2=R_2$，现在的问题是在 Z_2 与传输之间接上 $\frac{\lambda}{4}$ 长度的无损线，如图 A-9 所示，能否达到使 Z_2 与 Z_{C1} 匹配的目的。可求得这段长度为 $\frac{\lambda}{4}$ 有载($Z_2=R_2$)无损线得输入阻抗 Z_{in} 为

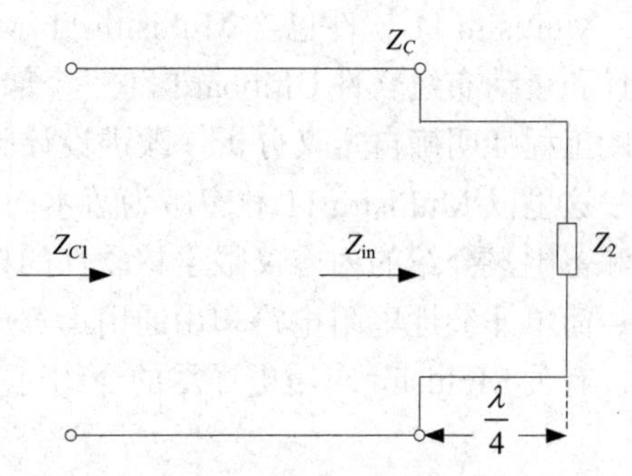

图 A-9 无损耗线作为阻抗变换器

$$Z_{in} = Z_C \frac{Z_2 + jZ_C \tan\left(\dfrac{\pi}{2}\right)}{jZ_2 \tan\left(\dfrac{\pi}{2}\right) + Z_C}$$

式中，Z_C 为无损线的特性阻抗。由 $\tan\frac{\lambda}{2}=\infty$，故上式可变为

$$Z_{in} = \frac{Z_C^2}{Z_2}$$

可见，为了达到匹配的目的，应使 $Z_{in}=Z_{C1}$(纯电阻)。于是，可求得此 $\frac{\lambda}{4}$ 无损线的特性阻抗为

$$Z_C = \sqrt{Z_{in} Z_2} = \sqrt{Z_{C1} Z_2}$$

附录 B　电路分析软件 Multisim 简介

计算机技术在电子电路设计中发挥着越来越重要的作用，20 世纪 80 年代后期，出现了一批优秀的电子设计自动化(Electronic Design Automatic，EDA)软件，如设计与仿真工具 Spice/PSpice，Multisim、Matlab，PCB(Printed，Circuit Board)设计软件 Protel，IC 设计软件 Cadence，PLD 开发平台 MAX+PLUS Ⅱ和 Quartus Ⅱ等。

借助 EDA 工具，电子产品从电路设计、性能分析到设计出 IC 或 PCB 图的整个过程都能在计算机上处理完成，可以节约成本，提高效率，缩短研制周期。随着现代电路的规模越来越大，复杂程度越来越高，产品更新速度越来越快，EDA 技术已代替人工成为集成电路、印制电路板、电子整机系统设计的主要技术手段，也是科研教学部门很好的辅助教学工具和电类专业学生必备的一项技能。

Multisim 是加拿大图像交互技术公司(Interactive Image Technologies，IIT)于 1988 年推出的基于 Windows 平台专用 EDA 工具软件(之前的版本称为 Electronics Workbench，EWB)，具有数字、模拟及数字/模拟混合电路、VHDL 和 Verilog HDL 模块的仿真和设计能力，以界面直观、操作方便、仿真分析功能强大、易学易用等突出优点，得到了迅速的推广及使用。被美国国家仪器有限公司(National Instruments，NI)收购后，更名为 NI Multisim，其功能不断得到扩充，目前 Multisim 的最新版本是 V11。

Multisim 11 软件包含 Multisim 11、Multisim 协仿真附加模块 MCU Module 11 以及 PCB 设计和自动布线软件 Ultiboard 11 三个部分。Multisim 也可以与 NI LabVIEW 测量软件结合，帮助工程师明确自定义分析，改进设计验证。

这里以 Multisim 11 教育版为蓝本向大家介绍该软件的基本操作方法。鉴于本教材的特点和范围，介绍的内容仅限于该软件的模拟电路分析仿真功能，仿真的对象主要是线性电路、简单非线性电阻电路和由通用运算放大器构成的有源电路。本附录将介绍六种仿真功能，有关 Multisim 应用更详尽的介绍可参考其他资料。

B.1　Multisim 软件界面介绍

B.1.1　主窗口

启动 Multisim 11，可以看到其工作主窗口，如图 B-1 所示。

其主窗口就像一个实际的电子工作台，其中最大的区域是中间的电路窗口，在电路窗口中可将各种电子元器件和测试仪器仪表连接成实验电路，进行电路的设计、仿真和分析。电路窗口上面和两侧是命令菜单、设计、元器件和虚拟仪器等各类工具栏。通过鼠标操作可以很方便地使用各种命令和提取实验所需的各种元器件及仪器仪表到电路工作窗口并连接成实验电路，单击电路工作窗口右上方的“启动/停止”开关或“暂停/恢复”按钮可以方便地控制实验的进程。

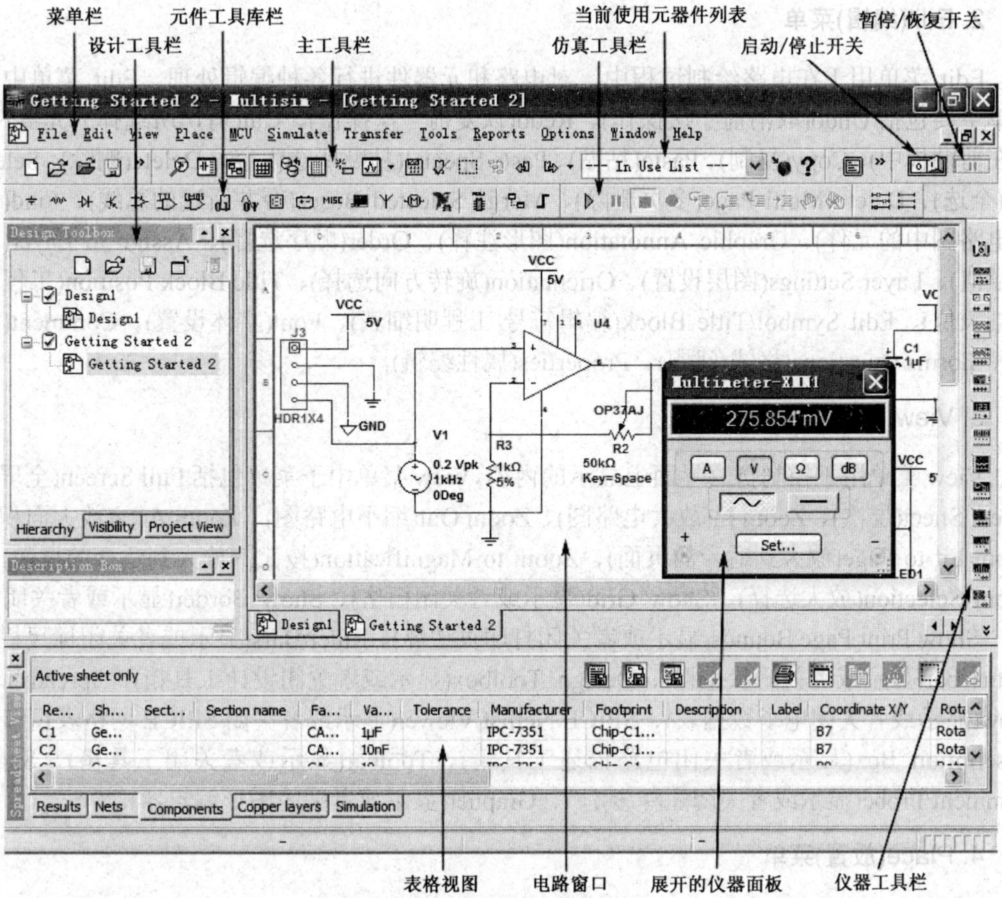

图 B-1　Multisim 11　的主窗口

B.1.2　命令菜单

菜单栏包含有 12 个主菜单，如图 B-2 所示。

图 B-2　Multisim 11 命令菜单

每个主菜单下可再下拉子菜单，菜单中提供了本软件几乎所有的功能命令，对应的主要功能说明如下。

1. File(文件)菜单

File 菜单主要用于管理所创建的电路和文件。File 菜单中子菜单主要包括 New(建立新文件)、Open(打开文件)、Open Samples(打开范例文件)、Close(关闭文件)、Close All(全关闭)、Save(文件存盘)、Save As(换名存盘)、Save All(全保存)、Project and Packing(项目和包装)、Print(打印)、Print Preview(打印预览)、Print Option(打印选项)、Recent Designs(最近运行的设计)、Recent Projects(最近运行的项目组)、File Information(文件属性)、Exit(退出)。

2. Edit(编辑)菜单

Edit 菜单用于在电路绘制过程中，对电路和元器件进行各种编辑处理。Edit 菜单中子菜单主要包括 Undo(取消前一次操作)、Redo(恢复前一次操作)、Cut(剪切所选择的元器件，放在剪贴板中)、Copy(复制)、Paste(粘贴)、Paste Special(粘贴所选内容)、Delete(删除)、Select All(全选)、Delete Multi-Page(多页删除)、Merge Selected Buses(合并所选的总线)、Find(查找电路图中的元件)、Graphic Annotation(图形注释)、Order(顺序选择)、Assign to Layer(图层赋值)、Layer Settings(图层设置)、Orientation(旋转方向选择)、Title Block Position(工程图明细表位)、Edit Symbol/Title Block(编辑符号/工程明细表)、Font(字体设置)、Comment(注释)、Forms/Questions(格式/问题)、Properties(属性编辑)。

3. View(窗口显示)菜单

View 菜单用于控制仿真界面上显示的内容。View 菜单中子菜单包括 Full Screen(全屏)、Parent Sheet(层次)、Zoom In(放大电路图)、Zoom Out(缩小电路图)、Zoom Area(放大面积)、Zoom Fit to Page(放大到适合的页面)、Zoom to Magnification(按比例放大到适合的页面)、Zoom Selection(放大选择)、Show Grid(显示或者关闭栅格)、Show Border(显示或者关闭边界)、Show Print Page Bounds(显示或者关闭打印页边界)、Ruler Bars(显示或者关闭标尺栏)、Status bar(显示或者关闭状态栏)、Design Toolbox(显示或者关闭设计工具箱)、Spreadsheet View(显示或者关闭电子数据表)、SPICE Netlist Viewer(显示或者关闭 SPICE 网格表窗口)、Description Box(显示或者关闭电路描述工具箱)、Toolbar(显示或者关闭工具箱)、Show Comment/Probe(显示或者关闭注释/标注)、Grapher(显示或者关闭图形编辑器)。

4. Place(放置)菜单

Place 菜单提供在电路工作窗口内放置元器件、连接点、总线和文字命令。Place 菜单中子菜单包括 Component(放置元件)、Junction(放置节点)、Wire(放置导线)、Bus(放置总线)、Connectors(放置输入/输出端口连接器)、New Hierarchical Block(放置层次模块)、Hierarchical Block from File(来自文件的层次模块)、Replace by Hierarchical Block(替换层次模块)、New Subcircuit(创建子电路)、Replace by Subcircuit(子电路替换)、New PLD Subcircui(创建可编程逻辑器件子电路)、New PLD Hierarchical Block(放置 PLD 层次模块)、Multi-Page(设置多页)、Bus Vector Connect(总线矢量连接)、Comment(注释)、Text(放置文字)、Graphics(放置图形)、Title Block(放置工程标题栏)。

5. MCU(微控制器)菜单

MCU 菜单提供在电路工作窗口内 MCU 的调试操作命令。MCU 菜单中子菜单包括 No MCU Component Found(没有创建 MCU 器件)、Debug View Format(调试格式)、MCU Windows(MCU 窗口)、Show Line Numbers(显示线路数目)、Pause(暂停)、Step Into(进入)、Step Over(跨过)、Step Out(离开)、Run to Cursor(运行到指针)、Toggle Breakpoint(设置断点)、Remove all Breakpoint(移出所有的断点)。

6. Simulate(仿真)菜单

Simulate 菜单提供电路仿真设置与操作命令。Simulate 菜单中子菜单包括 Run(开始仿

真)、Pause(暂停仿真)、Stop(停止仿真)、Instruments(选择仪器仪表)、Interactive Simulation Settings(交互式仿真设置)、Mixed-Mode Simulation Settings(混合模式仿真设置)、NI ELVIS II Simulation Settings(NI ELVIS Ⅱ仿真设置)、Analyses(选择仿真分析法)、Postprocessor(启动后处理器)、Simulation Error Log/Audit Trail(仿真误差记录/查询索引)、XSPICE Command Line Interface(XSpice 命令界面)、Load Simulation Setting(导入仿真设置)、Save Simulation Setting(保存仿真设置)、Auto Fault Option(自动故障选择)、Dynamic Probe Properties(动态探针属性)、Reverse Probe Direction(反向探针方向)、Clear Instrument Data(清除仪器数据)、Use Tolerances(使用公差)。

7. Transfer(文件输出)菜单

Transfer 菜单提供传输命令。Transfer 菜单中子菜单包括 Transfer to Ultiboard(将电路图传送给 Ultiboard 文件)、Forward annotate to Ultiboard (创建 Ultiboard 注释文件)、Backannotate from file(修改 Ultiboard 注释文件)、Export to other PCB layout file(输出 PCB 设计图)、Export Netlist(输出网表)、Highlight Selection in Ultiboard(加亮所选择的 Ultiboard 区域)。

8. Tools(工具)菜单

Tools 菜单提供元件和电路编辑或管理命令。Tools 菜单中子菜单包括 Component Wizard(元件编辑器)、Database(数据库)、Variant Manager(变量管理器)、Set Active Variant(设置动态变量)、Circuit Wizards(电路编辑器)、SPICE Netlist Viewer(Spice 网表查看器)、Rename/Renumber Components(元件重新命名/编号)、Replace Components(元件替换)、Update Circuit Components(更新电路元件)、Update HB/SC Symbols(HB/SC 符号升级)、Electrical Rules Check(电气规则测试)、Clear ERC Markers(清除 ERC 标志)、Toggle NC Marker(设置 NC 标志)、Symbol Editor(符号编辑器)、Title Block Editor(工程图明细表比较器)、Description Box Editor(描述箱编辑器)、Capture Screen Area(捕获屏幕区域)、Show Breadboard(显示面包板)、Online Design Resources(在线设计资源)、Education Web Page(教育网页)。

9. Reports(报告)菜单

Reports 菜单提供材料清单等报告命令。Reports 菜单中子菜单包括 Bill of Report(材料清单)、Component Detail Report(元件详细报告)、Netlist Report(网络表报告)、Cross Reference Report(参照表报告)、Schematic Statistics(统计报告)、Spare Gates Report(剩余门电路报告)。

10. Options(选项)菜单

Options 菜单提供电路界面和电路某些功能的设定命令。Options 菜单中子菜单包括 Global Preferences(软件全部参数设置)、Sheet Properties(工作台界面设置)、Global Restrictions(软件限制设置)、Circuit Restrictions(电路限制设置)、Simplified Version(简化版本)、Lock Toolbars(锁定工具栏)、Customize User Interface(自定义用户界面)。

11. Window(窗口)菜单

Window 菜单提供窗口操作命令。Window 菜单中子菜单包括 New Window(建立新窗口)、Close(关闭窗口)、Close All(关闭所有窗口)、Cascade(窗口层叠)、Tile Horizontal(窗口

水平平铺)、Tile Vertical(窗口垂直平铺)、Windows(窗口选择)。

12. Help(帮助)菜单

Help 菜单为用户提供在线技术帮助和使用指导。Help 菜单中子菜单包括 Multisim Help(帮助主题目录)、Components Reference(元件索引)、NI ELVISmx4.0 Help(NI ELVISmx 4.0 帮助)、Find Examples(示例查找)、Release Notes(版本注释)、File Information(文件信息)、Patents(专利权)、About Multisim(有关 Multisim 的说明)。

B.1.3 命令工具栏

1. 系统工具栏

此栏中包括了新建、打开、保存、打印、剪切、复制粘贴、撤销等功能，使用方法与 Windows 应用程序类似。系统工具栏如图 B-3 所示。

图 B-3 系统工具栏

2. 主工具栏

该工具栏是 Multisim 11 的核心，使用它可进行电路的建立、仿真和分析，并最终输出设计数据等。设计工具栏如图 B-4 所示。

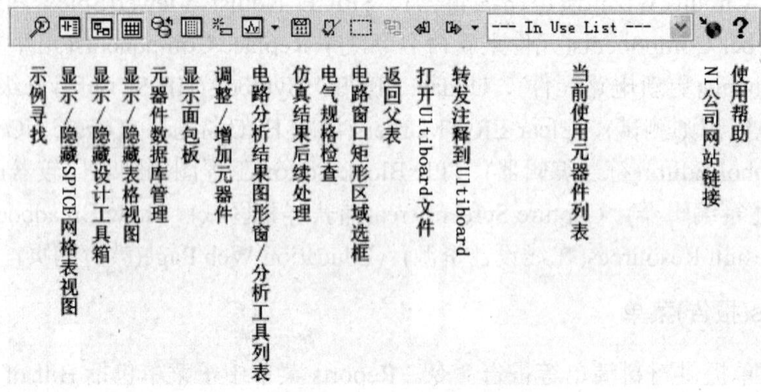

图 B-4 设计工具栏

3. 元器件库工具栏

如图 B-5 所示，包含各类元器件，单击按钮可打开对应的一组仿真元器件模型。

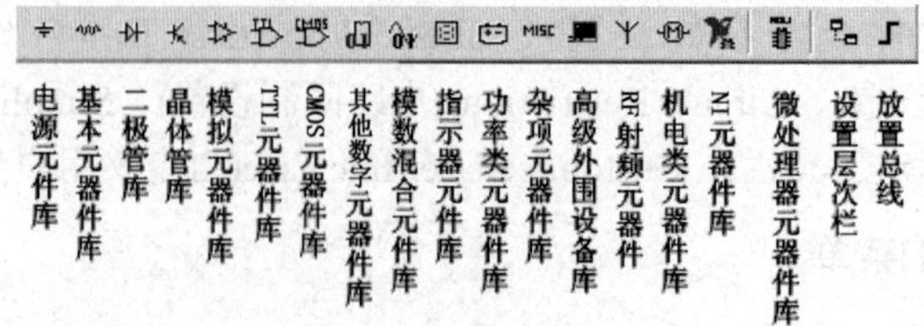

图 B-5 元器件库工具栏

常用的主要元器件库如表 B-1～表 B-6 所示(美国标准符号 ANSI)。

表 B-1　信号源

图标	名称	图标	名称	图标	名称
	接地		电流控制电压源		交流电压源
	直流电压源		电流控制电流源		受控单脉冲
	直流电流源		时钟源(方波电源)		交流电流源
	电压控制电压源		电压控制电流源		

表 B-2　基本元器件

图标	名称	图标	名称	图标	名称
	电阻		电位器		电感
	电容		开关		线性变压器

表 B-3　二极管

图标	名称	图标	名称
	二极管		发光二极管
	稳压二极管		全波整流器

表 B-4　模拟集成电路

图标	名称	图标	名称
	三端运放		五端运放

表 B-5　指示器件

图标	名称	图标	名称	图标	名称
	电压表		灯泡		蜂鸣器
	电流表		彩色指示灯		条形光柱

表 B-6　控制器件

图标	名称	图标	名称	图标	名称
	电压微分器		电压比例模块		乘法器
	电压积分器		传递函数模块		

4. 仪表工具栏

本栏提供了多个仪器仪表和测试探头，选用方法和元器件类似。仪表工具栏如图 B-6 所示。

数字多用表（万用表）
函数信号发生器
功率表
双通道示波器
四通道示波器
波特图示仪
频率计数器
字信号发生器
逻辑分析仪
逻辑转换仪
电流电压分析仪
失真分析仪
频谱分析仪
网络分析仪
安捷伦函数信号发生器
安捷伦数字万用表
安捷伦示波器
泰克示波器
测量探头
LabVIEW 仪器列表
NIELVISmx 仪
电流探头

图 B-6　仪表工具栏

B.2　软件基本操作

B.2.1　创建电路

用 Multisim 进行分析、仿真首先要搭建电路，即将元器件库中的模型符号通过鼠标拖放到电路工作区，连接导线，设定元器件模型的参数。方法简要说明如下。

1. 建立电路文件

系统在启动时，总会自动打开一个空白的电路文件。在 Multisim 正常运行时只需要单击系统工具栏中的 New 按钮，同样将出现一个空白电路文件，系统自动命名为 Circuit1，可以在保存电路文件时再重新命名。

2. 设计电路界面

系统在启动时，总会自动进入 Workspace，这是一个基本界面，如要设计电路界面，可通过 View 或 Option/Global Preferences 来设计。一般最重要的应该选取 Option/ Global Preferences/Parts 页，选择 Symbol standard(符号标准) 区内的 DIN 项，Multisim 提供了美国标准 ANSI 和欧洲标准 DIN。DIN 和我国的标准十分相近。

3. 元器件操作

(1) 元器件的选用：在元器件库工具栏中选择需要的类别，在弹出的 Select a Component 对话框中选择合适的元器件及型号，然后在电路工作区按下鼠标左键，即可释放选中的元器件。如果需要当前电路中已有的元器件，可直接从 In Use List 中选取。

(2) 元器件的移动：用鼠标拖曳。多个元器件群选后可一起移动。

(3) 元器件的旋转、反转、复制和删除：单击选定元器件后，在相应的菜单、工具栏，或右击在弹出的菜单命令中进行操作，Flip Horizontal(左右旋转)、Flip Vertical(上下旋转)、90 Clockwise(顺时针旋转 90°)、90 CounterCW(逆时针旋转 90°)。

(4) 元器件参数设置：双击该元器件，或右击，在弹出菜单中选择 Properties(属性)，在属性对话框中有多个标签分组选项可供设置，包括 Label(标识)、Display(显示)、Value(数值)、Fault(故障设置)、Pins(引脚端)、Variant(变量)等，可以设定元器件的各种参数。一般情况下主要参数会显示在元器件旁边。

(5) 电路必须有一个接地端，否则分析的结果将不可信。

4．导线的操作

(1) 导线的连接：将鼠标指向元器件的端点，出现一小圆点后，按下鼠标左键并拖曳出一根导线到另一元器件的端点，出现小圆点时，释放鼠标左键。

(2) 删除与改动：选中该导线右击，在弹出的菜单中选 Delete；或者用鼠标，将导线的端点拖曳离开它与元件的连接点。如果要改动连线，可以将拖曳移开的导线连至另一个连接点。

(3) 改变导线颜色：不同颜色的导线有助于对电路图的识别。右击导线，在弹出菜单中选择 Color Segment(颜色分类)，从弹出的 Color(颜色)对话框中选择合适的颜色。

(4) 在导线上插入元器件：将元器件直接拖曳放置在导线上，然后释放即可。

(5) 节点及其标识、编号：在连接电路时，Multisim 为每个节点分配了一个编号。是否显示节点号可通过选择 Option/Sheet Properties/Circuit 中的设置。在电路中使用的节点，都是计算机的默认值。

B.2.2　虚拟仪器使用

1．电压表(Voltmeter)和电流表(Ammeter)

多个电表可同时使用，交、直流电压电流都可测量。电压表内阻与电压表的两端为并联关系，内阻应设置得大一些，可减小测量误差；电流表内阻是与电流表串联，内阻应设置得尽可能小。

2．数字多用表(Multimeter)

数字多用表(万用表)的量程可以自动调整，图 B-7 是其接线图标和面板。

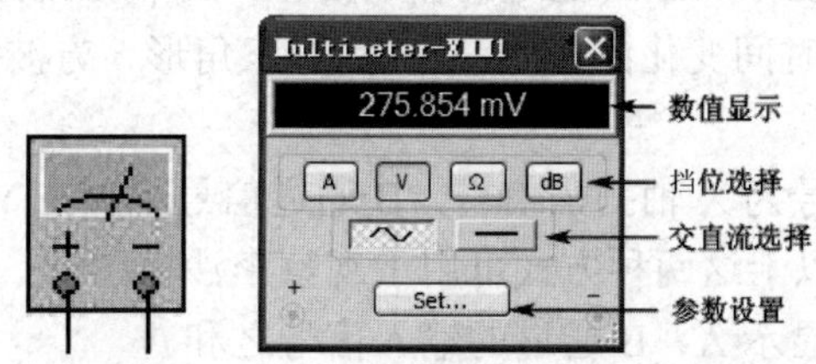

图 B-7　数字多用表接线图标和面板

数字多用表的电压挡和电流挡的内阻、电阻挡的电流和分贝挡的标准电压值，都可以任意设置。从打开的面板上选 Set 按钮，即可以设置其参数。

3．示波器(Oscilloscope)

示波器用来显示电信号的波形，可测量信号的幅度、频率、周期等参数。双踪示波器有两个完全相同的输入通道 A 和 B，可以同时观察测量两个信号。双踪示波器的其接线图标和面板如图 B-8 所示。当双击该图标时，可以将面板进一步展开，如图 B-9 所示。

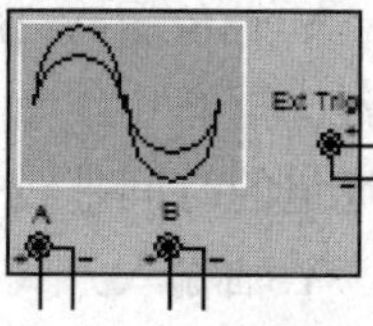

图 B-8　示波器图标

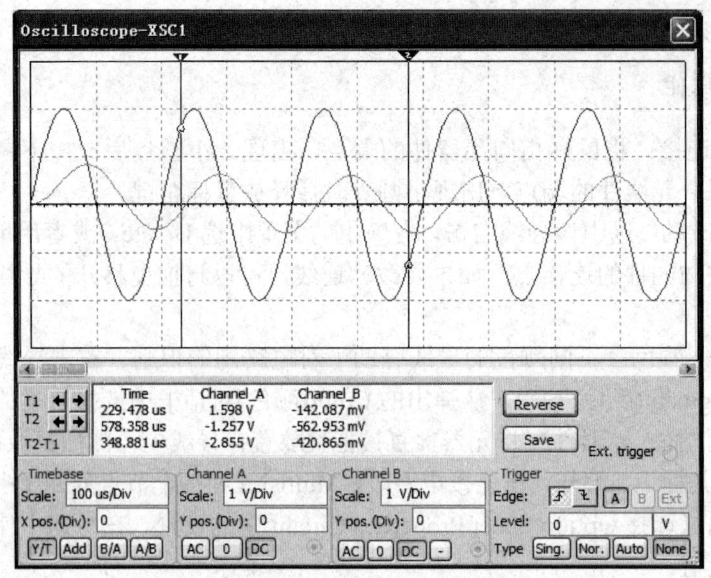

图 B-9　扩展的示波器面板

被测电路的测量点应与示波器图标上的 A、B 通道端子相连接，G 是接地端，T 是外触发端。一般可以不画接地线，其默认是接地的，但电路中一定需要接地。

信号波形显示颜色与 A、B 通道端子相连导线的颜色相同，可通过改变通道连接导线的颜色进行设置，用单击 Reverse 按钮可改变示波器屏幕的背景颜色。

1) 时基(Time base)控制部分的设置

Scale：表示 X 轴方向时间基线刻度代表的时间。单击该栏后将出现刻度翻转列表，根据所测试信号频率的高低，上下翻转选择适当的值。

X position：表示 X 轴方向时间基线的起始位置，修改其设置可使时间基线左右移动。

Y/T：表示 Y 轴方向显示 A、B 通道的输入信号，X 轴方向显示时间基线，并按设置时间进行扫描。当显示随时间变化的信号波形(例如三角形、方波及正弦波等)时，常采用此种方式。

B/A：表示 A 通道信号为 X 轴扫描信号，B 通道信号施加在 Y 轴上。

A/B：与 B/A 相反。以上这两种方式可用于观察李沙育图形。

Add：表示 Y 轴方向显示 A、B 通道的输入信号之和。

2) 示波器输入通道(Channel A/B)的设置

Y 轴刻度(Scale)：表示 Y 轴方向对 A/B 通道信号每格表示的电压数值。根据输入信号的大小，单击该栏选择适当的刻度值，可使屏幕上显示出大小合适的波形。

Y 轴位置(Y position)：表示时间基线在显示屏幕中的上下位置。当其值为零时，时间基线与屏幕中线重合；当其值大于零时，时间基线在屏幕中线上侧，反之在下侧。改变 A、B 通道的时间基线位置有助于比较或分辨两通道的波形。

Y 轴输入方式：AC 表示屏幕仅显示输入信号中的交流分量；DC 表示屏幕显示的是信号的交直流分量之和；0 表示将输入信号对地短路，只在时间基线处显示一条水平直线。

3) 触发方式(Trigger)的设置

触发信号选择：一般选择自动触发(Auto)。选择“A”或“B”，则用相应通道的信号

作为触发信号。选择“EXT”，则由外触发输入信号触发。选择“Sing”为单脉冲触发。选择“Nor”为一般脉冲触发。

触发沿(Edge)选择：可选择上升沿或下降沿触发。

触发电平(Level)选择：选择触发电平范围。

4) 波形参数的测量

在图 B-9 屏幕上有两条左右可以移动的读数指针 T1 和 T2，指针上方有三角形标志，通过鼠标左键可拖动读数指针左右移动到需要读取数据的位置。显示屏幕下方的方框是测量数据的显示区，显示出两读数指针与 A、B 通道波形垂直相交点处的时间和电压值，以及两读数指针 T2-T1 位置之间的时间、电压的差值，可用来测量信号的周期、脉冲信号的宽度、上升和下降时间、信号的幅度等参数，屏幕最左端为时基线零点。

为了测量方便准确，单击 Pause 按钮(或按 F9 键)使波形“冻结”，然后再测量更好。

单击面板右下方 Save 按钮，可按 ASCII 码格式存储波形读数。

4. 函数信号发生器(Function Generator)

信号发生器用来产生正弦波、三角波和方波，其图标和面板如图 B-10 所示。

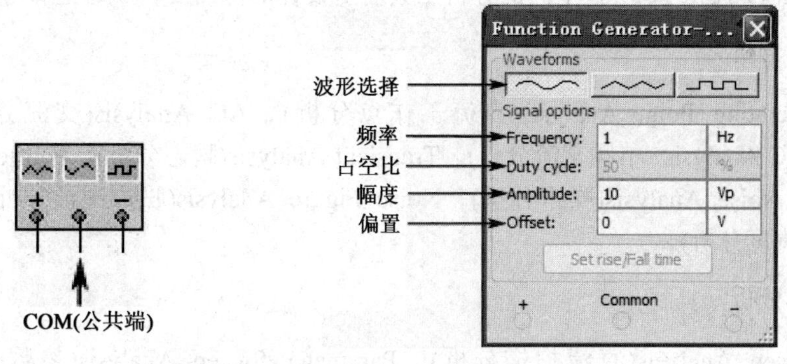

图 B-10 函数信号发生器接线图标和面板

偏置电压设置(Offset)，是指把正弦波、三角波、方波叠加在设置的直流偏置电压上输出。

函数信号发生器的“+”端子与“Common”端子(公共端)输出的信号为正极性信号(必须把“Common”端子与公共地 Ground 符号连接)，而“-”端子与“Common”端子之间输出负极性信号。两个信号极性相反，幅度相等。

使用该仪器时，信号既可以从“+”或“-”端子与“Common”端子之间输出，也可以从“+”、“-”端子之间输出。需注意的是，必须有一个端子与公共地相连接。

5. 波特图仪(Bode Plotter)

波特图仪用来测量和显示电路的幅频特性曲线和相频特性曲线，其图标和面板如图 B-11 所示。其 IN 和 OUT 两对端口，分别接电路的输入端和输出端。使用波特图仪时，在电路的输入端接任意频率的交流信号源，频率的测量范围由波特图仪的参数设定决定。

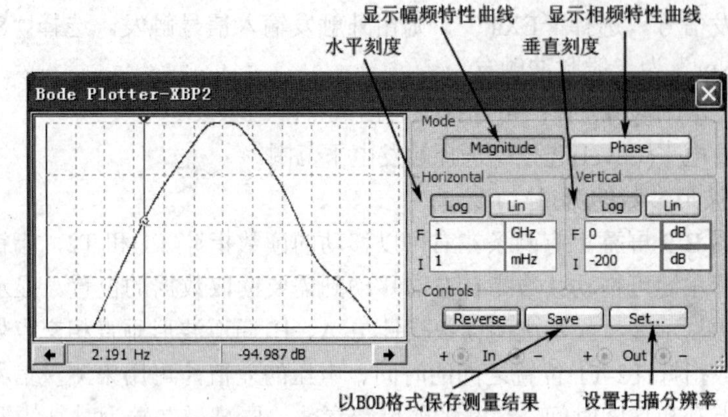

图 B-11　波特图仪接线图标和面板

B.3　Multisim 的电路分析方法

Multisim 11 提供了 19 种不同的分析工具对所设计的电路工作状态进行分析。

1. 基本分析

DC Operating Point Analysis(直流工作点分析)、AC Analysis(交流分析)、Single Frequency AC Analysis (单频交流分析)、Transient Analysis(瞬态分析)、Fourier Analysis(傅里叶分析)、Noise Analysis(噪声分析)、Noise Figure Analysis(噪声图形分析)、Distortion Analysis(失真度分析)。

2. 扫描分析

DC Sweep Analysis(直流扫描分析)、Parameter Sweep Analysis(参数扫描分析)、Temperature Sweep Analysis(温度扫描分析)。

3. 高级分析

Pole Zero Analysis(极点-零点分析)、Transfer Function Analysis(传输函数分析)、Sensitivity Analysis(灵敏度分析)、Trace Width Analysis(线宽分析)、Batched Analysis(批处理分析)。

4. 统计功能

Worst Case Analysis(最坏情况分析)、Monte Carlo Analysis(蒙特卡罗分析)。

5. 用户自定义分析

User Defined Analysis(用户自定义分析)。

要进行任何一种分析，可直接在菜单中选择 Simulate/Analyses 命令，或单击按钮，在弹出的菜单中选择需要的分析命令，则会在屏幕上出现对应的分析设置对话框，需在对话框中设置好各种分析功能的参数选项，选定输出变量及显示方式。

例如选择 Transient Analysis(瞬态分析)，出现对应分析设置对话框如图 B-12 所示。

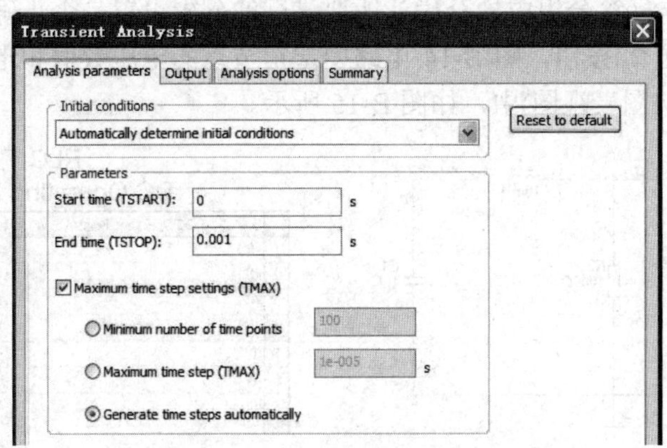

图 B-12　瞬态分析设置对话框

对话框上共有四个标签分组，功能如下。

(1) Analysis parameters(分析参数)：在其中设定该项分析的参数。

(2) Output(输出变量)：设定如何处理或显示分析产生的变量。

(3) Analysis options(分析选项)：用来设定输出图形的标题和设定分析过程中的其他用户定制选择项。

(4) Summary(小结)：显示对该项分析所有参数和选项的设定值。

在不同的分析功能中，以上标签分组中会有不同的参数，这些参数一般都有默认值。

Output(输出变量)标签分组如图 B-13 所示，在左边的方框中选择一个或多个电路中可用来显示的变量后，单击 Add 按钮，选定的变量会移动到右边的方框中，并在分析结果的图形窗口(Analysis Graph)中以数据表格、波形形式显示。

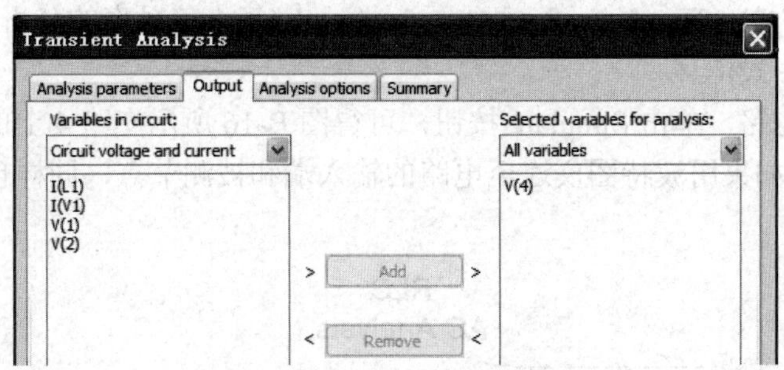

图 B-13　瞬态分析设置对话框

在执行一项分析前，至少要选定一个变量作为显示变量。

B.3.1　直流(静态)工作点分析

直流工作点分析(DC Operating Point Analysis)是在电路中的交流电压源和电感短路、交流电流源和电容开路的情况下，求解电路中的直流电压和电流值。

选择命令 Simulate/Analysis/DC Operating Point，在弹出的 DC Operating Point Analysis 对话框中，有 Output、Analysis options 和 Summary　三个标签分组。

在 Output 标签分组中选择需分析的电路节点和变量，Analysis options 标签分组中设定分析参数，Summary 标签分组中检查确认所要进行的分析设置是否正确。

单击 Simulate(仿真)按钮，图 B-14 电路中选定节点的电压数值和电源支路的电流数值显示在 Grapher View(图表视图)中，如图 B-15 所示。

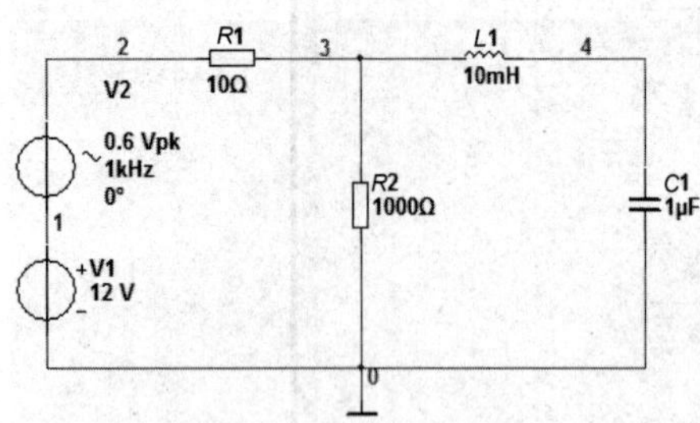

图 B-14　分析电路

RLC

DC Operating Point

	DC Operating Point	
1	V(4)	11.88119
2	V(3)	11.88119
3	V(2)	12.00000
4	V(1)	12.00000
5	I(V2)	-11.88119 m
6	I(V1)	-11.88119 m
7	I(L1)	11.88116 p

图 B-15　直流工作点分析结果

B.3.2　交流频率分析

交流分析(AC Analysis)，即分析电路中某一节点的频率特性。在分析时，电路中的直流源将自动置零，交流信号源、电容、电感等均处在交流模式，输入信号设定为正弦波形式。若把函数信号发生器的其他信号作为输入激励信号，在进行交流频率分析时，会自动把它作为正弦信号输入。因此输出响应也是该电路交流频率的函数。

选择命令 Simulate/Analysis/AC Analysis，在弹出的 AC Analysis 对话框中，有 Frequency parameters、Output、Analysis options 和 Summary 四个标签分组。

首先在 Output 标签分组中选择需分析的电路节点和变量，然后在 Frequency Parameters 标签分组中，设定好 Start frequency(分析的起始频率)、Stop frequency(扫描终点频率)、Sweep type(分析的扫描方式)、Number of points per decade(每十倍频率的分析采样数)、Vertical Scale(纵坐标刻度形式)。

例如图 B-14 电路，单击 Simulate 按钮，可得图 B-16 所示支路 4 上的幅频特性和相频特性两个波形图。如果用波特图仪连至电路的输入端和被测节点，同样也可以获得交流频率特性。

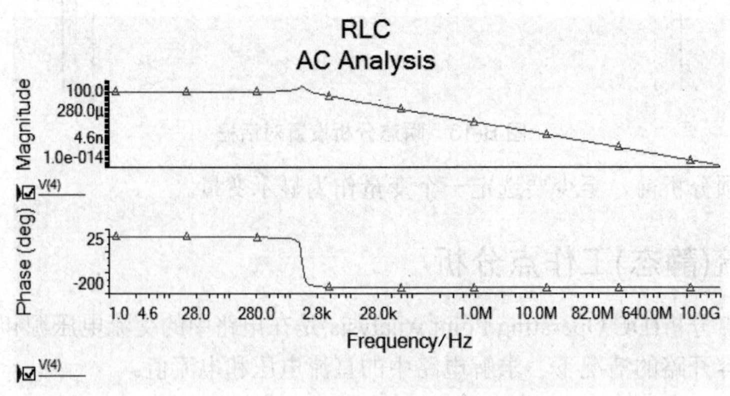

图 B-16　交流频率分析结果

B.3.3　瞬态分析

瞬态分析(Transient Analysis)也称暂态分析，是指电路中所选定节点的时域响应，即观察该节点在整个显示周期中每一时刻的电压波形。在进行瞬态分析时，直流电源保持常数，交流信号源随着时间而改变，电容和电感都以能量储存模型出现。

单击 Simulate/Analysis/Transient Analysis，在弹出的 Transient Analysis 对话框中，有 Analysis parameters、Output、Analysis options 和 Summary 四个标签分组，如图 B-12 所示，下面仅介绍 Analysis parameters 标签分组。

在 Initial conditions 区中选择好初始条件。

在 Parameters 区中，设置好 Start time(开始分析的时间)、End time(结束分析的时间)，选择 Maximum time step settings，可以设置 Minimum number of time points(单位时间内的采样点数)、Maximum time step(TMAX)(最大的采样时间间距)、Generate time steps automatically(由程序自动决定分析的时间步长)。

在 More Options 区中，选择 Set initial time step 选项，可以由用户自行确定起始时间步长，步长大小输入在其右边栏内，如不选择，则由程序自动约定。 Estimate maximum time step based on net list 是根据网表来估算最大时间步长。

例如在图 B-14 电路中，设交流信号源的幅度设置为零，电容初始电压设为 5V，在电容元件属性对话框中，Value 标签分组中，选中 Initial conditions 选项，在右侧数字框中输入 5V，在瞬态分析参数设置对话框中选择初始条件为 User-defined，选择支路 4 为分析节点。

按下 Simulate 按钮，即可在显示图上获得被分析节点的瞬态特性波形，如图 B-17 所示。

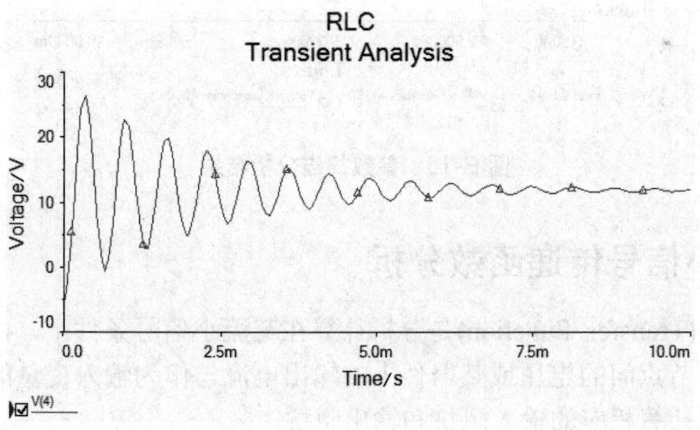

图 B-17　瞬态分析结果

B.3.4　参数扫描分析

采用参数扫描方法(Parameter Sweep)分析电路，可以观察某元器件的参数在一定范围内变化时对电路的影响，相当于该元件每次取不同的值，进行多次仿真。

单击 Simulate/Analysis/Parameter Sweep，将弹出 Parameter Sweep Analysis 对话框，有 Analysis parameters、Output、Analysis options 和 Summary 四个标签分组，下面仅介绍

Analysis Parameters 标签分组。

在 Sweep parameter 区可以选择扫描的元件及参数，其 Sweep parameter 窗口可选择的扫描参数类型有 Device parameter(元件参数)或 Model parameter(模型参数)，选择不同的扫描参数类型之后，对应有不同的项目供进一步选择。

在 Point to sweep 区可以选择扫描方式，其 Sweep variation type(扫描变量类型)窗口中可以选择 Decade(十倍刻度扫描)、Octave(八倍刻度扫描)、Linear(线性刻度扫描)及 List(取列表值扫描)，该窗口右边会出现对应的不同参数栏。

在 More Options 区中可以选择分析类型，其 Analysis to sweep 窗口中可以选择四种分析类型，有 DC Operating Point(直流工作点分析)、AC Analysis(交流分析)、Transient Analysis(瞬态分析)和 Nested sweep(嵌套扫描)。选定分析类型后，可单击 Edit analysis 按钮对该项分析进行进一步编辑设置。选择 Group all traces on one plot 选项，可以将所有分析的曲线放置在同一个分析图中显示。

例如对图 B-14 电路，将 R1(10Ω)电阻按 10 倍程从 10Ω到 1000Ω变化，作瞬态分析的参数扫描分析，瞬态分析的设置与之前例相同，单击 Simulate 按钮，可以得到参数扫描仿真结果，如图 B-18 所示。

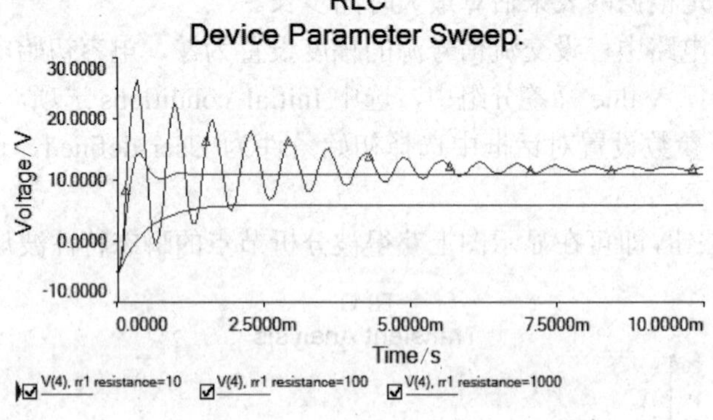

图 B-18　参数扫描分析结果

B.3.5　直流小信号传递函数分析

传递函数分析(Transfer Function)是分析计算在交流小信号条件下，由用户指定的作为输出变量的任意两节点间的电压或某器件上的输出电流与作为输入变量的独立电源之间的比值。也可以用于计算相应的输入阻抗和输出阻抗。

需先对模拟电路或非线性器件进行直流工作点分析，求得线性化的模型，然后再进行交流小信号分析。输出变量可以是电路中的节点电压，输入必须是独立源。

单击 Simulate/Analysis/Transfer Function，将弹出 Transfer Function Analysis 对话框，进入传递函数分析状态，此对话框有 Analysis parameters、Analysis options 和 Summary 三个标签分组，下面仅介绍 Analysis parameters 标签分组。

在 Input source 窗选择所要分析的输入电源。

在 Output node/source 区中可以选择 Voltage 或者 Current 作为输出电压的变量：选择 Voltage，在 Output node 窗中指定将作为输出的节点，而在 Output reference 窗中指定参考

节点，通常是接地端(即 0)；选择 Current，在 Output source 栏中指定所要输出的电流。

在 Analysis Parameters 标签分组中的右边有三个 Change Filter，分别对应左边的三个栏，其功能与 Output 对话框中的 Filter Unselected Variables 按钮相同，详见直流工作点分析中的 Output 对话框。

对图 B-14 电路，选定从电压源 V1 到节点 4 的节点电压小信号传递函数。单击 Simulate 按钮，即可得到传递函数分析结果，如图 B-19 所示。

RLC
Transfer Function

	Transfer Function Analysis	
1	Transfer function	990.09901 m
2	vv1#Input impedance	1.01000 k
3	Output impedance at V(V(4),V(0))	9.90099

图 B-19　直流小信号传递函数分析结果

B.3.6　傅里叶分析

傅里叶分析(Fourier Analysis)用于分析一个时域信号的直流分量、基频分量和各谐波分量。即把被测节点处的时域变化信号作离散傅里叶变换，求出它的频域变化规律。

在进行傅里叶分析时，必须首先选择被分析的节点，一般将电路中的交流激励源的频率设定为基频，若在电路中有几个交流源时，可以将基频设定在这些频率的最小公因数上。譬如有一个 10.5kHz 和一个 7kHz 的交流激励源信号，则基频可取 0.5kHz。

用鼠标单击 Simulate/Analysis/Fourier Analysis，将弹出 Fourier Analysis 对话框，其有 Analysis parameters、Output、Analysis Options 和 Summary 四个标签分组，下面仅介绍 Analysis parameters 标签分组。

在 Sampling options 区中，Frequency resolution(Fundamental frequency)：设置基波频率。如果电路之中有多个交流信号源，则取各信号源频率的最小公倍数。如果不知道如何设置时，可以单击 Estimate 按钮，由程序自动设置。Number of harmonics：设置希望分析的谐波的次数。Stopping time for sampling：设置停止取样的时间，Estimate 按钮为程序自动设置。Edit transient analysis 按钮：弹出的对话框和设置方法与瞬态分析类似。

在 Results 区中，Display phase：显示幅频特性及相频特性。Display as bar graph：以线条显示出频谱图。选择 Normalize graphs：显示归一化的(Normalize)频谱图。Display 窗：选择所要显示的项目：Chart(图表)、Graph(曲线)及 Chart and Graph(图表和曲线)。Vertical scale 窗：选择频谱的纵坐标刻度，包括 Decibel(分贝刻度)、Octave(八倍刻度)、Linear(线性刻度)及 Logarithmic(对数刻度)。

在 More options 区中，Degree of polynomial for interpolation：设置多项式的维数，选中该选项后，可在其右边栏中输入维数值。多项式的维数越高，仿真运算的精度也越高。Sampling frequency 窗：设置取样频率，默认为 100kHz。如果不知道如何设置时，可单击 Stopping time for sampling 区中的 Estimate 按钮，由程序设置。

对图 B-20 电路，设交流电源频率为 500Hz，基波频率为 500Hz，9 个谐波，线性频谱纵坐标，输出节点 4，单击 Simulate 按钮，得到仿真结果，如图 B-21 所示。在图 B-21 中上面的文本框中列出了不同谐波分量的幅度、相位等，下面是线状频谱图。

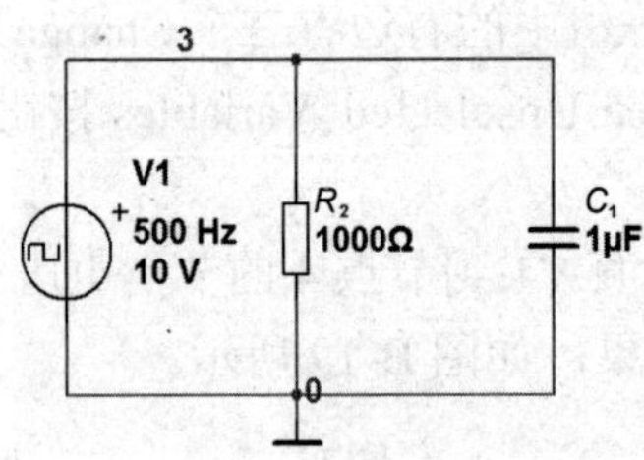

图 B-20　傅里叶分析电路

RLC

1	Fourier analysis for V(3):			
2	DC component:	5		
3	No. Harmonics:	9		
4	THD:	42.9018 %		
5	Grid size:	256		
6	Interpolation Degree:	1		

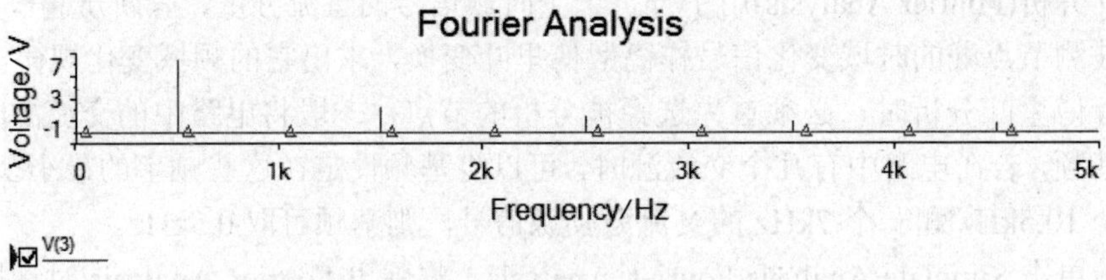

图 B-21　傅里叶分析结果的列表和图形显示

参 考 文 献

[1] 黄锦安. 电路. 北京：机械工业出版社，2003

[2] 邱关源. 电路. 5 版. 北京：高等教育出版社，2006

[3] 燕庆明. 电路分析基础教程. 北京：电子工业出版社，2009

[4] 金波. 电路分析基础. 西安：西安电子科技大学出版社，2008

[5] 康晓明. 电路分析导论. 北京：国防工业出版社，2008

[6] 沈元隆. 电路分析(修订本). 北京：人民邮电出版社，2004

[7] 吴锡龙. 电路分析. 北京：高等教育出版社，2004

[8] 杨尔滨，等. 电路学习方法及解题指导. 上海：同济大学出版社，2005

[9] 范承志，等. 电路原理. 北京：机械工业出版社，2001

[10] 邹玲，罗明. 电路理论. 2 版. 武汉：华中科技大学出版社，2009

[11] 邱关源. 电路. 4 版. 北京：高等教育出版社，1999

[12] 陈洪亮. 电路基础. 北京：高等教育出版社，2007

[13] Richard C. Dorf James A. Svoboda .Introduction to Electric Circuits John Wiley & Sons，2000

[14] Susan A.Riedel，Electric Circuits. 周玉坤，等译. 北京：电子工业出版社，2005

[15] 李瀚荪. 简明电路分析基础. 北京：高等教育出版社，2002

[16] 周守昌. 电路原理(上下册). 2 版. 北京：高等教育出版社，2004

[17] 胡翔骏. 电路分析. 北京：高等教育出版社，2001

[18] 张永瑞，王松林，李小平. 电路分析. 北京：高等教育出版社，2004

[19] 张永瑞，陈生潭. 电路分析基础. 北京：电子工业出版社，2003

[20] 贺洪江，王振涛. 电路基础. 北京：高等教育出版社，2004

[21] 董维杰，白凤仙. 电路分析. 北京：科学出版社，2007

[22] 刘健. 电路分析. 北京：电子工业出版社，2005

[23] 钟洪声. 工程电路分析基础. 北京：科学出版社，2007

[24] 王勇，龙建忠，方勇，等. 电路理论基础. 北京：科学出版社，2005

[25] 张兢. 电路. 重庆：重庆大学出版社，2003

[26] 王源. 实用电路基础. 北京：机械工业出版社，2004

[27] 张永瑞，杨林耀，张雅兰. 电路分析基础. 西安：西安科技大学出版社，2002

[28] 沈元隆，刘陈. 电路分析基础. 北京：人民邮电出版社，2008

[29] 崔晓燕. 电路分析基础. 北京：科学出版社，2007

附：上海交大电路基础下载网页地址 http://eelab.sjtu.edu.cn/dl/